用于国家职业技能鉴定

YONGYU GUOJIA ZHIYE JINENG JIANDING

国家职业资格培训教程

GUOJIA ZHIYE ZIGE PEIXUN JIAOCHENG

机修钳工

（中级）

第2版

编审委员会

主　任　刘　康

副主任　王晓君

委　员　陈俊传　叶　磊　陈　蕾　张　伟　杨　帆

编审人员

主　编　曾昭向

编　者　唐光明　刘胜辉　杨慕湘

主　审　封贵牙

审　稿　李　明

中国劳动社会保障出版社

图书在版编目(CIP)数据

机修钳工：中级/中国就业培训技术指导中心组织编写. —2 版. —北京：中国劳动社会保障出版社，2016

国家职业资格培训教程

ISBN 978－7－5167－2240－4

Ⅰ.①机… Ⅱ.①中… Ⅲ.①机修钳工－技术培训－教材 Ⅳ.①TG947

中国版本图书馆 CIP 数据核字(2016)第 017145 号

中国劳动社会保障出版社出版发行

(北京市惠新东街 1 号 邮政编码：100029)

*

北京鑫海金澳胶印有限公司印刷装订 新华书店经销

787 毫米×1092 毫米 16 开本 27.75 印张 484 千字

2016 年 3 月第 2 版 2024 年11月第 5 次印刷

定价：61.00 元

营销中心电话：400-606-6496

出版社网址：http://www.class.com.cn

前　言

为推动机修钳工职业培训和职业技能鉴定工作的开展，在机修钳工从业人员中推行国家职业资格证书制度，中国就业培训技术指导中心在完成《国家职业技能标准·机修钳工》(2009年修订)（以下简称《标准》）制定工作的基础上，组织参加《标准》编写和审定的专家及其他有关专家，编写了机修钳工国家职业资格培训系列教程（第2版）。

机修钳工国家职业资格培训系列教程（第2版）紧贴《标准》要求，内容上体现“以职业活动为导向、以职业能力为核心”的指导思想，突出职业资格培训特色；结构上针对机修钳工职业活动领域，按照职业功能模块分级别编写。

机修钳工国家职业资格培训系列教程（第2版）共包括《钳工（基础知识）》《机修钳工（初级）》《机修钳工（中级）》《机修钳工（高级）》《机修钳工（技师　高级技师）》5本。《钳工（基础知识）》内容涵盖《标准》的“基本要求”，是各级别工具钳工均需掌握的基础知识；其他各级别教程的章对应于《标准》的“职业功能”，节对应于《标准》的“工作内容”，节中阐述的内容对应于《标准》的“技能要求”和“相关知识”。

本书是机修钳工国家职业资格培训系列教程（第2版）中的一本，适用于对中级机修钳工的职业资格培训，是国家职业技能鉴定推荐辅导用书，也是机修钳工职业技能鉴定国家题库命题的直接依据。

本书在编写过程中得到广东省职业技能鉴定指导中心、广东省国防科技技师学院、广东省机械技师学院、华南理工大学等单位的大力支持与协助，在此一并表示衷心的感谢。

中国就业培训技术指导中心

目　录

CONTENTS　国家职业资格培训教程

第1章

机械设备安装与调试

第1节　金属切削设备安装

学习单元　金属切削设备的安装

学习目标

1. 了解金属切削设备的工作环境与安装要求。
2. 掌握金属切削设备等中型通用设备的定位、水平调整与固定。
3. 掌握机床在基础上的安装方法。
4. 能够进行金属切削设备的安装。

知识要求

一、金属切削设备的工作环境与安装要求

金属切削设备安装环境的要求如下：

1．稳定的机床基础。做机床基础时要将基础表面找平、抹平，若基础表面不平整，调整机床时会存在故障隐患。

2. 适宜的环境温度，一般为10～30℃。应保证机床安装部位环境温度为15～25℃。机床安装部位12 h内温度波动应不大于±2℃，精密数控机床应不大于±1℃。

3. 机床安装部位高度方向5 000 mm内温差应不大于2℃，精密机床应不大于1℃。

4. 机床基础必须隔绝外界温度的影响，要用隔热材料将基础周边与土壤隔绝。这对于处在高寒、高温地区，靠近车间外墙安装设备的基础尤为重要。对于细长机床，基础和环境的温差会导致床身导轨上凸和下凹的大幅热变形及静压导轨失效，使机床难以正常工作。

5. 进入车间的阳光不能透过门窗直接照在机床上，特别是龙门类机床应防止单面光照。

6. 打开车间门窗所进入的冷空气或热风幕及采暖设备产生的热空气也不能直接进入机床区域，防止流动的空气进入及机床单方向局部受热。

7. 机床安装部位要远离振源或采取可靠的防振措施。

8. 机床安装部位要远离污染，避免接触空气中的粉尘、油雾等。

9. 机床安装部位应满足工艺要求，便于工件的吊运、装卸和存放，便于切屑的清理，便于机床电源和压缩空气的配备，便于机床安装、操作和维修。

二、设备安装准备

机械设备安装的一般程序包含开箱与清点、基础放线（设备定位）、设备基础检验、设备就位、精度检测与调整、设备固定、设备拆卸、设备清洗与装配、润滑与设备加油、设备调整与试运转、设备验收等内容。

1. 开箱与清点

（1）外观检验

对设备及外包装进行拍照记录，检查设备的外包装是否完好，有无破损、浸湿、受潮、变形等情况，对外包装箱的表面及封装状态进行检查。检查设备的情况，重点检查机身、主轴、工作台等主要工作面和操纵手柄等外观有无残损、锈蚀、碰伤；主要配件和附件按清单清点齐备。若发现电气设备和附件有损伤、锈蚀或撞击的迹象等问题，应做详细记录，并重点拍照留据，及时向主管部门反映。

（2）数量检验

检查数量时应以设备装箱清单为依据，检查设备型号、电器配置、附件等数量，逐件清查核对。认真检查随机资料是否齐全，如说明书、检验合格证书、保修单等相关技术资料。如果发现短缺、错发等问题，要及时做好记录并保留相关材料。

（3）填写验收记录表

若外观、数量、相关技术文件验收结束后，发现任何不符合装箱清单和技术文件要求的情况，须向上级主管部门汇报。将设备开箱清点记录表作为设备验收文件的其他说明部分。

2. 基础放线（设备定位）

根据机床布置图和有关建筑物的轴线、边沿线或标高线，划定安装基准线。互相有连接、衔接或排列关系的设备应放出共同的安装基准线；必要时应埋设一般的或永久的标板或基准点；设置具体基础位置线及基础标高线。

（1）安装基准线

机床的地基必须是坚固、平整的混凝土地基，并具有规定的厚度。机床的安装位置不应受到产生振源的其他设备的影响，如有则应在地基四周挖防振沟；并且不要安放到阳光可直接照射或有高度灰尘、酸腐蚀气体盐雾等的场地。

在确定地基的厚度和尺寸时还应充分考虑到安装位置的地质条件。安装一般设备时采用几何放线法。一般是确定中心点，然后划出平面位置的纵向、横向基准线，基准线的允许偏差应符合规定要求。

1）平面位置放线时应符合的要求

①根据施工图和有关建筑物的柱轴线、边沿线或标高线，划定设备安装的基准线（即平面位置纵向、横向基准线和标高线）。

②较长的基础可用经纬仪或吊线确定中心点，然后划出平面位置基准线（纵向、横向基准线）。

③基准线被就位的设备覆盖，但就位后必须复查的应事先引出基准线，并做好标记。

2）设备定位基准安装基准线的允许偏差应符合的要求

①与其他机械设备无联系的，设备的平面位置和标高对安装基准线有一定的允许偏差，平面位置允许偏差为 ±10 mm，标高允许偏差为（+20，-10）mm。

②与其他机械设备有联系的，设备的平面位置和标高对安装基准线有一定的允许偏差，平面位置允许偏差为 ±2 mm，标高允许偏差为 ±1 mm。

（2）设备基础检验

基础几何尺寸、标高、预埋件等应符合要求；基础表面应无蜂窝、裂纹及露筋等缺陷，用 50 N 重的锤子敲击基础，检查密实度，不得有空洞声音。对于大型设备、高精度设备及冲压设备的基础，应有预压记录和沉降观测点。

1）基础的主要技术要求

①基础重心与设备重心应在同一铅垂线上，其允许偏移不得超过基础中心至基础边缘水平距离的5%。

②基础标高、位置和尺寸必须符合生产工艺要求和技术条件。

③同一基础应在同一标高线上，但设备基础不得与任何房屋基础相连，而且要保持一定的间距。

④基础的平面尺寸应按设备的底座轮廓尺寸而定，底座边缘至基础侧面的水平距离应不小于100 mm。

⑤设备安装在混凝土基础上，当其静载荷 $p \geqslant 100\ N/m^2$ 时，则混凝土基础内要放两层由直径10 mm的钢筋以15 cm×15 cm方格编成的钢筋网加固，上层钢筋网低于基础表面应不小于5 cm，其上、下层钢筋网的总厚度应不小于20 cm。

⑥凡精度较高、不能承受外来的动力或本身振动大的设备，必须敷设防振层，以减小振动的振幅，并防止其传播。

⑦有可能遭受化学液体或侵蚀性水分影响的基础应设置防护水泥。

2）基础的验收

①所有基础表面的模板、地脚螺栓固定架及露出基础外的钢筋等都要拆除，杂物（碎砖、脱落的混凝土块等）、污物和水要全部清除干净，地脚螺栓孔壁的残留木壳应全部拆除。

②对基础进行外观检查，不得有裂纹、蜂窝、空洞、露筋等缺陷。

③按设计图样的要求检查所有预埋件（包括地脚螺栓）的正确性。

④根据设计尺寸的要求，检查基础各部位尺寸是否与设计要求相符合，如有偏差，不得超过允许偏差。

3）基础偏差的处理。设备基础经过检查验收，如果发现不符合要求的部分应进行处理，使其达到设计要求。一般情况下，经常出现的偏差有两种，一种是基础标高不符合设计要求；另一种是地脚螺栓位置偏移。整个基础中心线误差和外形尺寸偏差过大的情况比较少见。为此，对基础偏差的处理可采用下列方法：

①当基础标高达不到要求时，如果基础过高，可用錾子铲低；如果基础过低，可在原来的基础表面进行麻面处理后再补灌混凝土，或者用增加金属支架的方法来解决。

②当基础偏差过大时，可改变地脚螺栓的位置来调整基础的中心。

③当地脚螺栓有偏差时，如果是一次灌浆，在偏差较小的情况下，可把螺栓用

气焊枪烤红，矫正到正确位置。如果偏差过大，对于较小的螺栓，可挖出后重新预埋；对于较大的地脚螺栓，可挖到一定深度后割断，中间焊上一块钢板。

④上述处理方法的实施，必要时，要征得设计单位、建设单位等的认定。

⑤基础经过处理合格后，方可进行设备的安装。

4）设备基础的强度检查。对混凝土的质量检查主要是检验其抗压强度，因为它是混凝土能否达到设计标号的决定因素。对于有特殊要求的机械设备，安装前应对基础进行强度测定。

①中、小型设备基础的强度测定。通常可用钢球撞痕法进行测定，检测的方法如图 1—1 所示，在被检测的基础上放一张白纸，白纸下面垫上一张复写纸，将钢球举到一定高度（落距），让其自由下落到白纸上，然后测量白纸上留下撞痕直径的大小，查得撞痕直径与混凝土强度值的关系。

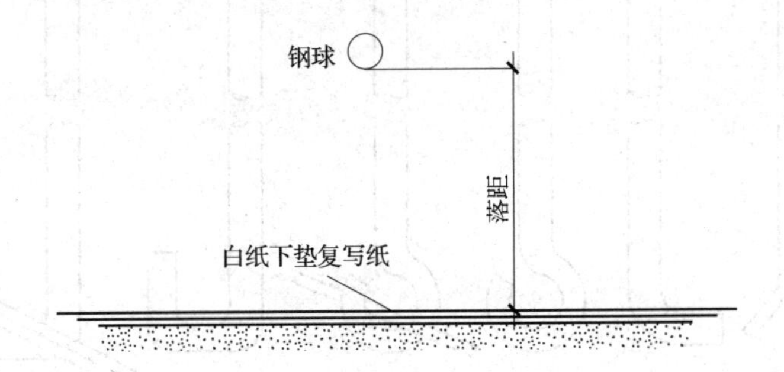

图 1—1　钢球撞痕法

②大型设备基础的强度测定。为了避免基础因设备工作时产生的振动而引起下沉，通常在设备安装前应对基础进行预压试验，加压的质量为设备质量的 1.25 ~ 1.5 倍，时间为 3 ~ 5 天。预压物可用钢材、沙子、石子等。预压物应均匀地放在基础上，以保证基础均匀下沉。在预压期间要经常观察下沉情况，预压应进行到基础不再继续下沉为止。

3. 地脚螺栓

（1）地脚螺栓的分类

地脚螺栓是靠金属表面与混凝土间的黏着力和混凝土在钢筋上的摩擦力而将设备与基础牢固连接的。

地脚螺栓可分为死地脚螺栓和活地脚螺栓两大类。

1）死地脚螺栓。死地脚螺栓又称短地脚螺栓，它往往与基础浇灌在一起。它主要用来固定工作时没有强烈振动和冲击的中、小型设备。死地脚螺栓的长度一般为 100 ~ 1 000 mm。常用的死地脚螺栓头部做成开叉式和带钩的形状。带钩地脚螺栓有时在钩孔中穿上一根横杆，以防止地脚螺栓旋转或被拔出。通常民用设备及工业设备安装用的都是死地脚螺栓。

①常用地脚螺栓。如图1—2a所示，一般随进厂设备由机器制造厂家提供。如果需自己备用，地脚螺栓直径要比设备机座孔直径小4～10 mm（地脚螺栓直径小时取小值，直径大时取大值）；螺栓长度的计算公式为：

$$L = 15d + S + (5 \sim 10)\ \text{mm}$$

式中 L——地脚螺栓长度，mm；

d——地脚螺栓直径，mm；

S——设备垫铁高度，mm。

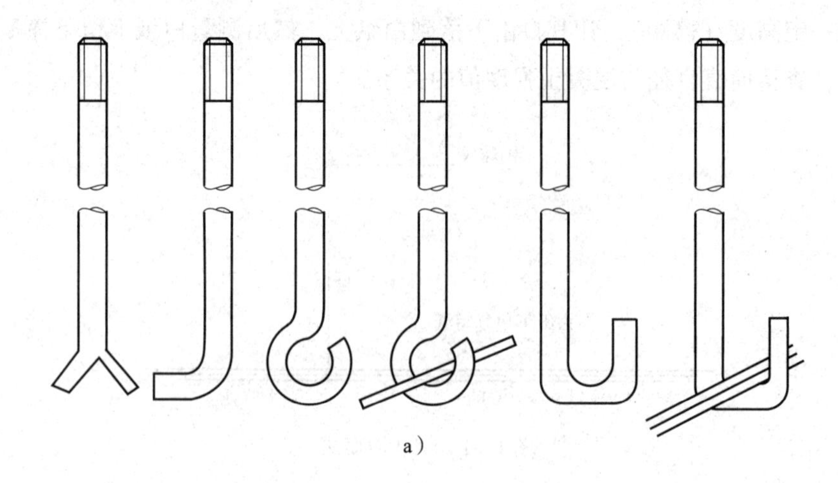

a）

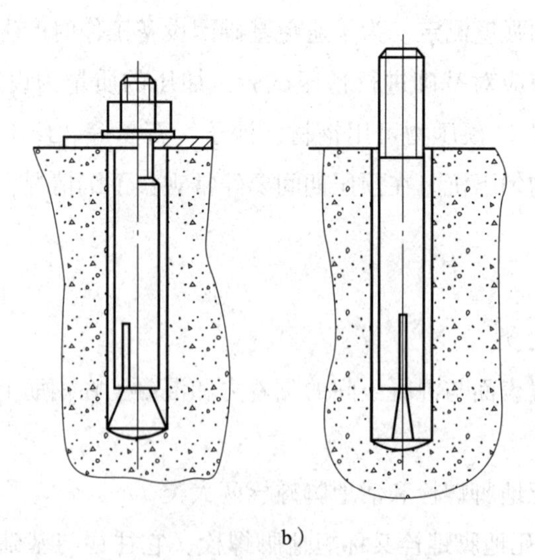

b）

图1—2　地脚螺栓的结构

a）常用地脚螺栓　b）锚固式地脚螺栓

②锚固式地脚螺栓。如图 1—2b 所示，又称膨胀螺栓，应用比较方便。安装时首先在混凝土基础平面上钻孔，孔直径应以锚固式螺栓的最大直径部位为准，能使螺栓插入孔中即可。调整好设备水平和高度，然后拧螺母；带动螺杆上升，由于螺杆下端有一段是圆锥形，使膨胀螺栓外钢套外胀，与地脚基础混凝土内孔楔牢，固定设备。

2）活地脚螺栓。如图 1—3 所示，活地脚螺栓又称长地脚螺栓，是一种可拆卸的地脚螺栓。它主要用来固定工作时有强烈振动和冲击的重型设备。这种地脚螺栓的长度一般为 1 ~ 4 m。它的形状可分为两种，一种两端都带有螺纹及螺母；另一种是锤形（T 字形）。活地脚螺栓要与锚板一起使用。锚板可用钢板焊接或铸造成形。它中间带有一个矩形孔或圆孔，供穿螺栓用。

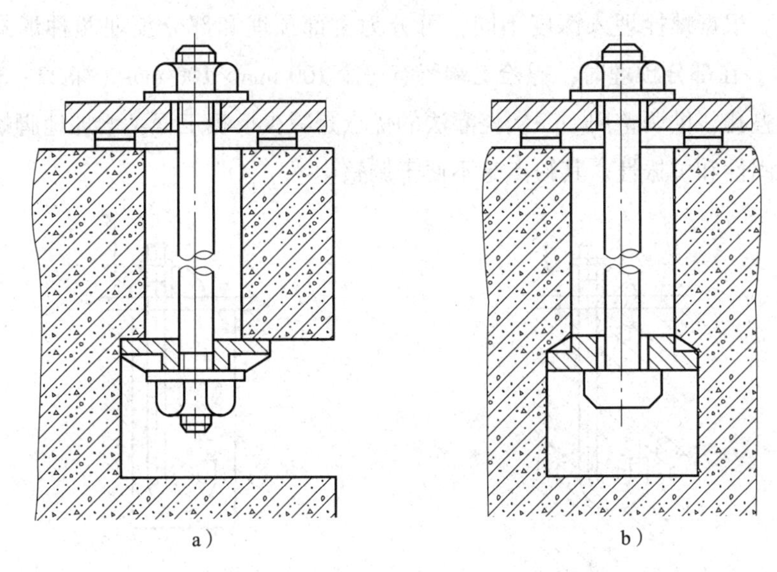

图 1—3　活地脚螺栓

a）两端都带有螺纹及螺母　b）锤形（T 字形）

（2）地脚螺栓的选用

地脚螺栓、螺母和垫圈一般都随设备带来，应符合设计和设备安装说明书的规定。如无规定可参照下列原则选用：

1）地脚螺栓的直径应小于设备底座上地脚螺栓孔的直径，其关系见表 1—1。

表 1—1　　地脚螺栓直径与设备底座上孔径的关系　　mm

孔径	12 ~ 13	13 ~ 17	17 ~ 22	22 ~ 27	27 ~ 33	33 ~ 40	40 ~ 48	48 ~ 55	55 ~ 65
螺栓直径	10	12	16	20	24	30	36	42	48

2）每个地脚螺栓应根据标准配一个垫圈和一个螺母，对于振动较大的设备，应加锁紧螺母或双螺母。

3）地脚螺栓的长度应按施工图规定选用，如无规定，可按下式确定：

$$L = 15d + S + (5 \sim 10)\ \text{mm}$$

（3）地脚螺栓的敷设

在敷设地脚螺栓前，应将地脚螺栓上的锈蚀、油脂清洗干净，但螺纹部分要涂上油脂；然后检查与螺母配合是否良好，敷设地脚螺栓的过程中，应防止杂物掉入螺栓孔内。

1）死地脚螺栓敷设方法

①一次浇灌法。在浇灌基础时，预先把地脚螺栓埋入，与基础同时浇灌称为一次浇灌法。根据螺栓埋入深度不同，可分为全部预埋和部分预埋两种形式，如图1—4所示。在部分预埋时，螺栓上端留有一个100 mm×100 mm（深22～300）mm的方形调整孔，供调整用。一次浇灌法的优点是减少模板工程，增加地脚螺栓的稳定性、坚固性和抗振性，其缺点是不便于调整。

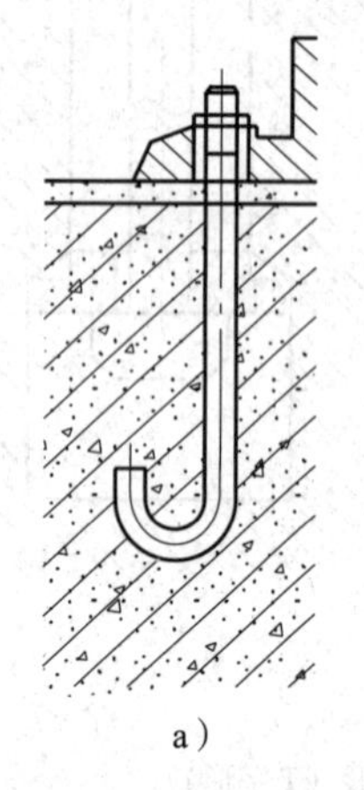

a）

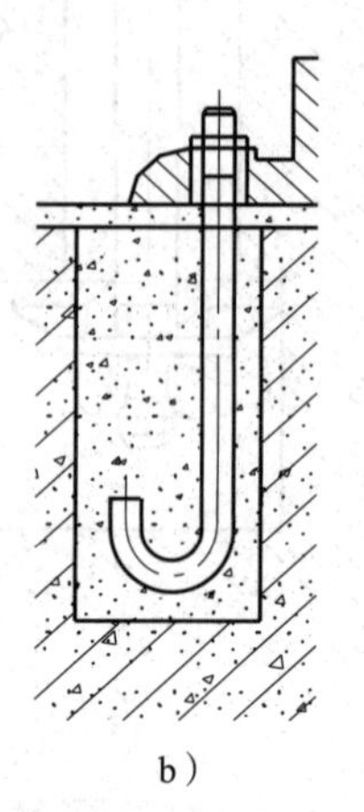

b）

图1—4　基础浇灌法

a）一次浇灌法　b）二次浇灌法

②二次浇灌法。在浇灌基础时，预先在基础上留出地脚螺栓的预留孔，安装设备时穿上螺栓，然后用混凝土或水泥砂浆把地脚螺栓浇灌死，此法的优点是便于安装时调整；缺点是不如一次浇灌法牢固。

在敷设二次浇灌地脚螺栓时，应注意其下端弯钩处不得碰底部，至少要留出100 mm的间隙，螺栓到孔壁的各个侧面距离不能小于15 mm，如果间隙太小，灌浆时不易填满，混凝土内就会出现孔洞。如果设备安装在地下室顶上的混凝土板或混凝土楼板上，则地脚螺栓弯钩端应钩在钢筋上，如果为圆钢筋，应在弯钩端穿上一圆钢棒，如图1—5所示。

2）活地脚螺栓敷设方法。在设备安装前，先将锚板敷设好，要保持平整、稳固，在安装活地脚螺栓时，不要在螺栓孔内浇灌混凝土，以便于设备的调整或更换地脚螺栓。活地脚螺栓下端如果是螺纹的，安装时要拧紧，以免松动；如果下端是T字形的，在安装时应在其上端打上方向标记，标记要与下端T字形头一致。这样当放在基础内时，便于了解它是否与锚板的长方孔成90°交角。

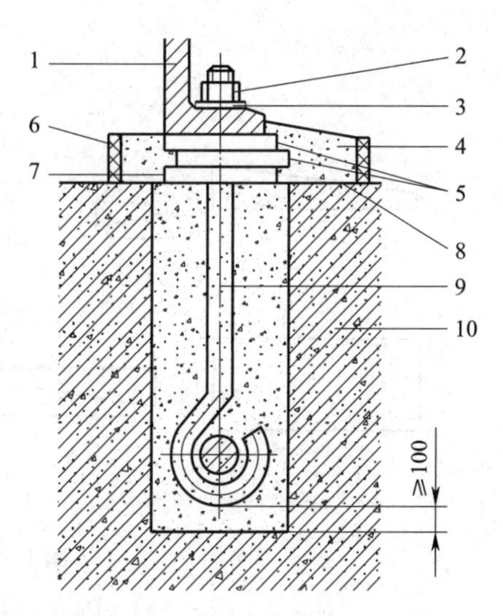

图1—5 地脚螺栓垫铁灌浆示意图

1—设备底座 2—螺母 3—垫圈 4—灌浆层 5—斜垫铁 6—模板 7—平垫铁 8—麻面 9—地脚螺栓 10—基础

（4）地脚螺栓的安装

地脚螺栓安装时应垂直，其垂直度允差为$L/100$。地脚螺栓如果不垂直，必定会使螺栓的安装坐标产生误差，对安装造成一定的困难。同时，由于螺栓不垂直，使其承载外力的能力降低，螺栓容易破坏或断裂。在水平分力的作用下会使机座沿水平方向转动，因此，设备不易固定。有时，已安装好的设备很可能由于这种分力作用而改变位置，造成返工或质量事故。若地脚螺栓安装铅垂度超过允许偏差，将使螺栓在一定程度上承受额外的应力，因此地脚螺栓的铅垂度对设备安装质量有很大影响。

4. 垫铁

如图1—6所示，垫铁用于设备的找正、找平，使机械设备安装达到所要求的标高和水平，同时承担设备的质量和拧紧地脚螺栓的预紧力，并将设备的振动传给基础，从而减少设备的振动。

平垫铁又名矩形垫铁，用于承受主要负荷和有较强连续振动的设备。

斜垫铁不承受主要载荷，与同代号的平垫铁配合使用。安装时成对使用，且应采用同一斜度，如图1—6a所示。

开口垫铁用于安装在金属结构上的设备。

钩头垫铁多用于不需要设置地脚螺栓的金属切削机床的安装，如图1—6b所示。

可调垫铁一般用于精度要求较高的金属切削机床的安装，如图1—6c所示。

机床安装时所用的调整垫铁有很多种，图1—6所示为常用调整垫铁，图1—7所示为减振垫铁。现以减振垫铁为例，说明调整垫铁的选用及使用特点。

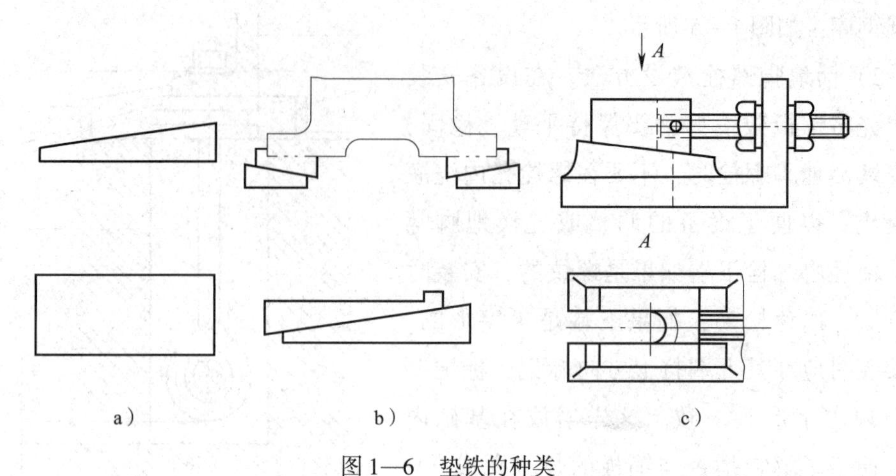

图 1—6　垫铁的种类

a）斜垫铁　b）钩头垫铁　c）可调垫铁

如图 1—7 所示，减振垫铁主要由螺栓 1、支承盘 2 和橡胶体 3 等组成。使用减振垫铁时不需要埋设地脚螺栓，根据生产工艺变化，可随意改变机床的安装位置，调整方便、迅速，且有隔振、减振、降低噪声的作用。在选用时，单个垫铁的承载力应大于机床总质量与垫铁个数之比。图 1—7a 所示为 S78 - 8 系列减振垫铁，其技术参数及选用见表 1—2。图 1—7b 所示为 S78 - 9 系列减振垫铁多用于轻型加工设备的安装。

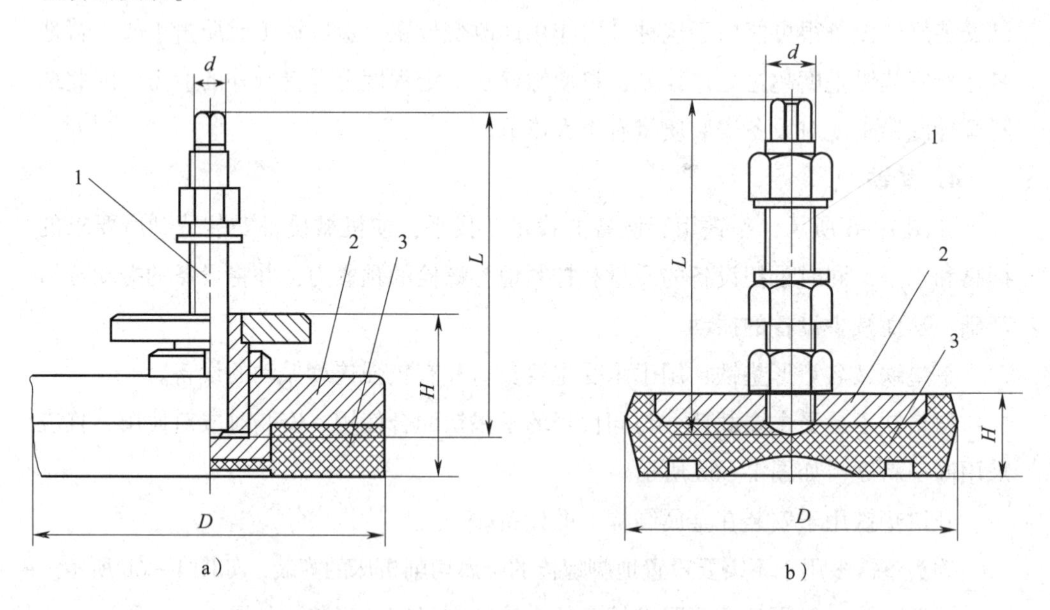

图 1—7　减振垫铁

a）S78 - 8 系列减振垫铁　b）S78 - 9 系列减振垫铁

1—螺栓　2—支承盘　3—橡胶体

表 1—2　　S78－8 系列减振垫铁技术参数

型号	外径 D/mm	螺纹 d/mm	底座高度 H/mm	螺栓长度 L/mm	可调高度 /mm	单件质量 /kg	单件承载量 /kg
S78－8－7－01	80	M10	49	100	10	0.94	80～400
S78－8－7－02	120	M12	56	120	10	2.38	310～750
S78－8－7－03	160	M16	67	140	12	4.61	700～1 200
S78－8－7－04	200	M20	80	180	14	9.85	1 100～4 800

5．机床基础的结构形式

（1）种类

机床基础一般可分为混凝土地坪式和单独块状式两大类。

混凝土地坪式基础由于施工和安装比较简单，所以成本较低。图 1—8 所示为一种单独块状式基础，它由防振层 1、基础块 2、木板 3 构成，整个基础坐落在填土层（地基）5 上，4 为混凝土地坪。

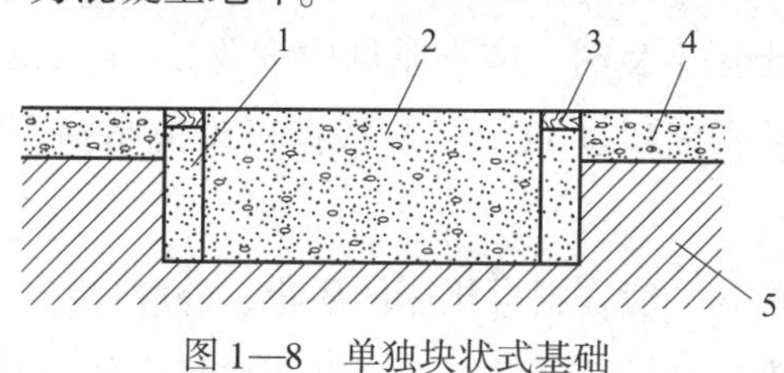

图 1—8　单独块状式基础

1—防振层　2—基础块　3—木板　4—混凝土地坪　5—填土层

机床基础应具有一定的质量，以吸收机床的振动，保证加工质量。根据实践经验，基础质量与机床及工件质量的关系如下：

$$W_{基}=k\ (W_{床}+W_{件})$$

式中　$W_{基}$——基础质量，t；

k——系数，一般机床 $k=1.1\sim1.3$；重心较高的机床 $k=1.5\sim1.7$；

$W_{床}$——机床质量，t；

$W_{件}$——机床上加工的最重工件质量，t。

如果机床的刚度较低（$L/H>8$），需要与基础共同作用保证机床的刚度，应适当增加基础的厚度，金属切削机床混凝土基础的厚度见表 1—3。基础平面尺寸应大于机床安装面的轮廓尺寸，既可增加机床的刚度，又便于调整机床。如车床基础平面尺寸应比其底座每边大 100～300 mm；磨床应比其底座每边大 100～700 mm。重心较高的机床（如立式机床）在一般机床基础平面尺寸的基础上每边加宽 200～500 mm。

表 1—3　　金属切削机床混凝土基础的厚度

序号	机床名称	基础厚度/m	序号	机床名称	基础厚度/m
1	卧式车床	0.3 +0.007L	10	螺纹磨床、齿轮磨床	0.4 +0.010L
2	立式车床	0.5 +0.15H	11	高精度磨床	0.4 +0.010L
3	铣床	0.2 +0.15 L	12	摇臂钻床	0.2 +0.13H
4	龙门铣床	0.3 +0.075	13	深孔钻床	0.3 +0.05L
5	牛头刨床	0.6 ~1.0	14	坐标镗床	0.5 +0.15L
6	插床	0.3 +0.15 H	15	卧式镗床、落地镗床	0.3 +0.15L
7	龙门刨床	0.3 +0.15L	16	卧式拉床	0.3 +0.05L
8	内圆磨床、外圆磨床、平面磨床、无心磨床	0.03 +0.08L	17	齿轮加工机床	0.3 +0.15L
9	导轨磨床	0.4 +0.08L	18	立式钻床	0.3 ~0.6

机床基础内一般不配置钢筋，但当基础长度大于 6 m、基础受力不均匀、基础上面支承点较少或填土层不良时，应在基础内设置 8 ~ 14 mm、间距 150 ~ 250 mm 的钢筋网。如果基础的长度超过 11 m，应根据机床说明书或国家有关标准配置相应的钢筋。

机床基础的结构形式一般是根据机床的质量、外廓尺寸、工作特性、加工精度及地基的周围环境等来选择的。通常，中小型普通机床采用混凝土地坪式基础；大型机床采用加厚的混凝土地坪式基础或单独块状式基础；精密机床采用单独块状式混凝土基础。

（2）机床基础防振、隔热处理

对于振动和冲击较大的机床要采取隔振措施，以减小对周围设备的影响；对于环境要求高的精密机床，要避免周围振源的影响，也必须采取隔振措施。

最简单的隔振方法是让振源与设备相距 5 m 以上，可使振动的能量随距离的增加而衰减。还可以在基础的周围设置与基础深度相等的防振沟，使振动波无法通过而起到隔振作用。

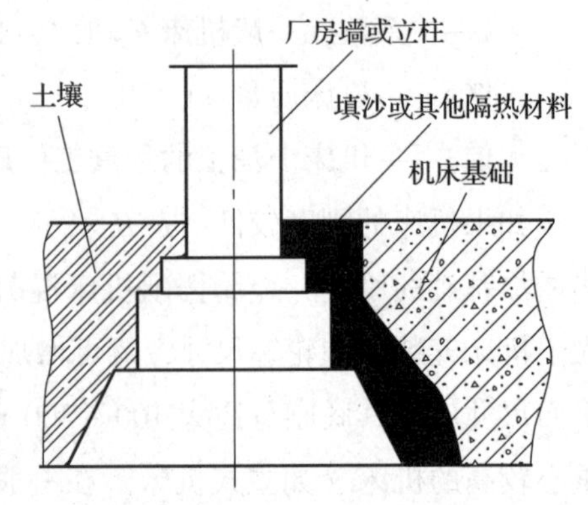

图 1—9　隔振悬挑法

精密机床安装位置应远离有剧烈振动的设备，如重型机床、锻压设备、天车钢梁立柱等，若位置受限，要将立柱基础和机床基础用悬挑法隔开，如图 1—9 所示。

在高寒、高温地区，靠近车间外墙安装精密机床的基础一定要进行隔热处理。在机床基础与土壤之间设 50～100 mm 宽的防振沟，用类似聚苯乙烯类的材料充填。在防振沟内夹入石棉等隔热、保温材料，也可减少基础与外界温差的影响，如图 1—10 所示。

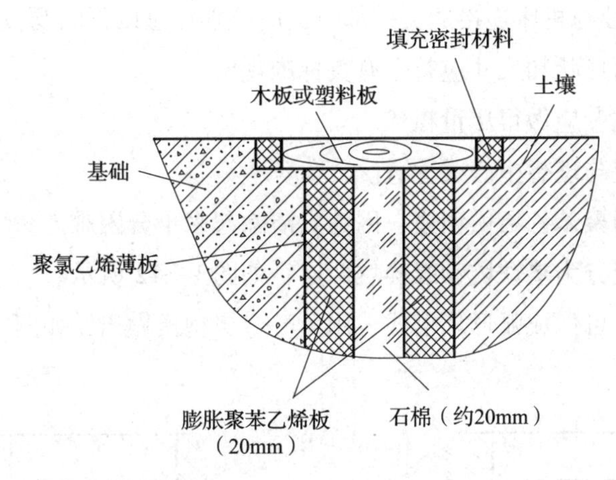

图 1—10　防振、隔热填充法

超精密机床，如导轨磨床、轧辊磨床等，其防振方法是采用弹性支承部件使整体的基础悬浮起来。近年来有人认为这种方法的效果往往不能令人满意，推荐另一类形式，如图 1—11 所示。

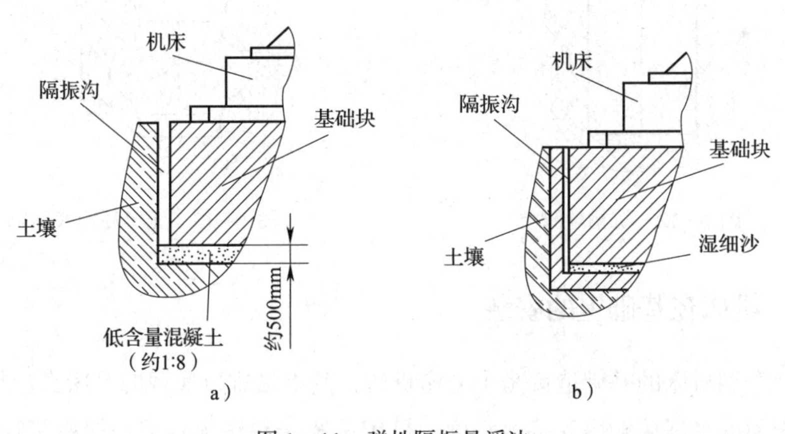

图 1—11　弹性隔振悬浮法

a）混凝土隔振悬浮法　b）湿沙隔振悬浮法

(3) 机床基础的防油、防水、防渗、防腐

机床基础由于长期受到油、水等有害液体侵蚀，会发生疏松损坏，引起地脚螺栓松动，使机床功能丧失或部分丧失。这些油和水可能来自机床的泄漏及切削、冷

却系统的失效。防治的方法有多种，如在浇筑基础的水泥浆中加入聚合物添加剂等。但常用的方法是在基础表面上涂敷防腐、防水、防渗的环氧漆等涂层。应分数次涂敷，每次厚度为 0.03 mm 左右。

（4）机床基础地脚坑

地脚坑是基础与机床连接的关键部位，应特别注意以下问题：

1）地脚坑的形状和尺寸应符合有关标准规定。

2）地脚坑坑壁应做得尽量粗糙。

3）地脚坑应与理想中心线垂直。

4）不能使用聚苯乙烯做型模，因为它清除起来十分困难。

5）地脚坑应分为垫铁坑和螺栓坑两层，如图 1—12 所示。

6）地脚坑也可做成弧形环槽式，用薄壁金属型模做出，如图 1—13 所示。

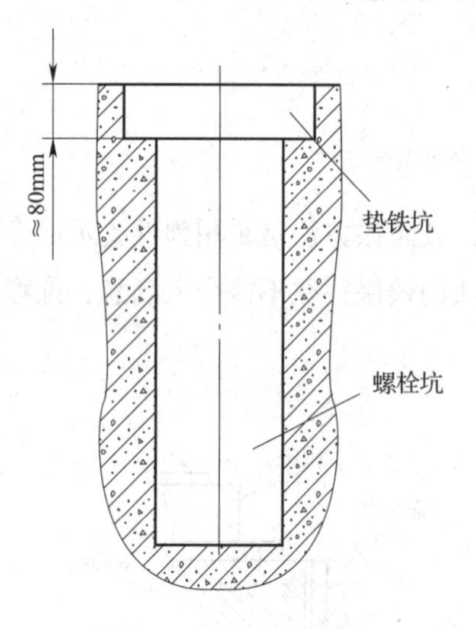

图 1—12　沉槽地脚坑

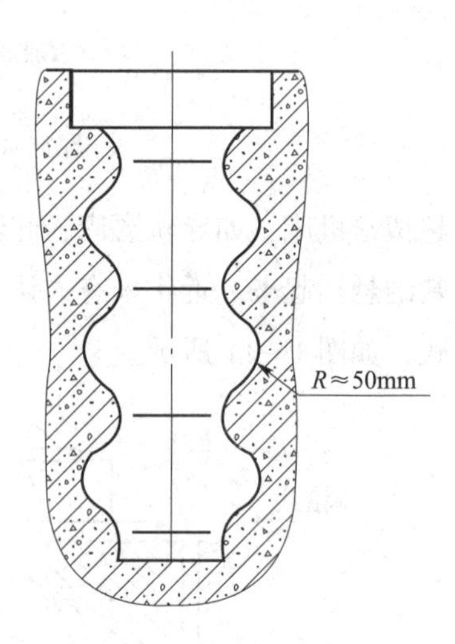

图 1—13　弧形环槽式地脚坑

三、机床在基础上的安装

一台大型机床的基础造价是十分昂贵的，其中最难以实现的是床身、垫铁、灌浆水泥表面的良好接触率和接触刚度。机床压浆安装法很轻易地解决了这个问题。它采用了一种全新的工艺手段和新的灌浆材料，使床身、垫铁、水泥的接触表面在自然就位的状态下固化，保证了良好的接触率和接触刚度。

1. 机床压浆安装的程序及注意事项

（1）机床基础浇灌完工后，应适时对基础进行预压，预压质量为机床自重与重大工件质量总和的 1.2 ~ 2.0 倍。

(2) 安装单位应先派出专业人员对机床基础进行检验，主要是几何尺寸和制作质量的检查。检验合格后，安装人员进入现场，并正式计算安装工时。

(3) 在二次灌浆前的 1 ~ 2 天，应对地脚坑进行清理，并注满水对地脚坑进行浸润，保证灌浆水泥所需的清洁度和湿度，这是非常重要的一项工作，不可忽略。

(4) 床身调整垫铁推荐选用盒式垫铁。

(5) 将盒式垫铁分解、清洗，在垫铁各滑动面及螺纹处涂润滑油，注意不能用润滑脂。

(6) 用适当高度的垫铁或垫木将床身支撑好。

(7) 将调整垫铁副与地脚螺栓装入床身。

具体工序如下：首先根据垫铁与床身地脚厚度将定位环调整好，保证地脚螺栓与螺母旋合后露出 3 ~ 4 个螺纹。同时，将斜垫铁调整成有 2/3 可上调的状态。接着在地脚螺栓上装入密封圈、盒式垫铁副，组合后装入床身地脚孔，然后装入定心套，最后用螺母紧固，悬挂在床身下端。

(8) 将数块规格为 100 mm × 50 mm × 25 mm 的平垫铁和 80 mm × 50 mm 的斜垫铁组合后，在适当位置预放于机床基础两地脚坑之间，也可用千斤顶代替，如图 1—14 所示。

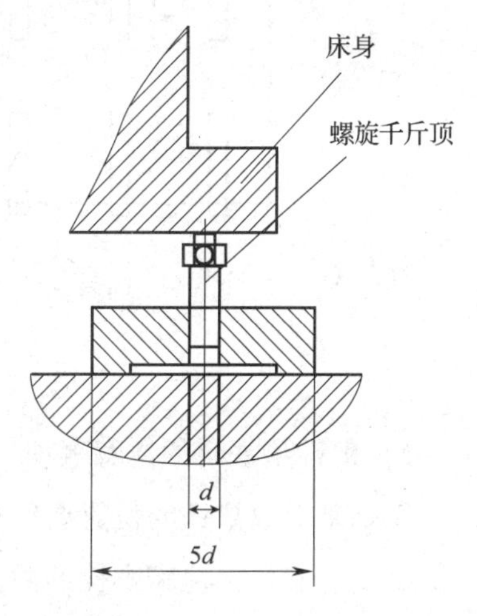

图 1—14　用千斤顶支顶设备

1) 垫铁的敷设方法

①标准垫法。如图 1—15 所示，这种垫法是将垫铁放在地脚螺栓的两侧。它是放置垫铁的基本做法，一般多采用这种垫法。

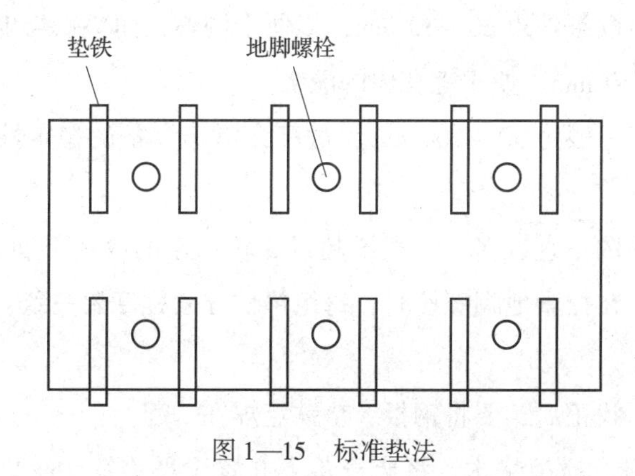

图 1—15　标准垫法

②十字形垫法。如图1—16所示，这种垫法适用于设备较小、地脚螺栓距离较近的情况。

③筋底垫法。设备底座下部有筋时，要把垫铁垫在筋底下面，以增强设备的稳定性。

④辅助垫法。如图1—17所示，地脚螺栓距离过大时，应在两垫铁中间加一组辅助垫铁，这种垫法称为辅助垫法。

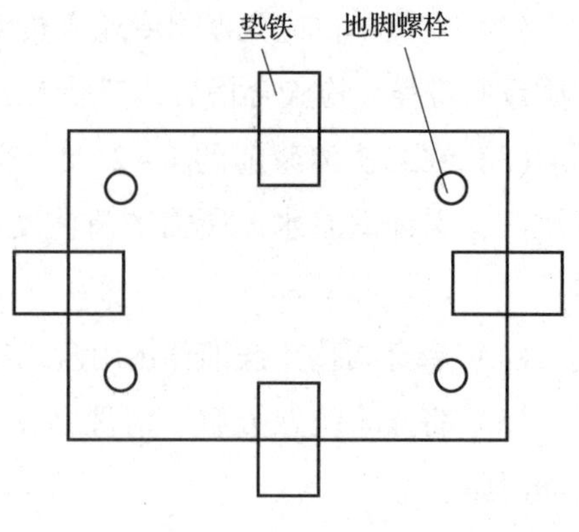

图1—16　十字形垫法

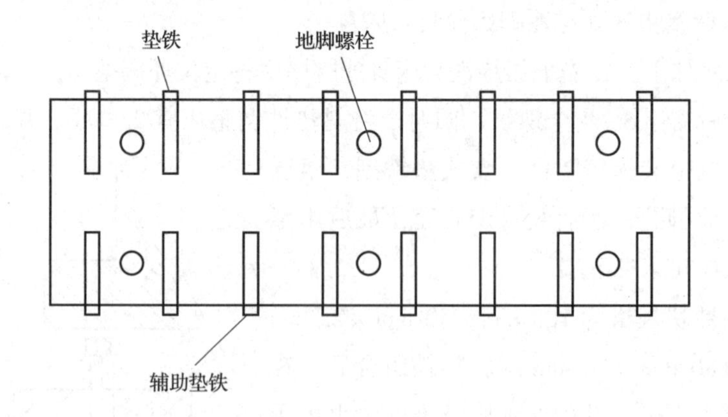

图1—17　辅助垫法

2）敷设垫铁时的注意事项

①基础上放垫铁的位置要铲平，使垫铁与基础全部接触，接触面积要均匀。

②垫铁应放在地脚螺栓的两侧，避免拧紧地脚螺栓时引起机座变形。

③垫铁间一般允许间距为70～100 cm，间距过大时中间应增加垫铁。

④垫铁应露出设备外边20～30 mm，以便于调整，而垫铁与地脚螺栓边缘的距离可保持在50～150 mm，便于螺孔内的灌浆。

⑤垫铁的高度一般为30～100 mm，过高会影响设备的稳定性，过低不便于二次灌浆的捣实。

⑥每组垫铁块数不宜过多，一般不超过3块。厚的放在下面，薄的放在上面，最薄的放在中间。在拧紧地脚螺栓时，每组垫铁拧紧程度要一致，不允许有松动现象。

⑦设备找平、找正后，要将钢板、垫铁点焊在一起。

（9）吊起床身，撤掉垫木，将床身落下并置于平垫铁、斜垫铁组合或千斤顶上，将床身悬挂的垫铁副与地脚螺栓放入基础地脚坑中。要保证垫铁底面与垫铁坑有 50 mm 以上的灌浆空间，如图 1—18 所示。

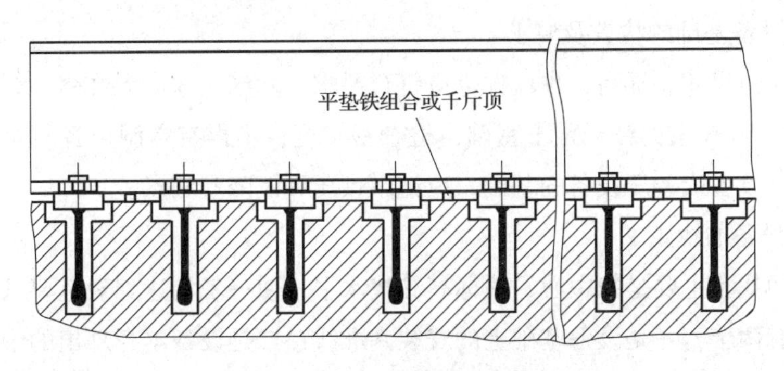

图 1—18　垫铁位置预留灌浆空间

（10）用斜垫铁或千斤顶粗调床身。对于多段拼接的床身，应满足定位销及螺栓的装配要求。

（11）将地脚坑中灌注的水抽干。

（12）地脚螺栓坑灌浆

选用的灌浆水泥必须是膨胀水泥，又称水泥基灌浆料。这种水泥基灌浆料是由水泥、集料、添加剂、矿物质掺和物等多种材料组成的，具有高流动性、高强性、不离析、微膨胀等良好的工艺性能。

（13）调整垫铁坑灌浆

调整垫铁坑灌浆应距地脚螺栓坑灌浆至少一天后进行，不能在同一天灌浆。已初步固化的地脚螺栓坑灌浆表面应该是湿润、毛糙的，灌浆水泥应从垫铁一边或一角注入，从另一边溢出，以防止混入空气。灌浆完成后，表面应该保持数日是潮湿的，以防表面微裂。

（14）压浆

压浆要适时，否则会压过量或压不动。一般在灌浆水泥强度达到 80% 时即可压浆。将临时支撑撤掉，此时，床身质量通过调整垫铁全部压在二次灌浆水泥上。

由于地脚螺栓已可靠地锚固在基础地脚坑中，螺母即将床身压向调整垫铁，而调整垫铁则压向灌浆水泥，水泥则会发生轻微的压缩变形。这一过程使床身、垫铁、水泥之间的接触面自然就位，补偿了加工及装配的误差，可获得良好的接触精度和刚度。

2. 机床的安装

安装机床时，通过水平仪、桥尺、平尺、准直仪、激光干涉仪、电子显微镜等计量器具，用调整垫铁将床身精调至安装标准要求。一般垂直平面内的直线度公差为0.02 mm/1 000 mm，水平面内的直线度公差为0.015 mm/1 000 mm，全长不得超过0.05 mm。

（1）设备基础的检查及要求

基础几何尺寸、标高、预埋件等应符合要求；基础表面应无蜂窝、裂纹及露筋等缺陷，用50 N重的锤子敲击基础，检查密实度，不得有空洞声音。对于大型设备、高精度设备或冲压设备的基础，应记录预压和沉降观测点。

（2）设备的找正

设备的找正主要是找中心、找标高和找水平，使三者均达到规范要求。设备找正的依据有两个，一是设备基础上的安装基准线；二是设备本身划出的中心线，即定位基准线。设备找正的主要内容是使定位基准线与安装基准线的偏差在允许的范围内。设备的找正可分两步进行。

1）设备的初平。设备的初平就是在设备吊装就位后，在找正的同时，也初步将设备的水平度大致调整到接近质量要求的程度。

设备初平的基本方法如下：将水平仪放在床身导轨或工作台上，检测其水平度误差，然后根据误差的大小和方位，用设备下面的垫铁进行调整，使设备的水平度大致接近质量要求的程度。初平时常用的水平仪有长水平尺和方水平仪，也有用水准仪测量的。

2）设备的精平。设备的精平是在初平的基础上，对设备的水平度做进一步的调整，使设备的水平度完全达到质量标准的规定。

对于死地脚螺栓，其设备的精平工作必须在二次灌浆养护期满后进行。这是因为设备的精平必须与拧紧地脚螺栓配合进行；否则，先精平后拧紧地脚螺栓，在螺栓拧紧过程中会使设备水平度发生变化，很可能需要重新精平。而对于用活地脚螺栓固定的设备，由于拧紧地脚螺栓不受二次灌浆的限制，故在初平之后即可进行精平。当然仍需与拧紧地脚螺栓同时配合进行。

3. 机床的试车与验收

机床的空运转试验是指不加工作载荷的运转试验，用以检查机床各系统是否正常。空运转试验的主要内容如下：

（1）主运动机构应从最低速度到最高速度依次运转，每级速度的运转时间不得少于20 min，最高速度的运转时间不得少于60 min。主轴轴承温度稳定后，检查其温度和温升是否符合表1—4中的规定。

（2）机床的进给运动机构也应做低、中、高进给速度的空运转试验，以及快速移动的空运转试验。

表 1—4　　主轴轴承的温度和温升

轴承类型	温度/℃	温升/℃
滑动轴承	60	34
滚动轴承	70	40

（3）在主运动机构和进给运动机构的各级转速下，检查机床的启动、停止、换向、制动等动作的灵活性和可靠性，变速动作的可靠性和准确性，重复定位、分度、转位的准确性，自动循环动作的可靠性，快速移动机构、夹紧装置、读数指示装置和其他附属装置的可靠性，有刻度手轮的反向空行程量，以及手轮、手柄操作力的均匀性等。手轮、手柄操作力的大小按表 1—5 中的规定检验。

表 1—5　　手轮、手柄操作力

机床质量/t			<2	2~5	5~10	>10
使用频繁度	经常用	操作力/N	40	60	80	120
	不经常用		60	100	120	160

（4）检验机床电气系统、液压系统、气动系统、润滑系统、冷却系统、光学测量装置、自动测量装置等的工作情况。

（5）检验安全防护装置和保险装置的可靠性。

（6）抽查机床的噪声、振动和各级转速下的空运转功率。

（7）对于自动机床、半自动机床和数控机床，应进行连续空运转试验，整个运转过程中不应发生故障。连续运转时间应符合表 1—6 中的规定。

表 1—6　　连续运转时间

机床控制形式	机械控制	电液控制	数控机床	
			一般数控机床	加工中心
时间/h	4	7	16	32

4．机床的负荷试验

机床的负荷试验（见表 1—7）是在加载的条件下检验各机构的强度及工作的可靠性与平稳性。负荷试验的主要试验内容如下：

（1）机床主传动系统最大转矩的试验。

（2）机床主传动系统短时间超过最大转矩 25% 的试验。

表1—7　　普通车床全负荷强度试验

材料	45钢　尺寸 ϕ65 mm×200 mm	
刀具	45°标准外圆车刀	
切削规范	主轴转速 n	48 r/min
	背吃刀量 a_p	5.5 mm
	进给量 f	1.01 mm/r
	切削速度 v	27.2 m/min
	切削长度 L	95 mm
	机动时间 T	2 min
损耗功率	空转功率	0.625～0.72 kW
	切削功率	5.3 kW
	电动机功率	7.0 kW
注意事项	1. 机床重切削时所用机构正常工作，电气设备、润滑冷却系统及其他部分均不应有不正常的现象，动作应平稳，不准有振动及噪声 2. 主轴转速不得比空回转时降低5%以上 3. 各手柄不得有颤抖及自动换位现象	
装夹方式	用两顶尖装夹	

（3）机床最大切削主分力的试验和短时间超过最大切削主分力25%的试验。

（4）机床主传动系统达到最大功率的试验。

5. 机床工作精度检验

机床工作精度检验应在规定的试件材料、尺寸、装夹方法及刀具材料、切削规范等条件下，对试件进行精加工，然后按精度标准规定的项目检验，具体检验项目及检验方法见表1—8。

表1—8　　车床工作精度的检验项目及检验方法

检验项目		检验方法	
精车外圆	圆度	300 mm测量长度上	圆度误差≤0.01 mm
	圆柱度		圆柱度误差≤0.03 mm 锥度大端允差靠近主轴端
精车端面		ϕ300 mm直径上允差≤0.02 mm；只许凹	
精车螺纹		300 mm测量长度上允差≤0.04 mm	
		任意50 mm测量长度上允差≤0.005 mm	

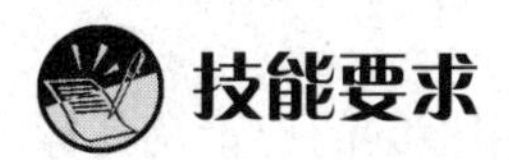

技能要求

金属切削设备的安装

一、操作准备

1. 工具准备

(1) 机具

电焊机、砂轮机、天车或叉车、呆扳手、活扳手、旋具、拔钉器、锤子、千斤顶、钳工移动操作台、轮轴节定心夹具、钢丝绳、手电筒、各种钳工工具及专用工具。

(2) 材料

钢板、橡胶板、枕木、木板、铜皮、铅丝、煤油、汽油、砂布、金相纸、塑料布、白布、棉纱、尼龙绳、脱脂液等。

2. 量具准备

水准仪、千分表、外径千分尺、内径千分尺、游标卡尺、水平仪、塞尺、钢直尺、卷尺、转速表等。

3. 基础准备

(1) 准备工作

准备好中心线调整架（见图 1—19）和螺栓找直仪（见图 1—20）。

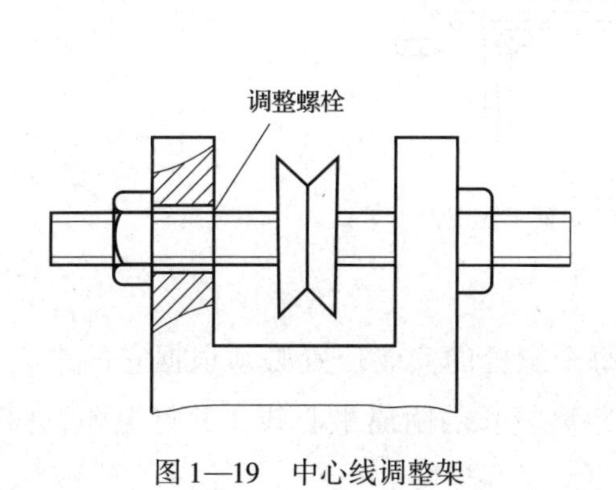

图 1—19　中心线调整架

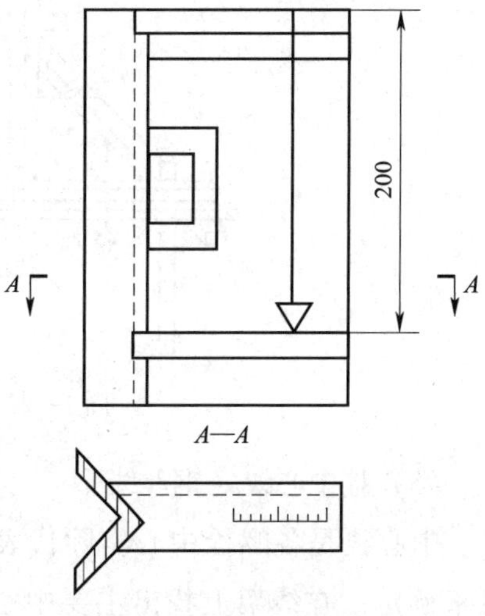

图 1—20　螺栓找直仪

（2）检查固定架和地脚螺栓

固定架应事先在基础上立好，不准有松动现象，固定螺栓用横梁的配置及其标高应与图样相符，并应保持水平，可用测量仪检查。

（3）焊螺栓固定架

按图样在钢板上划出地脚螺栓固定板位置尺寸线（以螺栓中心为准）；把角钢和固定板焊在一起，然后进行尺寸检查，得到如图 1—21 所示的螺栓固定架。

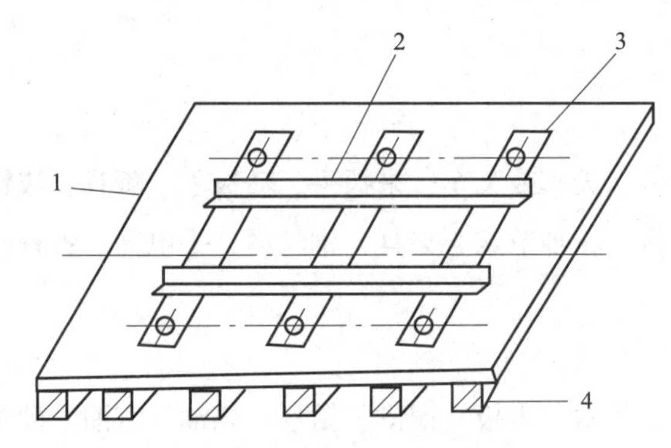

图 1—21　焊螺栓固定架

1—钢板　2—角钢　3—固定板　4—枕木

（4）安装线架

在安装地脚螺栓时，为了找准螺栓的中心位置、高低和与地面的垂直度，通常挂一根钢丝作为中心线，利用线坠和钢直尺等来找正。钢丝两端挂在线架上，末端吊上重锤使线拉直，如图 1—22 所示。

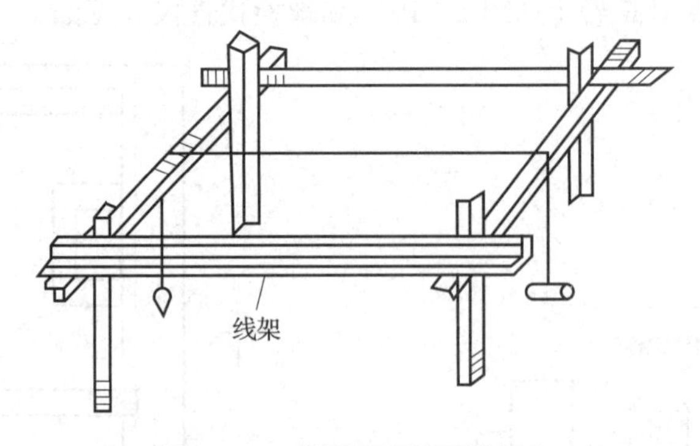

图 1—22　将钢丝安置于线架上

（5）挂中心线（钢丝线）

中心线是各螺栓中心实际代表线，每个螺栓的安装位置必须根据它的中心线来确定。在线架上找出主要中心线及距离较长的附属中心线，并打上印，标上号。

（6）地脚螺栓的找正

如图 1—23 所示为分段用线架找正地脚螺栓。同一行螺栓标高都按照这根钢丝往下调至 40 mm，但螺栓标高应从有效螺纹算起，如图 1—24 所示。

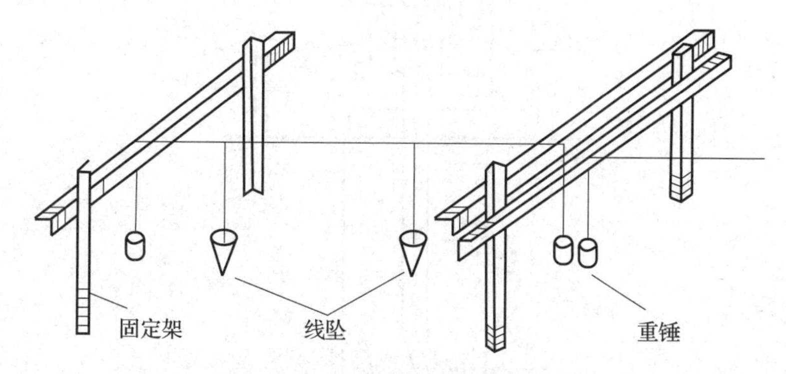

图 1—23　分段用线架找正地脚螺栓

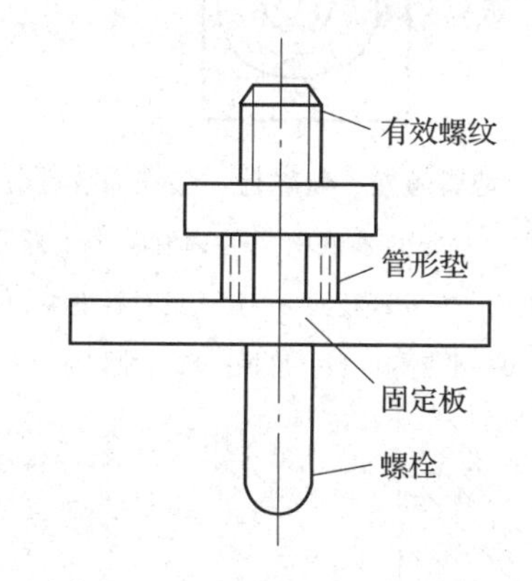

图 1—24　地脚螺栓的有效螺纹

螺栓标高拉好后，用铅油做好标记，此后不准再拧，如图 1—25 所示。

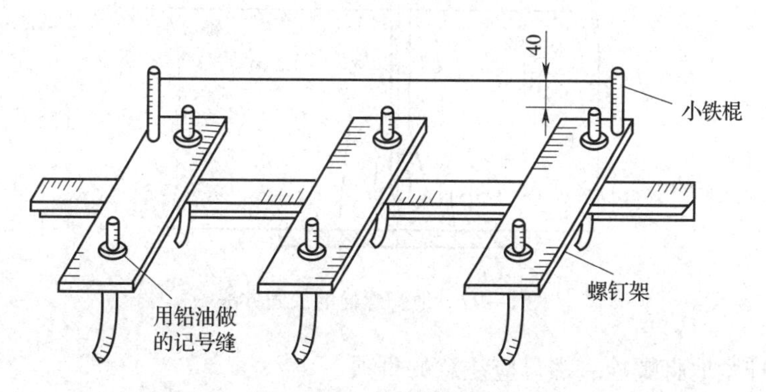

图 1—25　找正螺栓标高

（7）预留孔地脚螺栓的安放

弯钩式地脚螺栓的安放如图1—26所示，其加固方法如图1—27所示。

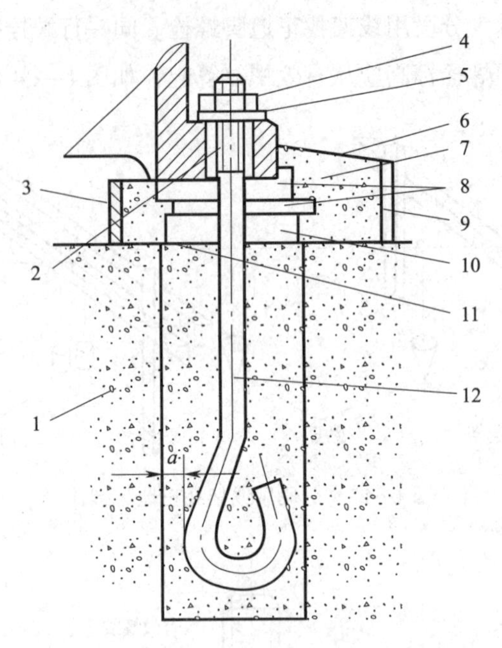

图1—26　地脚螺栓、垫螺栓、垫铁灌浆部分示意图

1—地坪或基础　2—设备脚底座　3—内模板　4—螺母　5—垫圈
6—灌浆层斜面　7—灌浆层　8—钩头成对斜垫铁　9—外模板
10—平垫铁　11—麻面　12—地脚螺栓

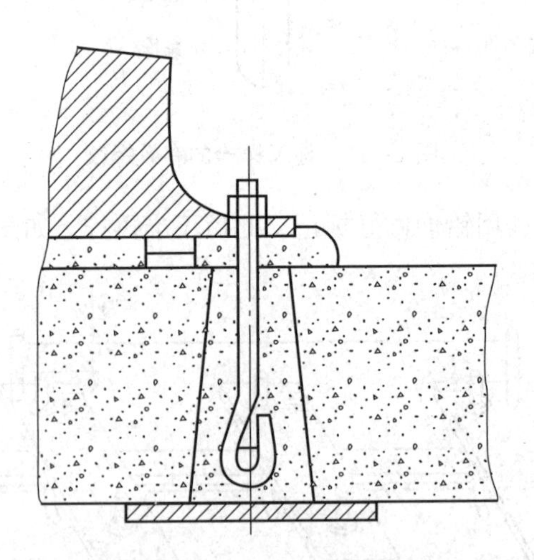

图1—27　地脚螺栓的加固方法

（8）拧紧地脚螺栓、螺母应注意的事项

1）地脚螺栓的螺母下应加垫圈，地脚螺栓须有防松装置锁紧。

2）在地脚螺栓拧上螺母以前，应用机油或润滑脂润滑，以防锈蚀致使拆卸困难。

3）在混凝土达到设计强度的 75% 后才准拧紧地脚螺栓。

4）拧紧地脚螺栓应从设备的中间开始，然后往两头交错对角进行拧紧。拧紧力要均匀。严禁紧完一边再紧另一边。紧完螺母后要用框式水平仪复查。

（9）地脚螺栓中心偏差的处理

螺栓直径小于 30 mm、中心偏差在 10 ~ 30 mm 以内时，用氧—乙炔焰将螺栓烧红，用大锤打弯后，焊钢板加固，以免螺栓拧紧时又回复原位，如图 1—28 所示。

（10）地脚螺栓在基础内松动的处理

螺栓松动时，应先把螺栓敲回原位，并将基础上的孔铲成中间大、两头小的形状，如图 1—29 所示，然后在螺栓上焊牢纵、横两根圆钢，用水将坑内冲洗干净并灌浆，等其凝固后再拧紧螺栓。

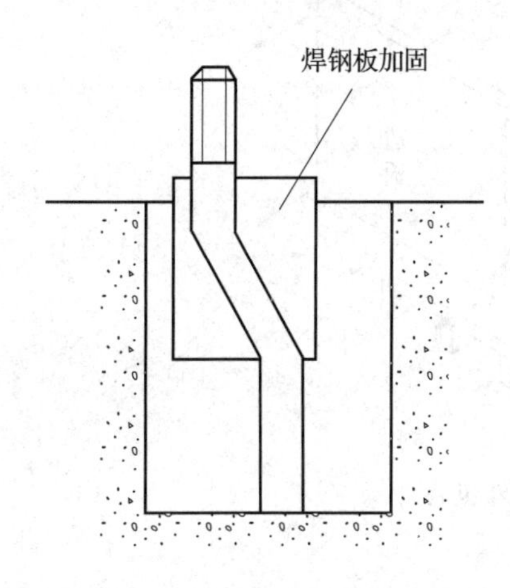

图 1—28　烧红、打弯、焊钢板加固

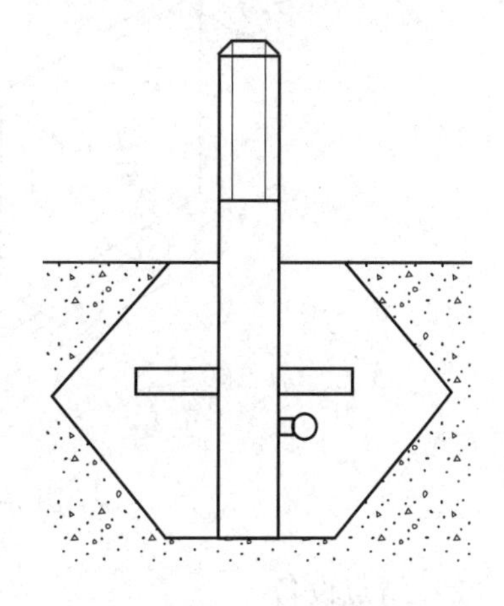

图 1—29　松动的地脚螺栓加固法

（11）基础的验收

1）所有基础表面的模板、地脚螺栓固定架及露出基础外的钢筋等都要拆除，杂物（如碎砖、脱落的混凝土块等）、污物和水要全部清除干净，地脚螺栓孔壁的残留木壳应全部拆除。

2）对基础进行外观检查，不得有裂纹、蜂窝、空洞、露筋等缺陷。

3）按设计图样的要求检查所有预埋件（包括地脚螺栓）的正确性。

4）根据设计尺寸的要求，检查基础各部位尺寸是否与设计要求相符合，如有偏差，不得超过允许偏差。

二、操作步骤

步骤1 金属切削设备的开箱检查及验收

（1）拆除外包装

如图1—30所示，将设备移至拆卸区域，根据货运单查验箱数，查验外包装是否完整、无潮湿。用拔钉器将顶盖的铁钉拔除，卸除顶盖。将箱内顶层加强梁两侧的木螺钉取出，然后拆除顶层加强梁。

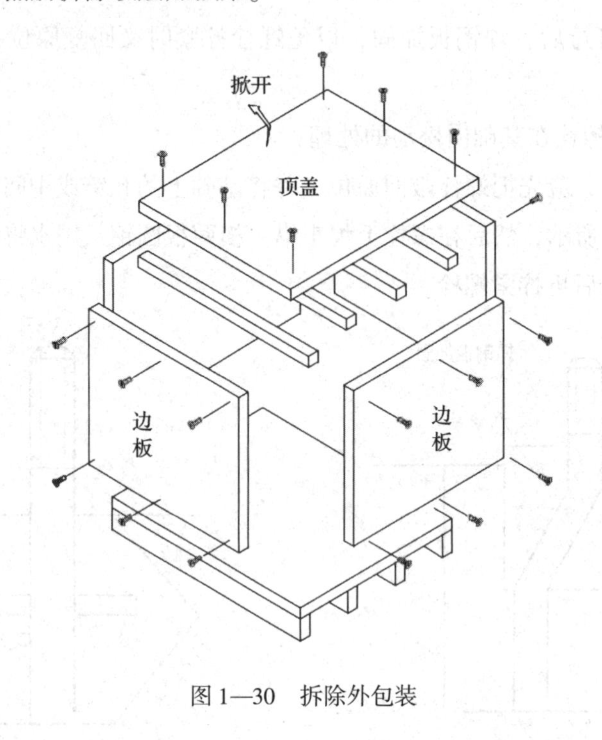

图1—30 拆除外包装

（2）清点设备

开箱取出装箱单，按装箱单查验机床及其数量、随机附件（三爪自定心卡盘、变径套）、随机工具（卡盘扳手、刀架扳手、内六角扳手、呆扳手），除此之外，四爪单动卡盘、跟刀架、中心架、回转顶尖属于特殊订货。查验说明书（含机械、电气、易损件、地基安装图）、出厂合格证明、出厂检验报告。

（3）验收

1）目测油漆完整、刻度盘清晰。

2）摇动溜板箱、中滑板、刀架手柄，应轻松并一致，正、反向无太大间隙。

3）主轴空挡盘车灵活，主轴箱、进给箱变速手柄变换正常。

4）尾座套筒伸缩自如，尾座和套筒锁紧有效。

5）刀架换位准确，锁紧有效。

6）操纵杆操作灵活、轻松、无阻滞。

7）主轴、导轨副、尾座套筒等无明显锈迹、碰撞痕迹。

8）安全装置齐全，接地绝缘电阻不大于 7 Ω。

步骤 2　金属切削设备的搬运、就位和定位

机床设备的搬运就是利用起重器具将机床从开箱存放地起吊、运输到安全地并坐落到安装基础位置上。设备定位的量度起点，若施工图或平面图有明确规定者，按图上的规定执行；若有轮廓形状者，应以设备真实形状的最外点（如车床正面的溜板箱手柄端、床头的带轮罩等，见图 1—31）算起。

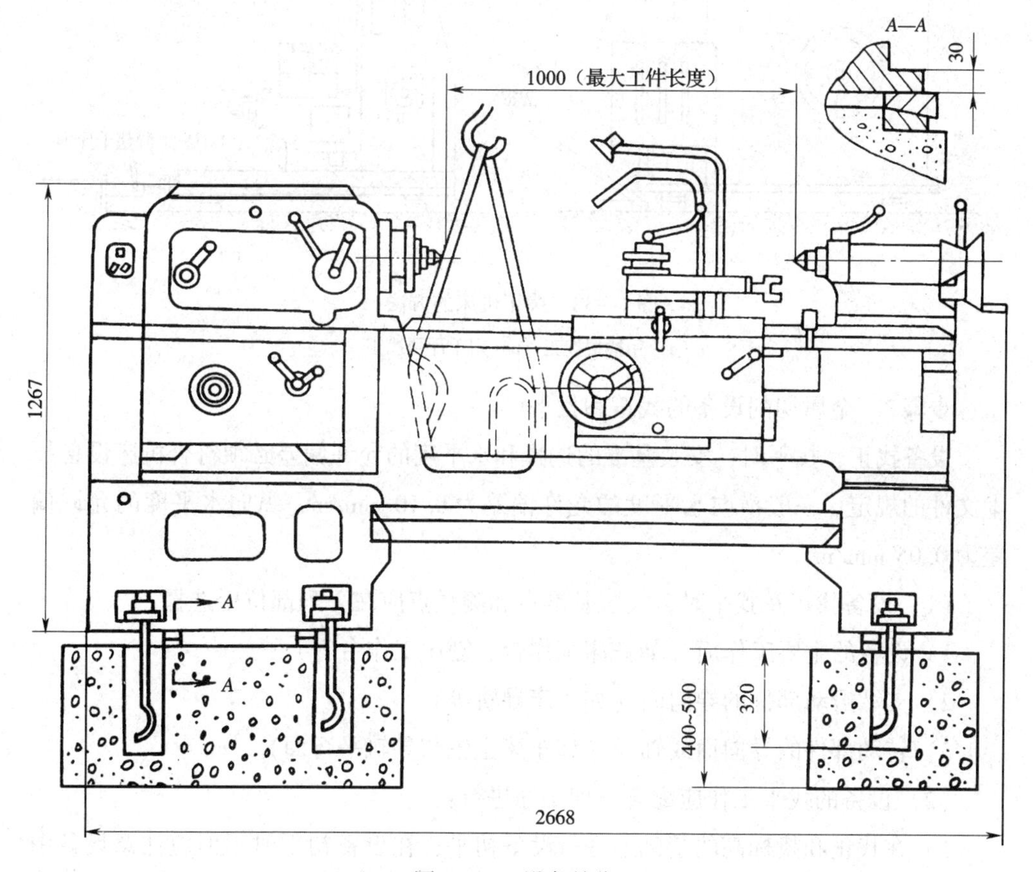

图 1—31　设备就位

设备就位应符合下列要求：

（1）设备基础底座应画出就位纵、横基准线。

（2）设备定位时应先定主体设备，再以主体设备定附属设备。

（3）固定在地坪上的整体或刚性连接的设备，不应跨越地坪伸缩缝。

（4）设备就位所使用的起重运输机具的使用与管理应遵守国家标准《起重机械安全规程》（GB 6067.1—2010）的规定。起重工作应符合下列要求：

应对起重机械性能认真检查，确认这些性能满足设备安装的工艺要求。吊装机床时，严禁捆扎丝杠、操纵杆、变速手柄、导轨副、工作台等部位起吊。

当机床中心与基础中心的位置不一致时需要拨正设备，拨正设备的方法有用撬棍拨正和用千斤顶拨正，如图1—32所示。

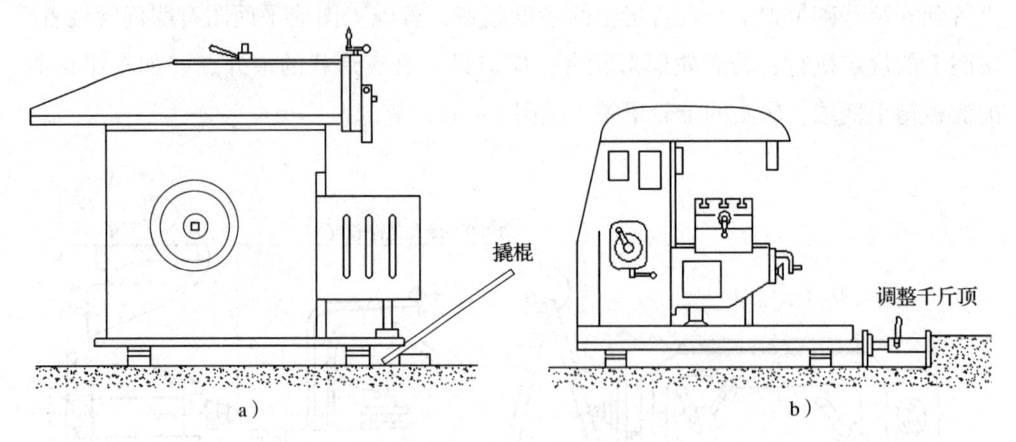

图1—32　拨正机床的方法

a）用撬棍拨正　b）用千斤顶拨正

步骤3　金属切削设备的找正和找平

设备找正、找平时，安装基准的选择和水平度的允许偏差必须符合机床设备技术文件的规定。一般横向水平度的允许偏差为0.10 mm/m，纵向水平度的允许偏差为0.05 mm/m。

（1）设备找正及找平时，安装基准点和测量点应在下列部位中选择：

1）设备的主要工作面（如铣床工作台、刨床工作台等）。

2）支承滑动部件的导向面（如车床导轨等）。

3）转动部件的导向面或轴线（如车床主轴与导轨平行面）。

（2）设备的找平工作应配合下列工序进行：

1）在找正和找标高的基础上进行设备初平，在设备初平时不但应注意设备中心的位置和安装标高，还应考虑到设备最后的调整需要。

2）在设备初平且基础螺栓孔混凝土硬化后再进行设备的精平。在设备精平的过程中应正确选择测量基面，固定测点的位置，消除误差。

3）设备找平时，在调整标高的同时还应兼顾其水平度，并找准中心线，进行多次循环复查，直到合格为止。

（3）安装设备时，安装精度的偏差宜偏向下列方面：

1）能补偿受力或温度变化所引起的偏差（如龙门机床的立柱只许向前倾）。

2）能补偿使用过程中磨损所引起的偏差，以延长使用寿命（如车床导轨只许中间凸起）。

3）有利于被加工工件的精度（如车床中滑板移动时对床鞍移动的垂直度只许偏向主轴箱方向）。

4）铣床的床身导轨只许中间凸起。

另外，精平调整应选在日夜温差较小的时间内进行，以免因温差影响调整效果；精平调整完毕，应将销钉拔出，用涂色法检查，涂色面积应大于等于 85%，最后应将销钉装牢。

（4）设备找正、找平时的要求

1）在较小的测量面上可直接用水平仪检测；对于较大的测量面，应先放上水平尺，然后用水平仪检测。水平尺与测量基准面之间应擦干净，并用塞尺检查间隙，接触应良好。

2）水平仪在使用时应正、反各测一次，以纠正水平仪本身的误差。天气寒冷时，应防止接近灯泡或因人的呼吸等热度影响测量准确度。

3）找正设备的水平度所用水平仪、水平尺等必须校验合格。

步骤 4　金属切削设备的固定

设备找平、找正应在设备处于自由状态下进行，不得采用拧紧或放松地脚螺栓、局部加压等方法使其强行变形来达到安装要求。

（1）金属切削设备的调平方法（见图 1—33）

1）床身纵、横向水平度。在床身导轨两端检查，移动床鞍，床身长度大于 2 m 时，中间应增加 1 个检查点，允许偏差为 0.04 mm/1 000 mm。

2）将刨床工作台和横梁分别置于全行程的中间位置，在工作台上平面的中央位置放置水平仪，测量纵向平面 b 和横向平面 a。纵向平面和横向平面内的允差值均为 0.04 mm/1 000 mm。

3）铣床工作台水平位置的调整。调整时，把两个水平仪互相垂直地放在工作台面上，通过床身地脚的楔铁来调整工作台的水平位置。两个水平仪读数均应不超过 1 000∶0.04。

（2）金属切削设备的固定

1）紧固金属切削设备的地脚螺栓时采用呆扳手，不得使用敲击法及超过螺栓的许用应力。

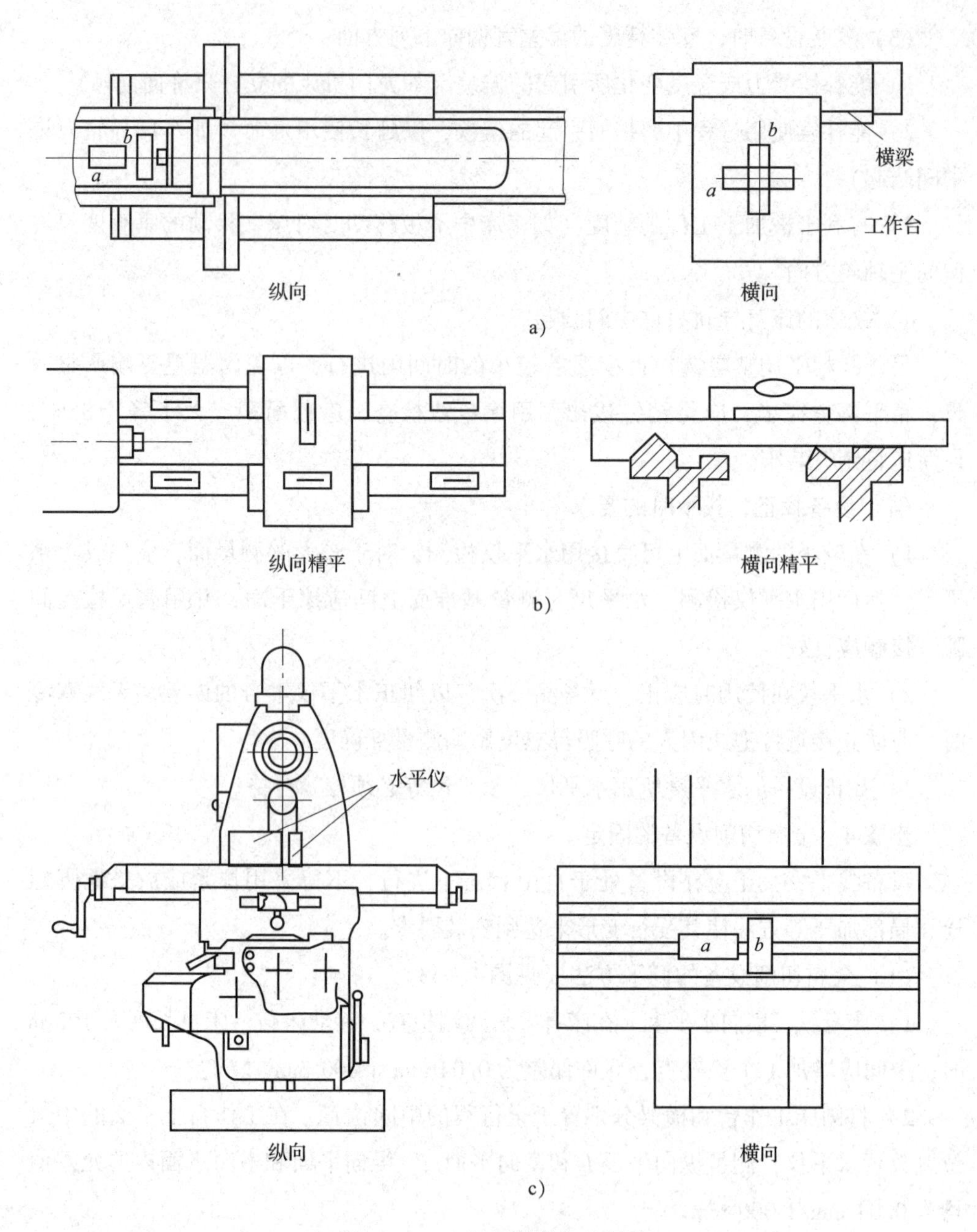

图 1—33　金属切削设备的调平

a）刨床床身调平　b）车床床身调平　c）铣床床身调平

2）紧固地脚螺栓时，水平仪应放置在金属切削设备的找平基准面上，一面观察水平仪水平数值的变化，一面交叉、对称、均匀地拧紧螺母。

3）螺母拧紧后，应与金属切削设备的地脚连接孔端面紧密接触，不允许有间隙；锁紧螺母拧紧后，螺栓应露出 2 ~ 3 个螺距。

4）有预紧力的螺栓紧固方法

①利用专用力矩扳手直接测得数值。

②测量螺栓紧固后伸出的长度 L_m（见图 1—34）。

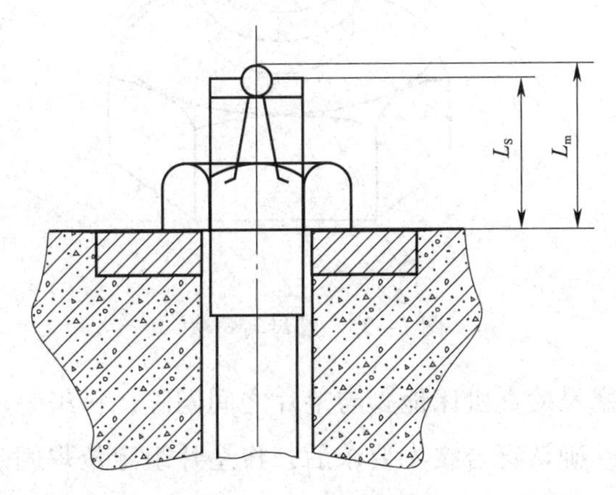

图 1—34　伸长后的螺栓

按以下公式计算：

$$L_m = L_s + P_0/C_L$$

式中　L_m——螺栓紧固后伸出的长度，mm；

L_s——地脚螺栓的长度，mm；

P_0——预紧力，随机技术文件的规定值，N；

C_L——螺栓刚度，N/mm，按 GB 50231—2009① 的规定计算。

③采用螺母转角法达到预紧力（见图 1—35）。其螺母转角法的角度值可按下式计算：

$$\theta = \frac{360°}{P} \times \frac{P_0}{C_L}$$

式中　θ——螺母转角法的角度值，(°)；

P——螺距，mm；

P_0——预紧力，N；

C_L——螺栓刚度，N/mm。

④地脚螺栓拧紧应分为初拧、复拧、终拧。初拧扭矩为 $0.13 \times P_c \times d$ 的 50% 左右，复拧扭矩应等于初拧扭矩。初拧或复拧后应在螺母上做标记，然后按终拧扭矩进行终拧，终拧后螺栓上应拧上防松螺母。

① 国家标准《机械设备安装工程施工及验收通用规范》。

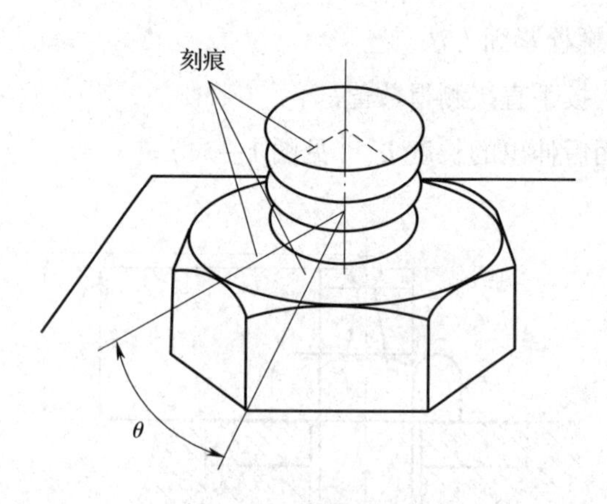

图1—35　螺母转角法

⑤用0.04 mm塞尺检查机床地脚与垫片之间间隙，每组垫片周边只允许塞入小于10 mm的塞尺。确认符合技术要求后，将垫片组定位焊固定，应避免垫片变形而影响机床调平的技术要求，定位焊后复检地脚螺栓是否回松。

步骤5　善后工作

（1）复检机床找平基准面的水平值是否符合机床调平技术要求，确认拧紧机床地脚螺栓及防松螺母，符合安装技术要求后，可准备地脚基础的灌浆。

（2）对机床进行清洗，在试车前仔细擦去机床各部位的防锈油，不得使用金属工具和其他足以划伤零件表面的器具来擦油。擦净后，在外露的金属表面薄薄地抹上一层机油。

（3）进行试车，试车前应对各部件箱体进行清洗和加注润滑油，每个润滑点各进行一次加油和检查，注油量必须达到规定的油标高度。机床接上电源后，首先检查电动机的旋转方向，并按照操纵按钮与运动方向一致校正接线，然后进行试车运行。

（4）准备机床负荷试验，目的是检查机床在额定功率和短时间超负荷情况下各部分机构是否能平稳、正常地工作。

（5）检查机床的附件是否齐全，准备切削试验的刀具、材料、量具和切削液，目的是检验机床能否达到设计时的技术要求。

（6）认真填写有关验收表格，保管好有关的验收资料。

三、注意事项

1. 预先配置380 V电源接线，应紧固且无松动现象；三相电压平衡，达到试车备用要求，目的是使机床试验能正常、连续地进行，保护电动机不异常发热。

2. 地脚基础最后灌浆应平整，没完全干固前不得进行试验。如果发现混凝土与机床有收缩缝，应敲掉重新平整。目的是避免油渍渗入地脚，腐蚀基础，造成混凝土风化现象。

3. 查阅机床使用说明书的抗振试验技术要求，编制试验工艺方案；准备机床试验所需要的材料和刀具。目的是保障机床在热平衡状态下检验机床的综合技术状态和试验的连续性。

第 2 节　金属切削设备调试

学习单元　金属切削设备的调试

学习目标

1. 了解金属切削设备的加工特点。
2. 了解金属切削设备的调试项目与要求。
3. 了解金属切削设备的调试安全规程。
4. 能进行卧式车床、卧式铣床、牛头刨床的试车。

知识要求

金属切削设备是用于加工机械零件的设备，称为工作母机或工具机。金属切削设备由基本部分和辅助部分组成。

一、金属切削设备的加工特点

机床加工时所需的表面成形运动的形式、数目与被加工表面形状、所采用的加工方法和刀具结构有关。机床必须有执行件、运动源和传动装置三个基本部分。

常用的运动源有三相异步电动机、直流电动机、步进电动机。内传动链要求具有准确的传动比，在内传动链中不应该有摩擦传动和链传动等传动比不准确的传动副。

1. 刨削加工的特点

刨削主要用在单件、小批量生产中，在维修车间和模具车间应用较多。刨床主要组成部件有床身、刀架、滑枕、工作台、进给机构。

刨削主要用来加工平面（包括水平面、垂直面和斜面），也广泛地用于加工直槽，如直角槽、燕尾槽和T形槽等。如果进行适当的调整和增加某些附件，还可以用来加工齿条、齿轮、花键和母线为直线的成形面等。

2. 车削加工的特点

车削加工工艺范围广，生产效率高，精度范围大，高速精车是加工小型有色金属零件的主要方法，生产成本低。车床主要组成部件有主轴箱、进给箱、溜板箱、床鞍、尾座。

车削加工方法主要有外圆车削、圆锥面车削和螺纹加工。

3. 铣削加工的特点

铣床在结构上有较高的刚度和抗振性。铣削一般用于粗加工和半精加工。铣床主要组成部件有主变速机构、主轴部件、升降台、回转盘、工作台及顺铣机构。

二、金属切削设备的调试项目与要求

在金属切削机床的质量评定中，机床精度的检查最为重要。除此之外，还需检查传动系统、操作系统、润滑系统、电气系统、运动系统等。

对金属切削机床进行质量评定的方法有仪器测定法和观察判断法两种。

1. 金属切削设备安装精度的检验和调整

金属切削机床质量的优劣主要表现在其技术性能和精度上。机床精度在一定程度上反映了机床综合技术状态，因此，对金属切削机床质量进行评定时，应考察其精度。机床精度检验分为几何精度检验和工作精度检验。

机床的几何精度是指机床在不运转时，部件之间相互位置精度和主要零件的形状精度、位置精度。机床的几何精度对所加工零件的几何精度有直接影响。对于通用机床，国家已制定了检验标准，规定了检验项目、方法和判断标准。

机床的工作精度是指机床在运转条件下，对工件进行加工时所反映出来的机床精度。通过机床加工后工件的实际几何参数与理想几何参数符合程度好，则机床工作精度高；符合程度差，则机床工作精度低。

影响机床工作精度的主要因素是机床的变形和振动。目前，对机床工作精度的评价主要是通过检测切削典型零件所达到的精度，间接地对机床工作精度做出综合评价。

2. 金属切削设备试运转

金属切削机床试验是为检验机床的制造质量、加工性质和生产能力而进行的试验，主要进行空运转试验和负荷试验。

机床的空运转试验是在无载荷状态下运转机床，检验各机构的运转状态、温度变化、功率消耗，以及操纵机构动作的灵活性、平稳性、可靠性和安全性。

机床的负荷试验用以检验机床的最大承载能力。负荷试验一般用实际切削方法，按试验规程进行。在进行负荷试验时，机床所有机构均正常工作，不应有明显的振动、冲击、噪声和不平衡现象。

三、金属切削设备调试的安全规程

1. 牛头刨床调试的安全规程

（1）变速手柄应操作灵活，挡位分明，定位可靠。

（2）将滑枕手动方头轴上使用过的手柄取出。

（3）调整滑枕的行程不得超出机床允许范围。

（4）工作台牢固地固定于横梁滑板上，前部固定于支架上，横梁应紧密地压紧在床身导轨上，不得有松动现象。

（5）工作台面上不得放置工具、量具及其他杂物。

（6）机床工作台前部应设置防护网或防护挡板，并搁置稳当，以防止飞出的切屑伤人。

（7）工件装夹要牢固，增加机床用平口虎钳夹紧力时应用接长套筒，不得用锤子敲打扳手。

（8）刀具不得伸出过长，刨刀要装牢。

（9）手动调整滑枕全行程时刀具不接触工件，滑枕前后不允许站人。

（10）刨削过程中，头、手不要伸到滑枕前检查，不得用棉纱擦拭工件和机床转动部位。机床不停稳不得测量工件。

（11）必须将刀架退离工件后才可移动工作台。

2. 车床调试的安全规程

（1）找正工件时只准用手扳动卡盘或开最低速找正，不准开高速找正。

（2）进行圆度、圆柱度切削试验时，棒料长度不得超过 300 mm，不得使用高转速；车削外圆时，只准用光杠而不准用丝杠带动床鞍进给。

（3）进行车槽试验时，棒料长度不得超过 150 mm，不得使用高转速。

（4）切削盘形坯料时必须夹紧牢靠，用手转动卡盘检查无障碍后，再低速回转，确认夹紧后方可进行切削。

（5）进行车削螺纹试验时，棒料长度不得超过 300 mm，不得使用高转速。

（6）床鞍和中滑板做快速移动时，必须在离极限位置前 50 ~ 100 mm 处停止快速移动，以防止碰撞。

（7）车刀安装不宜伸出过长，车刀垫片要平整，宽度要与车刀底面宽度一致。

（8）改变主轴旋转方向时，要先停主轴，不准突然改变主轴旋转方向。

（9）试验中不准用开反车的方法来制动主轴回转。

3. 铣床调试的安全规程

（1）进行铣床试验时应戴好防护镜，以防切屑飞溅伤眼，并在机床周围安装挡板，使其与操作区隔离。

（2）工作台移动时紧固螺钉应打开，工作台不移动时紧固螺钉应拧紧。

（3）装卸刀具时，应保持铣刀锥体部分和锥孔的清洁，并要装夹牢固。安装铣刀前应检查刀具是否对号、完好，铣刀尽可能靠近主轴安装，装好后要试车。

（4）试验使用机床用平口虎钳或专用夹具夹持工件时，应尽可能放在工作台的中间部位，避免工作台因受力不均匀而产生变形。

（5）试件装夹应牢固，工作台不准堆放工具、量具，注意刀具和工件的距离，防止发生撞击事故。

（6）试件进行铣削试验时应先用手进给，然后逐步自动进给。自动进给时拉开手轮，注意限位挡块是否牢固；不准放到尽头，以免走到两端而撞坏丝杠；使用快速行程时，要事先检查是否会相撞等，以免碰坏机件或铣刀碎裂飞出伤人。经常检查手轮内的保险弹簧是否有效、可靠。

（7）进行铣削试验时禁止用手摸切削刃和加工部位。检测工件时必须停车，切削时不准调整试件。

（8）进行铣削平面试验时，必须使用有四个刀头以上的刀盘，选择合适的切削用量，防止机床在铣削中产生振动。

（9）主轴停止前，必须先停止进刀。如果背吃刀量较大，退刀前应先停车，更换交换齿轮时需切断电源，交换齿轮间隙要适当，交换齿轮架的背紧螺母要紧固，以免造成脱落；加工毛坯时转速不宜太快，要选好背吃刀量和进给量。

（10）发现机床有故障时，应立即停车检查并通知机修工修理。

技能要求

卧式车床的试车

普通车床安装或修复后应满足下列四个方面的要求：

第一，达到零件的加工精度或工艺要求。

第二，保证机床的切削性能。

第三，操纵机构应省力、灵活、安全、可靠。

第四，排除机床的热变形、噪声、振动、漏油等故障。

一、操作准备

1. 工具准备

台式钻床、旋具、扳手、内六角扳手、V带、油壶、机油。

2. 量具准备

百分表（带磁力表座）。

二、操作步骤

步骤1 调整前的检查

机床组装应符合下列要求：

（1）组装应符合设备技术文件的规定。

（2）对于机床部件的固定结合面，在连接螺钉紧牢后，用0.03 mm的塞尺检查，插不进去为合格。对于高精度机床部件的固定结合面，用0.02 mm的塞尺检查，插不进去为合格。结合面应用研点检查，达到6~8点/（25 mm×25 mm）为合格。

（3）应仔细检查、调整机床滑动部件的镶条、压板，其间隙以0.03~0.05 mm为宜。其接触斑点数应不少于10点/（25 mm×25 mm）。

（4）定位销孔、方键槽与销钉、方键在装配前应用涂色法检查，接触面应均匀且不得少于80%。

步骤2 空载试车和机构调整

（1）主轴箱部件空运转试验要求及调整方法

1）主轴箱中的油平面不得低于油标线。

2）变换速度和进给方向的变换手柄应灵活，在工作位置和非工作位置上固定（定位）要可靠。

3）空运转试验时，从最低速度开始依次运转主轴的所有转速。各级转速运转时间以观察正常为限，最高转速的运转时间不得少于0.5 h。主轴的滚动轴承温升不得超过40℃；主轴的滑动轴承温升不得超过30℃；其他机构的轴承温升不得超过20℃。要避免因润滑不良而使主轴发生振动及过热现象。其他机构的轴承在工作中发生不正常的高热时，可用箱体外轴承法兰盖上的调整螺钉来调整，并依次测试主轴的各级转速。

4）主轴发生不正常的过热及振动时，应调整主轴的轴承间隙。

5）调整摩擦离合器，必须保证能够传递额定的功率而不发生过热现象。过松时摩擦片容易打滑、发热，造成启动不灵；过紧则失去保险作用，且操纵费力。调整方法为先将定位销按入滑套内，这时才能拧紧定螺母，以调整到需要的位置上。调整后定位销必须弹回到紧定螺母的一个切口中。

6）调整主轴箱制动装置，当离合器松开和改变主轴旋转方向时，如果主轴未能立即停止（主轴转速为300 r/min，其制动时间应为2～3 r时间内），可通过螺母调整制动装置的制动闸带，使它紧一些。然后，检查在压紧离合器时制动闸带是否松开。调整应在电动机开动（主轴不转）时进行。

（2）中滑板与刀架部件的空运转试验要求及调整方法

1）中滑板在床鞍上的移动及刀架的上滑座、下滑座在燕尾形导轨上的移动应均匀、平衡，镶条、压板应调整至松紧适宜。

2）各丝杠应旋转灵活、准确，有刻度装置的手轮（手柄）反向时的空行程不得超过1/20 r。

3）中滑板丝杆间隙调节方法：先将前螺母的螺钉拧松，然后用中间的螺钉将楔块上拉，调整至适当的间隙后，再将前螺母的螺钉拧紧。

（3）进给箱、溜板箱部件的空运转试验要求及调整方法

1）各种进给手柄及换向手柄应与标牌相符，固定可靠，相互间的互锁动作可靠。

2）启闭开合螺母的手柄应准确、可靠，且无阻滞或过松现象。

3）中滑板及刀架在低速、中速、高速的进给试验中应平稳、正常，且无显著振动。

4）溜板箱的脱落蜗杆装置手柄应灵活、可靠，按定位挡铁的位置能自行停止。机床过载或碰到挡块而蜗杆不能脱落时，可用特殊扳手松开螺母及弹簧；当蜗

杆进给量不大却自行脱落时，则应旋紧螺母以压紧弹簧。但绝不能把弹簧压得太紧，否则在机床过载时，蜗杆不能脱开而失去了它应有的作用，甚至造成机床损坏。

步骤3　负载试车

（1）在满足生产工艺要求的情况下，以机床最大切削主分力的1/2左右为切削主分力，以机床主电动机额定功率的1/2左右为切削试验功率，试验时切削用量自行选择。

（2）机床在重切削时，所有机构应正常工作，电气设备、润滑冷却系统及其他部分均不应有不正常的现象，动作应平稳，不准有振动及噪声。

（3）主轴转速不得比空运转时降低5%以上。

（4）各部位手柄不得有颤抖及自动换位现象。

（5）不应超负荷。

步骤4　善后工作

车床验收工作应聘请有关人员共同参加，并按已制定的验收标准进行。安装的后期工作很重要，它有利于车床按技术等级使用和使设备尽早投产。验收及后期工作包括以下内容：

（1）机床力学性能验收

经过安装或大修及全面保养，机床的各项力学性能应达到要求，几何精度应在规定的范围内。

（2）电气控制功能验收

电气控制的各项功能必须达到动作正常、可靠的要求。

（3）试件切削验收

参照国家标准《金属切削机床安装工程施工及验收规范》（GB 50271—2009），在有资格的操作工配合下进行试切削。试件切削可验收机床刚度、切削力、噪声、互锁动作等，一般不宜采用产品零件作为试件使用。

（4）图样、资料验收

机床安装完毕，应及时将图样（包括原理图、配置图、接线图、部件图等）、资料（包括各类说明书）、安装档案（包括基础安装、车床安装的各种记录）汇总、整理并建档。保持资料的完整、有效、连续，这对该设备今后的稳定运行是十分重要的。

三、注意事项

1. 注意安全，遵守试验规程和安全操作规程，车工操纵车床时不准戴手套和拿棉纱。

2. 打开主轴箱盖，观察和调试主轴箱有关内容时，防止主轴箱盖落下，特别注意不要开动车床，为安全起见，应把车床开关断开。

3. 任何情况不得通过切断电源进行紧急制动。

4. 未经工程部或验收技术部同意，不得拆卸机床上的任何机构和零件。试验完成后，必须擦拭机床，加润滑油，打扫现场。

卧式铣床的试车

一、操作准备

1. 工具准备

台式钻床、旋具、扳手、内六角扳手、V带、油壶、机油。

2. 量具准备

百分表（带磁力表座）、工具圆锥量规（锥度为7∶24）、工具圆锥量棒（锥度为7∶24，测量部分长300 mm）、水平仪（精度为0.02 mm/1 000 mm）、测量用直角尺。

二、操作步骤

步骤1　调整前的检查

（1）机床置于自然水平状态，一般不用地脚螺栓固定。

（2）清除各部件滑动副的污物，用煤油清洗后再用机油润滑。

（3）用0.03 mm塞尺检查各固定结合面的密合度，要求插不进去；检查各滑动导轨的端部，塞尺插入深度应不大于20 mm。

（4）检查各润滑油路装置是否正确（有些在装配时就应注意做好）、油路是否畅通。

（5）按润滑图表规定的油质、品种及数量在机床各润滑处注入润滑油。

（6）用手动操纵，在全行程上移动所有可移动的部件，检查移动是否轻巧、均匀，动作是否正确，定位是否可靠，手轮的作用力是否符合通用技术要求。

（7）检查限位装置是否齐全、可靠。

（8）检查电动机的旋转方向，如果不符合机床标牌上所注明的方向，应予以改正。

（9）在摇动手轮或手柄时，特别是使用机动进给时工作台各方向的夹紧手柄应松开。

步骤 2　空载试车和机构调整

（1）空运转自低级转速逐级加快至最高转速，每级转速的运转时间不少于 2 min，最高转速的运转时间不少于 30 min，主轴轴承达到稳定温度时不得超过 60℃。

（2）启动进给箱电动机，应用纵向进给、横向进给和垂直进给进行逐级运转试验及快速移动试验，各进给量的运转时间不少于 2 min，在最高进给量下运转至稳定温度时，各轴承温度不得超过 50℃。

（3）在所有转速的运转试验中，机床各工作机构应平稳、正常，无冲击、振动和周期性的噪声。

（4）在机床运转时，润滑系统各润滑点应保证得到连续和足够数量的润滑油，各轴承盖、油管接头及操纵手柄轴端均不得有漏油现象。

（5）检查电气设备的各项工作情况。

步骤 3　负载试车

机床负载试验的目的是考核机床主运动系统能否承受标准所规定的最大允许切削规范，也可根据机床实际使用要求取最大切削规范的 2/3。一般选下述项目中的一项进行切削试验。

（1）切削钢的试验

切削材料为正火 210～220HBW 的 45 钢。

1）圆柱铣刀。直径为 100 mm，齿数为 4；切削用量：宽度为 50 mm，a_p = 3 mm，v = 750 r/min，f = 750 mm/min。

2）端面铣刀。直径为 100 mm，齿数为 14；切削用量：宽度为 100 mm，a_p = 5 mm，v = 37.5 r/min，f = 190 mm/min。

（2）切削铸铁的试验

切削材料为 180～220HBW 的 HT200。

1）圆柱铣刀。直径为 90 mm，齿数为 18，切削用量：宽度为 100 mm，a_p = 11 mm，v = 47.5 r/min，f = 118 mm/min。

2）端面铣刀。直径为 200 mm，齿数为 16，切削用量：宽度为 100 mm，a_p = 9 mm，v = 60 r/min，f = 300 mm/min。

步骤4　善后工作

设备管理部门组织设备施工部门及安装调试技术部门提交设备安装验收技术文件。设备管理部门组织设备验收，按设备设计技术指标进行调试及试车。

设备安装、调试完毕，应组织施工部门及试验技术部门对验收记录形成设备验收文件，由验收人员签字、主管副总审核后移交给设备管理部门。

三、注意事项

1．拆卸和重新安装活动工作台时，必须调整工作台面的水平度，保证工作平面与固定工作台面的平行度。

2．用方形刀头铣削时，极限转速为4 000 r/min。用圆形刀头铣削时，极限转速为6 000 r/min。主轴只能单向旋转。

3．安装刀轴时，先将外伸主轴锥柄插入主轴锥孔中，再拨动主轴的紧定手柄，将主轴固定牢，然后旋转差动螺母即可紧固刀轴。

4．工作台换向时，须先将换向手柄停在中间位置，然后再换向，不准直接换向。

牛头刨床的试车

一、操作准备

1．工具准备

台式钻床、旋具、扳手、内六角扳手、三角刮刀、平面刮刀、油壶、机油。

2．量具准备

百分表（带磁力表座）、水平仪（精度为0.02 mm/1 000 mm）。

二、操作步骤

步骤1　调整前的检查

（1）刨床上滑动部件、转动部件应轻便、灵活、平稳，无阻滞现象，交换齿轮要配合良好且固定可靠。

（2）运转时不应有不正常的尖叫或不规则的冲击声，噪声应不超过85 dB（A）。

（3）润滑系统应畅通，注油孔均有盖或堵头，油位标志清晰，没有漏油、渗油现象。

（4）防护装置齐全，刨床往复运动部件应设有极限位置的保险装置。

步骤 2　空载试车和机构调整

（1）机床空运转前，检查所有的部件、滑动面和槽是否有异物。拧紧所有螺钉。

（2）固定结合面应紧密贴合，用 0.03 mm 塞尺插不进去，所有操纵机构应轻便、灵活且动作平稳，油路、管路畅通无阻。

（3）空运转试车时应自最低转速开始，逐级加快到高速，各级空运转时间不少于 10 min，调试滑枕，使滑枕双行程逐次增高，在滑枕最大双行程时空运转 3 h。

（4）在最高转速运转达到稳定温度时，滑动轴承温度应低于 60℃。当环境温度不低于 38℃时，滑动轴承温度应不超过 65℃，滚动轴承温度应不超过 80℃。

步骤 3　负载试车

（1）在满足生产工艺要求的情况下，以机床最大切削主分力的 1/2 左右为切削主分力，以电动机额定功率的 1/2 左右为切削试验功率，切削用量自行选择。

（2）进给机构及锁紧机构不能自行脱落。

（3）不应有振刀、不均衡运动现象。

（4）进行负载试验时，主轴转速或每分钟往复行程次数与空运转相比，转速降低不能超过 5%。

（5）机床在负载试验后必须进行一次精度检验，以作为最后一次检验，保证机床几何精度达到要求。

步骤 4　善后工作

牛头刨床经过安装或大修，机床的各项力学性能应达到要求，几何精度应在规定的范围内，电气控制的各项功能必须达到动作正常、可靠的要求。

在有资格的操作工配合下进行试切削，试件切削可验收机床刚度、切削力、噪声、振动等项目。机床安装完毕，应及时将图样、安装记录汇总、整理并建档。保持资料的完整、有效、连续。

三、注意事项

1. 横梁升降时须先松开锁紧螺钉，工作时应将螺钉拧紧。

2. 不准在机床运转过程中调整滑枕行程。调整滑枕行程时，不准用敲打方法来松开或压紧调正手柄。

3．滑枕行程不得超过规定范围。使用较长行程时不准开高速。

4．工作台机动进给或用手摇动时，应注意丝杠行程的限度，防止丝杠、螺母脱开或撞坏机床。

第2章

机械设备零部件加工

第1节 划线操作

学习单元 复杂工件的立体划线

1. 了解形状复杂工件的划线方法。
2. 掌握箱体、床身等较大型工件及形状复杂工件的立体划线方法。
3. 掌握锥体和多面体等有相贯线的钣金组合件的划线方法。

一、大型零件划线的方法

大型零件具有体积大、质量大的特点，划线时吊装、支撑、找正困难。大型零件划线需要大型平台，在缺少大型平台的情况下，可采用拼凑大型平面或拉线与吊线的方法来满足划线要求。

1. 拼凑大型平面法

（1）零件位移法

当零件的长度超过划线平台平面长度 1/3 时，可先在零件中部划线，然后分别向左、向右移动零件，按已划出的基准线找正后，分区划出零件两端剩余线条。

（2）平台接长法

若大型零件尺寸比划线平台略大，可将其他平尺或平台放在划线平台的外端，以划线平台为基准，校准平台工作面间的平行度，测准各平台工作面间的相互位置差，然后将零件放置在划线平台上，用划线盘或游标高度尺在接长平尺或平台上移动划线。

（3）条形垫铁与平尺调整法

将大型零件放置在调整垫铁上，将两根加工好的条形垫铁相互平行地放在大型零件两端，在条形垫铁端部靠近大型零件的两侧分别放置两根平尺，再将平尺工作面调整在同一水平面上，以平尺工作面为基准找正零件，用划线盘或游标高度尺在平尺工作面上移动完成划线。划线完毕，必须再次检测两根平尺工作面是否仍在同一水平面上，否则需重新找正划线。

2. 拉线与吊线法

采用拉线与吊线法完成特大型零件的划线，一般只需经过一次吊线、找正即能完成零件的全部划线。该法采用 ϕ0. 5 ~ 1. 5 mm 的钢丝作为拉线，用 30°锥体线坠吊直尼龙线，结合使用直角尺和钢直尺，通过投影引线的方法来完成划线工作。拉线与吊线法原理如图 2—1 所示。

在平台上设一基准线 $O—O$ 线，将两个直角尺的测量面对准 $O—O$ 线，用钢直尺在直角尺上量取同一高度 H，再用拉线或钢直尺得到平行于直线 $O—O$ 的平行线 $O_1—O_1$。若要得到与 $O_1—O_1$ 距离为 h 的平行线 $O_2—O_2$，可在所需位置设一拉线，移动拉线，用钢直尺在两个直角尺到拉线处量取 h，并使拉线与平台工作面平行即可。若尺寸 H 较大，则可用线坠代替直角尺。

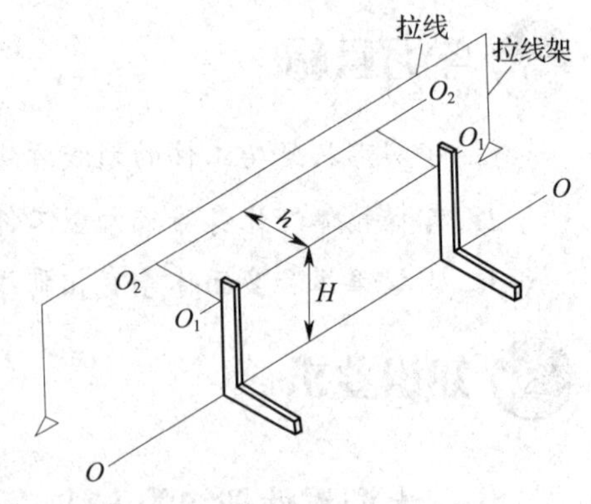

图 2—1　拉线与吊线法原理

二、畸形零件划线的方法

1. 划线前的工艺分析

划线前应根据零件图样的技术要求进行工艺分析。这类零件往往要经过多次划线、加工的过程才能完成全部划线工作，因此，要适当地安排划线次数及顺序。确定划线顺序时，要注意应有利于下一道加工工序的装夹及找正，并兼顾划线的效率。

2. 划线基准的选择

划线的尺寸基准应尽量与设计基准相一致，必须选择过渡基准时，要考虑该选择是否会增加划线的尺寸误差和几何计算的复杂性，从而影响划线的质量和效率。

3. 工件装夹的方法

工件安装面应与设计基准面相一致，由于工件形状奇特，划线时往往要借助某些夹具或辅助工具进行装夹，以便找正。划线时工件的装夹常采用以下方法：

（1）工件套在心轴上用辅助工具装夹划线

利用工件上已加工的孔套在心轴上，用分度头（见图 2—2）或 V 形架（见图 2—3）等工具装夹工件而完成划线工作。

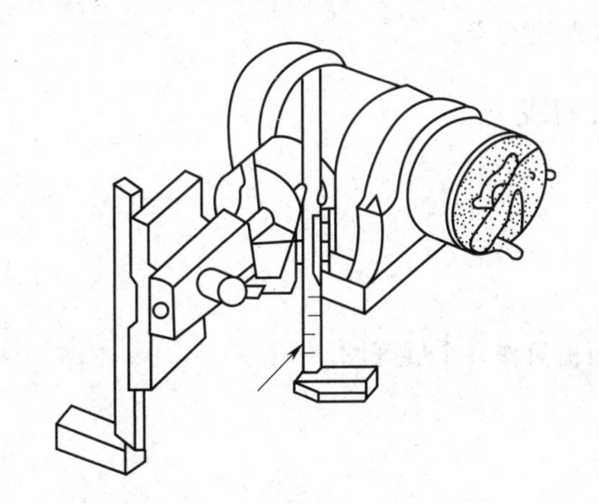

图 2—2　用分度头装夹工件划线

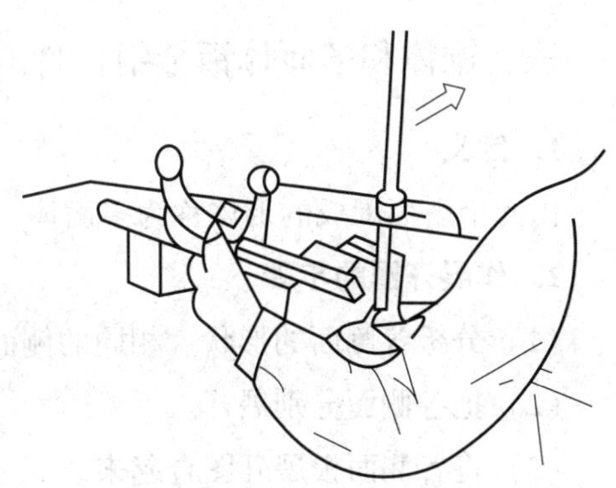

图 2—3　用 V 形架装夹工件划线

（2）工件夹持在方箱（见图 2—4）、直角铁或活动角铁上划线

将工件夹持在方箱、直角铁或活动角铁上，找正工件垂直位置或水平位置，划完一个方向的线条后，只需将方箱或直角铁翻转 90°，即可划另一方向的线条；若采用可调整活动角铁装夹工件划线，需将活动角铁调整至需要的角度，划出另一位置的线条。

（3）用样板划线

如图 2—5 所示，对于畸形工件，可将按要求制成的样板放在工件适当位置上，调整工件，对准样板上已划好的找正线后，完成划线工作。

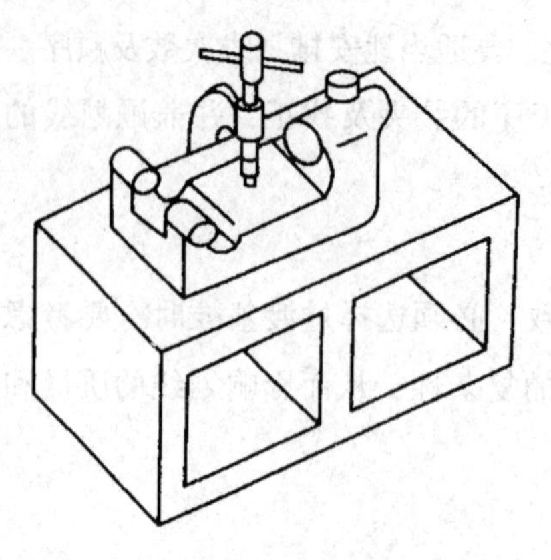

图2—4　工件夹持在方箱上划线

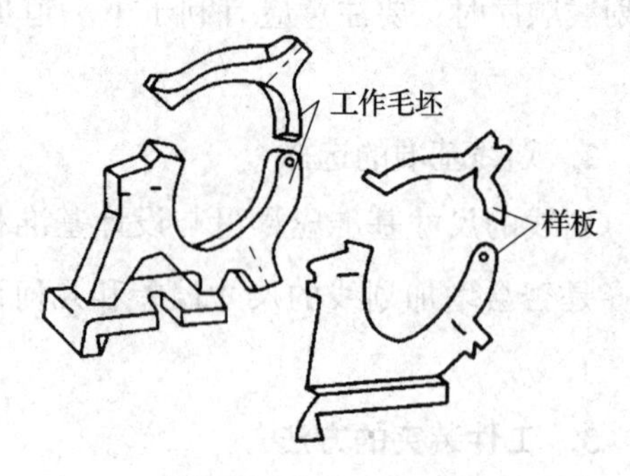

图2—5　用样板划线

4. 正确借料

畸形工件划线时要注意借料环节，借料时应考虑的因素与大型工件划线时相同。

5. 合理选择支承点

畸形工件的重心位置一般难以确定。划线时，工件重心往往会落在支承面的边缘部位，应增加相应的辅助支承，以确保划线安全。

三、锥体和多面体钣金组合件的划线

1. 定义

由几个平面围成的形体称为多面体。

2. 作展开图的步骤

（1）分析各侧面的形状。相同的侧面板只作一个展开图。

（2）把各侧面分别展开。

（3）将各侧面板展开图合起来。

3. 各种多面体的展开

（1）矩形方盒

1）矩形方盒立体图如图2—6所示，其主视图和俯视图如图2—7所示，其中尺寸 a、b 已知。

2）作展开图

①四块侧面板形状是相同的。

②上、下两块底板的形状也是相同的。

因此作出一块侧面板和一块底板的展开图即可。

③侧面板的展开图与主视图相同，画出四个相连的主视图就是侧面板的展开图，如图2—8所示。

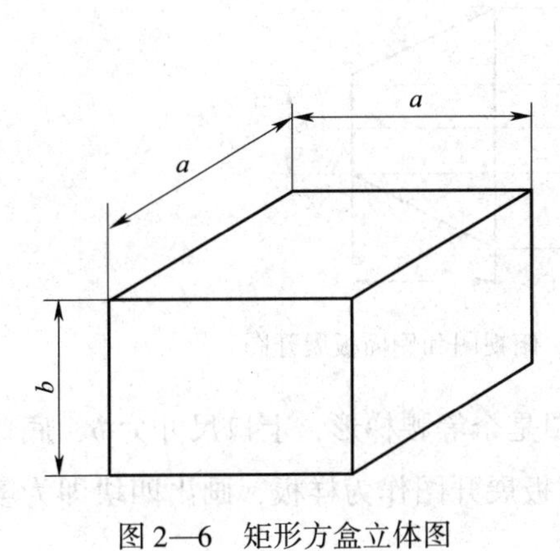

图 2—6　矩形方盒立体图

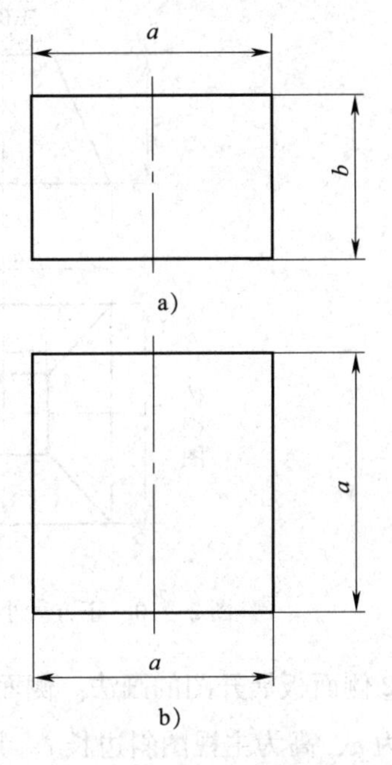

图 2—7　矩形方盒的主视图和俯视图

a）主视图　b）俯视图

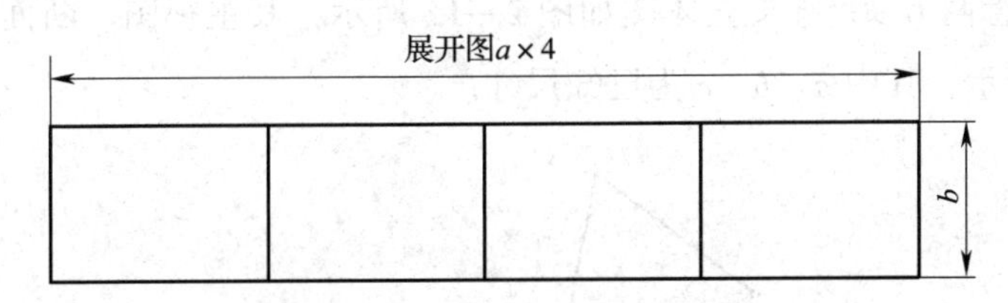

图 2—8　矩形方盒侧面板展开图

④上、下底板的展开图与俯视图相同，画出两块俯视图就是上、下底板的展开图。

（2）正方大小头

1）正方大小头立体图如图 2—9 所示，其主视图、俯视图和侧面板展开图如图 2—10 所示，其中 a、b、c、h 为已知尺寸。

2）作展开图

①分析各侧面板的形状。四块侧面板的形状是相同的，因此，只作出一块侧面板的展开图即可。

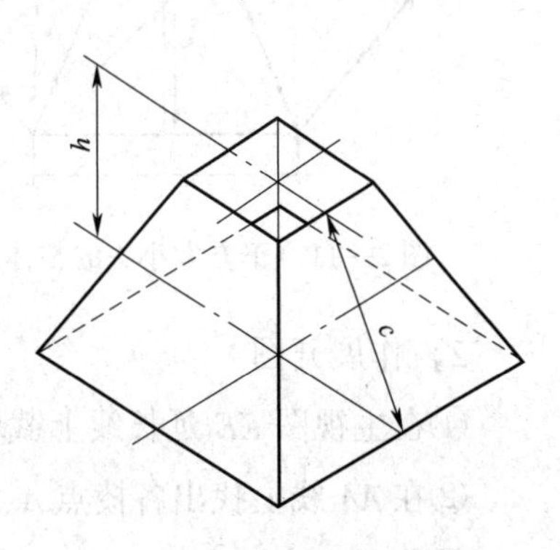

图 2—9　正方大小头立体图

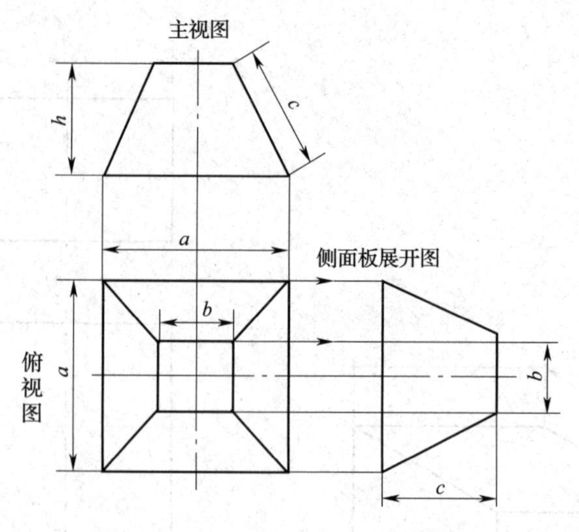

图2—10　正方大小头的主视图、俯视图和侧面板展开图

②侧面板展开图的画法。侧面板的展开图是个等腰梯形，上口尺寸为 b，底口尺寸为 a，高为主视图斜边长 c。用一个侧面板展开图作为样板，画出四块即为整体的展开图，如图2—11所示。

（3）矩形管两节90°弯头

1）矩形管两节90°弯头立体图如图2—12所示，其主视图、断面图和展开图如图2—13所示，其中 a、b、c 为已知尺寸。

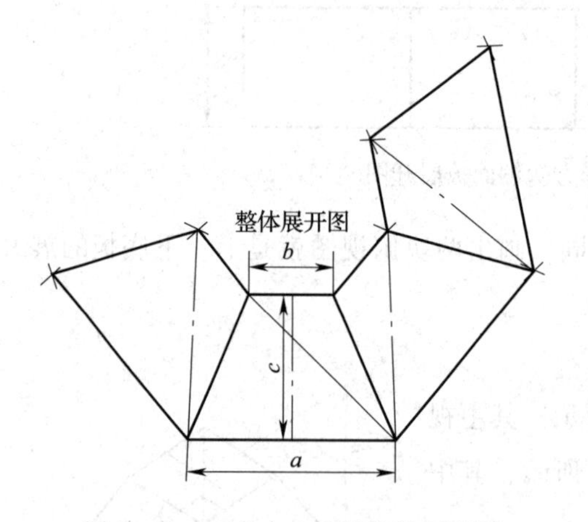

图2—11　正方大小头的整体展开图

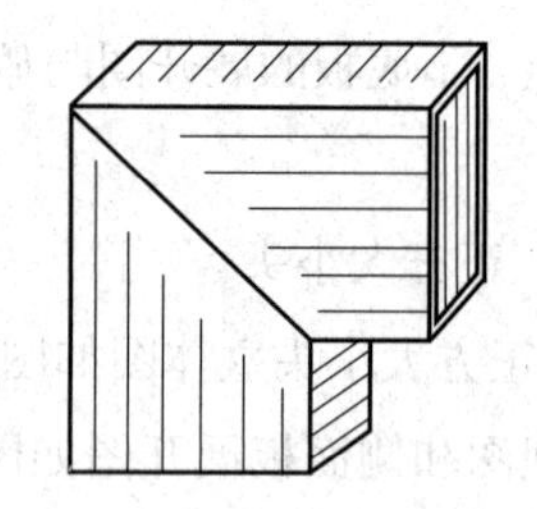

图2—12　矩形管两节90°弯头立体图

2）作展开图

①在主视图 KE 延长线上截取 AA 等于断面图周长。

②在 AA 线上找出各棱点 A、B、C、D，并从此四点引上垂线。

③从主视图接合线 F、I、J 处向左引 EK 的平行线。

④连接各垂线与各平行线的交点，即得出展开图。用此展开图作为样板，画出两块就是矩形管两节 90°弯头的整体展开图，如图 2—13 所示。

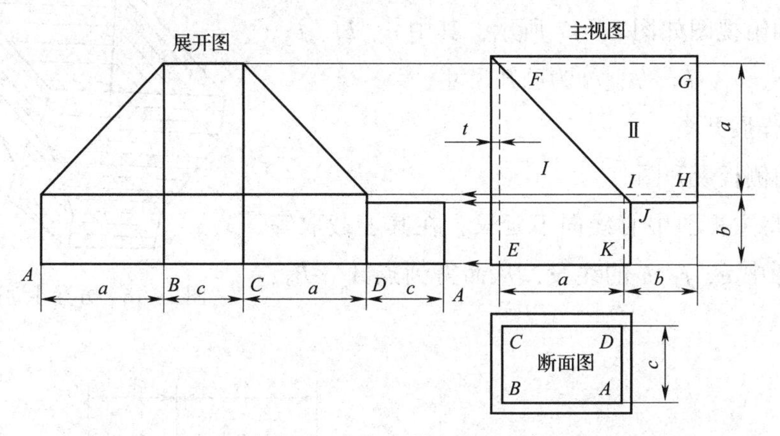

图 2—13　矩形管两节 90°弯头的主视图、断面图和展开图

（4）方管两节 90°弯头

方管两节 90°弯头立体图如图 2—14 所示，其主视图、断面图和展开图如图 2—15 所示，其中 *a*、*b*、*d* 为已知尺寸。

1）根据主视图画出前、后板的展开图Ⅱ。

2）根据主视图和断面图画出上侧板展开图Ⅲ。

3）根据主视图和断面图画出下侧板展开图Ⅰ。

4）Ⅱ、Ⅲ、Ⅰ合在一起即为方管两节 90°弯头的整体展开图。

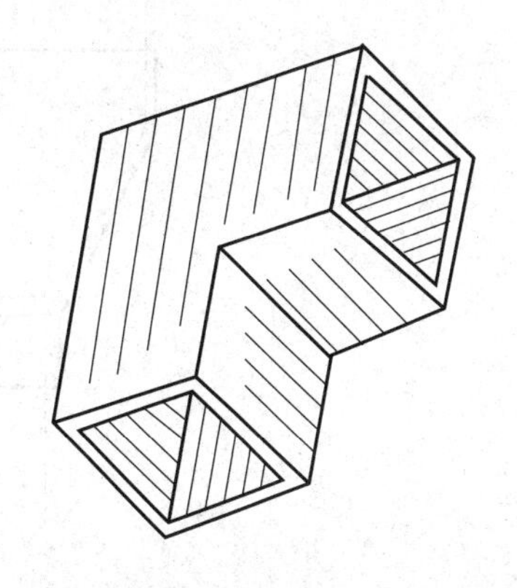

图 2—14　方管两节 90°弯头立体图

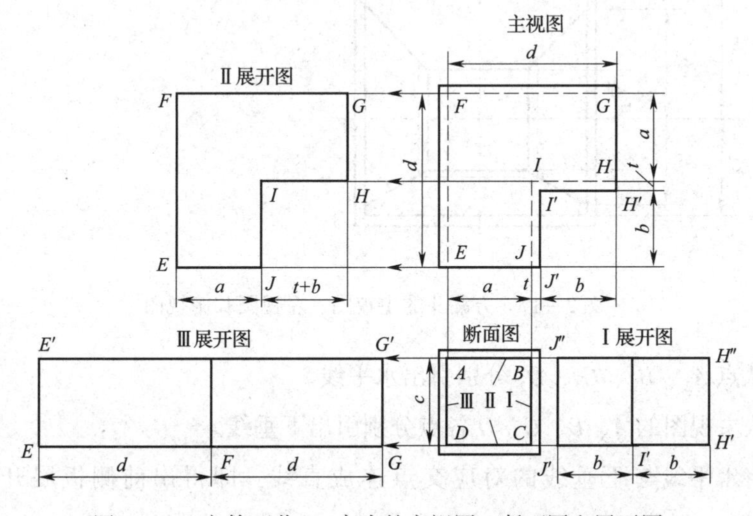

图 2—15　方管两节 90°弯头的主视图、断面图和展开图

（5）方漏斗

1）方漏斗立体图如图2—16所示，其主视图、左视图和俯视图如图2—17所示，其中a、b_1、b_2、c_1、c_2、e、h_1、h_2、h_3、t为已知尺寸。

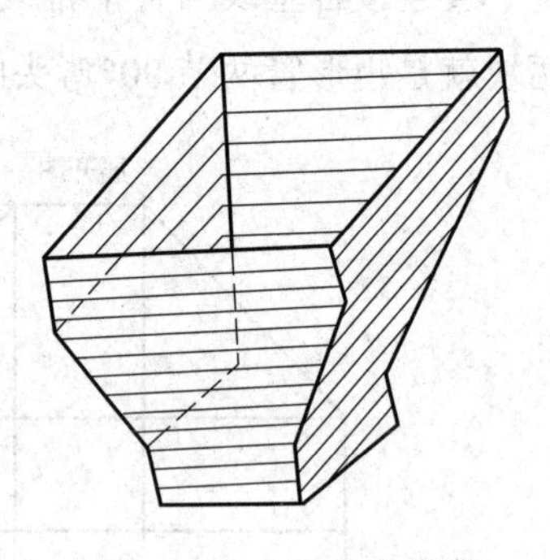

图2—16 方漏斗立体图

2）作展开图

①前侧板展开图

a. 将主视图中心线向下延长，在其上截取等于左视图中g、f、h的线段，从而得到点A_2、B_2、C_2、D_2。

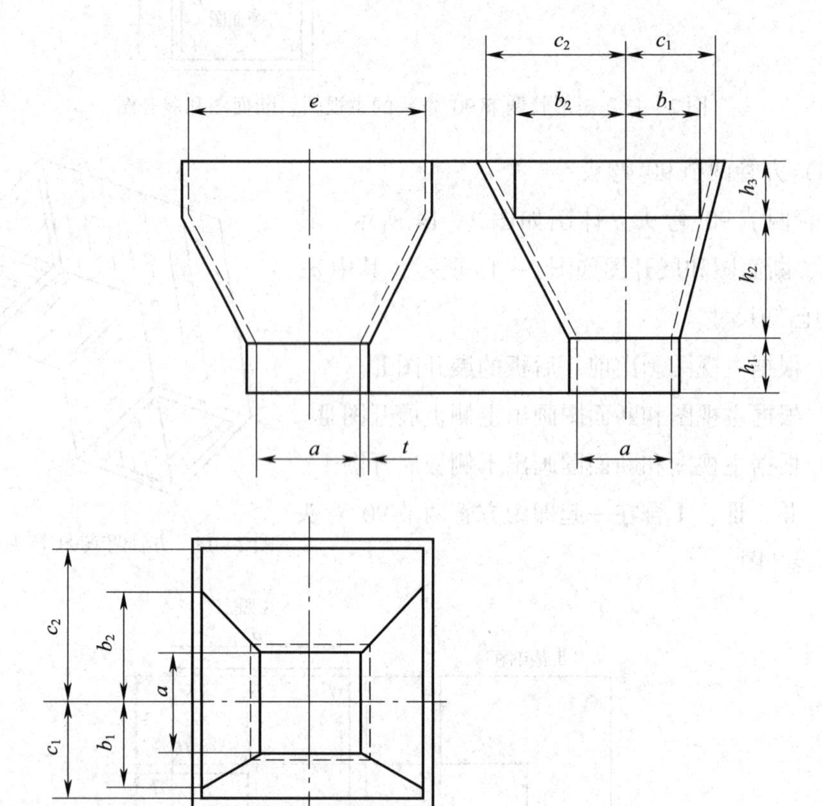

图2—17 方漏斗的主视图、左视图和俯视图

b. 从点A_2、B_2、C_2、D_2分别引出水平线。

c. 从主视图的A、B、C、D各点分别引出下垂线。

d. 将水平线与下垂线的对应交点连成直线，即得出前侧板展开图，如图2—18所示。

②后侧板展开图

a. 将主视图中心线向下延长，在其上截取等于左视图中 g_1、f_1、h 的线段，从而得到点 A_1、B_1、C_1、D_1。

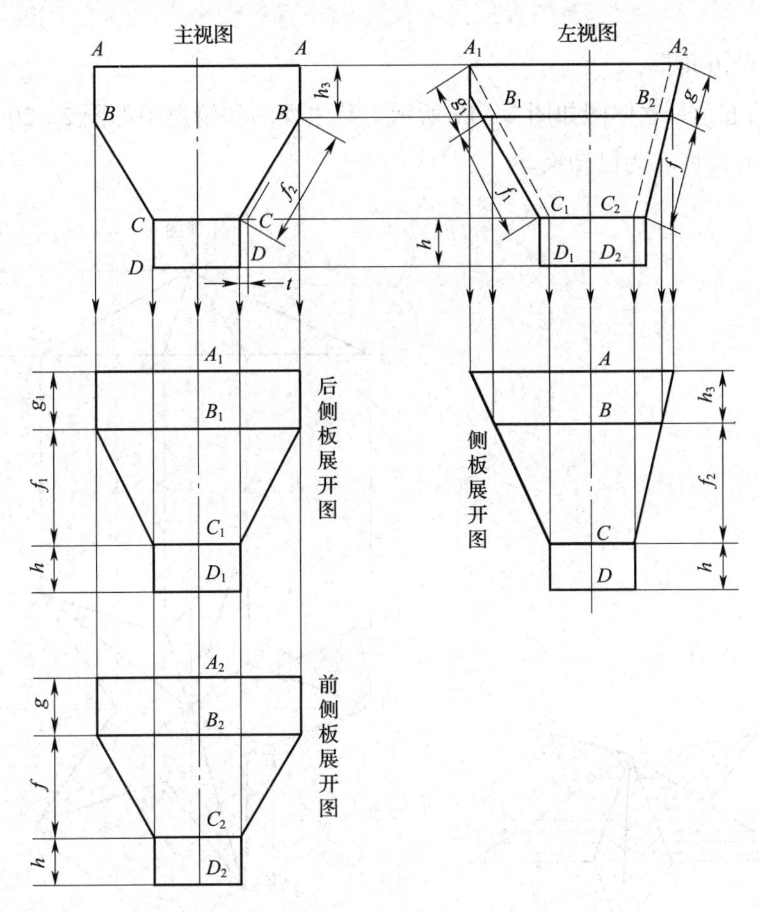

图 2—18　方漏斗的主视图、左视图和展开图

b. 从点 A_1、B_1、C_1、D_1 分别引出水平线。

c. 从主视图的 A、B、C、D 各点分别引出下垂线。

d. 将水平线与下垂线的对应交点连成直线，即得出后侧板展开图，如图 2—18 所示。

③侧板展开图

a. 将左视图中心线向下延长，在其上截取等于主视图中 h_3、f_2、h 的线段，从而得到点 A、B、C、D。

b. 从点 A、B、C、D 分别引出水平线。

c. 从左视图的 A_1、B_1、C_1（D_1）、C_2（D_2）、A_2、B_2 各点分别引出下垂线。

d. 将水平线与下垂线的对应交点连成直线，即得出侧板展开图，如图2—18所示。

④将前侧板展开图、后侧板展开图和侧板展开图合在一起，即为方漏斗的整体展开图。

（6）凸五角星

1）凸五角星立体图如图2—19所示，其主视图和俯视图如图2—20所示，其中半径 R 和高度 h 为已知尺寸。

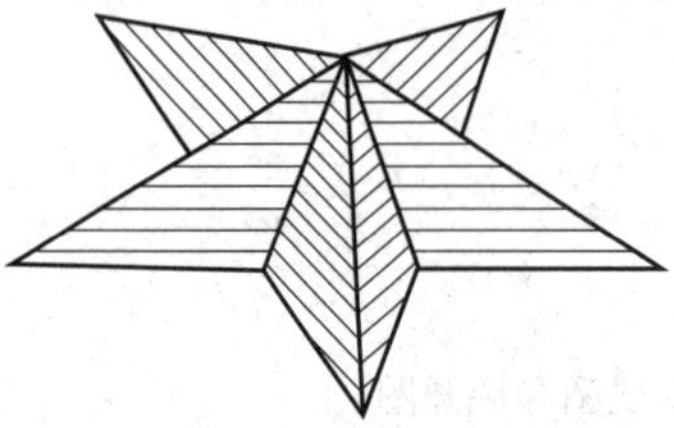

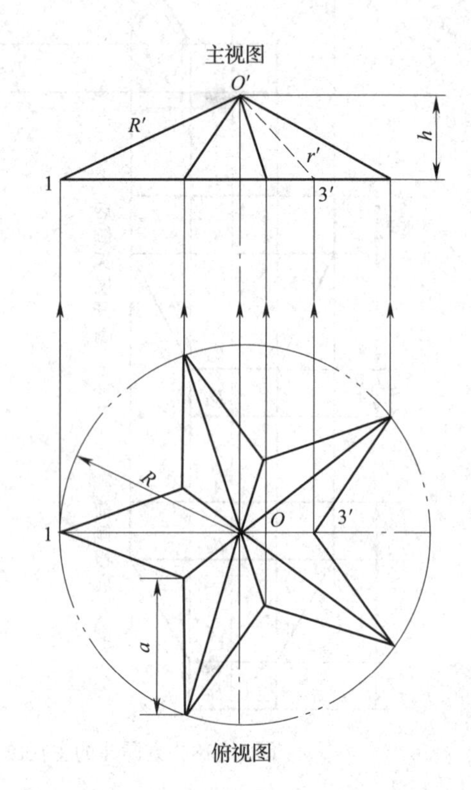

图2—19　凸五角星立体图

图2—20　凸五角星的主视图和俯视图

2）作展开图

①求出画展开图的半径 R'、r'

a. 由俯视图中的点1、3′引上垂线，与主视图相交于1点、3′点；

b. 连接 $O'1$、$O'3'$ 即为半径 R'、r'，如图2—20所示。

②在水平线上任取一点为 O'，以 O' 为圆心，R'、r' 分别为半径画两个同心圆，如图2—21所示。

③在外圆上任取一点1为中心，以图2—20俯视图中 a 为半径画圆弧，与内圆相交于点1′、5′，如图2—21所示。

④以点 1′为中心、a 为半径画圆弧，与外圆相交于点 2，如图 2—21 所示。

⑤以点 2 为中心、a 为半径画圆弧，与内圆相交于点 2′，如图 2—21 所示。

⑥用上述同样的方法顺次画圆弧求出点 3、3′、4、4′、5，如图 2—21 所示。

⑦用直线连接各点与 O'点，再用直线连接内圆、外圆上的各点，得到 1—1′、1′—2、2—2′、…、5—5′、5′—1，即得出凸五角星的展开图，如图 2—21 所示。

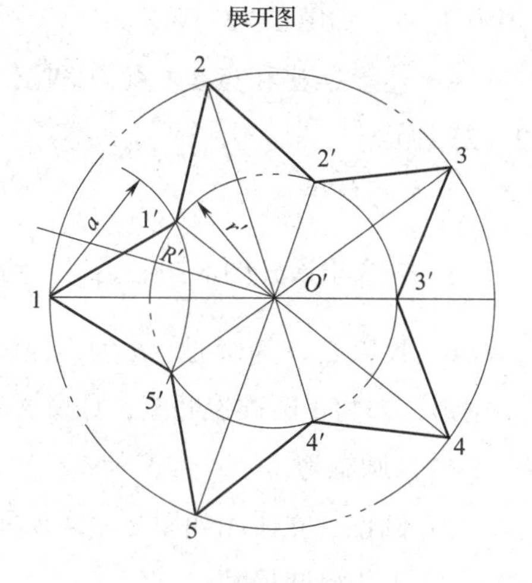

图 2—21　凸五角星的展开图

4. 圆锥体制件的展开

（1）正圆锥

1）正圆锥立体图如图 2—22 所示，其主视图和俯视图如图 2—23 所示，其中 h、d、R 为已知尺寸。

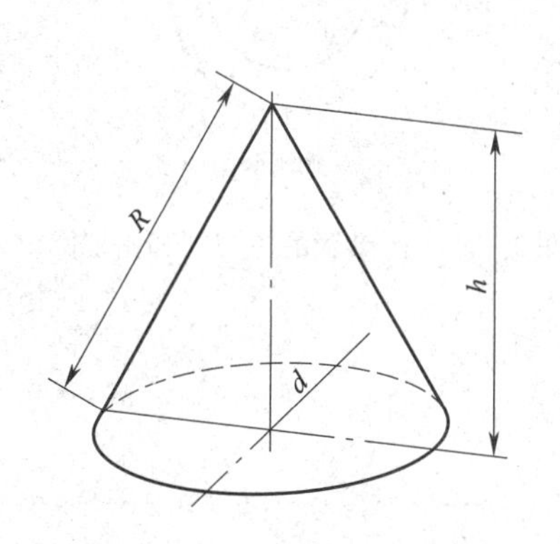

图 2—22　正圆锥立体图

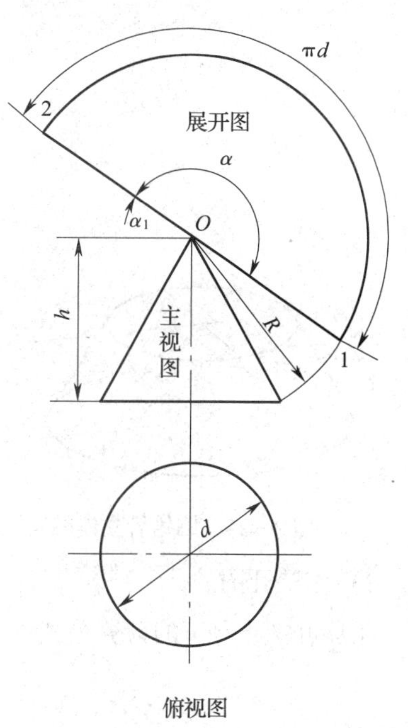

图 2—23　正圆锥的主视图和俯视图

2）作展开图

①圆周长法

a. 以点 O 为圆心、R 为半径画圆弧，用钢卷尺在弧上量取俯视图圆周长 πd，得点1、2，如图2—23所示。

b. 连接点O和点1、点O和点2得到一个扇形，即为正圆锥展开图，如图2—23所示。

②圆心角法

a. 先求出展开图的圆心角α，其计算公式为$\alpha = 180° \times \frac{\alpha}{R}$

b. 再以点O为圆心、R为半径画圆，在圆里取出圆心角为α的部分，得到一个扇形，即为正圆锥展开图，如图2—23所示。

（2）圆锥管

1）圆锥管立体图如图2—24所示，其主视图和俯视图如图2—25所示，其中d_1、d_2、h为已知尺寸。

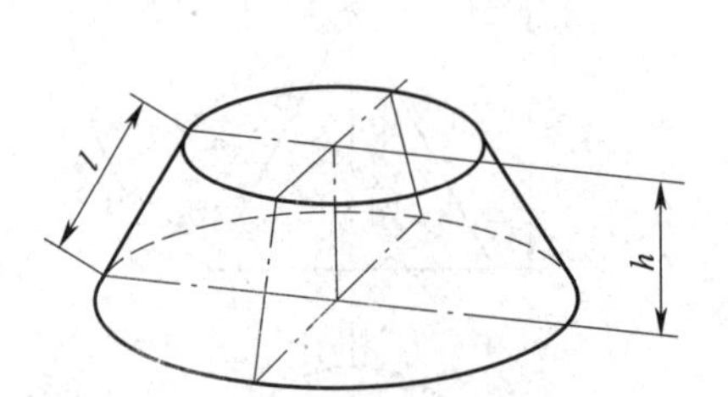

图2—24　圆锥管立体图

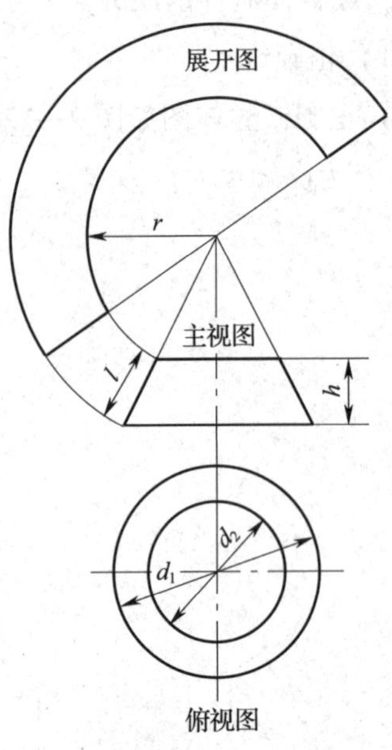

图2—25　圆锥管的主视图和俯视图

2）作展开图

①展开图半径r的计算公式如下：

$$r = \frac{ld_2}{d_1 - d_2}$$

②除增加一条圆弧线外，其余与正圆锥展开图画法相同，如图2—25所示。

（3）斜圆锥

1）斜圆锥立体图如图2—26所示，其主视图和俯视图如图2—27所示，其中a、d、h为已知尺寸。

2）作展开图

①求锥面实长线

a. 利用已知尺寸 a、d、h 画出俯视图和主视图，如图 2—28 所示。

b. 将俯视图的半圆周分成若干等份（图 2—28 中为 6 等份），再分别将各等分点 1、2、3、4、5、6、7 与 O_1 连成直线。

c. 以 O_1 为圆心，分别以 O_{16}、O_{15}、O_{14}、O_{13}、O_{12}、O_{11}为半径画同心圆弧，与水平中心线 O_{11} 相交，其交点依次为 6′、5′、4′、3′、2′、1，如图 2—28 所示。

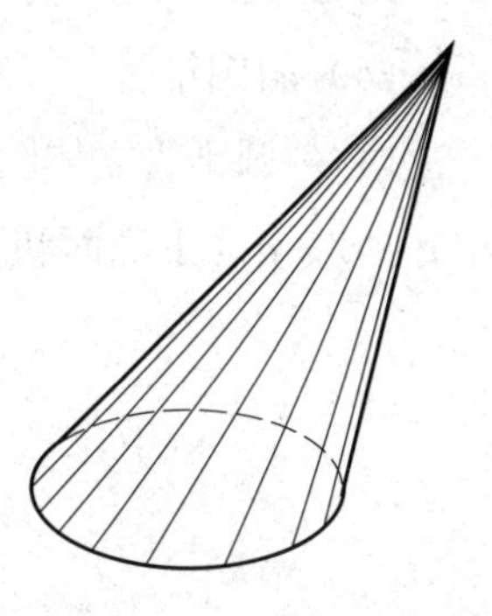

图 2—26　斜圆锥立体图

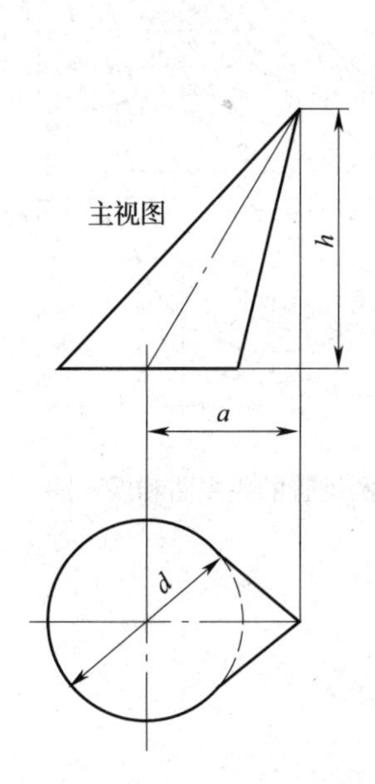

图 2—27　斜圆锥的主视图和俯视图

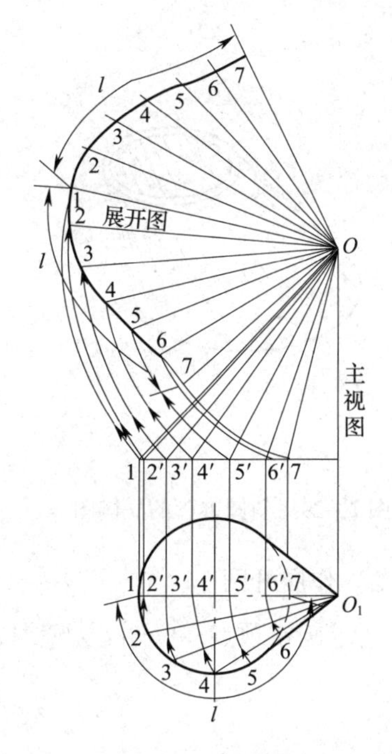

图 2—28　斜圆锥的俯视图和主视图

d. 再由点 7、6′、5′、4′、3′、2′、1 分别引上垂线，与主视图中的水平线相交，交点依次为 7、6′、5′、4′、3′、2′、1。

e. 将 O 与各点依次连接，得到锥面各实长线，即 $O7$、$O6'$、$O5'$、$O4'$、$O3'$、$O2'$、$O1$，如图 2—28 所示。

②画展开图

a. 在主视图上，以点 O 为圆心，以各实长线为半径画同心圆弧。

b. 在圆弧上任取一点 7，以 7 为圆心，以俯视图中各等分弧长为半径，顺次画圆弧，分别与前面所画的同心圆弧相交，其交点分别为 1、2、…、7。

c．通过 1、2、…、7 将各点连成曲线，即为斜圆锥的展开图，如图 2—28 所示。

（4）斜圆锥管

1）斜圆锥管立体图如图 2—29 所示，其主视图和展开图如图 2—30 所示，其中 d、d'、a（上底面和下底面圆心距）、h 为已知尺寸。

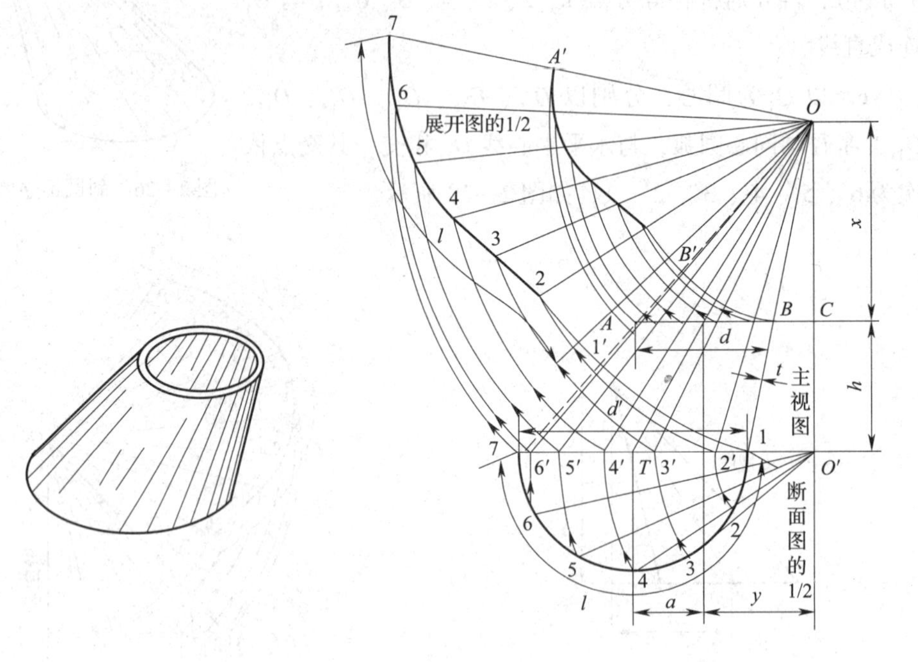

图 2—29　斜圆锥管的立体图　　　　图 2—30　斜圆锥管的主视图和展开图

2）作展开图

①求圆锥顶点。已知 t 为壁厚，计算公式如下：

$$x=\frac{h\ (d+t)}{d'-d}\quad y=\frac{ax}{h}$$

②画底断面图的 1/2

a．在水平线上取 TO' 等于 $a+y$，并以 T 为中心，以板中心为圆心，以 $d'+t$ 的一半为半径画出半圆周 1—4—7。

b．将半圆周 1—4—7 分成 6 等份，其等分点为 1、2、3、…、7，用直线连接各等分点与 O'，即为 $O'1$、$O'2$、$O'3$、$O'4$、$O'5$、$O'6$、$O'7$，底断面图的 1/2 绘制完毕，如图 2—30 所示。

③画主视图

a．由点 O' 引 TO' 的上垂线，并截取 $O'C$、CO 分别等于 h、x。

b. 连接 1—O 和 7—O，与由点 C 向左引 TO'的平行线分别相交于 B、A 两点，主视图绘制完毕，如图 2—30 所示。

④求各线实长

a. 以 O'为圆心，以 $O'2$、$O'3$、…、$O'6$ 为半径画同心圆弧，与 TO'分别相交于点 2′、3′、…、6′。

b. 连接各点与 O，即得出各线（斜圆锥面素线）实长，如图 2—30 所示。

⑤画展开图的 1/2

a. 以点 O 为圆心，以 $O1$ 为半径画一圆弧，并在其上任取一点为 1′。

b. 以点 O 为圆心，分别以 $O2'$、$O3'$、…、$O7$ 为半径画同心圆弧，再以点 1′为圆心，以弧长$\overset{\frown}{12}$为半径顺次画圆弧，分别与前面所画的同心圆弧相交，得交点 2、3、4、…、7。

c. 将点 2、3、4、…、7 连成曲线。

d. 将点 2、3、4、…、7 分别与点 O 连接，并与以 O 为圆心，以 AB 线上各交点（即 $O2'$、$O3'$、$O4'$、…、$O6'$、$O7$ 与 AB 的交点）到 O 的距离为半径画同心圆弧，将对应交点连成曲线 $A'B'$。这样 7—A'—B'—1 即为斜圆锥管展开图的 1/2，如图 2—30 所示。

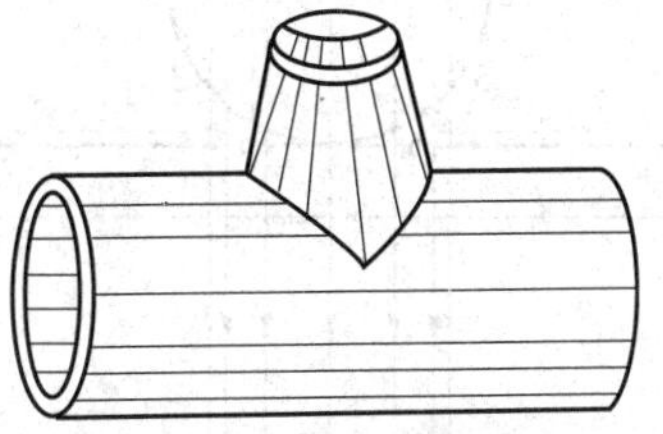

图 2—31　正圆锥直交圆管立体图

(5) 正圆锥直交圆管

1）正圆锥直交圆管立体图如图 2—31 所示，其主视图和左视图如图 2—32 所示，其中 d、d'、h 为已知尺寸。

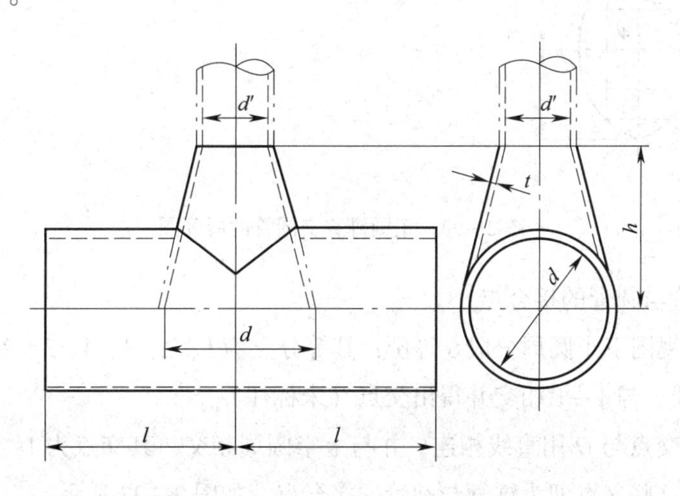

图 2—32　正圆锥直交圆管的主视图和左视图

2）作展开图

①求圆锥的顶点。用上述“斜圆锥管”中的计算式求出锥管的顶点高度（略）。

②画主视图和左视图。用图2—32所给的已知尺寸画出主视图和左视图，如图2—33所示。

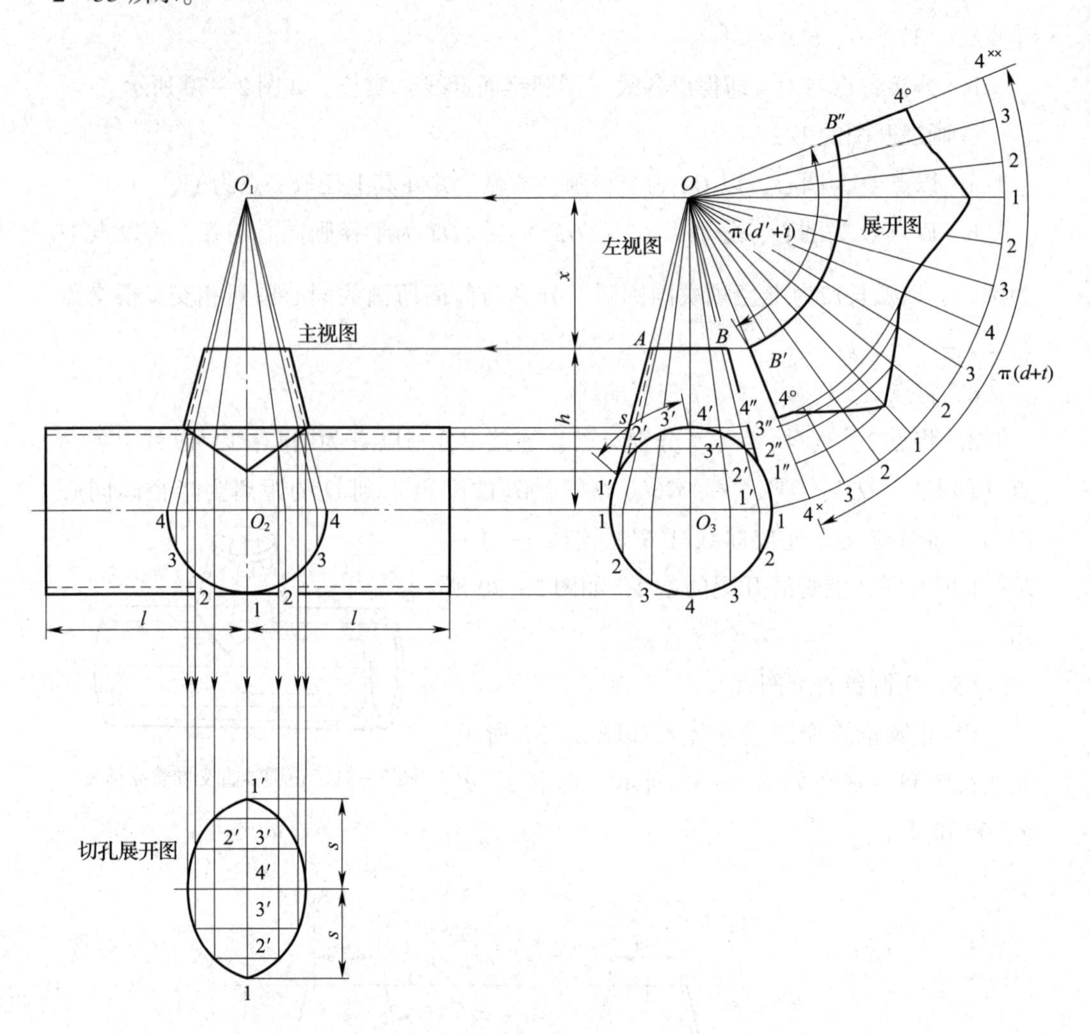

图2—33　正圆锥直交圆管的展开图

③求锥管与圆管的接合点

a. 将左视图下半圆周分成6等份，其等分点为1、2、3、4、3、2、1，由各等分点引上垂线，与1—1相交并得出交点（未标注）。

b. 将各交点与O用直线相连，并与上半圆周相交，其交点为1′、2′、3′、4′、3′、2′、1′，这些交点即为锥管与圆管的接合点，如图2—33所示。

④求主视图锥管与圆管的接合线

a. 以主视图 O_2为中心、O_{21}为半径画出下半圆周，并将其六等分，其等分点为4、3、2、1、2、3、4。

b. 将左视图上半圆周的等分点调转 90°（见图 2—33 中的“孔展开图”），再由调转后的等分点分别引上垂线并与 4—4 相交，得出交点（未标注）。

c. 将上述各交点与点 O_1相连接，并与从左视图锥管与圆管的各接合点向左引的平行于 O_2O_3的平行线对应相交，得出交点，将这些交点依次连成曲线，即得出主视图锥管与圆管的接合线，如图 2—33 所示。

⑤画展开图

a. 从左视图各接合点向右引水平线并与 $O1$ 相交，其交点为 1″、2″、3″、4″。

b. 以点 O 为中心、$O1$ 为半径画圆弧，并在其上截取 $4^{\times}$—$4^{\times\times}$ 等于中心径的展开长度。

c. 将 $4^{\times}$—$4^{\times\times}$ 分成 12 等份，其等分点为 $4^{\times}$、3、2、1、2、…、3、$4^{\times\times}$，把这些等分点与点 O 相连接，并与以点 O 为圆心，以 OB、$O4''$、$O3''$、$O2''$、$O1''$为半径画的同心圆弧对应相交，得出交点，将这些交点连成曲线 B''—4°—4°—B'，即为所求的展开图，如图 2—33 所示。

⑥画切孔展开图

a. 将主视图的 O_1O_2向下延长并在其上截取 1′—1 等于左视图弧长$\overset{\frown}{1'1'}$，并在此长度上将左视图上锥管与圆管的接合点 1′、2′、3′、4′、3′、2′、1′照录其上。

b. 由照录在 1′—1 上的各点引水平线，并与由主视图中的接合线各点向下引的平行于 O_1O_2的平行线对应相交，得出交点，将这些交点连成曲线，即为切孔展开图，如图 2—33 所示。

技能要求

大型工件划线训练

给车床主轴箱划线，如图 2—34 所示为 C620－1 型车床主轴箱箱体。主轴箱是车床的重要部件之一，由图 2—34 中可以看出，箱体上加工的面和孔很多，而且位置精度和加工精度要求都较高，虽然可以通过加工来保证，但在划线时对各孔间的位置精度仍应特别注意。现以这个主轴箱为例进行箱体类工件划线操作。

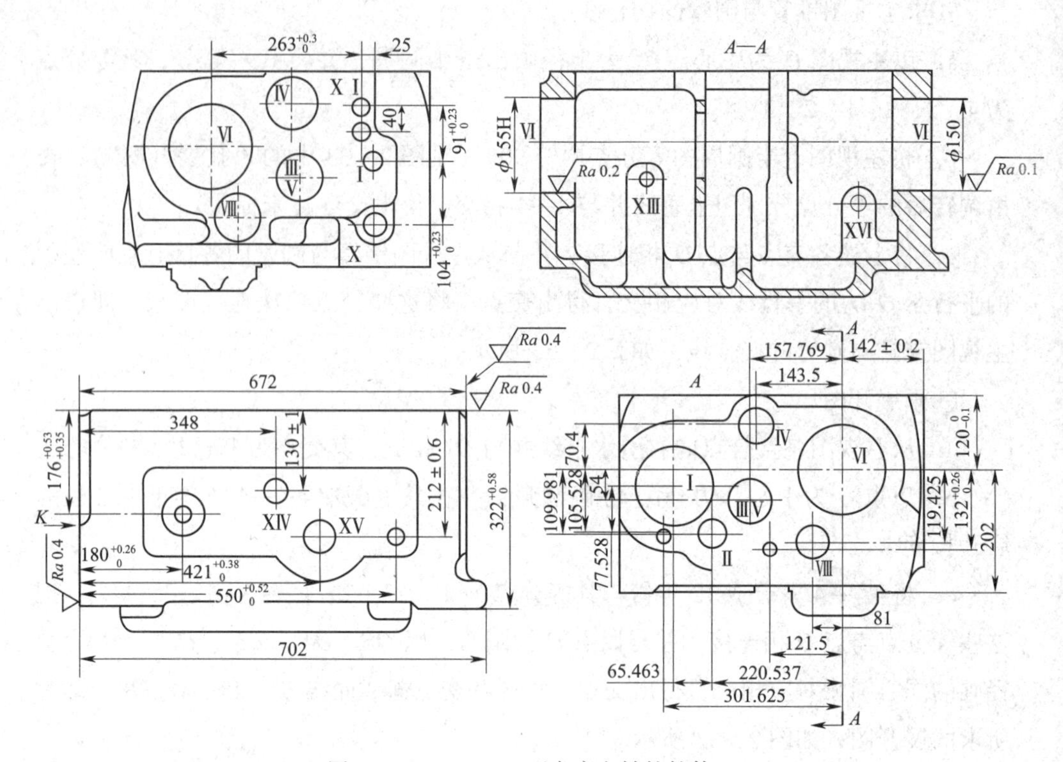

图2—34　C620－1型车床主轴箱箱体

一、操作准备

根据任务要求，仔细分析该工件划线内容与划线顺序，拟定好工作方案，并做好一切操作准备工作。应该准备的内容有工作方案、人员分工、车床主轴箱箱体毛坯、划线平台、千斤顶、划针、游标高度尺、划线盘等。

二、操作步骤

该主轴箱箱体在一般加工条件下，划线可分为三次进行。第一次确定箱体加工面的位置，划出各平面的加工线。第二次以加工后的平面为基准，划出各孔的加工线和十字校正线。第三次划出与加工后的孔和表面尺寸有关的螺孔、油孔等的加工线。具体操作步骤如下：

步骤1　第一次划线

第一次划线是在箱体毛坯件上划线，主要是合理分配箱体上每个孔和表面的加工余量，使加工后的孔壁均匀、对称，为第二次划线时确定孔的正确位置奠定基础。

（1）将箱体用三个千斤顶支承在划线平板上，如图 2—35 所示。

（2）用划线盘找正 X、Y 孔（制动轴孔、主轴孔都是关键孔）的水平中心线及箱体的上面和下面与划线平板基本平行。

（3）用直角尺找正 X、Y 孔的两端面 C、D 和平面 G 与划线平板基本垂直。若差异较大，可能出现某处加工余量不足，应调整千斤顶与 A、B 的平行方向借料。然后以 Y 孔内壁凸台的中心（在铸造误差较小的情况下，应与孔中心线基本重合）为依据，划出第一放置位置的基准线Ⅰ—Ⅰ。

（4）再以Ⅰ—Ⅰ线为依据，检查其他孔和平面在图样所要求的相应位置上是否都有充足的加工余量，以及在 C、D 垂直平面上各孔周围的螺孔是否有合理的位置。一定要避免螺孔有大的偏移，如果发现孔或平面的加工余量不足，都要进行借料，对加工余量进行合理的调整，并重新划出Ⅰ—Ⅰ基准线。

（5）最后以Ⅰ—Ⅰ线为基准，按图样尺寸上移 120 mm 划出上表面加工线，再下移 322 mm 划出底面加工线。

（6）将箱体翻转 90°，用三个千斤顶支承，放置在划线平板上，如图 2—36 所示。

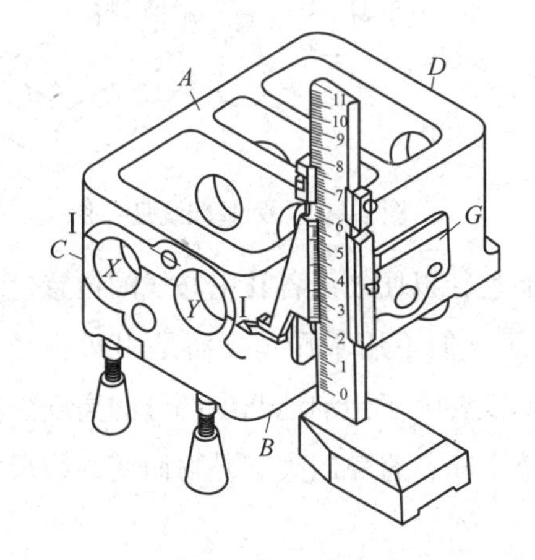

图 2—35　用三个千斤顶将工件支承在划线平板上

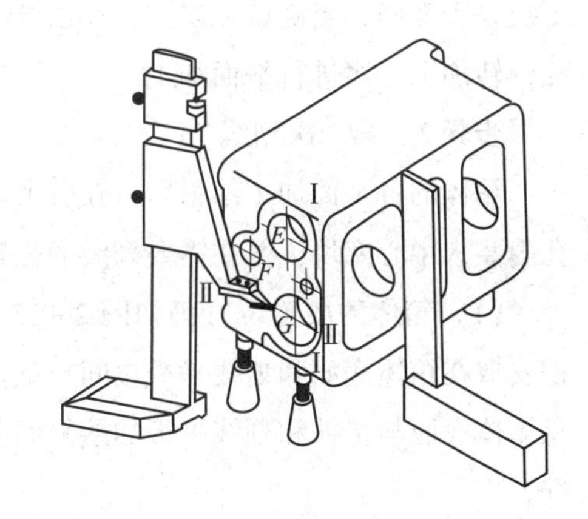

图 2—36　划Ⅱ—Ⅱ基准线

（7）用直角尺找正基准线Ⅰ—Ⅰ与划线平板垂直，并用划线盘找正主轴孔 Y 内壁凸台的中心位置。

（8）再以此为依据，在兼顾 E、F（储油池外壁）、G 平面都有加工余量的前提下，划出第二放置位置的基准线Ⅱ—Ⅱ。

（9）以Ⅱ—Ⅱ线为基准，检查各孔是否有充足的加工余量，E、F、G 平面的加工余量是否分布合理。若任一部位的误差较大，都应借料找正后再重新划出Ⅱ—Ⅱ基准线。

（10）最后以Ⅱ—Ⅱ线为依据，按图样尺寸上移 81 mm 划出 E 面加工线，再下移 146 mm 划出 F 面加工线，仍以Ⅱ—Ⅱ线为依据，下移 142 mm 划出 G 面加工线（见图 2—34）。

（11）将箱体再次翻转 90°，用三个千斤顶支承在划线平板上，如图 2—37 所示。

（12）用直角尺找正Ⅰ—Ⅰ、Ⅱ—Ⅱ两条基准线与划线平板垂直。

（13）以主轴孔 Y 内壁凸台的高度为依据，兼顾 D 面加工后到 T、S、R、Q 孔的距离（确保孔对内壁凸台、肋板的偏移放置位置），划基准线Ⅲ—Ⅲ，即 D 面的加工线。

（14）然后上移 672 mm 划出平面 C 加工线。

（15）检查箱体在三个放置位置上的划线是否准确，当确认无误后，冲出样冲孔，转加工工序进行平面加工。

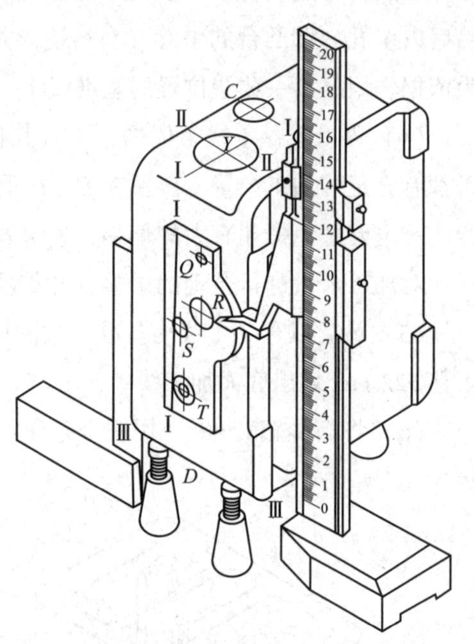

图 2—37　划基准线Ⅲ—Ⅲ

步骤 2　第二次划线

箱体的各平面加工结束后，在各毛坯孔内装入中心塞块，并在需要划线的位置涂色，以便划出各孔中心线的位置。

（1）箱体的放置位置仍如图 2—35 所示，但不用千斤顶，而是用两块平行垫铁安放在箱体底面和划线平板之间。垫铁厚度要大于储油池凸出部分的高度。应注意箱体底面与垫铁和划线平板的接触面要擦干净，避免因夹有异物而使划线尺寸不准。

（2）用游标高度尺从箱体的上平面 A 下移 120 mm，划出主轴孔 Y 的水平位置线Ⅰ—Ⅰ。

（3）再分别以上平面 A 和Ⅰ—Ⅰ线为尺寸基准，按图样的尺寸要求划出其他孔的水平位置线。

（4）将箱体翻转 90°，位置如图 2—36 所示。平面 G 直接放在划线平板上。

（5）以划线平板为基准上移 142 mm，用游标高度尺划出主轴孔 Y 的垂直位置线Ⅱ—Ⅱ（以主轴箱工作时的安放位置为基准）。

（6）然后按图样的尺寸要求分别划出各孔的垂直位置线。

（7）将箱体翻转 90°，位置如图 2—37 所示。平面 D 直接放在划线平板上。

（8）以划线平板为基准分别上移 180 mm、348 mm、421 mm、550 mm，划出孔 Q、R、S、T 的垂直位置线（以主轴箱工作时的安放位置为基准）。

（9）检查各平面内各孔的水平位置与垂直位置的尺寸是否准确，孔中心距尺寸是否有较大的误差。如果发现有较大的误差，应找出原因并及时纠正。

（10）分别以各孔的水平位置线与垂直位置线的交点为圆心，按各孔的加工尺寸用划规划圆，并冲出样冲眼，转加工工序进行孔加工。

步骤 3　第三次划线

在各孔加工合格后，将箱体平稳地置于划线平板上，在需要划线的部位涂色，然后以已加工平面和孔为基准划出各有关螺孔和油孔的加工线。

三、注意事项

1．第一划线位置应该选择待加工表面和非加工表面较集中的位置，这样有利于划线时能正确找正和及早发现毛坯的缺陷，既保证了划线质量，又可减少工件的翻转次数。

2．箱体工件划线一般都要准确地划出十字校正线，为划线后的刨削、铣削、镗削、钻孔等加工工序提供可靠的校正依据。一般以基准孔的轴线作为十字校正线，划在箱体长而平直的部位，以便于提高校正的精度。

3．第一次划出的箱体十字校正线，在经过加工后再次划线时，必须以已加工的面作为基准面，划出新的十字校正线，以备下道工序校正用。

4．为减少翻转次数，其垂直位置线可利用直角尺或角铁一次划出。

形状复杂工件的划线训练

一、训练目的、要求及操作准备（见图 2—38）

1．训练的目的及要求

（1）能合理确定中等复杂零件的找正基准和尺寸基准，并进行划线。

（2）熟练使用常用划线工具。

（3）能根据要求进行划线时的找正和借料。

（4）划线的操作方法正确，划线线条清晰，尺寸准确，冲眼规格符合要求，分布合理。

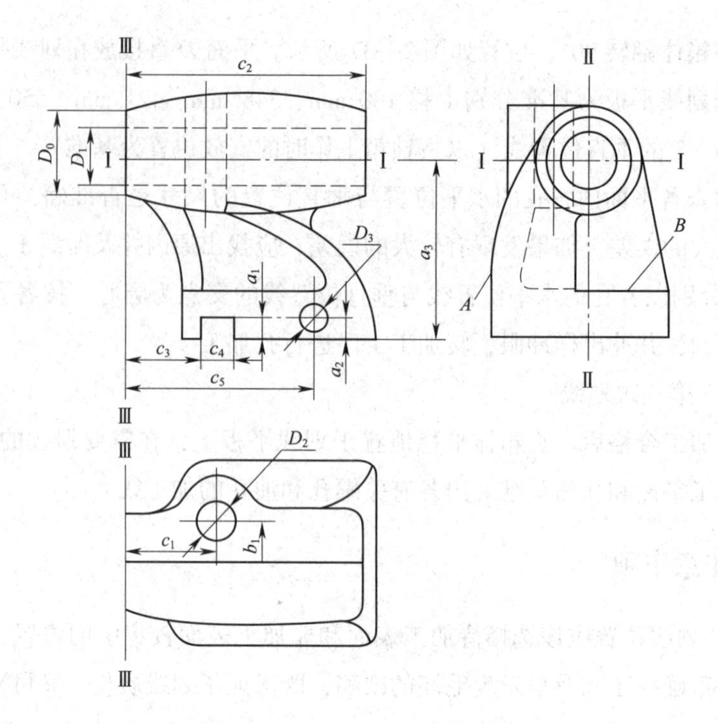

图 2—38　C620－1 型车床尾座

2. 加工训练前的各项准备

（1）设备准备

划线平台（2 000 mm×15 000 mm）、方箱（205 mm×205 mm×205 mm）、砂轮机 S3SL—250。

（2）材料准备

C620－1 型车床尾座 1 台。

（3）工具、刃具、量具、辅具准备

钢直尺（0～500 mm）、划规、锤子、划针、样冲、直角尺（1 级）、千斤顶、划线盘、斜铁、塞块、木锤、铜锤。

二、工艺分析、加工工艺流程及加工步骤

1. 工艺分析

如图 2—38 所示的 C620－1 型车床尾座中所标注的尺寸有非加工面的，属于毛坯尺寸，如 D_0、A、B。其余加工尺寸均要通过划线来确定。尾座组有三组互相垂直的尺寸，即 a 组（a_1、a_2、a_3）、b 组（b_1）、c 组（c_1、c_2、c_3、c_4、c_5）。工件要经三次不同位置的安放，才能划完所有位置的线。划线基准选择图 2—38 所示的Ⅰ—Ⅰ、Ⅱ—Ⅱ、Ⅲ—Ⅲ。

2. 加工工艺流程

分析图样→确定划线基准→安放工件→第一次划线→第二次划线→第三次划线→复查。

3. 加工步骤

步骤 1　检查来料尺寸是否符合图样要求。

步骤 2　安放工件。按图 2—39 所示安放。

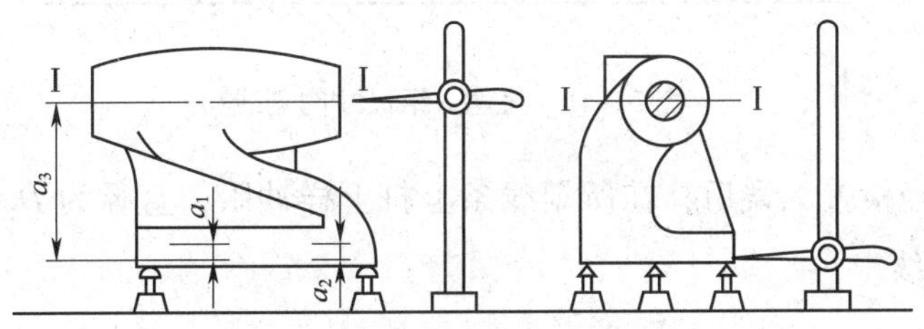

图 2—39　尾座 a 组尺寸的划线

步骤 3　第一位置划线。直径为 D_1 的孔是最重要的孔，首先应确定 D_1 的中心线。由于外廓尺寸 D_0 是不加工的，为保证加工后直径为 D_1 的孔的壁厚均匀，应以 D_0 处外圆找正求 D_1 的中心线。另外，还应考虑 A、B 两面，A 面应垂直，要用直角尺找正 A 面；B 面应水平，应用划针找正。若 A、B 因浇铸关系本身不垂直，则要两者兼顾。接着划底面加工线，若其四周加工余量较均匀，即可认定；若不均匀则要重新调整（借料），确定直径为 D_1 的孔的中心，认定后即可划出 a 组尺寸 a_1、a_2、a_3。

步骤 4　第二位置划线。如图 2—40 所示为尾座 b 组尺寸划线时的安放情况，把已划的底面加工线调整到垂直位置，并把Ⅱ—Ⅱ线调整到水平位置，以Ⅱ—Ⅱ线为基准，划出 b_1。

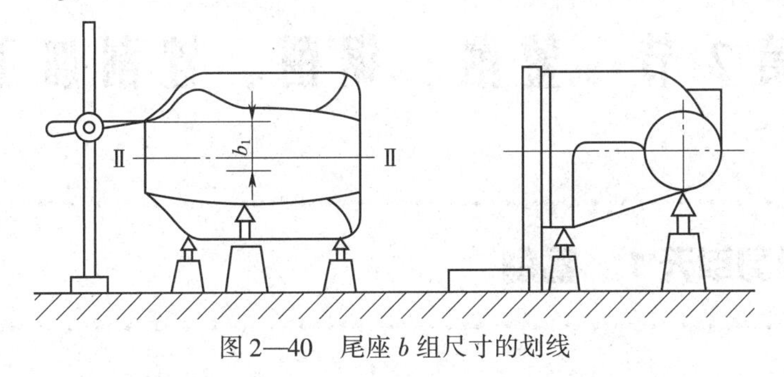

图 2—40　尾座 b 组尺寸的划线

步骤 5　第三划线位置。如图 2—41 所示为尾座 c 组尺寸划线时的安放情况。把已划的Ⅱ—Ⅱ基准线和底面加工线调整到垂直位置后，以凸面找正 D_2 中心线，划出尺寸 C_1，以此中心线为基准，划出Ⅲ—Ⅲ基准线和 c_2、c_3、c_4、c_5。这时，若加工余量均合适，划线即告完成；若加工余量不合适，则要借料，借料后完成划线。

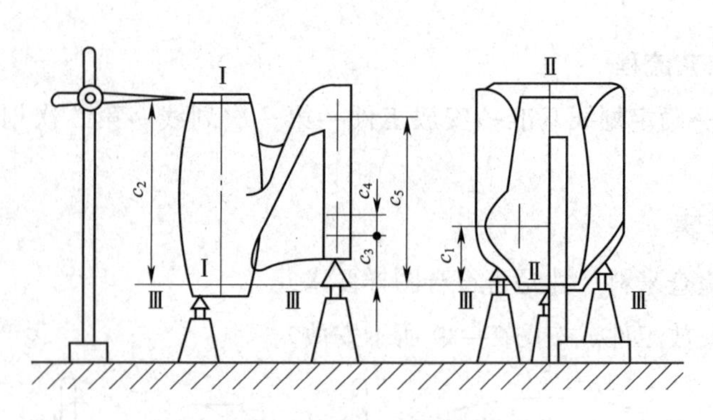

图2—41　尾座c组尺寸的划线

步骤6　经检查无误后，在所划线条上打上样冲眼，直径为D_1、D_2、D_3的孔必须划出圆周线。

三、注意事项

1．熟练使用常用划线工具，掌握划线的方法和技巧。

2．必须全面、仔细地考虑车床尾座在划线平台上的摆放位置、找正方法，正确确定尺寸基准线的位置，这是保证划线准确的重要环节。

3．划线时，划线盘要紧贴平台平面移动，划线压力要一致，使划出的线条准确。

4．工件安放在支承上要稳固，防止倾倒。

5．调节千斤顶高度时，应以将工件上的基准面调节至水平状态为准，然后固定千斤顶的高度。

第2节　錾削、锯削、锉削加工

学习单元1　錾削

学习目标

1．了解錾削的相关知识。

2．掌握刃磨油槽錾的要点。

3. 掌握油槽錾的刃磨方法，并完成轴瓦上油槽的錾削工作。

知识要求

用锤子击打錾子对金属工件进行切削的加工方法称为錾削，如图2—42所示。錾削是一种粗加工，一般按划线进行加工，平面度公差可控制在0.5 mm内。目前，錾削工作主要用于不方便进行机械加工的场合，如清除毛坯上的多余金属、分割材料、錾削平面及沟槽等。

图2—42　錾削

一、錾削的相关知识

1. 錾子的特点及用途

各类錾子的特点及用途见表2—1。

表2—1　　　　**錾子的特点及用途**

简图名称	特点及用途
扁錾	切削部分扁平，刃口略带弧形，用来錾削凸缘、毛刺和分割材料，应用最为广泛
尖錾	切削刃较短，切削刃两端侧面略带倒锥，防止在錾削沟槽时錾子被槽卡住，主要应用于錾削沟槽和分割曲线形板料
油槽錾	切削刃很短并呈圆弧形。錾子切削部分制成弯曲状，便于在曲面上錾削沟槽，主要用于錾削油槽

2. 扁錾、尖錾的刃磨要求及刃磨方法

（1）刃磨要求

錾子的几何形状及合理的角度值要根据用途及加工材料的性质而定。

錾子楔角β的大小要根据被加工材料的软硬来决定。錾削较软的金属时，可取30°~50°；錾削较硬的金属时，可取60°~70°；对于一般硬度的钢件或铸铁件，可取50°~60°。

尖錾的切削刃长度应与槽宽度相对应，两个侧面间的宽度应从切削刃起向柄部逐渐变小，使錾槽时能形成1°~3°的副偏角，以避免錾子在錾槽时被卡住，同时保证槽的侧面錾削平整。

切削刃要与錾子的几何中心线垂直，且应在錾子的对称平面上。扁錾的切削刃可略带弧形，其作用是在平面上錾去微小的凸起部分时切削刃两边的尖角不易损伤平面的其他部分。前面和后面要光洁、平整。

（2）刃磨方法

錾子的刃磨方法如图2—43所示，双手握持錾子，在砂轮的轮缘上进行刃磨。刃磨时必须使切削刃高于砂轮水平中心线，在砂轮全宽上左右移动，并要控制錾子的方向、位置，保证磨出所需要的楔角值。刃磨时加在錾子上的压力不宜过大，左右移动要平稳、均匀，并要经常蘸水冷却，以防退火。

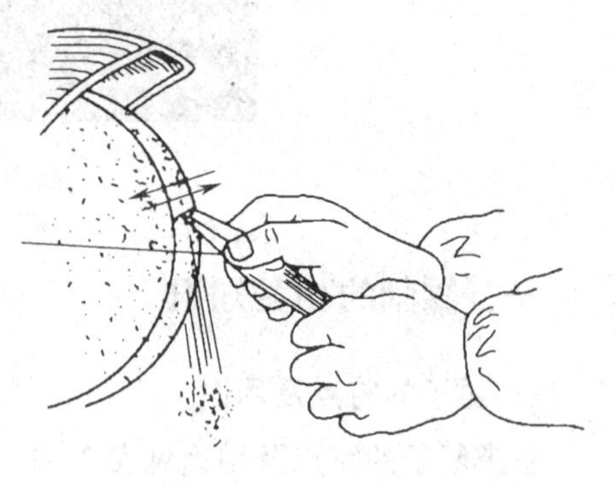

图2—43　錾子的刃磨方法

3. 油槽錾的合理几何形状和刃磨要求

油槽錾切削刃的形状应与图样上的油槽形状刃磨一致。其楔角大小仍要根据被錾材料的性质而定，在铸铁上錾油槽时，楔角取60°~70°。錾子后面（圆弧面）两侧应逐渐向后缩小，保证錾削时切削刃各点都能形成一定的后角，并且后面应用油石进行修光，以使錾出的油槽表面较为光洁。在曲面上錾油槽的錾子，为保证錾削过程中的后角基本一致，其錾体前部应锻成弧形。此时，錾子圆弧刃刃口的中心点应仍在錾体中心线的延长线上，使錾削时的锤击作用力能朝向刃口的錾削方向。

二、油槽錾削方法

根据油槽的位置尺寸划线，可按油槽的宽度划两条线，也可只划一条中心线。在平面上錾油槽时，起錾时錾子要慢慢地加深至尺寸要求，錾到尽头时刃口必须慢慢翘起来，以保证槽底面圆滑过渡。在曲面上錾油槽时，錾子的倾斜情况应随着曲面而变动，使錾削时的后角保持不变。油槽錾好后，再修去槽边毛刺。油槽錾削方法如图 2—44 所示。

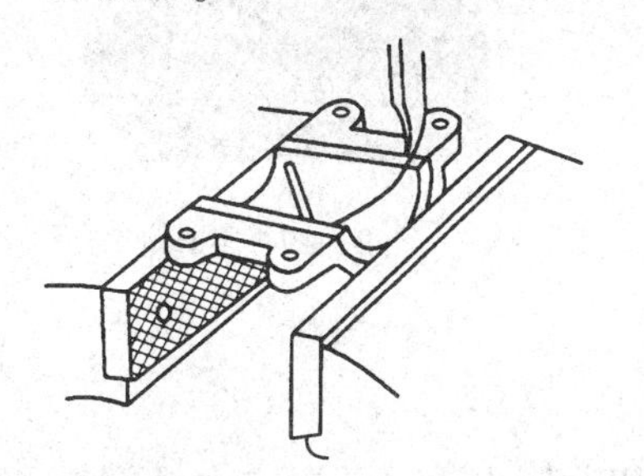
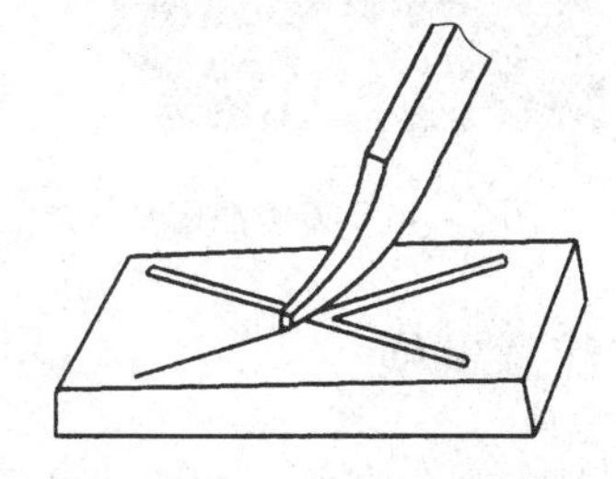

图 2—44　油槽錾削方法

技能要求

轴瓦上錾削油槽

一、操作准备

1. 材料准备

旧轴承。

2. 工具准备

油槽錾、锤子、划针、粉笔、钢直尺。

3. 设备准备

砂轮机、台虎钳。

二、操作步骤

步骤 1　涂色划线，如图 2—45 所示。

步骤 2　刃磨油槽錾。其圆弧面应刃磨光滑，刃口形状应与油槽断面形状相符，两侧逐渐向后缩小，如图 2—46 所示。

步骤 3　錾削油槽。錾子的倾斜情况应随着曲面而变化，使錾削时的后角保持不变，如图 2—47 所示。

步骤 4　用锉刀修毛刺。

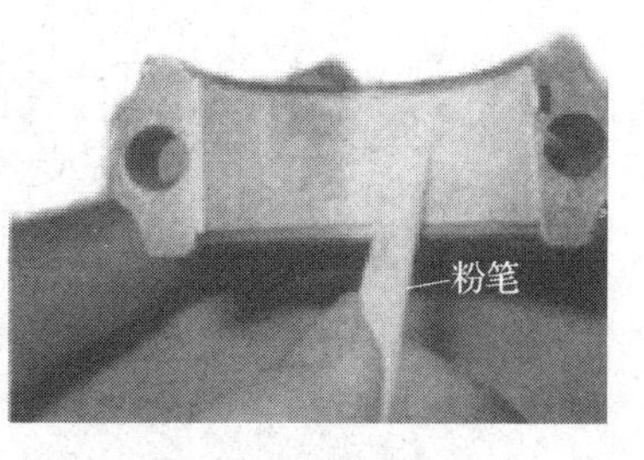

图 2—45　涂色划线

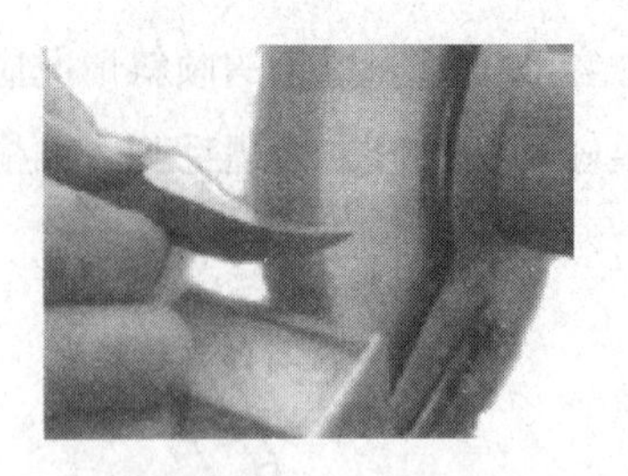

图2—46　刃磨油槽錾

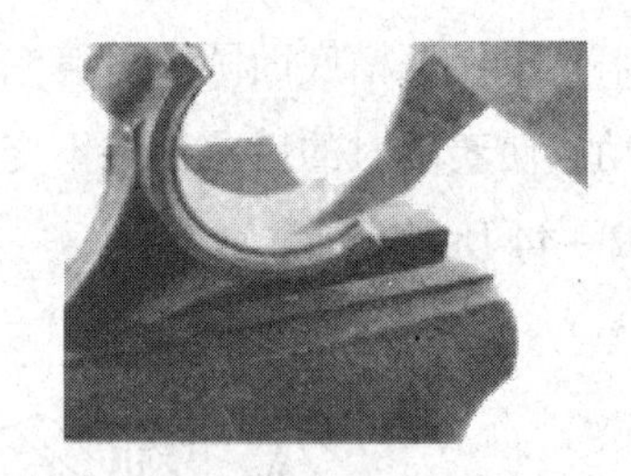

图2—47　錾削油槽

三、注意事项

1. 保持錾削角度的一致性，采用腕挥法锤击，保证锤击力量均匀，油槽深浅应一致，槽面光滑。

2. 及时纠正槽偏斜或深浅不一致。

学习单元2　锯削

学习目标

1. 掌握锯削加工的相关知识和锯削的应用。

2. 掌握各种材料锯削的方法。

知识要求

用手锯对材料或工件进行切断或切槽等的加工方法称为锯削，如图2—48所示。锯削是一种粗加工，平面度公差一般可控制在0.2 mm内。它具有操作方便、简单、灵活的特点，应用较广泛。锯削的应用如图2—49所示。

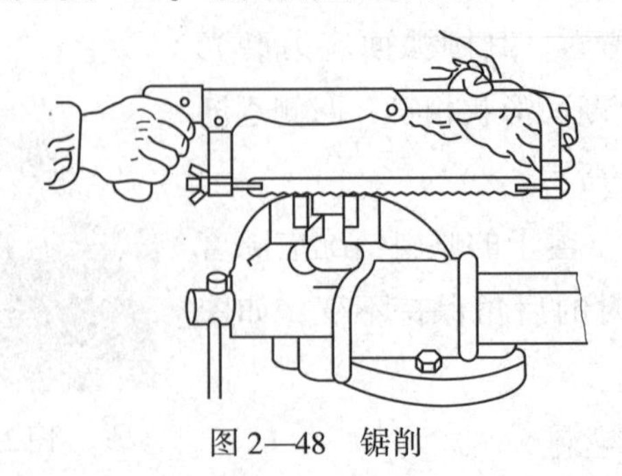

图2—48　锯削

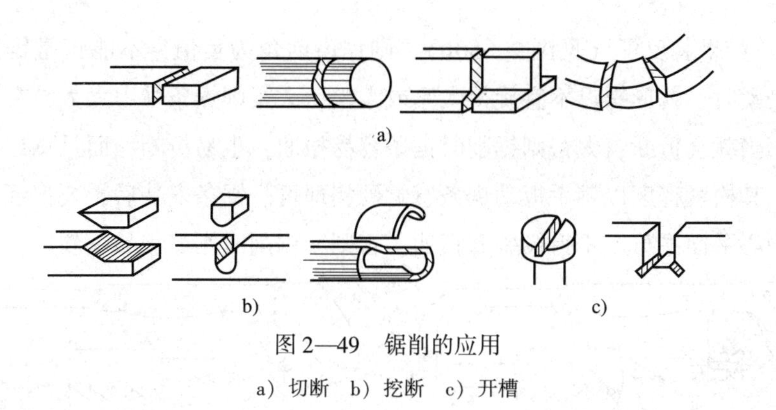

图 2—49　锯削的应用

a）切断　b）挖断　c）开槽

一、锯削的相关知识

1．手锯握法

右手满握手锯锯柄，左手轻扶在锯弓前端，如图 2—48 所示。

2．锯削姿势

锯削时的站立位置和身体摆动姿势与锉削基本相似，摆动要自然。

3．压力

锯削运动时，推力和压力由右手控制，左手主要配合右手扶正锯弓，压力不要过大。手锯推出时为切削行程，应施加压力；返回行程不切削，不加压力自然拉回。工件将要锯断时压力要小。

4．运动和速度

锯削运动一般采用小幅度的上下摆动式运动，即手锯推进时身体略向前倾，双手随着压向手锯的同时，左手上翘，右手下压，回程时右手上抬，左手自然跟回。对锯缝底面要求平直的锯削，必须采用直线运动。锯削运动的速度一般为 40 次/min 左右，锯削硬材料时慢些，锯削软材料时快些。同时，锯削行程应保持均匀，返回行程的速度应相对快些。

5．锯削操作方法

（1）工件的夹持

工件一般应夹在台虎钳的左面，以便于操作；工件伸出钳口不应过长（应使锯缝离开钳口侧面 20 mm 左右），防止工件在锯削时产生振动；锯缝线要与钳口侧面保持平行（使锯缝线与铅垂线方向一致），以便于控制锯缝不偏离划线线条；夹紧要牢靠，同时要避免将工件夹变形和夹坏已加工表面。

（2）锯条的安装

手锯在前推时才起切削作用，因此安装锯条时应使齿尖的方向朝前（见图

2—50a）；如果装反了（见图 2—50b），则锯齿前角为负值，不能正常锯削。在调节锯条松紧时，翼形螺母不宜旋得太紧或太松，太紧则锯条受力太大，在锯削中用力稍有不当就会折断；太松则锯削时锯条容易扭曲，也易折断，而且锯出的锯缝容易歪斜。其松紧程度以用手扳动锯条感觉硬实即可。锯条安装后，要保证锯条平面与锯弓中心平面平行，不得倾斜和扭曲；否则，锯削时锯缝极易歪斜。

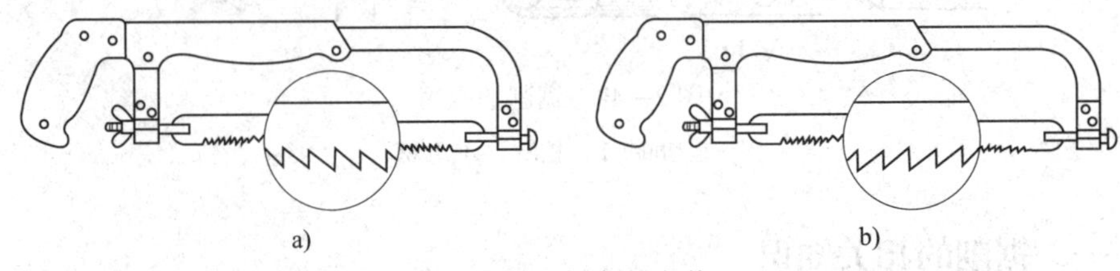

图 2—50　锯条的安装

a）正确　b）不正确

（3）起锯方法

起锯是锯削工作的开始，起锯质量的好坏直接影响锯削质量。如果起锯不当，一是常出现锯条跳出锯缝的情况，容易将工件拉毛或者引起锯齿崩裂；二是起锯后的锯缝与划线位置不一致，将使锯削尺寸出现较大偏差。起锯方法有远起锯（图 2—51a）和近起锯（见图 2—51c）两种。起锯时，左手拇指靠住锯条，使锯条能正确地锯在所需要的位置上，行程要短，压力要小，速度要慢。起锯角 θ 约为 15°。如果起锯角太大，则起锯不易平稳，尤其是近起锯时锯齿会被工件棱边卡住，引起崩裂（见图 2—51b）。但起锯角也不宜太小，否则，由于锯齿与工件同时接触的齿数较多，不易切入材料，多次起锯往往容易发生偏离，使工件表面锯出许多锯痕，

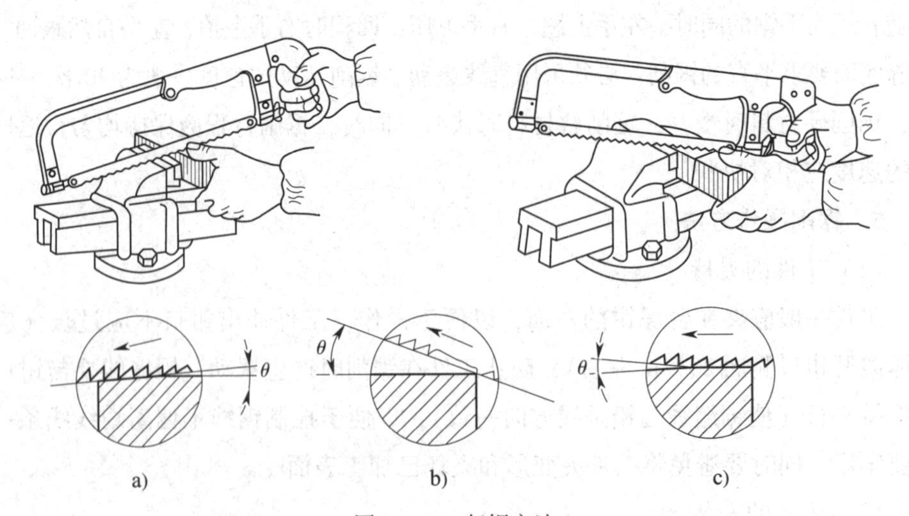

图 2—51　起锯方法

a）远起锯　b）起锯角太大　c）近起锯

影响表面质量。一般情况下采用远起锯较好，因为远起锯时锯齿是逐步切入材料的，锯齿不易被卡住，起锯也较方便。如果采用近起锯而掌握不好，锯齿会被工件的棱边卡住，此时也可采用向后拉手锯倒向起锯，使起锯时接触的齿数增加，再做推进起锯就不会被棱边卡住。起锯锯到槽深有 2 ~ 3 mm 时，锯条已不会滑出槽外，左手拇指可离开锯条，扶正锯弓逐渐使锯痕向后（向前）成为水平，然后往下正常锯削。正常锯削时应使锯条的全部有效齿在每次行程中都参加切削。

二、锯削的加工方法

1. 棒料锯削

若锯削的断面要求平整，则应从开始连续锯削到锯断为止；若锯出的断面要求不高，可分几个方向锯下。

2. 管子锯削

锯削管子前，可划出垂直于轴线的锯削线，由于锯削时对划线的精度要求不高，简单的方法可用纸条按锯削尺寸绕住工件的外圆，然后用滑石笔划出。

锯削薄壁管子时不可在同一个方向从开始连续锯削到结束，否则锯齿会被管壁钩住而崩裂。应沿推锯方向不断转锯。

3. 薄板料锯削

锯削时应尽可能从宽面上锯下去。当只能在板料的狭面上锯下去时，可用两块木板夹持，连木板一起锯下，以避免锯齿被钩住，同时也增加了板料的刚度，使锯削时不发生颤动。也可以把薄板料直接夹在台虎钳上，用手锯做横向斜推锯，使锯齿与薄板接触的齿数增加，避免锯齿崩裂。

4. 深缝锯削

当锯缝的深度超过锯弓的高度时，应将锯条转过 90°重新装夹，使锯弓转到工件的旁边；当锯弓横下来其高度仍不够时，也可把锯条装夹成使锯齿朝锯内进行锯削。

技能要求

普通材料锯削

一、操作准备

1. 材料准备

45 钢毛坯件，规格为 $\phi50$ mm。

2. 工具准备

锯弓、锯条、划针、钢直尺等。

3. 设备准备

台虎钳。

二、操作步骤

步骤1 检查来料尺寸。

步骤2 按图样尺寸（见图2—52）在实习件上划出锯削加工线。

步骤3 按锯削棒料的方法锯下第一段，达到尺寸（20±0.40）mm、锯削断面平面度公差0.4 mm的要求，并保证锯痕整齐。

步骤4 按照第一段锯削的方法依次锯削出其余两段。

步骤5 复检各段尺寸。

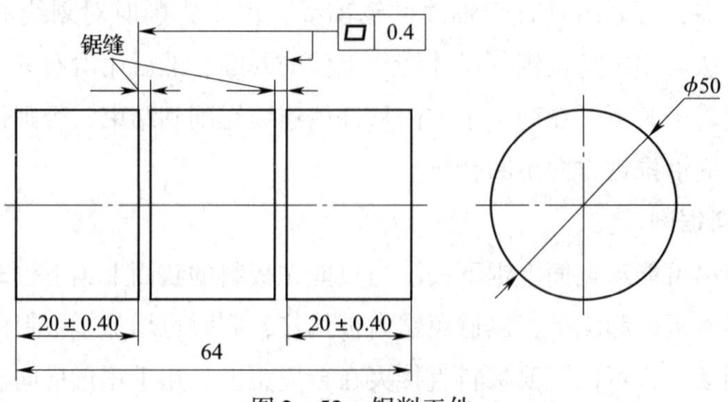

图2—52 锯削工件

三、注意事项

1. 必须锯下一段后再划另一段锯削加工线，以确保每段尺寸精度达到要求。
2. 锯削后的工件要去除毛刺，以免影响划线精度。
3. 要随时注意锯缝平直情况，及时纠正。

薄板锯削

一、操作准备

1. 材料准备

薄板料。

2．工具准备

锯弓、锯条（细齿）、游标高度尺、钢直尺和木料。

3．设备准备

台虎钳。

二、操作步骤

步骤 1　薄板划线，如图 2—53 所示。

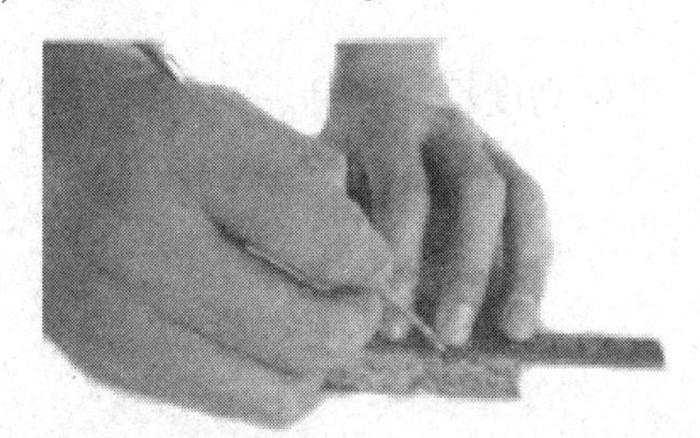

图 2—53　薄板划线

步骤 2　薄板夹持，如图 2—54 所示。

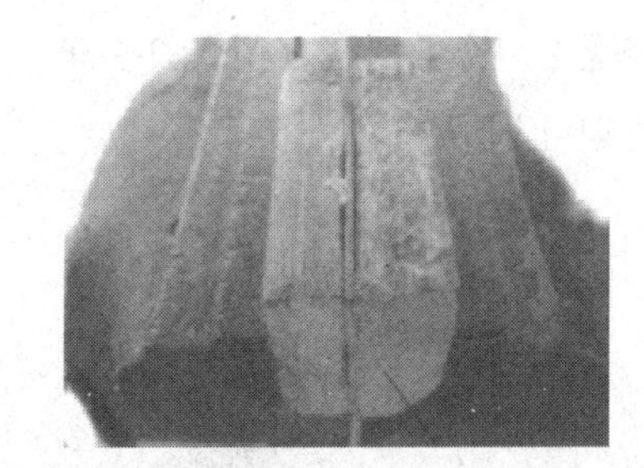

图 2—54　薄板夹持

步骤 3　薄板锯削，如图 2—55 所示。

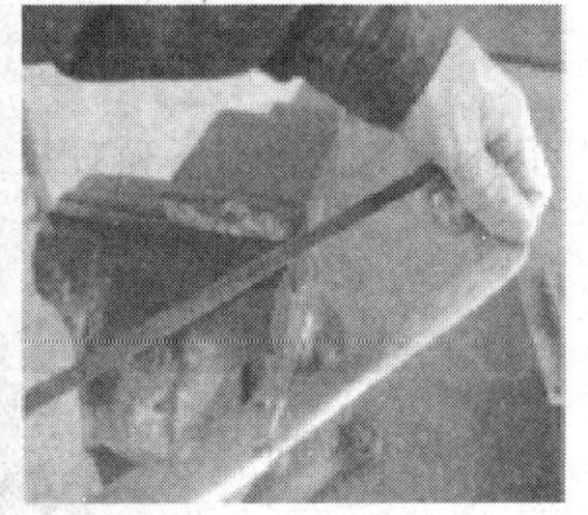

图 2—55　薄板锯削

三、注意事项

横向斜推锯，使锯齿与薄板接触齿数增加，避免崩齿。

其他材料锯削

一、操作准备

1. 材料准备

管子、角钢、槽钢。

2. 工具准备

锯弓、锯条（细齿）、游标高度尺、划针、油性笔、钢直尺和木料等。

3. 设备准备

台虎钳。

二、操作步骤

管子的锯削

步骤1 管子划线（见图2—56）。用纸条将管子缠上2~3圈，再沿纸边用滑石笔或划针划线。

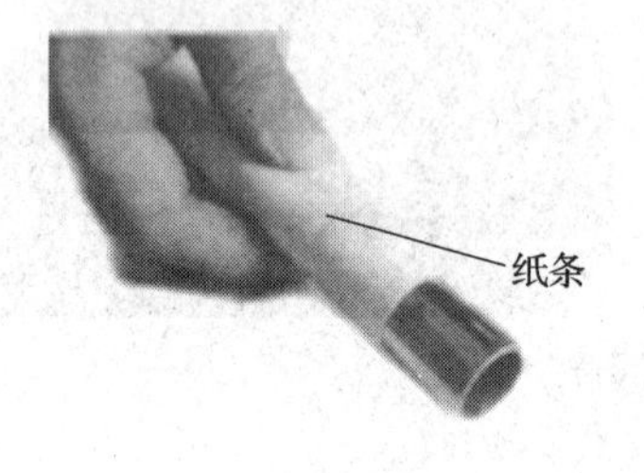

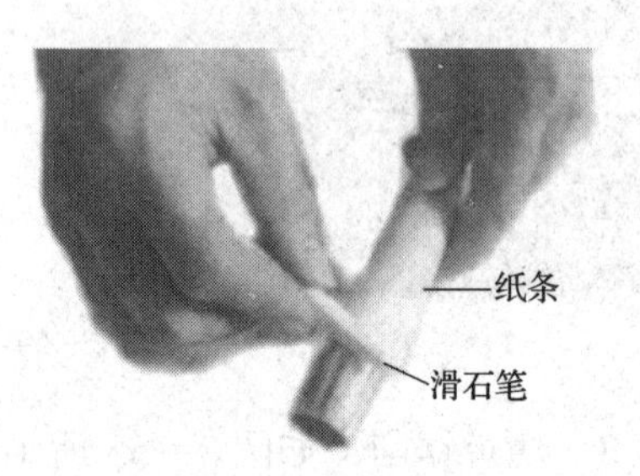

图2—56 管子划线

步骤2 管子的夹持如图2—57所示。

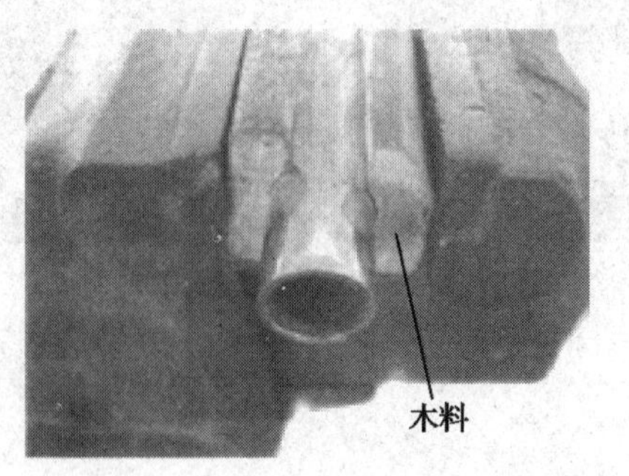

图2—57 管子的夹持

步骤 3　管子的锯削包括横向锯（见图 2—58）和纵向锯（见图 2—59）。横向锯削时要沿推锯方向不断转管子（见图 2—60），直到锯断为止。

图 2—58　管子横向锯

图 2—59　管子纵向锯

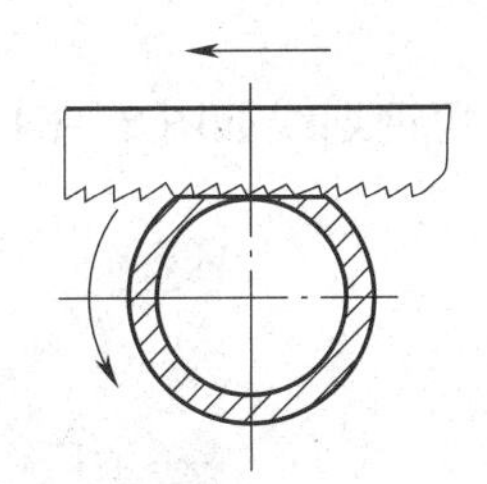

图 2—60　管子横向锯削方法

深缝的锯削

步骤 1　深缝划线如图 2—61 所示。

步骤 2　锯削深缝时的夹持方法如图 2—62 所示。

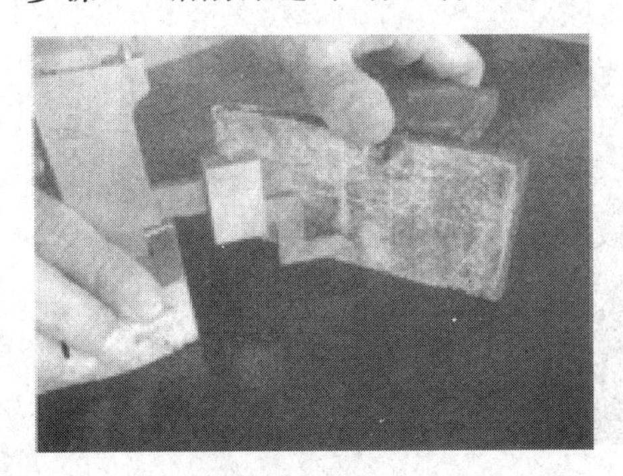

图 2—61　深缝划线

图 2—62　锯削深缝时的夹持方法

步骤3 深缝锯削方法如图2—63所示。当锯缝的深度超过锯弓的高度时，应将锯条转过90°重新装夹，使锯弓转到工件的旁边（见图2—63b）；当锯弓横下来其高度仍不够高时，也可把锯条装夹成使锯齿朝向锯内进行锯削（见图2—63c）。

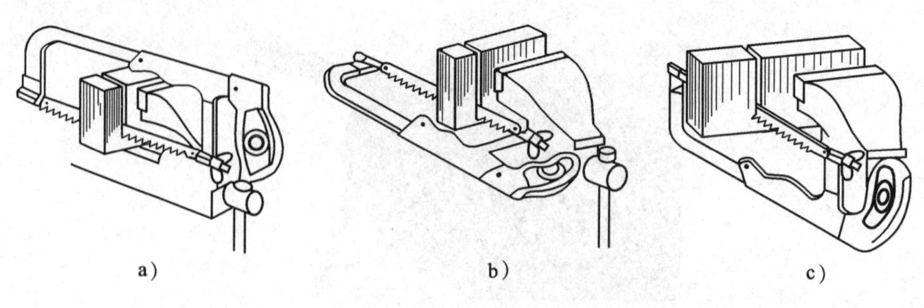

a）　　b）　　c）

图2—63　深缝锯削方法

角钢和槽钢的锯削

步骤1 角钢划线如图2—64所示。

图2—64　角钢划线

步骤2 角钢夹持如图2—65所示。

图2—65　角钢夹持

步骤 3　按图 2—66 所示锯削角钢和槽钢。实际锯削时按标注的数字顺序（见图 2—67）进行操作。

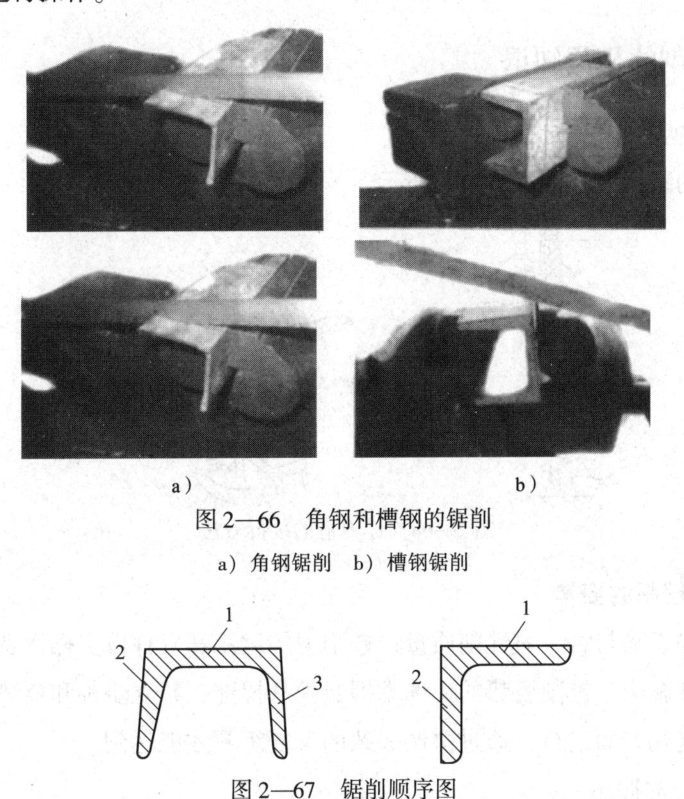

a）　　b）

图 2—66　角钢和槽钢的锯削

a）角钢锯削　b）槽钢锯削

图 2—67　锯削顺序图

三、注意事项

1. 不能从一个方向锯到底，否则容易导致锯条损坏和锯齿崩裂。
2. 锯缝保持直线不变。
3. 锯削中加润滑油。

学习单元 3　锉削

学习目标

1. 掌握锉削加工的相关知识和应用特点。
2. 掌握一般的锉削操作技能。

一、锉削的相关知识

1. 锉刀柄的装拆方法

锉刀柄的装拆方法如图2—68所示。

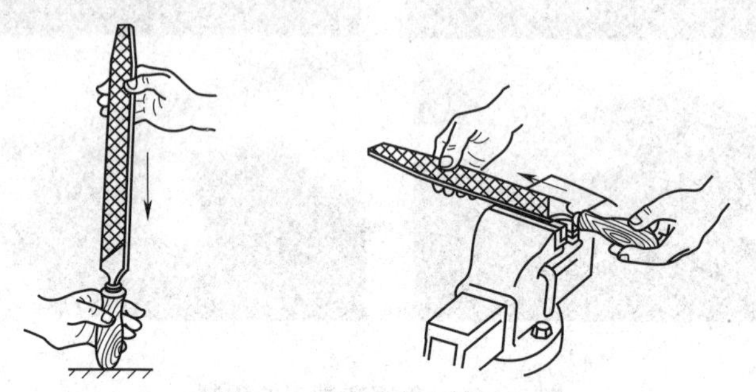

图2—68　锉刀柄的装拆方法

2. 平面锉削的姿势

锉削姿势正确与否，对锉削质量、锉削力的运用和发挥以及操作者的疲劳程度都起着决定性影响。锉削姿势的正确掌握必须从握锉、站立步位和姿势、锉削动作以及操作力这几方面进行，通过协调一致的反复练习才能达到。

（1）锉刀的握法

平锉大于250 mm时的握法如图2—69a所示。右手紧握锉刀柄，柄端抵在拇指根部的手掌上，拇指放在锉刀柄上部，其余手指由下而上地握着锉刀柄；左手的基本握法是将拇指根部的肌肉压在锉刀头上，拇指自然伸直，其余四指弯向手心，用中指、无名指捏住锉刀前端。还有两种左手的握法如图2—69b、c所示。锉削时右手推动锉刀并决定推动方向，左手协同右手使锉刀保持平衡。

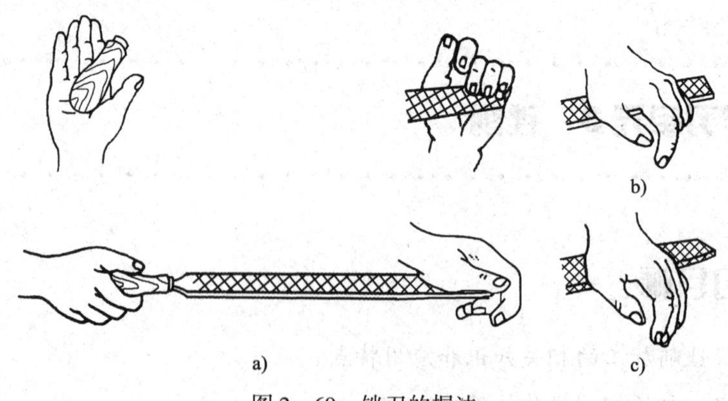

图2—69　锉刀的握法

（2）姿势动作

锉削时的站立步位和姿势（见图 2—70）及锉削动作（见图 2—71）如下：两手握住锉刀放在工件上面，左臂弯曲，小臂与工件锉削面的左右方向保持基本平行，右臂与工件锉削面的前后方向保持基本平行，但要自然。锉削时，身体先于锉刀并与之一起向前，右脚伸直并稍向前倾，重心在左脚，左膝部呈弯曲状态。当锉刀锉至约 3/4 行程时，身体停止前进，两臂则继续将锉刀向前锉到头；同时，左脚自然伸直，并随着锉削时的反作用力将身体重心后移，使身体恢复原位，并顺势将锉刀收回。当锉刀收回将近结束时，身体又开始先于锉刀前倾，做第二次锉削的向前运动。

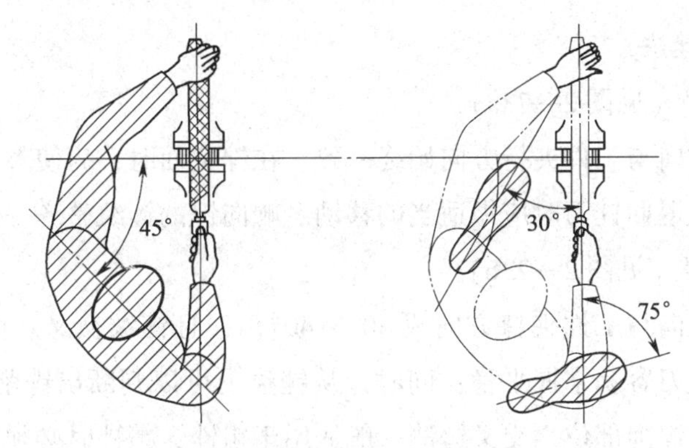

图 2—70　锉削时的站立步位和姿势

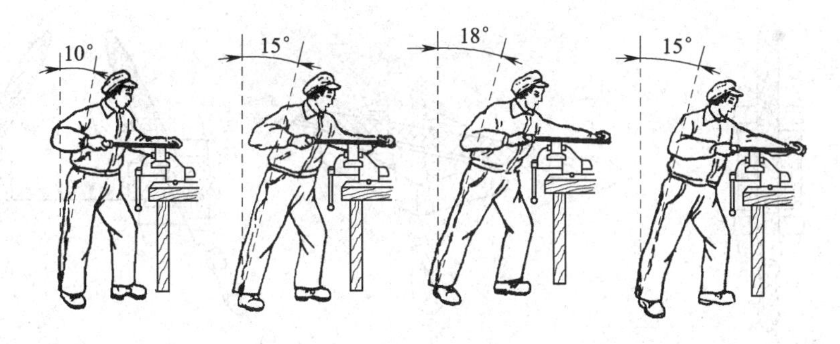

图 2—71　锉削动作

3. 锉削时两手的用力和锉削速度

要锉出平直的平面，必须使锉刀保持直线的锉削运动。为此，锉削时右手压力要随锉刀推动而逐渐增加，左手压力要随锉刀推动而逐渐减小，如图 2—72 所示。回程时不加压力，以减少锉刀的磨损。

锉削速度一般应在 40 次/min 左右，推出时稍慢，回程时稍快，动作要自然、协调。

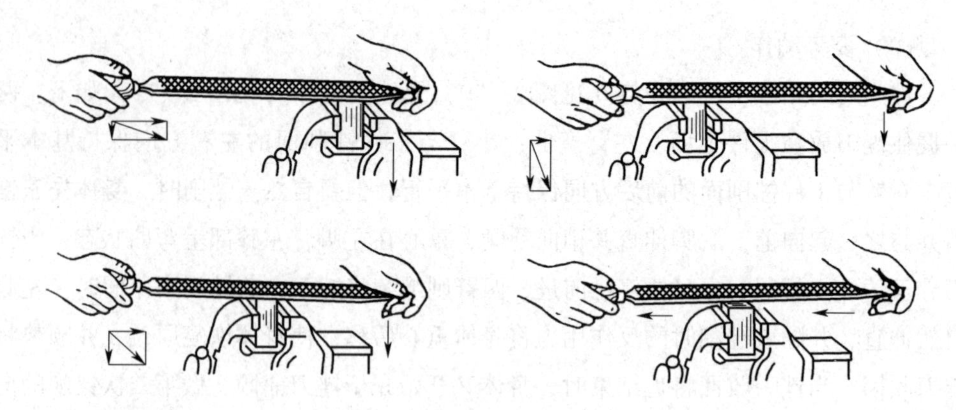

图 2—72　锉平面时的两手用力

4. 平面的锉法

（1）顺向锉（见图 2—73a）

锉刀运动方向与工件夹持方向始终一致。在锉宽面时，为使整个加工表面能均匀地锉削，每次退回锉刀时应做适当的移动。顺向锉的锉纹整齐一致，较美观。

（2）交叉锉（见图 2—73b）

锉刀运动方向与工件夹持方向成 30°~40°角，且锉纹交叉。由于锉刀与工件的接触面大，锉刀容易掌握平稳；同时，从锉痕上可以判断出锉削面的高低情况，便于不断地修正锉削部位。交叉锉法一般适用于粗锉，精锉时必须采用顺向锉，使锉痕变直，纹理一致。

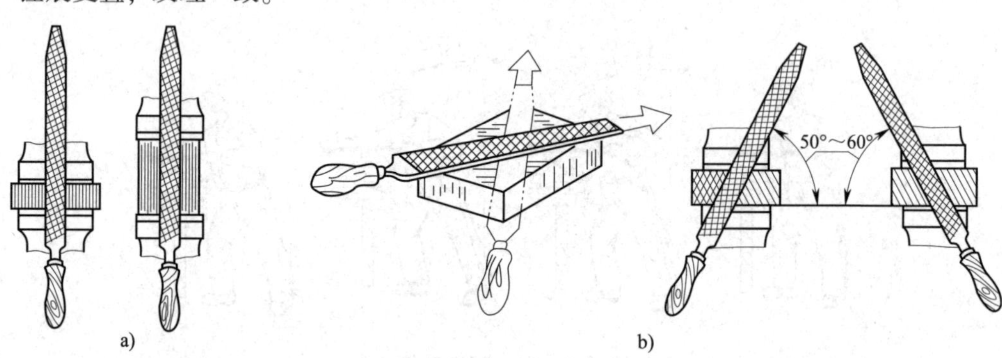

图 2—73　平面的锉法

a）顺向锉　b）交叉锉

二、锉削质量检测的方法

1. 几何公差和测量方法

锉削的质量检测主要包括三个方面的内容，即尺寸公差的检测、几何公差的检测和表面外观质量的检测。质量检测对锉削工作非常重要，检测的准确性越高，对锉削加工越有利；否则会造成超差，严重的甚至要报废。锉削属于钳工手工操作的精细加工，检测工作都是在锉削过程中进行的，以随时控制工件的加工尺寸及其他精度，确定下一步的锉削目标，直到将工件锉削到图样要求为止。

（1）尺寸与角度的检测

钳工锉削工件时常用的量具是游标卡尺和千分尺，检测间隙值时采用塞尺，检测圆弧面时常用半径样板，检测角度时则采用万能角度尺，检测出的尺寸必须精确无误。由于钳工在日常检修工作中用精密量具的时候不多，尤其是万能角度尺这类量具，这就要求经常加以练习，掌握正确的测量方法，提高测量的准确程度。

（2）平行度的检测

平行度经常使用游标卡尺和千分尺来测量，有时也采用百分表配合检验平台及其他辅助工具进行测量，如图 2—74 所示。

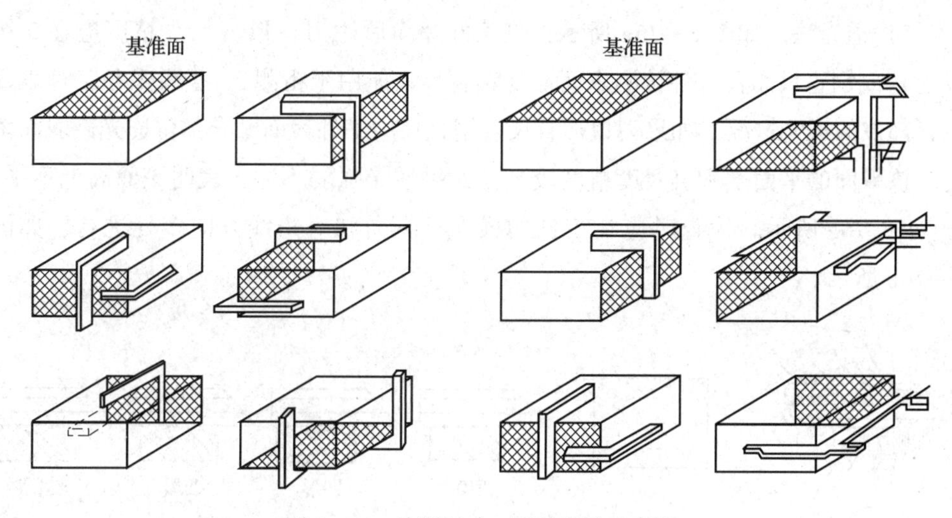

图 2—74　检测尺寸、平行度及垂直度

（3）垂直度的检测

用宽座角尺检查工件垂直度前，应用锉刀将工件的锐边倒钝。检查时要掌握以下几点：

1）先将直角尺尺座的测量面紧贴工件基准面，然后从上逐渐轻轻向下移动，使直角尺尺瞄的测量面与工件的被测表面接触（见图 2—75a），眼光平视观察其透光情况，以此来判断工件被测面与基准面是否垂直。检查时，直角尺不可斜放（见图 2—75b），否则检查结果不准确。

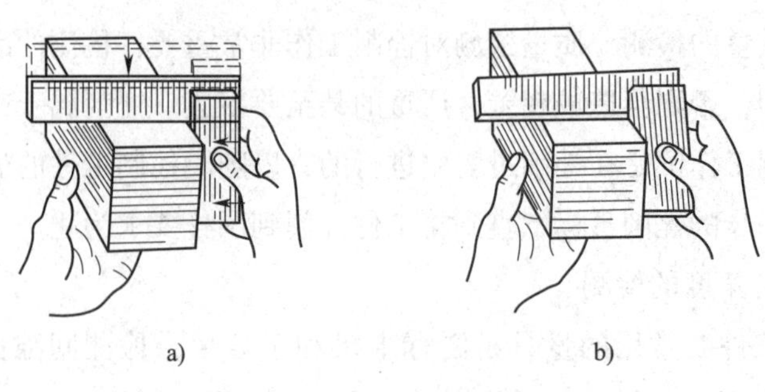

图2—75　用宽座角尺检查工件垂直度

a）正确　b）不正确

2）在同一平面上改变检查位置时，直角尺不可在工件表面上拖动，以免因磨损而影响直角尺本身的精度。

（4）平面度、直线度的检测

锉削时检测平面度和直线度经常使用的方法主要有两种，一是透光法，二是研磨法。

1）透光法。如图2—76a所示，将工件擦净后用刀口形直尺（精度应在二级以上）或钢直尺靠在工件被测表面上（钢直尺只能用于粗测），查看尺与工件表面贴合部位的透光情况。如果刀口形直尺、钢直尺与工件表面贴合部位透光微弱而均匀，该平面的平面度和直线度精度较高；如果透光强弱不一，表明该面高低不平，如图2—76c所示。检查时应在工件的横向、纵向和对角线方向多处进行，如图2—76b所示。

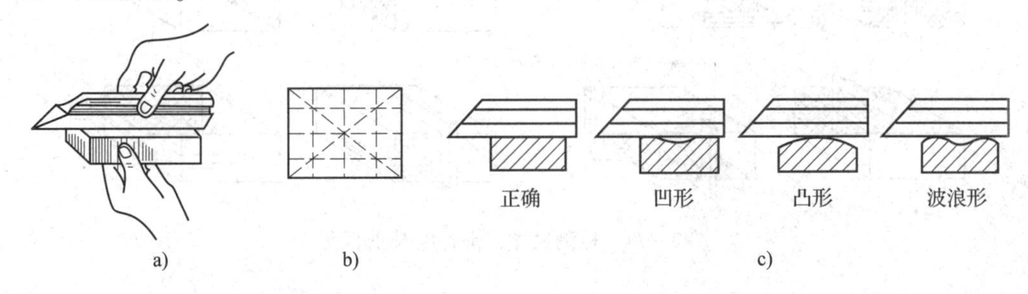

图2—76　用刀口形直尺、钢直尺检测平面度与直线度

2）研磨法。如图2—77所示，在平板上涂一层极薄的红丹粉（已混合好的）或蓝油，然后把锉削后的工件放在平板上，让锉削面与平板面接触，均匀、轻微地摩擦几下。如果锉削面着色均匀，说明已达到了平面度与直线度的一定要求，其精度按研点的分布情况和图样要求判断。呈灰色点是高处，没有着色的部位是凹处，高处点与凹处越少，则说明平面高低不平；灰色点数越多、越密集，说明平面越平。

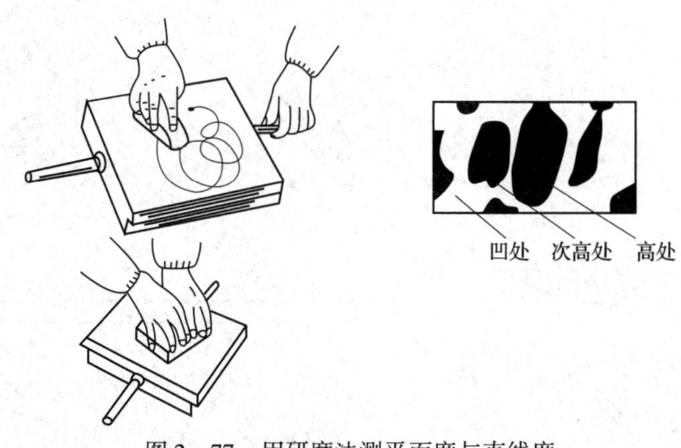

图 2—77　用研磨法测平面度与直线度

2. 表面粗糙度检测仪器及检测方法

零件表面上具有间距微小的峰谷所形成的微观几何形状的特征称为表面粗糙度。检测表面粗糙度时，一般用眼睛直接观察，为鉴定准确，应使用表面粗糙度样板来比照检查。而外观检查则采用目测法，锉削表面应纹理清晰，无凸凹痕及疤痕。表面粗糙度的检测方法如下：

（1）比较法

比较法就是将被测零件表面与表面粗糙度样板用肉眼或借助放大镜和手摸感触进行比较，从而估计出表面粗糙度。这种方法使用简便，适用于车间检验。缺点是精度较差，只能做定性分析比较。

（2）光切法

光切法是利用光切原理测量表面粗糙度的方法。常用的仪器是光切显微镜。该仪器适用于测量车削、铣削、刨削或其他类似方法加工的金属零件的平面或外圆表面。光切法常用于测量 $Ra \leqslant 0.580\ \mu m$ 的表面。光切显微镜工作原理如图 2—78 所示。

光切显微镜由两个镜管组成，一个为照明镜管，另一个为观察镜管，两镜管轴线成 90°角。从光源发出的光线经聚光镜 2、狭缝 3 及物镜 4 后，在被测工件表面形成一束平行的光带。这束光带以 45°的倾斜角投射到具有微小峰谷的被测表面上，并分别在被测表面波峰 S 和波谷 S' 处产生反射。通过观察镜管的物镜分别成像在分划板上的 a 与 a' 点，从目镜中就可以观察到一条与被测表面相似的弯曲亮带。通过目镜分划板与测微器，在垂直于轮廓景像的方向上，可测出 a、a' 之间的距离 N，则被测表面微观不平度的波峰至波谷的高度 h 为：

$$h = \frac{N}{V}\cos 45^\circ = \frac{N}{\sqrt{2}V}$$

式中　V——观察镜管的物镜放大倍数。

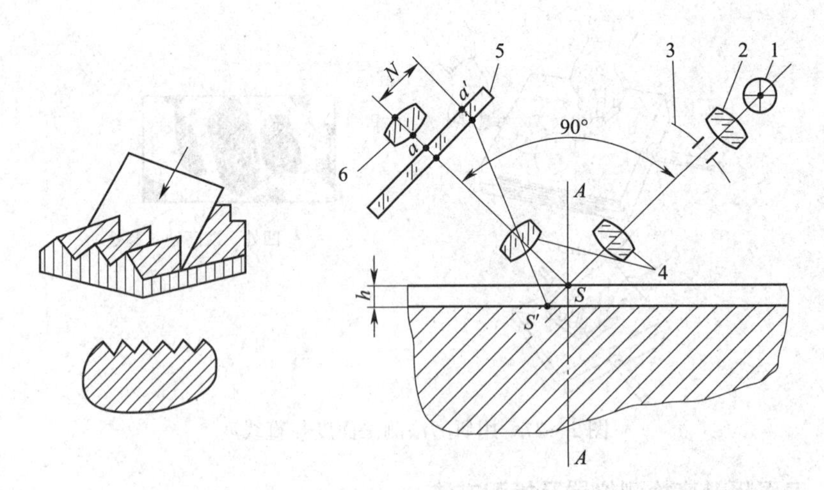

图2—78　光切显微镜工作原理

1—光源　2—聚光镜　3—狭缝　4—物镜　5—分划板　6—目镜

（3）针触法

针触法是通过针尖感触被测表面微观不平度的方法，它实际上是一种接触式电测量方法。所用测量仪器为轮廓仪，它可以用于测量 *Ra*0.025 μm 的表面。该方法测量范围广，快速、可靠，操作简便并易于实现自动测量和计算机数据处理。但被测面易被触针划伤。

如图2—79a 所示为电感式轮廓仪的原理图，图2—79b 所示为传感器结构原理图。传感测杆上的触针1与被测表面接触，当触针以一定速度沿被测表面移动时，由于工件表面的峰谷使传感器杠杆3绕其支点2摆动，使电磁铁芯5在电感线圈4中运动，引起电感量的变化，从而使测量电桥输出电压发生相应变化，经过放大、滤波等处理，可驱动记录装置画出被测的轮廓图形，也可经过计算机驱动指示表读出 *Ra* 数值。

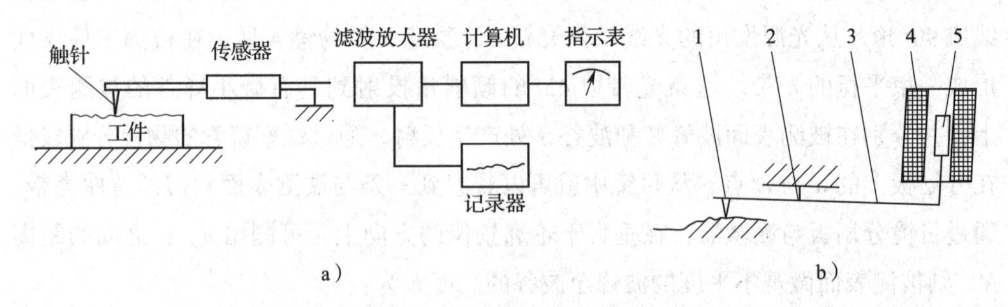

图2—79　针触法测量原理框图

a）电感式轮廓仪原理图　b）传感器结构原理图

1—触针　2—支点　3—传感器杠杆　4—电感线圈　5—电磁铁芯

（4）干涉法

干涉法是利用光波原理来测量表面粗糙度的方法。常用的仪器是干涉显微镜，适合用 Rz 值来评定表面粗糙度，测量范围 $Rz=0.05\sim0.8$ μm。

实际检测中，常常会遇到一些表面不便用上述仪器直接测量的情况，如工件上的一些特殊部位和内表面等。测量这些表面的表面粗糙度时常用印模法。它是利用一些无流动性和弹性的塑性材料贴合在被测表面上，将被测表面的轮廓复制成印模，然后测量印模，以测量被测表面的表面粗糙度。

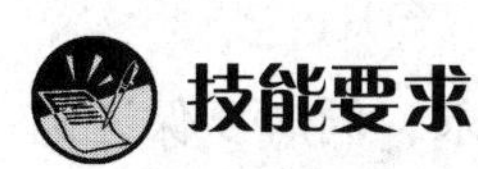

六方体的锉削加工

一、操作准备

1. 材料准备

Q235 钢棒料（ϕ45 mm × 35 mm）。

2. 工具准备

锉刀、宽座角尺、游标卡尺、外径千分尺、万能角度尺。

3. 设备准备

台虎钳、台钻。

二、操作步骤

六方体零件图如图 2—80 所示。

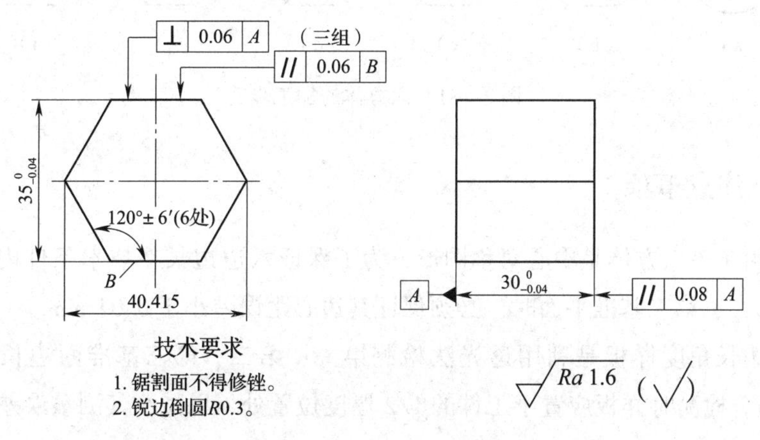

图 2—80　六方体零件图

步骤1 用游标卡尺测量出坯料的实际直径尺寸 $d=45$ mm。

步骤2 粗锉、精锉基准 A 及其对面并达到图样要求。

步骤3 粗锉、精锉第一面（基准 B）（见图2—81a），达到平面度公差0.05 mm、表面粗糙度 $Ra1.6$ μm 的要求，同时要保证圆柱素线至锉削面的尺寸为 $\left(35+\dfrac{d-35}{2}\right)_{-0.04}^{0}$ mm。

步骤4 粗锉、精锉相对面（见图2—81b）。以第一面为基准划出相距尺寸 $35_{-0.04}^{0}$ mm 的平面加工线，然后进行锉削，达到图样有关要求。

步骤5 粗锉、精锉第三面（见图2—81c），达到图样要求，同时要保证圆柱素线至锉削面的尺寸为 $\left(35+\dfrac{d-35}{2}\right)_{-0.04}^{0}$ mm，120°角的精度用万能角度尺控制。

步骤6 粗锉、精锉第四面（见图2—81d），达到图样要求，同时要保证圆柱素线至锉削面的尺寸为 $\left(35+\dfrac{d-35}{2}\right)_{-0.04}^{0}$ mm，以及与第三面边长 B 相等。

步骤7 粗锉、精锉第五面（见图2—81e）。以第三面为基准划出相距尺寸为 $35_{-0.04}^{0}$ mm 的平面加工线，然后锉削并达到图样要求。

步骤8 粗锉、精锉第六面（见图2—81f）。以第四面为基准划出相距尺寸为 $35_{-0.04}^{0}$ mm 的平面加工线，然后锉削并达到图样要求。

步骤9 按图样要求做全部精度复检，并做必要的修整锉修，最后将各锐边均匀倒钝。

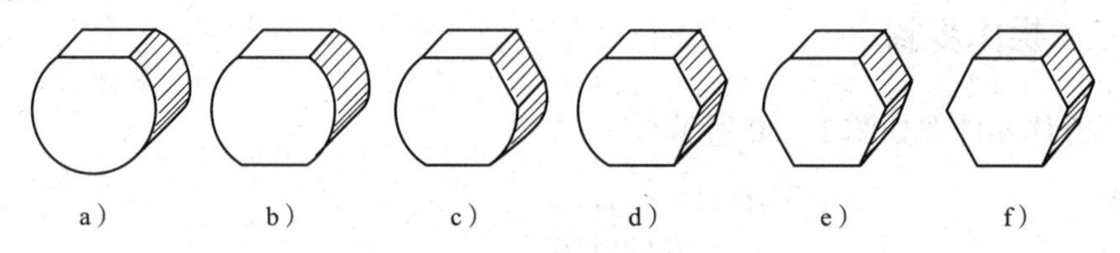

图2—81 六方体的加工步骤

三、注意事项

1. 由于该六方体是中心对称图形，为了保证六边边长在技术条件内，在锉削第一、第二、第三基准平面时，必须保证其边心距误差小于0.04 mm。

2. 边长角度样板是利用透光法检测第一、第二、第三基准面边长对称度及120°角的。检测时样板应置于工件的1/2厚度位置处，以减小其测量误差。

3. 熟练地运用千分尺对工件进行精确测量。

4. 在用万能角度尺测量角度时，要注意测量基准的选择，以免产生累积误差。测量时要把工件的锐边去毛刺、倒钝，保证测量的准确性。

圆弧的锉削加工

一、操作准备

1. 材料准备

Q235 钢板料（60 mm×26 mm×10 mm）。

2. 工具准备

划规、样冲、宽座角尺、游标卡尺、外径千分尺、半径样板、万能角度尺、锉刀。

3. 设备准备

台钻、台虎钳。

二、操作步骤

键零件图如图 2—82 所示。

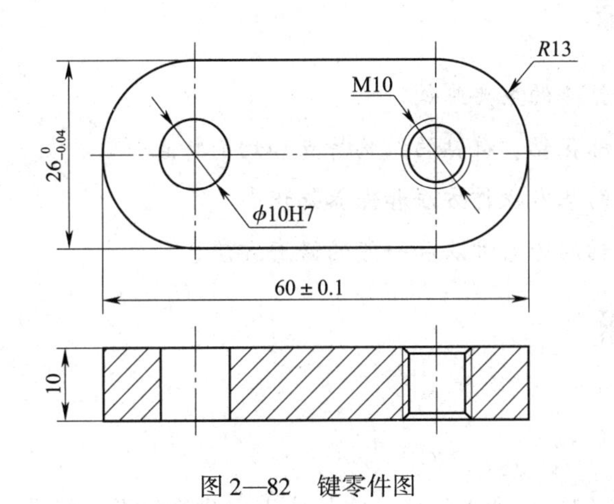

图 2—82　键零件图

步骤 1　先加工一个角作为直角基准。

步骤 2　按图样尺寸划线。

步骤 3　加工尺寸为 $26_{-0.04}^{0}$ mm 的两个面并保证与 A 面的平行度达到 0.06 mm，平面度达到 0.03 mm。

步骤 4　先加工一边 R13 mm 的圆弧，保证圆度误差在 0.08 mm 以内。

步骤5 再加工另一边 $R13$ mm 的圆弧，保证圆度误差在0.08 mm以内，同时保证尺寸（60±0.1）mm。

步骤6 倒钝锐边。

三、注意事项

1. 外圆弧锉削加工的步骤。
2. 正确使用半径样板。

第3节 孔加工与螺纹加工

学习单元1 钻床

1. 熟悉常用钻床的主要结构。
2. 了解标准麻花钻、群钻的结构特点和切削特点。
3. 掌握钻床的基本操作方法和保养知识。
4. 掌握麻花钻的刃磨方法和一般的修磨方法。

一、钻床

钻床是钳工常用的孔加工机床，在钻床上可进行钻孔、扩孔、锪孔、铰孔、攻螺纹、研磨等多项操作，如图2—83所示。常用钻床有台式钻床、立式钻床、摇臂钻床和手电钻。

1. 台式钻床（Z4012型）

台式钻床是一种安放在作业台上、主轴垂直布置的小型钻床，简称台钻。一般最大钻孔直径为13 mm，如图2—84所示。

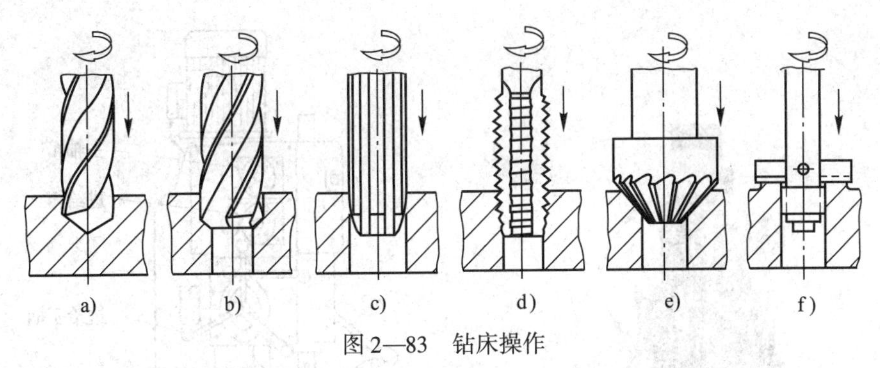

图 2—83　钻床操作

a）钻孔　b）扩孔　c）铰孔　d）攻螺纹　e）锪沉头孔　f）锪平面

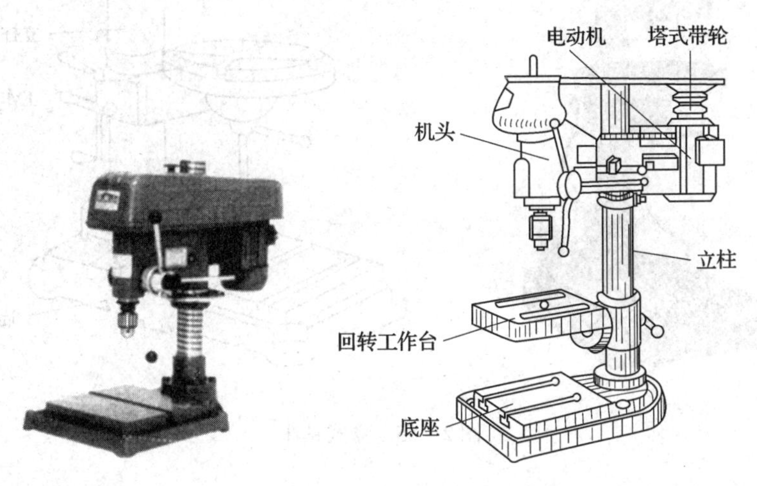

图 2—84　台式钻床

台钻由机头、电动机、塔式带轮、立柱、回转工作台和底座等部分组成。机头与电动机连为一体，可沿立柱上下移动，根据钻孔工件的高度，将机头调整到适当位置后，通过手柄锁紧方能进行工作。在小型工件上钻孔时，可采用回转工作台。回转工作台可沿立柱上下移动，或绕立柱轴线做水平转动，也可以在水平面内做一定角度的转动，以便钻斜孔时使用。在较重的工件上钻孔时，可将回转工作台转到一侧，将工件放置在底座上进行钻孔。底座上有两条 T 形槽，用来装夹工件或固定夹具。底座的四个角上有安装孔，用螺栓将其固定。一般台钻的切削力较小，可以不加螺栓固定。

2. 立式钻床（Z525B 型）

立式钻床是主轴箱和工作台安置在立柱上、主轴垂直布置的钻床，简称立钻，如图 2—85 所示。立钻的刚度和强度高，功率较大，最大钻孔直径有 25 mm、35 mm、40 mm 和 50 mm 等几种。该类钻床可进行钻孔、扩孔、镗孔、铰孔、刮端面和攻螺纹等操作。

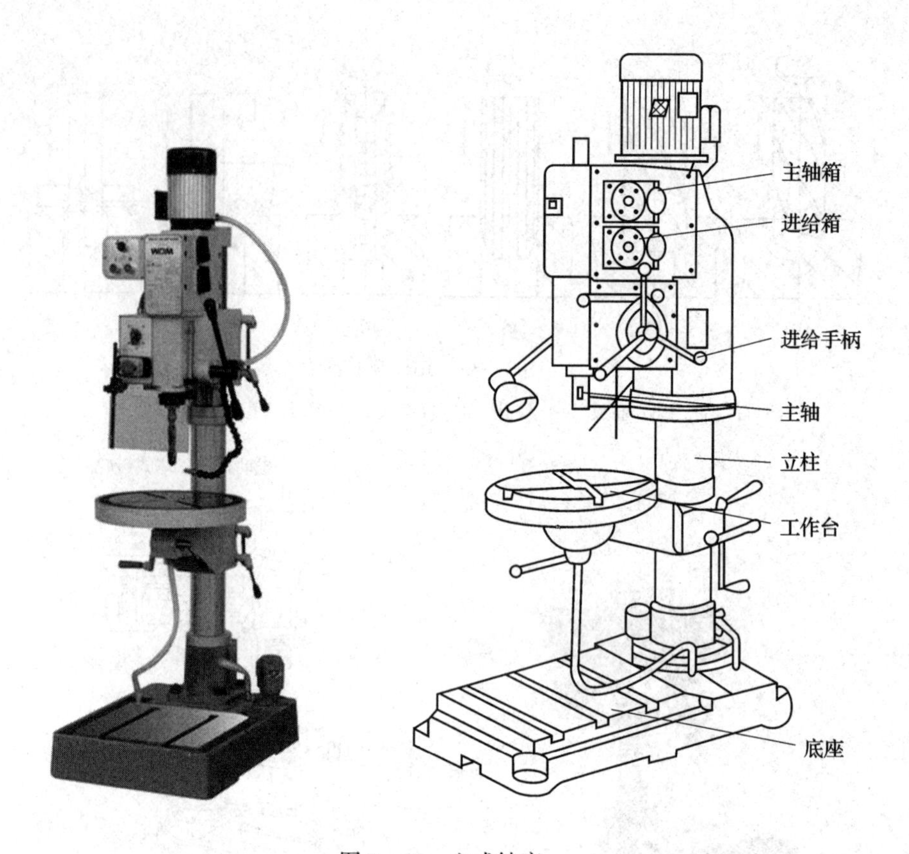

图2—85　立式钻床

立式钻床由主轴箱、电动机、进给箱、立柱、工作台、底座和冷却系统等主要部分组成。电动机通过主轴箱带动主轴旋转，变更变速手柄的位置，可使主轴获得多种转速。通过进给箱，可使主轴获得多种机动进给速度，转动进给手柄可以实现手动进给。工作台上有T形槽，用来装夹工件或夹具，它能沿立柱导轨做上下移动。根据钻孔工件的高度，适当调整工作台的位置，然后通过压板、螺栓将其固定在立柱导轨上。底座用来安装和固定立式钻床，并设有油箱，为孔的加工提供切削液，以保证较高的生产效率和孔的加工质量。

3．摇臂钻床（Z3040型）

摇臂钻床用来对大、中型工件在同一平面内、不同位置的多孔系进行钻孔、扩孔、镗孔、锪孔、铰孔、刮端面、攻螺纹和套螺纹等。其最大钻孔直径有63 mm、80 mm、100 mm等几种。

如图2—86所示，摇臂钻床由摇臂、主轴箱、立柱、主电动机、方工作台和底座等部分组成。主电动机旋转，直接带动主轴箱中的齿轮，使主轴获得十几种转速和十几种进给速度，可实现机动进给、微量进给、定程切削和手动进给。主轴箱能在摇臂上左右移动，加工同一平面上、相互平行的孔系。摇臂在升降电动机驱动下能够沿着立柱轴线随意升降，操作者可手拉摇臂绕立柱转 360°，根据工作台的位置将其固定在适当的角度。方工作台面上有多条 T 形槽，用来装夹中、小型工件或钻床夹具。

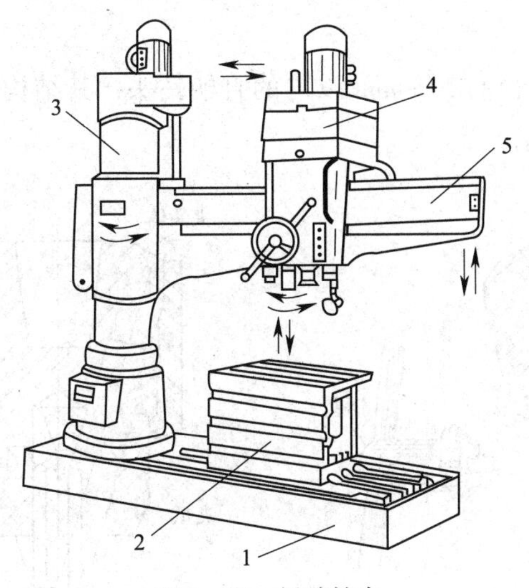

图 2—86　摇臂钻床

1—底座　2—工作台　3—立柱　4—主轴箱　5—摇臂

钻床的规格标准，以摇臂钻床（Z3040 型）为例：

Z 为类代号：钻床类。

3 为组代号：摇臂钻床类。

0 为系代号：摇臂钻床系（机床名称）。

40 为主参数代号：最大钻孔直径为 40 mm。

4. 手电钻

手电钻是一种手提式电动工具，如图 2—87 所示。在修理零件和机床装配时受工件形状或加工部位的限制不能用钻床钻孔时，可使用手电钻加工。

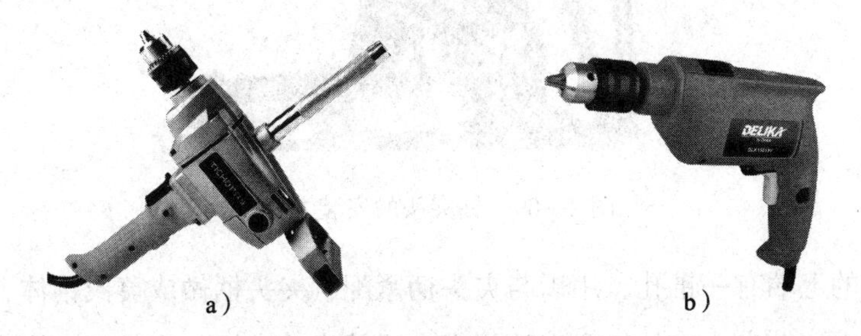

图 2—87　手电钻

a）手提式　b）手枪式

手电钻的电源电压分为单相（220 V、36 V）和三相（380 V）两种，在使用时可根据不同情况进行选择。

二、钻床夹具

1. 钻夹头

钻夹头用来装夹直径在 13 mm 以内的直柄钻头，其结构如图 2—88 所示，安装方法如图 2—89 所示。

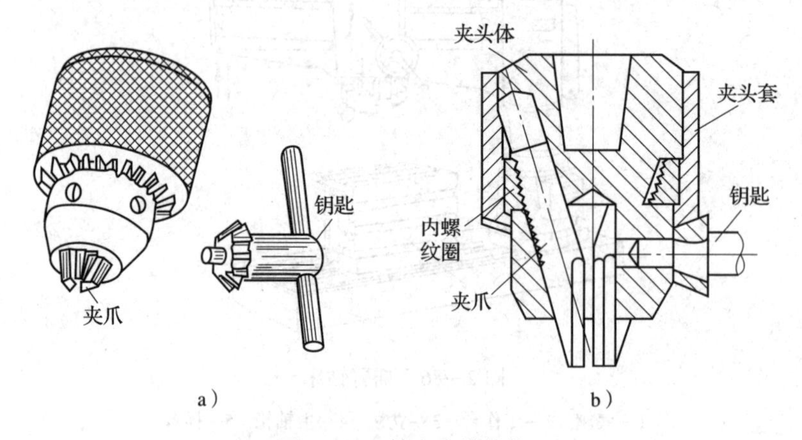

图 2—88　钻夹头的结构

图 2—89　钻夹头的安装方法

夹头体的上端有一锥孔，用以与夹头柄紧配，夹头柄做成莫氏锥体，装入钻床的主轴锥孔内。钻夹头中的三个夹爪用来夹紧钻头的直柄，当带有小锥齿轮的钥匙带动夹头套上的大锥齿轮转动时，与夹头套紧配的内螺纹圈也同时旋转。此内螺纹圈与三个夹爪上的外螺纹相配，于是三个夹爪便伸出或缩进，钻头柄被夹紧或放松。

2. 钻头套

钻头套（又称钻库、锥套）用来装夹直径在 13 mm 以上的锥柄钻头，如图 2—90a 所示。根据钻头锥柄莫氏锥度的号数选用相应的钻头，一般立式钻床主轴的锥孔为 3 号或 4 号莫氏锥度，摇臂钻床主轴的锥孔为 4 号、5 号或 6 号莫氏锥度。

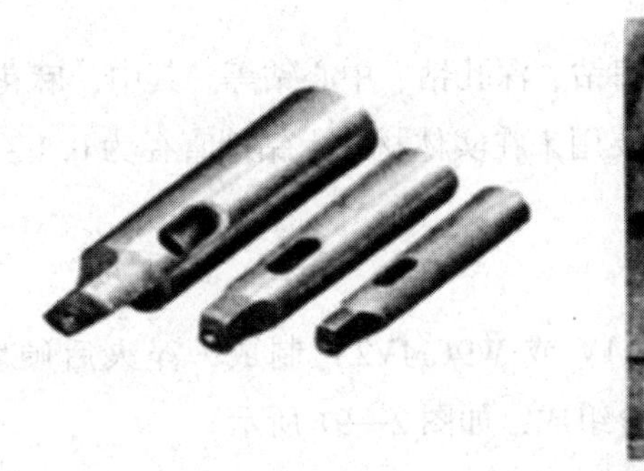

a）

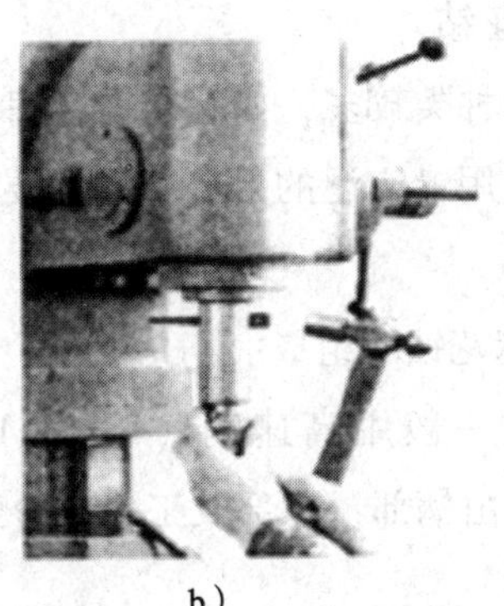

b）

图 2—90　钻头套和钻头的拆卸

a）钻头套　b）钻头的拆卸

当用较小直径的钻头钻孔时，用一个钻头套有时不能直接与钻床主轴锥孔相配，此时就要把几个钻头套配接起来应用。

钻头套共有以下五种：

(1) 1 号钻头套

内锥孔为 1 号莫氏锥度，外圆锥为 2 号莫氏锥度。

(2) 2 号钻头套

内锥孔为 2 号莫氏锥度，外圆锥为 3 号莫氏锥度。

(3) 3 号钻头套

内锥孔为 3 号莫氏锥度，外圆锥为 4 号莫氏锥度。

(4) 4 号钻头套

内锥孔为 4 号莫氏锥度，外圆锥为 5 号莫氏锥度。

(5) 5 号钻头套

内锥孔为 5 号莫氏锥度，外圆锥为 6 号莫氏锥度。

把几个钻头套配接起来使用时，既增加了装拆的麻烦，同时也增加了钻床主轴与钻头的同轴度误差值。为此可采用特制的钻头套。特制钻头套的内锥孔为 1 号或 2 号莫氏锥度，而外圆锥为 3 号或更大号的莫氏锥度。

如图2—90b所示为用斜铁将钻头从钻床主轴锥孔中拆下的方法。拆卸时斜铁带圆弧的一边要放在上面，否则会把钻床主轴（或钻头套）上的长圆孔敲坏。同时要用手握住钻头或在钻头与钻床工作台之间垫上木板，以防钻头跌落而损坏钻头或工作台。

三、钻头

1. 麻花钻

钻头的种类较多，如麻花钻、扁钻、深孔钻、中心钻等。其中，麻花钻是目前孔加工中应用最广泛的刀具，它主要用来在实体材料上钻削直径为0.1～80 mm的孔。

（1）麻花钻的组成

麻花钻一般用高速钢（W18Cr4V或W9Cr4V2）制成，淬火后硬度达62～68HRC。它由柄部、颈部及工作部分组成，如图2—91所示。

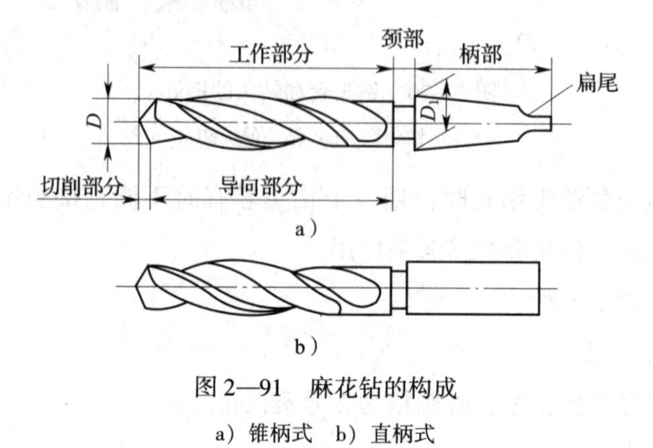

图2—91　麻花钻的构成

a）锥柄式　b）直柄式

1）柄部。柄部是钻头的夹持部分，用以定心和传递动力，有锥柄和直柄两种。一般直径小于13 mm的钻头做成直柄，直径大于13 mm的钻头做成锥柄，具体规格见表2—2。

表2—2　莫氏锥柄的大端直径及钻头直径 mm

莫氏锥柄号	1	2	3	4	5	6
大端直径 d_1	12.240	17.980	24.051	31.542	44.731	63.760
钻头直径 d_0	15.5及以下	15.6～23.5	23.6～32.5	32.6～49.5	49.6～65	65～80

2）颈部。颈部在磨制钻头时作为退刀槽使用，通常钻头的规格、材料和商标也打印在此处。

3）工作部分。由切削部分和导向部分组成。切削部分由五刃六面组成，如图 2—92 所示。导向部分用来保持麻花钻钻孔时的正确方向并修光孔壁，重磨时可作为切削部分的后备部分。

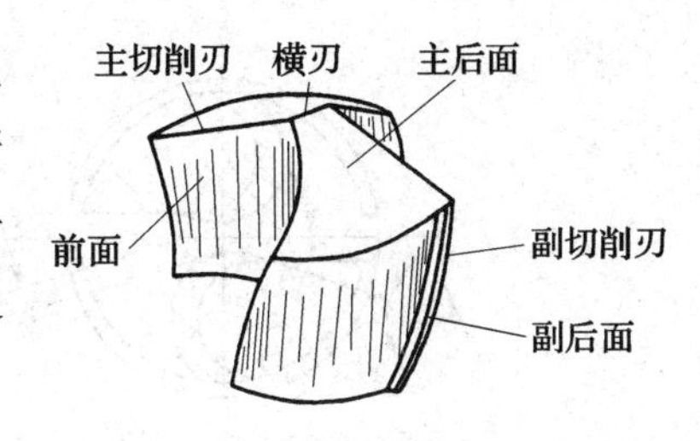

图 2—92　麻花钻切削部分的组成

两条螺旋槽的作用是形成切削刃，便于容屑、排屑和输入切削液。外缘处两条棱带的直径略有倒锥，用以导向和减小钻头与孔壁的摩擦。

（2）标准麻花钻的缺点

通过实践证明，标准麻花钻的切削部分存在以下缺点：

1）横刃较长，横刃处前角为负值，在切削过程中，横刃处于挤刮状态，产生很大的轴向力，使钻头容易发生抖动，定心不良。据试验，钻削时 50% 的轴向力和 15% 的转矩是由横刃产生的，这是钻削中产生切削热的重要原因。

2）主切削刃上各点的前角大小不一样，致使各点切削性能不同。由于靠近钻心处的前角是负值，切削为挤刮状态，切削性能差，产生热量大，磨损严重。

3）钻头的副后角为零，靠近切削部分的棱边与孔壁的摩擦较严重，容易发热和磨损。

4）主切削刃外缘处的刀尖角较小，前角很大，刀齿薄弱，而此处的切削速度却最高，故产生的切削热最多，磨损极为严重。

5）主切削刃长，而且全宽参加切削。各点切屑流出速度的大小和方向都相差很大，会增大切屑变形，故切屑卷曲成很宽的螺旋卷，容易堵塞容屑槽，排屑困难。

（3）标准麻花钻的修磨

由于标准麻花钻存在以上缺点，通常要对其切削部分进行修磨，以改善切削性能。一般是按钻孔的具体要求，在以下几个方面有选择地对钻头进行修磨。

1）磨短横刃并增大靠近钻心处的前角。修磨横刃的部位如图 2—93 所示，修磨后横刃的长度 b 为原来的 1/5 ~ 1/3，以减小轴向抗力和挤刮现象，提高钻头的定心作用和切削的稳定性。一般直径在 5 mm 以上的钻头均需修磨横刃，这是最基本的修磨方式。

2）修磨主切削刃。修磨主切削刃的方法如图 2—94 所示，主要是磨出第二顶角，在钻头外缘处磨出过渡刃，以增大外缘处的刀尖角，改善散热条件，增加刀齿强度，提高切削刃与棱边交角处的耐磨性，延长钻头使用寿命，减小孔壁的残留面积，有利于减小孔的表面粗糙度值。

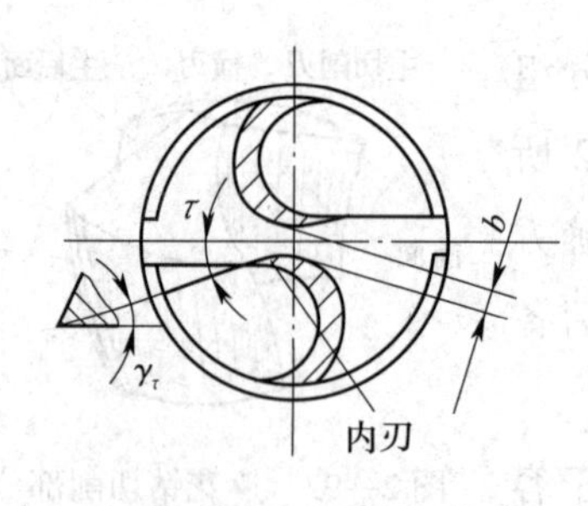

图2—93 修磨横刃

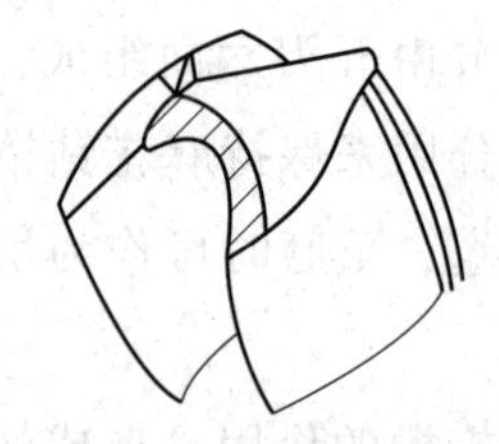

图2—94 修磨主切削刃

3）修磨棱边。如图2—95所示，在靠近主切削刃的一段棱边上磨出副后角 α_{o1}，并保留棱边宽度为原来的1/3～1/2，以减小对孔壁的摩擦，延长钻头的使用寿命。

4）修磨前面。修磨外缘处前面，如图2—96所示。这样可以减小此处的前角，提高刀齿的强度，钻削黄铜时可以避免扎刀的现象。

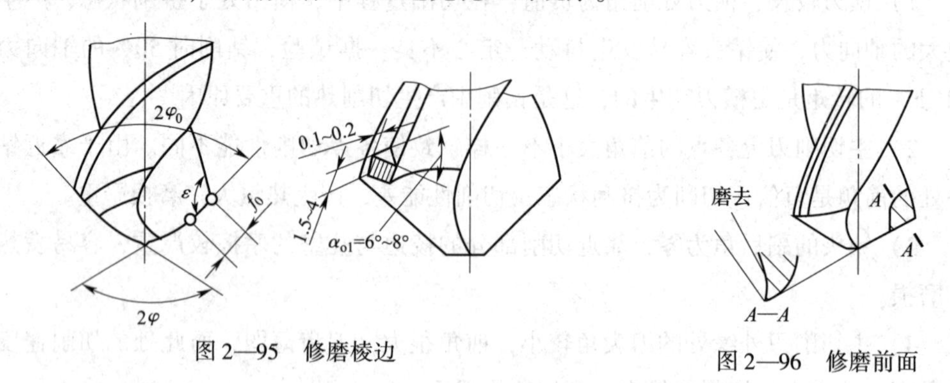

图2—95 修磨棱边

图2—96 修磨前面

5）修磨分屑槽。在麻花钻的前面和主后面上磨出几条相互错开的分屑槽，使切屑变窄，以利于排屑，如图2—97所示。

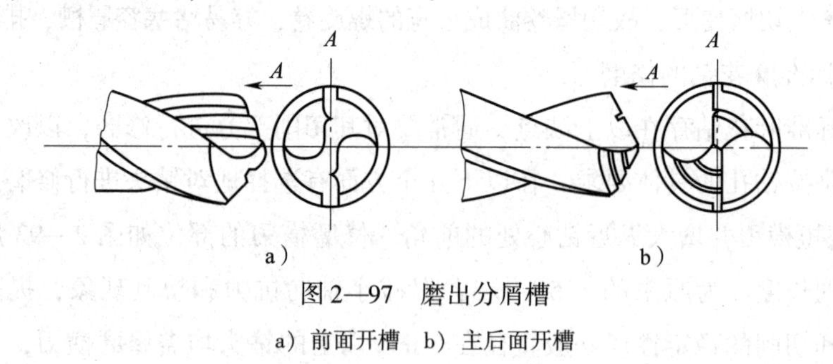

图2—97 磨出分屑槽

a）前面开槽 b）主后面开槽

2. 群钻

群钻是利用标准麻花钻合理刃磨而成的高生产效率、高加工精度、适应性强、使用寿命长的新型钻头。

（1）标准群钻

标准群钻如图2—98所示，主要用来钻削碳钢和各种合金钢。标准群钻在标准麻花钻上采取了以下修磨措施，即磨出月牙槽、磨短横刃、磨出单边分屑槽，如图 2—99 所示。

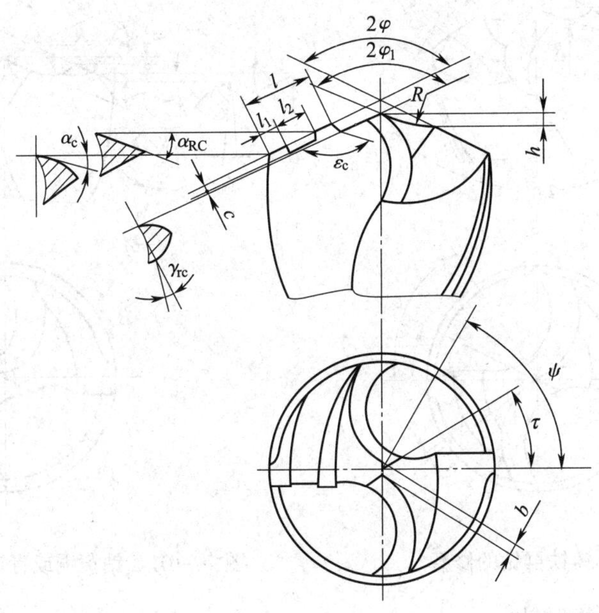

图 2—98　标准群钻

标准群钻的形状特点是有三尖、七刃、两种槽。三尖是由于磨出月牙槽，主切削刃形成三个尖，七刃是两条外刃、两条圆弧刃、两条内刃、一条横刃；两种槽是月牙槽和单面分屑槽。

（2）钻铸铁的群钻

由于铸铁较脆，钻削时切屑呈碎块并夹杂着粉末，挤压在钻头的后面、棱边与工件之间，产生剧烈的摩擦，使钻头磨损。因此，钻铸铁的群钻可以采取以下修磨措施，即磨出第二顶角、适当磨大后角、磨短横刃，如图 2—100 所示。

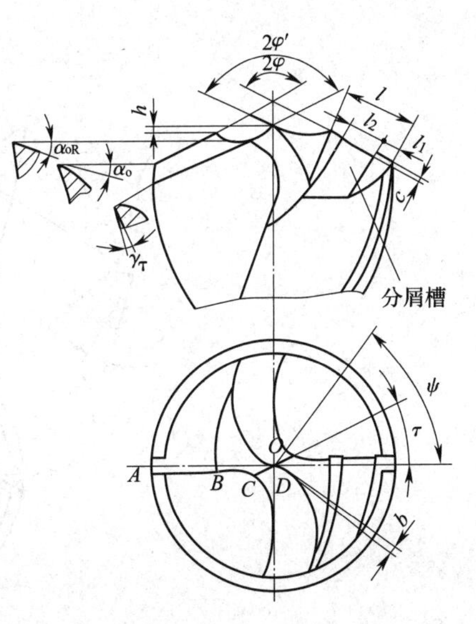

图 2—99　标准群钻的修磨

（3）钻黄铜或青铜的群钻

黄铜和青铜的强度、硬度较低，组织疏松，切削阻力较小，若切削刃锋利，钻削时会造成扎刀（即钻头自动切入工件）的现象。因此，钻黄铜或青铜的群钻可以采取以下修磨措施，即磨短横刃、磨出过渡圆弧，如图 2—101 所示。

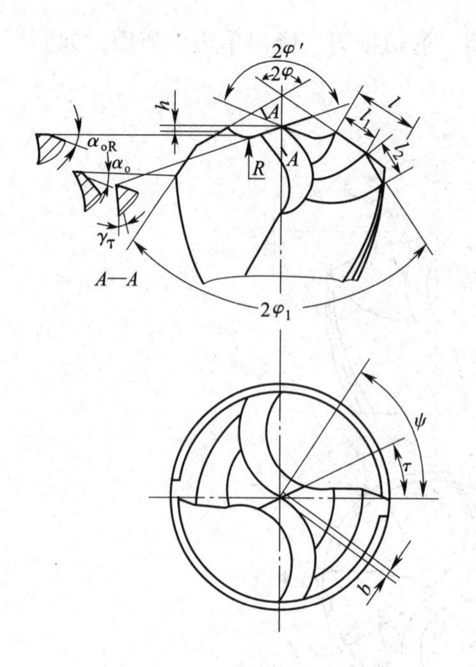

图 2—100　钻铸铁群钻的修磨

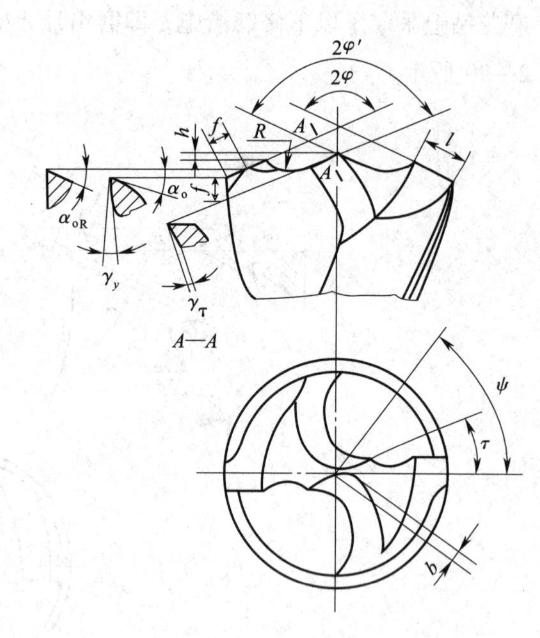

图 2—101　钻黄铜或青铜群钻的修磨

（4）钻薄板的群钻

在薄板上钻孔时不能用标准麻花钻。这是因为标准麻花钻的钻尖较高，当钻尖钻穿孔时，钻头立即失去定心作用，同时轴向力又突然减小，加上工件弹动，使孔不圆或孔口毛边很大，甚至造成扎刀现象或折断钻头。因此，钻薄板的群钻可以采取如下修磨措施，即将两主切削刃磨成圆弧形切削刃，磨短、磨尖横刃，如图 2—102 所示。

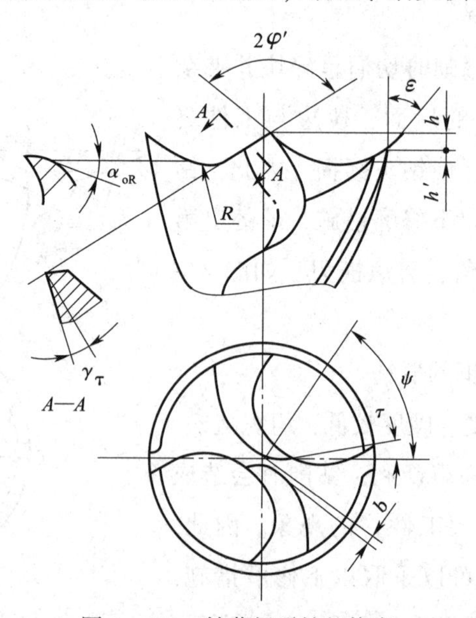

图 2—102　钻薄板群钻的修磨

四、台钻、立钻、摇臂钻床规范操作

1. 台钻（Z4012）

Z4012 型台式钻床是一种小型钻床，一般用来加工小型工件上直径不大于 12 mm的孔。

台钻由装在电动机和头架上的 5 级 V 带轮（一般是 A 型塔轮）和 V 带驱动主轴。改变 V 带在两个塔轮 5 级轮槽的安装位置，可使主轴获得 5 级转速。

钻孔时必须使主轴做顺时针方向转动（正转），变速时必须停车。钻孔时大直径的钻头转速要慢些，小直径的钻头进给要慢些。台钻主轴下端锥度采用莫氏 2 号短型锥度。由于台钻的转速较高，因此，不宜在台钻上进行锪孔、铰孔和攻螺纹等加工。

2. 立钻（Z525B）

Z525B 型立式钻床是一种中型钻床，一般用来加工小型工件上直径不大于 25 mm的孔。由于立钻可以自动进给，主轴的转速和自动进给量都有较大的变动范围，适用于各种工件的钻孔、扩孔、锪孔、铰孔、攻螺纹等加工工作。

（1）主轴变速

调整两个变速手柄的位置，能使主轴获得 9 级不同转速（必须在停车后进行）。

（2）进给机构

进给箱左侧的手柄为主轴正、反转启动或停止的控制手柄，正面有两个较短的进给变速手柄，能变化 9 种机动进给速度（必须在停车后进行）。

3. 摇臂钻床（Z3050）

用立钻在一个工件上加工多个孔时，每加工一个孔工件就得移动找正一次，这对于加工大型工件是非常麻烦的。采用主轴可以移动的摇臂钻床来加工这类工件就比较方便。它的主轴箱装在可绕垂直立柱回转的摇臂上，并可沿着摇臂上的水平导轨往复移动。这两种运动可将主轴调整到机床加工范围内的任何位置上。

技能要求

钻头刃磨

一、操作准备

1. 材料准备

ϕ10 mm 钻头。

2. 工具准备

平光眼镜、角度样板。

3. 设备准备

砂轮机。

二、操作步骤

步骤1 刃磨两个主后面。右手握住钻头头部，左手握住柄部（见图2—103a），将钻头主切削刃放平，使钻头轴线在水平面内与砂轮轴线的夹角等于顶角（2φ 为 $118° \pm 2°$）的一半。将钻头主后面轻靠上砂轮圆周（见图2—103b），同时控制钻头绕轴线做缓慢转动，两动作同时进行，且两主后面轮换进行，按此反复，磨出两主切削刃和两主后面。

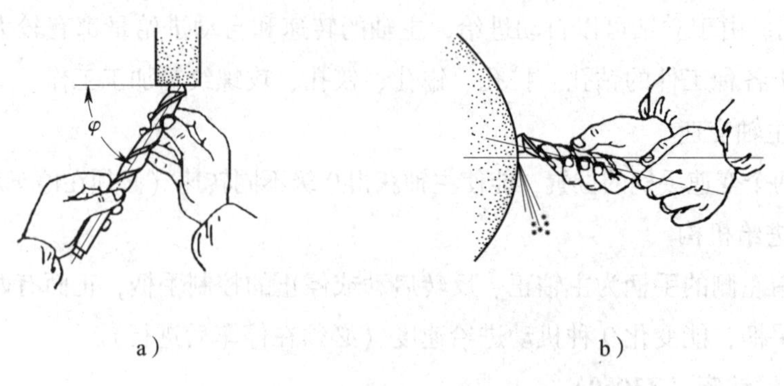

图2—103　钻头刃磨时与砂轮的相对位置

a）在水平面内的夹角　b）略高于砂轮中心

步骤2 刃磨检验。如图2—104所示，用样板检验钻头的几何角度及两主切削刃的对称性。通过观察横刃斜角是否约为55°来判断钻头后角。横刃斜角大，则后角小；横刃斜角小，则后角大。

步骤3 修磨横刃。如图2—105所示，选择边缘清角的砂轮进行修磨，增大靠近横刃处的前角，将钻头向上倾斜约55°，主切削刃与砂轮侧面平行。右手握住钻头头部，左手握钻头柄部，并随钻头修磨沿逆时针方向旋转15°左右，以形成内刃，修磨后横刃为原长的1/5～1/3。

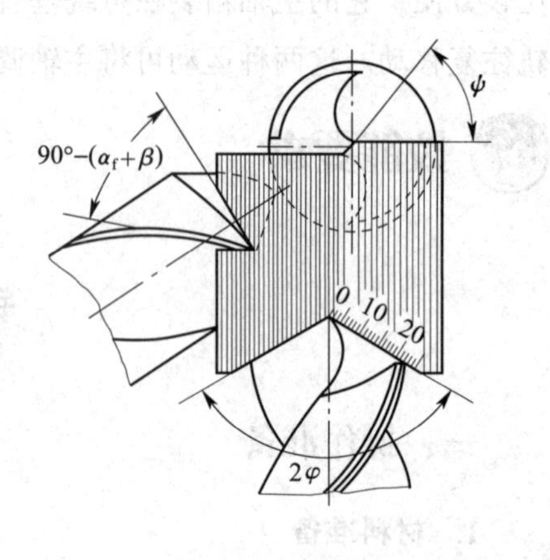

图2—104　检验钻头刃磨角度

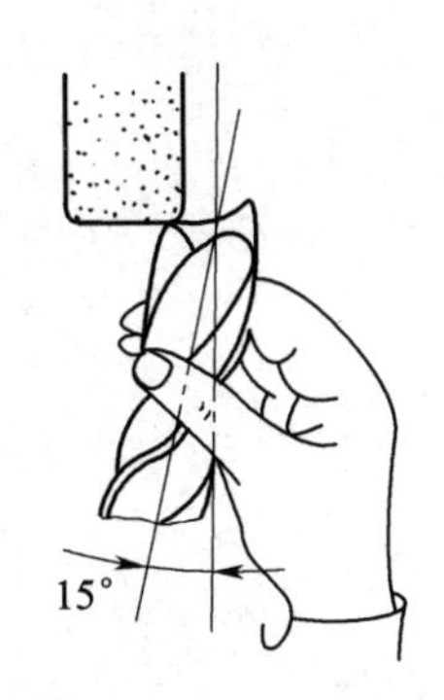

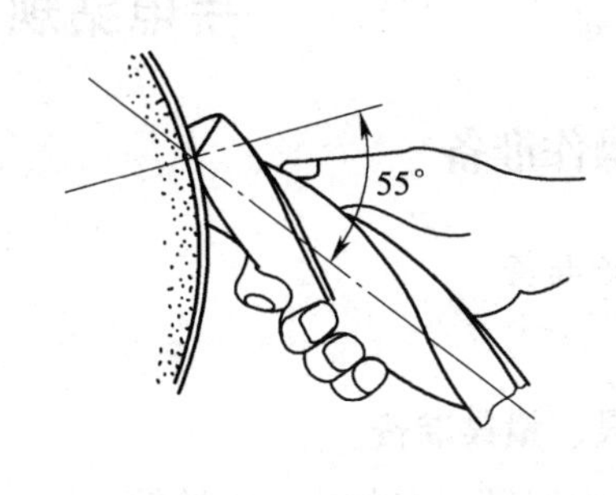

图 2—105　修磨横刀

步骤 4　修磨圆弧刃。如图 2—106 所示，将钻头主切削刃水平放置，钻头轴线与砂轮侧面夹角约为内刃顶角的一半，钻尾向下，与水平面的夹角约等于圆弧刃后角 15°。将钻头缓慢而平稳地推向前磨削，并做微量摆动。

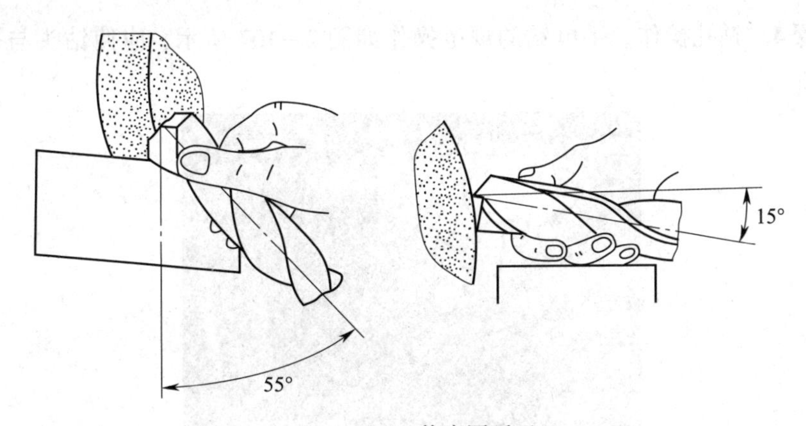

图 2—106　修磨圆弧刃

步骤 5　修磨分屑槽。一般对于直径大于 15 mm 的钻头，应在主后面上磨出几条错开的分屑槽。选用小型片状砂轮，用右手食指在砂轮机罩壳侧面定位，使钻头的外直刃与砂轮侧面相垂直，分屑槽开在外直刃间。

三、注意事项

1. 接通开关后，待砂轮转动正常方可开始进行刃磨。
2. 钻头刃磨姿势正确，并达到要求的几何形状和角度。
3. 注意操作安全。

手电钻规范操作

一、操作准备

1. 设备准备

手电钻。

2. 工具、量具准备

钻头、钢直尺、直角尺、划针等。

二、操作步骤

步骤1 根据要求进行划线，打样冲眼。

步骤2 选钻头。

步骤3 安装钻头。

步骤4 钻孔操作。手电钻的规范操作如图2—107所示，应使钻头与被加工表面垂直。

图2—107 手电钻的规范操作

三、注意事项

1. 手电钻使用前，需开机空转1 min，检查传动部分是否正常。若有异常，应排除故障后再使用。

2. 钻头必须锋利，钻孔时不宜用力过猛。当孔快钻穿时需相应减小压力，以防事故发生。

3. 电缆不得靠近易燃物质和锋利物体。

4. 使用完毕或更换钻头时应拔下插头。

5. 进入潮湿环境或进入塔罐使用手电钻，必须穿绝缘鞋，用干燥木板垫踏。

6. 2人以上进入工作区域，必须有1人监护。

学习单元 2　铰孔

学习目标

1. 了解铰刀的结构特点。
2. 熟悉铰孔加工的特点和应用。
3. 能够进行手铰、机铰操作。

知识要求

一、铰孔和铰刀

用铰刀从工件孔壁上切除微量金属层，以提高其尺寸精度和降低表面粗糙度的方法称为铰孔。由于铰刀的刀齿数量多，切削余量小，故切削阻力小，导向性好，加工精度高，一般可达 IT9 ~ IT7 级，表面粗糙度 *Ra* 值可达 3. 2 ~ 0. 8 μm。

铰刀的种类很多，钳工常用的有以下几种：

1. 整体圆柱铰刀

整体圆柱铰刀分为手用铰刀和机用铰刀两种，其结构如图 2—108 所示。

铰刀由工作部分、颈部和柄部三个部分组成。其中工作部分又分为切削部分与校准部分。

（1）切削锥角（2ω）

切削锥角 2ω 决定铰刀切削部分的长度，对切削力的大小和铰削质量也有较大影响。适当减小切削锥角 2ω 是获得较小表面粗糙度值的重要方法。一般手用铰刀的 $\omega=30'\sim1°30'$，这样定心作用好，铰削时轴向力也较小，切削部分较长。机用铰刀铰削钢及其他韧性材料的通孔时 $\omega=15°$；铰削铸铁及其他脆性材料的通孔时 $\omega=3°\sim5°$。机用铰刀铰不通孔时，为了使铰出孔的圆柱部分尽量长，要采用 $\omega=45°$的铰刀。

（2）切削角度

铰孔的切削余量很小，切屑变形也小，一般铰刀切削部分的前角 $\gamma_o=0°\sim3°$，校准部分的前角 $\gamma_o=0°$，使铰削近似于刮削，以减小孔壁表面粗糙度。铰刀切削部分和校准部分的后角都磨成 $6°\sim8°$。

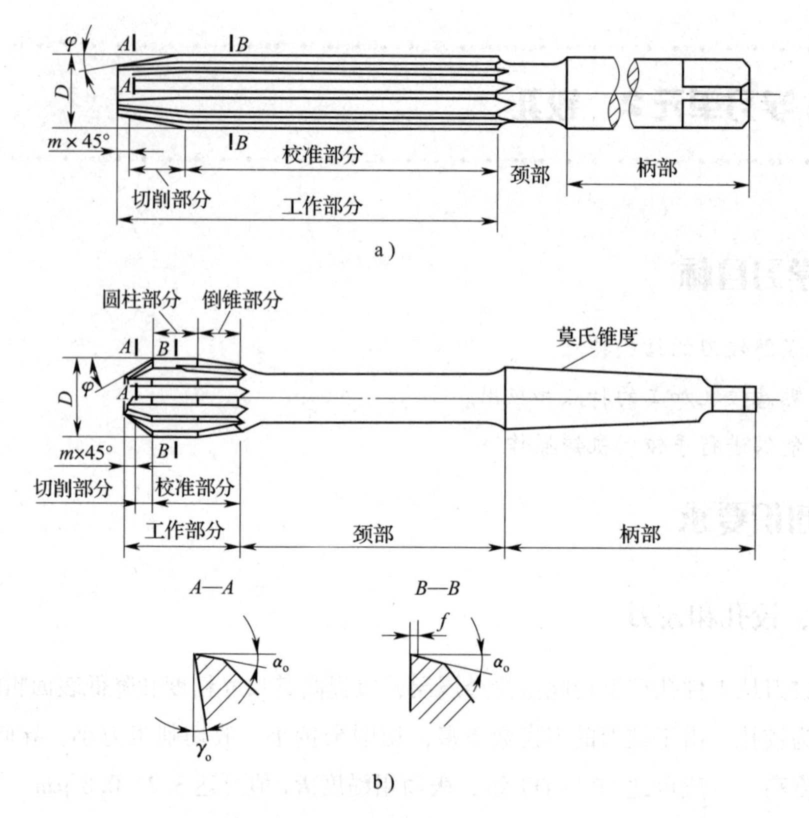

图2—108 整体圆柱铰刀的结构

a）手用铰刀 b）机用铰刀

（3）校准部分刃带宽度（f）

校准部分的切削刃上留有无后角的棱边。其作用是引导铰刀的铰削方向和修整孔的尺寸，同时也便于测量铰刀的直径。一般其宽度 $f=0.1\sim0.3$ mm。

（4）倒锥量

为了避免铰刀校准部分的后面摩擦孔壁，在校准部分磨出倒锥量。机用铰刀铰孔时，因切削速度高，导向主要由机床保证。

（5）标准铰刀的齿数

当直径 $D<20$ mm 时，$z=6\sim8$；当 $D=20\sim50$ mm 时，$z=8\sim12$。为了便于测量铰刀的直径，铰刀齿数多取偶数。

一般手用铰刀的刀齿在圆周上是不均匀分布的，如图2—109b 所示。机用铰刀工作时靠机床带动，为制造方便，都做成等距分布的刀齿，如图2—109a 所示。

（6）铰刀直径

铰刀直径是铰刀最基本的结构参数，其精确程度直接影响铰孔的精度。

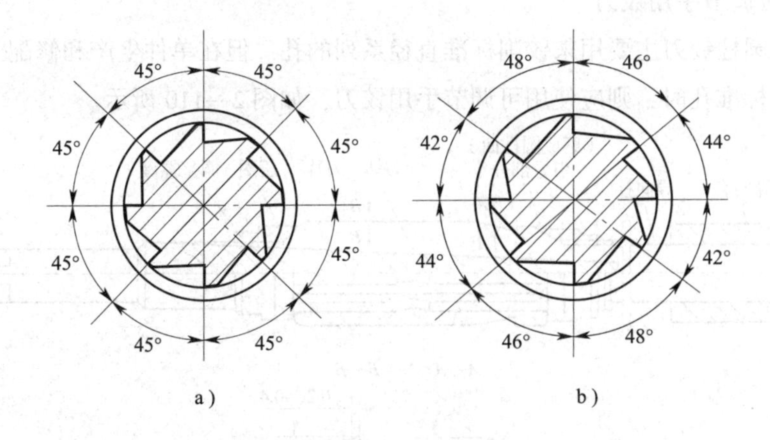

图 2—109　铰刀刀齿分布

a）均匀分布　b）不均匀分布

标准铰刀按直径公差分为一、二、三号，直径尺寸一般留有 0.005～0.02 mm 的研磨量，待使用者按需要的尺寸研磨。未经研磨的铰刀，其公差大小、适用的铰孔精度以及研磨后能达到的铰孔精度见表 2—3。

表 2—3　　工具厂出品的未经研磨铰刀的直径　　mm

铰刀	一号铰刀			二号铰刀			三号铰刀		
公称直径	上偏差	下偏差	公差	上偏差	下偏差	公差	上偏差	下偏差	公差
3～6	17	9	8	30	22	8	38	26	12
>6～10	20	11	9	35	26	9	46	31	15
>10～18	23	12	11	40	29	11	53	35	18
>18～30	30	17	13	45	32	13	59	38	21
>30～50	33	17	16	50	34	16	68	43	25
>50～80	40	20	20	55	35	20	75	45	30
>80～120	46	24	22	60	36	24	85	50	35
未经研磨适用的场合	H9			H10			H11		
经研磨后适用的场合	N7、M7、K7、J7			H7			H9		

铰孔后的孔径有时也可能扩张。影响扩张量的因素很多，情况也较复杂。如果确定铰刀直径时没有把握，最好通过试铰，按实际情况修正铰刀直径。

机用铰刀一般用高速钢制作，手用铰刀用高速钢或高碳钢制作。

2. 可调节手用铰刀

整体圆柱铰刀主要用来铰削标准直径系列的孔。但在单件生产和修配工作中需要铰削非标准孔时，则应使用可调节手用铰刀，如图2—110所示。

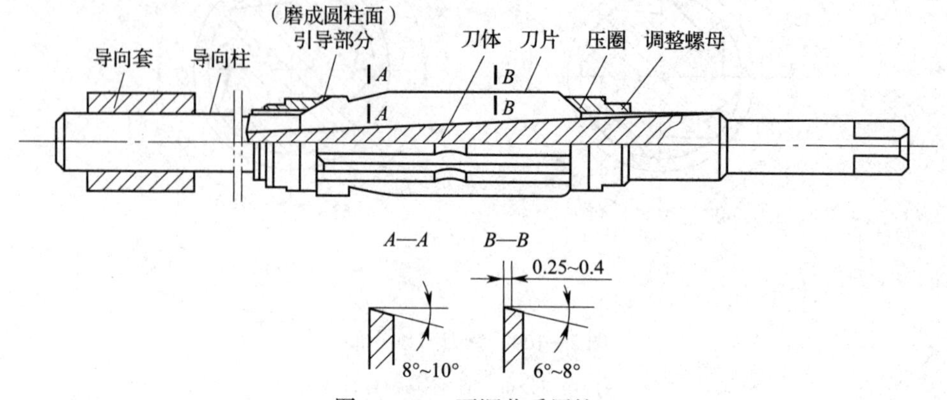

图2—110　可调节手用铰刀

可调节铰刀的刀体上开有斜底槽，具有同样斜度的刀片可放置在槽内，用调整螺母和压圈压紧刀片的两侧。调节调整螺母，可使刀片沿斜底槽移动，即能改变刀的直径，以适应加工不同孔径的需要。

可调节手用铰刀的刀体用45钢制作，直径小于或等于12.75 mm的刀片用合金工具钢制作，直径大于12.75 mm的刀片用高速钢制作。

3. 锥铰刀

锥铰刀用于铰削圆锥孔，常用的有以下几种：

（1）1∶50锥铰刀

用来铰削圆锥定位销孔的铰刀，其结构如图2—111所示。

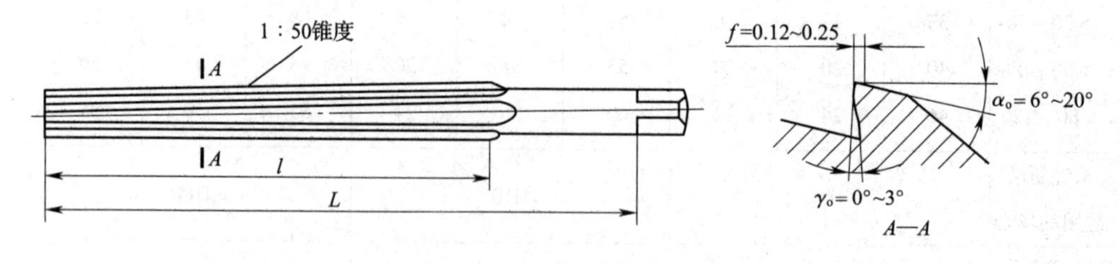

图2—111　1∶50锥铰刀的结构

（2）1∶10锥铰刀

用来铰削联轴器上锥孔的铰刀。

（3）莫氏锥铰刀

用来铰削0~6号莫氏锥孔的铰刀，其锥度近似于1∶20。

(4) 1∶30锥铰刀

用来铰削套式刀具上锥孔的铰刀。

用锥铰刀铰孔时，加工余量大，整个刀齿都作为切削刃进入切削，负荷重，因此，每进刀2～3 mm应将铰刀取出一次，以清除切屑。1∶10锥孔和莫氏锥孔的锥度大，加工余量就更大，为使铰孔省力，这类铰刀一般制成2～3把一套，其中一把是精铰刀，其余是粗铰刀。粗铰刀的刃上有螺旋形分布的分屑槽，以减轻切削负荷。如图2—112所示为两把一套的锥铰刀。

对于锥度较大的锥孔，铰孔前的底孔应钻成台阶孔，如图2—113所示。台阶孔的最小直径按锥铰刀小端直径确定，并留有铰削余量，其余各段直径可根据锥度推算。

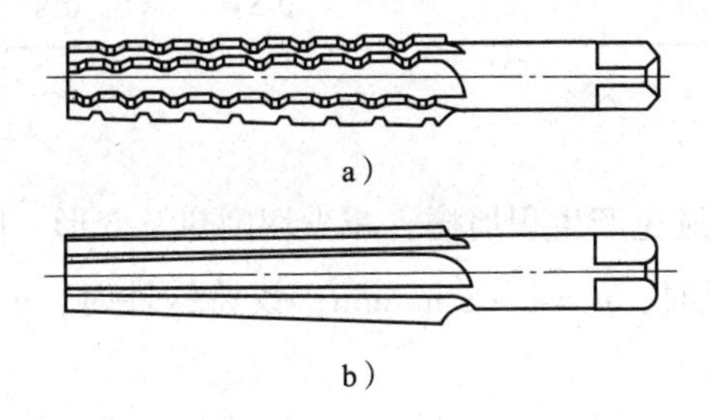

图2—112　成套锥铰刀
a）粗铰刀　b）精铰刀

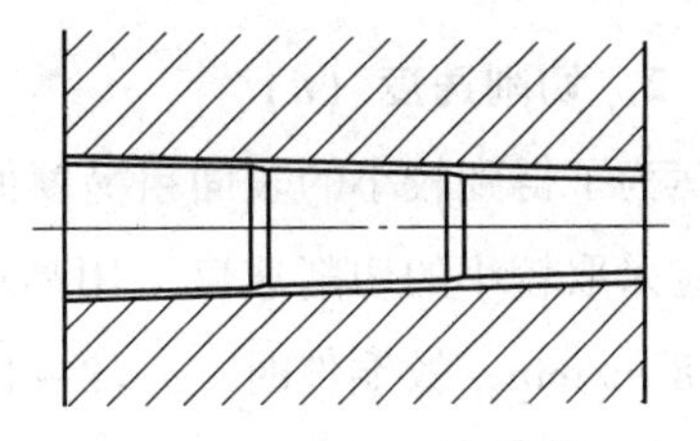

图2—113　铰孔前钻成台阶孔

4. 螺旋槽手用铰刀

用普通直槽铰刀铰削有键槽的孔时，因为切削刃会被键槽边钩住而使铰削无法进行，因此必须采用螺旋槽手用铰刀。它的结构如图2—114所示。用这种铰刀铰孔时，切削阻力沿圆周均匀分布，铰削平稳，铰出的孔光滑。

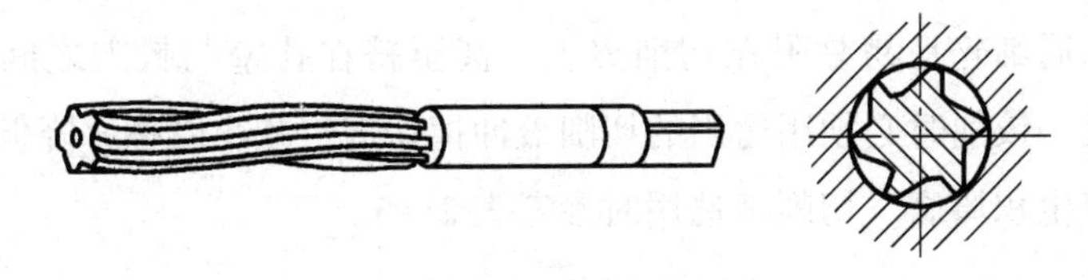

图2—114　螺旋槽手用铰刀

二、铰削用量

铰削用量包括铰削余量（$2a_p$）、切削速度（n）和进给量（f）。

1. 铰削余量（$2a_p$）

铰削余量是指上道工序（钻孔或扩孔）完成后留下的直径方向的加工余量。

铰削余量不宜过大，因为铰削余量过大，会使刀齿切削负荷增大，变形增大，切削热增加，被加工表面呈撕裂状态，致使尺寸精度降低，表面粗糙度值增大，同时加剧铰刀磨损。铰削余量也不宜太小；否则，上道工序的残留变形难以纠正，原有刀痕不能去除，铰削质量达不到要求。

选择铰削余量时，应考虑到孔径大小、材料软硬、尺寸精度、表面粗糙度要求及铰刀类型等诸多因素的综合影响。用普通标准高速钢铰刀铰孔时，可参考表2—4选取铰削余量。

表2—4　　铰削余量　　mm

铰孔直径	<5	5～20	21～32	33～50	51～70
铰削余量	0.1～0.2	0.2～0.3	0.3	0.5	0.8

2．切削速度（n）

为了得到较小的表面粗糙度值，必须避免产生积屑瘤，减少切削热及变形，因而应采取较小的切削速度。用高速钢铰刀时，$n=4\sim8$ m/min；铰铸铁件时，$n=6\sim8$ m/min；铰铜件时，$n=8\sim12$ m/min。

3．进给量（f）

进给量要适当，过大则铰刀易磨损，也影响加工质量；过小则很难切下金属材料，对材料形成挤压，使其产生塑性变形和表面硬化，最后形成切削刃撕去大片切屑的现象，使表面粗糙度值增大，并加快铰刀的磨损。

机铰钢件及铸铁件时，$f=0.5\sim1$ mm/r；机铰铜和铝件时，$f=1\sim1.2$ mm/r。

三、铰孔时的冷却和润滑

铰削的切屑细碎且易黏附在切削刃上，甚至挤在孔壁与铰刀之间，易刮伤表面，扩大孔径。铰削时必须用适当的切削液冲掉切屑，减小摩擦并降低工件和铰刀温度，防止产生积屑瘤。切削液选用时参考表2—5。

表2—5　　铰孔时切削液的选用

加工材料	切削液
钢	1．10%～20%乳化液 2．铰孔要求高时，采用30%菜籽油加70%肥皂水 3．铰孔要求更高时，可采用茶油、柴油、猪油等

续表

加工材料	切削液
铸铁	1. 煤油（但会引起孔径缩小，最大收缩量为 0.02 ~ 0.04 mm） 2. 低浓度乳化液（也可不用）
铝	煤油
铜	乳化液

四、铰孔的操作要点

1. 工件要夹正，两手用力要均衡，铰刀不得摇摆，按顺时针方向扳动铰杠进行铰削，避免在孔口处出现喇叭口或将孔径扩大。

2. 铰孔时，不论进刀还是退刀都不能反转。以防止刃口磨钝及切屑卡在刀齿后面与孔壁间，将孔壁划伤。

3. 铰削钢件时，要注意经常清除黏附在刀齿上的切屑。

4. 铰削过程中如果铰刀被卡住，不能用力扳转铰刀，以防损坏。而应取出铰刀，待清除切屑，加注切削液后再进行铰削。

5. 机铰时，应使工件一次装夹进行钻孔、扩孔、铰孔，以保证孔的加工位置。铰孔完成后，要待铰刀退出后再停车，以防将孔壁拉出痕迹。

6. 铰尺寸较小的圆锥孔时，可先以小端直径按圆柱孔精铰余量钻出底孔，然后用锥铰刀铰削。对于尺寸和深度较大的圆锥孔，为减小切削余量，铰孔前可先钻出台阶孔，如图 2—115a 所示。然后再用锥铰刀铰削，铰削过程中要经常用相配的锥销来检查铰孔尺寸，如图 2—115b 所示。

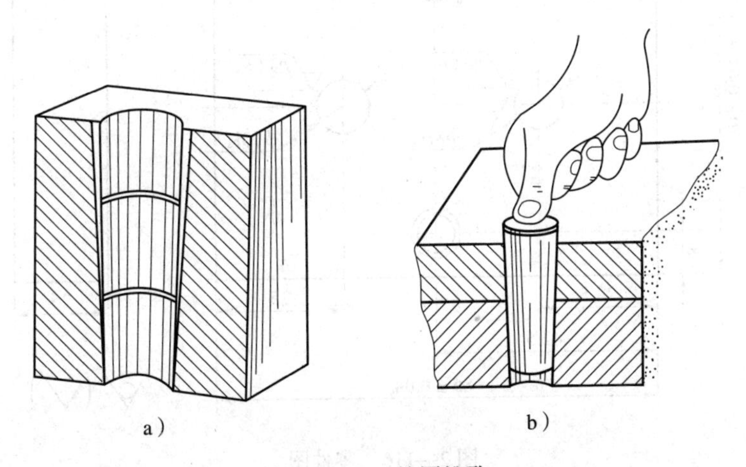

图 2—115　铰圆锥孔

a）预钻台阶孔　b）用锥销检查铰孔尺寸

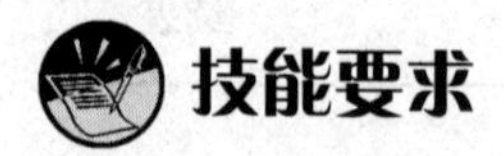

技能要求

圆柱孔和圆锥孔的铰削加工

一、操作准备

1. 工件材料准备

45钢，毛坯尺寸为85 mm×60 mm×12 mm。

2. 工具准备

ϕ5.6 mm、ϕ7.8 mm、ϕ9.8 mm、ϕ12 mm的钻头，直柄铰刀，直柄锥铰刀，游标高度尺，游标卡尺，样冲等。

3. 设备准备

台钻（Z4012型）。

二、操作步骤

零件图如图2—116所示。

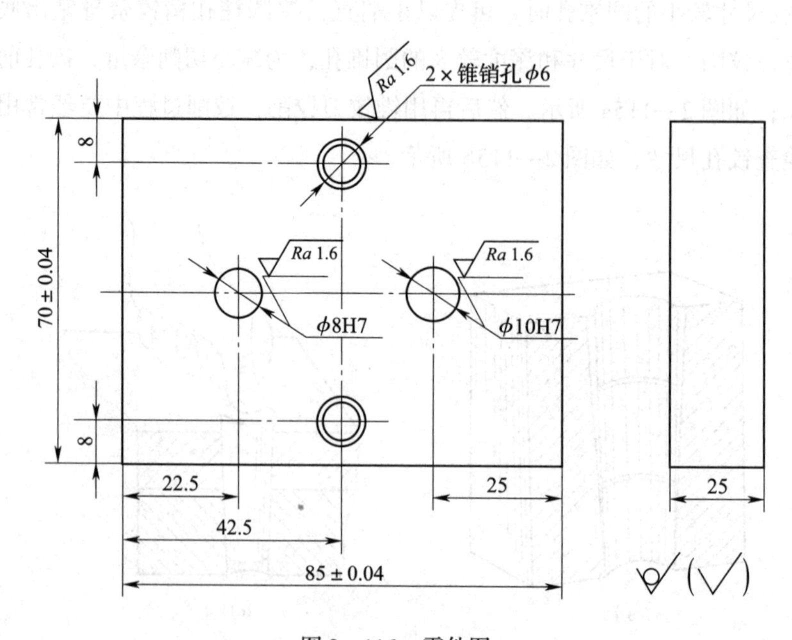

图2—116　零件图

手铰

步骤 1　在进行圆柱孔手铰操作时，首先要学会底孔尺寸的计算：一般 $D \leqslant 6$ mm 时，余量为 0.05～0.1 mm；$D = 6 \sim 18$ mm 时，余量为 0.1～0.2 mm。

步骤 2　根据图样要求进行划线。

步骤 3　考虑铰孔的余量，选定钻头规格，刃磨钻头并通过试钻得到正确尺寸。

步骤 4　钻孔，倒角。倒角方法有两种，方法一：用断锯片操作；方法二：用大钻头在钻床上完成（手动反转）。

步骤 5　铰孔操作。首先双脚站立要稳，在操作过程中两手用力要均匀，平稳地旋转，不得有侧向压力，同时适当加压，使铰刀均匀地进给。

步骤 6　在操作过程中要注意两个问题，一是要加机油或润滑液；二是进给或退刀时铰刀均不能反转。

锥铰

步骤 1　在进行圆锥孔的铰削加工时，首先要学会底孔尺寸的确定：铰削尺寸较小的圆锥孔时，可先以小端直径按圆柱孔精铰余量钻出底孔，然后用锥铰刀铰削。对于尺寸和深度较大的圆锥孔，为减小切削余量，铰孔前可先钻出台阶孔，然后再用锥铰刀铰削。

步骤 2　钻孔，倒角。

步骤 3　铰削过程中要经常用相配的锥销来检查铰孔尺寸。

三、注意事项

1. 铰刀是精加工刀具，切削刃较锋利，切削刃上如果有毛刺或切屑黏附，不可用手清除，应用油石小心地磨去。

2. 铰直通孔时，铰刀夹持要牢，以免铰刀跌落，砸在脚上或造成损坏。

3. 铰定位圆锥孔时，因锥度小，有自锁性，其进给量不能太大，以免铰刀卡死或折断。

学习单元3　螺纹加工

学习目标

1. 了解螺纹的相关知识。
2. 熟悉丝锥的结构特点并能进行攻螺纹加工。
3. 掌握板牙的结构特点并能进行套螺纹加工。

知识要求

一、螺纹的相关知识

用丝锥在工件孔中切削出内螺纹的加工方法称为攻螺纹，如图2—117a所示；用圆板牙在圆杆上切削出外螺纹的加工方法称为套螺纹，如图2—117b所示。

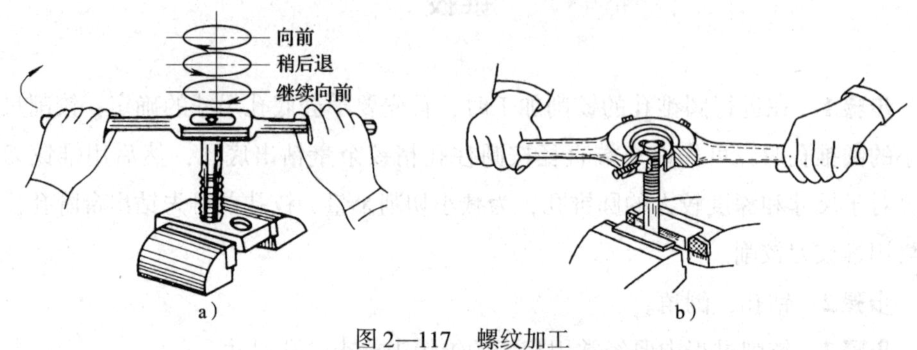

图2—117　螺纹加工

a）攻螺纹　b）套螺纹

钳工加工的螺纹多为三角形螺纹，作为连接使用，常用的有以下几种：

1. 公制螺纹

公制螺纹又称普通螺纹，螺纹牙型角为60°，分为粗牙普通螺纹和细牙普通螺纹两种。粗牙螺纹主要用于连接；细牙螺纹由于螺距小，螺旋升角小，自锁性好，除用于承受冲击、振动或变载的连接外，还用于调整机构。普通螺纹应用广泛，具体规格参见国家标准。

2. 英制螺纹

英制螺纹的牙型角为55°，在我国只用于修配，新产品不使用。

3. 管螺纹

管螺纹是用于管道连接的一种英制螺纹，管螺纹的公称直径为管子的内径。

4. 圆锥管螺纹

圆锥管螺纹也是用于管道连接的一种英制螺纹，牙型角有 55°和 60°两种，锥度为1∶60。

二、攻螺纹与丝锥的构造特点

1. 攻螺纹工具

（1）丝锥

丝锥是加工内螺纹的工具，有机用丝锥和手用丝锥两种。机用丝锥通常是指高速钢磨牙丝锥，其螺纹公差带分为 H1、H2、H3 三种。手用丝锥是碳素工具钢或合金工具钢的滚牙（或切牙）丝锥，螺纹公差带为 H4。

1）丝锥的构造。丝锥的构造如图 2—118 所示，它由工作部分和柄部组成。工作部分包括切削部分和校准部分。

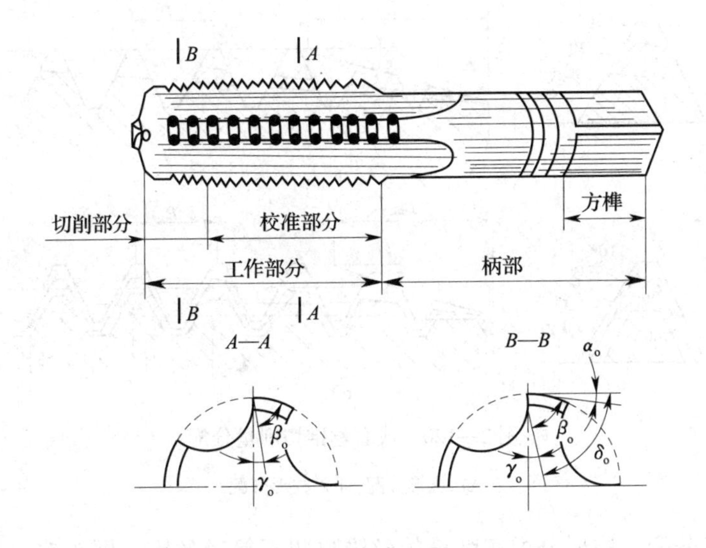

图 2—118　丝锥的构造

为了制造和刃磨方便，丝锥上的容屑槽一般做成直槽。有些专用丝锥为了控制排屑方向，做成螺旋槽，如图 2—119 所示。

加工不通孔螺纹时，为使切屑向上排出，容屑槽做成右旋槽（见图 2—119a）；加工通孔螺纹时，为使切屑向下排出，容屑槽做成左旋槽（见图 2—119b）。一般丝锥的容屑槽为3 ~4个。丝锥柄部有方榫，供夹持用。

2）成组丝锥切削量分配。为了减小切削力和延长使用寿命，一般将整个切削量分配给几支丝锥来完成。通常M6～M24的丝锥每组有两支，M6以下及M24以上的丝锥每组有三支；细牙螺纹丝锥为两支一组。

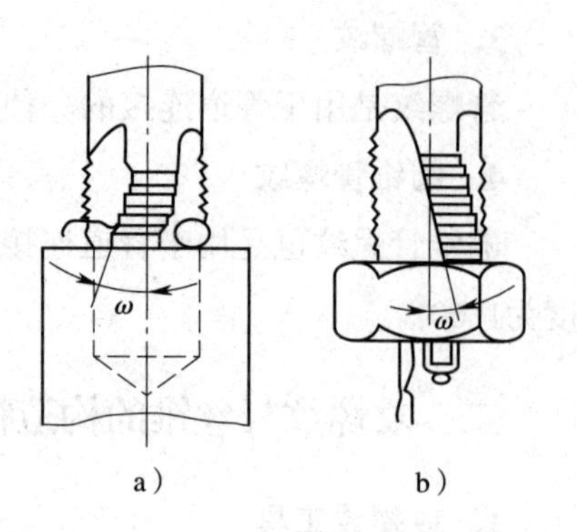

图2—119　螺旋形容屑槽

a）右旋槽　b）左旋槽

成组丝锥中，对每支丝锥切削量的分配有以下两种方式：

① 锥形分配。如图2—120a所示，一组丝锥中，每支丝锥的大径、中径、小径都相等，只是切削部分的切削锥角及长度不等。锥形分配切削量的丝锥也叫等径丝锥。当攻制通孔螺纹时，用头攻（初锥）一次切削即可加工完毕，二攻（也叫中锥）、三攻（底锥）则用得较少。一般M12以下的丝锥采用锥形分配。一组丝锥中，每支丝锥磨损很不均匀。头攻能一次攻削成形，切削厚度大，切屑变形严重，加工表面粗糙度值大。

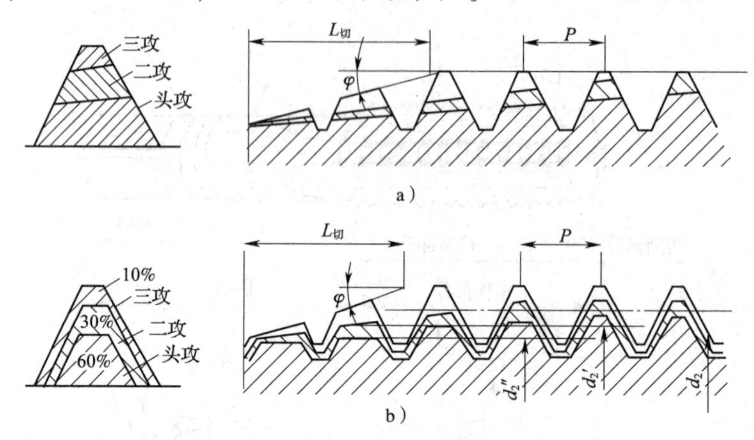

图2—120　成套丝锥切削量分配

a）锥形分配　b）柱形分配

② 柱形分配。柱形分配切削量的丝锥也叫不等径丝锥。即头攻（也叫第一粗锥）、二攻（第二粗锥）的大径、中径、小径都比三攻（精锥）的小。头攻、二攻的中径一样，大径不一样，头攻大径小，二攻大径大，如图2—120b所示。这种丝锥的切削量分配较合理，三支一套的丝锥按6∶3∶1分担切削量，两支一套的丝锥按7.5∶2.5分担切削量，切削省力，各锥磨损量差别小，使用寿命较长。同时末锥（精锥）的两侧也参与少量切削，所以加工表面粗糙度值较小。一般M12以上的丝锥多属于这一种。

3）丝锥的种类。丝锥的种类很多，钳工常用的有机用普通螺纹丝锥、手用普通螺纹丝锥、圆柱管螺纹丝锥、圆锥管螺纹丝锥等。

机用和手用普通螺纹丝锥有粗牙、细牙之分，粗柄、细柄之分，单支、成组之分，等径、不等径之分。

此外还有细柄机用丝锥、短柄螺母丝锥、长柄螺母丝锥等，如图 2—121 所示。

圆柱管螺纹丝锥与一般手用丝锥相近，只是其工作部分较短，一般为两支一组。圆锥管螺纹丝锥的直径从头到尾逐渐增大，而牙型与丝锥轴线垂直，以保证内、外螺纹结合时有良好的接触。

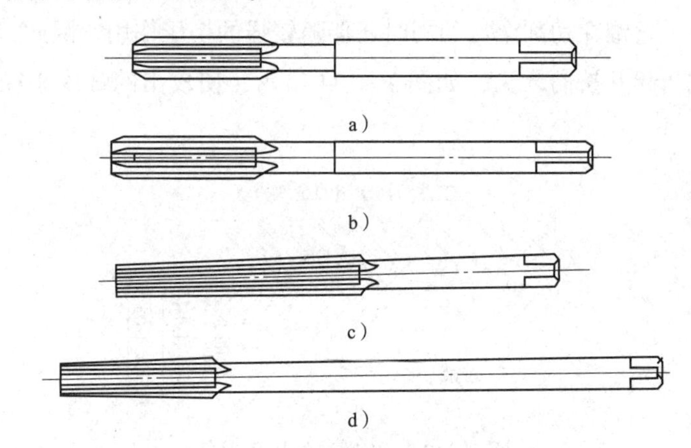

图 2—121　常用机用和手用丝锥

a）粗柄机用和手用丝锥　b）细柄机用丝锥　c）短柄螺母丝锥　d）长柄螺母丝锥

（2）铰杠

铰杠是手工攻螺纹时用来夹持丝锥的工具，分为普通铰杠（见图 2—122）和丁字铰杠（见图 2—123）两类。各类铰杠又可分为固定式和活络式两种，其中丁字铰杠适合在高凸台旁边或箱体内部攻螺纹，活络式丁字铰杠用于 M6 以下的丝锥，固定式普通铰杠用于 M5 以下的丝锥。

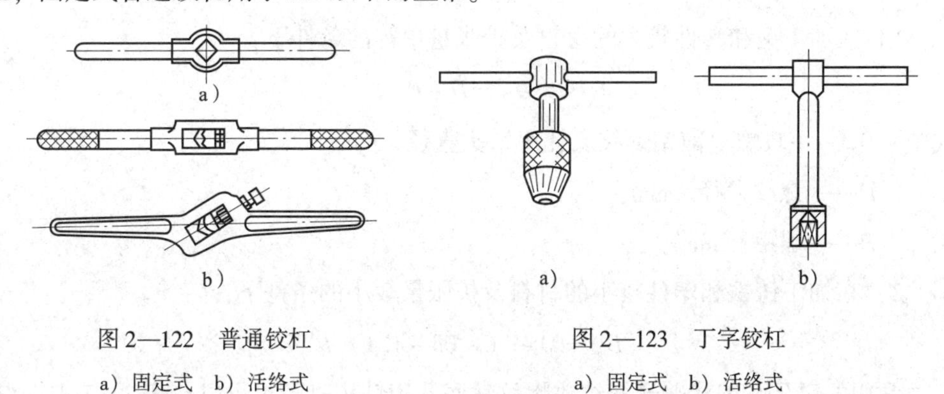

图 2—122　普通铰杠

a）固定式　b）活络式

图 2—123　丁字铰杠

a）固定式　b）活络式

铰杠的方孔尺寸和柄的长度都有一定规格，使用时应按丝锥尺寸大小，从表2—6中合理选用。

表2—6　　活络铰杠适用范围　　mm

活络铰杠规格	150	225	275	375	475	600
适用的丝锥范围	M5～M8	>M8～M12	>M12～M14	M14～M16	>M16～M22	M24以上

2. 攻螺纹前底孔的直径和深度

（1）攻螺纹前底孔直径的确定

攻螺纹时，丝锥在切削金属的同时还伴随较强的挤压作用。因此，金属产生塑性变形，形成凸起并挤向牙尖，如图2—124所示，使攻出的螺纹小径小于底孔直径。

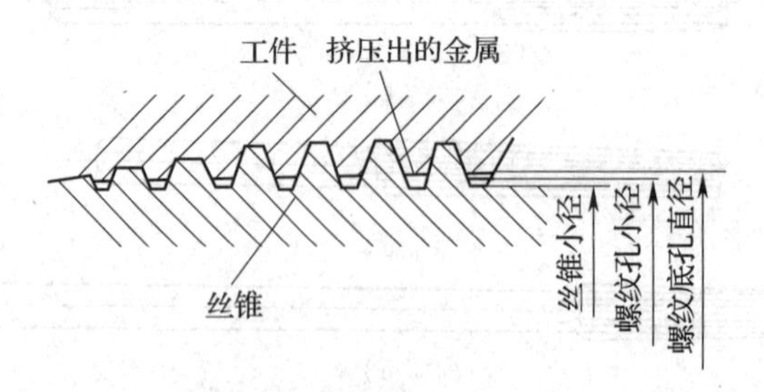

图2—124　攻螺纹的挤压现象

因此，攻螺纹前的底孔直径应稍大于螺纹小径；否则，攻螺纹时因挤压作用，使螺纹牙顶与丝锥牙底之间没有足够的容屑空间，将丝锥箍住，甚至折断丝锥。这种现象在攻塑性较大的材料时将更为严重。但是底孔不宜过大，否则会使螺纹牙型高度不够，降低强度。

底孔直径大小要根据工件材料塑性大小及钻孔扩张量选取，按经验公式计算得出。

1）在加工钢和塑性较大的材料及扩张量中等的条件下：

$$D_{底}=D-P$$

式中　$D_{底}$——攻螺纹前钻螺纹底孔用钻头直径，mm；

D——螺纹大径，mm；

P——螺距，mm。

2）在加工铸铁和塑性较小的材料及扩张量较小的条件下：

$$D_{底}=D-(1.05\sim1.1)P$$

常用的粗牙、细牙普通螺纹攻螺纹钻底孔用钻头直径也可以从表2—7中查得。

表 2—7　　攻普通螺纹钻底孔用钻头直径　　mm

螺纹直径 D	螺距 P	钻头直径 $D_{钻}$	
		铸铁、青铜、黄铜	钢、可锻铸铁、纯铜、层压板
2	0.4	1.6	1.6
	0.25	1.75	1.75
2.5	0.45	2.05	2.05
	0.35	2.15	2.15
3	0.5	2.5	2.5
	0.35	2.65	2.65
4	0.7	3.3	3.3
	0.5	3.5	3.5
5	0.8	4.1	4.2
	0.5	4.5	4.5
6	1	4.9	5
	0.75	5.2	5.2
8	1.25	6.6	6.7
	1	6.9	7
	0.75	7.1	7.2
10	1.5	8.4	8.5
	1.25	8.6	8.7
	1	8.9	9
	0.75	9.1	9.2
12	1.75	10.1	10.2
	1.5	10.4	10.5
	1.25	10.6	10.7
	1	10.9	11

螺纹直径 D	螺距 P	钻头直径 $D_{钻}$	
		铸铁、青铜、黄铜	钢、可锻铸铁、纯铜、层压板
14	2	11.8	12
	1.5	12.4	12.5
	1	12.9	13
16	2	13.8	14
	1.5	14.4	14.5
	1	14.9	15
18	2.5	15.3	15.5
	2	15.8	16
	1.5	16.4	16.5
	1	16.9	17
20	2.5	17.3	17.5
	2	17.8	18
	1.5	18.4	18.5
	1	18.9	19
22	2.5	19.3	19.5
	2	19.8	20
	1.5	20.4	20.5
	1	20.9	21
24	3	20.7	21
	2	21.8	22
	1.5	22.4	22.5
	1	22.9	23

3）英制螺纹底孔直径的计算一般按表 2—8 中的计算公式进行。

表 2—8　　英制螺纹底孔直径的计算公式

螺纹公称直径（in）	铸铁和青铜	钢和黄铜
3/16 ~ 5/8	$D_{钻}=25\left(D-\frac{1}{n}\right)$	$D_{钻}=25\left(D-\frac{1}{n}\right)-0.1$
$3/4 \sim 1\frac{1}{2}$	$D_{钻}=25\left(D-\frac{1}{n}\right)$	$D_{钻}=25\left(D-\frac{1}{n}\right)+0.3$

注：$D_{钻}$—攻螺纹前钻底孔钻头直径，mm；n—每英寸牙数；D—螺纹公称直径，mm。

（2）攻螺纹前底孔深度的确定（见图2—125）

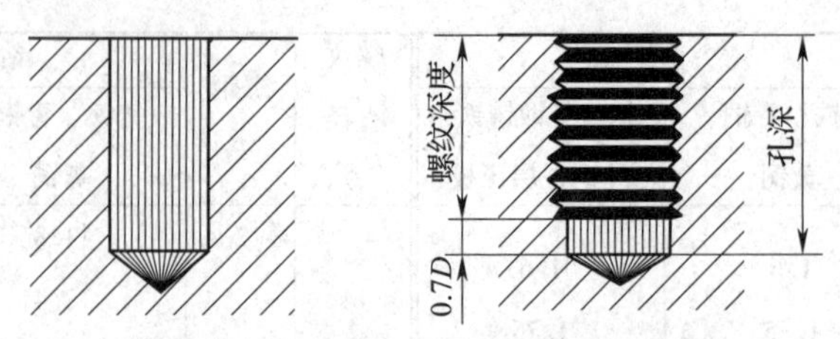

图2—125　攻螺纹前底孔深度的确定

攻不通孔螺纹时，由于丝锥切削部分有锥角，端部不能切出完整的牙型，所以钻孔深度要大于螺纹的有效深度。一般取：

$$H_{钻} = h_{有效} + 0.7D$$

式中　$H_{钻}$——底孔深度，mm；

$h_{有效}$——螺纹有效深度，mm；

D——螺纹大径，mm。

3. 丝锥折断的处理方法

在攻螺纹时，常因操作不当造成丝锥断在孔内，不易取出，此时盲目敲打强取将会损坏螺孔，甚至将工件报废，因此必须做到安全文明操作。先清除螺孔内的切屑及丝锥碎屑，加入适量的润滑油，根据折断情况采取不同方法。

（1）当丝锥折断部分露出孔外时，可直接用钢丝钳拧出。

（2）当丝锥折断部分在孔内时，可用样冲或尖錾抵在丝锥容屑槽内，轻轻地从正反方向反复敲打，使其松动后用工具旋取（见图2—126a）。或者自制一个如图2—126b所示的旋出器取出断丝锥。

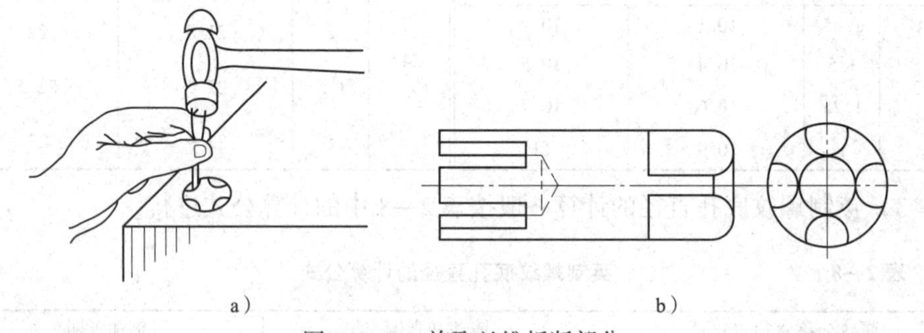

a）　　b）

图2—126　旋取丝锥折断部分

a）用样冲轻敲　b）旋出器

（3）在带方榫的一段断丝锥上旋上两个螺母，将钢丝插入断丝锥和螺母间的空槽中，用铰杠顺着退转方向扳动方榫，旋出断丝锥（见图2—127a）。

（4）堆焊弯杆或螺母取断丝锥（见图2—127b）。

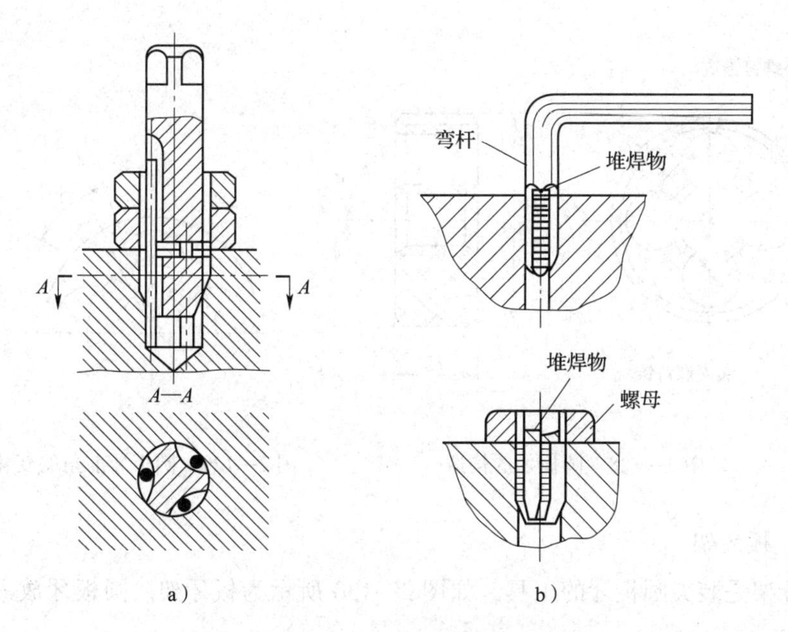

图 2—127　取断丝锥

a）用钢丝取断丝锥　b）用堆焊方法取断丝锥

（5）用氧—乙炔焰或喷灯将丝锥退火后用钻头钻掉。

（6）断丝锥在不锈钢中可以用硝酸腐蚀后取出。

（7）对于形状复杂工件中的断丝锥，可用电火花加工将断丝锥熔蚀掉。

三、套螺纹与圆板牙的构造特点

1. 套螺纹工具

（1）圆板牙

圆板牙是加工外螺纹的工具，它用合金工具钢或高速钢制作并经淬火处理而成。

如图 2—128 所示为圆板牙的构造，由切削部分、校准部分和排屑孔组成。它本身就像一个圆螺母，在它上面钻有几个排屑孔而形成切削刃。

切削部分是圆板牙两端有切削锥角（2ω）的部分。圆板牙前面就是排屑孔，故前角数值沿切削刃变化，如图 2—129 所示。圆板牙的中间一段是校准部分，也是套螺纹时的导向部分。圆板牙的校准部分因磨损会使螺纹尺寸变大而超出公差范围。因此，为延长圆板牙的使用寿命，M3.5 以上的圆板牙的外圆上有一条 V 形槽（见图 2—128），起调节圆板牙尺寸的作用。

圆板牙两端面都有切削部分，待一端磨损后，可换另一端使用。

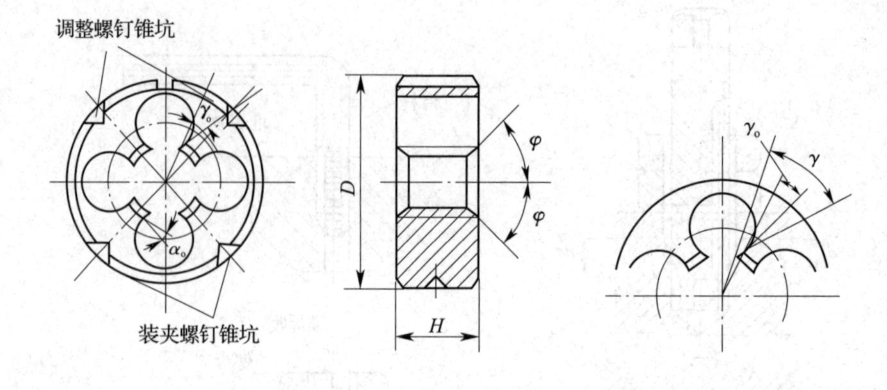

图 2—128　圆板牙的构造　　图 2—129　圆板牙前角的变化

（2）板牙架

板牙架是装夹圆板牙的工具，如图 2—130 所示为板牙架。圆板牙放入后，用螺钉紧固。

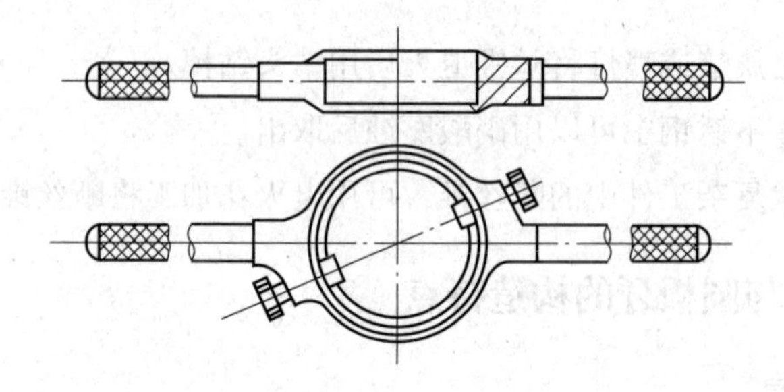

图 2—130　板牙架

2. 套螺纹前圆杆直径的确定

与丝锥攻螺纹一样，用圆板牙在工件上套螺纹时，材料同样因受挤压而变形，牙顶将被挤高一些。所以，套螺纹前圆杆直径应稍小于螺纹的大径尺寸，一般圆杆直径用下式计算：

$$d_{杆} = d - 0.13P$$

式中　$d_{杆}$——套螺纹前圆杆直径，mm；

d——螺纹大径，mm；

P——螺距，mm。

套螺纹前圆杆直径也可从表 2—9 中查得。

表 2—9　　用圆板牙套螺纹前圆杆直径

粗牙普通螺纹				英制螺纹			圆柱管螺纹		
螺纹直径（mm）	螺距（mm）	螺杆直径（mm）		螺纹直径（in）	螺杆直径（mm）		螺纹直径（in）	管子外径（mm）	
		最小直径	最大直径		最小直径	最大直径		最小直径	最大直径
M6	1	5.8	5.9	1/4	5.9	6	1/8	9.4	9.5
M8	1.25	7.8	7.9	5/16	7.4	7.6	1/4	12.7	13
M10	1.5	9.75	9.85	3/8	9	9.2	3/8	16.2	16.5
M12	1.75	11.7	11.8	1/2	12	12.2	1/2	20.5	20.8
M14	2	13.7	13.8	—	—	—	5/8	22.5	22.8
M16	2	15.7	15.8	5/8	15.2	15.4	3/4	26	26.3
M18	2.5	17.7	17.8	—	—	—	7/8	29.8	30.1
M20	2.5	19.7	19.8	3/4	18.3	18.5	1	32.8	33.1

四、攻螺纹的基本操作

1. 攻内螺纹的基本操作

（1）钻孔后，孔口需倒角，且倒角处的直径应略大于螺纹大径，这样可使丝锥开始切削时容易切入材料，并可防止孔口被挤压出凸边。

（2）工件的装夹位置应尽量使底孔中心线置于垂直或水平位置，使攻螺纹时易于判断丝锥是否垂直于工件平面。

（3）起攻时，要把头攻丝锥放正，然后用手压住丝锥并转动铰杠（见图 2—131）。

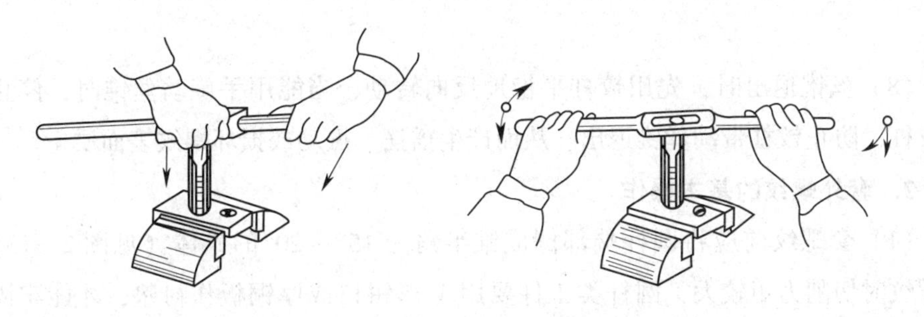

图 2—131　起攻方法

当丝锥切入 1 ~ 2 圈螺纹后，应及时检查并校正丝锥的位置（见图 2—132）。检查应在丝锥的前后、左右方向上进行。

起攻时为了使丝锥保持正确的位置，可在丝锥上旋上同样直径的螺母（见图

2—133a），或将丝锥插入导向套孔中（见图2—133b），这样就容易使丝锥按正确的位置切入工件孔中。

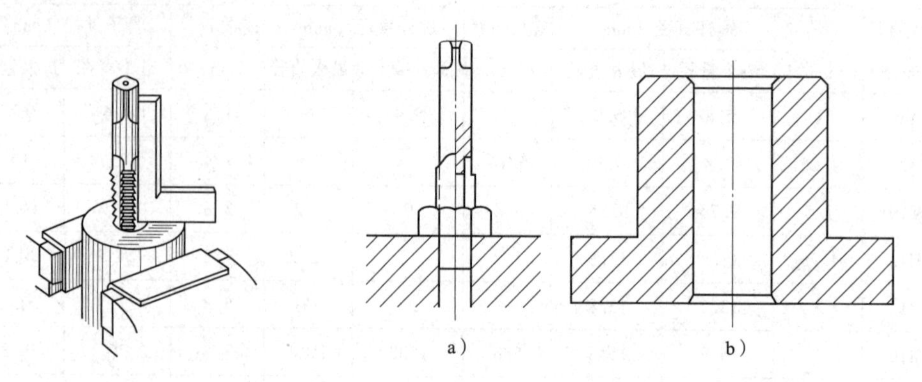

图2—132　检查丝锥垂直度

图2—133　保证丝锥正确位置的方法

a）用螺母　b）用导向套

（4）当丝锥切入3～4圈螺纹后，只需转动铰杠即可，应停止对丝锥施加压力，否则螺纹牙型将被破坏。攻螺纹时，每扳转铰杠0.5～1圈，要倒转0.5圈，使切屑碎断后容易排除，避免因切屑阻塞而使丝锥卡死。

（5）攻不通孔螺纹时，要经常退出丝锥，清除孔内的切屑，以免丝锥折断或被卡住。当工件不便倒向时，可用磁性棒吸出切屑。

（6）攻韧性材料的螺孔时要加注切削液，以减小切削阻力，减小螺孔的表面粗糙度值，延长丝锥的使用寿命。攻钢件时加机油；攻铸件时加煤油；螺纹质量要求较高时加工业植物油。

（7）攻螺纹时，必须以头攻、二攻、三攻的顺序攻削至标准尺寸。在较硬的材料上攻螺纹时，可用各丝锥轮换交替进行，以减小切削刃部的负荷，防止丝锥折断。

（8）丝锥退出时，先用铰杠平稳地反向转动，当能用手旋动丝锥时，停止使用铰杠，防止铰杠带动丝锥退出，从而产生摇摆、振动或损坏螺纹表面质量。

2. 套外螺纹的基本操作

（1）套螺纹前应将圆杆端部倒成锥半角为15°～20°的锥体（见图2—134）。套螺纹时切削力矩较大，圆杆类工件要用V形钳口或厚铜板作衬垫，才能牢固地夹持，如图2—135所示。

（2）起套时，要使圆板牙的端面与圆杆垂直。要在转动圆板牙时施加轴向压力，转动要慢，压力要大。当圆板牙切入材料2～3圈螺纹时，要及时检查并校正螺纹端面与圆杆是否垂直，否则切出的螺纹牙型一面深一面浅，甚至出现乱牙。

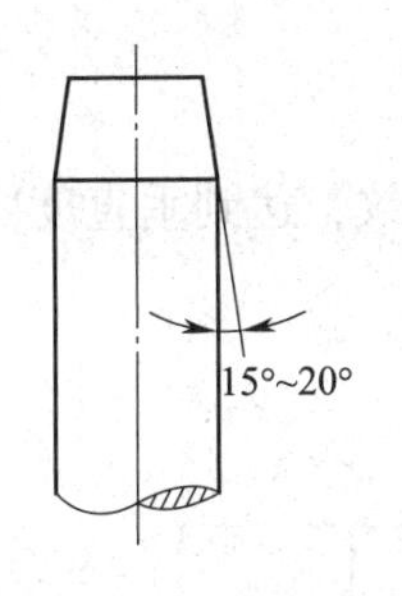

图 2—134 圆杆倒角

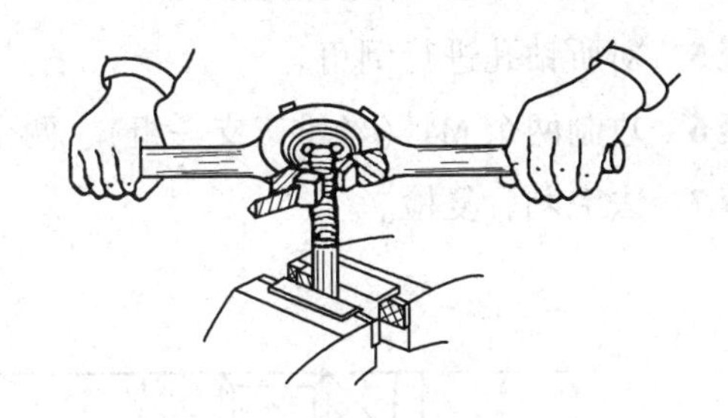

图 2—135 圆杆的夹持

(3) 进入正常套螺纹状态时，不要再加压，让圆板牙自然引进，以免损坏螺纹和圆板牙，并要经常倒转断屑。

(4) 在钢件上套螺纹时要加切削液，以提高螺纹表面质量，延长圆板牙使用寿命。切削液一般选用较浓的乳化液或机械油。

技能要求

在盲孔上攻制 M4 的螺纹

一、操作准备

1. 工件材料准备

45 钢，规格为 50 mm × 50 mm × 12 mm。

2. 工具、量具准备

丝锥（M4、M6）、铰杠、钻头、样冲、游标卡尺、游标高度尺等。

3. 设备准备

台钻（Z4012 型）。

二、操作步骤

零件图如图 2—136 所示。

步骤 1 加工毛坯件，锉削外形尺寸至 50 mm × 50 mm × 12 mm。

步骤 2 按图样要求划出各孔的加工线。

步骤 3 完成所用钻头的刃磨工作，并试钻，达到切削角度要求。

步骤 4 用机床用平口虎钳装夹工件，按划线钻两个 ϕ6. 7 mm、深 28 mm 孔和

两个 ϕ3.3 mm孔，并达到位置精度要求。

步骤5 对所钻孔进行倒角。

步骤6 攻制两个M4（丝锥三支一组）、两个M8螺纹，达到垂直度要求。

步骤7 去毛刺，复检。

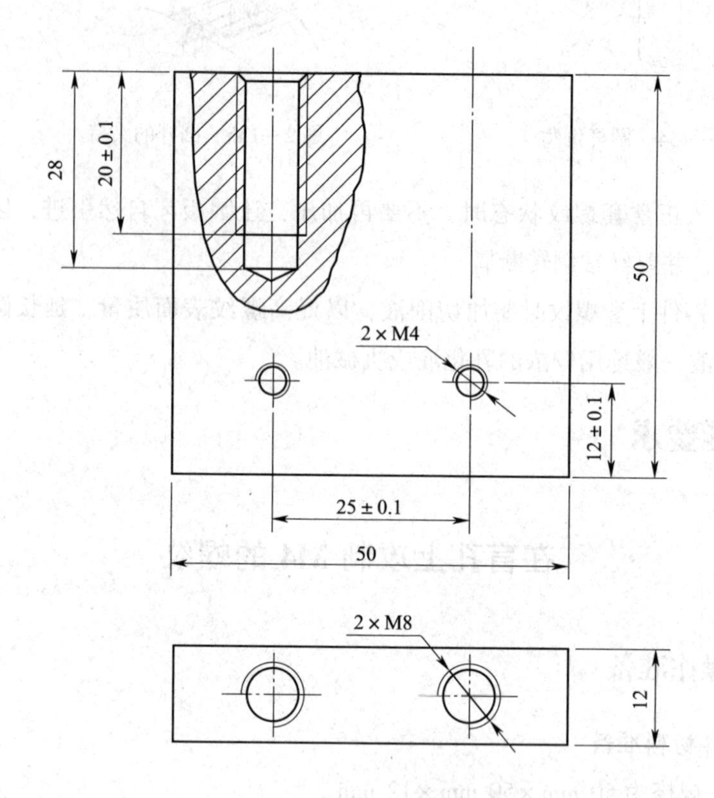

图2—136 零件图

三、注意事项

1. 划线后在各孔中心处打样冲眼，落点要准确。

2. 用小钻头钻孔，进给力不能太大，以免钻头弯曲或折断。

3. 钻头起钻定中心时，平口虎钳可不固定，待起钻浅坑位置正确后再压紧，并保证落钻时钻头无弯曲现象。

4. 起攻时，要从两个方向对垂直度进行及时校正，以保证攻出螺纹的质量，两手压力应均匀。攻入2～3圈螺纹后，要校正垂直度。正常攻螺纹后，每攻入一圈要反转半圈，牙型要攻制完整。

5. 做到安全文明生产。

修磨磨损的丝锥

一、操作准备

1. 材料准备

磨损的丝锥。

2. 工具准备

平光眼镜。

3. 设备准备

砂轮机。

二、操作步骤

步骤 1　丝锥的切削部分磨损时，可以适量修磨其后面（见图 2—137a）。修磨时要注意保持各刃瓣半锥角 φ 及切削部分长度的准确性和一致性。转动丝锥时，不要使另一刃瓣的刀齿碰到砂轮而磨坏。

步骤 2　丝锥校准部分磨损时，可用棱角修圆的片状砂轮修磨前面（见图 2—137b），并控制好前角 γ_o 的大小。

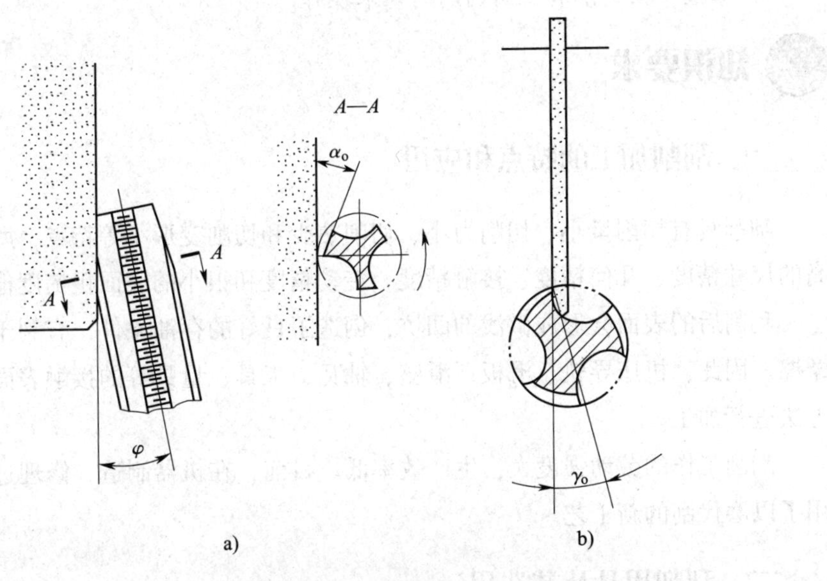

图 2—137　修磨丝锥

a）修磨后面　b）修磨前面

三、注意事项

1. 接通开关后待砂轮转动正常，方可开始进行刃磨。
2. 丝锥刃磨姿势正确，并达到要求的几何形状和角度。
3. 注意操作安全。

第4节　平面刮削和研磨

学习单元1　刮　削

学习目标

1. 了解刮削加工的特点和应用。
2. 熟悉刮削用具及其选用。
3. 掌握平面刮削和曲面刮削的基本操作。

知识要求

一、刮削加工的特点和应用

刮削具有切削量小、切削力小、切削热少和切削变形小等特点，所以能获得很高的尺寸精度、几何精度、接触精度、传动精度和很小的表面粗糙度值。

刮削后的表面会形成微浅的凹坑，创造了良好的存油条件，有利于润滑和减小摩擦。因此，机床导轨、滑板、滑座、轴瓦、工具、量具等的接触表面常用刮削的方法进行加工。

刮削工作的劳动强度大，生产效率低。目前，在机器制造、修理过程中大都采用了以磨代刮的新工艺。

二、刮削用具及其选用

刮削用具主要有刮刀、校准工具及显示剂等。

1. 刮刀

刮削时由于工件的形状不同，因而要求刮刀有不同的形式。刮刀可分为平面刮刀（包括专用刮花刮刀）和曲面刮刀两类。

（1）平面刮刀

平面刮刀用于刮削平面和刮一般的花纹，大多采用 T12A 钢锻造而成，有时因平面较硬，也采用焊接合金钢刀头或硬质合金刀头。常用的有直头刮刀（见图 2—138a、b）和弯头刮刀（又称鸭嘴刮刀，见图 2—138c）。刮刀头部的形状和角度如图 2—139 所示。

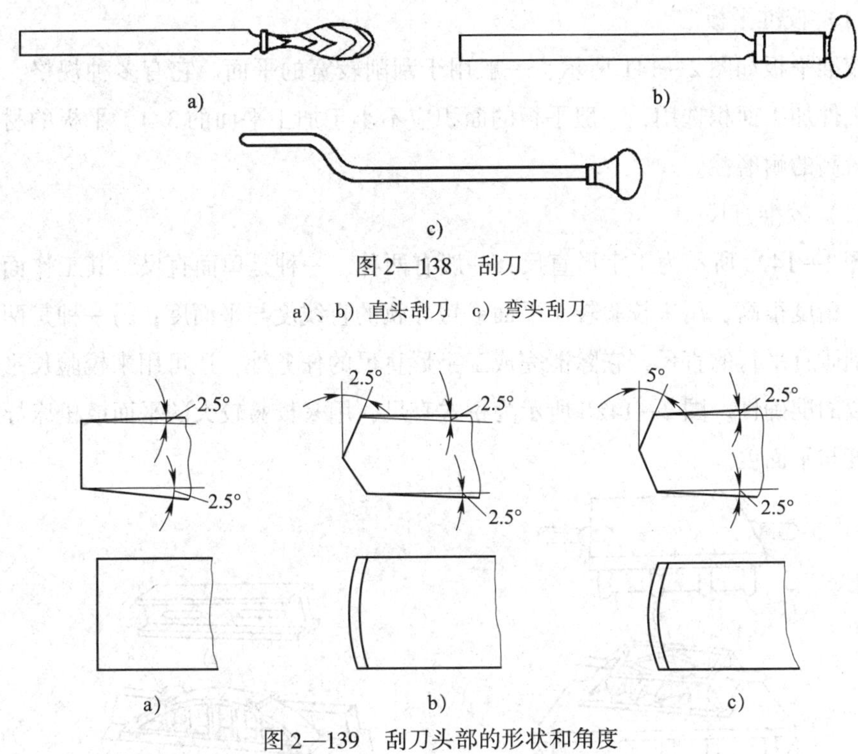

图 2—138　刮刀

a）、b）直头刮刀　c）弯头刮刀

图 2—139　刮刀头部的形状和角度

a）粗刮刀　b）细刮刀　c）精刮刀

（2）曲面刮刀

曲面刮刀用于刮削曲面，可分为三角形刮刀、柳叶刮刀和蛇头刮刀，如图 2—140所示。

2. 校准工具

校准工具的作用有两个，一是用来与刮削表面磨合，以接触点的多少和分布的疏密程度来显示刮削表面的平面度，提供刮削的依据；二是用来检验刮削表面的精度。

刮削平面时用的校准工具有以下几种：

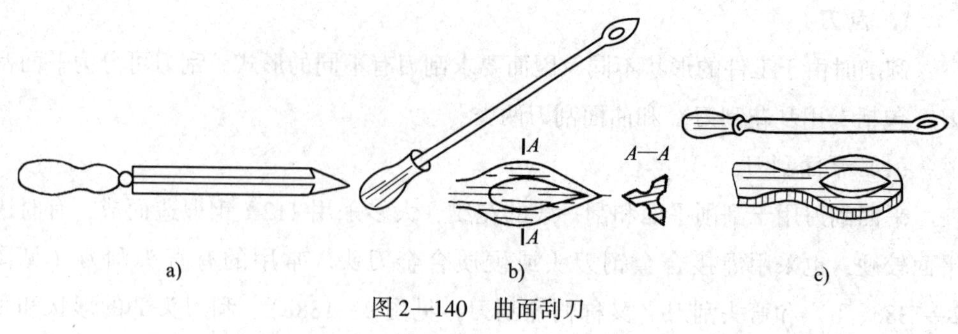

图2—140　曲面刮刀

a）三角形刮刀　b）柳叶刮刀　c）蛇头刮刀

（1）校准平板

校准平板如图2—141所示，一般用于刮削较宽的平面。它有多种规格，使用时按工件加工面积选用，一般平板的面积应不小于加工平面的3/4。平板的材质应具有较高的耐磨性。

（2）校准直尺

图2—142a所示为工字形直尺，一般有两种，一种是单面直尺，其工作面经过精刮，精度很高，用来校验较小平面或短导轨的直线度与平面度；另一种是两面都经过刮研且平行的直尺，它除能完成工字形直尺的任务外，还可用来校验长平面相对位置的准确性。图2—142b所示为桥式直尺，用来校验较大的平面或机床导轨的直线度与平面度。

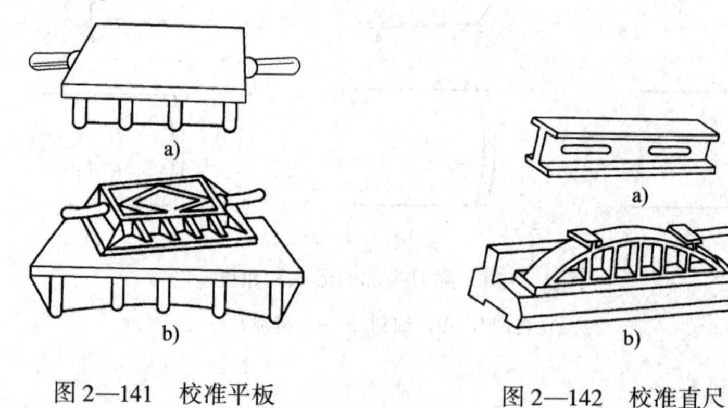

图2—141　校准平板

图2—142　校准直尺

a）工字形直尺　b）桥式直尺

（3）角度直尺

角度直尺用来校验两个刮削面成角度的组合平面，如机床燕尾形导轨的角度等。角度直尺的两面都经过精刮，并形成规定的角度（一般为55°、60°等），第三面是支承面，如图2—143所示。

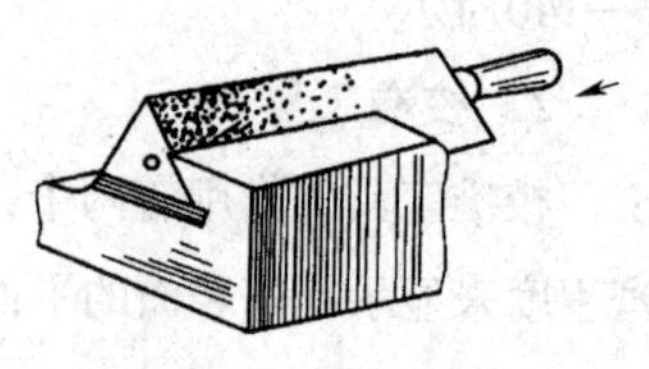
图2—143　角度直尺

（4）校准轴

校准轴用于校准曲面或圆柱形内表面。校准轴应与原机轴尺寸相符，一般情况下滑动轴承轴瓦面的校准多采用原机轴本身。

3. 显示剂

工件和校准工具对研时，所加的涂料称为显示剂。其作用是显示工件误差的位置和大小。

（1）显示剂的用法

显示剂的用法见表 2—10。

表 2—10　　显示剂的用法

类别	显示剂的选用	显示剂的涂抹	显示剂的调和
粗刮	红丹粉	涂在研具上	调稀
精刮	蓝油	涂在工件上	调干

（2）显示剂的种类

常用显示剂的种类及应用见表 2—11。

表 2—11　　常用显示剂的种类及应用

种类	成分	应用
红丹粉	由氧化铅或氧化铁用机油调和而成，前者呈橘红色，后者呈红褐色，颗粒较细	广泛用于钢和铸铁工件
蓝油	用蓝粉、蓖麻油及适量机油调和而成	多用于精密工件和有色金属及其合金的工件

（3）显点的方法

显点的方法应根据不同形状和刮削面积的大小有所区别。如图 2—144 所示为平面与曲面的显点方法。

1）中、小型工件的显点。一般是校准平板固定不动，工件被刮面在平板上推研。推研时压力要均匀，避免显示失真。如果工件被刮面小于平板面，推研时最好不超出平板，如果被刮面等于或稍大于平板面，允许工件超出平板，但超出部分应小于工件长度的 1/3，如图 2—145 所示。推研应在整个平板上进行，以防止平板局部磨损。

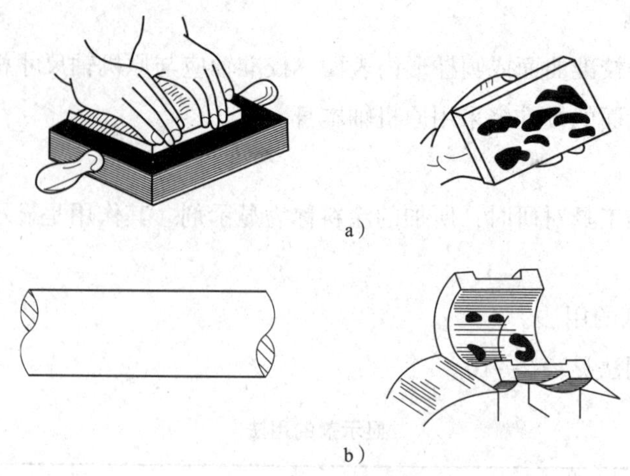

图 2—144　显点方法

a）平面显点　b）曲面显点

2）大型工件的显点。将工件固定，平板在工件的被刮面上推研。推研时，平板超出工件被刮面的长度应小于平板长度的 1/5。

3）形状不对称工件的显点。推研时应在工件某个部位托或压，如图 2—146 所示。但用力的大小要适当、均匀。显点时还应注意，如果两次显点有矛盾，应分析原因，认真检查推研方法，谨慎处理。

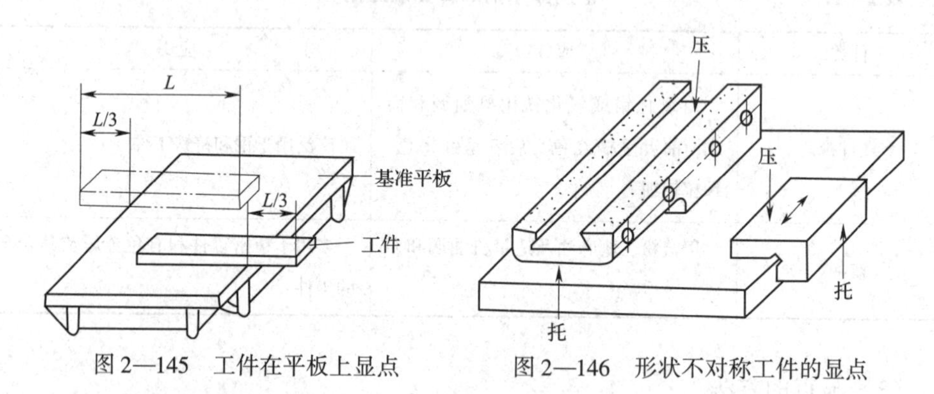

图 2—145　工件在平板上显点　　图 2—146　形状不对称工件的显点

4. 刮削精度的校验

刮削工作分为平面刮削和曲面刮削两种。平面刮削中有单个平面的刮削（如平板、钢直尺、工作台面等）和组合平面的刮削（如机体的结合面、燕尾槽面等）。曲面刮削中有圆柱面、圆锥面的刮削，如滑动轴承的孔、轴套等。由于工件的工作要求不同，刮削工作的校验方法也要求不一。经过刮削的工件表面应有细致而均匀的网纹，不能有刮伤和刮刀的深印。常用的校验方法有以下几种：

（1）校验刮削面的接触斑点。用 25 mm × 25 mm 的正方形方框罩在被校验面上，如图 2—147 所示，依据方框内的研点数目来确定精度。各种平面接触精度的研点数见表 2—12。

（2）在曲面刮削中，常见的是对滑动轴承内孔的刮削。各种不同接触精度研点数见表 2—13。

（3）刮削面误差的校验。主要是校验刮削后平面的直线度与平面度误差是否在允许的范围内。一般用合像水平仪、精度较高的框式水平仪进行校验，如图 2—148所示。

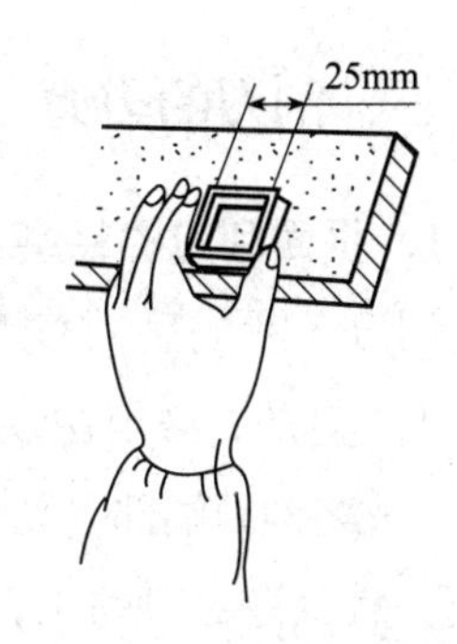

图 2—147　用方框检查研点

表 2—12　　各种平面接触精度的研点数

平面种类	每 25 mm×25 mm 内的研点数	应用举例
一般平面	2～5	较粗糙机件的固定结合面
	5～8	一般结合面
	8～12	机器台面、一般基准面、机床导向面、密封结合面
	12～16	机床导轨及导向面、工具基准面、量具接触面
精密平面	16～20	精密机床导轨、钢直尺
	20～25	1 级平板、精密量具
超精密平面	>25	0 级平板、高精度机床导轨、精密量具

表 2—13　　滑动轴承的研点数

轴承直径（mm）	机床或精密机械主轴轴承			锻压设备、通用机械轴承		动力机械、冶金设备的轴承	
	高精密	精密	普通	重要	普通	重要	普通
	每 25 mm^2 内的研点数						
≤120	25	20	16	12	8	8	5
>120		16	10	8	6	6	2

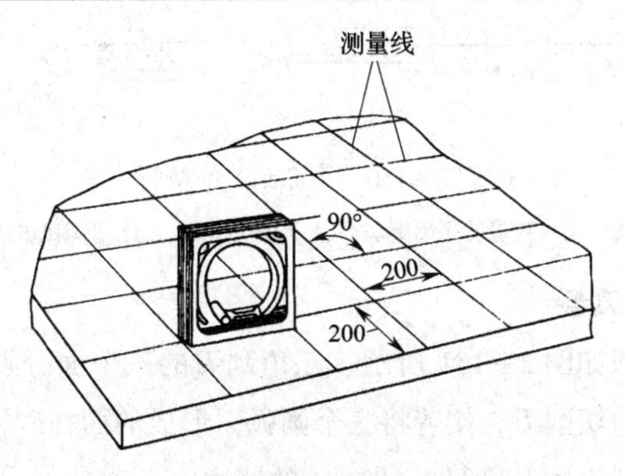

图 2—148　用水平仪检查接触精度

三、刮刀的刃磨

1. 平面刮刀的粗磨

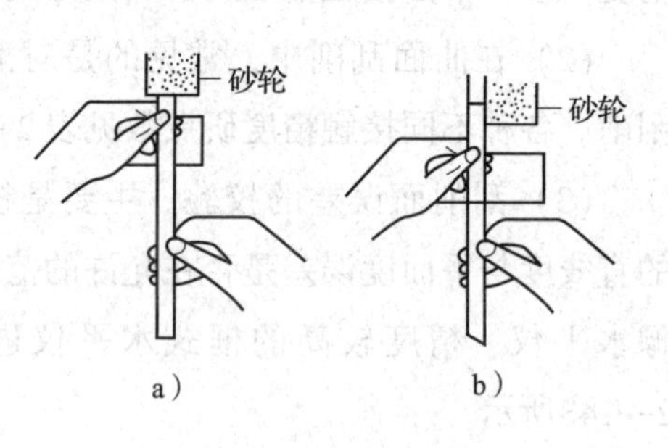

图2—149　平面刮刀的粗磨

a）端面的磨法　b）平面的磨法

刮刀坯锻成后，其刃口和表面都是粗糙、不平直的，必须在砂轮上基本磨平。粗磨时，先将刮刀端部（切削刃小面部位）磨平直，然后将刮刀的平面放在砂轮的正面磨平。刮刀的最终平面可使用砂轮侧面磨平，最后磨出刮刀两侧窄面，如图2—149所示。

2. 平面刮刀的精磨

平面刮刀的精磨应在油石上进行，将刃口磨得光滑、平整、锋利。

（1）平面的磨法

使刮刀平面与油石平面完全接触，两手掌握平稳，使磨出的平面平整、光滑。

（2）端部的磨法

一般平面刮刀有双刃和单刃两种，精磨端部时一手握住刀头部的刀杆，另一手扶住刀柄，使刮刀与油石保持所需要的角度，在油石上做较短的往复运动，修磨刮刀端部时最好选择较硬的油石。

平面刮刀的精磨如图2—150所示。

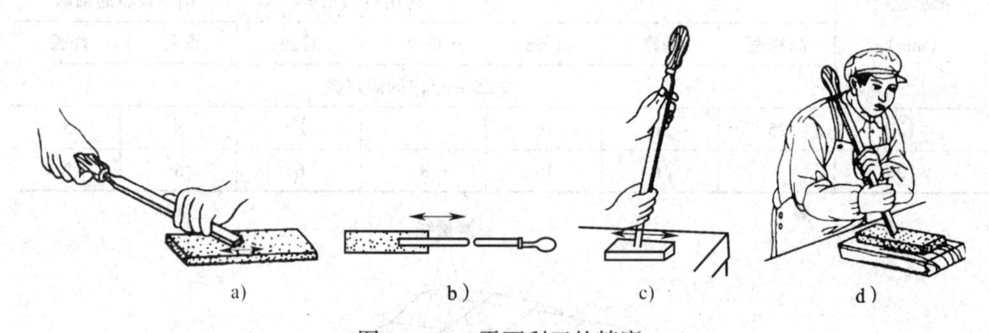

图2—150　平面刮刀的精磨

a）平面磨法　b）错误的平面磨法　c）端面的磨法　d）磨端面的另一种方法

3. 曲面刮刀的刃磨

三角刮刀的刃磨如图2—151所示。三角刮刀的三个面分别进行刃磨，使三个面的交线形成弧形的切削刃，接着将三个圆弧刃形成的面在砂轮上开槽。刀槽要开在两刃的中间，切削刃边上只留2～3 mm的棱边。

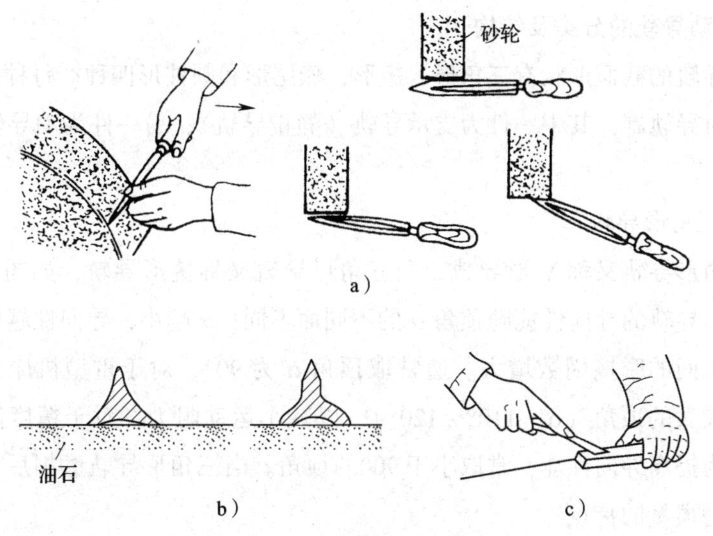

图 2—151　三角刮刀的刃磨

a）三角刮刀的粗磨　b）三角刮刀的精磨　c）三角刮刀磨弧方法

三角刮刀粗磨后，同样要在油石上精磨。精磨时，在顺着油石长度方向来回移动的同时，还要依切削刃的弧形做上下摆动，直至三个面所交成的三条切削刃上直面、弧面的砂轮磨痕消失，直面、弧面光洁，切削刃锋利为止。

刃磨圆头刮刀时，两平面与侧面的刃磨方法与平面刮刀的磨法相同，刀头部位圆弧面的刃磨方法与三角刮刀的磨法相近。

蛇头刮刀与柳叶刮刀的刀头形状稍有不同，都有两个切削面和切削刃，切削角度要比三角刮刀大，一般为 70° ~80°，适用于刮削较软金属，如巴氏轴承合金等。其刃磨方法与精磨方法大致与三角刮刀相同。

4. 注意事项

（1）刮削前，工件的锐边、锐角必须去掉，以防伤手。

（2）刃磨刮刀时，应站在砂轮机的侧面或斜侧面。刃磨时施加压力不能太大。

（3）刮刀用后应用纱布包裹好妥善安放，三角刮刀用毕不要放在与手经常接触的地方。

四、一般中型机床导轨的刮削

导轨的作用是导向和承载，因此对导轨的基本要求是要有良好的导向精度；要耐磨和具有足够的刚度，以保持精度的持久性和稳定性；磨损后要容易调整。而导轨检修的目的就是要恢复导轨磨损后的精度，对局部的损伤、损坏给予修复，保持原有的使用性能。目前应用最广泛和普遍的是滑动导轨。

1．滑动导轨的分类及结构

滑动导轨的截面形状有三角形、矩形、燕尾形和圆柱形四种。每种由凸、凹两件组成一对导轨副，其中一件为支承导轨（静止导轨）；另一件为动导轨（运动导轨）。

（1）三角形导轨

凹三角形导轨又称V形导轨，凸三角形导轨又称棱形导轨，如图2—152a所示，三角形导轨的导向性能随顶角α的不同而不同，α越小，导向性越好。但α减小时，导轨面的摩擦因数增大。通常取顶角α为90°，对于重型机床，由于载荷大，常取较大的顶角（$\alpha=110°\sim120°$），以减小运动阻力。对于精度高而负荷小的机床，为提高导向性能，常取小于90°的顶角。当三角形导轨磨损后，其有自动下沉补偿磨损量的特点。

（2）矩形导轨

矩形导轨又称平导轨，如图2—152b所示。矩形导轨的摩擦因数比三角形导轨小，加工和检验都较方便。由于难免存在侧面间隙，故导向性较差，它适用于载荷较大而导向性要求稍低的机床。

（3）燕尾形导轨

燕尾形导轨如图2—152c所示，其夹角α通常为55°。燕尾形导轨的高度较小，间隙调整方便，并可承受倾侧力矩，但刚度较低，加工和检验不太方便。它适用于受力较小、导轨层次多或要求高度尺寸较小以及要求间隙调整方便的场合，如车床刀架等。

（4）圆柱形导轨

圆柱形导轨如图2—152d所示。这种导轨制造方便，不易积聚切屑，但因磨损后难以补偿间隙，故应用较少。在压力机床上用得较多。

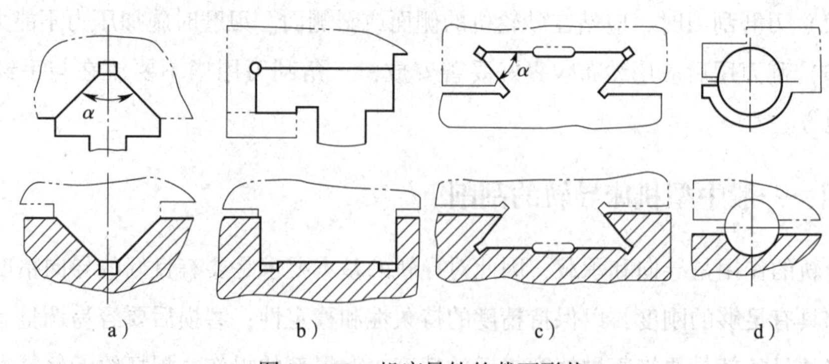

图2—152　机床导轨的截面形状

a）三角形导轨　b）矩形导轨　c）燕尾形导轨　d）圆柱形导轨

为了保证机床导轨有一定的承载能力、导向性和导向稳定性，除燕尾形导轨外，通常都由两条导轨组成，其截面形状可以相同或不同，又可称为导轨副。

2. 刮削导轨的一般原则

在检修工作中，经常遇到对机床导轨的检修。由于长时间的使用，机床导轨往往磨损后会失去原有的精度，修复时可以采用刮削的方法，刮削导轨的一般原则如下：

(1) 首先要选择刮削时的基准导轨，通常是以较长的和较重要的支承导轨作为基准导轨，如车床床身的床鞍导轨。

刮削一对导轨副时，先刮基准导轨，再根据基准导轨刮削与其相配的另一导轨。基准导轨刮削时必须进行精度检验，而相配的导轨只需进行配刮，达到接触精度要求即可，不做单独的精度检验。

(2) 对于组合导轨上各个表面的刮削次序，应在保证质量的前提下，以减少刮削工作量和测量方便为原则。如先刮大面，后刮小面，可使刮削余量小，容易达到精度要求；再如先刮难刮的面，后刮容易的面，可给刮削时的测量带来方便；还有应先刮刚度较高的面，以保证刮削精度的稳定性。如果先刮刚度差的面，其刮削精度最终可能会遭到破坏。

3. 燕尾形导轨的刮削

燕尾形导轨的刮削一般是采取成对交替配刮的方法进行。如图2—153所示，A为支承导轨，B为动导轨。刮削时，先将动导轨的平面1、2按标准平板刮到要求的精度，这样可以提高刮削效率且容易保证这两个平面的精度。然后以此两面为基准，研刮支承导轨面3、4至达到精度要求。接着再用$\alpha=55°$的角度平尺刮削斜面5，刮好斜面5以后刮斜面6时，一方面要按角度平尺研点，另一方面要兼顾与斜面5的对称。当支承导轨的四个面全部刮好后，就可根据支承导轨来刮削动导轨的斜面。由于动导轨与支承导轨的燕尾面之间有楔形镶条，所以动导轨燕尾面之间的宽度大于支承导轨燕尾面之间的宽度，而且其中一个面有斜度（图2—153中斜面8），刮削时，斜面7、8应分别进行，直至达到精度要求。楔形镶条是在自身按标准平板粗刮后，放入支承导轨与动导轨的斜面6与8之间配刮完成的，其中与斜面8的配合精度要求可低些。

在刮削支承导轨的两个斜面5、6时，为了保证两者相互对称，必须边刮边检查，通常用千分尺测量，如图2—154所示。将两个等直径的精密短圆柱放在燕尾形导轨的两侧，用千分尺测量尺寸C，当沿导轨两端测出的尺寸相等时，即表示两个斜面互相平行。

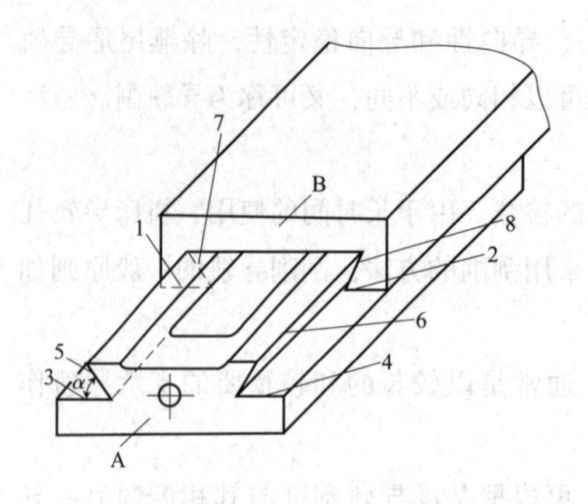

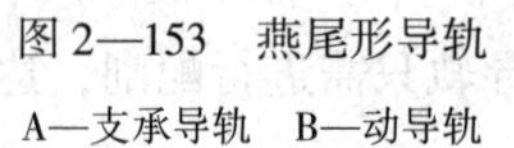
图 2—153　燕尾形导轨
A—支承导轨　B—动导轨

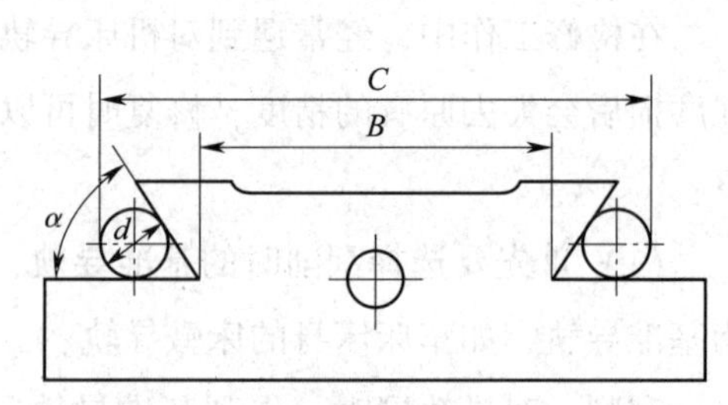

图 2—154　燕尾形导轨平行度的检查

当需要确定燕尾形导轨的宽度 B 是否准确时，可按下式算出：

$$B = C - d\left(1 + \cot\frac{\alpha}{2}\right)$$

式中代号如图 2—154 所示。

在机床导轨的刮削中，常遇到正、反面都要刮削的情况（工件安放后不允许翻身），可参照如图 2—155 所示的方法。将刮刀柄抵在右腿膝盖上部，刮削时左手四指向上按住刮刀，使切削刃顶住刮削面，拇指压着上导轨面（以此作为依靠）。右手握住刀身向上提起，利用腿力向前推动，推动一次刮去一片金属。为了便于看清研点，可在刮削处下面放一面镜子，利用镜子观察研点以进行刮削。

图 2—155　反刮车床导轨下滑面

技能要求

轴瓦等曲面的刮削

一、操作准备

1. 材料准备

滑动轴承。

2. 工具准备

油石、毛刷、200 mm × 300 mm 平板、刮刀、红丹粉。

3. 设备准备

砂轮机、刮研支架。

二、操作步骤

滑动轴承的刮削是曲面刮削中最典型的实例，在生产中应用较广泛。

步骤 1　将工件去毛刺，并做好清理工作。

步骤 2　粗刮。先单独对滑动轴承进行粗刮，去除机械加工的刀痕。

步骤 3　细刮。滑动轴承刮研应根据其不同形状和不同刮削要求，选择合适的刮刀和显点方法。一般是以标准轴（也称工艺轴）或与其配合的轴作为内曲面研点的校准工具。

（1）显点方法是将蓝油均匀地涂在轴的圆周面上，或将红丹粉涂在轴承孔表面，用轴在轴承孔中来回旋转，如图 2—156a 所示。

（2）刮削方法是根据研点用曲面刮刀在曲面内接触点上做螺旋运动，刮除研点（见图 2—156b、c）。细刮时，控制刀迹的长度、宽度及刮点的准确性。

步骤 4　精刮。在细刮的基础上，缩小刀迹进行精刮，使研点小而多，从而达到滑动轴承的接触精度要求，即 25 mm × 25 mm 内 16 ~ 20 点，圆柱度公差为 ϕ0.02 mm，表面粗糙度为 Ra1.6 μm。

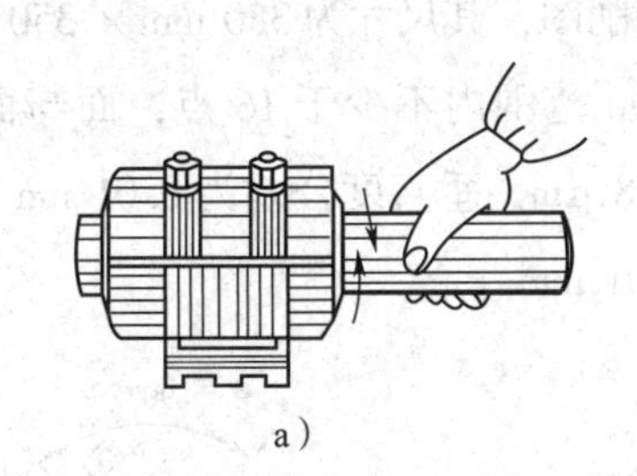

a）

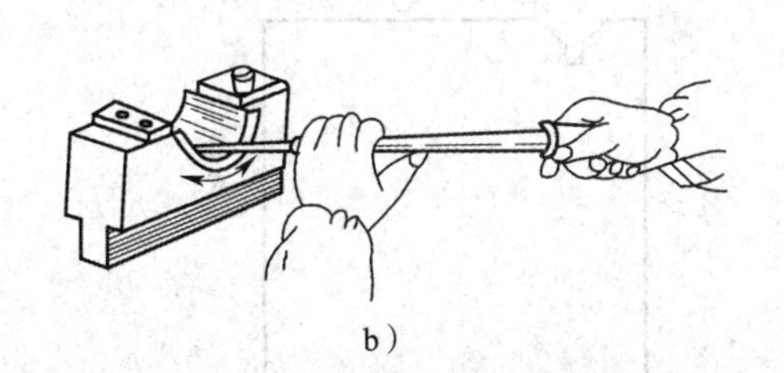

b）

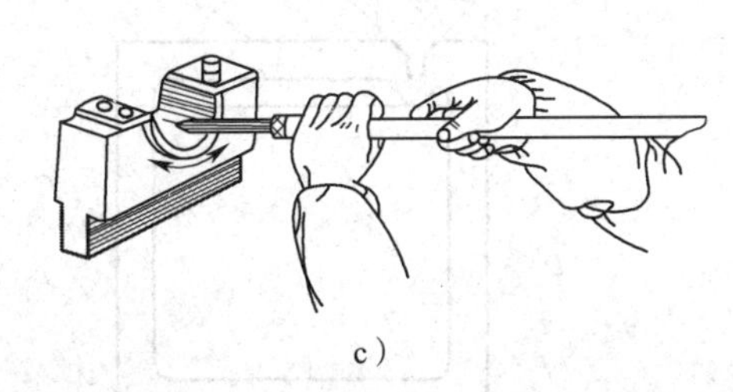

c）

图 2—156　滑动轴承的刮削

a）显点方法　b）、c）刮削方法

三、注意事项

1. 刮削时用力不可太小，以不发生抖动、不产生振痕为宜。

2. 交叉刮削时刀迹与曲面内孔中心线约成45°角，以防止刮面产生波纹和研点成为条形。

3. 内孔刮削精度的要求是25 mm×25 mm内的研点数应符合技术要求。

方箱的刮削

一、操作准备

1. 材料准备

方箱。

2. 工具准备

水平仪、刮刀、红丹粉、平板、千分表、正弦规。

3. 设备准备

刮研支架。

二、操作步骤

如图2—157所示为方箱刮削图，其尺寸为350 mm× 350 mm，精度等级为1级，平面接触点要求25 mm×25 mm范围内不少于16点，面与面之间的平行度公差为0.005 mm，表面粗糙度为*Ra*0.8 μm，垂直度公差为0.01 mm，V形槽在垂直方向和水平方向的平行度公差均为0.01 mm。

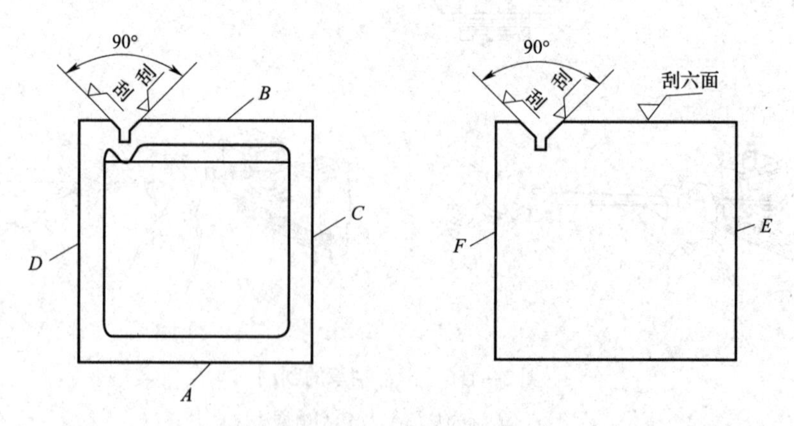

图2—157　方箱刮削图

步骤 1　刮削 *A* 面。先粗刮、细刮、精刮 *A* 面，达到平面度和接触点要求。平面度误差小于 0. 003 mm，可用 0 级平板着色检查。

步骤 2　刮削 *B* 面。以 *A* 面为基准，刮削平行平面 *B*，该表面除要达到步骤 1 的要求外，还要用千分表检查 *B* 面对 *A* 面的平行度误差是否小于 0. 005 mm。

步骤 3　刮削 *C* 面。以 *A* 面、*B* 面为基准，精刮侧面 *C*，除达到对平面的要求外，还应保证与 *A* 面、*B* 面的垂直度误差小于 0. 01 mm。

步骤 4　刮削 *D* 面。刮削与 *C* 面的平行平面 *D*，保证达到上述要求。

步骤 5　刮削 *E* 面。分别以 *A* 面、*B* 面为基准，刮削垂直面 *E*，保证垂直度和平面度达到要求。

步骤 6　刮削 *F* 面。刮削与 *E* 面平行的平面 *F*，保证平面度、平行度和垂直度达到要求。

步骤 7　刮削 V 形槽并使其达到技术要求。

步骤 8　质量检验。

（1）垂直度的检验

在测量平台上压上一块标准平尺，方箱的 *A* 面接触平台，推动方箱，使方箱的 *C* 面靠在平尺垂直面上移动，在 *C* 面上方固定放置一块千分表，其测头接触 *C* 面上边缘（最好在中间垫一量块），方箱沿平尺移动时，将千分表指针对零，可检查 *C* 面的扭曲情况，并刮削修正。然后将方箱翻转 180°，用 *B* 面接触平台，仍使 *C* 面沿平尺移动，可从表中读出两次测量的差值，这个值的一半即 *C* 面对 *A* 面和 *B* 面的垂直度误差，该误差应控制在 0. 01 mm 以内，如图 2—158 所示。

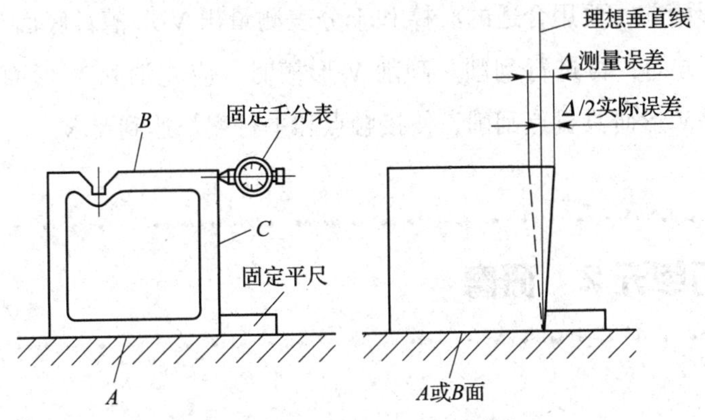

图 2—158　方箱垂直度的检验

（2）V 形槽的检验

1）方箱上的 V 形槽与侧面的平行度可用正弦规和杠杆百分表进行检测，如图 2—159 所示，使其误差小于 0. 01 mm。

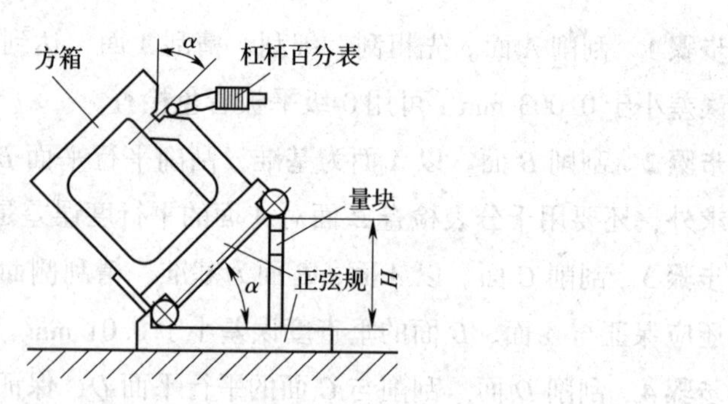

图2—159　方箱V形槽与侧面平行度的检测

2）在方箱的V形槽上放上圆柱形检验棒，分别检测两个方向的平行度，如图2—160所示，使其误差小于0.01 mm。

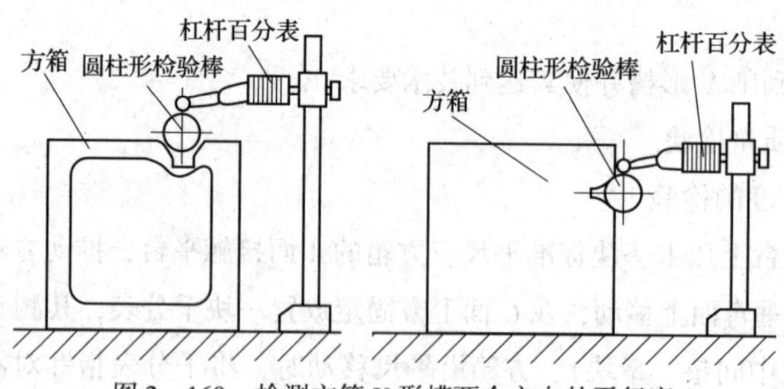

图2—160　检测方箱V形槽两个方向的平行度

三、注意事项

刮削V形槽前，要用合适的心棒和千分表测量出V形槽对底面与侧面的平行度误差大小、方向，再进行刮削。刮削V形槽时，应先消除V形面的位置误差，在此基础上用V形研具显点刮削，使接触点和平行度都达到要求。

学习单元2　研磨

学习目标

1. 了解研磨加工的特点和应用。
2. 熟悉研具的结构特点和研磨剂的配制。

3. 掌握平面研磨和曲面研磨操作。

知识要求

一、研磨的目的及原理

用研磨工具和研磨剂从工件上研去一层极薄表面层的精加工方法称为研磨，如图 2—161 所示。

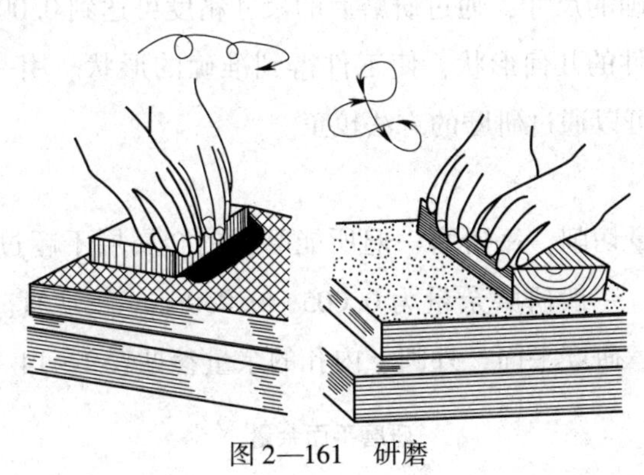

图 2—161　研磨

1. 研磨目的

研磨是一种精加工，能使工件得到精确的尺寸，还能获得极小的表面粗糙度值。另外经研磨的工件，其耐磨性、耐腐蚀性和疲劳强度也都相应提高，从而延长了工件的使用寿命。

2. 研磨原理

研磨的基本原理包含着物理和化学的综合作用。

（1）物理作用

研磨时要求研具材料比被研磨的工件软，这样受到一定压力后，研磨剂中的微小颗粒（磨料）被压嵌在研具表面上。这些细微的磨料具有较高的硬度，像无数刀刃。由于研具和工件的相对运动，半固定或浮动的磨粒则在工件和研具之间做运动轨迹很少重复的滑动及滚动，因而对工件产生微量的切削作用，均匀地从工件表面切去一层极薄的金属。借助于研具的精确型面，从而使工件逐渐得到准确的尺寸精度及合格的表面粗糙度。

（2）化学作用

有的研磨剂还起化学作用。如采用氧化铬、硬脂酸等化学研磨剂进行研磨时，与空气接触的工件表面很快形成一层极薄的氧化膜，而氧化膜又很容易被研磨掉，这就是研磨的化学作用。

在研磨过程中，氧化膜迅速形成（化学作用），又不断地被磨掉（物理作用）。经过这样的多次反复，工件表面就很快地达到预定要求。由此可见，研磨加工实际上体现了物理和化学的综合作用。

3. 研磨的特点及作用

（1）减小表面粗糙度值，经过研磨加工后的表面粗糙度值最小，一般情况下表面粗糙度为 *Ra*1.6～0.1 μm，最小可达 *Ra*0.012 μm。

（2）能达到精确的尺寸，通过研磨后的尺寸精度可达到0.001～0.005 mm。

（3）能改进工件的几何形状，使工件得到准确的形状。用一般机械加工方法产生的形状误差都可以通过研磨的方法校正。

4. 研磨余量

由于研磨是微量切削，每研磨一遍所能磨去的金属层不超过0.002 mm，因此研磨余量不能太大，一般研磨余量为0.005～0.030 mm较适宜。有时研磨余量就留在工件的公差内。研磨平面、外圆、内孔的余量参见表2—14～2—16。

表2—14　研磨平面余量　mm

平面长度	平面宽度		
	≤25	26～75	76～150
25	0.005～0.007	0.007～0.010	0.010～0.014
26～75	0.007～0.010	0.010～0.014	0.014～0.020
76～150	0.010～0.014	0.014～0.020	0.020～0.024
151～260	0.014～0.018	0.020～0.024	0.024～0.030

表2—15　研磨外圆余量　mm

直径	余量	直径	余量
≤10	0.003～0.005	51～80	0.008～0.012
11～18	0.006～0.008	81～120	0.010～0.014
19～30	0.007～0.010	121～180	0.012～0.016
31～50	0.008～0.010	181～260	0.015～0.020

表2—16　研磨内孔余量　mm

孔径	铸铁	钢
25～125	0.020～0.100	0.010～0.040
150～275	0.080～0.100	0.020～0.050
300～500	0.120～0.200	0.040～0.060

二、研具的结构特点和研磨剂的配制

在研磨加工中，研具是保证研磨工件几何形状正确的主要因素。因此，对研具的材料、几何精度要求较高，而表面粗糙度值要求要小。

1. 研具材料

研具材料应满足以下技术要求：材料的组织要细致、均匀，要有很高的稳定性和耐磨性，具有较好的嵌存磨料性能，工作面的硬度应比工件表面硬度稍低。

常用的研具材料有以下几种：

（1）灰铸铁

灰铸铁有润滑性好、磨耗较慢、硬度适中、研磨剂在其表面容易涂布均匀等优点。它是一种研磨效果较好、价廉、易得的研具材料，因此得到了广泛的应用。

（2）球墨铸铁

球墨铸铁比一般灰铸铁更容易嵌存磨料，且嵌得更均匀、牢固；同时，还能增加研具的耐用度，采用球墨铸铁制作研具已得到广泛应用，尤其是在精密工件的研磨中。

（3）软钢

软钢的韧性较好，不容易折断，常用来制作小型研具，如研磨螺纹和小直径工具、工件等。

（4）铜

铜的性质较软，表面容易被磨料嵌入，适用于制造软钢研磨加工范围的研具。

2. 研具的类型

生产中需要研磨的工件是多种多样的，不同形状的工件应用不同类型的研具进行研磨。常用的研具有以下几种：

（1）研磨平板

研磨平板主要用来研磨平面，如量块、精密量具的平面等。它分为有槽的和光滑的两种，如图 2—162 所示。有槽的用于粗研，研磨时易于将工件压平，可防止将研磨面磨成凸弧面。精研时则应在光滑平板上进行。

（2）研磨环

如图 2—163 所示，研磨环用来研磨轴类工件的外圆表面。

（3）研磨棒

研磨棒如图 2—164 所示，主要用来研磨套类工件的内孔。研磨棒有固定式和可调式两种。固定式研磨棒制造简单，但磨损后无法补偿，多用于单件工件的研磨。可调式研磨棒的尺寸可在一定范围内调整，其使用寿命较长，应用较广泛。

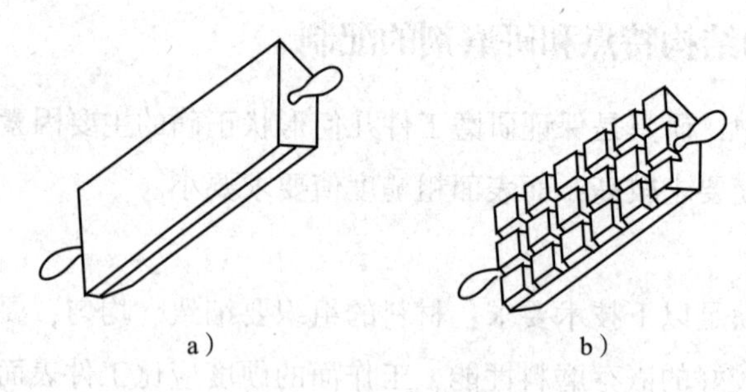

a） b）

图2—162 研磨平板

a）光滑平板 b）有槽平板

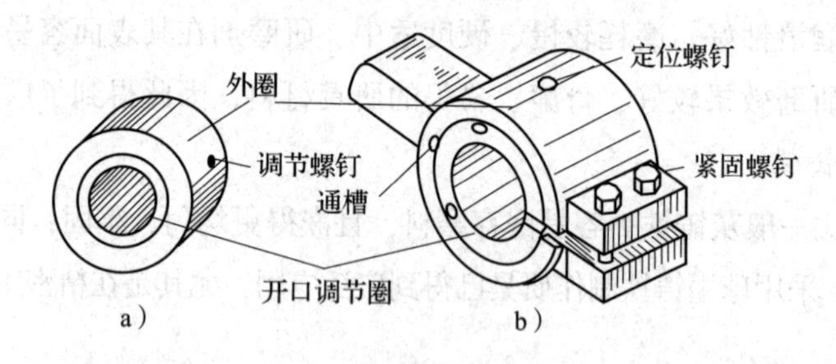

图2—163 研磨环

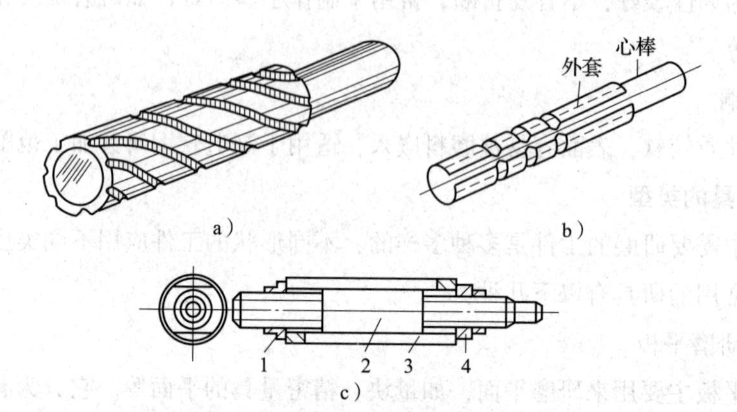

图2—164 研磨棒

a）、b）固定式 c）可调式

1、4—调整螺母 2—锥度心轴 3—开槽研磨套

3. 研磨剂

研磨剂是由磨料和研磨液调和而成的混合剂。

（1）磨料

磨料在研磨中起切削作用，研磨效率、研磨精度都与磨料有密切的关系。磨料的系列及用途见表2—17。

表2—17　　磨料的系列及用途

系列	磨料名称	代号	特征	适用范围
氧化铝系	棕刚玉	A	棕褐色，硬度高，韧性大，价格低廉	粗、精研磨钢、铸铁和黄铜
	白刚玉	WA	白色，硬度比棕刚玉高，韧性比棕刚玉差	精研磨淬火钢、高速钢、高碳钢及薄壁零件
	铬刚玉	PA	玫瑰红或紫红色，韧性比白刚玉高，磨削后表面粗糙度值小	研磨量具、仪表零件等
	单晶刚玉	SA	淡黄色或白色，硬度和韧性比白刚玉高	研磨不锈钢、高钒高速钢等强度高、韧性大的材料
碳化物系	黑碳化硅	C	黑色，有光泽，硬度比白刚玉高，脆而锋利，导热性和导电性良好	研磨铸铁、黄铜、铝、耐火材料及非金属材料
	绿碳化硅	GC	绿色，硬度和脆性比黑碳化硅高，具有良好的导热性和导电性	研磨硬质合金、宝石、陶瓷、玻璃等材料
	碳化硼	BC	灰黑色，硬度仅次于金刚石，耐磨性好	精研磨和抛光硬质合金、人造宝石等硬质材料
金刚石系	人造金刚石		无色透明或淡黄色、黄绿色、黑色，硬度高，比天然金刚石略脆，表面粗糙	粗、精研磨硬质合金、人造宝石、半导体等高硬度脆性材料
	天然金刚石		硬度最高，价格昂贵	
其他	氧化铁		红色至暗红色，比氧化铬软	精研磨和抛光钢、玻璃等材料
	氧化铬		深绿色	

磨料的粗细用粒度表示，按颗粒尺寸分为41个粒度号，有两种表示方法。其中磨粉类有4号、5号、…、240号共27个，粒度号越大，磨粒越细；微粉类有W63、W50、…、W0.5共14个，号数越大，磨粒越粗。在选用时应根据精度高低进行选取，常用磨料见表2—18。

表2—18　　常用磨料

粒度号	研磨加工类型	可达表面粗糙度 Ra（μm）
100号~240号	最初的研磨	0.8~0.4
W40~W20	粗研磨	0.4~0.2
W14~W7	半精研磨	0.2~0.1
W5以下	精研磨	0.1以下

（2）研磨液

研磨液在加工过程中起调和磨料、冷却和润滑的作用，它能防止磨料过早失效及减少工件（或研具）的发热、变形。常用的研磨液有煤油、汽油、10号和20号机油、锭子油等。

三、研磨方法

研磨分为手工研磨和机械研磨两种。手工研磨应注意选择合理的运动轨迹，这对提高研磨效率、工件的表面质量和延长研具的使用寿命有直接影响。手工研磨的运动轨迹有直线形、直线摆动形、螺旋形、8字形和仿8字形等，如图2—165所示。

1．平面研磨

（1）一般平面的研磨

如图2—165所示，工件沿平板全部表面，以8字形、螺旋形或螺旋形和直线形运动轨迹相结合的方式进行研磨。

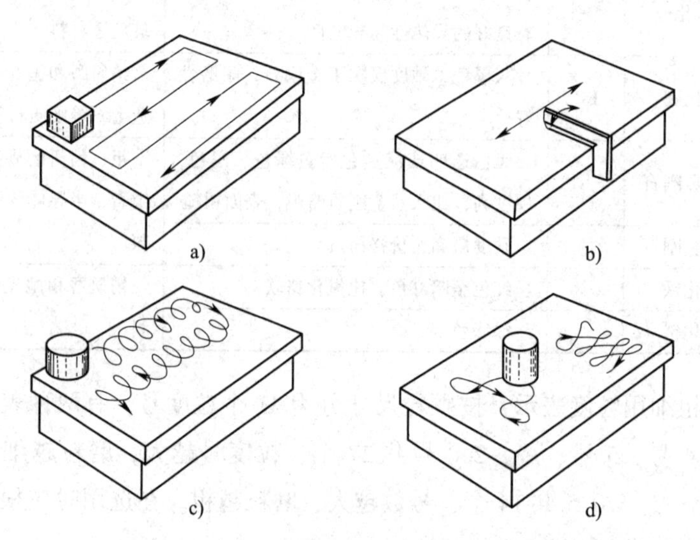

图2—165　手工研磨的运动轨迹

a）直线形　b）直线摆动形　c）螺旋形　d）8字形

（2）狭窄平面的研磨

狭窄平面的研磨方法如图2—166所示，应采用直线形的运动轨迹。为防止研磨平面产生倾斜和圆角，研磨时可用金属块作为导靠块。研磨工件的数量较多时，可采用C形夹将几个工件夹在一起研磨，既防止了工件加工面的倾斜，又提高了效率。

2．圆柱面研磨

圆柱面研磨一般是手工与机器配合进行研磨。圆柱面研磨分为外圆柱面研磨和内圆柱面研磨。

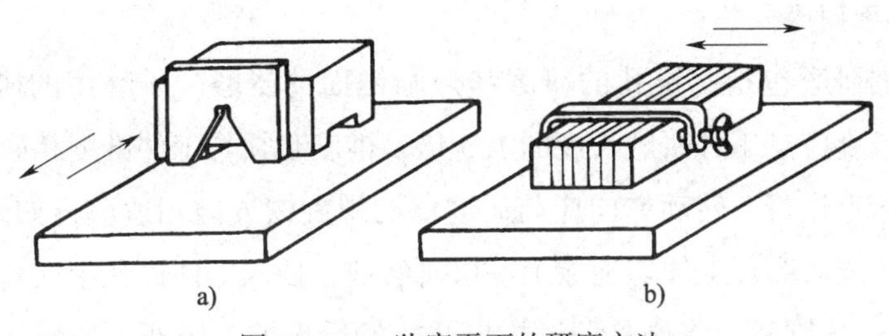

图 2—166　狭窄平面的研磨方法

a）导靠块的应用　b）C 形夹的应用

（1）外圆柱面研磨

如图 2—167 所示，研磨外圆柱面一般是在车床或钻床上用研磨环对工件进行研磨。工件由车床带动，其上均匀涂布研磨剂，用手推动研磨环，通过工件的旋转和研磨环在工件上沿轴线方向做往复运动进行研磨。一般工件的直径小于 80 mm 时转速为 100 r/min，直径大于 100 mm 时为 50 r/min。研磨环的往复移动速度可根据工件在研磨时出现的网纹来控制。当出现 45°交叉网纹时，说明研磨环的移动速度适宜，如图 2—168 所示。

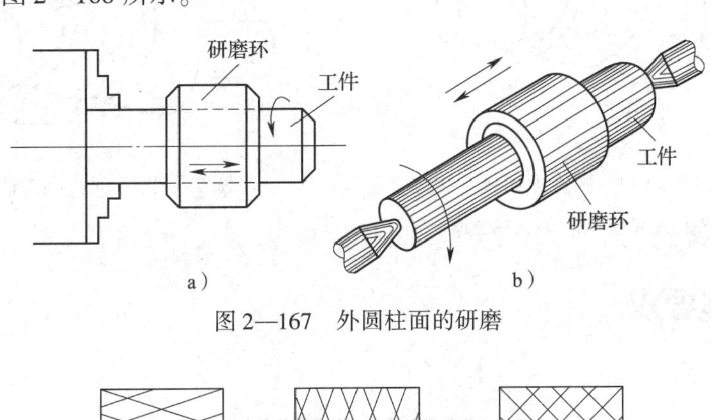

图 2—167　外圆柱面的研磨

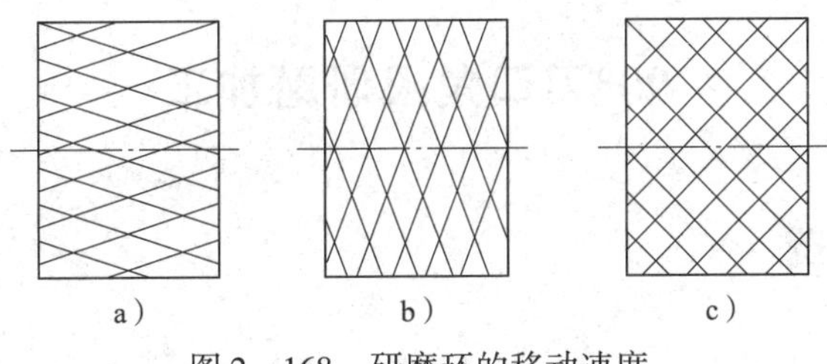

图 2—168　研磨环的移动速度

a）太快　b）太慢　c）适宜

（2）内圆柱面研磨

内圆柱面的研磨与外圆柱面的研磨正好相反，是将工件套在研磨棒上进行研磨。研磨时，将研磨棒在机床卡盘上夹紧并由机床带动旋转，把工件套在研磨棒上进行研磨。对于机体上的大尺寸孔，应尽量置于垂直于地面的方向进行手工研磨。

3. 圆锥面研磨

圆锥面的研磨包括圆锥孔的研磨和外圆锥面的研磨。研磨用的研磨棒（环）工作部分的长度应是工件研磨长度的1.5倍，锥度必须与工件锥度相同。研磨一般在车床或钻床上进行，转动方向应与研磨棒的螺旋槽方向相适应，如图2—169所示。在研磨棒或研磨环上均匀地涂上一层研磨剂，插入工件锥孔中或套入工件的外表面，旋转4~5圈后，将研具稍微拔出些，然后再推入研磨，如图2—170所示。研磨至接近要求的精度时取下研具，擦去研具和工件表面的研磨剂，重复套上进行抛光，达到加工精度要求为止。

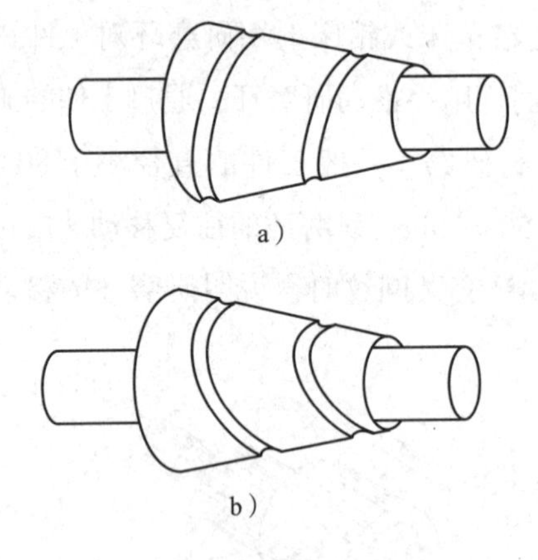

图2—169 圆锥面研棒
a）左向螺旋槽 b）右向螺旋槽

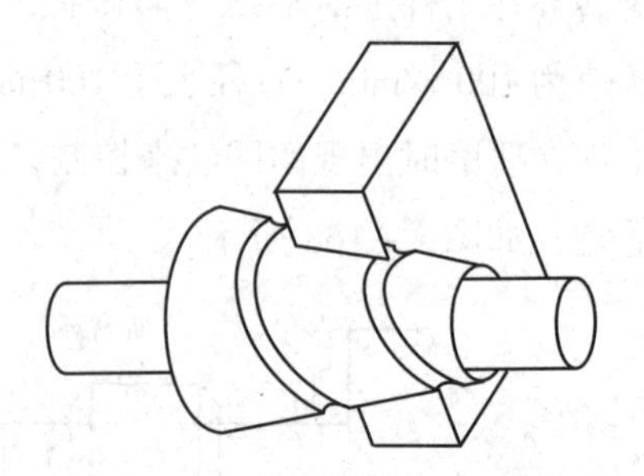

图2—170 圆锥面的研磨

技能要求

90°刀口角尺研磨加工

一、操作准备

1. 材料准备

90°刀口角尺一把（半成品）。

2. 工具准备

标准平板、研磨剂。

3. 量具准备

刀口角尺、标准直角尺、千分尺、表面粗糙度样板等。

二、操作步骤

加工图如图 2—171 所示。

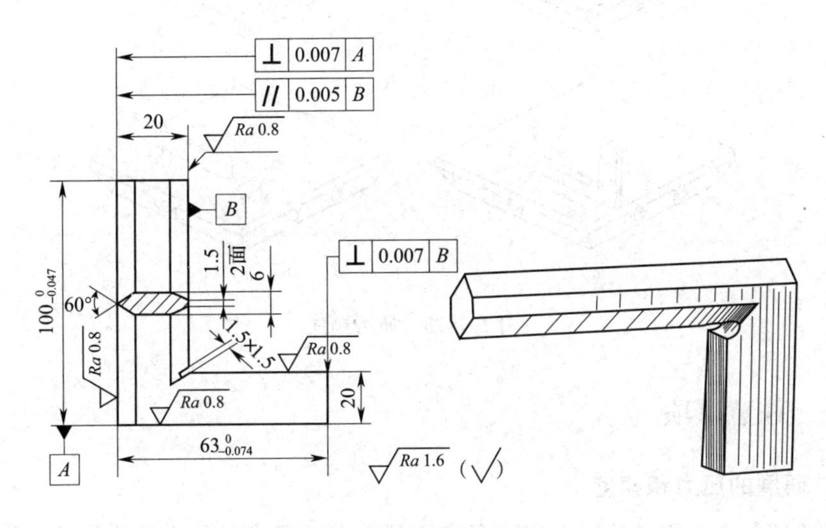

图 2—171 加工图

步骤 1 练习研磨时先用三块小平板分组进行粗磨练习，要全部研磨到使平板平面度误差小于 0.01 mm，表面粗糙度 $Ra \leqslant 0.8$ μm。

步骤 2 选取 100 号～240 号研磨粉对 90°刀口角尺两平面做粗研磨，要求全部研磨到，表面粗糙度 $Ra \leqslant 1.6$ μm。

步骤 3 借助导靠块粗、精研磨尺座和尺瞄内侧刀口面。达到两面垂直度误差小于 0.007 mm、表面粗糙度 $Ra \leqslant 0.8$ μm 的要求。

步骤 4 仍用导靠块粗、精研磨尺座和尺瞄外侧刀口面。达到两面垂直度误差小于 0.007 mm、平行度误差小于 0.005 mm、表面粗糙度 $Ra \leqslant 0.8$ μm 的要求。

步骤 5 研磨时加导靠块的目的是保持移动的平稳性，如图 2—172 所示。两个内、外直角，四条直角边的研磨顺序如图 2—173 所示。注意研磨内直角时要用护套保护另一面，以免碰伤。

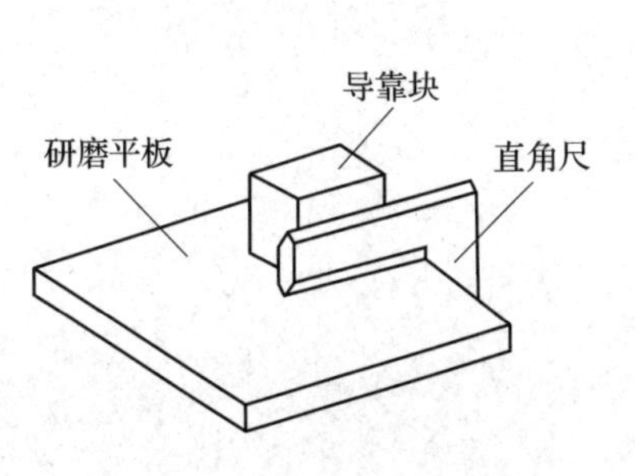

图 2—172 研磨时加导靠块

步骤 6 用煤油对角尺进行清洗，并做全面的精度检查。

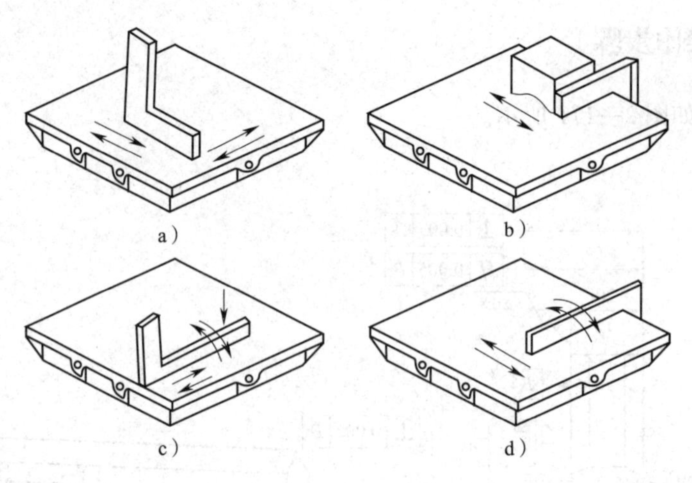

图2—173　研磨顺序

三、注意事项

1. 研磨的压力和速度

研磨过程中，研磨的压力和速度对研磨效率及研磨质量有很大影响。压力大，速度快，则研磨效率高。但压力、速度太大时，工件表面粗糙，工件容易发热而变形，甚至会因磨料压碎而使表面划伤。一般对较小的硬工件或粗研磨时，可用较大的压力、较低的速度进行研磨；而对大的、较软的工件或精研磨时，就应用较小的压力、较快的速度进行研磨。另外，在研磨过程中应防止工件发热，若引起发热，应暂停，待冷却后再进行研磨。

2. 研磨中的清洁工作

在研磨过程中必须重视清洁工作，这样才能研磨出高质量的工件表面。若忽视了清洁工作，轻则将工件表面拉毛，重则拉出深痕而造成废品。另外，研磨后应及时将工件清洗干净，并采取防锈措施。

第3章

机械设备维修故障诊断

第1节　故障诊断

学习单元1　车床的故障诊断

学习目标

1. 了解车床的结构和工作原理。
2. 熟悉车床的常见故障。
3. 掌握直观诊断车床故障的方法。

知识要求

一、车床的主要部件和工作原理

车床的主要部件有床头箱、进给箱、溜板箱、床身导轨、光杠与丝杠等，这些结构都有代表性。本章以 CA6140 普通车床为例，分别介绍其传动、结构和工作原理。

1. 车床的组成

车床的组成如图3—1所示。

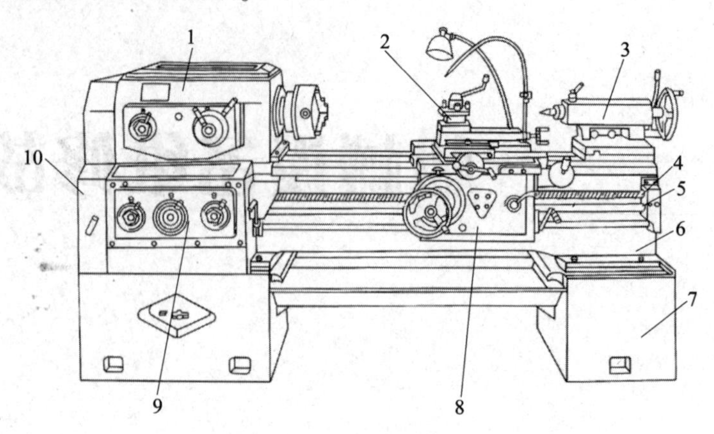

图3—1　CA6140普通车床

1—主轴箱　2—刀架　3—尾座　4—丝杠　5—光杠　6—床身

7—床脚　8—溜板箱　9—进给箱　10—挂轮箱

2. 车床的传动系统

从电动机到主轴，从主轴的回转到刀具的走刀，这些运动传递的方向叫传动路线，又称作传动系统。把各传动部分按其功能和顺序画出框图，如图3—2所示。

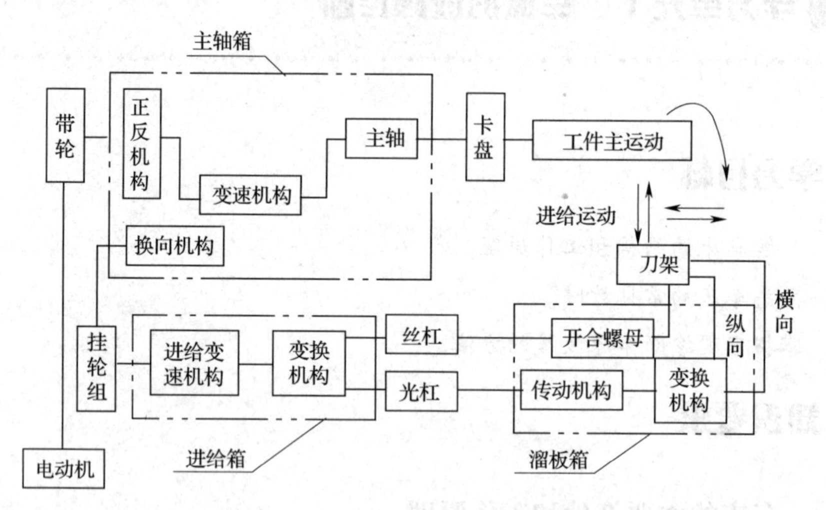

图3—2　CA6140普通车床传动路线

由图3—2中可以清楚看到车床的传动路线，通过它了解机床的传动结构，用来分析传动系统故障，指导修理工作。分析传动路线应本着看两头、串中间的方法。电动机将运动传向两端，一端主轴（工件）旋转；一端刀具移动。再将这两端传动路线连接沟通弄清楚了，这个框图就分析完了。

框图表示出各机构的连接顺序，究竟机构中有几根轴，几个齿轮，齿数多少，就要看表示各传动部分关系的示意图，即传动系统图，如图 3—3 所示。将轴、齿轮展开，按实际传动关系画在一个平面图上。图中还应标明各轴号、齿轮齿数、丝杠螺距及离合器等。

二、车床的常见故障及直观诊断方法

机床的故障归纳起来可分为机床精度不良造成的故障、机床磨损造成的故障、机床调整不良造成的故障及意外事故四个类型。

1. 机床常见故障的分类

（1）机床精度不良造成的故障

机床精度指的是机床在未受外载荷条件下的原始精度。除零件加工的几何精度和运动精度以外，还包括传动精度和定位精度。

（2）机床磨损造成的故障

机床免不了磨损，要是磨损到一定程度还不修理，加工出的工件就达不到精度要求，而且会严重影响机床的生产率和它的使用寿命。

（3）机床调整不良造成的故障

一台机床并非将零件组装在一起就能正常工作，往往在装配后还要进行适当的调整才能达到要求的精度和工作能力。如相对运动部件间间隙的调整、离合器和张紧部件作用力的调整、导轨副间隙的调整等，都是机修钳工的基本工作内容。如果调整不当，不仅会使原来的制造精度较快地丧失，而且还可能产生调整故障，影响机床的正常工作。

（4）意外事故

意外事故是指操作者违反安全操作规程或因电气、液压控制失灵造成的故障。这就要求机修钳工有广博的知识面，同时要有良好的安全生产意识和熟悉机加工工艺，并与操作者一起做好设备的二级保养工作，消除事故隐患，杜绝违章作业的发生。

2. 直观诊断机床故障的检查方法

中医学对于医生诊断病人的病情，总结出了“望、闻、问、切”这一科学、全面的诊断方法。这一方法很值得为机床治病的医生——机修钳工借鉴。

（1）“望”就是观察。观察机床在运转和加工过程中的情况，通过比较来检查、判断故障。主要看机床运转速度是否正常，零部件是否有变形和产生跳动，相对运动的零部件是否有合适的间隙，有无擦碰现象；再看机床中的润滑油是否变色，

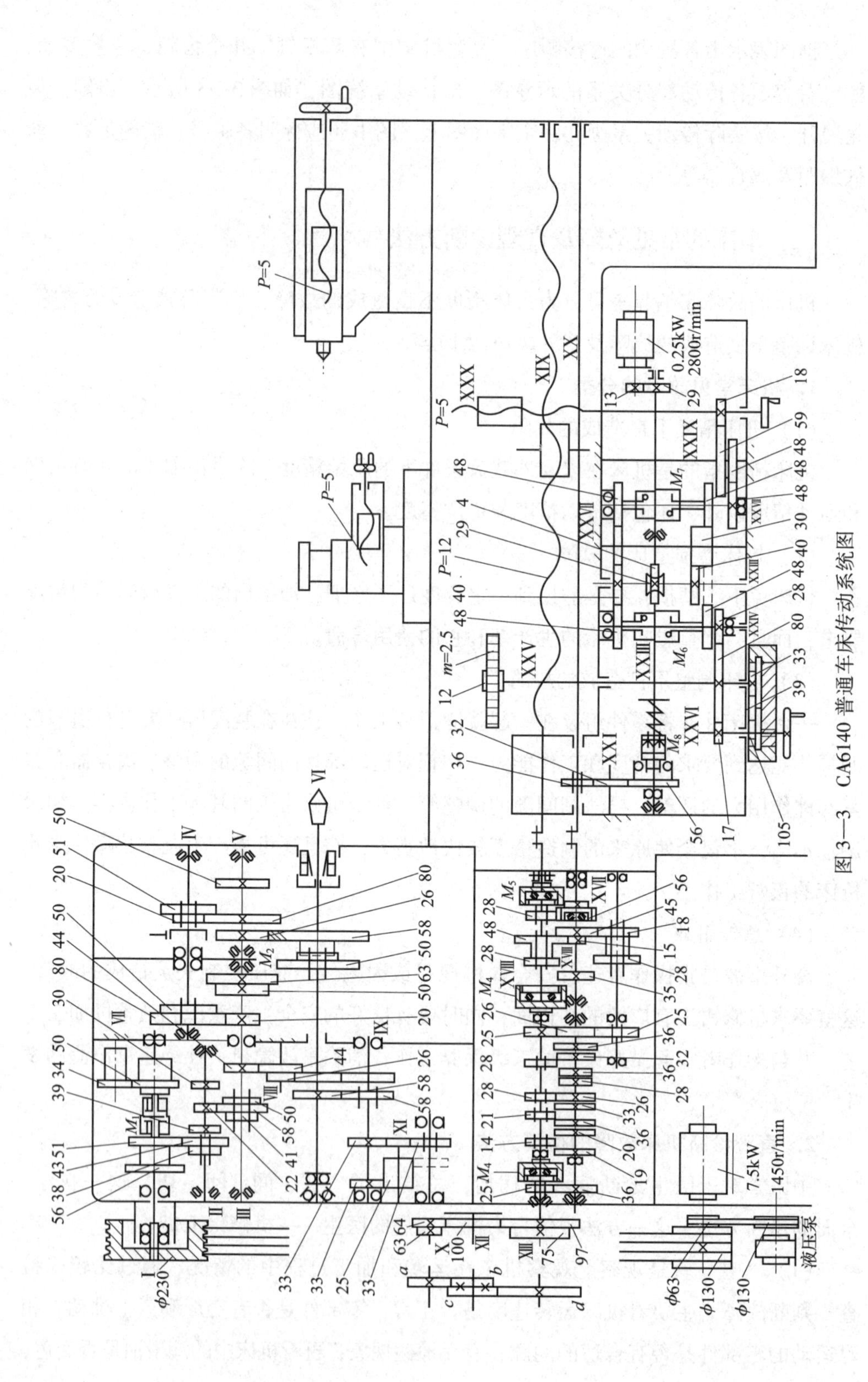

图3—3　CA6140 普通车床传动系统图

沉淀物中有无磨损下来的铁末、铜末等；还要看零部件有无擦伤、碰伤和裂纹等破坏现象，以及设备是否出现三漏——漏油、漏水、漏气现象。同时，观察零件加工状况和加工后的表面质量等，收集足够的判断依据。

1）电动机转向是否正确。

2）机床启动、停止、换向运转是否正常。

3）机床的开关制动是否灵活，动力电源供电是否正常。

4）车削加工的零件表面的刀迹是否均匀，观察振纹的位置是否有规律性。

5）操作手柄控制、调整位置是否正确。

6）刀具角度选择是否正确，刀具与工件中心是否在合适位置。

7）刀具车削工件的切削液是否合适。

（2）“闻”就是听、嗅。用耳朵判断机床是否有异常的声响，若一时辨别不清，可将周围的机床停下来或将机床各部分分别启动，以便区别鉴定。对于内部的声响，可将大号螺钉旋具（螺丝刀）的一端抵在检查部位的外壳上，柄部与耳朵接触，即可听清。还要用鼻子嗅一嗅机床周围是否有异常的气味。出现橡胶味或烧焦味时，应检查传动带或电气设备。有油焦味时，应检查润滑系统是否出现局部温升过高等现象。

1）带轮运转是否有拍打安全盖的异响。

2）主轴轴承运转是否异常。

3）主轴箱齿轮啮合运转是否有异响。

4）溜板箱安全离合器结合子是否有异响。

5）溜板箱互锁机构是否有异响。

6）刀具车削工件的声音是否异常。

7）电动机有无绝缘漆过热焦味。

8）控制电路板接线柱是否有起弧或烧焦的痕迹。

9）继电器是否有焦味，接线柱有无起弧。

10）刀具车削工件的切削热气味是否正常。

（3）“问”就是调查。向操作工人了解机床的操作情况、故障的形式及产生故障前后机床的变化。必要时还要查阅设备交接班记录和以往的维修记录等。

只有充分调查、分析，掌握了足够的资料后，才能确切查明机床故障的原因，及时、准确地进行修复。机修钳工不仅在产生故障后要进行这些检查工作，在平时也要进行日常检查、维护，做到以防为主，才能有效地减少故障发生，延长机床寿命，更好地发挥机床效能。

（4）“切”，医生对病人是“切脉”，机修钳工对设备则是进行检查和测量。停车后，可以用手摸轴承外部或电动机外壳，感觉一下温度是否过高。如果感到烫手，温度至少为65℃，应立即查明原因。在机床开动时，用手触摸箱体，可感觉出机床的振动情况。有条件亦可用检测仪监测和测量加工零件和机床的精度，通过误差种类和大小，确切分析产生故障的原因和具体部位。

1）机床主轴、床身、大拖板、刀架的振动情况。

2）润滑油温度是否正常，轴承温度是否正常。

3）操纵手柄位置是否稳定，丝杠、光杠转动是否有挠度和窜动情况。

4）机动纵、横向操纵手柄能否操纵无阻滞。

5）快速机动操纵手柄是否有阻滞、操纵不灵活的现象。

6）进给箱基本螺距操纵手柄是否有阻滞、操纵不灵活的现象。

7）主轴变速操纵手柄操纵是否灵活，变速后是否稳定。

8）横向进给手轮刻度、纵向进给手轮刻度、小刀架进给手轮刻度是否有回转虚扣情况。

9）刀具对工件进行切削时切削热是否过热。

10）动力电源线发热是否正常。

技能要求

CA6140普通车床的故障诊断

诊断技术是指在不拆卸机床的情况下，通过在机床运行状态下观察和检查取得有关信息，并据此判断机床技术状况的手段，它是一项技术性很强的工作。

一、操作准备

1. 故障诊断的准备阶段

（1）熟悉产品装配图、工艺文件和技术要求，了解产品的结构、零件的作用以及相互连接关系。

（2）现场直观诊断和检测，确定故障的原因、修理工艺、修理顺序并准备所需要的工具。

（3）对预计需要修配的零件，做好修换零件的购置。

2. 修理阶段

修理阶段分为组件拆卸和部件拆卸。

（1）按工艺要求对车床三箱、一座进行解体、检修。

（2）刮研和箱体修理工作应分头并进，彼此互不干扰。

3. 修理、调整、检验和试车阶段

（1）修理顺序应使部件的修理时间满足刮研及总装配的进度要求。

（2）调整工作是使部件的相互位置、几何精度满足修理方案和加工工艺要求。

（3）精度检验包括几何精度检验和工作精度检验的技术验收。

（4）试车是指检验车床运转的灵活性、振动、工作温升、噪声、切削性能否符合工艺要求。

4. 工具准备

机械设备拆卸过程中，机修钳工往往根据具体零部件的结构特点，采用相应的拆卸方法，常见的方式有击卸式、拉拔式、顶压式、温差式、破坏式等。

常见的拆卸工具有拔销器、钩头扳手、管子圆螺母扳手、销子冲头、拉马、橡胶（塑料）锤、铜锤、铜棒、套筒扳手、呆扳手、内六角扳手、刮刀、旋具、弹性挡圈钳、胶钳、棘轮扳手、活扳手。

特别提示：

1. 根据拆卸零件的尺寸、重量及配合的紧固程度，选择质量适当、安全可靠的锤子。

2. 必须对敲击部位采取保护措施，通常使用铜棒（锤）、胶木棒（锤）、木板（锤）、专用轴套护垫等保护受敲击的轴端、套端或轮毂、轮辐。对重要部位或较精密的部位进行拆卸时，还必须制作专用工具加以保护。

5. 量具准备

平板、桥形平尺、平行平尺、55°角形平尺、方尺、宽座直角尺、框式水平仪、千分尺、垫铁、检验桥板、检验棒。

6. 技术准备

（1）根据几何精度要求检验切削加工样件存在的缺陷，制定切实可行的修理方案。

（2）了解和熟悉新技术、新材料、新工艺和现代管理方法，为制定修理方案做好技术准备。

（3）制定具体的修理项目和修理后的验收要求，并做好工艺技术、备品、备件物质准备。

根据上述情况，修理方案应达到工件的加工精度和工艺要求，保证车床的切削性能，操纵机构应省力、灵活、安全、可靠，排除机床的热变形、噪声、振动、漏油等故障，缩短修理时间，采用更换部件或修复部件时，应考虑经济原则。

二、操作步骤

1. 加工质量不好反映的车床故障分析与检修（见表3—1）

表3—1　　加工质量的故障分析与检修

序号	故障现象	原因分析	故障排除与修理
1	车削工件时出现椭圆或棱圆（多棱形）	1. 主轴的轴承间隙大 2. 主轴轴承磨损 3. 滑动轴承的主轴轴颈磨损或椭圆度过大 4. 主轴轴承套的外圈或主轴箱体的轴孔呈椭圆，或相互配合间隙过大 5. 卡盘后面连接盘的内孔、螺纹配合松动	1. 调整轴承间隙 2. 更换滚动轴承 3. 修磨轴颈或重新刮研轴承 4. 更换轴承套或修正主轴箱的轴孔 5. 重新修配卡盘后面的连接盘
2	车削时工件出现锥度	1. 用卡盘安装工件纵进给车削时产生锥度是由于主轴轴线在水平面和垂直面上相对溜板移动导轨的平行度超差 2. 车床安装时使床身扭曲或调整垫铁松动，引起导轨精度发生变化 3. 床身导轨面严重磨损，三项主要精度均已超差 4. 用一夹一顶或两顶尖安装工件时，由于后顶尖不在主轴的轴线上，或前后顶尖不等高及前后偏移 5. 用小滑板车外圆时产生锥度是由于小滑板的位置不正，即小滑板的刻线没有与中滑板的零度刻线对准	1. 重新检查并调整主轴箱安装位置和刮研修正导轨 2. 检查并调整床身导轨的倾斜度 3. 刮研导轨或用导轨磨床磨削导轨，恢复三项主要精度（垂直面内直线度误差、水平面内直线度误差、V形导轨和平导轨在垂直面内平行度误差） 4. 调整尾座偏移量，使顶尖对准主轴中心线 5. 使用小滑板车外圆时，必须事先检查小滑板上的刻度是否与中滑板零度刻线对准

续表

序号	故障现象	原因分析	故障排除与修理
3	车外圆尺寸精度达不到要求	1. 看错图纸或刻度盘使用不当 2. 车削盲目吃刀，没有进行试车削 3. 量具本身有误差或测量不正确 4. 切削热影响，使工件尺寸发生变化	1. 看清图纸尺寸，正确使用刻度盘，看清刻度数值 2. 根据加工余量，进行试切削，修正切削量 3. 量具使用前，校验量具并调整零位，掌握正确的测量方法 4. 不能在工件温度较高时测量，如果测量，应先掌握工件的线膨胀数值，或在降低工件温度后测量
4	车外圆工件表面粗糙度达不到要求	1. 车床刚度不足，如滑板镶条过松、皮带轮不平衡、主轴间隙过大引起振动 2. 车刀刚度不足或伸出太长引起振动 3. 工件刚度不足引起松动 4. 车刀几何形状不正确，如过小的前角、主偏角和后角 5. 低速切削时，没有加切削液 6. 切削用量选择不合适 7. 切屑拉毛已加工的表面	1. 消除或防止由于车床刚度不足而引起的松动；正确调整各部分的间隙 2. 增加车刀的刚度，正确安装车刀 3. 增加工件的安装刚度 4. 选择合理的车刀角度，如增加前角，选择合适的后角，用油石研磨切削刃，降低切削刃处表面粗糙度值 5. 低速切削时，应加切削液 6. 进给量不宜太大，精车时的切削速度要选择适当 7. 控制切屑的形状和排除方向
5	精车圆柱表面时出现混乱的波纹	1. 主轴的轴向游隙超差 2. 主轴滚动轴承滚道磨损，某粒滚珠磨损，或间隙过大 3. 主轴的滚动轴承外圈与主轴箱主轴孔间的间隙过大 4. 溜板（即床鞍、中滑板、小滑板）的滑动表面之间间隙过大	1. 可调整主轴后端推力轴承的间隙 2. 应调整或更换主轴的滚动轴承，并加强润滑 3. 检测主轴孔的圆度、圆柱度，前、后轴孔的同轴度，轴承外圈与主轴孔的配合过盈量 4. 调整床鞍、中滑板、小滑板的镶条和压板到合适的配合

续表

序号	故障现象	原因分析	故障排除与修理
5	精车圆柱表面时出现混乱的波纹	5. 刀架在夹紧车刀时发生变形，刀架底面与小滑板表面接触不良 6. 使用尾座顶尖车削时，尾座顶尖套夹紧不稳固，或回转顶尖的轴承滚道磨损，间隙过大 7. 进给箱、溜板箱、托架三支承不同轴，转动时有卡阻现象 8. 用卡盘夹持工件切削时，因卡盘后面的连接盘磨损而与主轴配合松动，使工件在车削中不稳定；或卡爪呈喇叭孔形状，使工件夹紧不牢	5. 采用着色法检查方刀架底面与小滑板接合面的接触精度，若接触不良则刮研予以修正 6. 检查顶尖与套筒的锥度、尾座体与套筒配合是否配合合适，或更换推力球轴承 7. 找正光杠、丝杠与床身导轨的平行度，校正托架的安装位置，调整进给箱、溜板箱、托架三支承的同轴度，使床鞍在移动时无卡阻现象 8. 先拧紧卡盘后面的连接盘、卡爪螺钉，如果不见效，再用尾座支顶进行切削，如果乱纹消失，即可肯定是由卡盘后面连接盘的磨损所致。这时可按主轴的定心轴颈配做新的卡盘连接盘。若卡爪呈喇叭孔形状，用加垫铜皮的方法即可解决
6	用方刀架进刀精车锥孔时呈喇叭形（抛物线形）或表面粗糙度值大	1. 方刀架的移动对燕尾导轨的直线度超差 2. 方刀架移动对主轴中心线的平行度超差 3. 主轴径向回转精度不高	1. 在刮研平板上刮研小滑板表面 2. 用小滑板与角度底座配合刮研刀架中部转盘的表面及小滑板的刻度法兰表面 3. 表面精刮与镶条修复，或调整主轴轴承间隙，提高主轴回转精度 4. 以中滑板的表面为基准来刮研刀架中部转盘表面，并测量两者间的平行度 5. 移动方刀架测量其对主轴中心线的平行度。将千分表顶在检验心轴的侧母线上进行校直，重刻零度线。方刀架对主轴中心线的平行度在小滑板的全部行程上允差为0.04 mm

2. 产生运动机械障碍的故障分析与检修（见表 3—2）

表 3—2　　　　产生运动机械障碍的故障分析与检修

序号	故障现象	原因分析	故障排除与修理
1	发生闷车现象	1. 电动机的传动带调节过松 2. 产生该故障的常见原因是主轴箱中片式摩擦离合器的摩擦片间隙调整过大 3. 摩擦片、摆杆、滑环等零件磨损严重	1. 检查并调整电动机传动带的松紧程度 2. 调整摩擦离合器的摩擦片间隙 3. 内摩擦片、外摩擦片、摆杆、滑环等零件的工作表面严重磨损，及时进行修理或更换
2	主轴箱变速手柄杆指向转速数字的位置不准	主轴箱变速机构有链条传动，链条松动了变速位置就不准	松开紧固螺钉，转动偏心轴，调整链条松紧度，使转速手柄杆指向数字中央，紧上螺钉使钢球压紧钢球，将偏心轴紧固在主轴箱体内
3	停机后主轴有自转现象或制动时间太长	1. 摩擦离合器调整过紧，停机后摩擦片仍未完全脱开 2. 主轴制动机构制动力不够	1. 调整好摩擦离合器，控制主轴转速在 320 r/min 时，其制动时间为 2～3 转停下为宜 2. 调整主轴制动机构，控制主轴转速在 320 r/min 时，其制动时间为 2～3 转停下为宜
4	车床纵向和横向机动进给动作开不出	滚子压缩弹簧向楔形槽宽段滚动，不能楔紧外环和星形体，车床的纵向和横向机动进给动作就不能开出来	主轴箱上控制螺纹旋向的手柄必须放到右旋螺纹位置上，车床的机动进给动作才可以开出来
5	尾座锥孔内钻头、顶尖等顶不出来或钻头等锥柄受力后发生转动	1. 尾座丝杠头部磨损 2. 工具锥柄与尾座套筒锥孔的接触率低，应进行技术改造	1. 烧焊加长尾座丝杠的头部 2. 修磨套筒锥孔着色接触应靠大端，接触率不低于工作长度的 75%。或者对尾座套筒实施改装，在锥孔后增加一个扁形槽，使用锥柄后带扁尾的刀具，对尾座丝杠的头部也进行相应的改动，车成 ϕ16 mm×40 mm 尺寸，使得丝杠头部在使用时也能通过套筒中宽为 18 mm 的扁形槽，把刀具顶出来

续表

序号	故障现象	原因分析	故障排除与修理
6	溜板箱自动进给手柄容易脱开	1. 溜板箱内脱落蜗杆的压力弹簧调节过松 2. 蜗杆托架上的控制板与摆杆的倾角磨损 3. 自动进给手柄的定位弹簧松动	1. 调整脱落蜗杆可用特殊扳手松开螺母及弹簧。若蜗杆不能自行脱落，则旋紧螺母以压紧弹簧，但绝不能把弹簧压得太紧，否则车床过载时，蜗杆不能脱开而失去安全保护，造成车床损坏 2. 对控制板进行焊补修复，并将挂钩处修锐 3. 调紧弹簧，若定位孔磨损可铆补后更新打孔

3. 润滑系统故障分析与检修（见表 3—3）

表 3—3　　润滑系统故障分析与检修

序号	故障现象	原因分析	故障排除与修理
1	主轴箱油窗不滴油	1. 油箱内缺油，滤油器或油管堵塞 2. 油泵磨损，压力过小或油量过小 3. 进油管漏油	检查油箱里是否有润滑油，清洗滤油器（包括粗滤油器和精滤油器），疏通油管
2	主轴前法兰盘处漏油	1. 法兰盘回油孔与箱体回油孔对不正 2. 法兰盘封油槽太浅，使回油空间不够用，迫使油从旋转背帽和法兰盘间隙中流出来	1. 使回油孔对正、畅通 2. 加深封油槽，从 2.5 mm 加深至 5 mm；加大法兰盘上面的回油孔；箱体回油孔改成两个；压盖上涂密封胶或安装纸垫
3	主轴箱手柄座轴端漏油	手柄轴在套中转动，轴与孔之间的配合为 ϕ18H7/f7，油从配合间隙渗出来	将轴套内孔一端倒棱 C2.5 mm，使已溅的油顺着倒棱流回箱体内。注意提高装配质量

4. 修后工作

（1）车床上的滑动部位和转动部位要运动灵活、轻便、平稳，并且无阻滞现象。

(2) 可调的齿轮、齿条和蜗杆副等传动零件装配后的接触斑点和侧隙应符合标准规定。

(3) 变位齿轮应保证准确、可靠的定位。啮合齿轮轮缘宽度小于或等于 20 mm 时，轴向错位不得大于 1 mm；啮合齿轮轮缘宽度大于 20 mm 时，轴向错位不能超过轮缘宽度的 15%，且不得大于 5 mm。

(4) 在花键上装配的齿轮不应有摆动，动配合的花键轴与齿轮、离合器等配合件在轴上应滑动无阻，不得有咬塞现象。

(5) 传动轴上，固定配合的零件不得有松动和窜动现象；滑动配合的零件在轴上要能自由地移动，不得有啃住和阻滞现象；转动配合的零件在转动时应灵活、均匀。

(6) 重要的固定结合面应紧密贴合，紧固后用 0.04 mm 塞尺检验时不得插入，对于特别重要的固定结合面，除用涂色法检验外，在紧固前后均用 0.04 mm 塞尺检验，不得插入。

(7) 滑动导轨、移动导轨表面除用涂色法检验外，还应用 0.04 mm 塞尺检验，塞尺在导轨、镶条、压板端部滑动面间的插入深度不得超过下列数值：车床质量小于或等于 104 kg 时为 20 mm，车床质量大于 104 kg 时为 25 mm。

(8) 有刻度的手轮、手柄的反向空行程量不得超过下列规定。高精度车床精确位移的手轮为 1/60 r；普通车床精确位移的手轮为 1/40 r；普通车床直接转动的手轮为 1/30 r。

(9) 车床运转时，不应有不正常的尖叫声和不规则的冲击声。车床噪声的测量应在空运转的条件下进行，噪声级不得超过下列规定，即高精密车床为 75 dB (A)，精密车床和普通车床为 85 dB (A)。

三、注意事项

1. 修后要检查使用过的工具并如数清点，把用过的工具归放原处，以防留在机床内。

2. 修后将机床恢复原状，擦拭机床至明亮并清理现场，以保证机床周围的清洁。

3. 将机床通电并实际操作，检查故障排除情况，待机床工作正常后才可离开。

4. 填写设备修理书，并与操作者一同试验，确认修复，并填写设备交接班记录。

5. 详细做好机床故障修理记录，存档备查。

CA6140 普通车床的几何精度检测

对 CA6140 普通车床进行几何精度检测。

一、操作准备

1. 检测场地准备

（1）检测场地的选择与清理

1）检测区域应选择光线充足、避风沙和尘土的室内。

2）现场闲杂人员不得随便进出，以防造成混乱，产生测量误差。

3）地面铺设耐油地板，以防油污、油渍腐蚀厂房地板或发生滑倒事故。

（2）保护措施

1）现场及附近应避免有振动源，避免因振动影响测量精度。

2）现场应避免温差变化，避免因温差影响测量精度。

3）现场应布置有搁置量仪的软垫，避免因取与放的操作碰撞量仪而引起量仪的精度损失。

（3）检测前的量仪和辅助量具准备

1）准备检验棒、水平仪、百分表、磁性表座并检验其检测精度。

2）准备试件毛坯料和刀具。

3）联系电工对机床进行动力连接，并试验电机的转向是否正确。

（4）熟悉设备的检测项目及内容、性能、工作原理

1）熟悉机床检测的相对运动位置和检测精度对加工精度的影响。

2）熟悉机床的切削用量对机床及零件加工精度的影响。

3）熟悉机床的结构及工作原理对机床调整时的影响。

2. 工具准备

（1）根据机床装配明细表所列标准件（包括各种规格的螺钉、光面垫圈、圆柱销、圆锥销等）进行准备。

（2）根据检测场地应准备检测用的起吊设备（包括司机和指挥人员）、照明设施及辅助设施（如清洗设施、加（降）温设施、平衡设施、吊具等）。

（3）准备辅助材料。如清洗液、润滑油、润滑脂等。

（4）准备平面刮刀、曲面刮刀、油石、显示剂及干净棉质抹布。

（5）准备常用工具。锤子、铜锤、铜棒、扳手（活扳手）、旋具（一字旋具和十字旋具）、套筒扳手、钩头扳手、锉刀（4、5号锉刀）、工作行灯（30 W/24 V）等。

（6）准备常用刃具。麻花钻、铰刀、可调节铰刀等。

（7）准备辅助工具。电源拖板、手提电钻等。

（8）准备辅助用具。油盘、晾油架、枕木、耐油橡胶板等。

3．量具准备

（1）根据机床修理项目，准备检测项目方案、内容和图纸。

（2）准备检测记录用品。

（3）根据机床导轨的形状和检测项目，准备必需的导轨垫铁和检验棒。

（4）准备常用量具。百分表及磁性表座、水平仪、外径千分尺、内径量表、塞尺（0.02 ~ 0.5 mm）等。

二、操作步骤

【检验序号 G1】床身导轨调平（见图 3—4）

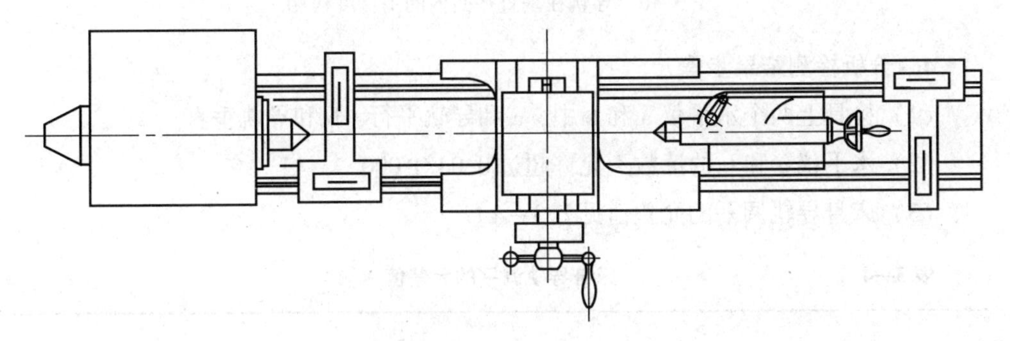

图 3—4　检验桥板在床身上测量导轨水平位置

1．检测准备

（1）将被测量导轨和检验桥板清理干净并安放在被检测导轨的位置。

（2）准备检测量具。框式水平仪或合像水平仪。

2．导轨在垂直平面内的直线度检测

（1）在床鞍上靠近刀架的地方与床身导轨平行地放置水平仪（见图 3—5）。

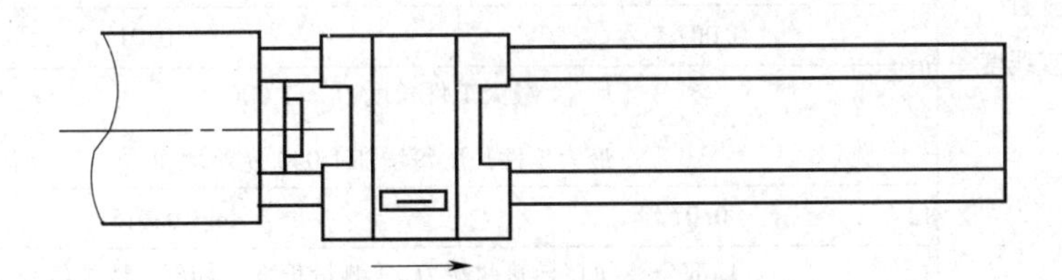

图 3—5　导轨在垂直平面内的直线度检测

（2）将检验桥板移至近床头箱处记录一读数，以后床鞍每移动 500 mm（或小于 500 mm）记录一次读数，由车头方向移向尾架方向。在检验桥板的全部行程上记录不少于四个读数。

3. 导轨在垂直平面内的平行度检测（见图3—6）

检验桥板移动在垂直平面内的平行度检测。在桥板上靠近刀架的地方与床身导轨垂直地放置一个水平仪，床鞍移至近床头箱处极限位置记录一次读数，以后床鞍每移动500 mm（或小于500 mm）记录一次读数，床鞍由车头方向移向尾架方向。在床鞍的全部行程上记录不少于四个读数。

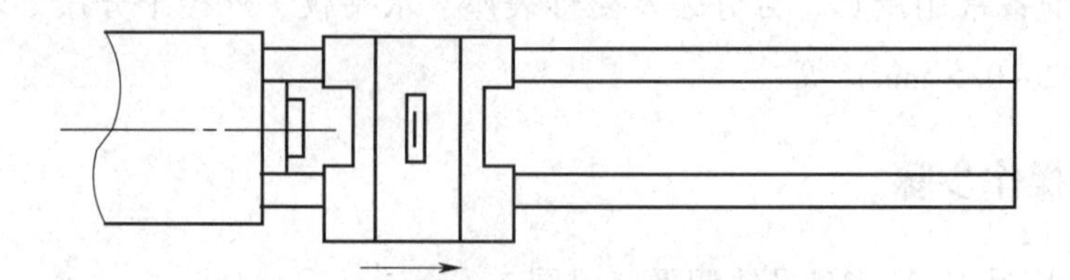

图3—6 导轨在垂直平面内的平行度检测

4. 分析检测结果步骤

（1）检具上两个水平仪a和b中，a和导轨平行，b和导轨垂直。

（2）水平仪a和b的读数不允许超过0.04/1 000。

（3）床身导轨调平的允差值见表3—4。

表3—4　　床身导轨调平的允差值　　mm

<table>
<tr><td rowspan="2">检验项目</td><td colspan="2">允差值</td></tr>
<tr><td>最大工件回转直径 D_a≤800</td><td>800 < 最大工件回转直径 D_a≤1 250</td></tr>
<tr><td rowspan="10">导轨在垂直平面内的直线度</td><td colspan="2">最大工件长度 D_c≤500</td></tr>
<tr><td>0.01（凸）</td><td>0.015（凸）</td></tr>
<tr><td colspan="2">500 < 最大工件长度 D_c≤1 000</td></tr>
<tr><td>0.02（凸）</td><td>0.025（凸）</td></tr>
<tr><td colspan="2">局部公差（在导轨两端 D_c/4 测量长度上局部可以加倍）
在任意250测量长度上为</td></tr>
<tr><td>0.007 5</td><td>0.01</td></tr>
<tr><td colspan="2">最大工件长度 D_c > 1 000
最大工件长度每增加1 000允差增加</td></tr>
<tr><td>0.01</td><td>0.015</td></tr>
<tr><td colspan="2">局部公差（在导轨两端 D_c/4 测量长度上局部可以加倍）
在任意500测量长度上为</td></tr>
<tr><td>0.015</td><td>0.02</td></tr>
<tr><td>导轨在垂直平面内的平行度</td><td colspan="2">$\frac{0.04}{1\,000}$</td></tr>
</table>

【检验序号 G2】床鞍移动在水平面内的直线度（见图 3—7）

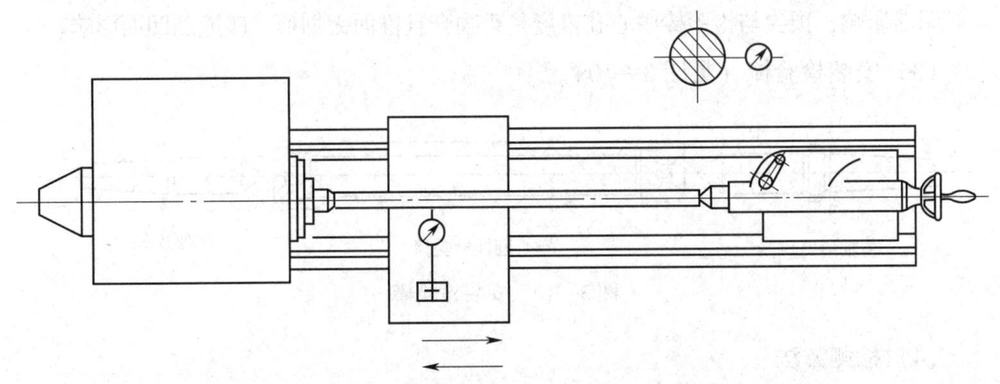

图 3—7　床鞍移动在水平面内的直线度检测

1．检测步骤

（1）准备检验量具。百分表、百分表座、空心圆柱检验棒（见图 3—8）、主轴顶尖、尾座顶尖（见图 3—9）。

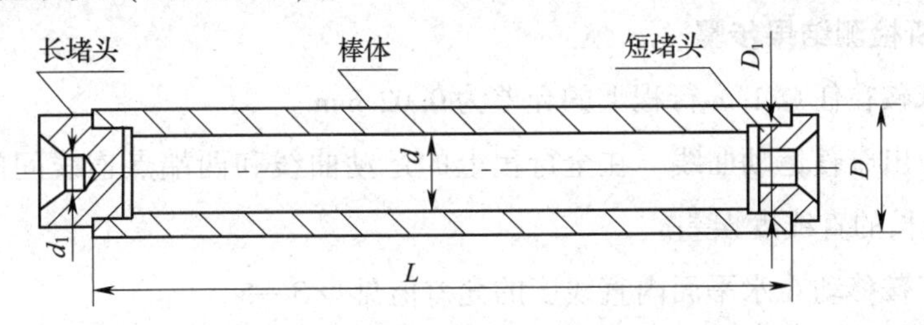

序号	L	D	D_1	d	d_1
1	300	30	—	—	2. 5
2	500	50	35	30	3
3	1 000	60	45	40	4
4	1 500	75	55	50	4

图 3—8　空心圆柱检验棒

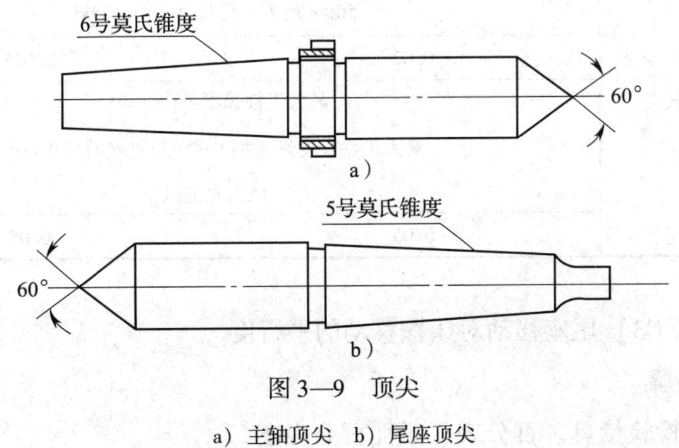

图 3—9　顶尖

a）主轴顶尖　b）尾座顶尖

（2）分别用着色法检验主轴锥孔、尾座锥孔与顶尖锥度配合是否良好且无异物、毛刺阻滞影响，顶尖与检验棒中心孔锥度是否吻合且锥面无划痕、碰撞凸凹面影响。

（3）安装检验棒（见图3—10）。

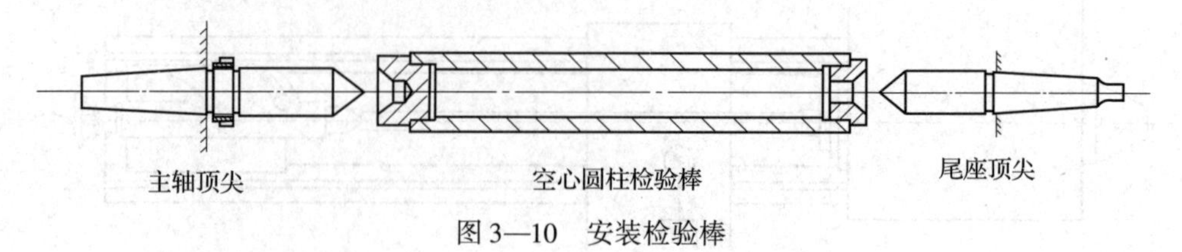

图3—10　安装检验棒

（4）检测方法

1）将百分表测头顶在检验棒的侧母线上。调整尾座，使百分表在检验棒两端的读数相等。

2）移动床鞍，在床鞍的全部行程上进行检验。百分表在每1 m行程上读数的最大差值和全部行程上的最大差值就是车床床鞍移动在水平面内的直线度。

2．分析检测结果步骤

（1）床鞍在任意1 m行程上的允差为0.02 mm。

（2）画出床鞍运动曲线，在全行程上的运动曲线和两端点连线间的最大坐标就是导轨全长的直线度误差。

（3）床鞍移动在水平面内直线度的允差值见表3—5。

表3—5　床鞍移动在水平面内直线度的允差值　mm

检验项目	允差值	
	最大工件回转直径 $D_a \leq 800$	$800 <$ 最大工件回转直径 $D_a \leq 1\ 250$
床鞍移动在水平面内的直线度	最大工件长度 $D_c \leq 500$	
	0.015	0.02
	$500 <$ 最大工件长度 $D_c \leq 1\ 000$	
	0.02	0.025
	最大工件长度 $D_c > 1\ 000$ 最大工件长度每增加1 000为允差增加0.005 最大允差值	
	0.03	0.05

【检验序号G3】尾座移动对床鞍移动的平行度

1．检测步骤

（1）准备检验量具。百分表、磁性百分表座。

（2）将磁性百分表座固定在床鞍上，使百分表 a 测头顶在尾座顶尖套上母线的一点，移动床鞍并推动尾座一起移动。在床鞍的全部行程上进行检验。

（3）将磁性百分表座固定在溜板上，使百分表 b 测头顶在尾座顶尖套侧母线的一点，移动床鞍并推动尾座一起移动。在床鞍的全部行程上进行检验（见图 3—11）。

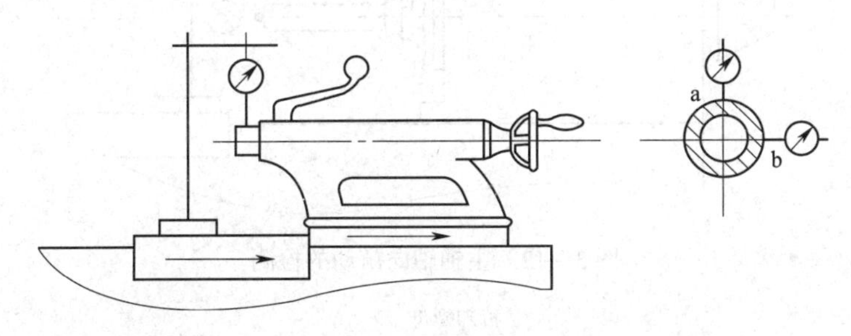

图 3—11　尾座移动对溜板移动平行度的检测

2. 分析检测结果步骤

（1）分别计算 a 和 b 的误差。

（2）每米行程上和全部行程上读数的最大误差值就是不平行度误差。

（3）尾座移动对床鞍移动平行度的允差值见表 3—6。

表 3—6　**尾座移动对床鞍移动平行度的允差值**　mm

检验项目	允差值	
	最大工件回转直径 $D_a \leqslant 800$	$800 < $ 最大工件回转直径 $D_a \leqslant 1\ 250$
尾座移动对床鞍移动的平行度	最大工件长度 $D_c \leqslant 1\ 500$ a 和 b　0. 03　　a 和 b　0. 04 局部公差 在任意 500 测量长度上为 0. 02	
	最大工件长度 $D_c > 1\ 500$ a 和 b　0. 04 在任意 500 测量长度上为 0. 03	

【检验序号 G4】　主轴的轴向窜动和主轴轴肩支承面的跳动

1. 主轴轴向窜动的检测步骤（见图 3—12）

（1）准备检验量具。百分表、磁性百分表表座、带锥柄短检验棒（见图 3—13）。

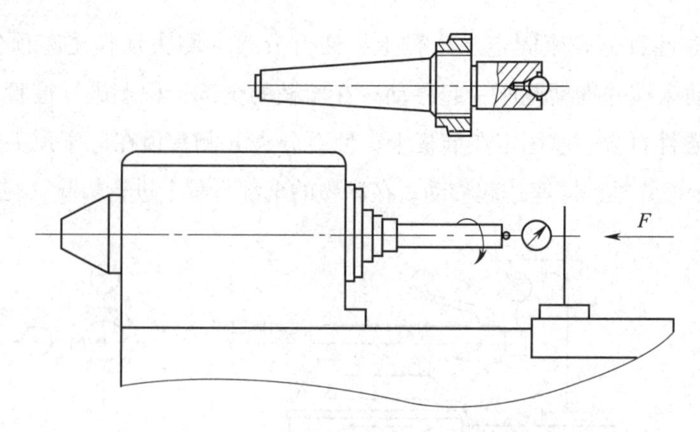

图3—12　主轴轴向窜动的检测

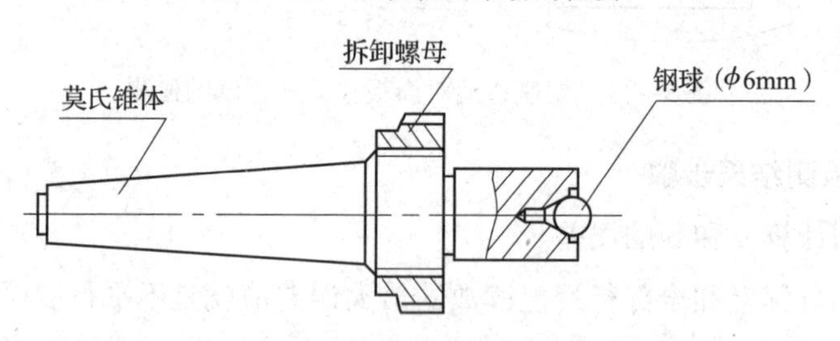

莫氏号	0	1	2	3	4	5	6
L	83	93	108	133	163	203	263

图3—13　带锥柄短检验棒

（2）分别用着色法检验主轴锥孔与检验棒锥度是否吻合且锥面无划痕、碰撞凸凹面影响，检查无误后将检验棒装入主轴锥孔，在检验棒中心孔端涂上润滑脂，将 ϕ6 mm 钢球按入紧贴中心孔。

（3）将百分表测杆球形测头换上平面测头。

（4）将百分表磁性表座固定在溜板箱的中滑板上，使百分表测头顶在检验棒顶尖孔的钢球表面上，旋动主轴进行检验。

2. 分析检测结果步骤

进行主轴轴向窜动检测，当主轴旋转一周百分表最大读数值是 0.005 mm 时，则为主轴的最大轴向窜动，技术要求允差小于或等于 0.02 mm。

3. 主轴轴肩支承面跳动的检测步骤（见图3—14）

（1）百分表测头换成球形测头。

（2）将百分表座固定在溜板箱的中滑板上，使百分表测头顶在主轴轴肩支承面靠近边缘的位置。

（3）旋动主轴，分别在相隔 180°的 a 点和 b 点进行检验。

4. 分析检测结果步骤

（1）主轴轴肩支承面跳动的检测。将百分表测头分别顶在主轴轴肩 a、b 点，将百分表读数调至“0”；旋动主轴 180°，使百分表测头顶在 b、a 点，百分表的最大读数值为主轴轴肩支承面的跳动量。

（2）主轴轴肩支承面的跳动允差技术要求 0.02 mm。

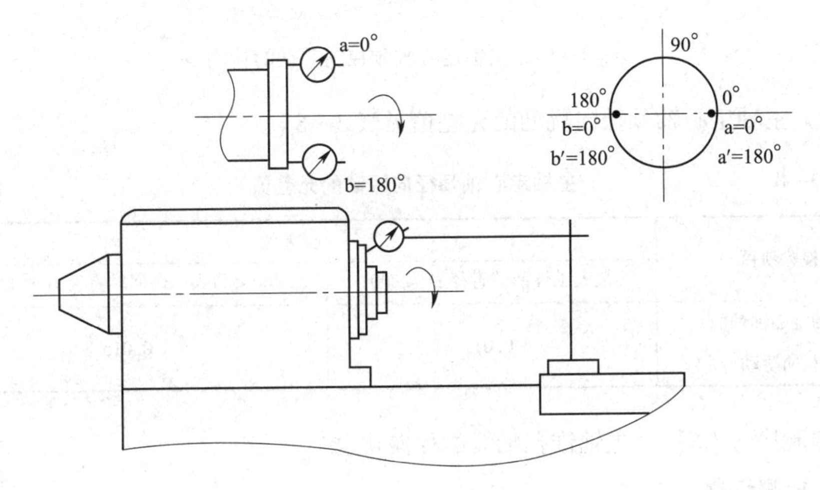

图 3—14　主轴轴肩支承面跳动的检测

（3）主轴的轴向窜动和主轴轴肩支承面跳动的允差值见表 3—7。

表 3—7　　主轴的轴向窜动和主轴轴肩支承面跳动的允差值　　mm

检验项目	允差值	
	最大工件回转直径 D_a≤800	800＜最大工件回转直径 D_a≤1 250
a. 主轴的轴向窜动 b. 主轴轴肩支承面的跳动	a. 0.01 b. 0.02	a. 0.015 b. 0.02
	包括轴向窜动	

【检验序号 G5】　主轴定心轴颈的径向跳动

1. 检测步骤

（1）准备检验量具。百分表（测杆为球形测头）、磁性百分表座。

（2）将百分表测头垂直顶在主轴定心轴颈表面上（若为锥面，则测头垂直于锥面），将百分表座固定在溜板上（见图 3—15）。

（3）旋转主轴进行检测。百分表读数的最大值就是定心轴颈径向跳动误差的数值。

2. 分析检测结果步骤

（1）百分表读数最大值就是径向跳动误差的数值。

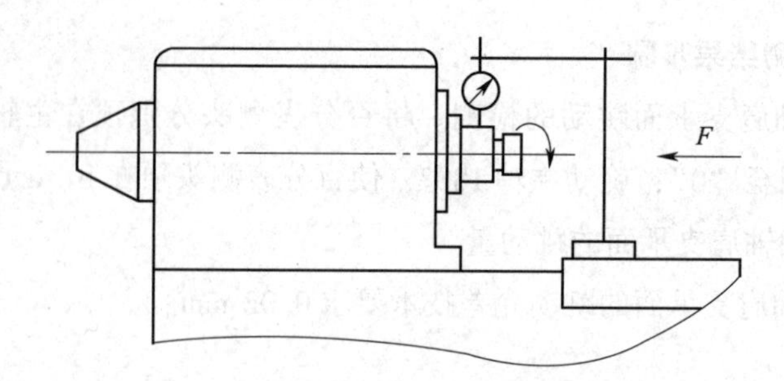

图3—15　主轴定心轴颈径向跳动的检测

（2）主轴定心轴颈径向跳动的允差值见表3—8。

表3—8　　主轴定心轴颈径向跳动的允差值　　mm

检验项目	允差值	
	最大工件回转直径 D_a≤800	800＜最大工件回转直径 D_a≤1 250
主轴定心轴颈的径向跳动	0.01	0.015

【检验序号G6】　主轴锥孔轴线的径向跳动

1．检测步骤

（1）准备检验工具。百分表、磁性百分表座、标准检验棒（见图3—16）。

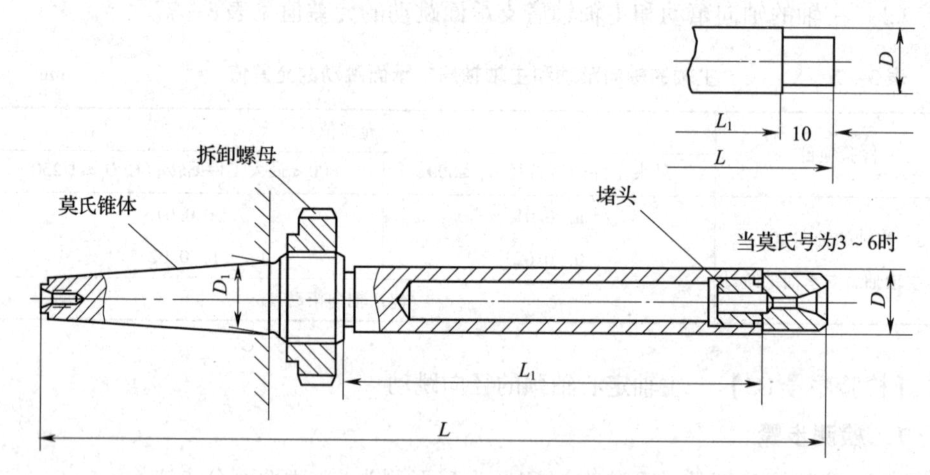

莫氏号	0	1	2	3	4	5	6
L	177	181	242	415	440	463	791
L_1	100		150	300			
D	16			25		40	
D_1	9.045	12.065	17.780	23.825	31.267	44.399	63.384

图3—16　标准检验棒

（2）分别用着色法检验主轴锥孔与检验棒锥度是否吻合且锥面无划痕、碰撞凸凹面影响。

（3）安装检验棒。在主轴锥孔中紧密地插入一根长度为 300 mm、直径为 ϕ30 mm 的带 5 号莫氏锥度的标准检验棒。

（4）将百分表固定在溜板箱中滑板上，使百分表测头顶在检验棒的顶母线和侧母线 a、b 上；旋转主轴，分别在靠近主轴端部的 a 处和距离 a 处 300 mm 的 b 处检验径向跳动量（见图 3—17）。

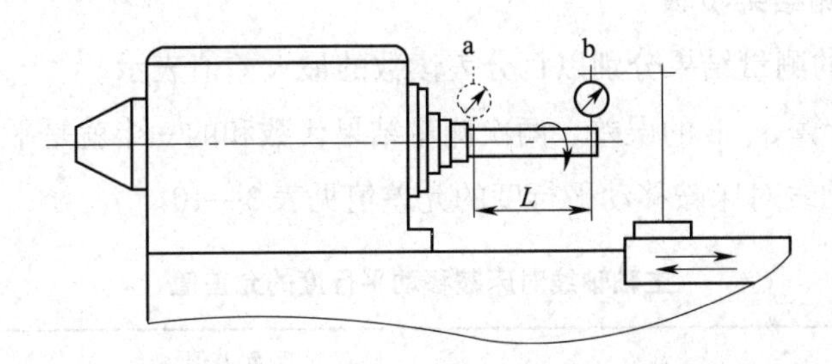

图 3—17　主轴锥孔轴线径向跳动的检测

2．分析检测结果步骤

（1）分别计算 a 和 b 的误差，百分表读数的最大值就是径向跳动误差的数值。

（2）主轴锥孔轴线径向跳动的允差值见表 3—9。

表 3—9　　主轴锥孔轴线径向跳动的允差值　　mm

检验项目	允差值	
	最大工件回转直径 $D_a \leqslant 800$	$800 < $ 最大工件回转直径 $D_a \leqslant 1\ 250$
主轴锥孔轴线的径向跳动 a．靠近主轴端面 b．距主轴端面 L 处	a．0.01 b．在 300 测量长度上为 0.02	a．0.015 b．在 500 测量长度上为 0.05

【检验序号 G7】　主轴轴线对床鞍移动的平行度

1．检测步骤

（1）准备检验工具。百分表、磁性百分表座、标准检验棒。

（2）在主轴锥孔中紧密地插入一根检验棒，将百分表固定在溜板箱上，使百分表测头顶在检验棒的表面上。移动溜板箱，分别在顶母线 a 和侧母线 b 上进行检测（见图 3—18）。

（3）为消除检验棒轴线与旋转轴线不重合对测量的影响，将主轴旋转 180°，再同样检验一次。

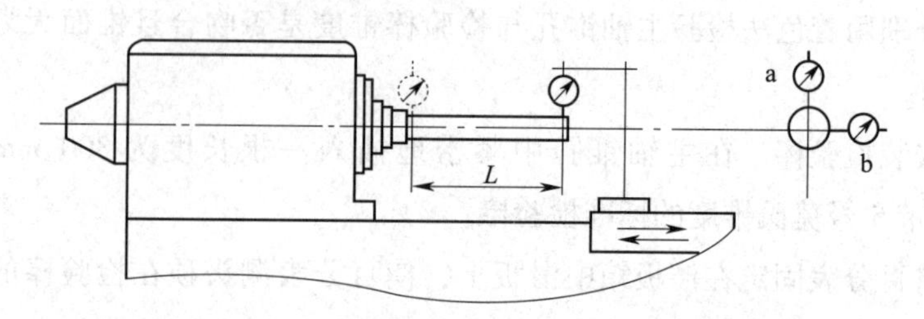

图 3—18　主轴轴线对床鞍移动平行度的检测

2. 分析检测结果步骤

（1）a、b 的测量结果分别以百分表读数的最大差值表示。

（2）分别计算 a、b 的误差。两次测量结果代数和的一半就是平行度误差值。

（3）主轴轴线对床鞍移动平行度的允差值见表 3—10。

表 3—10　　主轴轴线对床鞍移动平行度的允差值　　mm

<table>
<tr><td rowspan="2">检验项目</td><td colspan="2">允差值</td></tr>
<tr><td>最大工件回转直径 D_a≤800</td><td>800＜最大工件回转直径 D_a≤1 250</td></tr>
<tr><td rowspan="4">主轴轴线对床鞍移动的平行度
a. 在垂直平面内
b. 在水平面内</td><td>a. 300 测量长度上为 0.02</td><td>a. 300 测量长度上为 0.04</td></tr>
<tr><td colspan="2">（只允许向上偏）</td></tr>
<tr><td>b. 300 测量长度上为 0.015</td><td>b. 300 测量长度上为 0.03</td></tr>
<tr><td colspan="2">（只允许向前偏）</td></tr>
</table>

【检验序号 G8】　顶尖的跳动

1. 检测步骤

（1）准备检验工具。百分表、磁性百分表座、标准顶尖检验棒（见图 3—19）。

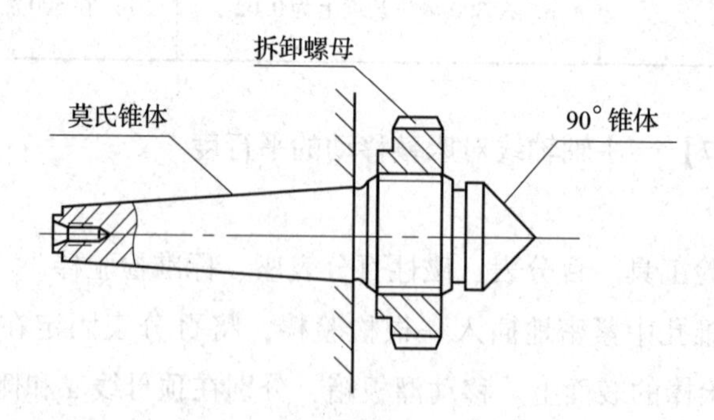

图 3—19　标准顶尖检验棒

（2）将顶尖检验棒完全推入主轴锥孔内，把百分表座固定在溜板上，使百分表测量测头垂直顶在顶尖锥面上，沿主轴轴线施加一力 F（见图 3—20）。

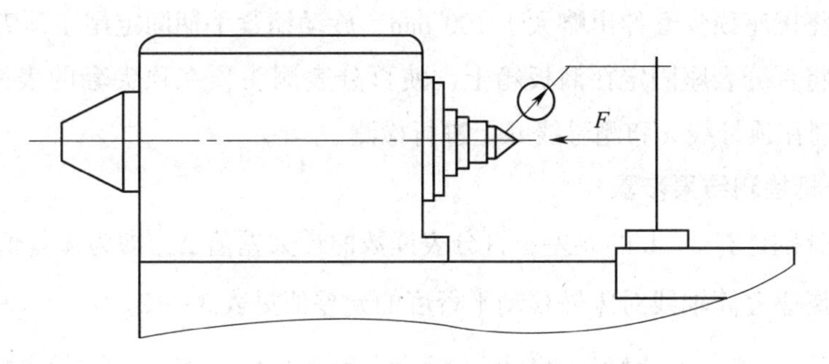

图 3—20　顶尖跳动的检测

2. 分析检测结果步骤

（1）旋转主轴进行检测。百分表读数的最大值乘以 cosα（α 为锥体半角）后，就是顶尖跳动误差值。

（2）顶尖跳动的允差值见表 3—11。

表 3—11　　顶尖跳动的允差值　　mm

检验项目	允差值	
	最大工件回转直径 $D_a \leq 800$	$800 < $ 最大工件回转直径 $D_a \leq 1\,250$
顶尖的跳动	0.015	0.02

【检验序号 G9】　尾座套筒轴线对床鞍移动的平行度

1. 检测步骤

（1）准备检验工具。百分表、磁性百分表座。

（2）确定尾座紧固位置（见图 3—21）。

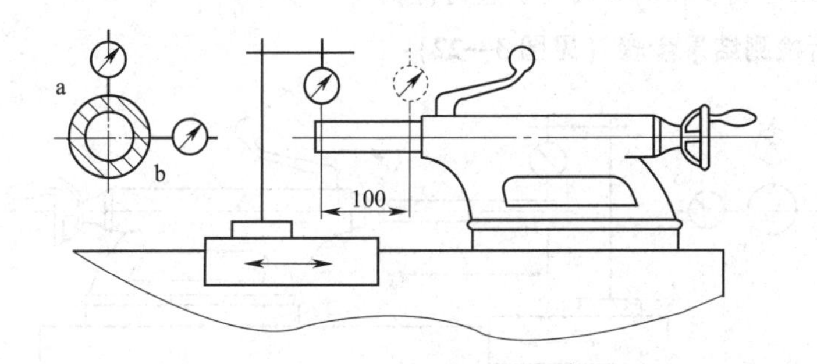

图 3—21　尾座套筒对床鞍移动平行度的检测

1）当最大工件回转直径 $D_a \leq 500$ mm 时，尾座紧固在床身导轨的末端。

2）当最大工件回转直径 $D_a > 500$ mm 时，应紧固在 $D_c/2$ 处，但最大不大于 2 000 mm。尾座顶尖套伸出量约为最大伸出长度的一半，并锁紧。

（3）将尾座顶尖套伸出略大于 100 mm，旋动缩紧手柄固定尾座顶尖套筒。

（4）将百分表座固定在溜板箱上，使百分表测头顶在顶尖套的表面上；移动溜板，分别在顶母线 a 和侧母线 b 上进行检测。

2．分析检测结果步骤

（1）分别计算 a、b 的误差；百分表读数的最大差值 Δ_{max} 即为误差值。

（2）尾座套筒轴线对床鞍移动平行度的允差值见表 3—12。

表 3—12　　尾座套筒轴线对床鞍移动平行度的允差值　　mm

<table>
<tr><td rowspan="2">检验项目</td><td colspan="2">允差值</td></tr>
<tr><td>最大工件回转直径 $D_a \leq 800$</td><td>800 < 最大工件回转直径 $D_a \leq 1\ 250$</td></tr>
<tr><td rowspan="4">尾座套筒轴线对床鞍移动的平行度
a．在垂直平面内
b．在水平面内</td><td>a．在 100 测量长度上为 0.015</td><td>a．在 100 测量长度上为 0.02</td></tr>
<tr><td colspan="2">（只允许向上偏）</td></tr>
<tr><td>b．在 100 测量长度上为 0.01</td><td>b．在 100 测量长度上为 0.015</td></tr>
<tr><td colspan="2">（只允许向前偏）</td></tr>
</table>

【检验序号 G10】　尾座套筒锥孔轴线对床鞍移动的平行度

1．检测步骤

（1）准备检验工具。百分表、磁性百分表座、标准检验棒。

（2）将 5 号莫氏锥度、直径为 ϕ30 mm、检验长度为 300 mm 的检验棒紧密地插入尾座顶尖套锥孔中，拧紧顶尖套手柄。

（3）将百分表座固定在溜板上，使百分表测头顶在检验棒的表面上；移动床鞍，分别在顶母线 a 和侧母线 b 上进行检测。

2．分析检测结果步骤（见图 3—22）

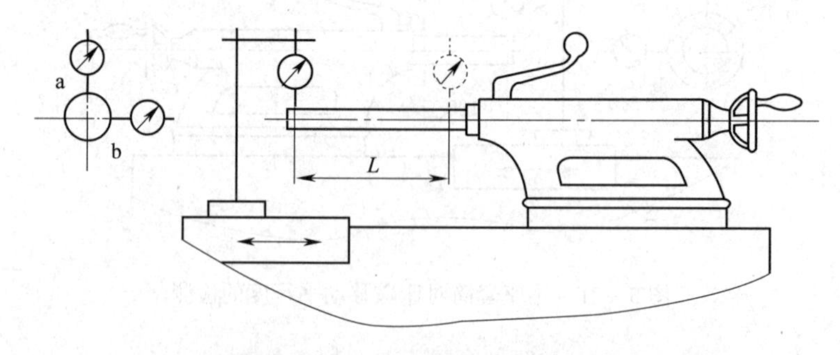

图 3—22　尾座套筒锥孔轴线对床鞍移动平行度的检测

（1）a、b 的测量结果分别以百分表读数的最大值表示。

（2）拔出检验棒，旋转 180°后重新插入尾座顶尖套锥孔中。分别计算 a、b 的测量结果，两次测量结果代数和的一半就是平行度误差值。

（3）尾座套筒锥孔轴线对床鞍移动平行度的允差值见表 3—13。

表 3—13　　尾座套筒锥孔轴线对床鞍移动平行度的允差值　　mm

检验项目	允差值	
	最大工件回转直径 D_a ≤800	800＜最大工件回转直径 D_a ≤1 250
尾座套筒锥孔轴线对床鞍移动的平行度 a. 在垂直平面内 b. 在水平面内	a. 在 300 测量长度上为 0.03	a. 在 500 测量长度上为 0.05
	（只允许向上偏）	
	b. 在 300 测量长度上为 0.03	b. 在 500 测量长度上为 0.05
	（只允许向前偏）	

【检验序号 G11】　主轴和尾座两顶尖的等高度

1. 检测步骤

（1）准备检验工具。百分表、磁性百分表座、空心圆柱检验棒（见图 3—8）。

（2）分别将 6 号顶尖套、5 号顶尖套完全推入主轴锥孔和尾座套筒锥孔内，在两顶尖之间顶紧一根检验棒。

（3）将百分表座固定在溜板上，使百分表测头顶在检验棒的顶母线上。移动溜板，在检验棒的两端进行检测（见图 3—23a）。

（4）在主轴锥孔和尾座顶尖套锥孔中各插入一根直径相等的检验棒；将百分表座固定在溜板上，使百分表触头顶在检验棒的顶母线。移动溜板，在检验棒的两端检验（见图 3—23b）。

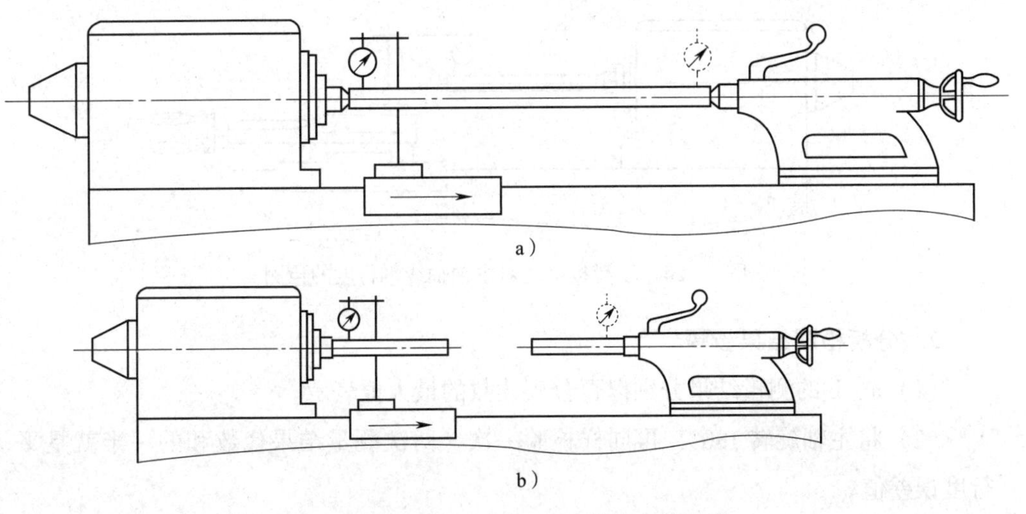

图 3—23　主轴和尾座两顶尖等高度的检测

2. 分析检测结果步骤

（1）百分表在检验棒两端读数的差值就是等高度误差（见图3—23）。

（2）主轴和尾座两顶尖等高度的允差值见表3—14。

表3—14　　主轴和尾座两顶尖等高度的允差值　　mm

检验项目	允差值	
	最大工件回转直径 $D_a \leqslant 800$	$800 <$ 最大工件回转直径 $D_a \leqslant 1\ 250$
主轴和尾座两顶尖的等高度	0.04	0.06
	（只许尾座高）	

【检验序号G12】　小滑板移动对主轴轴线的平行度

1. 检测步骤

（1）准备检验工具。百分表、百分表座、检验棒。

（2）在主轴锥孔中紧密地插入一根 ϕ30 mm×300 mm标准检验棒。

（3）将百分表固定在小滑板上，使百分表测头顶在检验棒水平面内的侧母线b上，转动滑板的旋转部分，使百分表在检验棒两端的读数相等（见图3—24）。

（4）变动百分表位置，使百分表测头位置在垂直平面内的顶母线a上，移动小滑板进行检测。测量结果以百分表读数的最大值表示。

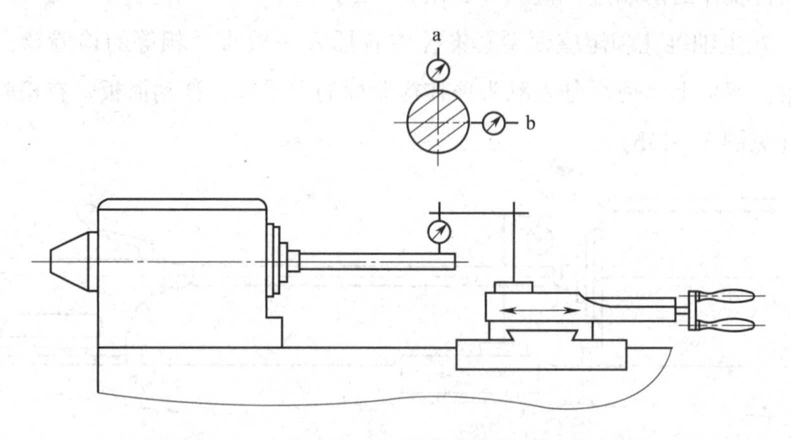

图3—24　小滑板移动对主轴轴线平行度的检测

2. 分析检测结果步骤

（1）a、b的测量结果分别以百分表读数的最大值表示。

（2）将主轴旋转180°，再同样检验一次。两次测量结果代数和的一半就是平行度误差值。

（3）小滑板移动对主轴轴线平行度的允差值见表3—15。

表 3—15　　小滑板移动对主轴轴线平行度的允差值　　mm

检验项目	允差值	
	最大工件回转直径 D_a≤800	800 < 最大工件回转直径 D_a≤1 250
小滑板移动对主轴轴线的平行度	在 100 测量长度上为 0.03 在 300 测量长度上为 0.04 在 500 测量长度上为 0.05	

【检验序号 G13】　中滑板横向移动对主轴轴线的垂直度

1. 检测步骤

（1）准备检验工具。百分表、百分表座、平面标准检验圆盘（直径 ϕ300 mm）。

（2）将平面圆盘固定在主轴上（见图 3—25）。

（3）将百分表座固定在中滑板上，测头顶在圆盘平面上，移动中滑板进行检测。

（4）将主轴旋转 180°，再同样检验一次。

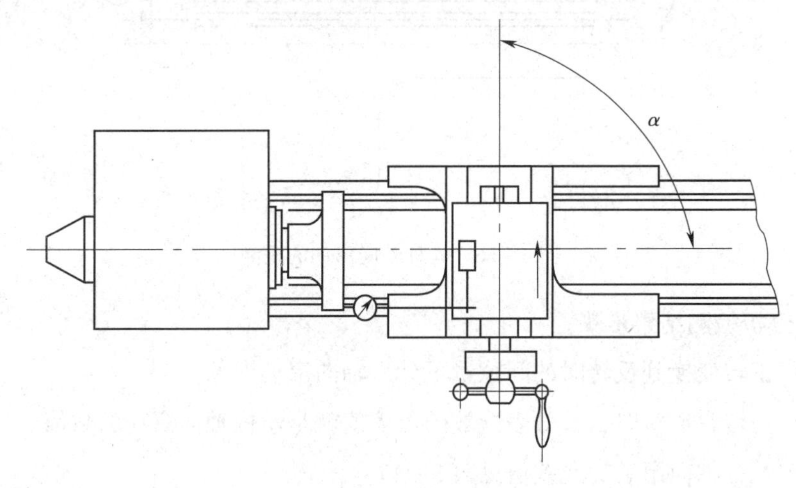

图 3—25　中滑板横向移动对主轴轴线垂直度的检测

2. 分析检测结果步骤

（1）两次测量结果代数和的一半就是垂直度误差。

（2）中滑板横向移动对主轴轴线垂直度的允差值见表 3—16。

表 3—16　　中滑板横向移动对主轴轴线垂直度的允差值　　mm

检验项目	允差值	
	最大工件回转直径 D_a≤800	800 < 最大工件回转直径 D_a≤1 250
中滑板横向移动对主轴轴线的垂直度	0.02/300 （偏移方向 $\alpha \geq 90°$）	

【检验序号 G14】　丝杆的轴向窜动

1. 检测步骤

（1）准备检验工具。百分表、磁性百分表座、钢球（直径 ϕ6 mm）。

（2）把百分表座固定在车床导轨面上（见图3—26）。

（3）将 ϕ6 mm 钢球装入丝杆端面中心锥孔中；将百分表测头换成平面测头，垂直顶在钢球上。

（4）将开合螺母闭合，旋转丝杆，丝杆正转、反转时都应当分别检验。

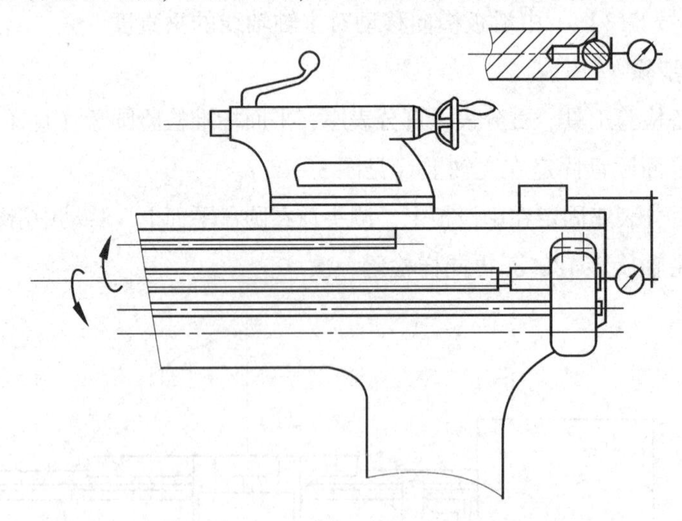

图3—26　丝杆轴向窜动的检测

2. 分析检测结果步骤

（1）正转变换到反转时的间隙量不计入轴向窜动误差。

（2）正转、反转时，百分表读数的最大值就是丝杆轴向窜动的数值。

（3）丝杆轴向窜动的允差值见表3—17。

表3—17　丝杆轴向窜动的允差值　mm

检验项目	允差值	
	最大工件回转直径 $D_a \leqslant 800$	$800 < $ 最大工件回转直径 $D_a \leqslant 1\ 250$
丝杆的轴向窜动	0.015	0.02

【检验序号 G15】　由丝杆所产生的螺距累积误差

1. 检测步骤

（1）准备检验工具。百分表、百分表座、标准丝杆。

（2）在两顶尖之间，顶紧一根带精确螺母的标准丝杆。螺母应当与标准丝杆紧密地配合（或有调节间隙的装置），并使标准丝杆转动时，螺母只能够做轴向移动，不能转动。

（3）将百分表固定在溜板上，使百分表测头顶在螺母端面上，以标准丝杆螺距和车床螺距之比作为主轴传动丝杆的传动比（见图 3—27）。

（4）没有标准丝杆时，可以在车床上安装一根直径和丝杆直径相等、长度不小于 300 mm 的试件。在试件上车制出与丝杆螺距相等的单线梯形螺纹。将百分表测头顶在螺纹的侧面，将车床的开合螺母合上，慢速开动车床；检验试件在 100 mm 和 300 mm 长度上的螺距累积误差。

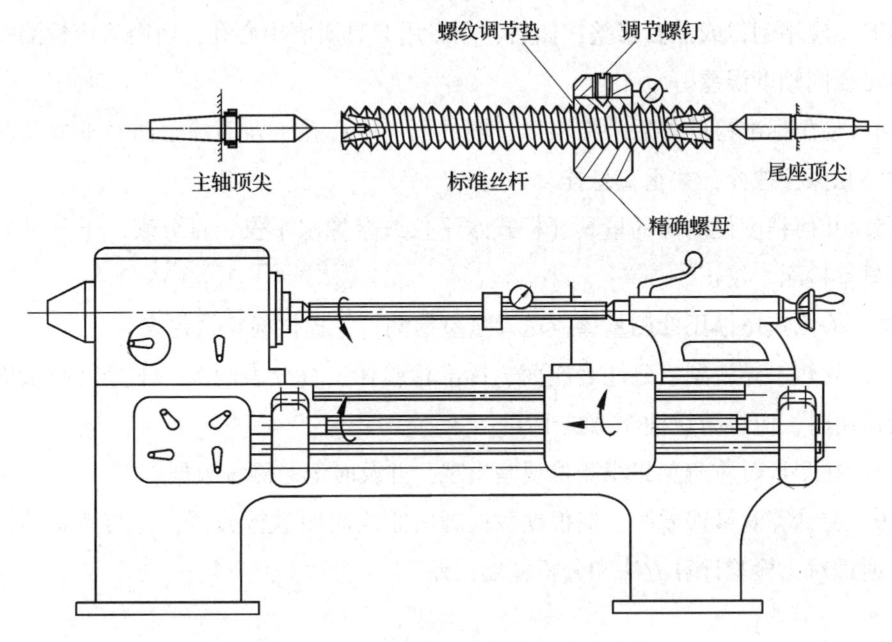

图 3—27　车床传动链精度的动态检验

2. 分析检测结果步骤

（1）将车床的开合螺母合上，慢速开动车床，分别在 25 mm、100 mm、300 mm 长度上检验一次。百分表读数最大值就是传动链的误差值。

（2）由丝杆所产生螺距累积误差的允差值见表 3—18。

表 3—18　　**由丝杆所产生螺距累积误差的允差值**　　mm

检验项目	允差值	
	最大工件长度 $D_c \leqslant 2\ 000$	最大工件长度 $D_c > 2\ 000$
由丝杆所产生的螺距累积误差	在任意 300 测量长度上为 0.04	最大工件长度每增加 1 000 允差增加 0.005
	在任意 60 测量长度上为 0.015	

三、注意事项

1. 几何精度检验时应参照 GB/T 4020—1997 标准和辅助测量附件标准制定检测方案。

2. 标准检验棒的锥面不允许有划痕和碰撞凸凹痕迹，产生划痕和碰撞凸凹痕迹时，应用油光锉刀或油石修整；然后，着色于主轴锥孔或尾座锥孔检查其贴合程度，允许偏向于大端贴合。

3. 标准检验棒的中心孔不允许有划痕和碰撞凸凹痕迹，产生划痕和碰撞凸凹痕迹时，应用刮刀或油石修整；然后，用专用磨具研磨中心孔，研磨后应检测中心孔与母线同轴度误差。

4. 使用标准检验棒后，在锥面、圆柱面、中心孔上及时涂上防锈油并及时拧上中心孔保护螺栓，并垂直悬挂。

5. 几何精度检测用的量具（框式水平仪或合像水平仪、百分表、千分尺）应送计量室检测、校正。

6. 检测燕尾槽用的测量棒应送计量室检测，并提供检定误差表。

7. 导轨、导轨副、磁性表座面、标准检验棒、百分表测头、千分尺测量面在测量使用时，应将防锈油渍擦拭干净。

8. 在测量时应避免累积测量误差出现，并及时记录测量数据。

9. 在计算测量误差时，应根据数据画出曲线简图进行分析，并与计算结果对比；通过对比检验计算方法和分析精度误差。

学习单元2　刨床的故障诊断

学习目标

1. 了解刨床的结构与工作原理。

2. 熟悉刨床的常见故障。

3. 掌握直观诊断刨床故障的方法。

知识要求

一、刨床的工作原理

刨床的主要部件有床身、横梁与工作台、滑枕与刀架、进给机构、变速机构、曲柄摇杆机构等，这些结构都具有代表性。

滑枕带着刨刀，做直线往复运动的刨床，因滑枕前端的刀架形似牛头而得名。牛头刨床用于单件小批生产中刨削中小型工件上的平面、成形面和沟槽。中小型牛头刨床的主运动大多采用曲柄摇杆机构传动，故滑枕的移动速度是不均匀的。牛头刨床的主参数是最大刨削长度。本章以 B665 牛头刨床为例（见图 3—28），分别介绍其传动、结构和工作原理。

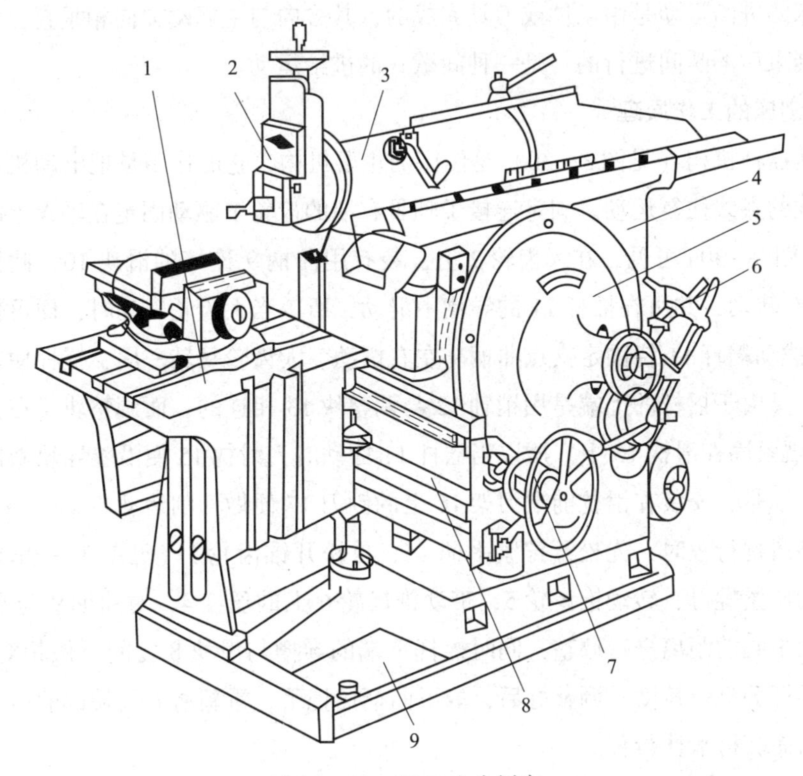

图 3—28　B665 牛头刨床

1—工作台　2—刀架　3—滑枕　4—床身　5—摇杆机构　6—变速箱　7—进给机构　8—横梁　9—底座

1. 刨床的传动原理

从电动机到滑枕，从滑枕刀架的刀具直线往复运动到工作台横向移动的进给，这些运动传递的方向叫传动路线，如图 3—29 所示，又称作传动系统。

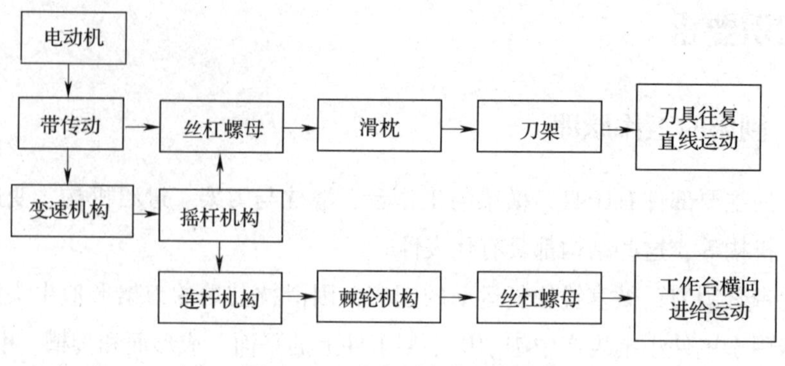

图3—29　牛头刨床传动路线

刨床的主运动是刀具做直线往复运动，刨削加工只在刀具向工件前进时进行，返回时不切削，并且刨刀抬起——让刀，以避免损伤已加工面和减轻刨刀后刀面磨损，刨床的进给运动是由工件或刀具完成的，其方向与主运动方向相垂直，它是在空行程结束后的瞬间进行的，是一种间歇式的进给运动。

2. 刨床的工作原理

曲柄摇杆机构（见图3—30）是刨床的主要机构，它的作用是把电动机的转动变成滑枕的直线往复运动。固定连接于轴Ⅲ右端的齿轮1驱动固定在轴Ⅳ上的大齿轮2。由图3—30a可见，在大齿轮2上，装有用曲柄9连接的滑块10，此滑块可绕曲柄10转动，并可在摇杆11的导槽中滑动，所以当大齿轮转动时，便可借助滑块10来拨动摇杆11绕固定支点曲柄9左右摆动。大齿轮每转一周，摇杆便往复摆动一次。又由于摇杆的上端是用销轴12与调整块13相连的，而调整块又在拧紧手柄14时被紧固在滑枕15上。所以当摇杆11摆动时，滑枕15便沿着导轨做前后往复运动。于是，安装在滑枕前端刀架16上的刨刀17便做切削运动。

调整滑枕行程时，先松开拧紧手柄14，再松开锥齿轮5（见图3—30b）中方头端部的压紧螺母，转动锥齿轮5，带动锥齿轮6上的丝杠4，对曲柄9与滑块10到大齿轮中心的距离进行调整，同时摇杆下端的导槽与滑块8之间可做相对滑动，以改变摇杆的有效长度。调整好后，取下曲柄摇把手，重新将方头端部的压紧螺母压紧，从而获得滑枕行程。

滑枕的运动分为前进运动和后退运动，前进运动叫作工作行程，后退运动叫作回程。牛头刨床滑枕的工作行程速度比回程速度慢得多。如图3—31a所示，摇杆齿轮做逆时针等速转动，滑块也随之绕摇杆齿轮的中心O做逆时针等速转动。滑枕在工作行程和回程中，摇杆绕下支点摆过的角度γ是相同的，但使摇杆摆过工作行程的γ角时，滑块需绕摇杆齿轮的中心转过α角；而使摇杆摆过回程的γ角时，

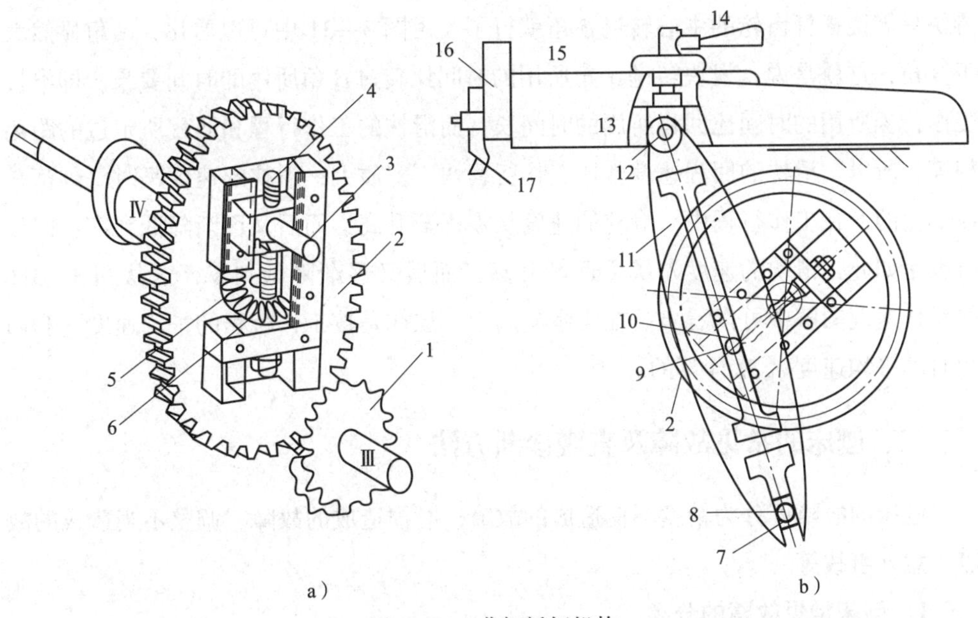

图 3—30　曲柄摇杆机构

1—轴Ⅲ齿轮（$Z=23$）　2—轴Ⅳ齿轮（$Z=102$）　3、9—曲柄销　4—丝杠　5—锥齿轮（$Z=36$）　6—锥齿轮（$Z=20$）　7—下支点销轴　8—下支点滑块　10—滑块　11—摇杆　12—上支点销轴　13—调整块　14—拧紧手柄　15—滑枕　16—刀架　17—刨刀

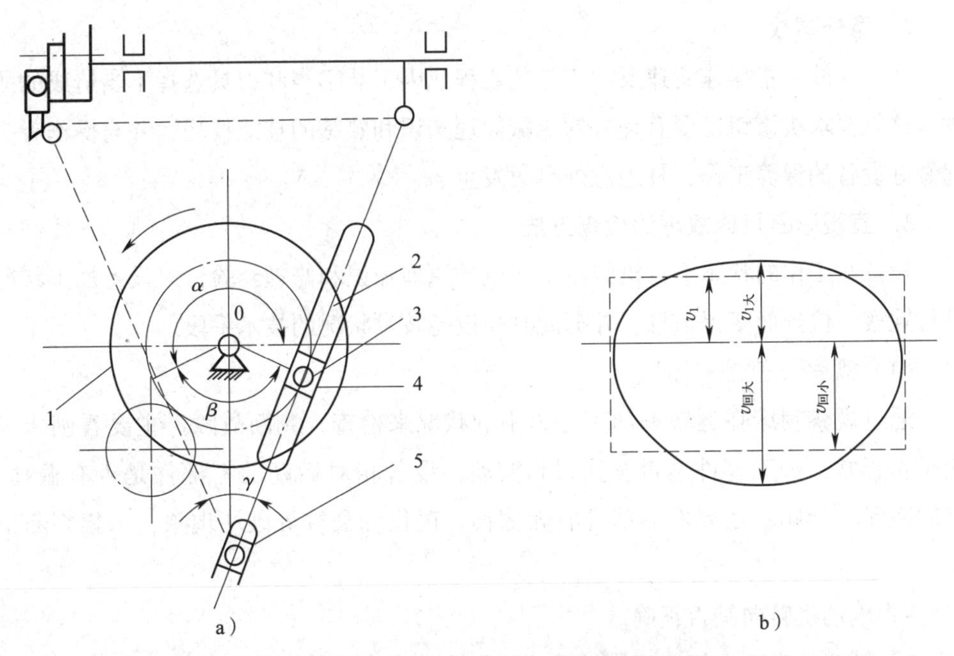

图 3—31　曲柄摇杆机构及其速度图解

a）曲柄摇杆机构　b）滑枕速度图解

1—摇杆齿轮　2—摇杆　3—曲柄销　4—滑块　5—下支点

滑块只需绕摇杆齿轮的中心转过β角就行了。由图3—31中可以看出，α角显然大于β角，这就是说，滑块转过α角所用的时间比转过β角所用的时间要长，即滑枕工作行程所用的时间比回程所用的时间长，而滑枕的工作行程和回程所走过的距离相等，所以，滑枕的回程速度就比工作行程快。实质上，滑枕的速度每时每刻都是在变化的，在工作行程中，滑枕的速度从零逐渐升高，而后又逐渐降低到零；回程时也是如此，滑枕的速度先从零逐渐升高，而后又逐渐降低到零，这从图3—31b的滑枕速度图解中可以看出。在实际应用中，往往是按工作行程的平均速度v_1和回程时的平均速度$v_{回}$来计算的。

二、刨床的常见故障及直观诊断方法

刨床的故障可分为精度不良造成的故障、磨损造成的故障、调整不当造成的故障、意外事故等。

1．刨床常见故障的分类

（1）精度不良造成的故障。

（2）磨损造成的故障。

（3）调整不当造成的故障。

2．意外事故

意外事故是指操作者违反加工工艺规程或因工装不当和刀具选择不当造成的故障。这就要求机修钳工要有良好的机械原理知识和熟练的技能技巧，并与操作者一起做好设备的保养工作，杜绝意外事故发生。

3．直观诊断机床故障的检查方法

设备在工作的状态下，机修钳工凭机械原理知识和修理经验，对设备加工状况进行观察、检查而获得信息，并据此判断设备技术状况的技术手段。

（1）观察（就是“望”）

通过观察刨床在运转和加工过程中的状况来检查、判断故障。主要看刨床运转是否正常，加工零件是否有让刀和振动，设备相对运动的零部件是否有振动、摩擦阻滞、异响；还要看零部件有无擦伤、碰伤和裂纹等破坏现象，采集判断依据。

1）电动机转向是否正确。

2）刨床的启动、停止、制动是否正常，动力电源供电是否正常。

3）活折板抬起和落下是否灵活，刨削加工零件表面的刀迹是否均匀。

4）进给棘轮位置调整是否正确。

5）刀具选择与工件几何型面是否适合。

6）刀具刨削工件时是否让刀。

7）升降台支架紧固螺栓是否拧紧。

（2）听（就是“闻”）

用耳朵判断刨床的运行状况，对于异常的声响，可将旋具一端抵在检查部位上，柄部与耳朵接触，即可听清。还要用鼻子嗅一嗅周围是否有异常的气味。如果出现橡胶味或烧焦味，应检查传动带或电气设备。有油焦味时，应检查相对运动零件的温升情况。

1）带轮运转是否打滑或传动带是否贴紧轮槽底。

2）摇杆摆动有无异常。

3）变速齿轮啮合运转是否有异响。

4）上支点销轴是否有异响。

5）摇杆曲柄销滑块是否有异响。

6）下支点销轴是否有异响。

7）电动机有无绝缘漆过热焦味。

8）动力电源接线柱有无起弧或烧焦的痕迹。

9）闭合开关有无焦味，接线柱有无起弧。

10）刀具刨削工件的切削热气味是否正常。

（3）摸（就是“切”）

设备停车后，用手摸轴承外部或电动机外壳，感觉一下温度是否过高；用手摸滑枕导轨、机身、安装基础可感觉出刨床的振动情况。用量具检查和测量加工零件，通过误差种类和误差大小，分析产生故障的原因。

1）滑枕、导轨、床身、安装基础、刀架的活折板振动情况。

2）轴承温度是否正常。

3）进给机构连杆的窜动及棘轮的磨损情况。

4）变速操纵手柄能否操纵无阻滞。

5）上支点紧固手柄是否有阻滞、操纵不灵活的现象，调节行程丝杠是否有阻滞。

6）曲柄销丝杠调节手柄是否有阻滞、操作不灵活的现象。

7）滑枕导轨副螺栓是否回松，间隙是否均匀。

8）横向进给丝杠转动是否灵活，有无回转虚扣情况。

9）工装夹具、升降台紧固螺栓是否回松。

10）刀具对工件切削时切削热是否过热。

（4）调查（就是“问”）

了解刨床操作情况、故障的形式及产生故障前后刨床的变化，查阅设备以往的修理记录等。只有充分调查、分析，掌握了足够的故障信息后，才能确定刨床故障的原因，准确地进行修理。

三、刨床几何精度的检测方法

刨床的几何精度检验分为故障检测和修理检测。通过直观经验检查后，对刨床进行有针对性的检测，经过检测发现误差而进行调整、修理，叫作故障检测。刨床经过一段较长时间的使用，精度损失，工件加工误差大，通过对刨床相对位置的几何精度检测，叫作修理检测。

1．几何精度检验的一般规定

（1）刨床精度

1）运动精度。它是指刨床以额定工作速度运转时，主要零部件的相对位置精度。

2）静止状态。它是指刨床在不运转情况下，部件间的相对位置精度。

3）动态精度。它是指刨床在运动状态下，受重力、切削力、各种激振力和温升的作用，主要零部件的形位精度。

（2）刨床的各项精度对被加工零件加工精度的影响

1）刨床的定位精度。指刨床主要部件在运动终点所达到的实际位置精度，它影响零件的加工精度。如滑枕行程变化、进给横向定位精度影响被加工零件的相对位置精度。

2）刨床的几何精度。主要指在静止状态下，部件间的相对位置精度和主要零件的形位精度。刨床的几何精度误差直接影响机床的工作精度，它直接反映到被加工零件上的误差精度。

3）刨床的工作精度。指刨床在正常、稳定的工作状态下，按规定的材料和切削规范加工一定形状的工件时，工件所获得的尺寸精度和形状精度，所以也称机床的加工精度。加工精度包括刨床的装配精度和主要零件的形位精度，它是评定刨床使用性能的重要指标。

4）刨床的低速稳定性。是指刨床的往复切削运动具有急回特性，零件具有耐磨性，设备具有抗振性。也就是指刨床在低速下工作不发生振动，往复运动行程具有稳定性。它对工件加工的几何形状、尺寸、表面粗糙度有较大的影响。

(3) 几何精度检验的基本内容

刨床的几何精度和运动精度是在空载的条件下进行检验的，刨床的动态精度是在刨床处于一定工作条件下进行检验的。

检验刨床工作精度是在刨床载荷试验后进行的。

1) 刨床完成运动精度试验后，检验被加工工件的精度和表面质量。

2) 按规定的典型加工规范进行加工，然后检验被加工工件的精度和表面质量。

除被检刨床应符合相关标准的规定外，在常规检验时应对专业标准规定的项目进行检验。对精度、性能逐项进行检验，被检项目可归纳为滑枕的安装精度、工作台安装精度及本身形状、位置精度、滑枕与工作台之间的相关精度等，工作精度是对规定试件加工后进行测量的有关精度，内容如下：

1) 上加工面的不平度。

2) 侧加工面的不平度。

3) 上加工面对基面的不平行度。

4) 两个侧加工面间的不平行度。

2. 测量几何精度时的注意事项

(1) 检验平台时应注意校正及调整其水平面的水平度至小于误差范围。

(2) 对于检验用的 V 形垫铁、等高块，应检验其几何形状尺寸误差和等高尺寸误差。

(3) 根据机床精度要求，导轨所处位置及单位面积内研点密度应符合要求。

(4) 测量导轨直线度误差时，应采用节距测量法和适当的垫铁长度。

(5) 采用平尺拉表比较法测量直线度时，应选用适当的垫铁长度。

(6) 使用检验棒检测各项精度时，需检查孔的公差尺寸与检验棒尺寸是否相符合。

(7) 使用百分表时，应注意测杆缩杆表底和表针是否灵活。

(8) 使用磁性表座时，应注意磁吸是否牢固、稳定。

四、刨床工作精度的检测方法

刨床的工作精度检测是对其工作能力的检测，刨床的加工范围主要是加工中小尺寸的平面或直槽等几何形状。针对刨床的工艺能力，工作精度也有相应的要求。

1. 工作精度检验的一般规定

(1) 材料

材料一般选择灰口铸铁 HT15 至 HT30 作为试加工毛坯，毛坯尺寸一般为 500 mm ×

150 mm×80 mm 左右。

（2）刀具

1）刀具牌号。高速钢牌号一般有 W18Cr4V 和 W6Mo5Cr4V2 两种。

硬质合金有钨钴（YG）YG3、YG8、YG6X 和钨钛钴（YT）两大类。

2）刀具选择。按工件材料、工件形状选择不同的刨刀，选择粗刨刀的原则如下。粗刨尽可能采用强力刨削，且在保证刨刀有足够强度的情况下磨得锋利些；要有一定的前角，使刨刀较锋利，以减少切削力，一般取 $\gamma=5°\sim15°$，工件材料硬度高时，前角应取小一些。后角取小一些，一般取 $\alpha=5°\sim8°$，以增加刀具的强度，主偏角取 30°~70°。为了增强刀尖强度，采用正的刃倾角 λ。

选择精刨刀的原则如下：精刨时切削力较小，因此尽可能让刀具锋利些，得到较好的表面光洁度。前角取大一些，一般取 $\gamma=10°\sim20°$，以减小切屑变形，降低切削力和切削深度，从而提高表面质量。后角取大一些，一般取 $\alpha=6°\sim20°$，以减小刨刀和工件之间的摩擦力。刀尖处修磨光滑，以提高工件表面质量（见图 3—32）。

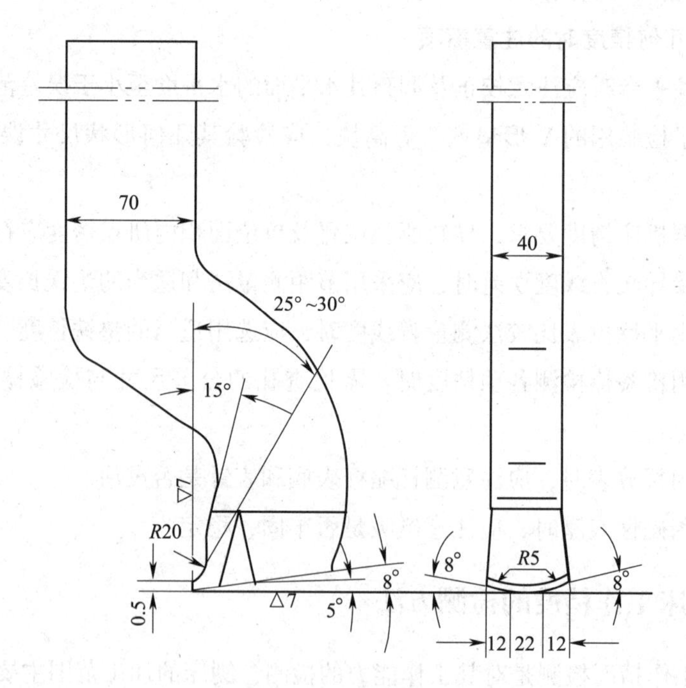

图 3—32　宽刃刨刀

3）安装刨刀。刨削时为了加工方便往往将活折板支架、刀架转盘转过一定角度，或把刀杆装斜。但必须拧紧，否则切削力会使活折板支架、活折板、刀架转动而扎刀，如图 3—33 所示。

刨刀不要伸得太长，以免刨削时产生振动和折断刨刀。图 3—34 中刨刀的虚线位置是不正确的，实线位置是正确的。直头刨刀伸出长度一般约为刀杆厚度的 1.5 倍，弯头刨刀允许伸出稍长些。

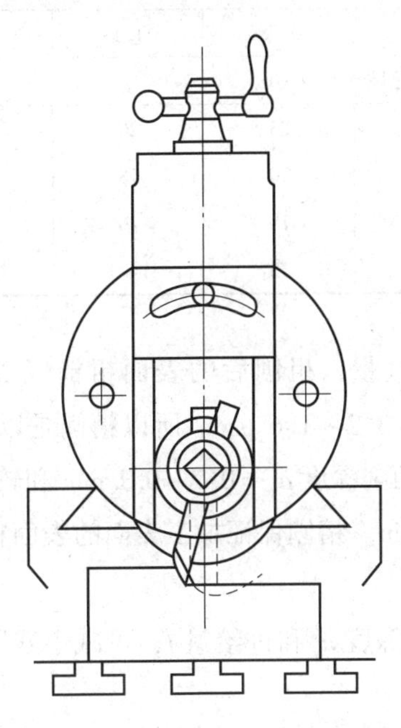

图 3—33　刨刀装斜引起扎刀

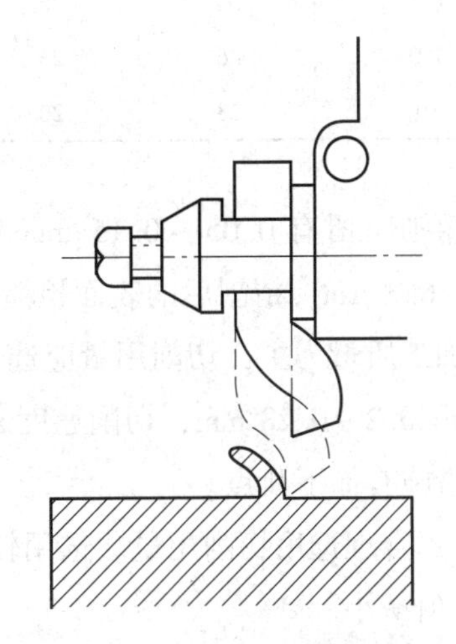

图 3—34　刨刀伸出长度

（3）切削用量

切削用量选择合理与否是影响刨削顺利与否的主要因素之一。切削的原则是按选择切削用量的次序，一般首先确定最大的切削深度 a_p，然后再选最大进给量 f 和切削速度 v，见表 3—19、表 3—20。

表 3—19　　刨削平面切削用量

（工件：结构钢 σ_b = 65 kN，高速钢）

切削深度 a_p（mm）	进给量 f（mm/双行程）						
	0.3	0.4	0.5	0.6	0.75	0.9	1
	切削速度 v（m/min）						
1.0	41.3	50	43	37.5	32.8	29.3	25.5
2.5	36.2	39.6	34.2	30.5	26.2	23.2	20.4
4.5	31.1	34	29.4	26	22.3	20	
8.0	26	29.8	25.6	22.6	19.5	17	

表3—20　　　　刨削平面切削用量

（工件：灰口铸铁HB=190，高速钢）

切削深度 a_p（mm）	进给量 f（mm/双行程）					
	0.28	0.4	0.55	0.75	1.1	1.5
	切削速度 v（m/min）					
0.7	34	30	26	23	20	18
1.5	30	26	23	20	18	16
4.0	26	23	20	18	16	14.1
10	23	20	18.1	16	14.1	12.3

粗刨应留有0.05～0.15 mm作为精车余量，粗刨后的表面粗糙度 Ra 值为12.5～6.3 μm；精刨后的表面粗糙度 Ra 值为3.2～1.6 μm。所以精刨是以提高工件的加工质量为主，切削用量应选用较小的切削深度 a_p=0.7～0.1 mm和较小的进给量 f=0.2～0.28 mm，切削速度 v=34 m/min。精刨保证加工表面的表面粗糙度，主要措施有如下几点。

1）合理选用切削用量。选用较小的切削深度 a_p 和进给量 f，可减小残留面积，使 Ra 值减小。

2）主偏角 κ_r 增大时，应适当降低切削速度 v，刀尖半径 r=3 mm。

3）适当加大前角 γ_o，刀刃用油石研磨得更为锋利，使其 Ra 值达到0.4 μm，可有效减小工件表面的 Ra 值。

4）合理使用切削液，有助于减小加工表面粗糙度 Ra 值。精刨铸铁采用煤油加入0.03%重铬酸钾，精刨钢件采用机油、煤油混合液（2∶1）或矿物油和松节油混合液（3∶1）。

5）最好能连续在刀具前面和后面同时喷注切削液。

2. 检测工作精度时的注意事项

（1）严格执行试验工艺规程。

（2）正确选择定位基准，以减少工件装夹次数和避免定位基准的不重合误差。

（3）正确选择测量基准，以避免工件测量累积误差。

（4）工装时，尽可能使定位基准与设计基准相同，避免形位公差及尺寸公差超差。

（5）工装时，尽可能使定位基准与测量基准相同，避免工件加工尺寸超差。

（6）注意工件与垫铁的相对等高，避免压板夹紧力发生歪斜，造成工件飞出伤人事故。

(7) 试件粗刨后，应把工件的夹紧力稍稍放松，以消除粗刨时夹紧力所造成的弹性变形。

(8) 精刨面应一次完成，避免接刀处出现高低不平的接刀痕迹，影响精度检测。

(9) 调整切削深度 a_p后，要把刀架滑板旁边的紧固螺钉拧紧，避免刀架在切削过程中使切削深度 a_p发生改变。

(10) 注意检查刀架丝杠螺母和紧固螺母是否回松，以免丝杠窜动，使加工面产生缺陷。

(11) 轴承、导轨副、滑块温升、工作台振动、床身振动、噪声等应符合技术文件规定要求。

B665 牛头刨床的故障诊断

机床修理前的准备工作很多，大都是技术性很强的工作，对故障诊断的准确程度会直接影响修理质量，直接诊断是直接确定关键零部件的状态，如滑枕、横梁、导轨副的间隙量、摆杆导槽和大齿轮齿面磨损量等。直接诊断往往受到机器结构和工作条件的限制而难以实现，这时就不得不采用询问的方式进行排查。

一、操作准备

1. 工具准备

拔销器、钩头扳手、拉马、铜锤、橡胶（塑料）、锤子、铜棒、活扳手、套筒扳手、呆扳手、内六角扳手、弹性挡圈钳、胶钳、旋具。

2. 量具准备

检验桥板（280 mm×300 mm、300 mm×480 mm）、角度平尺、专用平板、角度规、角度直尺、中心冲、等高垫块、矩形刮研工具、调整支座、平行面刮研工具、研具、检验心轴。

3. 技术准备

牛头刨床修理前，可按机床标准 JB 2189—85《牛头刨床精度》或随机合格证做性能检查、试切及精度检查，根据精度丧失的情况及所存在的问题，决定具体修理项目与验收要求，了解现代新技术、新材料、新工艺和新设备，为制定修理方案做技术准备。并做好技术物质准备，修理后仍按上述要求验收，亦可根据工艺要求及具体情况，对部分验收做适当的调整。

刨床修理前，修理人员必须了解刨床的几何精度、传动系统、操作系统等技术情况，制定切实可行的修理方案、修复技术规程及刨床工作性能的检测方案。

二、操作步骤

1. 故障的现象、原因分析和排除方法（见表3—21）

表3—21 牛头刨床常见故障及排除方法

故障现象	原因分析	故障排除与修理
工件加工表面太粗糙或有明显的波纹	1. 滑枕移动方向与摇杆摆动方向不平行 2. 滑枕压板间隙过大 3. 大齿轮精度差，啮合不良 4. 刀架间隙过大或接触不良 5. 横梁、工作台溜板、工作台三者之间间隙过大 6. 活折板与活折板支架、锥销与锥销孔配合间隙过大	1. 修刮摇杆导槽及上支点轴承孔使之同心 2. 调整压板间隙 3. 在机床上研磨大齿轮8～24 h 4. 调整刀架内的镶条，修刮刀架零件或校正镶条弯曲变形 5. 修刮压板，调整镶条，保持合理间隙 6. 修刮或修配活折板及活折板支架，保证接触良好，调整锥销一端螺母
滑枕在往复运动中有振动声响	1. 滑块与摇杆导槽配合间隙过大 2. 小连杆、摇杆与滑枕的连接间隙过大 3. 压板与滑枕导轨间隙过大，压得太紧或接触不良	1. 修配滑块 2. 调换连接销 3. 修刮和调整压板
加工时有掉刀现象	1. 刀架滑板紧固螺钉失效 2. 刀架丝杠与螺母间间隙过大	1. 调换或修换紧固螺钉 2. 按丝杠配换螺母
工作台横向进给移动不均匀	1. 进给机构的连杆孔与相配轴间间隙过大 2. 棘爪与棘轮磨损失灵	1. 修孔，镶套，换轴 2. 修整、调换棘爪或棘轮
加工精度差：加工平面平行度超差；工件两侧平行度超差	1. 压板与滑枕间间隙过大造成滑枕运动到前段下沉，加工侧面时让刀 2. 床身压板表面或滑枕导轨直线度差 3. 工作台与横梁配合间隙过大，工作台前端支架未紧固，加工时，工作台前端下沉	1. 调整压板，使其与滑枕间间隙适当 2. 修刮滑枕导轨与压板至符合要求 3. 紧固工作台前端下支架，调整工作台与横梁的配合间隙

续表

故障现象	原因分析	故障排除与修理
活折板起落不灵活	1. 活折板锥孔与锥销配合过紧 2. 活折板与活折板支架配合过紧或锥孔与活折板侧面不垂直	1. 调整锥销位置 2. 修刮活折板，修铰锥孔，重配锥销

2. 修后工作

(1) 滑枕往复行程具有急回特性，其往复运动无阻滞、平稳，无振动和异响。

(2) 工作台横向机动进给时，其进给量可调整。

(3) 刨刀往复运动的起始位置在一定范围内可以调整。

(4) 刨刀在一定范围内可随小刀架实现垂直手动进给。

(5) 工作台行程切削平稳，活折板可抬起、落下平稳、无阻滞。

三、注意事项

1. 修复零件尺寸时，注意设计基准与装配基准要一致。

2. 更换轴承时，要注意轴承的系列和装配方向。

3. 修复精度

(1) 装配的相互位置精度。如同轴度、平行度、垂直度等。

(2) 相对运动精度。指直线运动精度和回转运动精度等。

(3) 配合精度和接触精度。指零件、组件的配合间隙、过盈量、接触状况等。

4. 拆卸时，要注意保护零件的基准面，严禁粗暴、强行拆装零件和组件。

5. 修理中必须注意用电安全、起重安全、工具使用安全等事项。

B665 牛头刨床的几何精度检测

刨床修复后应同时满足下列四个方面的要求：

1. 刨床的主执行机构灵活、无阻滞，工作性能达到工艺要求。

2. 工件的加工精度恢复到设计要求（或预定的加工精度要求）。

3. 操纵手柄应省力、灵活、可靠；滑枕行程的各调节机构应灵活、无阻滞。

4. 消除修前的噪声、振动、漏油等故障。

刨床的检测方案必须体现在修理工作中。检测方案要明确规定修后的检测项目及技术指标。根据加工工艺要求，应考虑刨床的综合性技术经济指标，使修复后的刨床满足工艺要求。

一、操作准备

1. 检测场地准备

2. 工具准备

（1）常用标准件

各种规格的螺钉、光面垫圈、圆柱销、圆锥销等。

（2）辅助材料

清洗液、润滑油、润滑脂、电源拖板、手提电钻等。

（3）常用工具

锤子、铜锤、铜棒、活扳手、钩头扳手、锉刀（4、5号锉刀）、旋具（一字旋具和十字旋具）、工作行灯（30 W/24 V）、平面刮刀、油石、显示剂及棉质干净抹布。

（4）辅助用具

油盘、晾油架、枕木、耐油橡胶板等。

3. 量具准备

（1）根据检测项目，熟悉检测方案及内容、图纸和检测记录用品。

（2）根据检测项目，准备检测导轨用的垫铁和检验棒。

（3）准备常用量具。

百分表及磁性表座、水平仪、外径千分尺、内径量表、塞尺（0.02～0.5 mm）。

二、操作步骤

大修后（或新设备安装后），要对机床进行逐项检验，合格后才能投入使用。刨床在使用一段时间后，由于磨损、变形和失调，机床工作精度下降，以致影响加工质量，因此也要对机床精度进行定期检验，以便及时调整与修复，保证加工质量。

刨床精度检验的项目主要是刨床的几何精度检验和工作精度检验两大类，在这两项精度检验前，应先做好刨床床身的调整工作，防止在精度检验时产生累积测量偏差。

刨床检验前，首先对床身进行安装水平调平及工作台水平移动时前支承面的平行度调平，然后再进行几何精度检验。

【调整序号 G1】床身调平（见图3—35）

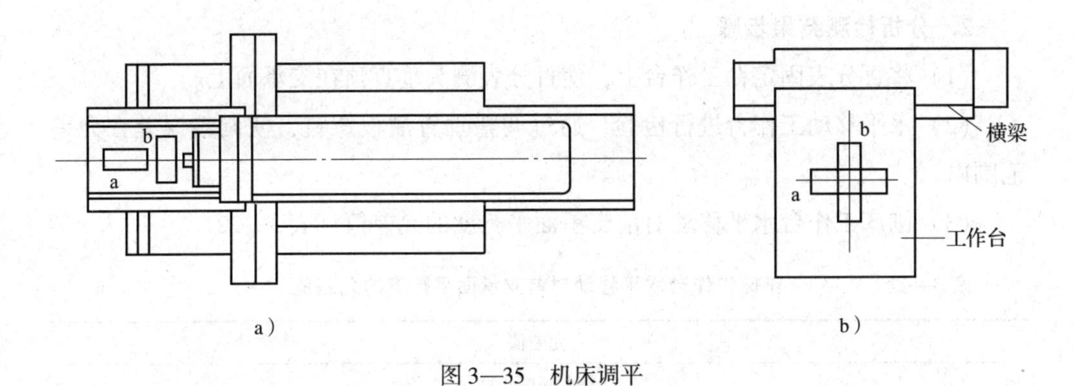

图 3—35　机床调平

1. 检测步骤

（1）检测量具。框式水平仪（或合像水平仪）、活扳手（或梅花扳手）。

（2）将被测量导轨和工作台测量位置清理干净。

（3）对机床斜垫铁进行调整。

（4）将刨床工作台和横梁置于全行程的中间位置，在工作台上平面的中央位置放置水平仪，测量纵向平面 b 和横向平面 a 的水平度。

2. 分析检测结果步骤

（1）分别在纵向平面 b 和横向平面 a 上读数。

（2）两个方向上的读数值均不得超过 0. 04 mm/1 000 mm 允差值。

（3）如果本项检验精度超差，可重新调整机床的安装水平，直至达到允差值。

【调整序号 G2】工作台水平移动对前支承面的平行度（见图 3—36）

1. 检测步骤

（1）准备百分表、磁性表座、活扳手（或梅花扳手）。

（2）调整垂直溜板侧面的调节螺钉。

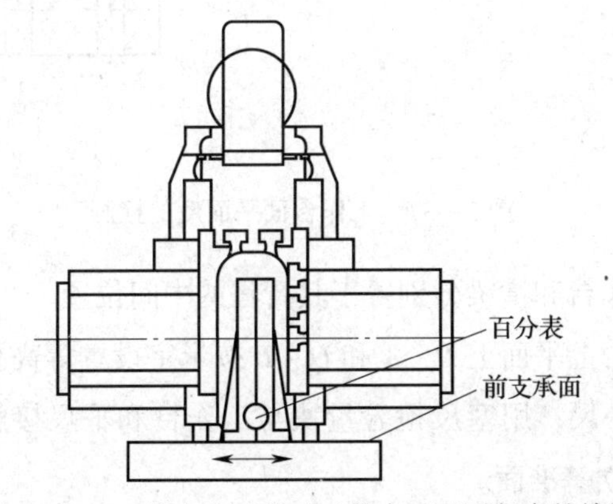

图 3—36　工作台水平移动对前支承面平行度的检测

2. 分析检测结果步骤

（1）将百分表固定在工作台上，使百分表测头垂直顶在支承面上。

（2）水平移动工作台进行检验，通过调整垂直溜板螺钉，使调整误差在允差范围内。

（3）刨床工作台水平移动对前支承面平行度的允差值见表3—22。

表3—22　　刨床工作台水平移动对前支承面平行度的允差值　　mm

允差值		
最大刨削长度		
<250	>250 ≤500	>500 ≤1 000
0.02	0.03	0.04

【检验序号G1】　工作台面的平面度（见图3—37）

1. 检测步骤

（1）准备等高量块、检验平尺、水平仪、百分表和磁性表座。

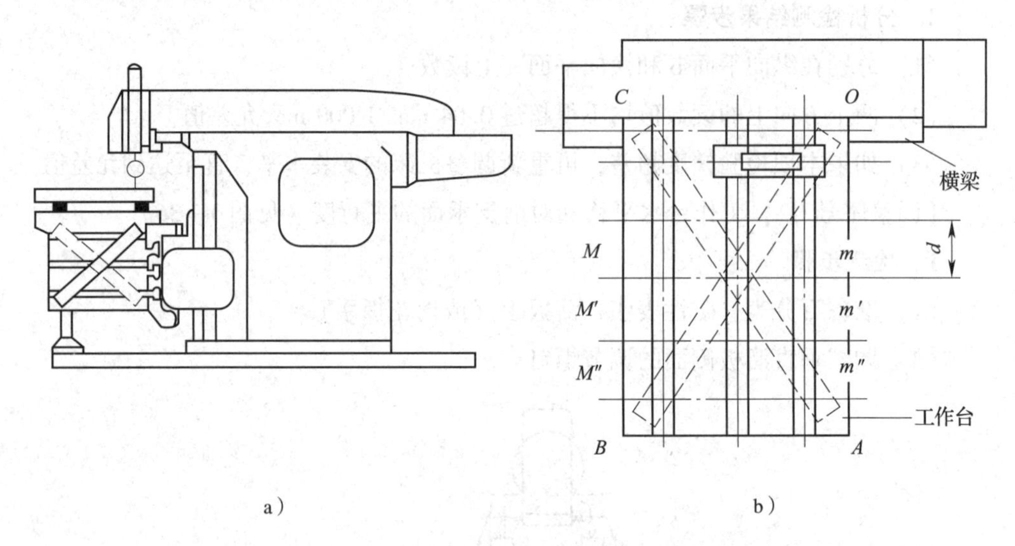

图3—37　工作台面平面度的检测

（2）将刨床工作台和横梁分别置于其行程的中间位置。

（3）通过工作台上平面上 C、A 和 O、B 按米字设置等高量块（见图3—37b），在量块上放置一根平尺，用塞尺检验量块与工作台和平尺接触处；通过 O、A、C 或 A、B、C 三点建立基准面。

（4）分别在 OA、CB 之间建立测量点。沿图示各测量方向移动量块和桥板，

每隔桥板的跨距 d 记录一次水平仪的读数。

(5) 检验本项精度最简单的方法是涂色研点法。在刨床工作台上平面涂上显示剂（一般为红丹油），用一块精度高于检验要求、尺寸略大于工作台面的校准平板小幅度移动研点，若工作台面上接触点分布均匀，则证明本项精度合格。

2．分析检测结果步骤

(1) 根据水平仪读数求得各测量点到基准水平面的坐标值。误差以在任意 300 mm 测量长度上的最大坐标差值计。

(2) 刨床工作台面平面度的允差值见表 3—23。

表 3—23　　刨床工作台面平面度的允差值　　mm

允差值		
最大刨削长度		
<250	>250 ≤500	>500 ≤1 000
0.015	0.025	0.04
工作台面只允许凹		

【检验序号 G2】工作台面水平移动对工作台侧平面的垂直度（见图 3—38）

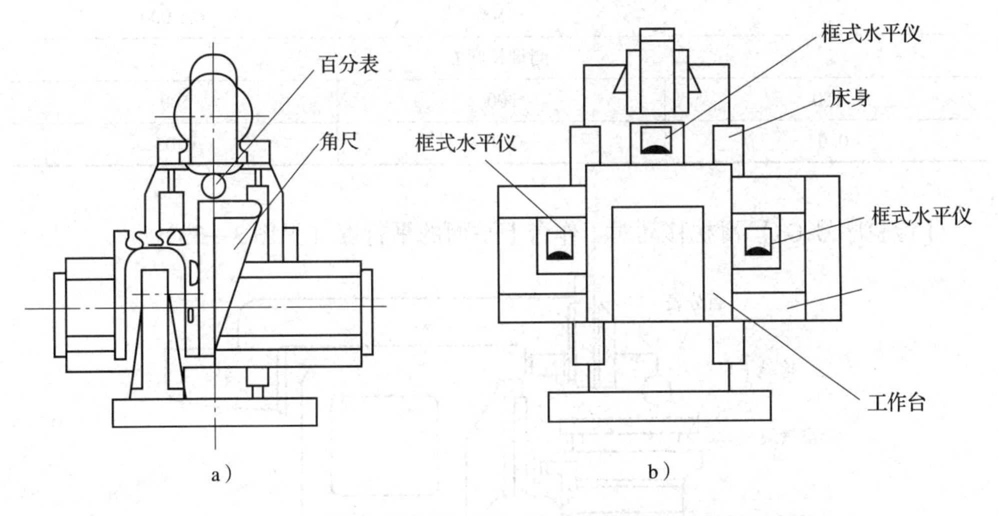

图 3—38　工作台面水平移动对工作台侧平面的垂直度的检测

1．检测步骤

(1) 准备角尺、水平仪、百分表和磁性表座。

(2) 将刨床工作台和横梁分别置于其行程的中间位置。

（3）将角尺固定在工作台的侧工作面上，使角尺检验面和工作台水平移动方向平行。

（4）将百分表固定在刀架上，使百分表测头垂直顶在角尺检验面上，水平移动工作台进行检验（见图3—38a）。

（5）在工作台上平面及侧平面的中央位置，分别放置框式水平仪进行测量（见图3—38b）。

2. 分析检测结果步骤

（1）分别对工作台的两侧面进行检验。

（2）水平移动工作台，将百分表测头顶在角尺检验面上，其读数的最大值就是垂直度误差值。

（3）在工作台上平面及侧平面的中央位置放置水平仪。水平仪读数的最大差值即为垂直度误差值。

（4）刨床工作台面水平移动对工作台侧平面垂直度的允差值见表3—24。

表3—24　刨床工作台面水平移动对工作台侧平面垂直度的允差值　mm

允差值		
最大刨削长度		
<250	>250 ≤500	>500 ≤1 000
测量长度 L		
150	300	500
0. 02	0. 03	0. 05

【检验序号G3】滑枕移动对工作台上平面的平行度（见图3—39）

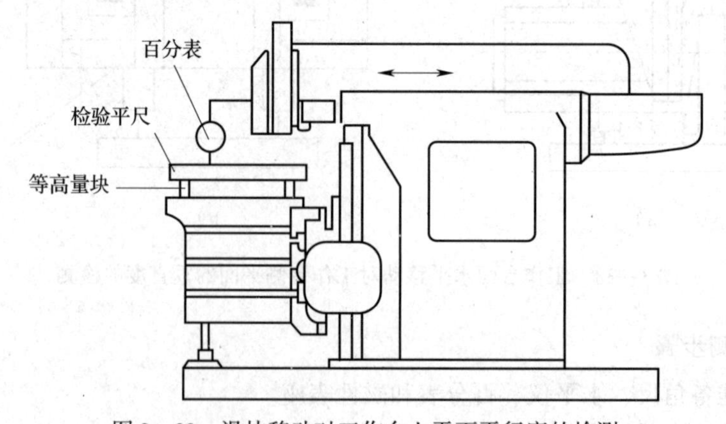

图3—39　滑枕移动对工作台上平面平行度的检测

1. 检测步骤

（1）准备等高量块、检验平尺、百分表和磁性表座、活扳手（梅花扳手）。

（2）将工作台和横梁分别置于其行程的中间位置，并紧固横梁。

（3）在上工作台面上和滑枕移动方向平行放置两个等高量块，量块上放置检验平尺。

（4）将百分表磁性表座固定在刀架上，使百分表测头垂直顶在检验平尺上。

（5）测量时，刀架滑板紧固螺钉应当拧紧。

2. 分析检测结果步骤

（1）在工作台上、下和左、右的不同位置上都应检验。

（2）移动滑枕进行检验，百分表读数的最大差值就是平行度误差值。

（3）刨床滑枕移动对工作台上平面平行度的允差值见表 3—25。

表 3—25　刨床滑枕移动对工作台上平面平行度的允差值　mm

允差值		
最大刨削长度		
<250	>250 ≤500	>500 ≤1 000
在滑枕上的全部行程 L		
0. 015	0. 02	0. 03
工作台前端只允许向上偏		

【检验序号 G4】工作台水平移动对上工作台面的平行度（见图 3—40）

1. 检测步骤

（1）准备等高量块、检验平尺、水平仪、百分表和磁性表座。

（2）在上工作台面上和工作台水平移动方向平行放置两个等高量块，在量块上放置检验平尺。

（3）将百分表固定在刀架上，使百分表测头垂直顶在检验平尺上，水平移动工作台进行检验。

（4）测量时，刀架滑板紧固螺钉应当拧紧。

2. 分析检测结果步骤

（1）水平移动工作台，在工作台全部行程上进行检验。

（2）百分表读数的最大差值就是平行度误差值。

（3）刨床工作台水平移动对上工作台面平行度的允差值见表 3—26。

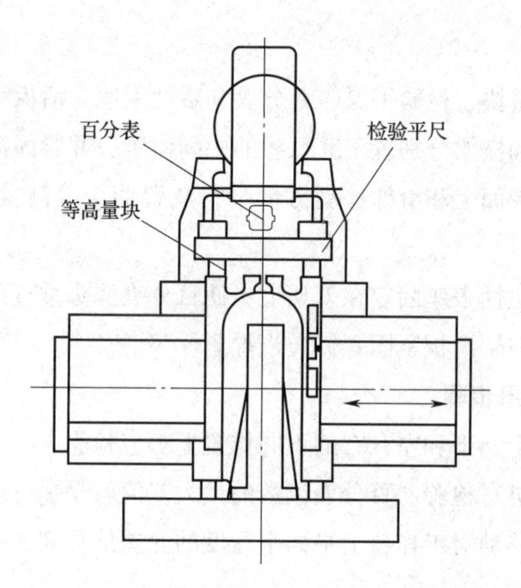

图 3—40　工作台水平移动对上工作台面平行度的检测

表 3—26　　刨床工作台水平移动对上工作台面平行度的允差值　　mm

允差值		
最大刨削长度		
<250	>250 ≤500	>500 ≤1 000
在工作台面全部宽度上为 L		
0. 015	0. 02	0. 03

【检验序号 G5】滑枕移动对工作台面中央 T 形槽的平行度（见图 3—41）

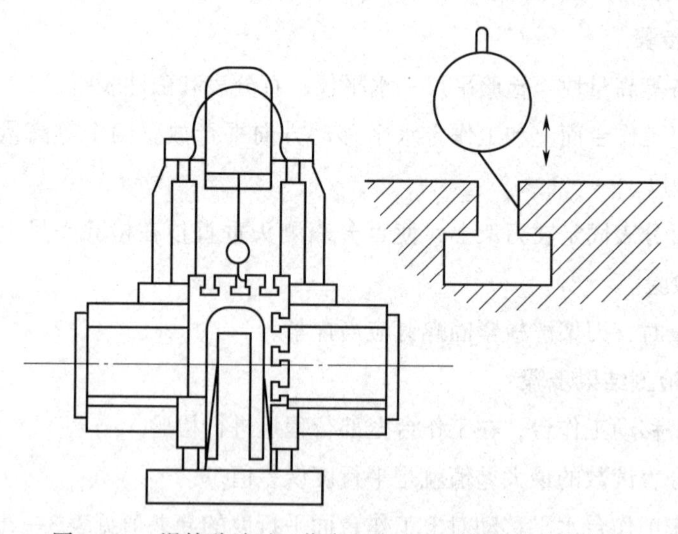

图 3—41　滑枕移动对工作台面中央 T 形槽平行度的检测

1．检测步骤

（1）准备杠杆百分表、磁性百分表座。

（2）将磁性百分表座固定在刀架上，使杠杆百分表测头顶在工作台面中央 T 形槽的侧面上。

（3）测量时，刀架滑板紧固螺钉应当拧紧。

2．分析检测结果步骤

（1）T 形槽两侧面部位均要检验。

（2）移动滑枕进行检验，百分表读数的最大差值就是平行度误差值。

（3）刨床滑枕移动对工作台面中央 T 形槽平行度的允差值见表 3—27。

表 3—27　　刨床滑枕移动对工作台面中央 T 形槽平行度的允差值　　mm

允差值		
最大刨削长度		
<250	>250 ≤500	>500 ≤1 000
在 T 形槽的全部长度上为 L		
0. 02	0. 03	0. 05

【检验序号 G6】滑枕移动对侧工作台面的平行度（见图 3—42）

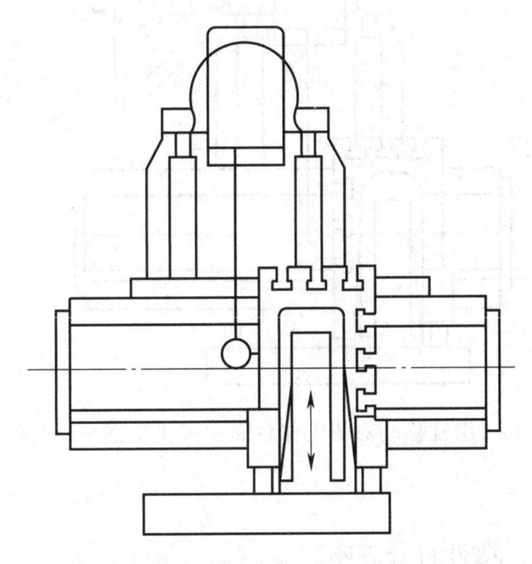

图 3—42　滑枕移动对侧工作台面平行度的检测

1．检测步骤

（1）准备杠杆百分表、磁性百分表座。

（2）将磁性百分座固定在刀架上，使百分表测头垂直顶在侧工作台面上。

（3）测量时，刀架滑板紧固螺钉应当拧紧。

2. 分析检测结果步骤

（1）在侧工作台面两侧的上、中、下三个位置上都要检验。

（2）移动滑枕进行检验，百分表读数最大差值就是平行度误差值。

（3）刨床滑枕移动对侧工作台面平行度的允差值见表3—28。

表3—28　刨床滑枕移动对侧工作台面平行度的允差值　mm

允差值		
最大刨削长度		
<250	>250 ≤500	>500 ≤1 000
在侧工作台面的全部长度上为 L		
0.02	0.03	0.05

【检验序号G7】滑枕移动对侧工作台面中央T形槽的平行度（见图3—43）

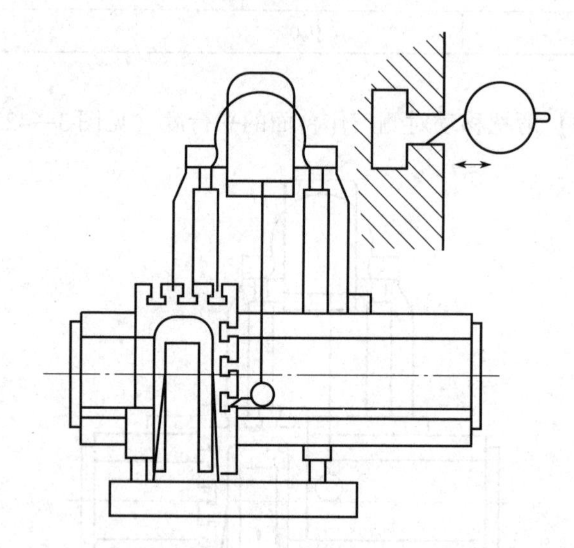

图3—43　滑枕移动对侧工作台面中央T形槽平行度的检测

1. 检测步骤

（1）杠杆百分表、磁性百分表座。

（2）侧工作台面移到垂直行程的中间，并紧固横梁。

（3）磁性百分座固定在刀架上，使杠杆百分表测头顶在侧工作台面T形槽的侧面上。

（4）测量时，刀架滑板紧固螺钉应当拧紧。

2. 分析检测结果步骤

（1）T 形槽两侧面部位的上、中、下三条 T 形槽均要检验。

（2）移动滑枕进行检验，百分表读数最大差值就是平行度误差值。

（3）刨床滑枕移动对侧工作台面中央 T 形槽平行度的允差值见表 3—29。

表 3—29　　刨床滑枕移动对侧工作台面中央 T 形槽平行度的允差值　　mm

允差值		
最大刨削长度		
<250	>250 ≤500	>500 ≤1 000
在 T 形槽的全部长度上为 L		
0. 02	0. 03	0. 05
只允许中央 T 形槽前端上偏		

【检验序号 G8】工作台垂直移动对上工作台面的垂直度（见图 3—44）

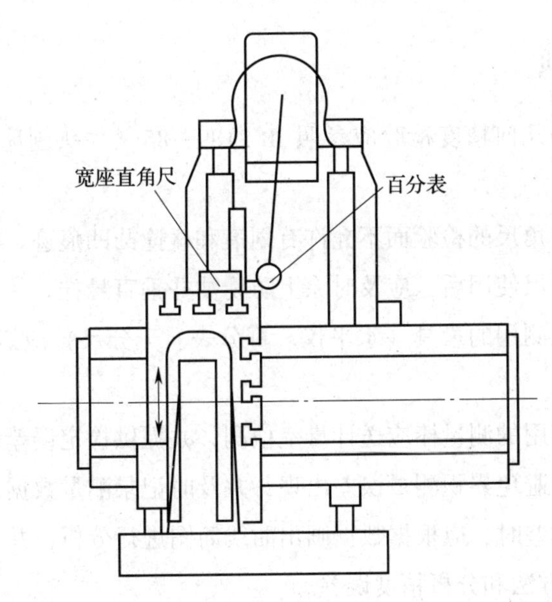

图 3—44　工作台垂直移动对上工作台面垂直度的检测

1. 检测步骤

（1）准备百分表、磁性百分表座、宽座直角尺。

（2）将宽座直角尺放置在上工作台面的中间位置，与工作台垂直移动方向平行。

（3）将磁性百分表座固定在刀架上，使百分表测头垂直顶在直角尺尺瞄的检验面上。

（4）测量时，刀架滑板螺钉应当拧紧。

2. 分析检测结果步骤

（1）垂直移动工作台进行测量，在工作台横梁的左、右位置均应检验。

（2）百分表读数的最大差值即垂直度误差值。

（3）刨床工作台垂直移动对上工作台面垂直度的允差值见表 3—30。

表 3—30　刨床工作台垂直移动对上工作台面垂直度的允差值　mm

允差值		
最大刨削长度		
<250	>250 ≤500	>500 ≤1 000
测量长度 L		
100	200	300
0. 01	0. 02	0. 03

三、注意事项

1. 机床修后的几何精度检验应参照 JB 2189—85《牛头刨床精度》标准制定检测方案。

2. 检验桥板、角尺的检验面不允许有划痕和碰撞凸凹痕迹。

3. 桥形检验平尺使用后，应及时涂上防锈油并垂直悬挂。

4. 几何精度检测用的量具（水平仪、百分表、千分尺）应送计量室检测、校正。

5. 检测燕尾槽用的测量棒应送计量室检测，并提供检定误差表。

6. 在测量时应避免累积测量误差出现，并及时记录测量数据。

7. 计算测量误差时，应根据数据画出曲线简图进行分析，并与计算结果对比；通过对比检验计算方法和分析精度误差。

B665 牛头刨床维修后的试加工

牛头刨床的工作精度检验是在动态条件下对试件进行加工时反映出来的，修后（或调整后）的机床一般进行机械性能试验和负载试验。

一、操作准备

1. 刨床空运转试验前的检查

2. 刨床空运转试验

3. 工具准备

（1）滑枕行程调节方头手柄、摇杆滑块调节方手柄、活扳手。

（2）硬质合金刀、刨平面刨刀、刨垂直面偏刀。

（3）油石和棉质擦布。

（4）试件铸铁坯料 HT150（见图 3—45）。

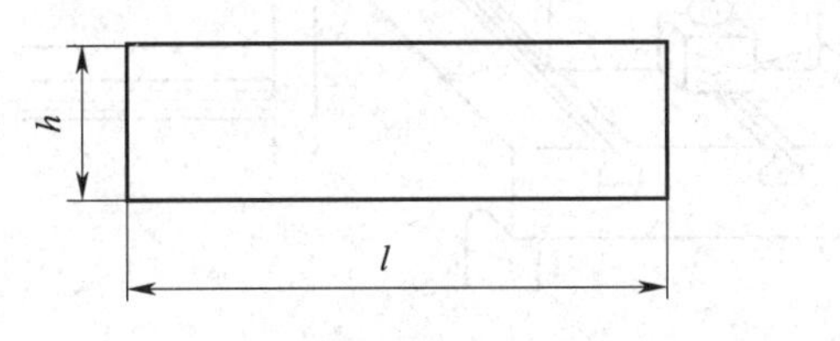

图 3—45　试件坯料尺寸

尺寸要求：$l \times b \times h = \frac{3}{5}L \times \frac{1}{6}L \times \frac{1}{10}L$

式中　L——最大刨削长度，mm。

若 B665 牛头刨床滑枕的最大刨削长度为 660 mm，试件坯料尺寸则不小于 396 mm × 110 mm × 66 mm。

4. 量具准备

（1）划线盘、百分表、磁性百分表座。

（2）游标卡尺、千分尺、0.02 ~ 1 mm 塞尺。

（3）检验平板、三角形直尺、钢直尺、外卡、内卡。

二、操作步骤

1. 上加工面的平行度加工（见图 3—46）

（1）将试件装夹在刨床上工作台面上，将工件置于中央 T 形槽，试件前、后端用挡块顶压固定试件。

（2）粗刨切削用量。切削速度 $v = 20.4$ m/min，切削深度 $a_p = 0.2$ mm，进给量 $f = 0.3$ mm。

（3）精刨切削用量。切削速度 $v = 34$ m/min，切削深度 $a_p = 0.1$ mm，进给量 $f = 0.1$ mm。

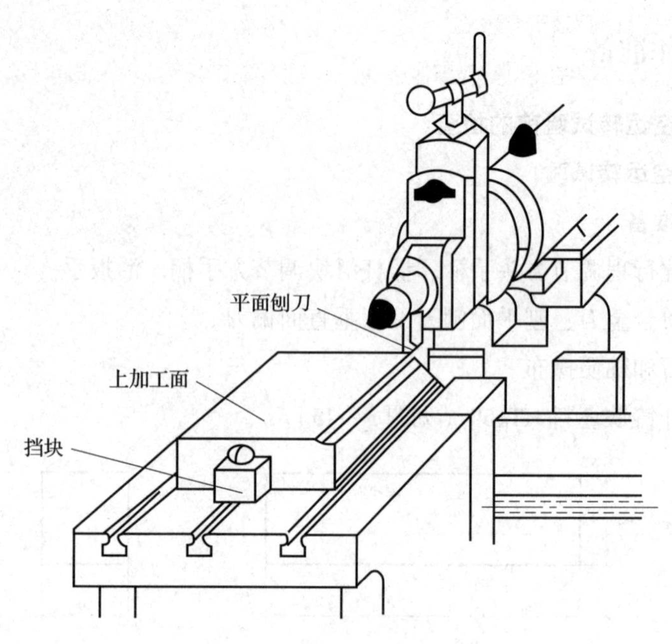

图3—46　上加工面的平行度加工

（4）将加工好的平面与检验平尺紧贴，用塞尺检验间隙，其间隙的大小就是加工面的平面度误差值（见图3—47）。

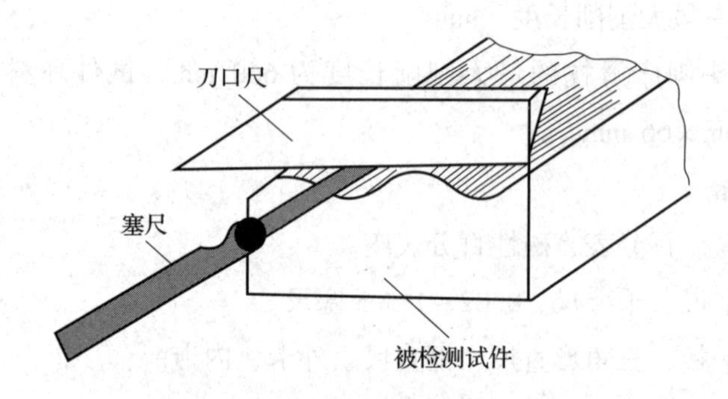

图3—47　平面度误差的检验

（5）上加工面的平行度加工允差值见表3—31。

表3—31　上加工面的平行度加工允差值　mm

允差值		
最大刨削长度		
<250	>250 ≤500	>500 ≤1 000
0.01	0.02	0.03

2. 下加工面的平行度加工

（1）将试件装夹在刨床上工作台面上，以加工好的上平面向下紧贴工作台面，用划线盘校正试件的侧加工面。

（2）按减少装夹工序、提高工件几何公差的工艺原则，将两侧加工面的其中一侧待加工面对准 T 形槽，使偏刀能完全刨过上基准面（此次校正与装夹对试件的精度有极大影响，待两侧加工面加工完成后再拆卸试件进行检验），然后用压块夹紧试件。

（3）粗、精刨削加工切削用量如前要求，加工下加工面的平行度。

（4）下加工面的平行度加工允差值见表 3—32。

表 3—32　　下加工面的平行度加工允差值　　mm

允差值		
最大刨削长度		
<250	>250 ≤500	>500 ≤1 000
在试件全部长度 L 上		
0.02	0.03	0.04

3. 侧面加工面对基准面的垂直度

（1）试件加工好了上、下平面后，检查挡块、压块是否回松，换右偏刀加工侧面加工面对基准面的垂直度。

（2）粗、精刨削加工切削用量如前要求，使该侧面成为两侧面加工面平行度的检验基准。

（3）侧面加工面对基准面的垂直度允差值见表 3—33。

表 3—33　　侧面加工面对基准面的垂直度允差值　　mm

允差值		
最大刨削长度		
<250	>250 ≤500	>500 ≤1 000
在试件全部长度 L 上		
0.01	0.02	0.03

4. 两侧面加工面的平行度

（1）试件加工好了侧平面对基准面的垂直度后，检查挡块、压块是否回松，换左偏刀加工两侧面的平行度。

（2）粗、精刨削加工切削用量如前要求，使两侧面加工面平行度符合精度要求。

（3）两侧面加工面的平行度允差值见表3—34。

表3—34　　两侧面加工面的平行度允差值　　mm

允差值		
最大刨削长度		
<250	>250 ≤500	>500 ≤1 000
在试件全部长度 L 上		
0.03	0.05	0.07

5. 试件检验（见表3—35）

表3—35　　刨削工作试验试件检验

检验内容	检验方法	精度允差（mm）
侧面加工面对基准面的垂直度检验	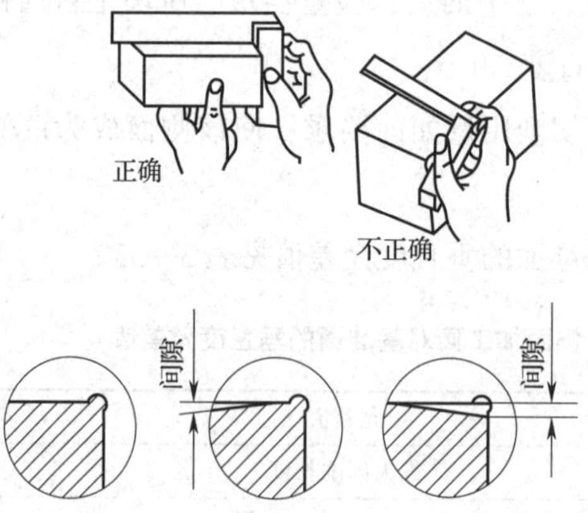 正确　不正确 间隙　间隙 a）合格　b）小于90°　c）大于90°	1. 在尺瞄透光处用塞尺检测，塞入最大值为误差值 2. 任意200 mm范围内小于或等于0.03 mm

续表

检验内容	检验方法	精度允差（mm）
两加工面平行度及公差测量		1. 平行度误差值为 $\frac{a+b}{2}$ 2. 在试件全部长度上小于或等于 0.07 mm

三、注意事项

1. 机床修后的工作精度试验，必须严格执行空载运行后才可进行负载试验的程序。

2. 工作精度试验应严格执行工艺规程和工装夹具的安全技术规程。

3. 试件试验材料为铸铁时，亦应根据实际情况选择替代品材料和刀具相适应。

4. 试件的压板处应垫置软金属，使压板紧贴试件，试件紧贴工作台面不得有松动现象。

5. 试件的挡块选用斜铁，使试件能受顶、受压并紧贴工作台面。

6. 刀具修磨后，应用油石修研刀面，以提高切削质量；精加工试验时，刀尖应修磨出 $R2$ mm 的圆弧刀尖，以提高试件的表面质量。

7. 平面刨削时，调整好切入深度后需把刀架滑板的紧固螺钉拧紧，以防吃刀深度改变。

8. 精刨平面时，应一次把平面刨完，以免出现接刀痕迹，影响表面粗糙度质量。

9. 侧平面刨削前，需找正刀架转盘对工作台面的垂直度，且检查、调整刀架滑板间隙至合适；间隙偏大会使加工面出现波纹，间隙过紧会导致用力过猛，刀具切入量过大。

10. 侧平面刨削时，将活折板支架按一定的方向转过相应角度，使刀具抬离试件的垂直面，既可减少刀具磨损，又可避免刮伤已加工面。

11. 侧平面刨削时，刀具伸出长度应大于加工面的高度，避免刀架碰撞试件。

12. 严格控制切入量，注意调整刀具丝杠与螺母的间隙。

13. 刨削时，头不要伸进滑枕行程以内；行程调节手柄必须取下，以免出现人身事故。

学习单元3　铣床的故障诊断

学习目标

1. 了解卧式铣床的结构与工作原理。
2. 熟悉卧式铣床的常见故障。
3. 掌握直观诊断卧式铣床故障的方法。

知识要求

一、卧式铣床的结构与工作原理

X62W万能铣床是卧式万能升降台铣床（见图3—48），加工范围广，对产品的适应性很强。对中小型平面、各种沟槽、特形表面、齿轮、螺旋槽和小型箱体上的孔等都能加工。

1. 卧式铣床的组成

X62W万能铣床的主轴中心线与水平面平行，也称为万能升降台铣床；它的纵向工作台在水平面内能顺时针或逆时针转动0°~45°，有无转台是区别万能铣床和一般铣床的唯一标志。

（1）卧式铣床的各组成部分

床身、横梁、主轴、纵向工作台、横向工作台、转台、升降台。

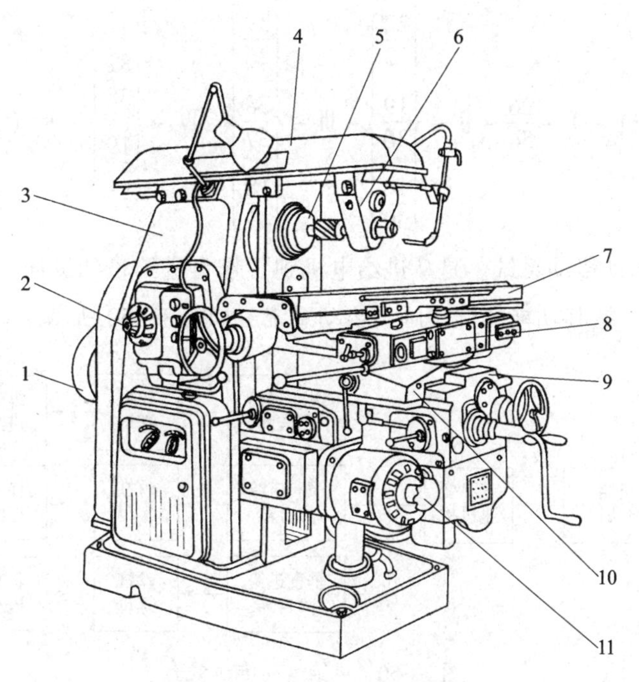

图 3—48　X62W 万能铣床

1—电动机　2—主轴变速箱　3—床身　4—横梁　5—主轴　6—挂架

7—纵向工作台　8—转台　9—升降台　10—横向工作台　11—进给变速箱

（2）卧式铣床的传动系统

X62W 万能升降台铣床的传动系统由主运动传动系统和进给运动传动系统组成，其传动路线如下：

1）主运动传动系统。是从主电动机到主轴回转的运动传递路线，把传动功能按其功能和顺序画出框图称作传动系统，如图 3—49 所示。

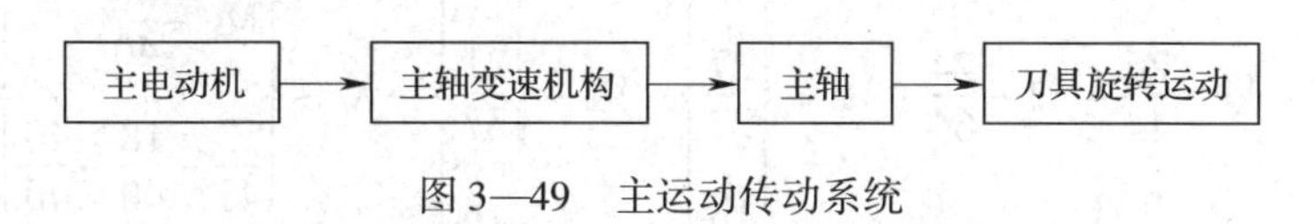

图 3—49　主运动传动系统

升降台铣床的主运动传动系统是将主电动机的旋转运动通过各传动件传给主轴，并带动装在主轴上的铣刀实现主运动。主轴的启动、反转利用主电动机来实现，主轴制动利用Ⅱ轴上的电磁离合器来实现，主轴变速利用各轴之间的滑移齿轮来实现。

主轴变速箱内有两个三联固定齿轮和一个二联滑移齿轮进行啮合，通过变位啮合，主轴就获得了 $3 \times 3 \times 2 = 18$ 种转速，最高转速为 1 500 r/min，最低转速为 30 r/min。这就是主运动的传动过程和变速原理。即

$$\text{电动机} - \mathrm{I} - \frac{26}{54} - \mathrm{II} - \left\{\begin{matrix} \frac{22}{33} \\ \frac{19}{36} \\ \frac{16}{39} \end{matrix}\right\} - \mathrm{III} - \left\{\begin{matrix} \frac{39}{26} \\ \frac{28}{37} \\ \frac{18}{47} \end{matrix}\right\} - \mathrm{IV} - \left\{\begin{matrix} \frac{82}{38} \\ \frac{19}{71} \end{matrix}\right\} - \mathrm{V}\ (\text{主轴})$$

2）进给运动传动系统。是从进给电机到工作台进给量的纵向、横向或垂向的运动传递路线，按其功能和顺序画出传动系统，如图 3—50 所示。

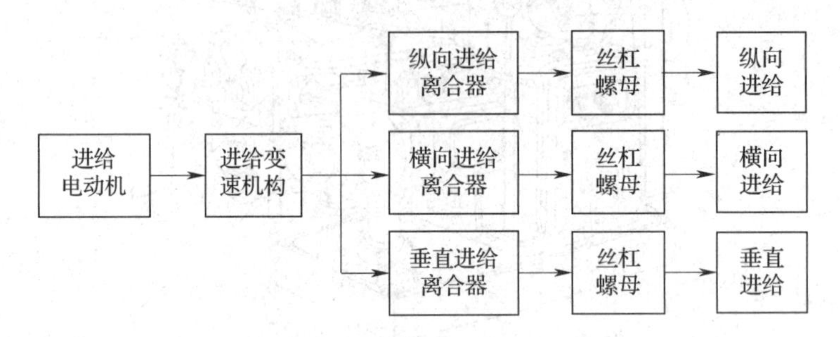

图 3—50　进给运动传动系统

进给运动传动系统的主要传动件都安置在升降台内部，由进给电动机单独驱动。按下进给离合器，此时快动（摩擦）离合器松开，电动机经变速箱把运动传入工作台丝杠，进给变速箱内有两个三联固定齿轮和一个三联滑动齿轮，经 M_1、M_c 和 M_v 离合器分别传给纵向、横向和垂向的进给丝杠，使工作台获得三个方向的进给速度，纵向和横向进给速度共有 $3 \times 3 \times 2 = 18$ 种转速，范围为 23.5 ~ 1 180 mm/min，垂向进给速度只相当于纵向进给速度的 1/3，其范围为 8 ~ 400 mm/min。即

$$\text{电动机} - \mathrm{VI} - \frac{26}{44} - \mathrm{VII} - \frac{24}{64} - \mathrm{VIII} - \left\{\begin{matrix} \frac{36}{18} \\ \frac{27}{27} \\ \frac{18}{36} \end{matrix}\right\} - \mathrm{IX} - \left\{\begin{matrix} \frac{24}{34} \\ \frac{21}{37} \\ \frac{18}{40} \end{matrix}\right\} - \mathrm{X} - \left\{\begin{matrix} M_1 - \frac{40}{40} \\ \frac{13}{45} - \frac{18}{40} - \frac{40}{40} \end{matrix}\right\} - M_2 -$$

$$\text{（自 VI} - \tfrac{26}{44}\text{ 引出）} \quad \frac{44}{57} - \frac{57}{43} - M_3(\text{快速移动})$$

$$\mathrm{XI} - \frac{28}{35} - \mathrm{XII} - \left\{\begin{matrix} \frac{18}{33} - \frac{33}{37} - \mathrm{XIV} - \frac{18}{16} - \frac{18}{18} - M_1 - \mathrm{XVI} - \text{纵向进给丝杠}\ (P = 6\ \text{mm}) \\ \frac{18}{33} - \frac{33}{37} - \frac{18}{33} - \mathrm{XIV} - \frac{37}{33} - M_c - \mathrm{XV} - \text{横向进给丝杠}\ (P = 6\ \text{mm}) \\ \frac{18}{33} - M_v - \mathrm{XIII} - \frac{22}{33} - \frac{22}{44} - \mathrm{XVII} - \text{垂直进给丝杠}\ (P = 6\ \text{mm}) \end{matrix}\right.$$

由图 3—51 中可以看到 X62W 万能铣床的传动路线和传动结构，对传动系统的分析和指导修理工作很有帮助。分析传动路线的方法是看电动机如何将运动传递至两端，一端是主轴旋转，一端是工作台移动。再将这两端传动路线的连接、沟通弄清楚了，传动系统就分析完了。

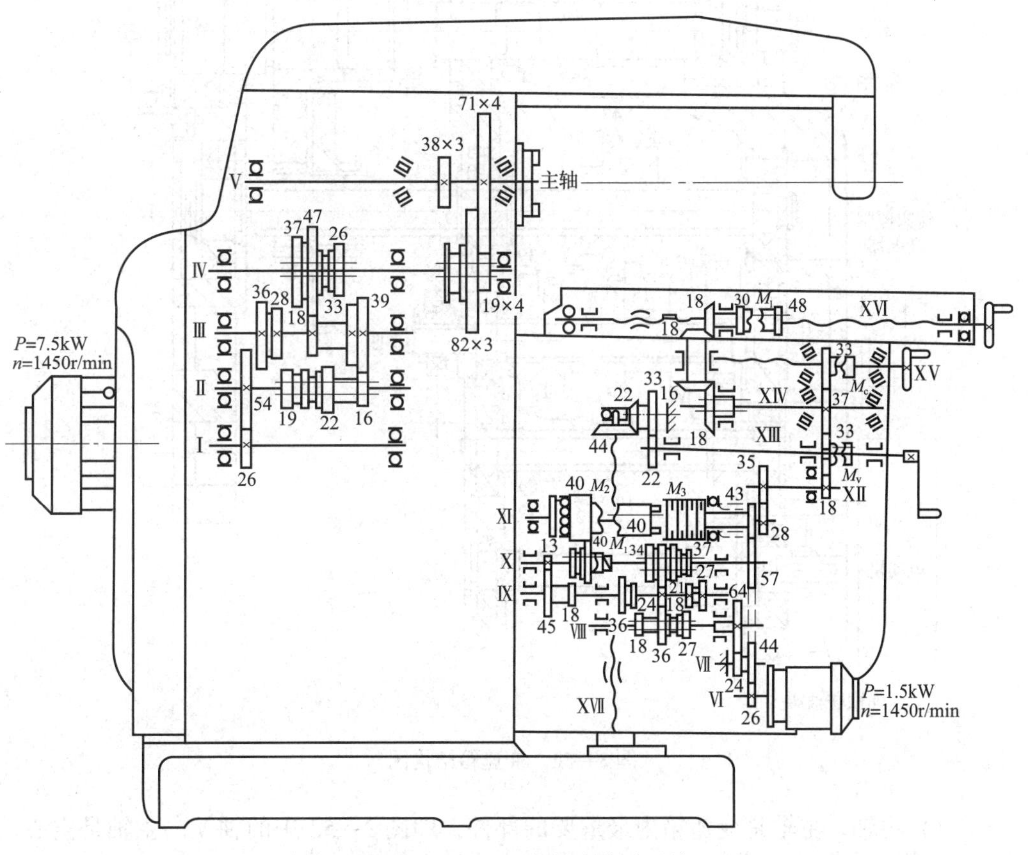

图 3—51　X62W 万能铣床传动系统

将图按实际传动关系画在一个平面图上。图中标明各轴顺序号、齿轮齿数、丝杠螺距及离合器等。

2. 卧式铣床部件的工作原理

X62W 万能铣床主要由床身、升降台、工作台、回转盘、主传动变速箱、进给传动变速箱等部分组成。

（1）主轴变速箱

如图 3—52 所示为变速箱的结构图。主电动机安装在床身的后面，通过弹性联轴器与轴Ⅰ相连。传动轴Ⅰ～Ⅴ均装在滚动轴承上。轴Ⅱ和轴Ⅳ上的滑移齿轮则由相应的拨叉机构来拨动，使其与相应的齿轮啮合，以改变主轴的转速。

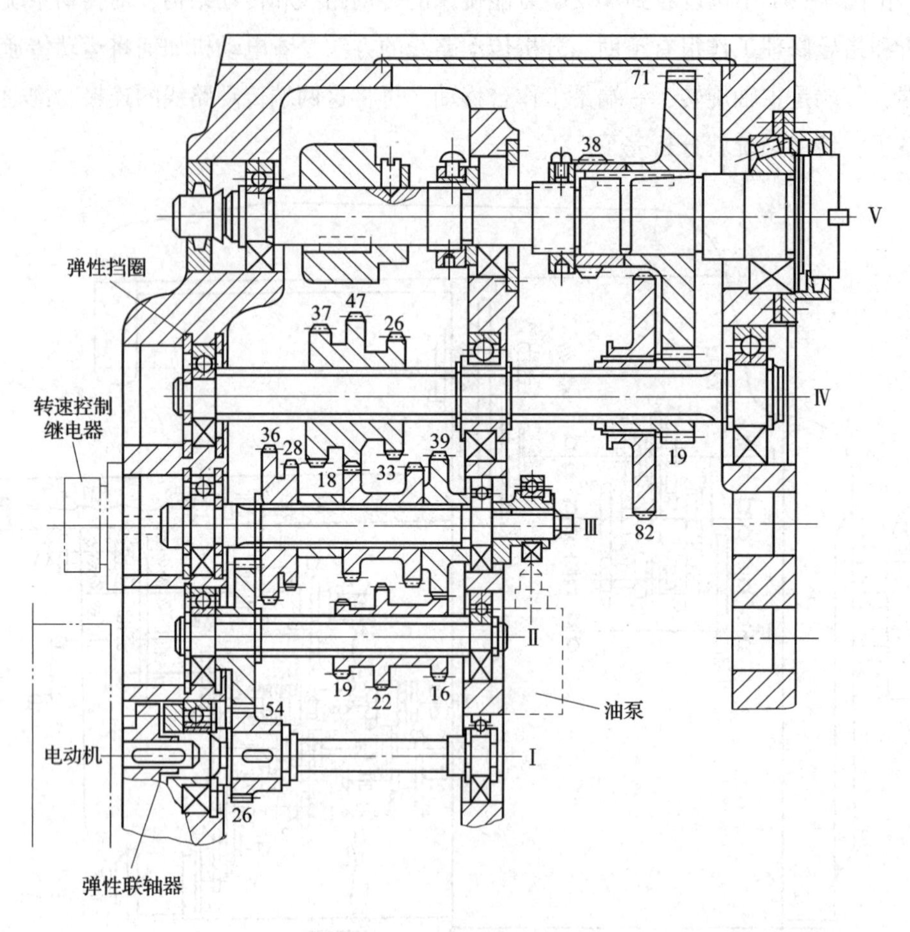

图 3—52　变速箱结构图

1）主轴。主轴是变速箱内最重要的部件，即图 3—52 中的轴 V。主轴是空心轴，前端有 7∶24 的精密锥孔，其用途是安装铣刀刀杆并带动铣刀旋转。它由三个轴承支承，由于轴承的间距短且轴的直径较大，因此能保证主轴具有必要的抗振性和刚度（见图 3—53）。

前轴承是决定主轴几何精度和运动精度的主要轴承，因此采用 D 级精度的圆锥滚子轴承。主轴中部的轴承决定了主轴工作的平稳性，因此采用 E 级精度的圆锥滚子轴承。后端轴承对铣削的加工精度没有决定性的影响，它主要是用来支承主轴的尾端。

2）中间传动轴。变速箱中的轴 II ~ IV 都是花键轴（见图 3—52）。在轴 II 上装有沿轴向滑移的三联齿轮。轴 III 上的齿轮之间用套圈隔开，故不能做轴向滑移，在轴 III 的左端装有用于制动主轴的转速控制继电器，在轴 III 的右端装有带动润滑油泵的偏心轮。在轴Ⅳ上装有可滑动的双联齿轮和三联齿轮，由于轴Ⅳ较长，为了加强轴的刚度和抗振性，采用三个径向轴承支承。

变速箱中各根轴上一端的径向滚动轴承，其外环都采用弹性挡圈固定在床身上，其内环用弹性挡圈固定在轴上，即轴的一端对床身不能做轴向移动。轴另一端滚动轴承的外环在床身的孔内不做轴向固定，只在轴端用弹性挡圈把轴承的内环紧固，这样可使传动轴在发热和冷却时有沿轴向伸缩的余地，另外也便于制造和装配。

3）弹性联轴器。电动机轴与轴Ⅰ之间用弹性联轴器连接。弹性联轴器（见图 3—54）是由两半部分组成的。它的一半安装在电动机轴上，另一半安装在轴Ⅰ上（见图 3—53）。两半之间用柱销 4、弹性胶圈 3、垫圈 2 和螺母 1 来连接，并传递动力。由于中间有弹性胶圈，所以在装配时，两轴之间允许有极少量的偏移和倾斜，在工作时能吸收振动和冲击。联轴器上的弹性胶圈因经常受到启动和停止的冲击而容易磨损，当磨损严重时就应更换。

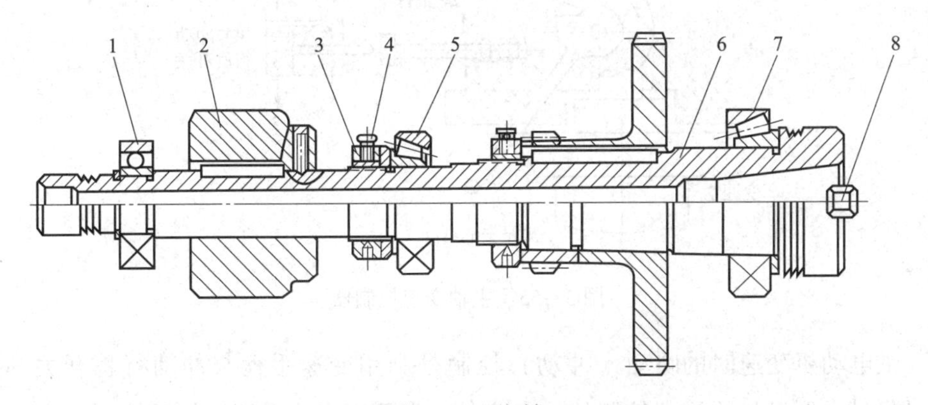

图 3—53　主轴

1—后轴承 312　2—飞轮　3—锁紧螺母　4—紧固螺钉

5—中间轴承 7513　6—主轴　7—前轴承 7518　8—端面键

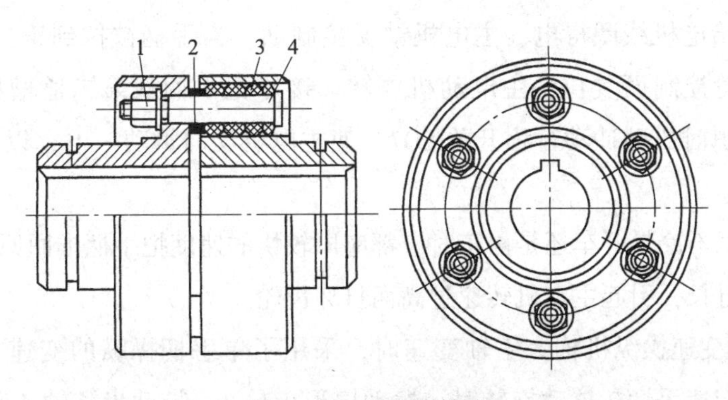

图 3—54　弹性联轴器

1—螺母　2—垫圈　3—弹性胶圈　4—柱销

4）主轴制动装置。X62W 万能铣床的主轴是采用转速控制继电器来制动的，它装在轴Ⅲ的左端（见图 3—55）。其作用是当按下主轴停止按钮时，能使主轴迅速停止旋转。

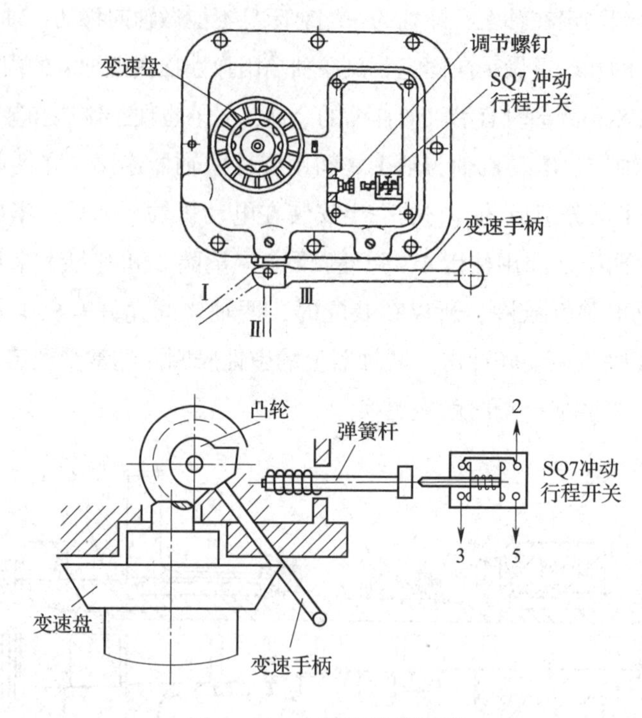

图 3—55　主轴变速控制器

主电动机变速时的瞬动（冲动）控制是利用变速手柄与冲动行程开关 SQ7 通过机械上联动机构进行控制的。变速时，先下压变速手柄，然后拉到前面，当快要落到第二道槽中时，转动变速盘，选择需要的转速。此时凸轮压下弹簧杆，使冲动行程开关 SQ7 的常闭触点先断开，切断主电机电源；同时 SQ7 的常开触点接通，进给电机线圈得电，主电机被反接制动。当手柄被拉到第二道槽中时，SQ7 不受凸轮控制而复位，主电动机停转。接着把手柄从第二道槽推回原始位置，凸轮又瞬时压动冲动行程开关 SQ7，使主电机反向瞬动一下，以利于变速后的齿轮啮合。

但要注意不论是开车还是停车时，都应以较快的速度把手柄推回原始位置，以免通电时间过长，引起主电机转速过高而打坏齿轮。

5）主轴变速操纵机构。主轴变速时，采用了单手柄操纵的变速机构（见图 3—56）。当变速手柄 2 拉动旋转时，拨动扇形齿轮 3，带动齿条轴 4 移动拨叉 5，使变速孔盘 6 向右移动，圆盘上的孔便从齿条插销 7 中退出。这时即可转动调速手轮1，旋动锥齿轮11、12，使变速孔盘6转到所选速度位置。然后再回转变速手柄2，使孔盘6左移到原位置。于是，齿条插销7由原来位置g改变至位置f或h。通过小齿轮8和齿条轴9，三联滑移齿轮10便被拨到需要的啮合位置。

变速孔盘6可以同时配合三对齿条插销（图中只画了一对），所以，在操纵时同时可以改变三个滑移齿轮的啮合位置。因此，变速孔盘6上的孔按18种变速的齿轮啮合位置，精确地布置加工，使圆周分成18个位置，每个位置获得一种转速。

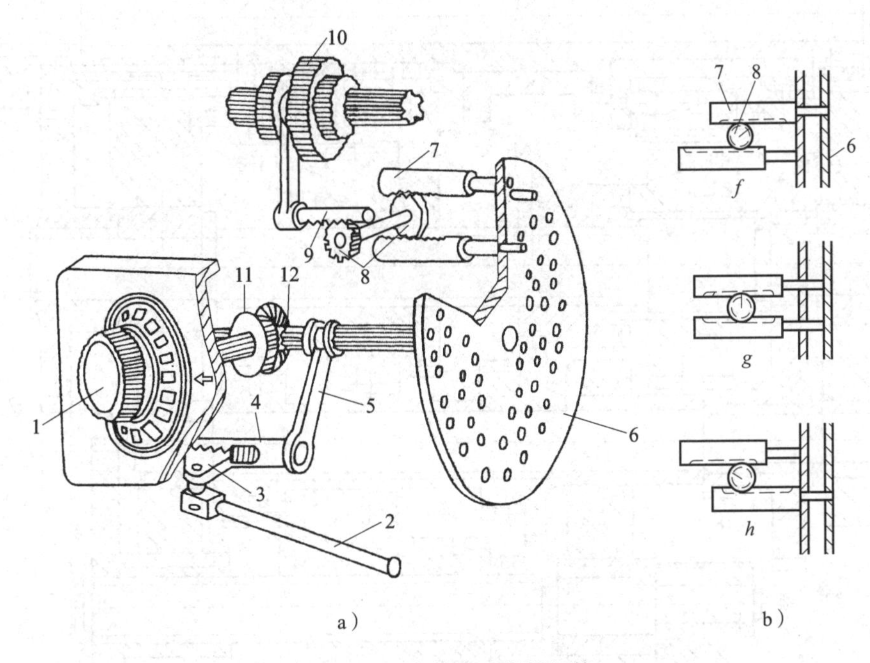

图3—56　主轴变速操纵机构

a）变速结构图　b）操纵原理图

1—调速手轮　2—变速手柄　3—扇形齿轮　4、9—齿条轴　5—拨叉

6—变速孔盘　7—齿条插销　8—小齿轮　10—三联滑移齿轮　11、12—锥齿轮

（2）进给变速箱

进给变速箱安装在升降台的左边（见图3—57），在电动机轴Ⅵ上装有$z=26$的齿轮，它与进给箱中轴Ⅶ上$z=44$的齿轮相啮合，将运动传给变速箱。

进给箱的轴Ⅶ是短轴，另一端用过盈配合压紧在箱内。轴与双联齿轮之间用滚针支承，这是因为小齿轮的直径太小，孔径受到限制。双联齿轮中$z=24$的小齿轮与轴Ⅷ上$z=64$的齿轮啮合，将运动传给轴Ⅷ。轴Ⅷ是一根花键轴，由$z=64$的齿轮带动；中间是一个三联齿轮，通过三联齿轮把运动传至轴Ⅸ。轴Ⅷ由于经过26∶44和24∶64的降速以后，转速只有320 r/min，轴的直径又不大，故可用滑动轴承来支承。轴Ⅸ和轴Ⅹ的工作条件与轴Ⅷ基本相同，故均用滑动轴承来支承。

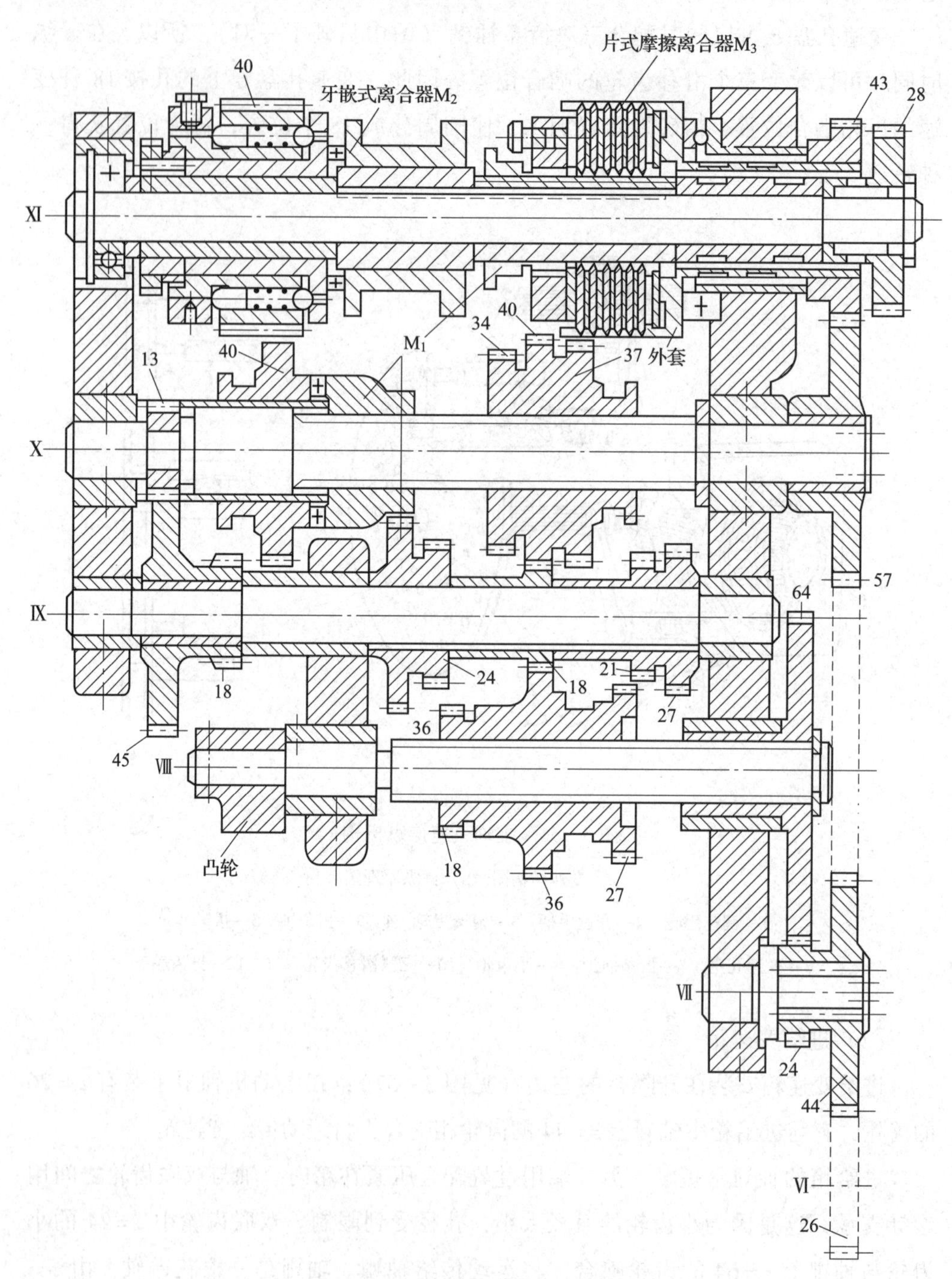

图3—57　进给变速箱结构图

进给变速箱内的所有滑动轴承都是以过渡配合紧密地压在箱体上，为了避免产生轴向位移，再用止动螺钉固定。

轴Ⅷ的左端是一个凸轮，用来带动润滑油泵，给进给变速箱内润滑用。

轴Ⅺ的右端是一个 $z=43$ 的齿轮，经中间齿轮 $z=57$ 和轴Ⅶ上双联齿轮中 $z=44$ 的大齿轮直接传动，因此转速较高。所以轴的左端用滚动轴承支承。轴的右端由于结构较复杂，空间受到限制，所以采用滚针轴承。轴的中间是安全离合器和做快速传动时用的片式摩擦离合器。工作台的进给运动和快速移动是由轴Ⅺ上的牙嵌式离合器 M_2 和片式摩擦离合器 M_3 控制的。

1）安全离合器。轴Ⅺ上的安全离合器是定扭矩装置，用来防止机床工作超载时损坏零件。牙嵌式离合器 M_2 空套在轴Ⅺ的套筒上，其端面齿爪与球式离合器的端面齿爪结合（见图 3—58a）。

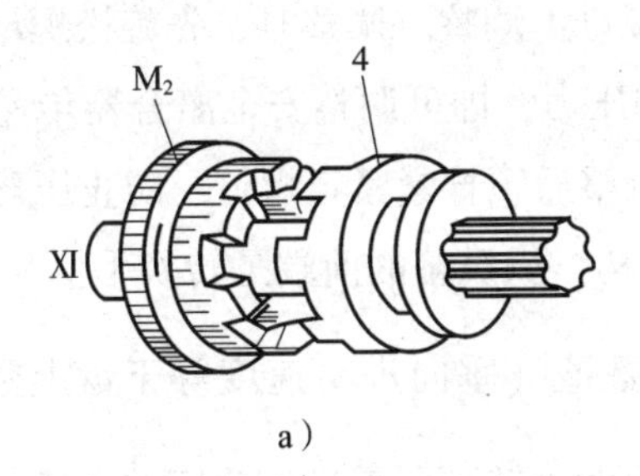

a）

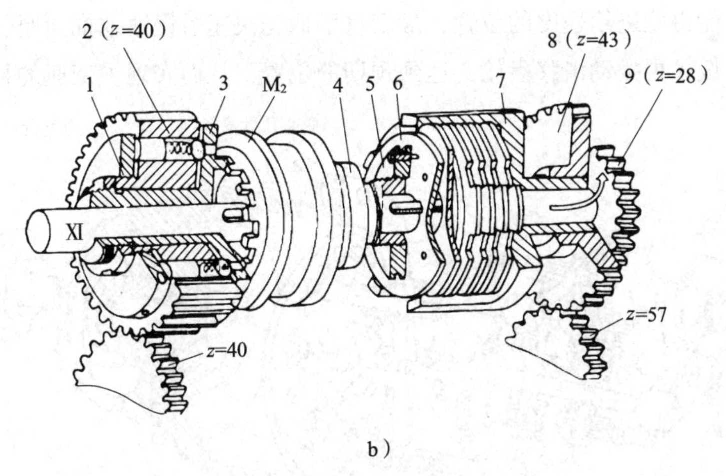

b）

图 3—58　安全离合器结构图

a）牙嵌式离合器　b）片式摩擦离合器

1—压环螺母　2—进给齿轮　3—进给球式离合器　4—牙嵌式离合器滑套

5—片式摩擦离合器调节螺母　6—摩擦片压环　7—快动片式离合器外壳

8—纵向快速齿轮　9—纵向、横向、垂直进给的输出齿轮

当滑套 4 向右移动时，使牙嵌式离合器 M_2 的嵌齿脱开，轴Ⅺ便停止旋转。离合器 M_2 在继电器电磁铁的作用下向右移动，与球式离合器脱开，同时推动滑套 4 及滑套上的螺母右移，螺母端面通过摩擦片压环 6 压紧内、外摩擦片，使片式摩擦离合器接通，工作台做快速移动。片式摩擦离合器的内、外摩擦片之间的间隙是由调节螺母 5 来调整的。

齿轮 2 的孔中装有圆柱销、弹簧和钢球。圆柱销左端紧靠在螺母 1 的端面上，弹簧将钢球压紧在球式离合器 3 的孔上。故从齿轮 2 传入的运动可通过钢球传给离合器，再通过离合器 M_2、花键套筒和键传给轴Ⅺ，最后由齿轮 9 输出。当铣床超载或发生故障时，离合器 3 上的孔坑对钢球的反作用力增大，当其轴向分力大于弹簧压力时，钢球便从孔中滑出，齿轮 2 带动钢球在离合器端面上打滑，离合器 3 不转，进给运动中断，防止了机件的损坏（见图 3—58b）。安全离合器所传递的扭矩大小可用圆柱销左端的螺母 1 调整。调整时，先旋松螺母 1 上的紧定螺钉，旋转螺母 1，调整弹簧对钢球的压力，即可调整安全离合器传递扭矩大小，其扭矩一般以 160 ~ 200 N · m 为宜。调整后，拧紧紧定螺钉，防止压环螺母 1 松动。

2）进给变速操纵机构。操纵箱的前端是转换手柄和速度盘（见图 3—59），盘上标有 18 种进给速度的数值（垂向进给速度等于盘上数值的 $\frac{1}{3}$）。变速时，先把转换手柄拉出，再连同速度盘转到所需进给速度的数值与箭头对准。此时变速孔盘也转到相应能得此进给速度的位置，最后将手柄先快速后慢速地推向原位，孔盘就推动拨叉，拨叉再拨动滑移齿轮，达到预期的位置，从而实现了变速的目的。

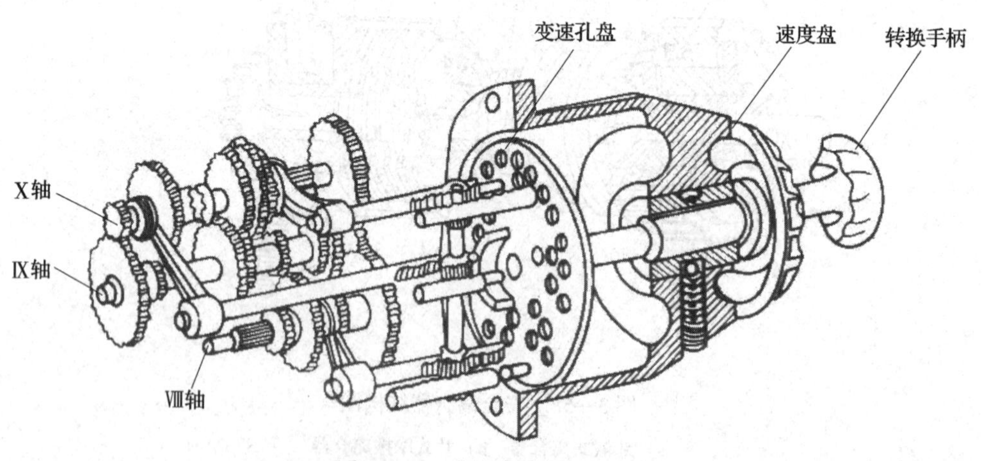

图 3—59　进给变速操纵机构

当转换手柄拉出到孔盘与齿条杆销脱离后或推入到孔盘与齿条杆销接触前，均会触及微动开关，也会使电动机瞬时通电，电动机带动变速箱内各齿轮做微动，以利于滑动齿轮顺利地进入啮合状态。操作时应注意的事项也与操作主轴变速操纵机构时相同。

(3) 升降台和工作台的结构

升降台与床身以矩形导轨、压板的结构相互连接，提高了导轨的刚度，便于维修。在升降台内部，装有完成升降台上下移动、滑鞍横向进给及工作台纵向进给的传动机构，各方向的进给运动由一套鼓轮机构及台面操纵机构集中操纵。

工作台与滑鞍之间增加了一个回转盘，工作台进给丝杠的轴向定位依靠右边轴架上的一对推力轴承，另一端是可以自由伸缩的。工作台的横向进给螺母座固定在滑鞍的中部，与中央锥齿轮装于同一托架上，便于维修、调整。工作台进给丝杆的螺母分为左、右两半，中间留有空行程，左、右两螺母的间隙可分别调整。

1) 升降台的结构。如图 3—60 所示是升降台的传动系统。升降台运动从进给变速箱中的轴Ⅺ，通过 $z=28$ 的齿轮传给齿轮 1，带动齿轮 2、3、4 旋转，把运动传给纵向、横向和垂向系统。齿轮 2 与轴ⅩⅢ是空套的，所以必须把离合器 M_v 与齿轮 2 接合后，才能把运动传给垂直方向进给系统。齿轮 3 通过键和销带动轴ⅩⅣ，再把运动传给纵向进给系统。齿轮 4 也像齿轮 2 一样，必须与离合器 M_c 接合后才能把运动传给横向进给系统。

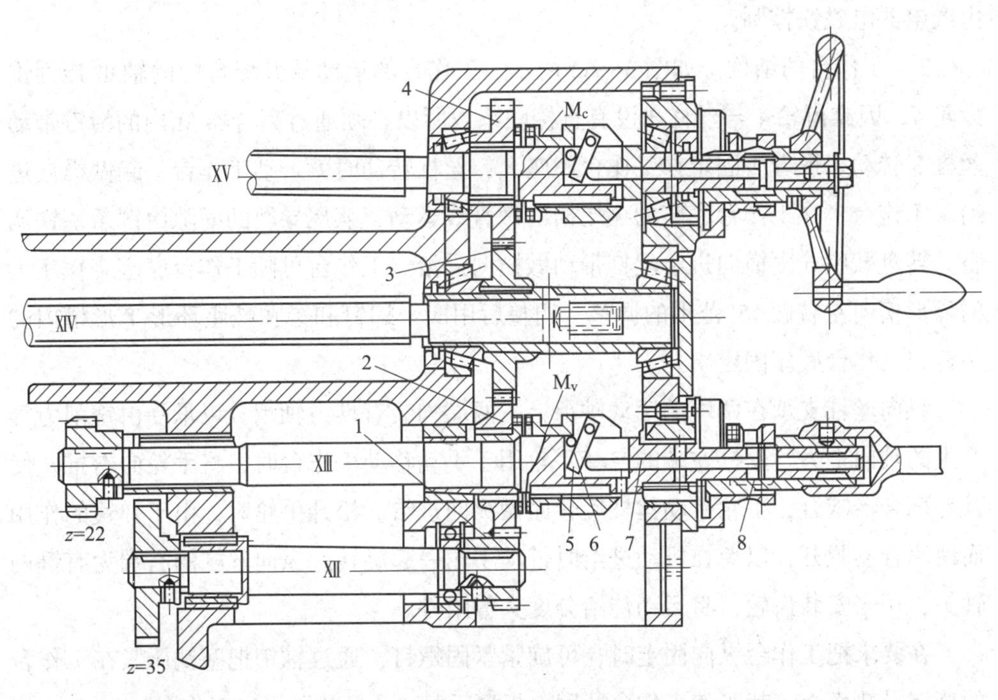

图 3—60　升降台的传动系统

1、2、3、4—齿轮　5—杠杆　6—锁　7—柱销　8—套圈

当工作台沿横向或垂向做快速运动时，为了防止手柄旋转而造成事故，进给机构特设有安全装置，即在机动进给时，手柄一定脱开而空套在轴上，使机动与手动产生联锁作用。当拨叉把离合器 M_v 拨向里面，与齿轮2接合时，做垂向机动进给。此时离合器 M_v 向里移动而带动杠杆5，杠杆5绕锁6转动时，下端向外摆而把柱销7向外推，柱销7通过套圈8把手柄连同做手动进给的离合器向外顶，让手柄上的离合器脱开而使手柄不跟轴旋转。横向进给手柄处的联锁装置也是如此。纵向手柄在弹簧力的作用下，经常处于脱开状态。

如图3—61所示，运动从轴ⅩⅢ上的齿轮（$z=22$）传给短轴上的齿轮1，由一对锥齿轮2和3使丝杠4旋转，以达到工作台垂向进给的目的。

由于升降台的行程较大，升降台内装丝杠处到底座之间的最大距离小于行程的2倍，用单根丝杠不能满足要求，因此采用双层丝杠的结构。当丝杠4在丝杠套筒5内旋至末端时，由于台阶螺母7的限制而不能再向上旋。此时就带动丝杠套筒5向上旋，丝杠套筒内孔的上部是与丝杠4配合的螺母。螺母6就固定安装于底座上的套筒内。

工作台做横向进给或垂向进给的离合器 M_c、M_v 都是由杠杆控制的，在使 M_c 接合时，M_v 必然脱开，反之亦然。因此，工作台横向和垂向的机动进给是互锁的，由继电器电磁铁控制。

2）工作台的结构。如图3—62所示，工作台的运动从升降台中的轴ⅩⅣ传到锥齿轮4，因锥齿轮4与丝杠3没有直接联系，所以必须通过离合器 M_l 内的滑键带动丝杠3转动。螺母2固定在工作台底座上，丝杠转动时就带动工作台一起做纵向进给。工作台1在工作台底座的燕尾槽内做直线运动，燕尾导轨的间隙由镶条塞铁调整。转盘鞍座6由横向进给丝杠带动做横向进给。工作台可随工作台底座绕鞍座上的环形槽向左右做45°范围的调整。调整后用四个螺钉和穿在鞍座环形T形槽内的销钉将工作台底座固定牢。

纵向丝杠支承在两端的滚动轴承上，两端均装有推力轴承，以承受由铣削力等产生的轴向推力。丝杠左端的空套手轮用于手动移动工作台时，将手轮向右推，使其与离合器啮合，手轮带动丝杠旋转而做纵向进给。松开手轮时，由于弹簧的作用而使离合器脱开，以免在机动进给时带动手轮一起旋转。纵向丝杠的右端为有键的轴头，用来安装齿轮，将运动传给分度头等附件。

在要求把工作台纵向固定时，可旋紧紧固螺钉，通过轴销把塞铁压紧在工作台的燕尾导轨面上，就可使工作台紧固。扳紧手柄5，可紧固横向工作台。

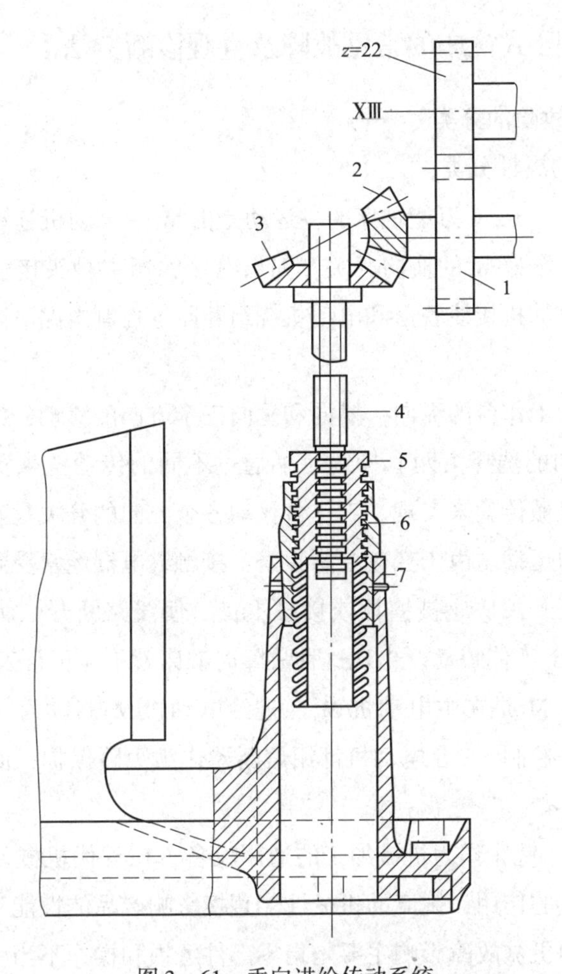

图 3—61　垂向进给传动系统

1—齿轮　2、3—锥齿轮　4—丝杠　5—丝杠套筒　6—螺母　7—台阶螺母

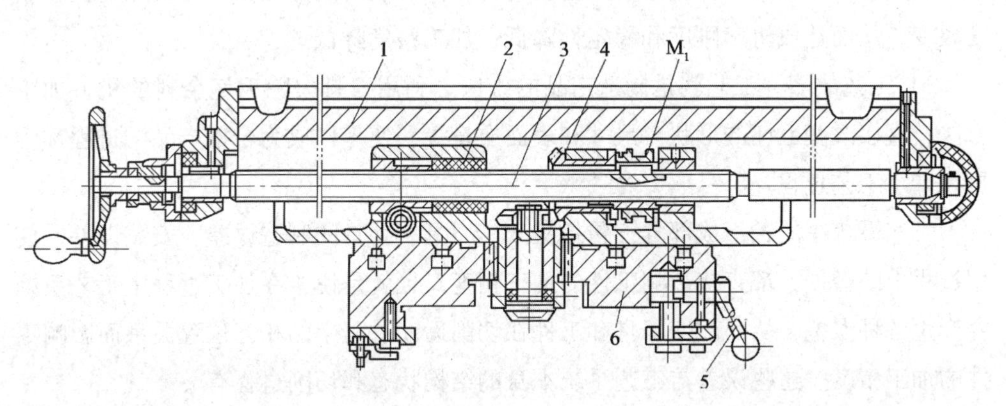

图 3—62　工作台的传动系统

1—工作台　2—螺母　3—丝杠　4—锥齿轮　5—手柄　6—转盘鞍座

二、X62W卧式铣床的常见故障及直观诊断方法

1. 铣床常见故障的分类

（1）按故障的属性分类

1）电气故障。X62W万能铣床的主运动是由M_1主电动机拖动主轴带动铣刀进行铣削加工。SA3作为M_1的换向开关，如果有接触器主触头接触不良、主触头脱落、机械卡死、电动机接线脱落和电动机绕组断路等控制电路故障，则铣床不能正常运转。

进给运动是指工作台的纵向、横向和垂向三个方向的移动，由一台进给电动机M_2拖动，三个方向的选择由两套操纵手柄通过不同的传动链来实现。其正反转由接触继电器配合机械传动来实现。工作台移动各个方向的开关是互相联锁的，使之只能有一个方向的运动。由于变速控制频繁，接触继电器经常受到频繁冲击，使开关位置改变，甚至开关底座被撞坏或接触不良，使线路断开，从而造成主电动机M_1或进给电动机M_2不能瞬动。出现这种故障时铣床就不能正常工作。

冷却泵电动机M_3是在主电动机M_1、进给电动机M_2启动后，才能启动供应切削液，用手动开关控制；3台电动机都用熔断器作为短路保护，而且分别由热继电器作为过载保护。

2）机械故障。铣床作为机械加工的通用设备，在现代机械装备制造和生产中一直起着不可替代的作用，铣床的机械性能直接影响产品的性能。广义机械故障含义广，本节简述的机械故障影响主要是指零部件磨损和操作不当引起的加工质量达不到技术要求。铣床负载时铣刀的转动惯量较大，轴承配合间隙增大，工作台频繁地变位移动，导轨副、齿轮副、丝杠副均有不同程度的间隙增大，导轨相对位置精度改变，从而造成机床刚度和稳定性降低，加工精度降低。

3）工艺故障。工艺就是制造产品的方法。利用刀具去除毛坯余料的机械加工方法，直接改变毛坯的形状、尺寸和表面质量等，使零件成为合格产品的过程称为机械加工工艺过程。

工艺系统中的各组成部分，包括机床、刀具、夹具的制造误差、安装误差、使用过程中的磨损，都直接影响工件的加工精度。也就是说，在加工过程中工艺系统会产生各种误差，从而改变刀具和工件在切削运动过程中的相互位置关系而影响零件的加工精度。这些误差与工艺系统本身的结构状态和切削过程有关。

（2）按故障频发的部位分类

1）主运动机构故障。

2）进给运动机构故障。

（3）意外事故

2. 直观诊断铣床故障的检查方法

诊断铣床的故障就要熟悉其主要结构和运动形式，掌握铣床工作状态及操作手柄的作用，了解铣床电气元件的安装位置以及操作手柄处于不同位置时的运动部件工作状态。

（1）“望”

X62W万能铣床主轴在一定的转速下，直接带动刀具进行切削，传递一定的扭矩；主轴对旋转精度、静刚度、抗振性、热变形、耐磨性及加工工艺都有较高的要求。因此，“望”是对机床运行和加工状态的检查。

1）工装夹具安装位置是否正确和工作台承受铣削力是否均匀。

2）切削用量和刀具选择与加工材料是否适合。

3）工件铣削加工的刀迹是否均匀，加工表面粗糙度是否有变化规律。

4）查看热继电器等保护类电气是否动作，熔断器的熔丝是否熔断。

5）继电器触点和接线柱处是否松动或脱落，导线的绝缘是否破损甚至短路。

（2）“闻”

X62W万能铣床的操作是通过手柄同时操纵电气结构与机械结构以达到机电紧密配合完成预定的操作，是机械结构与电气结构联合动作的典型控制，是自动化程度较高的组合机床。由于电气控制线路触点多，线路复杂，故障率高，给故障排除与修理带来诸多不便。作为一名机修钳工，不但要有良好的技能、技巧，而且要具备电力拖动的知识。因此，“闻”就是通过听和嗅的感官对机床的工作状态进行检查，发现其隐患或故障。

1）主轴变速箱、进给变速箱是否有异响或间歇性、规律性的异响。

2）进给箱安全离合器互锁机构是否有异响。

3）切屑颜色、气味及形状是否发生变化，铣床运行是否有振动。

4）电动机的绝缘漆有无过热焦味。

5）控制电路板接线柱是否有电弧烧焦的痕迹。

6）继电器、接线柱是否有烧焦气味。

（3）“问”

机床出现机械故障或电气故障后，机修钳工对机床的具体情况是掌握不到的。此时，应首先向操作者了解故障发生前后机床的详细情况，如故障发生的时间、现象（有无异常的响声、振动、冒烟、冒火和烧焦气味）等，并询问机床的日常使用情况以及易出故障的部位等。所以，“问”就是调查。

1）铣床在不能开动时，要了解机床故障前的异常情况，如断开电源，用手触摸检查电动机及各种电气设备的表面有无过热现象，以及异常响声的部位、异常气味的位置、进给不能正常的情况、操纵不灵活的手柄等。

2）铣床在可以开动时，要先检查动力控制开关触点是否接触良好，熔断丝是否完好，冲动触点是否失灵。若机床还能开动，则注意听运行时的声音是否正常，变速手柄操纵是否灵活，主轴变速箱能否变速，变速后是否符合铭牌的速比，啮合齿轮是否有异响，刀具的选择及切削用量和材料铣削是否相适应等。

（4）“切”

通过对铣床的故障信息进行采集后，机修钳工就要确定故障的属性和故障修理的具体位置，切忌盲目修理和扩大修理范围。

故障诊断的基本概念来源于我国中医的“望、闻、问、切，辨证施治”八字诀，它极其精辟地总结了医学诊断的基本过程和原理。“切”就是采集设备劣化进程中产生的信息（即振动、噪声、压力、温度、润滑状态及其铣削加工状况等）来进行状态分析和故障诊断，其主要依靠人的感觉和经验，故有较大的局限性。

随着技术的发展和进步，光纤内窥镜、电子听诊仪、红外热像仪、激光全息摄影等现代手段成为有效的诊断方法。有条件的企业和单位可以应用检测仪进行诊断，更加确切地分析设备故障的原因和具体部位，避免盲目修理和扩大修理。

三、X62W 卧式铣床几何精度的检测方法

一台机床由成千上万个零件组成，经过一段时间的运转，零件就会失效、劣化，造成故障，尤其是大修或数控技术改造后，都必须对其技术性能进行检验。

1．几何精度检验的一般规定

机床的精度检验一般是指在部件装配或大修后机床的运转检查（如振动、噪声、运动部件爬行）、机床的参数检查（如速度、进给量等）、试验后或数控化改造后的几何精度检验。

（1）X62W 卧式铣床的精度包括以下内容

1）几何精度。铣床的几何精度综合反映了机床主要零部件组装后线和面、点和面、线和线等的形状误差、位置或位移误差。根据机床检验通则，在无负荷或精加工条件下机床的几何精度按国家标准进行检测。

2）传动精度。铣床主轴（滚刀）和工作台（被加工齿轮）间为内联系传动

链，该传动链的误差是影响加工精度的主要因素；传动链末端元件产生的转角误差，对铣床加工模数螺纹会影响分度精度，造成加工表面的形状误差，如螺旋角精度、齿距精度等。

3）运动精度。铣床的运动精度主要划分为两大部分，即主轴的传动链传递回转精度、与工作台相对位置精度。当运动为进给运动时，工作台要保持严格的相对运动位置关系，工作台移动由几个单元运动所组成，为完成复杂的单元运动关系，必须有严格的传动链把这些单元运动的执行件联系起来，并使其保持确定的相对运动关系。

4）动态精度。铣床以拥有良好的静态精度为条件，才能使各部件动态性能得到提高，即铣床负载运转振动试验、工作台部件冲击激振试验以及在工件切削状态下，低振动、低噪声、高精度的优化。

（2）X62W 卧式铣床的各项精度对被加工零件加工精度的影响

1）铣床的定位精度。是指工作台与刀具（主轴）在给定位置达到的实际位置的单向重复定位。它影响被加工零件的尺寸精度和相互位置精度。

2）铣床的几何精度。是指导轨与工作台、主轴与工作台之间的平行度、垂直度、同轴度等位置关系，几何精度误差直接反映到被加工零件上，它直接影响机床的工作精度。

3）铣床的传动精度。是指利用附件分度头加工齿轮时，传动链末端差动分度运动的协调性和均匀性。它影响被加工零件的齿形压力角误差、公法线长度和齿厚误差。

4）铣床的工作精度。影响铣床工作精度的因素有机床的几何精度、静动态特性、刀具的形状误差、机床调整及对刀误差、加工工艺等。

影响铣床工作精度的故障隐蔽性强，诊断难度大，所以故障征兆主要有以下方面：铣床进给量在渐进中变化；主轴轴向的反向间隙异常；电机运行状态异常，即电气及控制部分故障；机械故障，如丝杆、螺母、轴承、联轴器、离合器等部件故障。此外，刀具的选择及人为因素也可能导致工作精度异常。

5）铣床的低速稳定性。铣床在进行超过某一限度的重切削（切削宽度或切削深度大的切削）时的动态不稳定现象，决定了机床强力切削性能的界限。机床结构中产生的再振动特性就是切削点处在刀具与轴承工件之间产生显著相对振动位移的特性。

（3）几何精度检验的基本内容

机床的工作精度除受静态几何精度的影响，还受机床工作时变形和振动的影响，因此，几何精度检验的基本内容如下：

1）床身导轨精度。

2）主轴与工作台的位置精度。

3）工作台的纵向、横向、垂向三向位置精度。

4）主轴的回转精度误差。

5）主轴锥孔轴线的径向跳动误差。

6）主轴锥孔的径向圆跳动误差。

2. 测量几何精度时的注意事项

（1）导轨各表面的测量应分别使用适当的桥尺和量具。

（2）使用桥尺、垫铁、检验棒时，接触面不允许有间隙和异物附着。

（3）使用检验棒检测要选择适当，注意检查主轴锥孔与检验棒的接触是否符合要求。

（4）使用百分表时，应注意测杆缩杆表底和表针是否灵活。

（5）使用框式水平仪进行测量时，应注意基准的稳定性，必要时需做检验校正。

四、X62W卧式铣床工作精度的检测方法

X62W卧式铣床的加工特点主要是具有一个或多个刀齿的旋转刀具。工作时各刀齿依次间歇地切去工件的余量。铣刀主要用于在铣床上加工平面、T形槽、台阶、沟槽、成形表面和切断工件等。铣床配置适当的附件，还可实现齿轮、凸轮、回转曲面、多边形等复杂表面的加工。针对机床的工艺能力，工作精度也有相应的要求。

1. 工作精度检验的一般规定

（1）材料

材料一般选择灰口铸铁HT15至HT30作为试加工毛坯，2块，尺寸为200 mm×200 mm×60 mm左右。

（2）刀具

高速钢。

2. 测量工作精度时的注意事项

（1）启动车床前，必须检查各电气控制元件是否完好，主轴变速箱、进给变速箱的变速手柄是否灵活、无阻滞，手柄是否在空挡位置。

（2）主轴变速时，必须待主轴停下，才能拨动变速手柄。不得用手作刹车，

主轴未停稳，不得拨动变速手柄。

（3）工件必须装夹在工作台中央，刀具选择要适当，要选择合适的切削用量。

（4）测量工件尺寸时，刀具未停稳，不准测量工件；注意避免切削热影响测量尺寸精度。

技能要求

X62W 卧式铣床的故障诊断

对于铣床的修理，重要的是发现问题。特别是铣床的电气控制故障。有时诊断过程较复杂，一旦发现问题所在，解决起来就比较简单。铣床故障诊断应遵从以下两条原则。首先要掌握铣床的工作原理和操纵动作顺序，其次要熟悉电气控制的运行状态，只要遵从以上原则，小心谨慎，一般的铣床故障都会及时排除。

一、操作准备

1. 故障诊断的准备阶段

铣床故障诊断、维修的经验是要在维修过程中寻找一定的规律和方法，如何找到症结所在以排除故障，要学会在出现故障时遵循诊断的原则。

（1）先外部后内部

铣床是集机械、电气于一体的集成机床，故其故障的发生也会由这两者综合反映出来。检修人员应先由外向内逐一进行排查，尽量避免随意地拆卸，否则会扩大故障，使铣床丧失精度，性能降低。

（2）先机械后电气

一般来说，机械故障较易发觉，而电气系统故障的诊断则难度较大些。在故障检修之前，首先注意排除机械性的故障，往往可达到事半功倍的效果。

（3）先静后动

在铣床断电的静止状态下，通过了解、分析确认为电气故障，必须先排除故障后，才可给铣床通电。在运行工况下，进行动态的观察、检查，查找故障。

（4）先简单后复杂

当出现多种故障互相交织掩盖，一时无从下手时，应先解决容易的问题，后解决难度较大的问题。往往简单问题解决后，难度大的问题也可能变得容易。

2. 修理阶段（分为组件拆卸和部件拆卸）

（1）直观检查法

它是检修人员常用的方法。在故障诊断时，首先要询问，向故障操作人员仔细询问故障产生的过程、故障表象及故障后果，并且在整个分析、判断过程中可能要多次询问；其次是仔细检查，根据故障诊断原则由外向内逐一进行观察、检查。

（2）动作诊断

检查机床各动作部分，判断动作不良的零部件位置；拆修时，要遵循先简单后复杂的原则，避免随意地拆卸，扩大故障。

（3）操作诊断

检查操作和工艺是否有误；配合工艺员修改工艺文件，避免拆修铣床。

3. 修理、调整、检验和试车阶段

（1）修理应使基础部件满足总装配的技术规程要求。

（2）调整工作。首先使部件的相互位置精度、几何精度满足静态工艺，再使机械操纵与电气控制同步。

（3）精度检验参照 JB 2670—1982 的技术规程验收。

（4）铣床运转的灵活性、振动、工作温升、噪声、切削性能要符合工艺要求。

4. 工具准备

普通铣床修理前要做好的准备工作主要包括对机床精度、主要零件磨损情况的了解和修理、备件的准备。由于铣床的传动链较长，结构较复杂，对主要零件的磨损情况主要是在拆机后做仔细的检查分析。

（1）注意人身安全

（2）注意工具配置

对于一些常用的工具，如拉马、铜棒、弹簧钳、护套、软垫、扳手（包括梅花扳手、呆扳手、六角扳手）、旋具，最好能以组为单位配备一套；而对于一些并不频繁使用的工具、量具，如安全行灯、三角刮刀、桥尺、检验棒、量块、百分表、水平仪等，进行集中管理，按实训项目开展，在老师的指导下开展技能训练。除此之外，钳工常用工具，如锉刀、钢锯等工具，也要按安全规程使用和管理。机修实训使用机油和清洗零件时，要按油类的安全规程使用和文明要求管理。

5. 量具准备

百分表及磁性表座、V 形等高块、圆柱检验棒、圆柱检验心轴、圆锥检验棒、检验桥板、水平仪、量块、平板直尺、宽座直角尺、带螺纹圆柱、圆锥量规、不同轴度检测工具、专用镗孔工具。

6．技术准备

（1）机床的图纸、设备档案、配件、备件资料要齐全、充分。

（2）制定修理工艺时要充分考虑到零部件的几何精度和组合几何精度的联系，这是铣床修理很关键的一点。

（3）机床修理应与现代修理新技术、新工艺、新材料相结合，制定修理及组装工艺要求一次到位，一次成功，尽量少返工。

二、操作步骤

1．主轴变速箱故障分析与检修（见表3—36）

表3—36　　主轴变速箱故障分析与检修

故障现象	原因分析	故障排除与修理
主轴变速箱变速手柄扳力超过200 N或扳不动	1．竖轴手柄与孔咬死 2．扇形齿轮和与其啮合的齿条卡住 3．拨叉移动轴弯曲或咬死 4．齿条轴未对准孔盖上的孔眼	1．拆下后修毛刺并润滑 2．调整间隙至0.15 mm 3．校直、修光或更换 4．先变换其他各级转速，或左右微动变速盘，调整星轮的定位器弹簧，使其定位可靠
主轴变速箱操纵手柄自动脱落	操纵手柄内弹簧松弛	更换弹簧或在弹簧尾端加一个垫圈，也可将弹簧拉长后重新装入
主轴变速箱变换转速时不冲动	主电机的冲动线路接触点失灵	检查电气线路，调整冲动小轴尾端的调整螺钉，达到冲动接触的要求
主轴变速箱操纵手柄的轴端漏油	间隙过大	更换轴套
主轴转速不稳定	1．V带太松，有打滑现象 2．V带与轴键配合松动 3．V带磨损或破损 4．电动机故障	1．调整电动机座或张紧力装置 2．修键槽，配新键 3．更换新皮带 4．检查、修理或更换电动机

2. 进给变速箱故障分析与检修（见表3—37）

表3—37　　进给变速箱故障分析与检修

故障现象	原因分析	故障排除与修理
进给时保险接合子异响，电机停止或逆转，或摩擦片发热、冒烟	1. 锁紧摩擦片间隙用调节螺母、定位销脱出连接，因此，在开动进给时，由于惯性作用，调节环转动，使摩擦片间的间隙减小，摩擦离合器同时起了作用 2. 摩擦片的总间隙过小	1. 调节离合器 M_3，使摩擦片总间隙达到2～3 mm 2. 旋动摩擦离合器上的调节螺母，使摩擦片的总间隙达到2～3 mm
进给变速箱正常进给时突然加速	1. 摩擦片调整不当，正常进给时处于半合紧状态 2. 快速和工作进给的互锁动作不可靠 3. 摩擦片润滑不良，突然咬死 4. 电磁衔铁安装不正，电磁铁断电后不能可靠松开，使摩擦片间仍有一定压力	1. 调整摩擦片，使总间隙适当 2. 检查电气线路的互锁性是否可靠，若不可靠则加以修复 3. 改善摩擦片之间的润滑，保持一定的润滑油量 4. 检查、调整电磁离合器安装位置，使其动作可靠、正常
进给变速箱出现周期性噪声和响声	1. 齿轮齿面出现毛刺和凸点 2. 电动机轴和传动轴弯曲，引起齿轮啮合不良 3. 电动机转子和定子不同轴，引起磁力场分布不均匀	1. 检查、修理齿面毛刺和凸点，调整齿轮装置位置，保持齿轮的正确啮合 2. 检查、校直传动轴，修复电动机主轴 3. 单独调试电动机，检查转子和定子是否同轴，使其同轴度误差小于0.05 mm
进给变速箱开动横向或垂向时，有纵向移动现象	牙嵌式离合器与套筒之间磨损严重，配合间隙大；$z=30$ 齿轮在转动中碰到离合器 M_1 端面	将工作台卸下，检查离合器和套筒的配合度和磨损程度并修复
主轴变速箱或进给变速箱中的油泵不上油	1. 油箱中油面过低，吸油管未插入油面 2. 柱塞泵与泵体严重漏油 3. 单向阀泄漏，造成吸空现象 4. 润滑油杂质多，过滤网堵塞	1. 按规定油线加足油液，并将吸油管插入油面以下20～30 mm 2. 更换柱塞并配研泵体，使其间隙不大于0.03 mm 3. 研磨单向阀，保证密封性 4. 清洗过滤器和油箱，更换清洁油液

3. 升降台故障分析与检修（见表 3—38）

表 3—38　升降台故障分析与检修

故障现象	原因分析	故障排除与修理
将手柄扳到中间位置（断开）时电机仍继续转动	横向进给及升降进给控制凸轮下的终点开关及传动杠杆高度未调整好	按高度调整压在终点开关的杠杆
按下“快速行程”按钮时，接触点虽接通但没有快速行程	1. 摩擦片间的总间隙过大 2. 牙嵌式离合器的行程不足 6 mm	1. 用手拉下电磁铁的牵引铁芯至终点，如果仍无快速行程，则调整摩擦片离合器的调节螺母，使摩擦片间的总间隙为 2 ~ 3 mm 2. 拉下电磁铁的牵引铁芯至终点，如果有快速行程则调整牵引铁芯上的螺母或将有细齿孔的杠杆转过 2 ~ 3 扣牙
牵引电磁铁烧坏	电磁铁安装歪斜，铁芯未拉到底，叉形杆的弹簧太硬致使过载	检查电磁铁的安装位置是否垂直，调整铁芯的行程，消除间隙，调整弹簧压力至约小于等于 15 N

4. 工作台故障分析与检修（见表 3—39）

表 3—39　工作台故障分析与检修

故障现象	原因分析	故障排除与修理
扳动纵向行程操纵手柄时，无进给运动	1. 升降台上横向操纵手柄不在中间位置 2. 升降进给及横向进给机构中联锁桥接触点没有闭锁	1. 把横向操纵手柄扳到中间位置 2. 调整进给机构中凸轮下终点开关上的销钉
工作台底座横向移动手柄转动不灵活	横向进给传动的丝杆与其螺母不同轴	1. 调整横向移动的螺母支架，使螺母与丝杠的同轴度误差在 0.02 mm 以内 2. 当位移量大时，将六角螺钉沉孔铣成椭圆孔
工作台纵向进给丝杠返空程量大	1. 纵向丝杠螺母间隙大 2. 纵向丝杠轴向间隙大	1. 调整工作台纵向丝杠螺母间隙 2. 调整工作台纵向丝杠轴向间隙

5. 加工质量故障分析与检修（见表3—40）

表3—40　　加工质量故障分析与检修

故障现象	原因分析	故障排除与修理
加工表面在接刀处不平	1. 主轴中心线与床身导轨面不垂直，各部位相对位置精度不好 2. 安装水平面调整不平，造成导轨扭曲 3. 主轴轴向间隙、支承孔间隙大 4. 工作台镶条过松	1. 调整或修复工作台纵向、横向移动对工作台的平行度和主轴回转中心对工作台面的平行度。同时检查升降移动对工作台的垂直度 2. 重新调整机床的安装水平，保证在1 000: 0.02之内 3. 调整主轴间隙，修复支承孔 4. 调整镶条间隙，保持工作台、升降台移动稳定
被加工工件尺寸精度超差	1. 主轴回转中心与工作台不平行 2. 工作台面不平，导轨局部磨损 3. 装夹方法不合理，引起工件变形 4. 导轨间隙过大，工作台润滑不良	1. 调整和修刮工作台导轨至符合要求，使此项精度达到300: 0.02 2. 修理工作台面和导轨，要求台面中凹在全长上不超过0.02 mm 3. 装夹工件时，注意支承点的位置，保证接合面的清洁 4. 调整导轨间隙，注意导轨润滑，保证0.03 mm的塞尺不能塞入
机床超负荷时，不能自动停止进给	滚柱形安全离合器与齿轮端面调节螺母间的间隙大，滚柱打滑	打开进给变速箱盖，旋出螺塞调整螺母，使其间隙为4～6 mm

6. 修后工作

（1）工作台、升降台与导轨滑行应无阻滞、平稳，操作手柄摇把应轻重自如，丝杠反向间隙符合技术要求。

（2）升降台、回转台锁紧机构应牢固、可靠。

（3）主轴变速箱、进给变速箱变速操作灵活、无阻滞；纵向、横向进给互锁控制可靠。

（4）主轴回转平稳，无振动，无跳动和窜动现象；轴承温度小于等于55℃。

（5）工作台切削进给平稳、均匀；限位装置齐备可靠；没有突然跑快现象。

（6）悬梁和刀架支架滑行灵活、无阻滞，锁紧机构牢固、可靠。

（7）更换立铣头时定位准确，锁紧牢固、可靠；立铣头运转无异响，无振动，无跳动和窜动现象。

（8）润滑油清洁，油量符合油位要求；油泵运行无异响，无振动，油量供应正常。

（9）机组周围清洁，无油污、切屑、棉屑；量具架、工件架摆设合理，不阻碍安全通道。

三、注意事项

1. X62W 卧式铣床属于电气、机械结合程度高的金属切削设备，修理或故障排除时切忌强行、野蛮修理。

2. 修理时，应通知电工拆卸电气元件，并妥善保护好，以不影响修理为原则。

3. 故障排除时，应先判断是机械故障还是电器故障，切忌先入为主；应同电工一起检查、判断故障，以利于排除故障，恢复设备的机械性能。

4. 修复机械零件时，应注意其尺寸精度、配合精度、零件的机械性能和热处理要求。

5. 修换电气元件或采用替代品时，应注意其铭牌上电压、电流、功率、功能的要求。

6. 修理中必须注意用电安全、起重安全、工具使用安全等事项。

第 2 节　传动机构的维修

学习单元 1　凸轮机构的维修

学习目标

1. 了解凸轮的种类、特点和工作原理。

2．了解凸轮机构的常见故障。

3．掌握凸轮机构的维修方法。

一、凸轮的种类

凸轮是一种具有曲线轮廓或凹槽的构件，当其运动时，通过与从动件的点接触或线接触，可使从动件得到预期的运动规律。

凸轮机构一般由主动凸轮、从动件及机架组成。主动轮通常做连续匀速运动，而从动件的运动可为连续或间歇的往复移动或摆动。在有的凸轮机构中，主动件凸轮是做直线运动或摆动的，也有的凸轮是固定不动的。

凸轮机构中，凸轮与从动件之间的接触一般是依靠弹簧力、重力或沟槽来维持的。

1．按凸轮的形状划分

盘形凸轮、圆柱凸轮、移动凸轮。

2．按从动件的形状划分

尖顶从动件、滚子从动件、平底从动件。

二、凸轮机构的常见故障

在使用凸轮机构时，必须保持从动件与导程之间、从动件与凸轮之间的良好润滑。从动件与导程之间润滑不良，会导致从动件被卡死或工作阻力过大；从动件与凸轮之间润滑不良，会引起凸轮与从动件的过度磨损和擦伤。

凸轮发生擦伤和点蚀而失效时，需更换凸轮。对于凸轮磨损后的修理方法，应根据其升程高度减小值而定。当升程高度减小值在允许范围内时，可直接在专用凸轮磨床上磨削；当升程高度减小值超过允许范围时，可先振动堆焊，即以一定频率和振幅的电脉冲自动堆焊，然后再经过凸轮磨床磨削至标准轮廓尺寸。

从动件的主要失效形式是弯曲变形和磨损。提高其刚度和接触部分的耐磨性；载荷较大和受冲击载荷的从动件，应尽量做得短些以减小其变形。

技能要求

CA6140 普通车床变速操纵凸轮盘的维修

一、操作准备

1. 工具准备

8 in 活扳手一把、250 mm 合金平锉刀一把、尖嘴钳一把、弹簧钳一把、铜棒一支、干净棉纱若干、干净煤油和机油若干。

2. 材料准备

新销轴、挡板、新链条。

二、操作步骤

1. 现场观察

扳动 6 速换挡手柄进行换速，难以循环扳动，而且在某一个位置上卡死，卡死手柄的位置没有规律。

2. 分析故障

（1）链传动的链条过长，扳动手柄变速时造成传动阻滞和卡死现象，如图 3—63 所示。

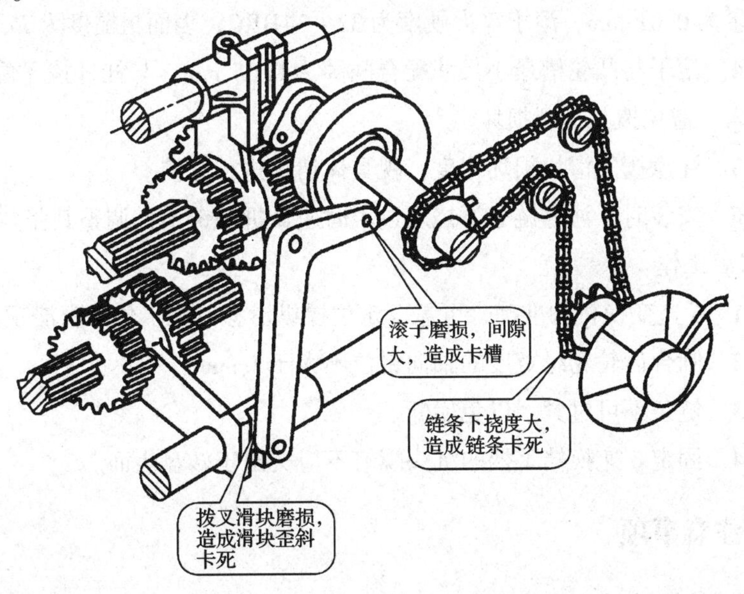

图 3—63　6 速换挡手柄卡死

（2）L形杠杆上的滚子严重磨损，滚子在空间凸轮上间隙过大，扳动手柄换速时滚子歪斜，卡住变挡操作。

3. 排除故障

步骤1 打开主轴箱盖，按拆卸顺序，拆卸出空间凸轮，如图3—64所示。

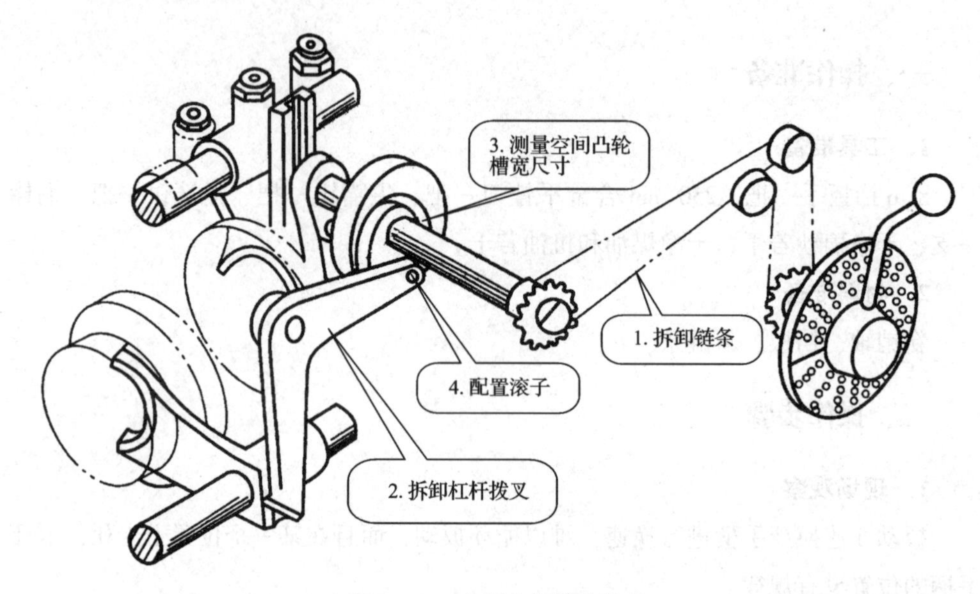

图3—64 空间凸轮机构修理

步骤2 测量空间凸轮槽宽，以最小尺寸配置滚子，滚子材料为45钢。

步骤3 滚子加工要求。滚子直径小于凸轮槽最小尺寸0.04 mm，与杠杆拨叉配合过盈量为0.01 mm，滚子淬火硬度为32～34HRC，表面粗糙度为$Ra1.6$ μm。

步骤4 滚子与凸轮槽最小尺寸配合间隙为0.05 mm；与杠杆拨叉配合应采用压入法装入，避免拨叉振裂损坏。

步骤5 注意拨叉滑块损坏程度，视具体情况进行修换。

步骤6 安装时，注意链条下挠度过大时应做拆截链节，调整其张紧力。

4. 修后工作

步骤1 6速变换机构准确、可靠，定位操纵滑移时无卡住和阻滞现象。

步骤2 啮合齿轮轮缘宽度的轴向错位不大于1 mm。

步骤3 链条不可过紧，以免崩断。

步骤4 固定6速换挡手柄的沉头螺钉不应突出于转盘表面。

三、注意事项

1. 看懂结构后再动手拆，并按先外后里、先易后难、先下后上的顺序拆卸。

2. 先拆紧固件、连接件、限位件（顶丝、销钉、卡簧、衬套等）。

3. 拆前应看清组合件的方向、位置、排列等，以免装配时搞错。

4. 拆卸零件时，不准用铁锤猛砸，当拆不下或装不上时不要硬来，分析原因（看图），搞清楚后再拆装。

5. 机床拨叉零件大多数由铸铁制造，在修配时应正确选择装拆方法，避免造成零件损坏。

6. 修理作业时，严禁佩戴手套，避免切屑、污物造成齿轮的颗粒磨损。

7. 在扳动手柄观察传动时不要将手伸入传动件中，防止挤伤。

学习单元 2 链传动机构的维修

学习目标

1. 了解链传动的种类、特点和工作原理。
2. 了解链传动机构的常见故障。
3. 掌握链传动机构的维修方法。

知识要求

一、链传动的种类、特点和工作原理

以链条作为中间挠性件，靠链节与链轮轮齿连续不断地啮合完成功率传送的机械传动，称为链传动。链传动是一种啮合，它是由具有特殊齿形的主动链轮、从动链轮和链条组成的，如图 3—65 所示。

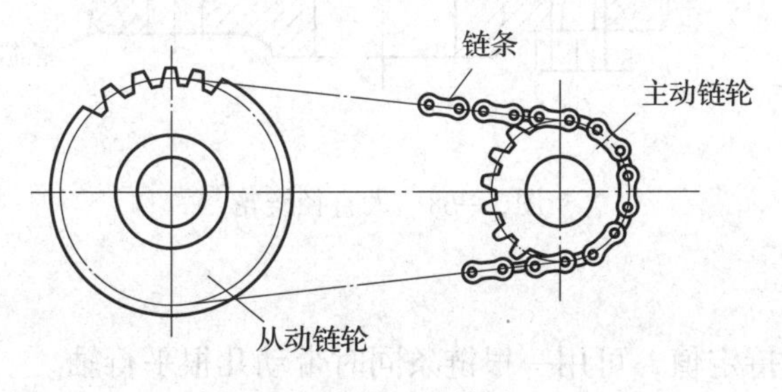

图 3—65 链传动

1. 链条的种类

传动链有两种基本形式，即套筒滚子链（见图 3—66）和齿形链（见图 3—67）。

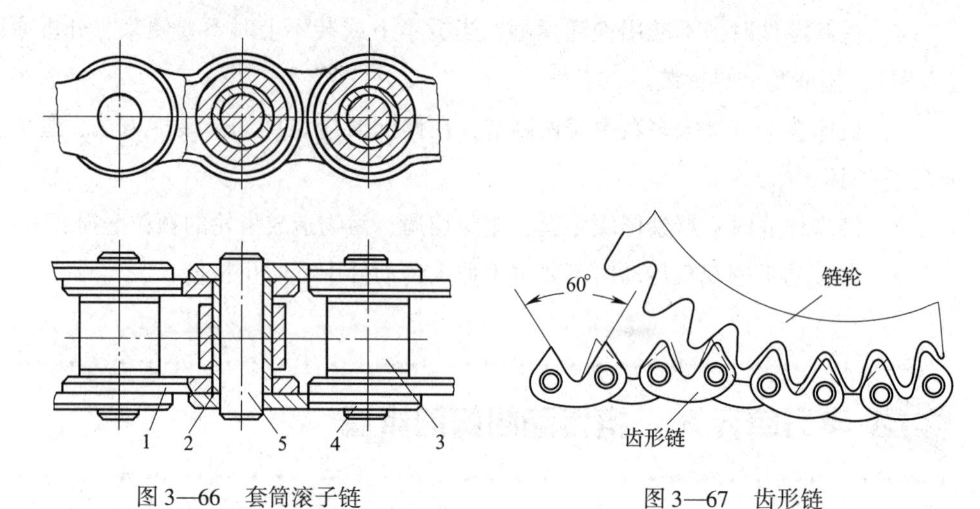

图 3—66　套筒滚子链

1—内链片　2—套筒　3—滚子　4—外链片　5—销轴

图 3—67　齿形链

2. 链传动的特点和工作原理

链传动是由两个链轮和与链轮相连接的链条组成的，通过链条与链轮之间的相互啮合来实现运动和动力的传递。

链轮与齿轮的主要区别在于齿形不同，其齿宽比齿轮小。链轮是具有特殊齿形的轮子，其结构与齿轮相似。链轮的齿形应保证链条与链轮的良好啮合，并使链条铰链能顺利进入和退出啮合。直径小的链轮多与轴制成一体，较大的则用键与轴连接。一般大直径的链轮都有可更换的齿圈，以便在磨损后可以更换（见图 3—68）。

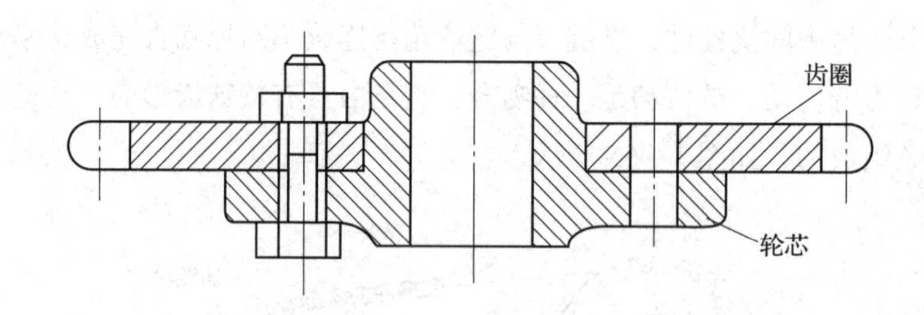

图 3—68　大直径链轮

（1）优点

1）传动比保持定值，可用一根链条同时带动几根平行轴。

2）可以在轴中心距较大的情况下传递运动和动力。

3）结构有弹性，有吸收冲击的能力。

4）作用在轴及轴承上的载荷较小，传递的动力比带传动大。

5）结构紧凑，传动效率较高。

（2）缺点

1）只能用于平行轴间的传动。

2）造价高。

3）从动轴的瞬时角速度是变化的，不适用于精密机械。

4）工作时噪声大，振动大。

5）磨损快，磨损后运动不均匀，链条易脱落。

6）安装、维护要求高。

二、链传动机构的常见故障

链传动机构常见的损坏现象有链条被拉长、链条和链轮磨损、链轮个别齿折断、链条折断。

三、链传动机构的故障维修

1. 链轮拆卸（见图 3—69）

拆卸时，将紧定件螺栓、圆锥销等拆卸后，即可将链轮拆卸。

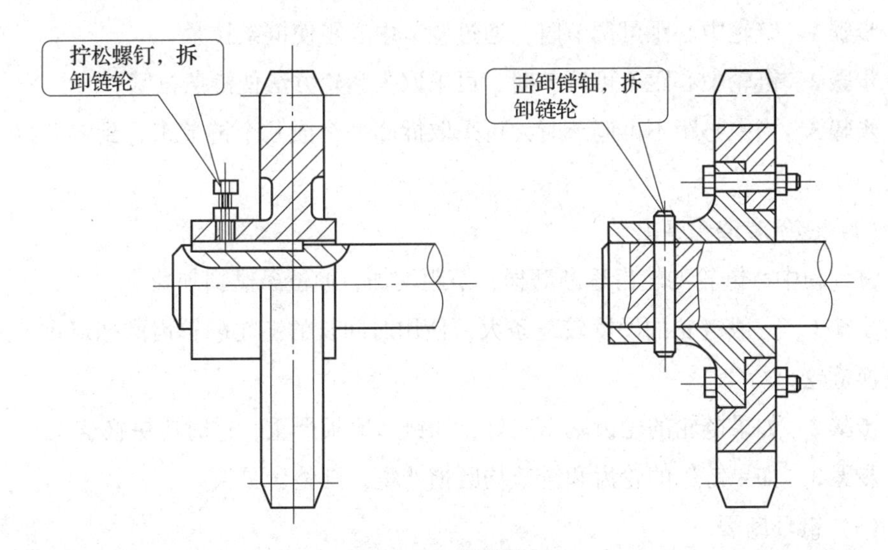

图 3—69　链轮拆卸

2. 链条拆卸

套筒滚子链接头不同（见图 3—70），其拆卸方法不同。

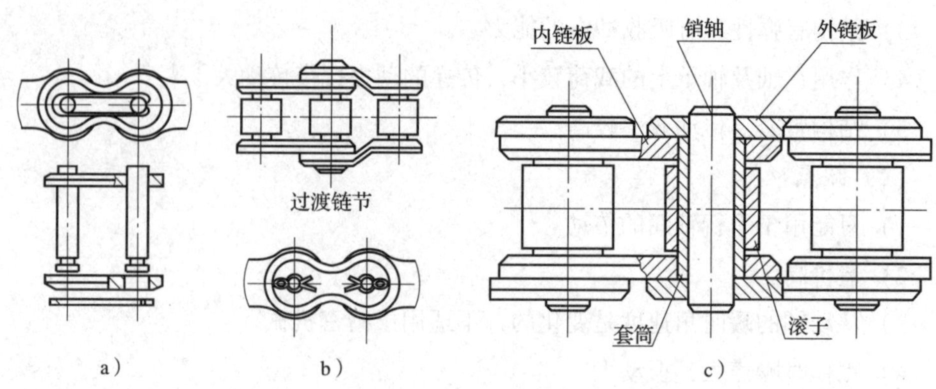

图3—70　套筒滚子链

a）弹簧卡锁连接　b）开口销连接　c）销轴铆接

步骤1　开口销连接的可先取下开口销、外连接板和销轴，即可拆下链条。

步骤2　弹簧卡锁连接的，应先取下弹簧卡锁，然后取下外连接板和两销轴，即可拆下链条。

步骤3　销轴铆接形式的，用小于销轴直径的冲头冲出，即可拆下链条。

3. 链传动机构的修理

常见损坏现象有链节拉长、链条和链轮磨损、链环断裂等。常用的修理方法如下：

（1）链节拉长

链条经使用一段时间后，会被拉长而下垂，产生抖动和脱链现象，需予以消除。

步骤1　链轮中心距可调节时，通过调节中心距使链条拉紧。

步骤2　链轮中心距不可调节时，可采取张紧轮方法使链条拉紧。

步骤3　当中心距不可调节时，可采取拆卸一个或几个链节来达到链条拉紧的目的。

（2）链条和链轮磨损

链传动中，链轮的轮齿逐渐磨损，节距增加，使链条磨损加快。

步骤1　一般链轮的硬度较链条大，使用时间长的链轮的轮齿磨损严重，这时应更换链轮。

步骤2　如果链轮的轮齿基本完好，而链节磨损严重，这时应更换链条。

步骤3　如果链轮的轮齿和链节均磨损严重，则整套更换。

（3）链环断裂

淬火过硬、硬度不均或过载会引起链环断裂；链环断裂会产生振动，损坏链轮的轮齿，影响传动比。

若个别链节断裂，可采用更换个别链节的方法来解决。

技能要求

CA6140 普通车床变速链传动机构的维修

主轴操纵手柄通过链传动带动凸轮和曲柄同轴，两者同步转动，通过手柄的旋转和曲柄及杠杆的协同动作，即可使Ⅱ、Ⅲ轴上滑移齿轮的轴向位移位置实现六种不同的组合，得到六种不同的转速。所以这种链传动机构（见图 3—71）称为单手柄六速操纵机构。

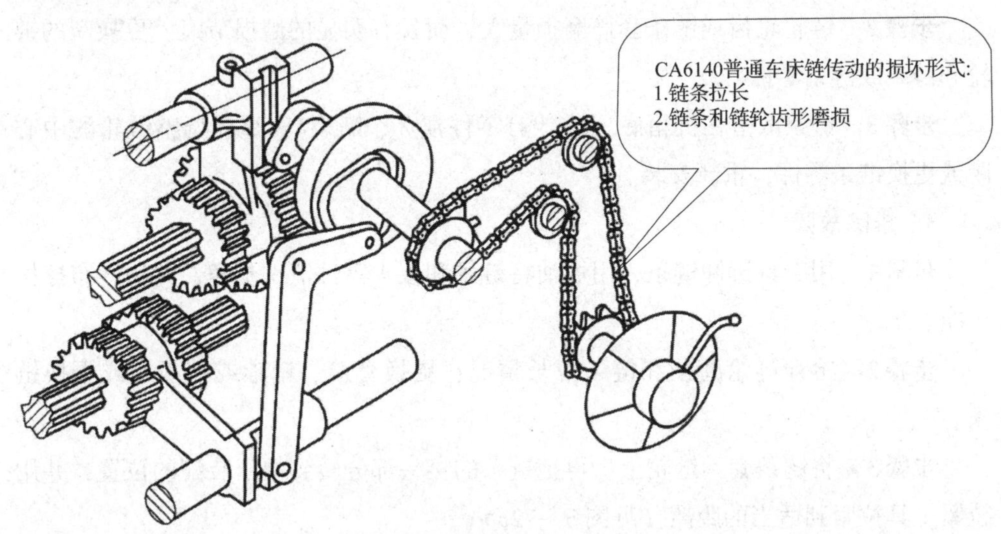

图 3—71　CA6140 普通车床变速链传动机构

一、操作准备

1. 工具准备

250 mm 细齿平锉刀一把、尖嘴钳一把、链条拉马一个、铜棒一支、干净棉纱若干、干净煤油和机油若干。

2. 材料准备

套筒、销轴、挡板、新链条。

二、操作步骤

1. 现场观察

步骤 1　链条被拉长的故障。链条拉长后在运动过程中容易发生抖动，甚至造成掉链。

步骤 2 链条和链轮磨损的故障。链轮的轮齿磨损后，节距增大甚至链条打滑。

步骤 3 掉链（或断链）的故障。链条脱落在主轴箱底。

2. 分析故障

步骤 1 链条水平下垂度和垂向下垂度超出技术要求。采用的修理方法如下：当链轮的中心距可调节时，可通过加大中心距的方法使链条得以拉紧；当链轮的中心距无法调整时，可通过卸掉一节或几节链的方法来达到拉紧的目的。

步骤 2 链轮轮齿或链条套筒磨损量大，而且有明显的磨损节痕。更换新的链轮和链条或链条零件。

步骤 3 链条散落在机箱底（或伴有零件损坏、断裂）。重新调整链轮的中心距或更换链条零件，重新安装。

3. 排除故障

步骤 1 用工具拆卸链条，用煤油将链条和接头零件清洗干净，并用纱布擦拭干净。

步骤 2 检查链轮磨损和链条拉长情况；更换套筒、销轴或挡板，或更换链条。

步骤 3 将链条套到链轮上，再把链条的接头部分转到便于装配的位置，并用拉紧工具拉紧到适当的距离（见图 3—72a）。

步骤 4 用尖嘴钳夹持，将接头零件、圆柱销组件、挡板装上（见图3—72b）。

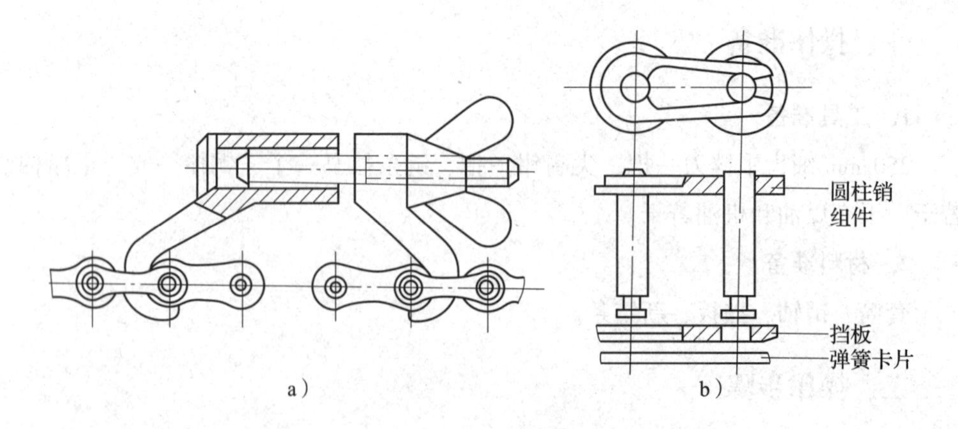

图 3—72 套筒滚子链的装配

a）链条的拉紧 b）接头的组装

步骤 5　按正确的方向装上弹簧卡片。一定要注意弹簧卡片的开口方向和链条的运动方向相反（见图 3—73）。

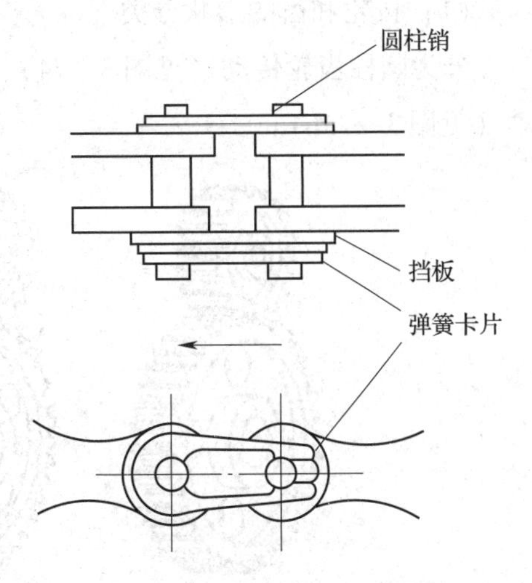

图 3—73　弹簧卡片的安装

4. 修后工作

文明操作；收拾工具，擦拭工具至清洁；擦拭机箱和床身油污、油渍，打扫现场卫生。

三、注意事项

清除毛刺时应用细齿锉刀，难装部位需用铜棒敲击时不可敲击配合面，安装弹簧卡片时要注意防止弹簧卡片弹出伤人。

学习单元 3　齿轮传动机构的维修

学习目标

1. 了解齿轮传动的种类、特点和工作原理。
2. 熟悉齿轮传动机构的常见故障。
3. 掌握齿轮传动机构的维修方法。

知识要求

一、齿轮传动的种类、特点和工作原理

齿轮传动是现代化机械中应用最广的一种机械传动形式。在工程机械、矿山机械、冶金机械、各种机床、仪表工业中被广泛地用来传递运动和动力。齿轮传动除用来传递回转运动外，也可以用来把回转运动转变为直线往复运动（如齿轮齿条运动）。

1. 齿轮传动的种类

齿轮传动的基本类型一般按两种方法分类。

（1）按轮和齿的形状分类

分为圆柱齿轮传动（见图3—74）、锥齿轮传动（见图3—75a）和螺旋齿轮传动（见图3—75b）。

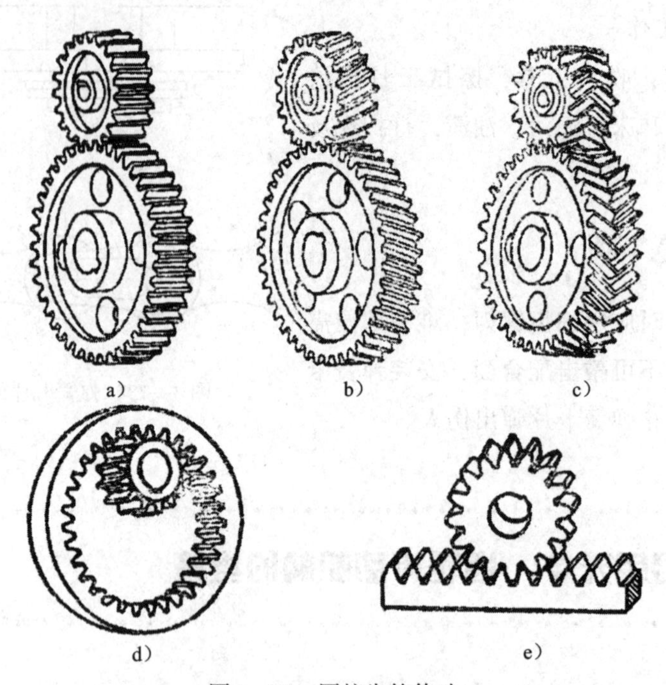

图3—74　圆柱齿轮传动

a）直齿圆柱齿轮　b）斜齿圆柱齿轮　c）人字齿轮　d）内齿合齿轮　e）齿条传动

（2）按齿轮传动的方式分类

1）开式齿轮传动。齿轮外露，灰尘易落入，只能定期添加润滑油，易磨损。但结构简单，一般用于低速传动。

2）半开式齿轮传动。齿轮下半部分浸在不封闭的油池中，依靠轮齿旋转溅起润滑油进行润滑。

3）闭式齿轮传动。传动部分全部装在封闭的、刚度较大的壳体内，润滑良好，能获得较高的装配精度，多用于较重的传动。

2. 齿轮传动的特点和工作原理

齿轮是能互相啮合的、有齿的机械零件，轮齿简称齿，是齿轮上每一个用于啮

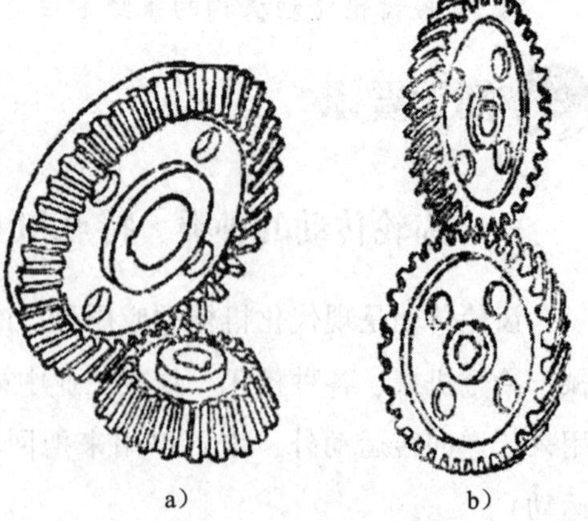

图3—75　锥齿轮和螺旋齿轮

a）锥齿轮　b）螺旋齿轮

合的凸起部分，这些凸起部分一般呈辐射状排列，配对齿轮上的轮齿互相接触，可使齿轮持续啮合运转。模数越大，轮齿越高，也越厚，如果齿轮的齿数一定，则齿轮的径向尺寸也越大。

齿轮传动具有一系列的优点。

（1）传动比准确，并能组成变速机构和换向机构。

（2）负载范围大。

（3）速度范围大，圆周速度可达 150 m/s，转速可达 30 000 r/min。

（4）结构紧凑，单位功率所占体积小。

（5）效率高，一般一对齿轮啮合的最低效率为 0.98 ~0.99。

（6）轴及轴承所受载荷小。

（7）可实现平行轴、任意角相交轴和任意角交错轴的传动。

（8）寿命长，工作可靠，制造精确、润滑及维护良好的齿轮传动可用数年乃至数十年。

其缺点为制造及安装精度要求高；由于轮径、齿数制造能力有限，所以速比系列有限；当轴间距离较大时，传动装置过于笨重；啮合转动的轮齿有噪声。

二、影响接触精度的主要因素

1. 齿形精度

接触斑点位置正确，而面积太小时，齿形精度误差大影响啮合精度。

处理：齿面加研磨剂，转动齿轮研磨齿面。

2. 安装精度

齿形正确，接触斑点不良，影响啮合精度。处理方法见表 3—41。

表 3—41　　渐开线圆柱齿轮接触斑点的检查及调整方法

接触斑点	原因分析	调整方法
正常接触		
	中心距太大	可在中心距公差范围内，刮削轴瓦或调整轴承座

续表

接触斑点	原因分析	调整方法
	中心距太小	可在中心距公差范围内，刮削轴瓦或调整轴承座
同向偏接触	两齿轮轴线不平行	可在中心距公差范围内，刮削轴瓦或调整轴承座
异向偏接触	两齿轮轴线歪斜	可在中心距公差范围内，刮削轴瓦或调整轴承座
单面偏接触	两齿轮轴线不平行且歪斜	可在中心距公差范围内，刮削轴瓦或调整轴承座
游离接触，在整个齿圈上接触区由一边逐渐移至另一边	齿轮端面与回转中心线不垂直	检查并校正齿轮端面对回转中心线的垂直度
不规则接触（有时齿面一个点接触，有时在端面边线上接触）	齿面有毛刺、碰伤或隆起	去毛刺、修整

三、齿轮传动机构的常见故障

齿轮传动机构工作一段时间后，常见故障有产生磨损，磨损后的齿轮，齿面上出现点蚀，齿侧间隙增大，噪声增加，精度降低，严重时甚至发生轮齿断裂。

1．齿轮磨损或轮齿断裂。

2．大齿轮与小齿轮啮合时，由于运转速比原因，小齿轮一般转数较多，磨损较快。

3．大模数、低速运转的齿轮一般为铸铁材料，运行受振动和冲击时，个别轮齿易断裂。

4．锥齿轮因轮齿或调整垫圈磨损而造成侧隙增大。

四、齿轮传动机构的故障维修

1．对于齿轮磨损或轮齿断裂故障，维修时一般更换新的齿轮；更换的新齿轮必须与已磨损齿轮的齿数、模数、压力角一致。

2．大齿轮与小齿轮啮合时，小齿轮磨损较快，维修时应更换小齿轮，以免大齿轮加速磨损。

3．大模数齿轮的制造加工较困难，成本也较高。当其出现局部损坏或崩裂时，常采用堆焊或镶齿的方法进行修复。在崩裂的齿处堆焊金属后，先经回火处理，再加工出符合要求的新齿。也可镶上一块材料后，再加工出齿形，其中被镶嵌的部分，应用螺钉或采用焊接的方法来加以固定。

先将轮齿部分车掉，并压入轮缘，再加工出轮齿，也是较好的修复方法，且具有较好的经济性。

（1）精度要求不高、工作转速又较低的大型齿轮的修理

对于这种情况的大型齿轮，当局部轮齿损坏时，大都采用镶齿的方法进行修复。修复的步骤是将损坏或崩裂的轮齿车掉，根据轮齿的技术参数，镶配新的轮齿；采用焊接或骑缝螺钉的方法，对新镶嵌的轮齿进行固定（见图 3—76）。

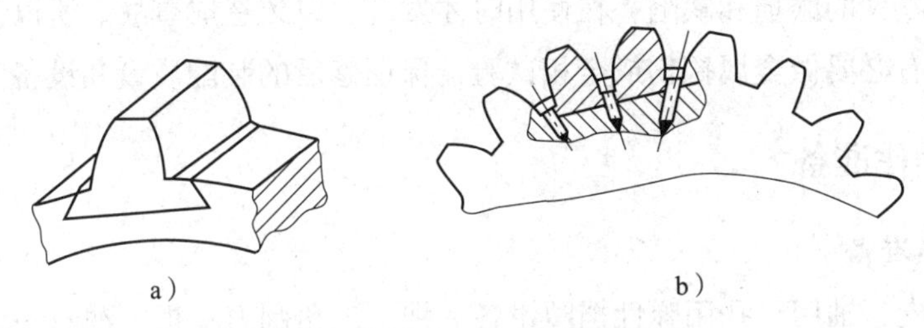

图 3—76　用镶齿法修复大型齿轮

a）镶齿　b）固定方法

（2）采用更换轮缘的方法进行修理

修理步骤是将齿轮的轮齿全部车掉；按磨损前齿轮的齿顶圆和车去轮齿后的轮坯外缘直径，配置一个新的轮缘；将新轮缘压入车去轮齿的轮坯上，并用焊接或铆接的方法将新轮缘固定（见图 3—77）；按原齿轮的技术参数，加工出新齿。

锥齿轮因轮齿或调整垫圈磨损而造成侧隙增大，应进行调整；调整时，使两个锥齿轮沿轴向移动，使侧隙减少。调整好后，再选配调整垫圈来固定两齿轮的位置。

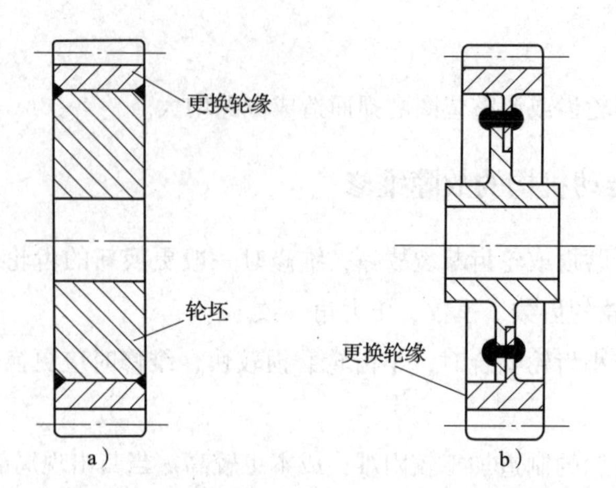

图3—77　采用更换轮缘的方法修复大型齿轮

a）镶嵌后焊接　b）镶嵌后铆接

技能要求

X62W卧式铣床齿轮传动机构的检修

检修中容易出现的问题：拆卸时，不注意先后顺序和拆卸前零件的方向位置，组装后发现不符合技术要求，因而造成返工和配合面的摩擦、磨损增加；拆卸后，不注意检测零件的磨损和缺陷，在使用时才发现，以致造成事故。所以，主要零件在安装前，有必要做金属探伤或金相试验，保证修后的装配质量和设备工作质量。

一、操作准备

1. 工具准备

铜棒一支，轴用、孔用弹性挡圈钳各一把，三角刮刀一把，油石一块，半圆条油石一条，旋具及钩头扳手等其他拆卸工具若干，250 mm细齿平锉刀一把，100号砂纸两张，干净棉纱若干，干净煤油若干，干净机油若干。

2. 量具准备

0 ~ 25 mm、25 ~ 50 mm、50 ~ 75 mm、75 ~ 100 mm、100 ~ 125 mm内径千分尺各一把，0 ~ 1 000 mm内径千分尺一把（或量缸表），塞尺一把，百分表及磁性表座一套，量块，标准圆柱检验棒，平行平尺等。

二、操作步骤

齿轮传动机构的修理（以主轴箱Ⅳ轴为例，见图3—78）。

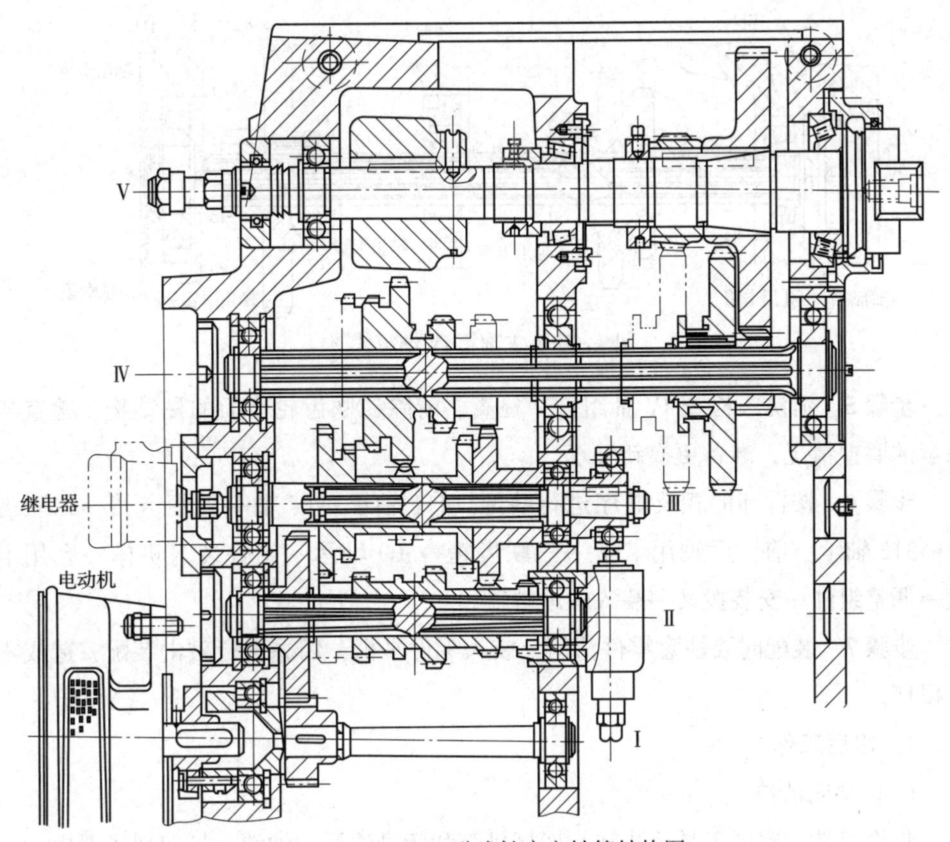

图 3—78　X62W 卧式铣床主轴箱结构图

1. 现场观察

（1）工件铣削刀迹有振纹或有规律的振纹。

（2）轴承端盖有异响或有杂音。

2. 分析故障

（1）$z=83\times3$ 或 $z=19\times4$ 的齿轮齿面有切屑等杂物黏结。

（2）滚动轴承滚道有异物、滚动体剥落或保持架磨损。

3. 检修步骤（见图 3—79）

步骤 1　打开机身盖板，拆下拨叉，拆出前、后轴承端盖，取出后轴承的前、后孔用卡簧。

步骤 2　用铜棒敲击后轴端，使轴由后轴承孔从前轴承孔退出。

步骤 3　当 309 轴承退出轴承孔时，411 轴承也同时退出轴承孔，此时要注意防止 IV 轴组件突然下坠，损坏零件。

步骤 4　在箱体内拆除 309 轴承和三联齿轮，拆出 312 轴承前、后轴用卡簧，托扶二联齿轮，拆出 IV 轴，取出二联齿轮。

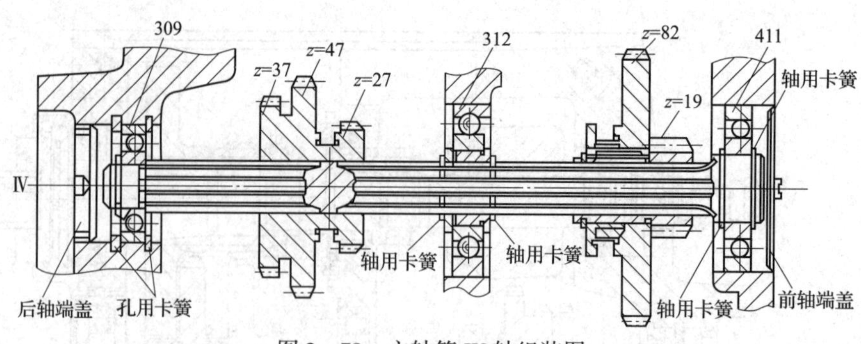

图3—79　主轴箱Ⅳ轴组装图

步骤5　清洗、检查Ⅳ轴组件；检查、清除二联齿轮齿面的黏结物，检查各轴承的磨损情况，准备更换新轴承。

步骤6　按拆卸的相反顺序进行装配。411轴承→Ⅳ轴→轴用卡簧→二联齿轮→312轴承→前、后轴用卡簧→三联齿轮→309轴承→组件装入机体→孔用卡簧→调整组件→安装拨叉→装入轴承端盖。

步骤7　装配时要注意零件清洁，装入零件平衡，切忌强行敲击装配，造成零件损坏。

4. 修后工作

（1）文明清洁

收拾工具，擦拭工具至清洁；擦拭机箱和床身油污、油渍，打扫现场卫生。

（2）联系铣工验收

现场验收合格后交付使用。

三、注意事项

1. 使用弹簧前应注意规格大小是否合适，以免卡簧飞脱伤人。
2. 清除毛刺时应用细齿锉刀，齿轮毛刺修整时应使用油石。
3. 装配需用铜棒敲击时，要注意力的平衡、均匀。

学习单元4　蜗轮蜗杆传动机构的维修

学习目标

1. 了解蜗轮蜗杆传动的种类、特点和工作原理

2. 熟悉蜗轮蜗杆传动机构的常见故障

3. 掌握蜗轮蜗杆传动机构的维修方法

知识要求

一、蜗轮蜗杆传动的种类、特点和工作原理

在没有螺旋机构的时候，能够给人感性认知的螺旋是蜗壳，蜗壳的螺旋造型奇特，让人联想它有很强的钻劲，是力的象征。机械工程运用这种形式，发明了蜗轮蜗杆装置时并没有确切的名称，在后续的研究中发现这样的机构能传递很大的力，但相对于齿轮机构来说，蜗轮蜗杆的运行是非常慢的，但却是大有用处的，在后期的研究中，就出现了阿基米德螺旋线的圆柱蜗杆、渐开线圆柱蜗杆等。

1. 蜗轮蜗杆传动的种类

蜗轮蜗杆传动根据蜗杆的形状可分为两类。

(1) 圆柱形蜗杆传动（见图 3—80）

制造简单，应用广泛。它实际上是一个螺杆，由于加工时刀具的安装位置不同，加工出的蜗杆具有不同的几何特点，构成三种蜗杆。端面上齿形为阿基米德曲线的，称为阿基米德蜗杆，即普通蜗杆；端面上齿形为延伸渐开线的，称为延伸渐开线蜗杆；端面上齿形为渐开线的，称为渐开线蜗杆。

(2) 圆弧面蜗杆传动（见图 3—81）

因同时啮合的齿较多，承载能力较高；由于齿接触面间的润滑条件好，摩擦小，效率高。但加工复杂，装配困难，故应用较少。

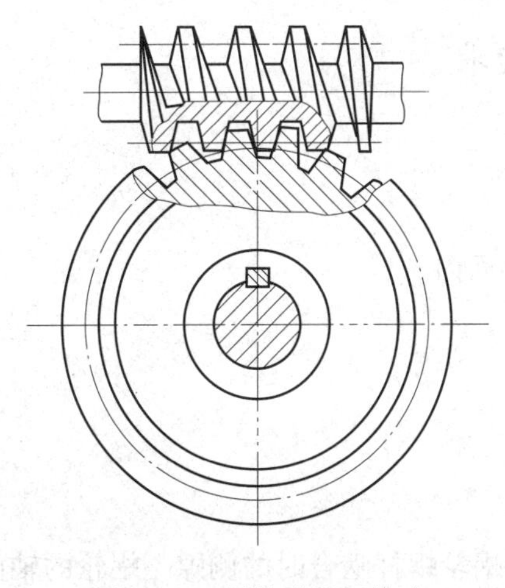

图 3—80　圆柱形蜗杆传动

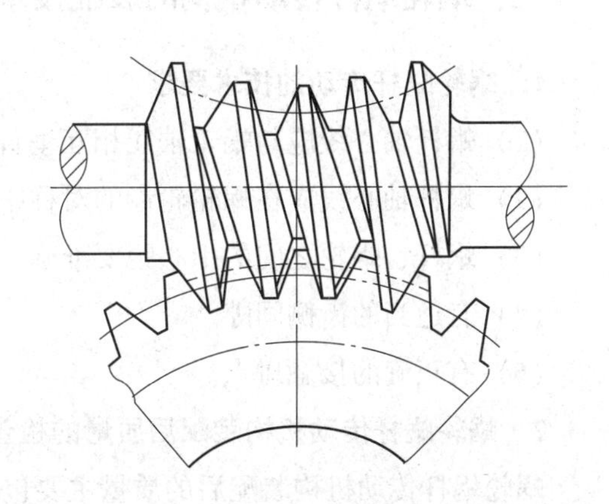

图 3—81　圆弧面蜗杆传动

2. 蜗轮蜗杆传动的特点和工作原理

蜗轮蜗杆机构常用于两轴交错、传动比大、传动功率不大或间歇工作的场合。蜗轮与蜗杆在其中间平面内相当于齿轮与齿条，蜗杆又与螺杆形状相似。

（1）特点

1）可以得到很大的传动比，比交错轴斜齿轮机构紧凑。

2）蜗轮蜗杆啮合齿面间为线接触，其承载能力大大高于交错轴斜齿轮机构。

3）蜗杆传动相当于螺旋传动，为多齿啮合传动，故传动平稳，噪声很小。

4）具有自锁性。当蜗杆的导程角小于啮合轮齿间的当量摩擦角时，机构具有自锁性，可实现反向自锁，即只能由蜗杆带动蜗轮，而不能由蜗轮带动蜗杆。如在重型机械中使用的自锁蜗轮蜗杆机构，其反向自锁性可起安全保护作用。

5）传动效率较低，磨损较严重。蜗轮蜗杆啮合传动时，啮合轮齿间的相对滑动速度大，故摩擦损耗大，效率低。另一方面，相对滑动速度大使齿面磨损严重，发热严重，为了散热和减小磨损，常采用价格较为昂贵的减摩性与抗磨性较好的材料及良好的润滑装置，因而成本较高。

6）蜗杆轴向力较大。

（2）缺点

1）摩擦损失大，效率低。

2）蜗轮齿圈一般需用较贵重的有色合金（如锡青铜等）制造。

3）不适用于传递大功率。

4）不适用于长时间的连续工作，工作时间过长则明显发热。

二、蜗轮蜗杆传动机构的装配技术要求

1. 蜗轮蜗杆传动的技术要求

（1）蜗杆轴心线应与蜗轮轴线相互垂直。

（2）蜗杆轴心线应在蜗轮轮齿的对称中心面内。

（3）蜗杆、蜗轮之间的中心距要准确。

（4）有适当的齿侧间隙。

（5）有正确的接触斑点。

2. 蜗轮蜗杆传动机构装配后质量的检查

蜗轮蜗杆传动机构装配后的质量主要包括蜗轮蜗杆啮合时的侧隙、蜗轮的轴向位置和接触斑点等。

（1）对蜗轮蜗杆啮合时侧隙的检查

侧隙一般是用百分表或专用工具进行检查的（见图 3—82）。如图 3—82a 所示，在蜗杆一端固定一个专用的刻度盘 2，将百分表测量头顶在蜗轮的齿面上，用手转动蜗杆。在百分表指针不动的条件下，根据刻度盘相对指针转角的大小，则可计算出侧隙的大小。百分表直接与蜗轮轮齿面接触有困难时，可在蜗轮轴上安装一个测量杆 3，将百分表安装在测量杆上进行检查，如图 3—82b 所示。

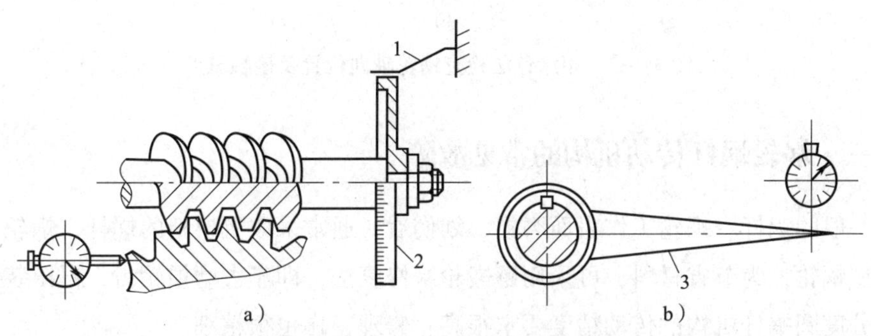

图 3—82　蜗轮蜗杆啮合时侧隙的检查

a）直接检查　b）用测量杆检查

1—指针　2—刻度盘　3—测量杆

侧隙与转角之间的关系为：$j_t = z_1 \pi m_x \dfrac{\varphi}{360°}$

式中　j_t——齿侧间隙，mm；

z_1——蜗杆的头数；

m_x——蜗杆的轴向模数，mm；

φ——转角，(°)。

对于不太重要的蜗轮蜗杆传动机构，也可用手转动蜗杆，根据空程量来判定侧隙的大小。

（2）对蜗轮轴向位置及接触斑点的检查

通常用涂色法进行检查，先将显示剂（红丹粉）涂在蜗杆的螺旋面上，转动蜗杆，可在蜗轮齿面上获得接触斑点（见图 3—83）。图 3—83a 为正确接触，其接触斑点应在蜗轮中部稍偏于蜗杆旋出的方向。图 3—83b 表示蜗轮中心平面向右偏离蜗杆中心线，图 3—83c 表示蜗轮中心平面向左偏离蜗杆中心线。对于图3—83b、c 所示的情况，则需要改变蜗轮两端面的垫片厚度，来调整蜗轮的轴向位置。

当蜗轮蜗杆传动机构空载时，蜗轮的接触斑点一般为蜗轮齿宽的 25% ~ 50%；满载时最好为齿宽的 90% 左右。

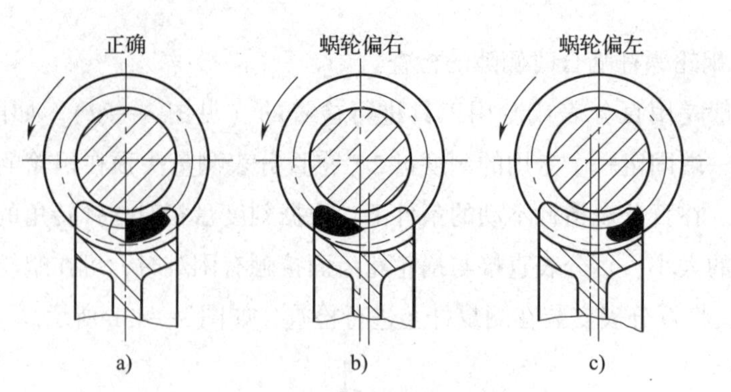

图3—83　用涂色法检查蜗轮轴向位置及接触斑点

三、蜗轮蜗杆传动机构的常见故障

一般的蜗杆、蜗轮工作表面磨损、划伤后，通常采取更换新的蜗杆、蜗轮；对于大型蜗轮，为节省材料，可采用镶嵌轮缘修复法，即车去磨损轮齿，再压装新轮缘；分度圆蜗杆机构的传动精度要求很高，修理工作也很精细。

1. 齿面烧伤与黏结

产生原因是润滑不良或齿面在高速、高压下油膜破坏而使金属直接摩擦，温度升高引起齿面烧伤；当烧伤严重时，齿面被熔焊后又撕开，形成黏结。粘在蜗杆上的金属很快会把蜗轮划伤，甚至使蜗轮失效。而蜗杆表面硬度下降，渗碳蜗杆表面常产生龟裂现象。

2. 点蚀现象

点蚀现象有腐蚀点蚀和疲劳点蚀两种。

（1）腐蚀点蚀

当润滑油中含有水分或腐蚀性溶液时，会将齿面腐蚀出许多点状小坑，小坑中的锈片脱落后会研坏齿面。

（2）疲劳点蚀

蜗轮蜗杆啮合面因接触应力过大会产生疲劳点蚀，加快蜗轮磨损。

3. 低速磨损

因速度过低或润滑不良，齿面上无法形成油膜，造成齿面直接摩擦而磨损。严重时会使齿厚减小，啮合侧隙增大，失去精度。在修复时应注意改善其润滑条件。

4. 精度下降

特点是外观磨损不严重，但传动精度下降超差。其原因主要有蜗轮副定位精度下降、制造精度和装配质量差等，修理不当（如刮研修理时刮偏、碰伤等）也会造成精度下降；分度蜗轮副精度下降时，必须进行修复。

四、蜗轮蜗杆传动机构的故障维修

1. 齿面烧伤与黏结的修理方法

（1）蜗轮的烧伤与黏结不严重时，刮削后进行研磨。

（2）蜗杆精修前需将硬化层去除。

（3）产生龟裂的蜗杆要更换新件。

2. 腐蚀点蚀的修理方法

（1）仔细检查、清理蜗轮齿面小坑中的屑物。

（2）更换含有水分或腐蚀性溶液的润滑油。

3. 疲劳点蚀的修理方法

（1）疲劳点蚀不严重时，可将蜗杆移位或调头使用，改变啮合位置。

（2）采用珩磨法，珩磨蜗轮点蚀坑（不必完全修平）。

4. 低速磨损的修理方法

（1）修研摩擦、磨损毛刺，彻底清理摩擦屑。

（2）更换黏度大的蜗轮蜗杆油。其具有良好的减摩性能、防锈防腐性能及抗氧抗乳化性能，极压型具有优良的抗磨性能。

5. 精度下降的修理方法

对蜗轮轮齿进行着色检查，将蜗轮位置、接触斑点调节到蜗轮中部稍偏于蜗杆旋出方向。

技能要求

CA6140 普通车床溜板箱蜗轮蜗杆传动机构的检修

普通车床溜板箱中的蜗轮蜗杆传动机构为自动走刀机构（见图 3—84），它是保证自动走刀正常进行和起安全保险作用的装置。当需要进行自动走刀切削时，支承蜗杆的托架绕托架轴做小于 90°的转动，将长板托起来，使蜗杆与蜗轮相啮合，实现自动走刀；不需要自动走刀时，扳动手柄，托架轴、托架转动，此时长板失去支承后，带动蜗杆绕小轴落下，使蜗轮分离，自动走刀停止。此外，当自动走刀遇到阻力或过载时，保险装置的螺旋爪离合器将推动托架绕托架轴转动一个角度，此时，长板失去支承，长板与螺杆因自重绕小轴落下（有的普通车床溜板箱内设有拉簧），使蜗杆与蜗轮脱离，机动进给停止。

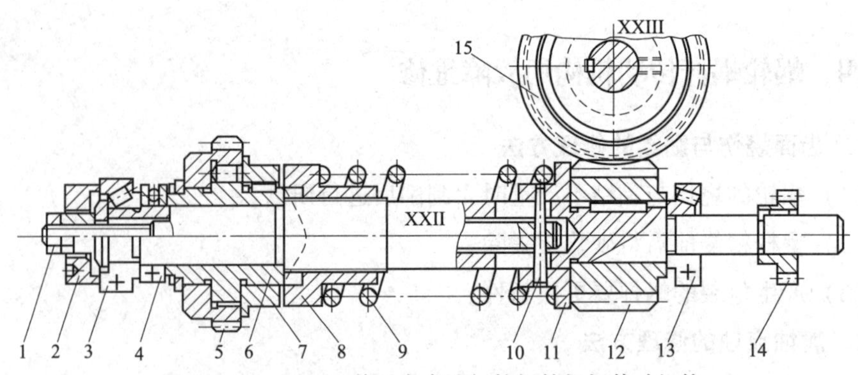

图3—84　CA6140普通车床溜板箱蜗轮蜗杆传动机构

1—M_7调节螺母　2—轴承端盖　3、13—圆锥滚子轴承　4—推力球轴承　5—齿轮 $z=56$　6—M_6超越离合器　7—M_7右结合子　8—M_7左结合子　9—弹簧　10—销　11—弹簧座　12—蜗杆 $z=4$　14—齿轮 $z=29$　15—蜗轮 $z=29$

一、操作准备

1. 工具准备

铜棒一支，轴用、孔用弹性挡圈钳各一把，拔销器，旋具，梅花扳手，活扳手，钩头扳手，锤子，销钉冲头，红丹粉，3 A熔断器，250 mm细齿平锉刀一把，100号砂纸两张，干净棉纱若干，干净煤油若干，干净机油若干。

2. 量具准备

游标卡尺、钢直尺等。

二、操作步骤

1. 现场观察

（1）溜板箱纵向机动进给时，做反向机动移动明显有冲击现象。

（2）溜板箱下部发热，XXIII轴温度明显升高。

2. 分析故障

（1）XXII蜗杆轴轴向间隙大，造成反向冲击振动。

（2）蜗轮蜗杆装配时，其蜗杆轴心线与蜗轮轴线垂直中心位置调整不当，造成轮齿面磨损，引起温度升高。

（3）操作者疏于对蜗轮蜗杆注油造成失油，轮齿面因摩擦热引起温度升高。

3. 维修步骤

（1）重新调整蜗杆轴承间隙（见图3—85）

1）边调整圆螺母，边旋动光杠轴。

2）蜗杆轴承间隙调整合适后，拧紧紧固螺钉，再装回端盖；然后对溜板箱进行机动进给试车。

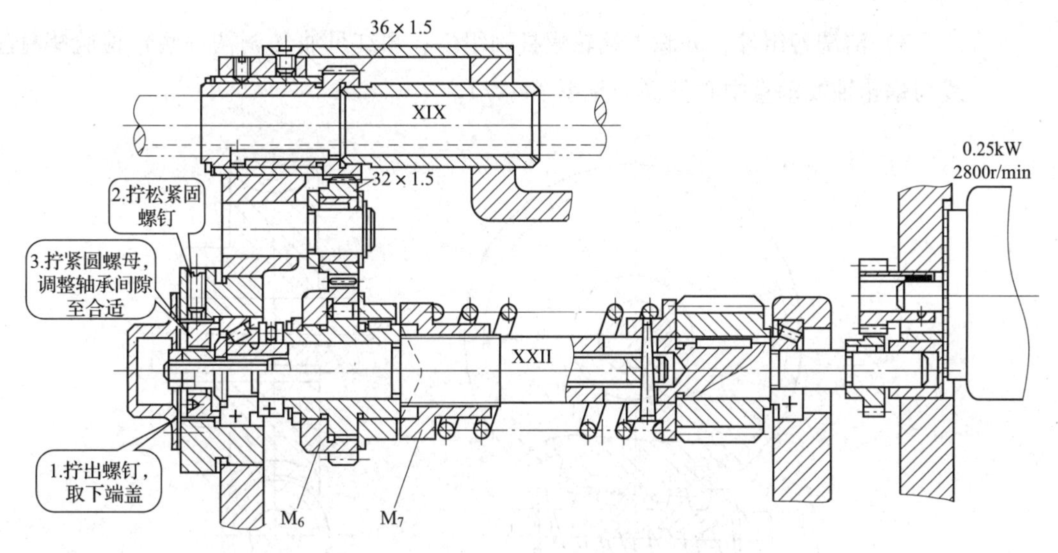

图 3—85　蜗杆轴承间隙调整

（2）检查蜗轮发热情况

1）拆卸丝杠、光杠、进给箱的连接销子和操纵杠连接销，取出三杠。

2）拔出溜板箱与大拖板定位销和定位螺栓，吊卸出溜板箱；按从上面到下面的拆卸顺序拆卸溜板箱各机构及组件（见图 3—86）。

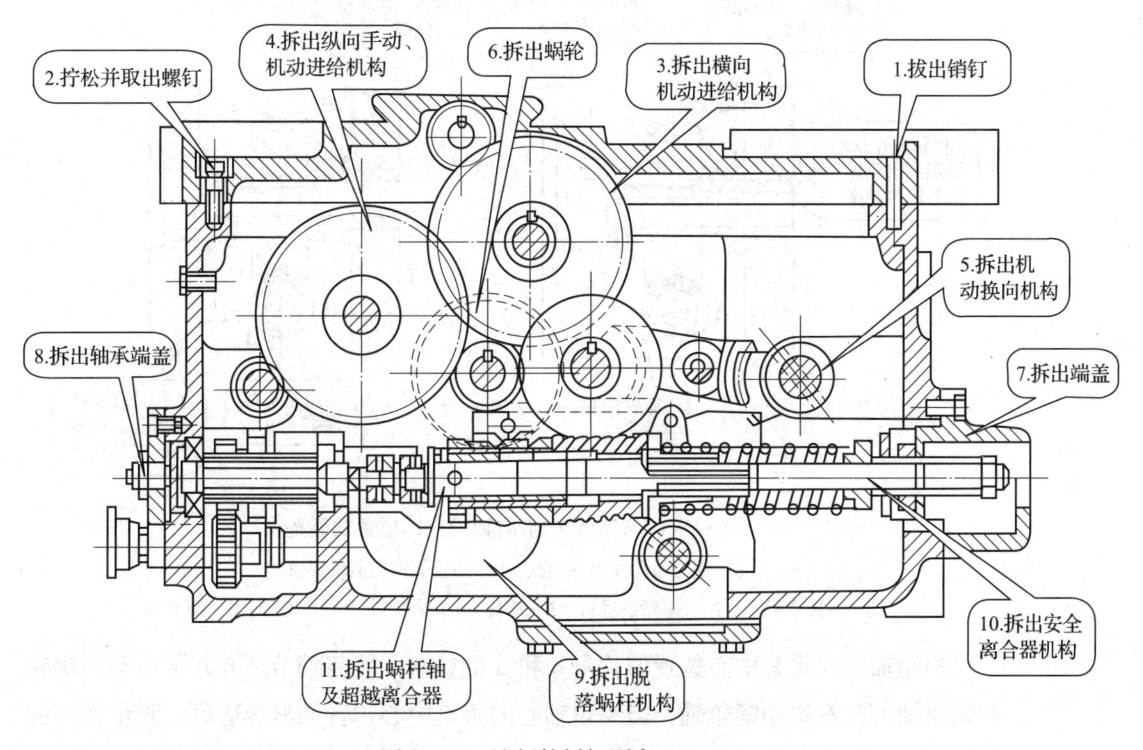

图 3—86　溜板箱拆卸顺序

3）清洗各组件，并晾干蜗轮蜗杆副组件；用红丹油（调稠一些）检验蜗杆轴线与蜗轮轴线垂直中心位置（见图3—87）。

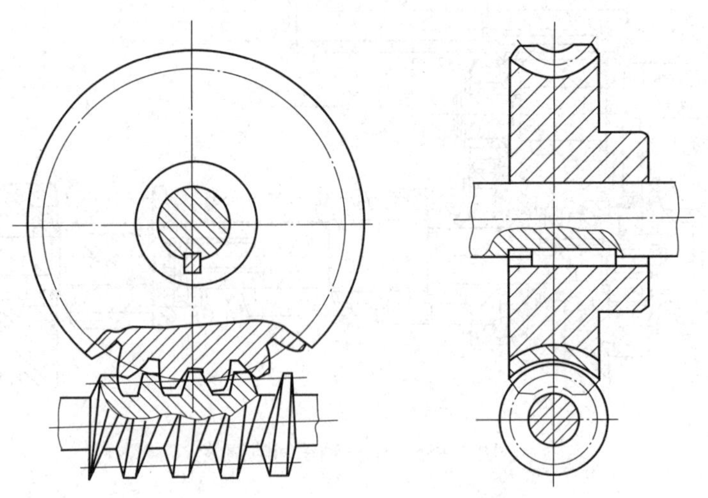

图3—87　蜗轮蜗杆副涂色检查

4）蜗杆轴线与蜗轮轴线垂直中心位置的调整工作步骤（见图3—88）。

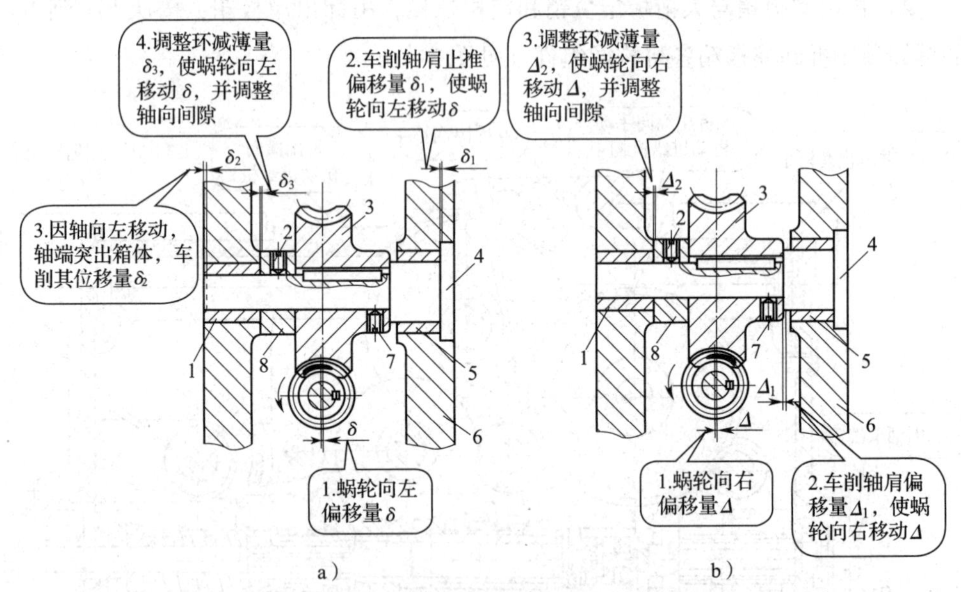

图3—88　蜗轮蜗杆垂向轴线交错位置的调整

a）蜗轮偏向左侧的调整　b）蜗轮偏向右侧的调整

1、5—铜套轴承　2、7—紧固螺钉　3—蜗轮　4—蜗轮轴　6—溜板箱　8—调节环

蜗轮轴心在垂直中心位置偏移量δ和Δ的检查，可将调节环8卸下后装回蜗轮和蜗轮轴，左右移动蜗轮轴，当蜗轮轴心的垂直中心位置调整合适后，测量得到的蜗轮端面与溜板箱内壁凸缘的尺寸即为蜗轮轴心在垂直中心位置的偏移量δ和Δ。

因 δ 和 Δ 为实测尺寸，没有除去间隙，在调整中需减去间隙，才能达到调整和修理的目的。

（3）定期更换润滑油

定时加注润滑油，使蜗轮蜗杆副获得良好的润滑，避免蜗轮蜗杆轮齿面因摩擦热引起温度升高。

4. 修后工作

（1）仔细检查是否有工具、零件跌落溜板箱的底部后，才能安装溜板箱底盖板。

（2）溜板箱与大拖板连接时，注意原定位销孔能否重合，否则需修整销钉孔，重新配做销钉。

（3）溜板箱与大拖板连接后，应及时调整大拖板与导轨的配合间隙。

（4）注意加注合适的润滑油量和选择合适的牌号。

（5）擦拭机身和修理部件，清理地面油渍，文明修理。

（6）联系车工进行验收，交付使用。

三、注意事项

1. 安装 M_6 超越离合器时，注意滚柱、弹簧、顶销在星形轮上的装配方向，否则溜板箱在快速移动时 M_6 不能正常工作，造成返工现象。

2. 安装 M_7 安全离合器时，注意防止弹簧的压缩回弹伤手；并注意调整弹簧压力，否则车削超载时不能安全保护。

3. 安装脱落蜗杆机构时，应注意防止长板的连接铰链磨损；如果出现磨损则应修复安装，否则切削力过载时不能落下蜗杆，保护溜板箱。

4. 注意调整开合螺母的燕尾导轨副间隙，否则会影响螺纹加工的精度。

5. 安装调整后，应进行快速移动试验和过载试验，以利于安全保护机构在车削过载时能正常工作。

学习单元 5　曲柄滑块机构的维修

学习目标

1. 了解曲柄滑块机构的种类、特点和工作原理。

2. 熟悉曲柄滑块机构的常见故障。

3. 掌握曲柄滑块机构的维修方法。

知识要求

一、曲柄滑块机构的种类、特点和工作原理

曲柄滑块机构是常见平面机构的一种，这种机构的运动副中有一个移动副，其余均为回转副；组成移动副的一对构件中，有一个构件相对固定，称为机架。这种机构中，曲柄主动时可带动滑块做直线往复运动；滑块主动时则可推动曲柄转动。

1. 曲柄滑块机构的种类

常见的曲柄滑块机构有曲柄摇杆机构、双曲柄机构、双摇杆机构。

（1）曲柄摇杆机构

两连架杆中一个为曲柄、另一个为摇杆的四杆机构，称为曲柄摇杆机构。

1）以曲柄为原动件时，可将曲柄的匀速转动变为从动件的摆动。雷达天线机构（见图3—89a）的原动件曲柄1转动时，通过连杆2，使与摇杆3固结的抛物面天线做一定角度的摆动，以调整天线的俯仰角度。

2）以曲柄AB为原动件时，从动件摇杆做往复摆动，汽车前窗的雨刮器（见图3—89b）利用摇杆的延长部分实现刮雨动作。

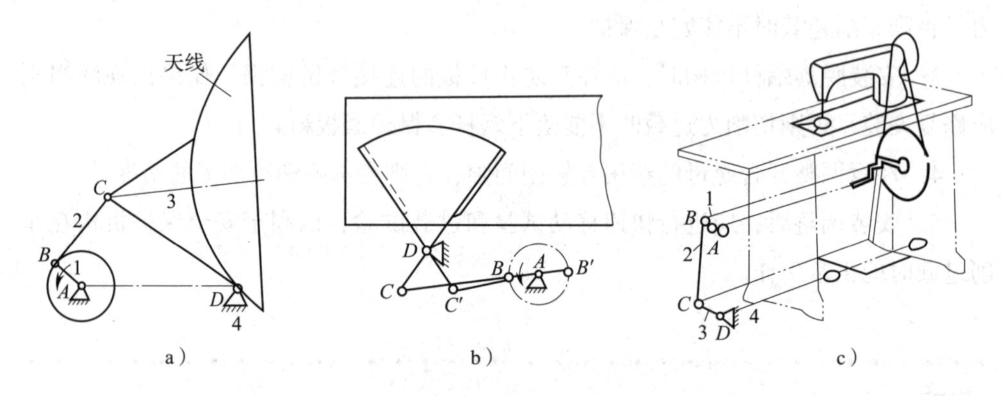

图3—89　曲柄摇杆机构实例

a）雷达天线机构　b）汽车雨刮机构　c）缝纫机踏板机构

3）以摇杆为主动件、曲柄为从动件的曲柄摇杆机构。缝纫机的踏板机构（见图3—89c）以踏板为主动件，当脚蹬踏板时，可将踏板的摆动变为曲柄（即缝纫机皮带轮）的匀速转动。

4）牛头刨床中的曲柄导杆机构（见图3—90a）将大齿轮的转动变为刨刀的往

复运动，并满足工作行程等速、非工作行程急回的要求；曲柄摇杆机构和棘轮机构保证工作台的进给，三个螺旋机构 M_1、M_2、M_3分别完成刀具的上下、工作台的上下及刀具行程的位置调整功能。

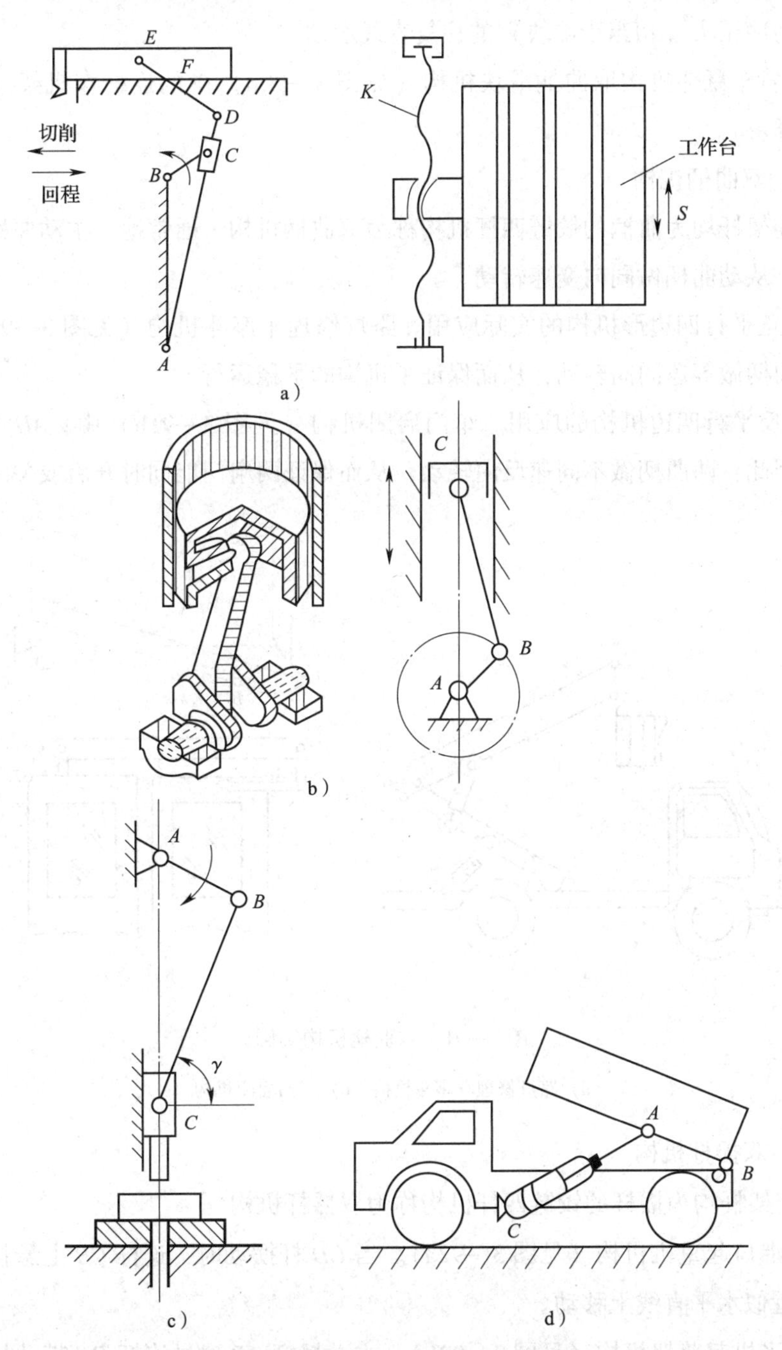

图 3—90　曲柄滑块机构的演化实例

a）牛头刨床曲柄导杆机构　b）内燃机曲柄滑块机构　c）冲床曲柄滑块机构　d）货车翻斗曲柄滑块机构

5）内燃机应用曲柄滑块机构（见图3—90b），将活塞（相当于滑块）的往复直线运动转换为曲轴（相当于曲柄）的旋转运动。

6）冲床应用曲柄滑块机构（见图3—90c），将曲轴（相当于曲柄）的旋转运动转换为冲压头（相当于滑块）的往复直线运动。

7）货车翻斗机构取曲柄滑块机构（见图3—90d）中的连杆作机架（原滑块转化为摇块）。

（2）双曲柄机构

两连架杆均为曲柄的铰链四杆机构称为双曲柄机构。通常地，主动曲柄做匀速转动时，从动曲柄做同向变速转动。

1）正平行四边形机构的实际应用。路灯修理车座斗机构（见图3—91a）中，由于两曲柄做等速同向转动，从而保证了机构的平稳运行。

2）反平行四边机构的应用。车门启闭机构（见图3—91b）中，*AD* 与 *BC* 不平行，因此，两曲柄做不同速反向转动，从而保证两扇门能同时开启或关闭。

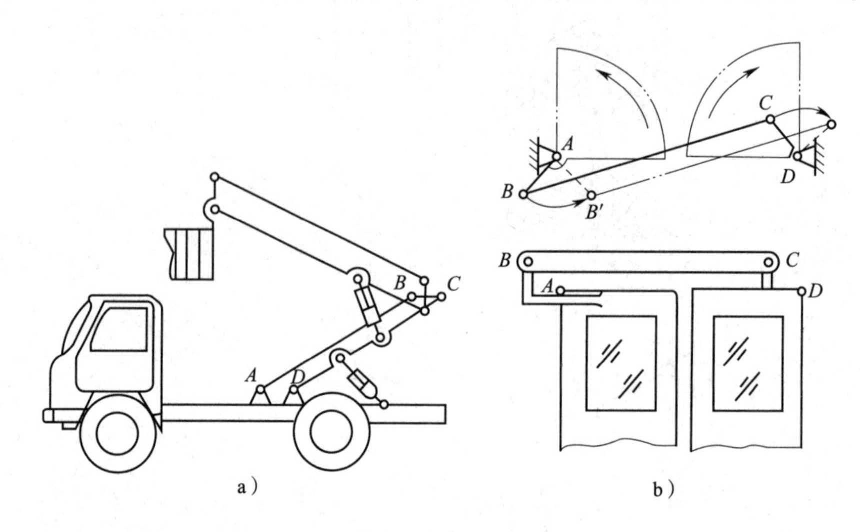

图3—91　双曲柄机构实例

a）路灯修理车座斗机构　b）车门启闭机构

（3）双摇杆机构

两连架杆均为摇杆的铰链四杆机构称为双摇杆机构。

1）港口起重机机构（见图3—92a）。当 *CD* 杆摆动时，连杆 *CB* 上悬挂重物的点 *E* 在近似水平直线上移动。

2）飞机起落架机构（见图3—92b）。主动摇杆 *AB* 通过连杆 *BC* 带动从动摇杆 *CD* 动作，实现起落架的收放。当主摇杆与连杆共线时，机构处于止点位置，可防止起落架自行收回。

3）汽车前轮的转向机构（见图 3—92c）。两摇杆的长度相等，称为等腰梯形机构，它能使与摇杆固联的两前轮轴转过的角度不同，使车轮转弯时，两前轮轴线与后轮轴线延长线交于点 O，汽车四轮同时以 O 点为瞬时转动中心，各轮相对地面近似于纯滚动，保证了汽车转弯平稳并减少了轮胎磨损。

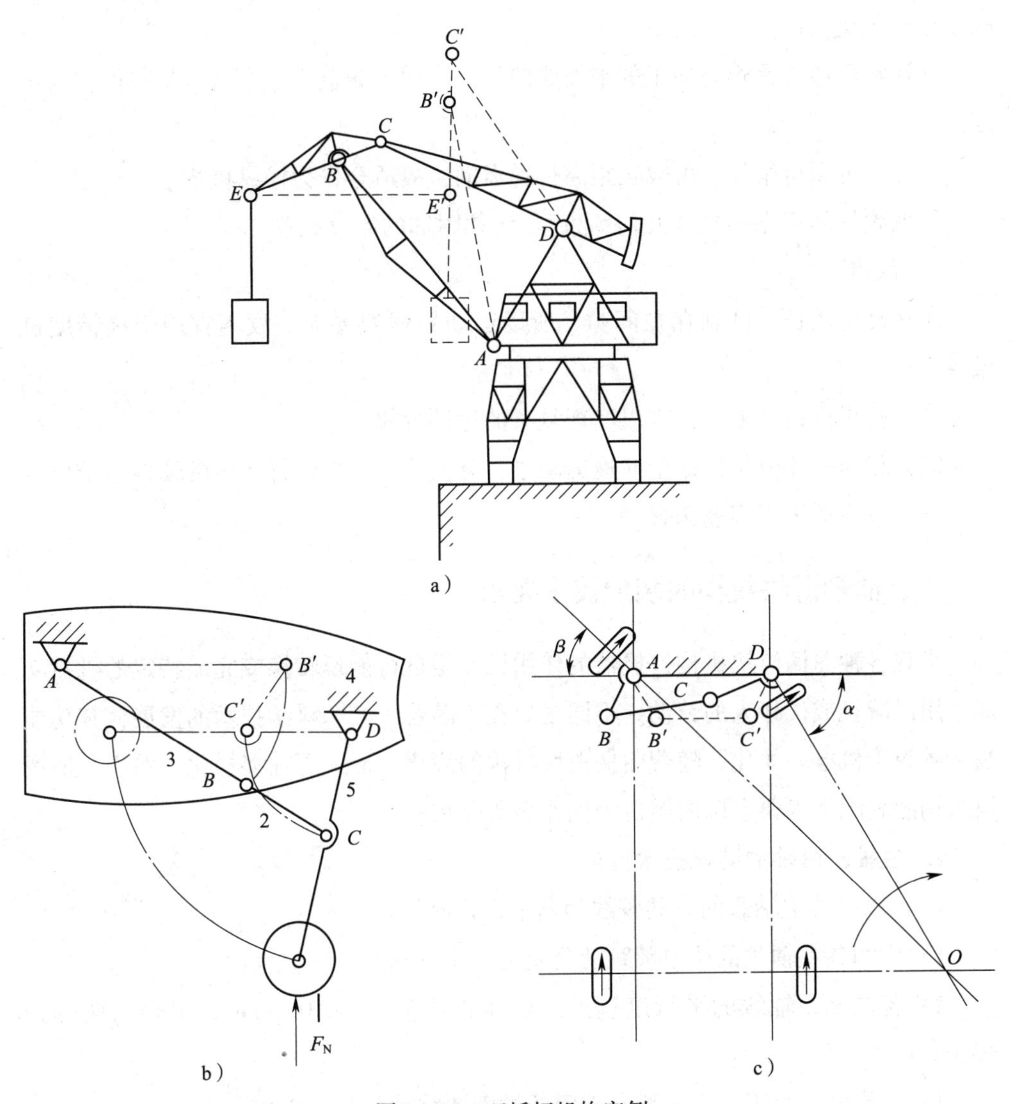

图 3—92　双摇杆机构实例

a）港口起重机机构　b）飞机起落架机构　c）汽车前轮的转向机构

2. 曲柄滑块机构的特点和工作原理

（1）曲柄存在的条件

当连架杆能做圆周运动时，该杆称为曲柄。

1）连架杆和机架中必有一个是最短件。

2）最短件与最长件的长度和应小于其他两构件的长度和。

（2）曲柄滑块机构的特点

1）优点

①低副是面接触，压强小、承载能力大，耐磨损，且便于润滑，使用寿命长，故适用于重型机械。

②接触面通常是容易加工的平面或圆柱面，便于制造，成本低，易获得较高精度。

③连杆可做得很长，可较长距离传递运动，故适合作为操纵机构。

④低副的约束靠形状（几何约束），无须附加的约束装置。

2）缺点

①运动链较长，低副存在间隙，所以运动累积误差大，故不宜用于高精度机械。

②连杆机构设计复杂，难以实现复杂的运动规律。

③有相当一部分构件处于变速运动中，有惯性力，即连杆产生的惯性力难以产生平衡，故不适用于高速场合。

二、曲柄滑块机构的装配技术要求

纵观各种曲柄滑块机构，机器的作用无非是进行能量转换或完成特定的机械功能，用以减轻或代替人的劳动。不同之处在于随着生产和科学技术的发展，其功能越来越趋于机电一体化，随着曲柄滑块机构的演化，形式更加多样化，对于曲柄滑块机构的装配技术要求以内燃机为例作简要介绍。

1. 主轴、曲轴的装配技术要求

（1）以两端主轴颈的公共轴线为基准进行测量。

1）中间各主轴颈的径向圆跳动公差为 0.05 mm。

2）各曲轴颈轴线的平行度误差。整体式曲轴为 ϕ0.01 mm，组合式曲轴为 ϕ0.03 mm。

3）止推轴颈及正时齿轮配合端面的端面圆跳动公差为 0.05 mm。

4）飞轮突缘的径向圆跳动公差为 0.04 mm，外端面的端面圆跳动公差为 0.06 mm。

5）带轮的轴颈径向圆跳动公差为 0.05 mm。

6）正时齿轮的安装轴颈径向圆跳动公差为 0.03 mm。

7）变速器第一轴承孔的径向圆跳动公差为 0.06 mm。

8）油封轴颈的径向圆跳动公差。采用回油槽防漏的为 0.10 mm，采用油封圈防漏的为 0.05 mm。

（2）各主轴颈及连杆轴颈的圆柱度误差为 0.005 mm。

（3）曲轴颈的回转半径应符合设计规定的基本尺寸，整体式曲轴的极限偏差为 ±0.15 mm，但同一曲轴各回转半径差不得超过 0.20 mm，组合式曲轴的极限偏差应符合设计要求。

（4）主轴颈及曲轴颈表面粗糙度 *Ra* 值不大于 0.8 μm，圆角处表面粗糙度 *Ra* 值不大于 1.6 μm。

（5）组合式曲轴装配后，各滚动轴承安装轴颈的同轴度误差应符合设计规定。

（6）需对曲轴进行平衡试验，其许用不平衡量应符合设计规定。

2. 连杆的装配技术要求

（1）装配前应对连杆的轴瓦进行检查

1）合金层与瓦底应贴合牢固，无夹层现象，连杆体的油路应清洁、畅通。

2）连杆大头瓦的合金层应光滑、圆整，表面粗糙度达到 *Ra*0.8 μm，不得有裂纹、气孔、缩松、划痕、碰伤、压伤及夹杂物等缺陷。

（2）连杆小头瓦和小头孔为过盈配合

1）小头瓦装入小头孔时，其内孔会收缩，收缩的尺寸一般约等于过盈量，因此连杆小头瓦外径过盈量应作为内孔尺寸加大的依据。

2）根据小头瓦尺寸和装配条件的不同，一般采用压入法装配，有条件的可采用冷冻法装配。

（3）大头瓦的刮研

1）刮研大头瓦瓦背时，贴合面应均匀接触 70%～85%。

2）刮研连杆大头瓦衬时，刮削量要均匀；刮研过程中应经常检测瓦衬壁厚尺寸，使同轴截面上的厚度相等，且轴瓦与连杆中心线垂直。

3）调整大头瓦与曲轴颈的配合间隙时，厚壁瓦可用垫片调整；薄壁瓦的间隙过小时可适量刮研，间隙超差则更换新瓦。

间隙测量方法如下：径向间隙可用压铅法，轴向间隙常用塞尺测量；也可用瓦孔径和轴径尺寸相减得出径向间隙，用轴颈长度和连杆瓦宽度尺寸相减得出轴向间隙。其径向间隙和轴向间隙应符合装配技术要求。

（4）小头瓦和活塞销的研配

1）衬瓦压入连杆小头孔后，一般都预留刮研余量。其刮削表面应光滑，接触点应分布均匀，表面粗糙度达到 $Ra0.8\ \mu m$。

2）小头衬瓦与销轴在研配中要边刮边用量具在瓦的两端测量，以免刮削过量或刮成椭圆形和圆锥形。

3）活塞销与活塞销孔的接触面积不应低于60%，连杆小头瓦孔圆柱度误差应小于IT4。

4）连杆小头瓦与活塞销接触均匀，其接触面积应大于70%。

5）连杆小头瓦端面与活塞孔内侧凸台的轴向间隙应符合装配技术要求。

（5）连杆螺栓的装配

1）用测力扳手交替分次拧紧连杆螺栓，拧紧力需均匀。

2）根据对比法以螺栓受力后的伸长度来测定装配螺栓的拧紧力，拧紧力与螺栓的材料强度和直径成正比，螺栓最大伸长量不应超过螺栓总长度的2%。

3）连杆螺栓头部端面与连杆接触定位的端面及螺母与连杆大头盖端面的接触应均匀。

4）连杆螺栓与连杆的配合公差等级为H7/h6级；连杆螺栓压入孔中时，应不紧不松用力推进或轻敲到位。

5）连杆螺母拧紧后应及时安装防松装置。

（6）连杆组件装配的检验

1）连杆大头瓦孔中心线与小头瓦中心线的平行度误差小于0.02 mm/100 mm。

2）连杆大头瓦孔中心线与小头瓦中心线的扭曲度小于0.02 mm/100 mm。

3）连杆小头瓦装入活塞销轴后的止推间隙应符合装配技术要求。

3. 活塞组件装配的检验

（1）气缸与主轴承公共轴线的垂直度达到100∶0.03，全长上为0.05 mm。

（2）气缸圆度、圆柱度误差小于0.02 mm。

（3）活塞在气缸内的间隙符合装配技术要求。

（4）活塞环在活塞上的侧隙、沉槽量、开口量符合装配技术要求。

三、曲柄滑块机构的常见故障

1. 连杆瓦烧瓦，连杆衬套磨损严重，主轴磨损严重或产生撞击声

（1）主轴瓦、连杆瓦和衬套等间隙配合不当。间隙过小时油量不足，不能形成油膜；过大时润滑油流失，引起短路，也不能形成润滑油膜。

（2）润滑油变质、过脏或润滑油量不足，或油料牌号不对，造成机油压力下降。

（3）操作不当，引起发动机反转，各轴瓦摩擦表面不但得不到润滑油，而且原有的也被吸走，加剧了摩擦表面的磨损。

（4）机油泵轴上的键发生滚键，使机油泵工作不正常，引起烧瓦。

（5）曲轴油道工艺孔螺塞松脱，造成机油大量内漏，输送到各轴瓦的油量严重不足。

2. 连杆断裂

（1）连杆螺栓长期使用，产生塑性变形。

（2）螺栓头或螺母与大头端面接触不良，产生偏心负荷，导致螺栓受单纯轴向拉力。

（3）螺杆与连杆螺栓配合孔（D_2配合）的两中心不重合，两轴承端面接触不良，使连杆受切向拉力。

（4）连杆螺栓拧紧力不均匀，导致螺栓受交变的弯曲应力。

3. 曲轴与连杆抱轴

（1）曲轴与连杆间隙过小，连杆瓦产生高温，融化抱轴。

（2）无或缺润滑油，造成连杆瓦高温、融化、拉伤。

（3）大头瓦中心线与小头瓦中心线平行度和扭曲度的误差值超差，造成缺油、抱轴。

4. 曲轴断裂

曲轴断裂大多发生在轴颈与曲臂的圆角过渡处，其原因大致有如下几种：

（1）过渡圆角太小，$r<0.06d$（d为曲轴颈直径）。

（2）热处理时，圆角处未处理到，使交界处产生应力集中。

（3）圆角加工不规则，有局部断面突变。

（4）长期超载行驶，急刹车，路况差，使曲轴状况恶化。

（5）曲轴材质不均，抗疲劳强度差，曲轴本身有暗伤。

四、曲柄滑块机构的故障维修

1. 检查连杆瓦、连杆衬套、主轴瓦的磨损，圆度和圆柱度误差大于0.03 mm时，建议更换磨损严重或拉伤的连杆瓦、连杆衬套、主轴瓦，拧紧连杆螺栓（扭力标准为35～40 N·m）。

2. 采用涂色法检查连杆螺栓头或螺母与连杆端的接触是否均匀，两端面接触不均匀痕迹大于1/8时，进行修研至均匀接触。螺栓与连杆配合孔有同轴度误差时，应重新铰孔，重新配置螺栓，并注意检查与连杆端面的接触是否均匀。

3. 疏通主油道，重新装配时，应注意保持主轴轴承润滑畅通及油楔工作正常。

4. 对活塞和气缸进行修配时，要检查活塞的圆柱度，使圆柱度在 0.1 ~ 0.2 mm。

5. 对活塞销和连杆衬套进行修配时，活塞销和连杆衬套的圆度、圆柱度误差小于等于 0.03 mm，要严格按标准进行，间隙配合要正确。

6. 油底壳内机油面过高会引起内燃机体温度过高或油气分离器堵塞，清洗油气分离器和油底壳，重新加清洁机油至油尺上、下刻度之间。

7. 发生曲轴断裂时，原则上应按内燃机的型号更换新的曲轴，重新装配。

8. 连杆瓦异响的检修应由简到繁，如加速时是否有连续、明显的敲击声、响声，响声是否随温度上升而变严重，慢速或中速时异响是否随内燃机的转速升高而增大等。

B665 牛头刨床曲柄滑块机构的检修

无论平面四杆机构如何变化，按其基本组成都可以分为动力源、传动机构、执行机构三部分，随着现代科学技术的发展，也可将控制器作为第四部分。所谓控制器，既包括机械控制装置，也包括电子控制系统。在各种机器中，传动机构和执行机构在使用中最主要的作用是实现速度、方向或运动状态的改变，或实现特定运动规律。毫无疑问，传动机构和执行机构在实现机器的各种功能中担当着重要的角色，其故障和修理方法不尽相同，有着其内在的特点。由于曲柄滑块机构形式繁多，因此，以 B665 牛头刨床曲柄滑块机构的故障修理为例作简述。

一、操作准备

1. 工具准备

铜棒一支，轴用、孔用弹性挡圈钳各一把，拔销器，旋具，梅花扳手，活扳手，钩头扳手，锤子，销钉冲头，平行面刮研工具，平面刮刀，三角刮刀，螺旋千斤顶若干个，250 mm 细齿平锉刀一把，100 号砂纸两张，油石，干净棉纱若干，干净煤油若干，干净机油若干。

2. 量具准备

外径千分尺、游标卡尺、钢直尺、百分表及磁性表座、标准检验心轴、检验平台等。

二、操作步骤

1. 现场观察

(1) 滑枕移动卡死。

(2) 滑枕在长行程时有振荡响声。

(3) 滑枕换向时有冲击。

2. 分析故障

上支点轴承、摇杆和滑枕三者之间的磨损情况直接影响刨床的技术状况。

(1) 摇杆轴销孔 *G* 磨损与床身导轨面不平行，引起上支点轴销孔 *K* 与摇杆轴销孔 *G* 不同轴，导致滑枕移动卡死现象（见图 3—93）。

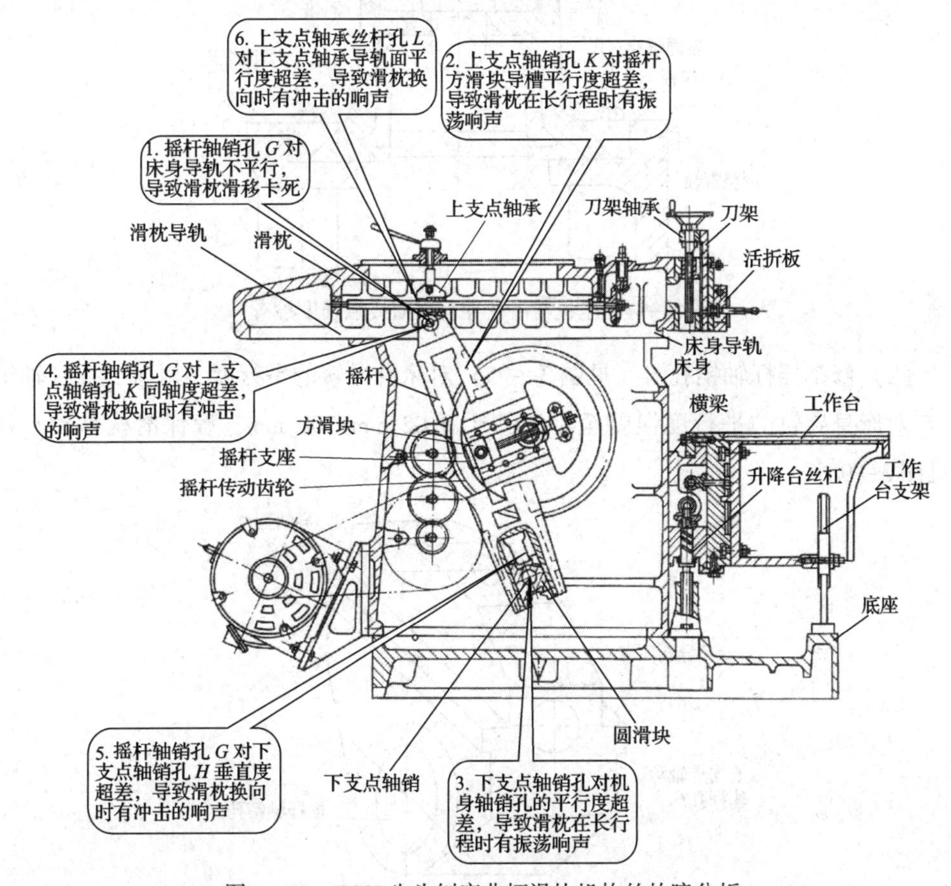

图 3—93 B665 牛头刨床曲柄滑块机构的故障分析

（2）上支点轴销孔 *K* 对摇杆的方滑块导槽表面磨损，使平行度超差，或摇杆下支点与机身的轴销孔磨损，使平行度超差，导致滑枕在长行程时有振荡响声（见图 3—93）。

（3）摇杆轴销孔 *G* 与上支点轴销孔 *K* 磨损，使同轴度超差；摇杆轴销孔 *K* 与下支点轴销孔 *H* 磨损，使垂直度超差；上支点轴承丝杆孔 *L* 与上支点轴承支承导轨工作面磨损，使平行度超差；各活动配合的间隙过大。这些都会导致滑枕换向时有冲击的响声（见图 3—93）。

3. 维修步骤

（1）压板与滑枕导轨表面接触不良或压板压得过紧时，修刮或调整压板（见图 3—94）。

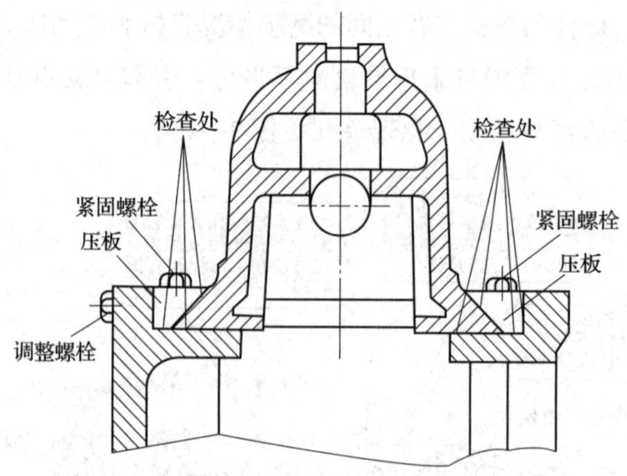

图 3—94　压板与滑枕导轨表面接触程度检查

（2）修刮摇杆轴销孔 *G*（见图 3—95）对床身导轨的平行度，以减少摇杆轴销孔 *G* 对床身导轨的平行度误差至小于等于 0.02 mm/300 mm，确保滑枕移动平稳（见图 3—96）。

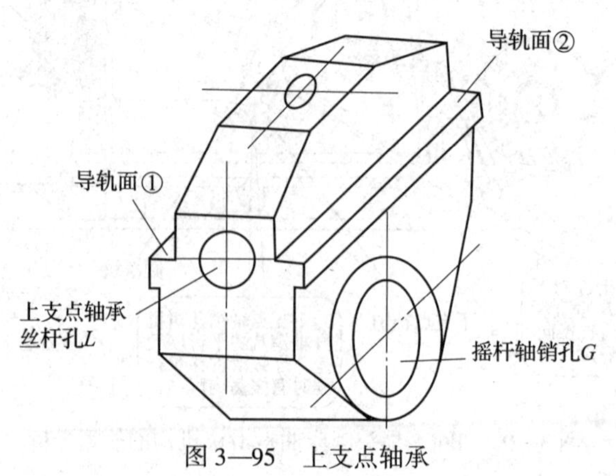

图 3—95　上支点轴承

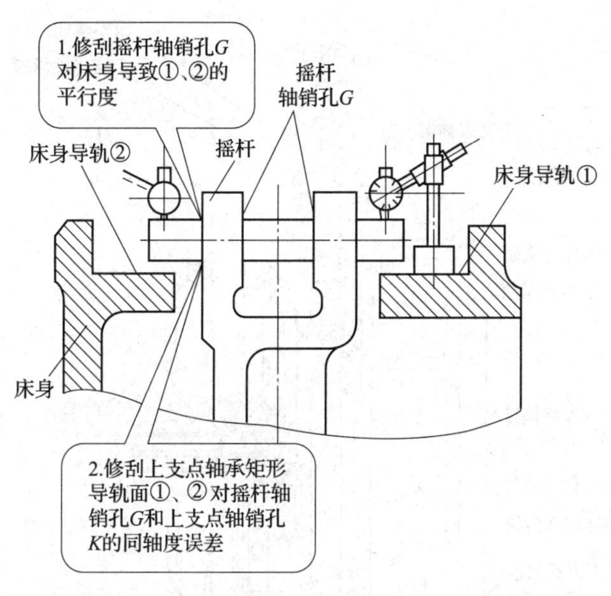

图 3—96　摇杆轴销孔 G 对床身导轨的平行度检查

（3）修刮摇杆方滑块导槽表面，保证上支点轴销孔 K 平行度。使摇杆表面对上支点轴销孔 K 平行度误差在全长上小于等于 0.02 mm（见图 3—97）。

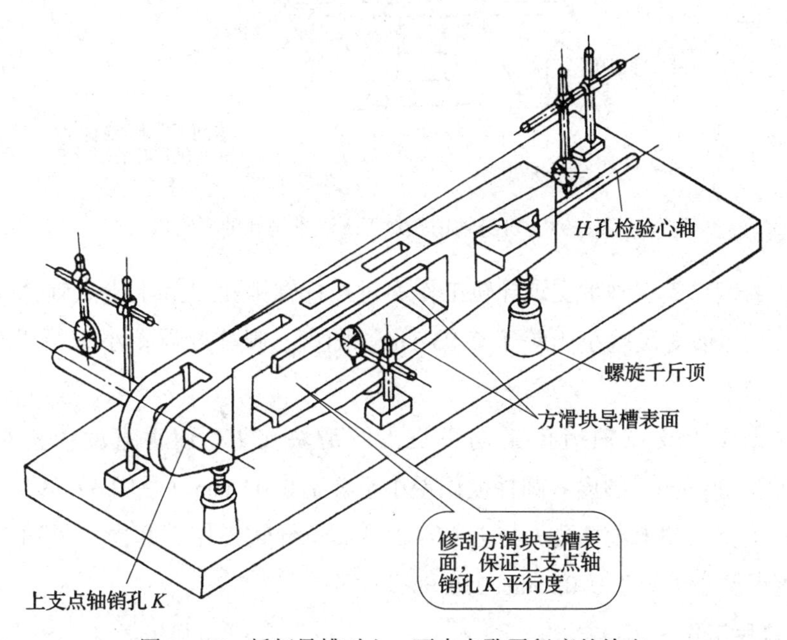

图 3—97　摇杆导槽对上、下支点孔平行度的检查

（4）修刮下支点轴销孔对机身轴销孔的平行度，使其平行度误差小于等于 0.02 mm，孔圆度、圆柱度误差小于等于 0.02 mm（见图 3—98）。

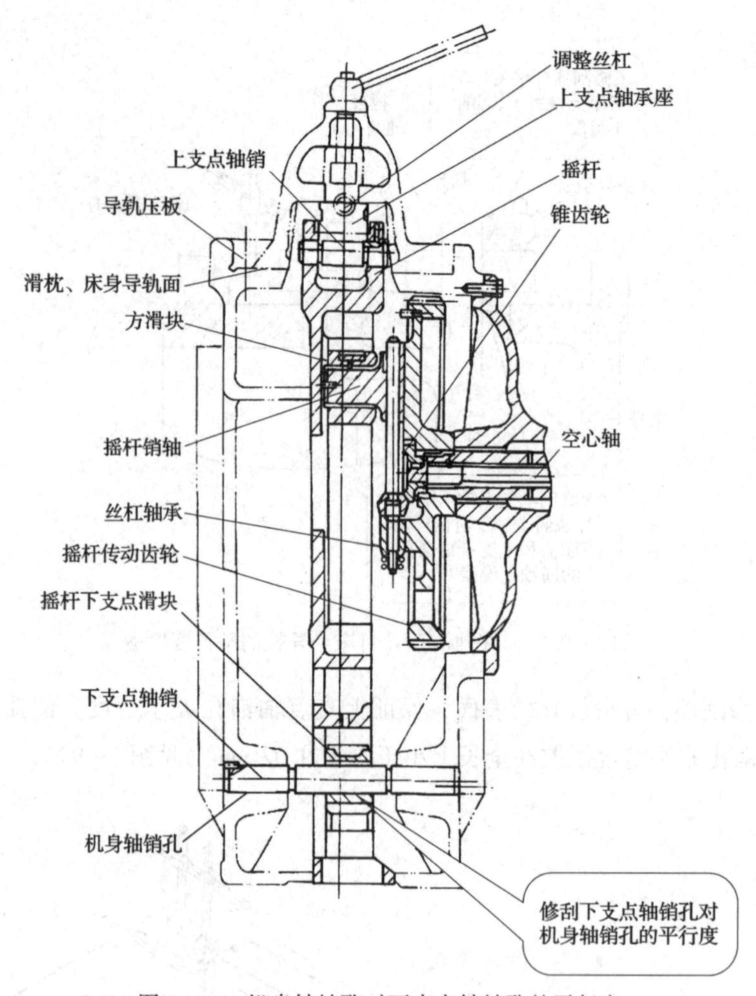

图3—98　机身轴销孔对下支点轴销孔的平行度

（5）修刮上支点轴承支承导轨工作面对摇杆轴销孔 G 和上支点轴销孔 K 的同轴度，使其同轴度误差小于等于0.03 mm，圆度、圆柱度误差小于等于0.02 mm（见图3—98）。

（6）修刮上支点轴销孔 K 与下支点圆滑块孔 H，使垂直度误差小于等于0.10 mm/1 000 mm，圆度、圆柱度误差小于等于0.02 mm（见图3—99）。

（7）上支点轴承丝杆孔 L 与上支点轴承支承导轨工作面磨损（见图3—100），使平行度误差小于等于0.02 mm/300 mm。

4．修后工作

（1）装配后的摇杆传动大齿轮的端面跳动公差小于等于0.20 mm。

（2）调整后的滑枕导轨间隙、方滑块与摇杆导槽结合面间隙、下支点圆滑块间隙小于等于0.04 mm。

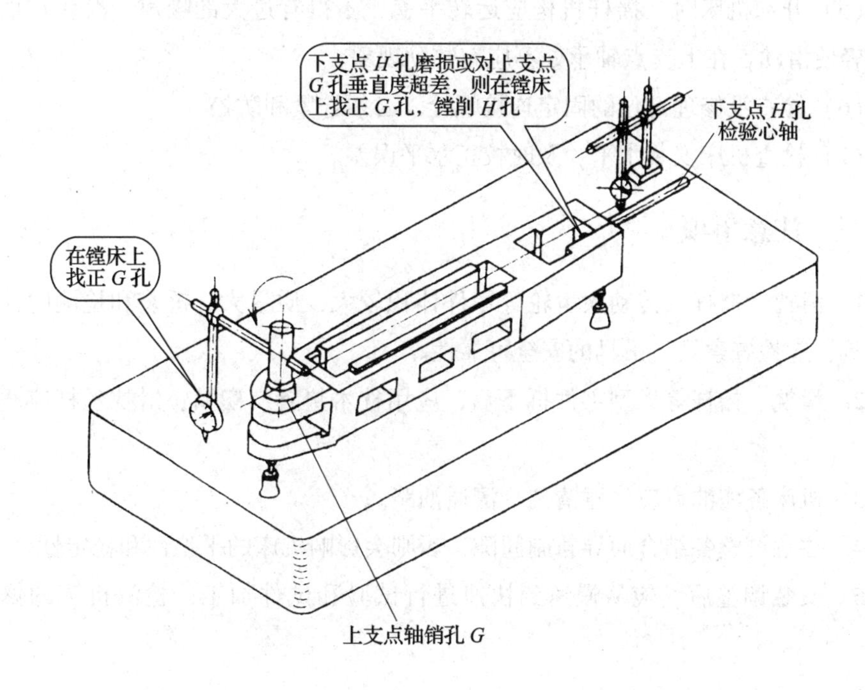

图 3—99　下支点 H 孔对上支点 G 孔垂直度的检查

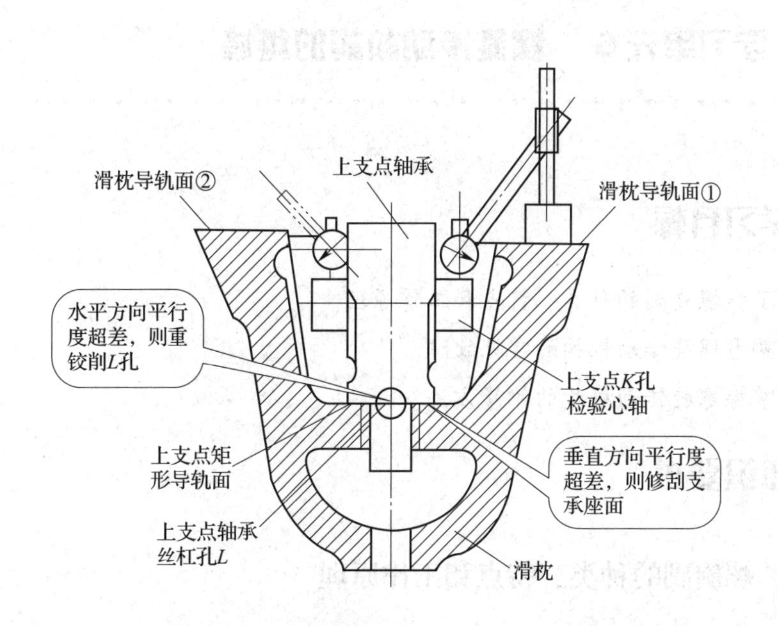

图 3—100　上支点轴销孔 K、上支点轴承丝杆孔 L 对支承导轨工作面平行度的检查

（3）手动调整滑枕行程时应轻便。

（4）锥齿轮的调整垫圈要合适，保证锥齿轮啮合准确。

（5）开动机床时，摇杆机构应运转平稳，不得有过大的噪声，滑块在摇杆槽内能轻便滑动，在上支点轴承处不应有憋劲现象。

（6）检查没修理部位的固定连接螺栓，必须拧紧和防松。

（7）检查机床安装水平，及时校正水平误差。

三、注意事项

1. 滑枕、摇杆、传动大齿轮等零件体积较大，质量大，拆装和检测时使用起重吊具，应检查索具、吊具的安全可靠性。

2. 滑枕、摇杆等大型零件拆下后，应用枕木垫置、楔紧；滑枕丝杠应垂直吊置。

3. 机床各注油点应注意清洗，清通油路。

4. 注意调整各结合面导轨副间隙，否则会影响机床的平稳性和稳定性。

5. 安装调整后，应从慢速到快速进行试验和试件加工，检测机床的修复精度。

学习单元6　螺旋传动机构的维修

学习目标

1. 了解螺旋副的种类、特点和工作原理。

2. 熟悉螺旋传动机构的常见故障。

3. 掌握螺旋传动机构的维修方法。

知识要求

一、螺旋副的种类、特点和工作原理

螺杆与螺母配合在一起叫螺旋副，由螺旋副连接的机构称为螺旋机构。

螺旋传动是用螺杆和螺母传递运动和动力的机械传动，主要用于把旋转运动转换成直线运动，将转矩转换成推力。

1. 按其用途划分

(1) 传力螺旋副（见图 3—101）

以传递动力为主，一般要求用较小的转矩转动螺杆（或螺母）而使螺母（或螺杆）产生轴向运动和较大的轴向推力。如螺旋千斤顶等，这种传力螺旋主要是承受很大的轴向力，通常为间歇性工作，每次工作时间较短，工作速度不高，而且需要自锁。

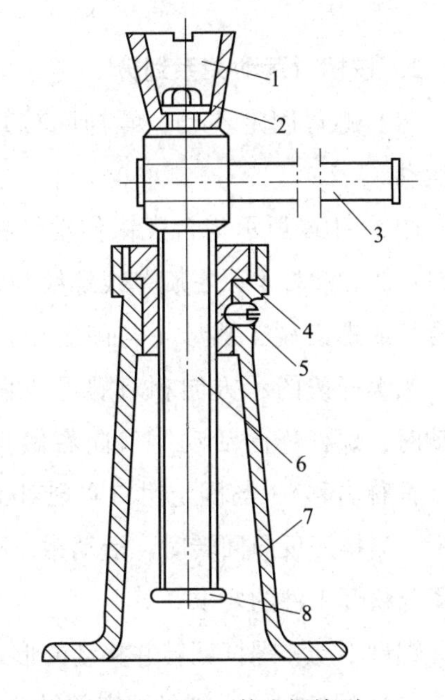

图 3—101　传力螺旋副

1—托盘　2—螺栓　3—手柄　4—螺母　5—螺钉　6—螺杆　7—顶身　8—止环

(2) 传导螺旋副（见图 3—102）

以传递运动为主，要求能在较长的时间内连续工作，工作速度较高，因此，要求有较高的传动精度，如车床的进给丝杠。

(3) 调整螺旋副（见图 3—103）

用于调整并固定零部件之间的相对位置，它不经常转动，一般在空载下进行调整，要求有可靠的自锁性能和精度，用于测量仪器及各种机械的调整装置，如千分尺中的螺旋副。

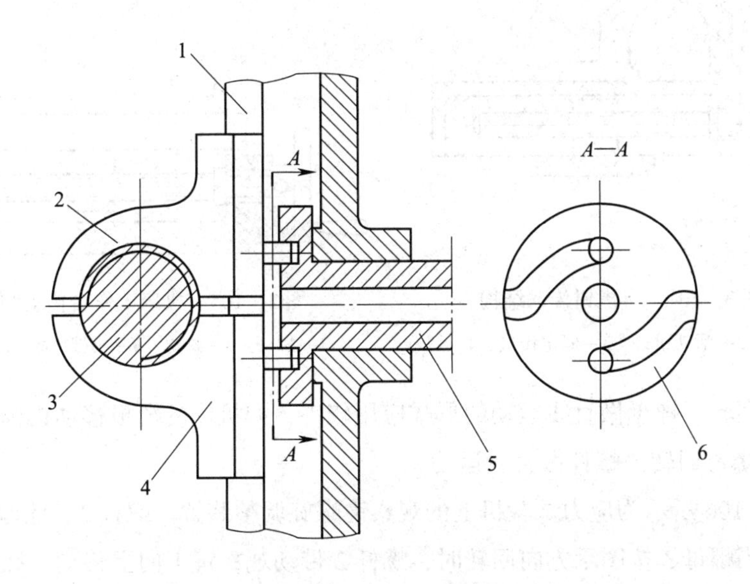

图 3—102　传导螺旋副

1—导轨　2、4—开合螺母　3—丝杠　5、6—槽盘

2．按相对运动关系划分

（1）螺母固定不动，螺杆回转并做直线运动

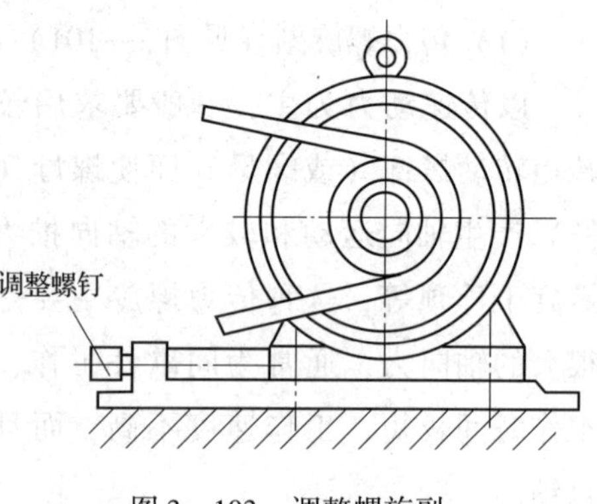

图 3—103　调整螺旋副

图 3—104 所示为台虎钳传动结构。活动钳口 2 和螺杆 1 以右旋单线螺纹与螺母 4 啮合组成螺旋副，螺母 4 与固定钳口 3 连接。当螺杆按图示方向相对螺母 4 做回转运动时，螺杆连同活动钳口向右做直线运动（简称右移），与固定钳口实现对工件的夹紧；当螺杆反向回转时，活动钳口随螺杆左移，松开工件。通过螺旋传动，完成夹紧与松开工件的要求。

螺母不动、螺杆回转并移动的形式，通常应用于螺旋压力机、千分尺等。

（2）螺杆回转，螺母固定并做直线运动

图 3—105 所示为机床工作台传动结构。螺杆 1 与机架 3 组成转动副，螺母 2 与螺杆以左旋螺纹啮合并与工作台 4 相连接。当转动手轮使螺杆按图示方向回转时，螺母带动工作台沿机架的导轨向右做直线运动。

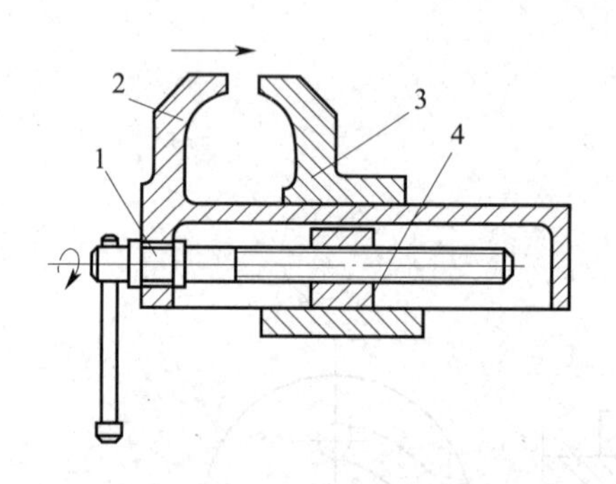

图 3—104　台虎钳传动结构

1—螺杆　2—活动钳口　3—固定钳口　4—螺母

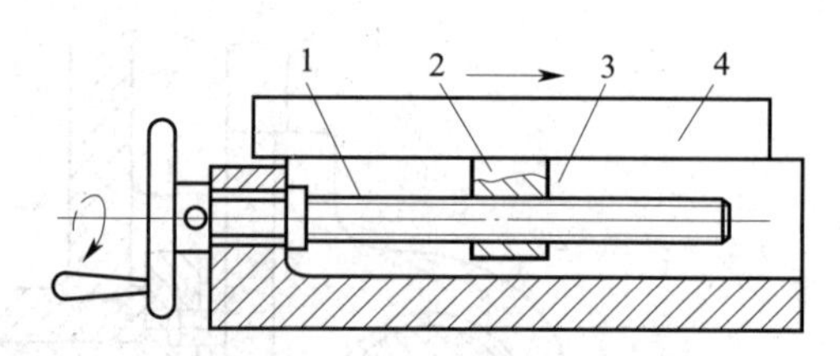

图 3—105　机床工作台传动结构

1—螺杆　2—螺母　3—机架　4—工作台

螺杆回转、螺母做直线运动的形式应用较广，如机床的滑板移动机构等。

（3）螺母回转，螺杆做直线运动

图 3—106 所示为应力试验机上的观察镜螺旋调整装置。螺杆 2、螺母 3 为左旋螺旋副。当螺母 3 按图示方向回转时，螺杆 2 带动观察镜 1 向上移动；螺母 3 反向回转时，螺杆 2 连同观察镜 1 向下移动。

3. 按其摩擦性质划分

(1) 滑动螺旋副

滑动螺旋副（见图 3—107）做相对运动时产生滑动摩擦。滑动螺旋副结构较简单，螺母和螺杆的啮合是连续的，工作平稳，易于自锁，这对起重设备、调节装置等很有意义。但螺纹之间摩擦大，磨损大，效率低（一般为 25% ~70%，自锁时效率小于 50%）；滑动螺旋副不适用于高速传动和大功率传动。

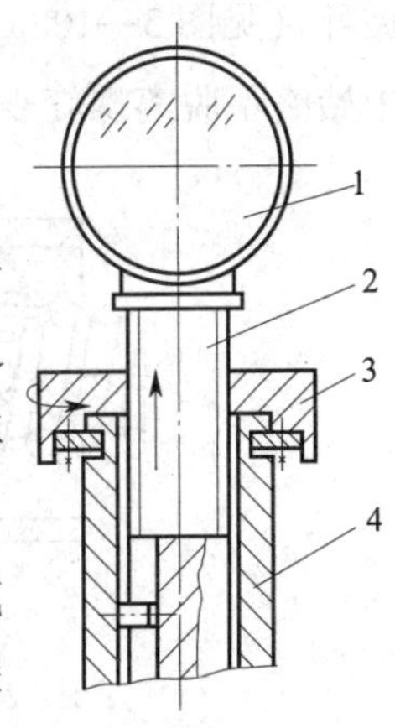

图 3—106　观察镜螺旋调整装置

1—观察镜　2—螺杆　3—螺母　4—机架

滑动螺旋副虽有很多优点，但传动精度还不够高，低速或微调时可能出现运动不稳定的现象；为了减轻滑动螺旋副的摩擦和磨损，螺杆和螺母的材料除应具有足够的强度外，还应具有较好的减摩、耐磨性；由于螺母的加工成本比螺杆低，且更换较容易，因此应使螺母的材料比螺杆的材料软，使工作时所发生的磨损主要在螺母上。

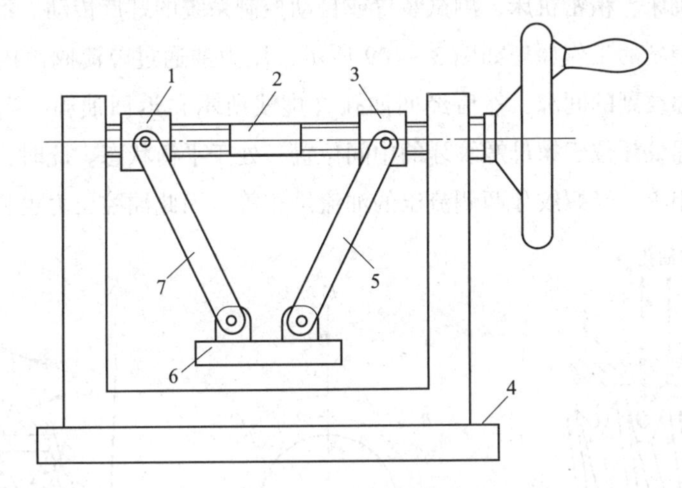

图 3—107　滑动螺旋副

1—左旋螺母　2—螺杆　3—右旋螺母　4—机架　5、7—连杆　6—升降台

(2) 滚动螺旋副

滚动螺旋副（见图 3—108）做相对运动时产生滚动摩擦。滚动螺旋副的摩擦阻力小，传动效率高（90% 以上），磨损小，精度易保持，但结构复杂，成本高，不能自锁。滚动螺旋主要用于对传动精度要求较高的场合。

滚动螺旋副是在螺杆和螺母的螺纹滚道内连续填装滚珠作为滚动体，使螺杆和螺母间的滑动摩擦变成滚动摩擦。螺母上有导管或反向器，使滚珠能循环滚动。滚珠的循环方式分为外循环和内循环两种。滚珠在回路过程中离开螺旋表面的称为外循环（见图 3—108a），外循环加工方便，但径向尺寸较大；滚珠在整个循环过程中始终不脱离螺旋表面的称为内循环（见图 3—108b）。

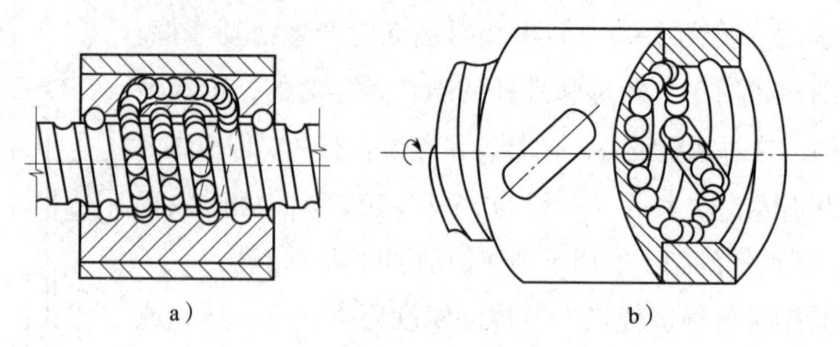

图 3—108　滚动螺旋副

a）外循环　b）内循环

（3）静压螺旋副

将静压原理应用于螺旋传动中。静压螺旋副摩擦阻力小，传动效率高（可达 90% 以上），但结构复杂，需要供油系统。适用于要求高精度、高效率的重要传动，如数控机床、精密机床、测试装置或自动控制系统的螺旋传动。

静压螺旋副的工作原理如图 3—109 所示，压力油通过节流阀由内螺纹牙侧面的油腔进入螺纹副的间隙，然后经回油孔（虚线所示）返回油箱。当螺杆不受力时，螺杆的螺纹牙位于螺母螺纹牙的中间位置，处于平衡状态。此时，螺杆螺纹牙的两侧间隙相等，经螺纹牙两侧流出的油流量相等，因此油腔压力也相等。

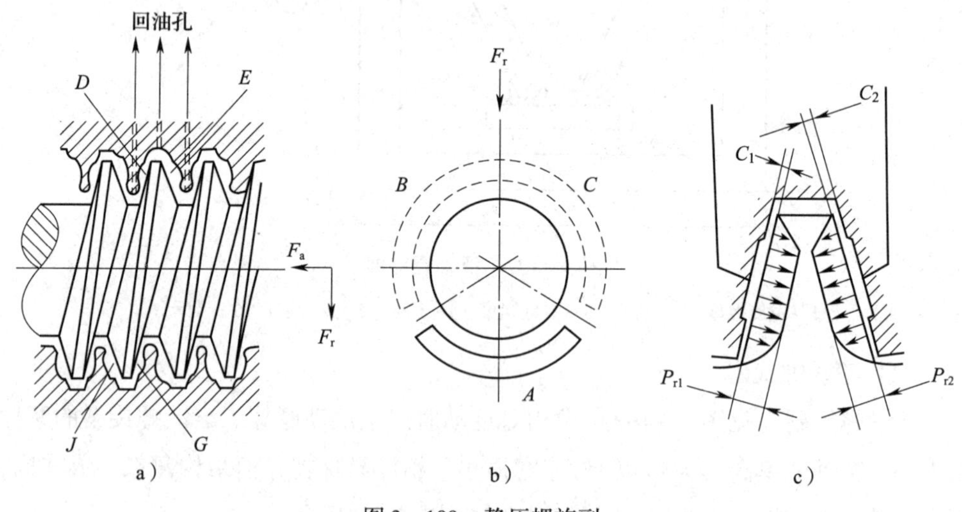

图 3—109　静压螺旋副

当螺杆受轴向力 F_a（见图 3—109a）作用而向左移动时，间隙 C_1 减小，C_2 增大（见图 3—109c），由于节流阀的作用使螺纹牙左侧的压力大于右侧，从而产生

一个与 F_a 大小相等、方向相反的平衡反力，使螺杆重新处于平衡状态。

当螺杆受径向力 F_r 作用而下移时，油腔 A 侧隙减小，B、C 侧隙增大（见图 3—109b），由于节流阀作用使 A 侧油压增高，B、C 侧油压降低，从而产生一个与 F_r 大小相等、方向相反的平衡反力，使螺杆重新处于平衡状态。

当螺杆一端受一径向力 F_r（见图 3—109a）的作用形成一倾覆力矩时，螺纹副的 E 和 J 侧隙减小，D 和 G 侧隙增大，同理由于两处油压的变化产生一个平衡力矩，使螺杆处于平衡状态。因此螺旋副能承受轴向力、径向力和径向力产生的力矩。

二、螺旋传动机构的装配技术要求

1. 丝杠螺母副配合间隙的测量与调整

丝杠与螺母的配合间隙包括径向间隙和轴向间隙两种。轴向间隙直接影响螺旋传动机构的传动精度，因此应设置消隙机构，通过消隙机构来调整螺旋传动机构的轴向间隙。径向间隙主要由丝杠螺母副的加工精度决定。径向间隙能够较准确地反映配合精度，所以配合间隙通常用径向间隙来表示。

（1）径向间隙的测量（见图 3—110）

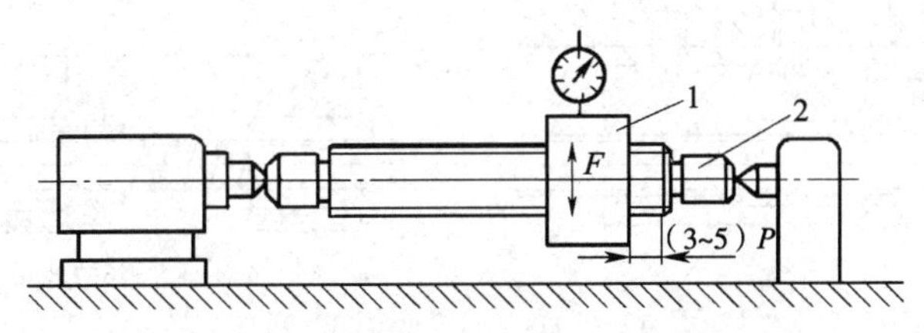

图 3—110 螺旋传动机构径向间隙的测量

1—螺母 2—丝杠

径向间隙直接反映丝杠螺母副的配合精度，其测量方法如图 3—110 所示。将丝杠螺母副旋入如图 3—110 所示的位置，使百分表测头顶在螺母 1 的上部。用稍大于螺母重量的力提起和压下螺母，百分表两次读数的最大差值即为配合时的径向间隙。

（2）轴向间隙的消除和调整

丝杠与螺母配合时的轴向间隙对螺旋传动机构的传动精度影响很大，因此要求进给丝杠（进给量有严格要求的丝杠）设有轴向消隙机构。

1）单螺母消隙机构（见图 3—111）。单螺母消隙机构的工作原理是螺母与丝杠在传动过程中始终保持着单向接触。要保证螺母与丝杠单向接触，在装配时应调整或选择合理的弹力、液压缸的压力和重锤的质量等。

应当注意单螺母消隙机构所产生消隙力的方向一定要与切削力的方向保持一致，以免在进给时产生爬行现象，影响进给精度。

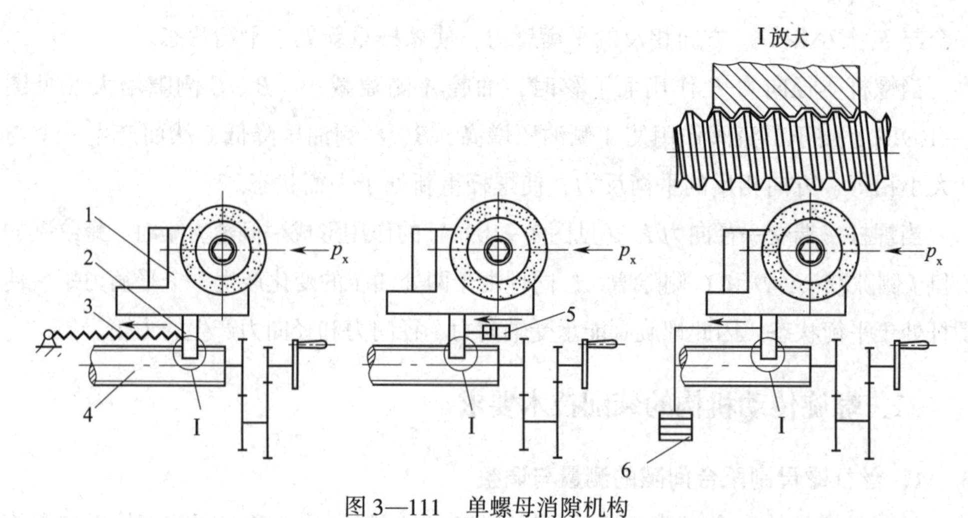

图3—111　单螺母消隙机构

1—砂轮架　2—螺母　3—弹簧　4—丝杠　5—液压缸　6—重锤

2）双螺母消隙机构。双向运动的丝杠螺母副应用两个螺母来消除双向轴向间隙，称为双螺母消隙机构，其结构如图3—112所示。

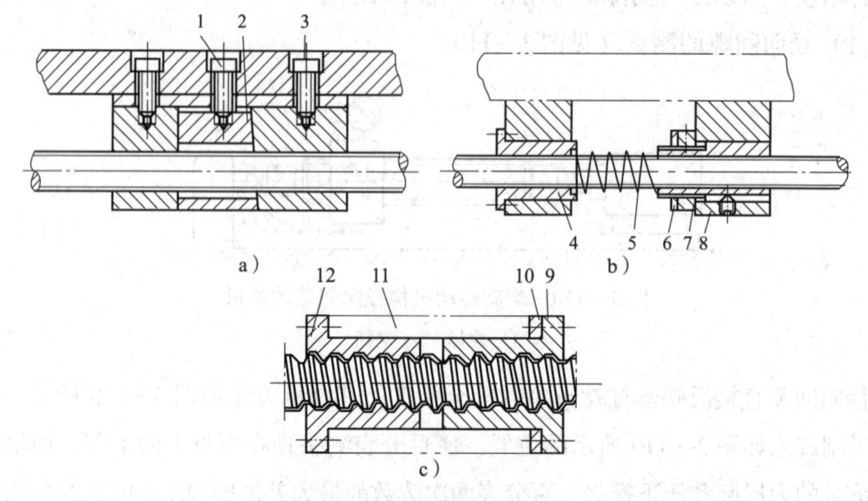

图3—112　双螺母消隙机构

a）楔块消隙机构　b）弹簧消隙机构　c）垫片消隙机构

1、3—螺钉　2—楔块　4、8、9、12—螺母

5—压缩弹簧　6—垫圈　7—调整螺母　10—垫片　11—工作台

图3—112a是利用楔块消除间隙的机构。调整时，松开螺钉3，再拧动螺钉1，使楔块2向上移动，以推动带斜面的螺母右移，从而消除轴向间隙。调好后用螺钉3锁紧。

图3—112b是利用弹簧消除间隙的机构。调整时，转动调节螺母7，通过垫圈6及压缩弹簧5使螺母8轴向移动，以消除轴向间隙。

图 3—112c 是利用垫片厚度来消除轴向间隙的机构。丝杠螺母磨损后，通过修磨垫片 10 来消除轴向间隙。

2. 校正丝杠、螺母的同轴度及丝杠轴线对基准面的平行度

为了保证螺旋传动机构顺利地将旋转运动转换为直线运动，丝杠和螺母必须同轴，丝杠轴线必须和基准面平行。为此安装丝杠螺母副时应按下列步骤进行：

（1）先安装丝杠两端的轴承支座，并用专用检验心棒和百分表找正，使两轴承孔同轴，且与螺母移动时的基准导轨平行（见图 3—113）。找正时，应根据误差情况修刮轴承支座的结合面，并调整前、后两轴承孔的水平位置，使其满足同轴度要求。

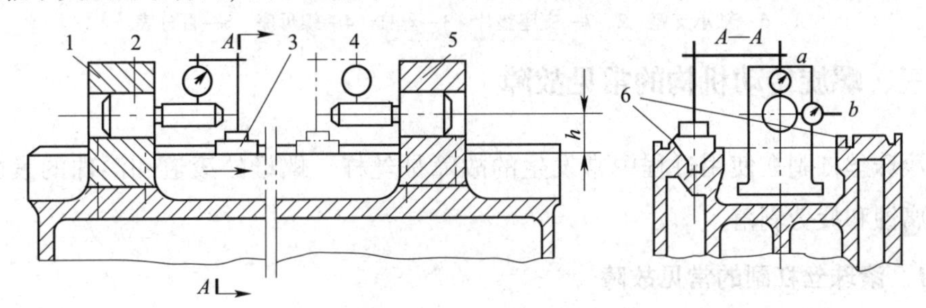

图 3—113　校正丝杠前、后支座轴承孔的同轴度

1、5—前后轴承支座　2—专用检验心棒　3—百分表座　4—百分表　6—导轨

（2）再以丝杠两端轴承孔轴线为基准，校正螺母的同轴度（见图 3—114）。校正时，将检验心棒 4 装入螺母座 6 的孔内，移动工作台 2，若检验心棒 4 能顺利插入前、后轴承支座的孔中，即符合规定要求，否则应按尺寸 h 值修磨垫片 3。

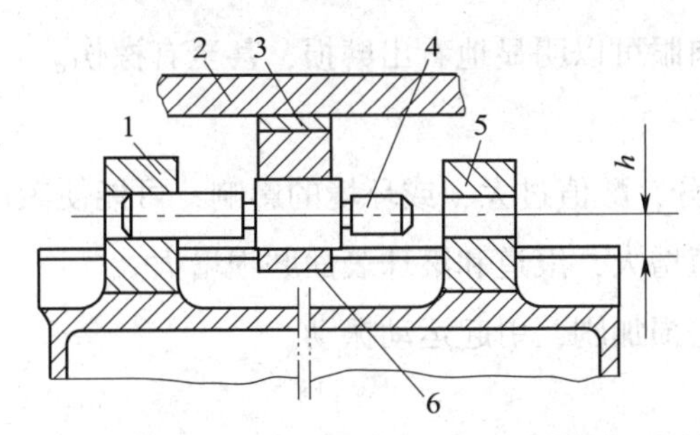

图 3—114　校正螺母与丝杠前、后支座轴承孔的同轴度

1、5—丝杠前后轴承支座　2—工作台　3—垫片　4—检验心棒　6—螺母座

除上述方法外，还可以用丝杠直接找正（不使用检验心棒）前、后支座轴承孔与螺母的同轴度（见图 3—115）。校正时，先将丝杠穿入螺母座孔内，修刮螺母座 4 的底面，同时调整其在水平面内的位置，使丝杠 3 的上母线 a 和侧母线 b 均与导轨面平行。然后，修刮丝杠前后支座垫片 2、7，再调整前、后轴承支座 1、6 的水平位置，使丝杠两端轴颈能够顺利地插入孔内，并能灵活转动。

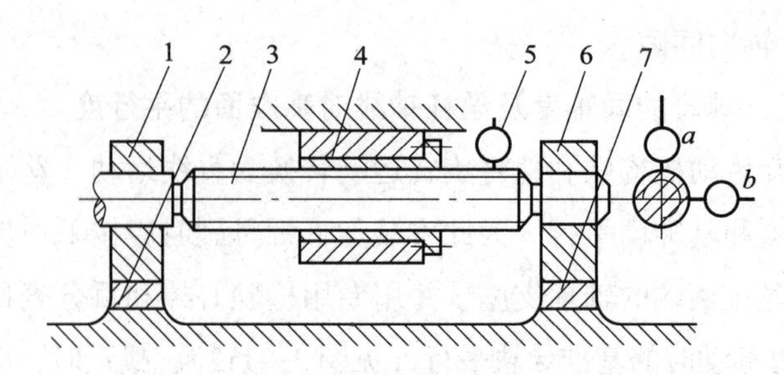

图3—115　用丝杠直接校正螺母与丝杠前、后支座轴承孔的同轴度

1、6—轴承支座　2、7—支座垫片　3—丝杠　4—螺母座　5—百分表

三、螺旋传动机构的常见故障

滚珠丝杠副在使用过程中常发生的故障是丝杠、螺母的滚道和滚珠的表面磨损、腐蚀和疲劳剥落。

1. 滚珠丝杠副的常见故障

（1）表面磨损

在长时间使用过程中，丝杠、螺母的滚道和滚珠的表面总会逐渐磨损，且磨损往往是不均匀的。不均匀的磨损不但会使滚珠丝杠副的精度降低，还可能产生振动。

1）初期不易发现。

2）中后期，用肉眼可以明显地看出磨损，甚至有擦伤。

（2）表面腐蚀

由于润滑油有水分，酸值过大，或环境的影响，可能使滚道和滚珠表面腐蚀。

1）表面粗糙度值增大，滚道和滚珠表面磨损增大。

2）表面腐蚀、磨损加剧，引起运动振动。

（3）表面疲劳

装配不当、承受交变载荷、超载运行、润滑不良等原因造成。

1）滚珠丝杠副的滚道和滚珠出现接触疲劳的麻点，严重时金属表层剥落。

2）滚珠丝杠副磨损加剧，产生发热、振动，使滚珠丝杠副失效。

2. 滚珠丝杠副的故障诊断

（1）滚珠丝杠副的转速一般在300 r/min以下，振动频率在30 kHz以内。滚珠丝杠、螺母缺陷产生的频率分别为转速乘以滚珠数的40%～60%。

（2）滚珠丝杠副早期的故障主要是由低振频引起，但诊断中常常被较高的振动频率所淹没，使早期故障不易被发现。

(3) 较好的解决办法是定期使用动态信号分析仪进行监测。

(4) 故障后期滚珠表面出现擦伤时，振动较容易在靠近螺母的支座外壳上测出；测量的方法最好是采用加速度计或速度传感器，振动变化的特征频率将随着滚道和滚珠表面擦伤的扩展而提高，振动变成了无规则的噪声，振谱中将不出现尖峰。

检测滚珠丝杠副振动特征频率时，应注意以下几个问题：

1) 因振动为低振动频率，易被其他较高振动频率淹没，所以，检测时机床的其他运动应停止，独立开动此机构进行检测。

2) 对于原始良好的滚珠丝杠副，产生缺陷后，用原始频谱进行比较就可以判断缺陷及其发展程度。

3) 由于滚珠丝杠副在使用中不断磨损，缺陷的发展使产生的振动变成杂乱无章的噪声，记录的频谱尖峰将会降低，或不出现尖峰。由于磨损或缺乏润滑而产生的振动也会出现这种情况。

4) 在使用加速度计进行监测时，由于振动信号非常敏感，对特征频率范围之外大量的其他成分也由加速度计测出。如果使用动态信号分析仪来完成上述的测量和分析，其测量结果显得不易理解。因此，监测振动频率的变化最好选择速度传感器直接测量。

四、螺旋传动机构的故障维修

1. 滚珠磨损不均匀或少数滚珠的表面产生接触疲劳损伤时，应更换全部滚珠。

(1) 更换时，购入 2 ~ 3 倍数量同精度等级的滚珠，用测微计对全部滚珠进行测量，并按测量结果分组。

(2) 选择尺寸和形状公差均在一组且在误差允许范围内的滚珠，进行装配和预紧、调整。

2. 丝杠、螺母的螺旋滚道因磨损严重而丧失精度时，通常需要修磨滚道才能恢复精度。

(1) 修复时，丝杠和螺母应同时修磨。

(2) 修磨后，更换全部滚珠；装配后，进行预紧、调整。

3. 滚道表面有轻微疲劳点蚀或丝杠腐蚀时，可考虑修磨滚道，恢复精度。对于疲劳损伤严重的滚珠丝杠副必须更换。

技能要求

CA6140 普通车床丝杠螺母副的检修

一、操作准备

1. 工具准备

六角扳手、梅花扳手、活扳手、一字旋具、十字旋具、圆锥铰刀、钩头扳手、锤子、销子冲、R 形无刃錾、等高 V 形铁、螺旋矫正架、250 mm 细齿三角锉刀一把、100 号砂纸两张、油石、干净棉纱若干、干净煤油若干。

2. 量具准备

外径千分尺、游标卡尺、钢直尺、塞尺、百分表（测头为平头）及磁性表座、检验平台等。

3. 配件准备

$t=0.05\sim0.30$ mm 铜片、进给丝杠开合螺母配件、楔形消隙螺母配件、圆锥销。

二、操作步骤

CA6140 普通车床机动进给机构主要有纵向丝杠开合螺母副、中滑板横向丝杠螺母副和小滑板刀架丝杠螺母副。

1. 现场观察

（1）用小滑板移动做精车时出现工件母线直线度降低或表面粗糙度值增大（见图 3—116）。

（2）工件精车端面后出现端面振摆超差和有波纹；在直径上每隔一定距离重复出现波纹（见图 3—117）。

（3）车削小螺距螺纹时螺距不均匀（见图 3—118）。

2. 分析故障

（1）小滑板丝杠弯曲，与螺母不同轴。

（2）横向丝杠弯曲或中滑板的横向丝杠与螺母间隙过大。

（3）丝杠磨损弯曲。

1）开合螺母与丝杠不同轴致使啮合不良，间隙过大。

2）燕尾导轨磨损使开合螺母闭合不稳定。

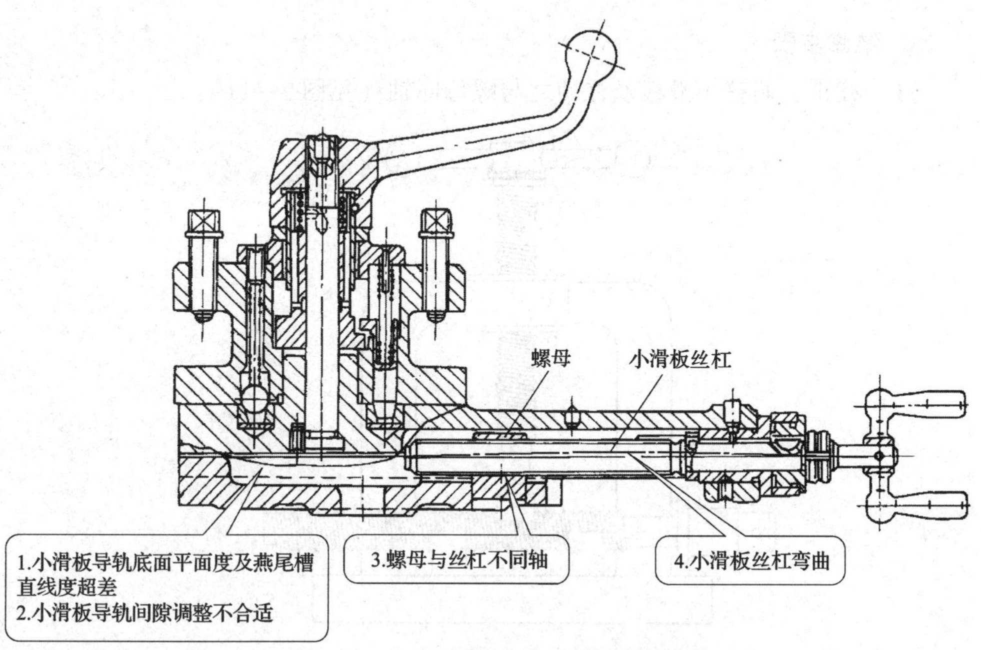

图 3—116　刀架丝杠精车进给时工件缺陷

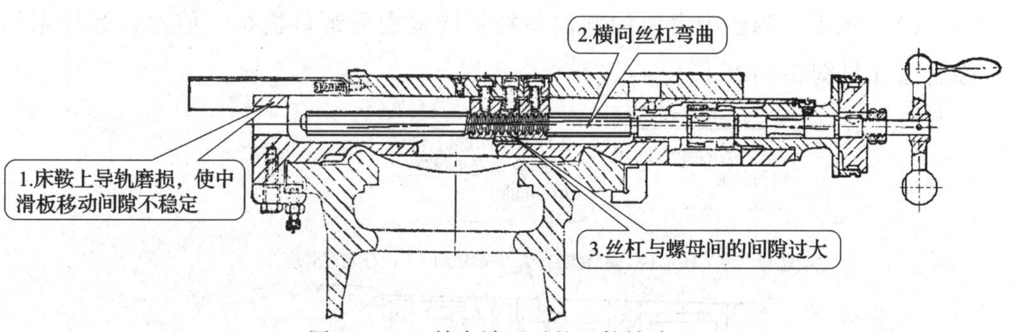

图 3—117　精车端面后的工件缺陷

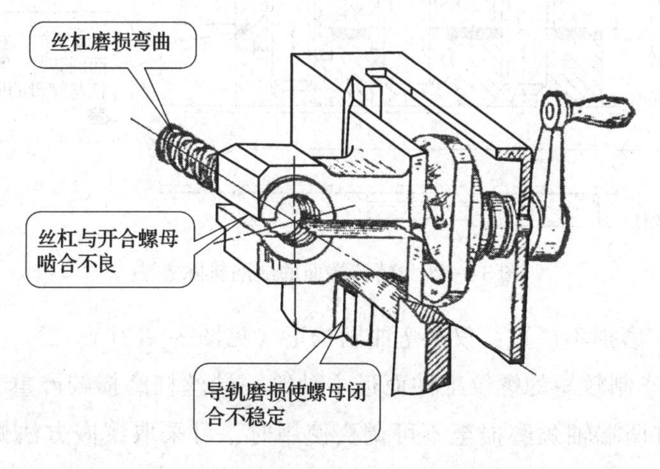

图 3—118　车削小螺距工件的缺陷

3. 维修步骤

（1）校正、调整小滑板丝杠使之与螺母同轴（见图3—119）。

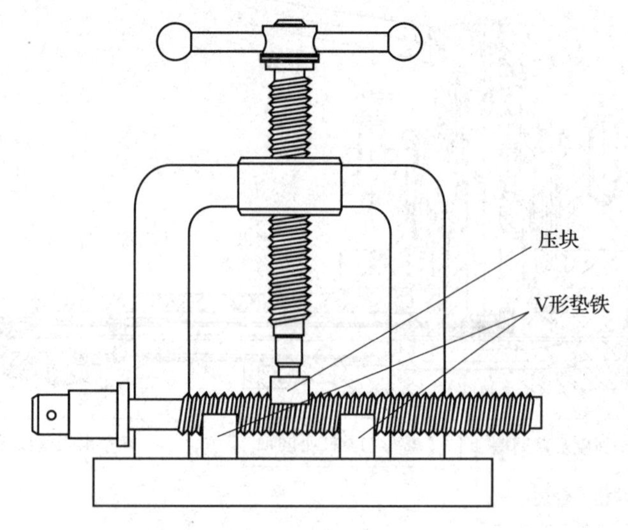

图3—119 用螺旋压力机校正丝杠

（2）校正、调整中滑板的横向丝杠；调整楔形螺母机构，使丝杠螺母副间隙合适（见图3—120）。

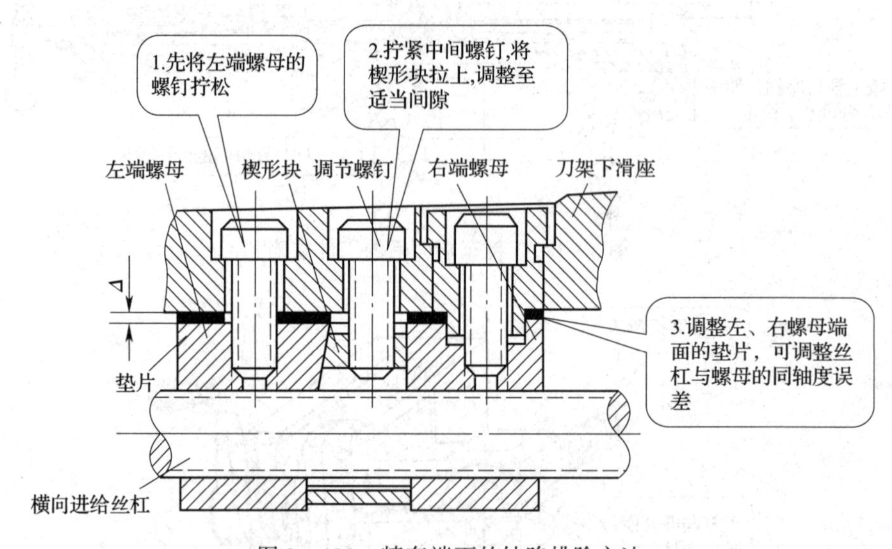

图3—120 精车端面的缺陷排除方法

（3）丝杠磨损不严重，仅是弯曲则校正（见图3—121）。

1）经常车制较短的螺纹工件而近主轴箱一端丝杠磨损较严重，可将丝杠调头使用；丝杠两端轴颈磨损至不可调头使用时，可采取镶嵌方法修复丝杠（见图3—122）。

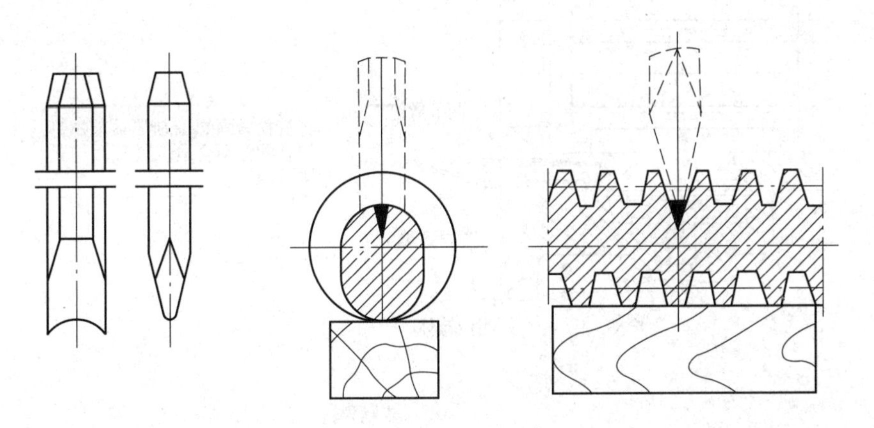

图 3—121　手工校正丝杠的方法

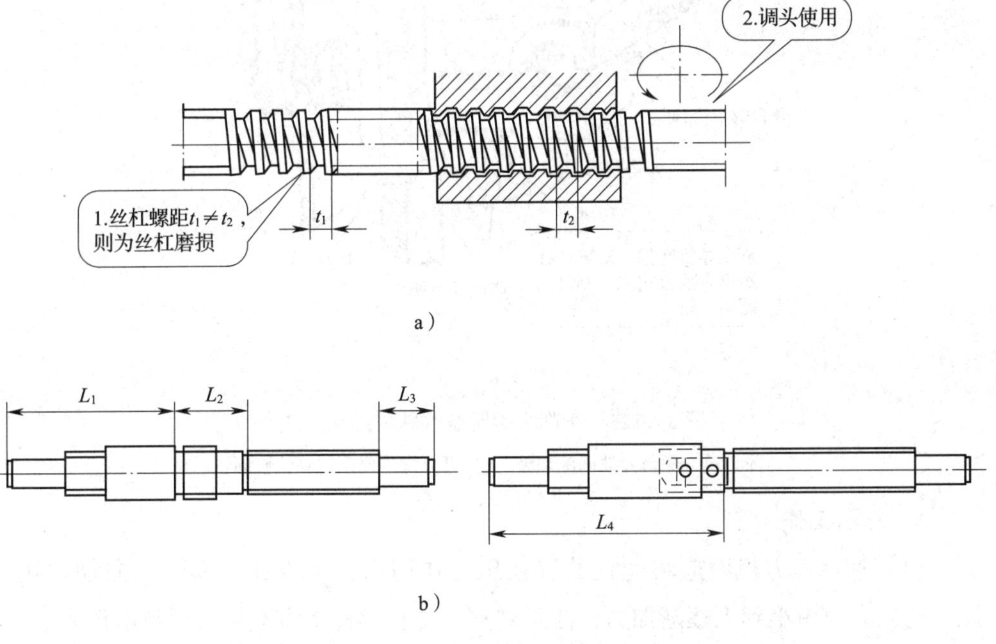

图 3—122　丝杠磨损的修复方法

a）调头修复方法　b）镶嵌套修复法

2）如果丝杠磨损严重且弯曲，则丝杠校直后应修磨丝杠外径，再精车修螺纹，最后配置开合螺母。

3）开合螺母与丝杠的啮合间隙过大时，可通过调整楔条螺钉来调整啮合间隙；若调整不能解决问题，则对开合螺母的燕尾导轨进行修刮（见图 3—123）。

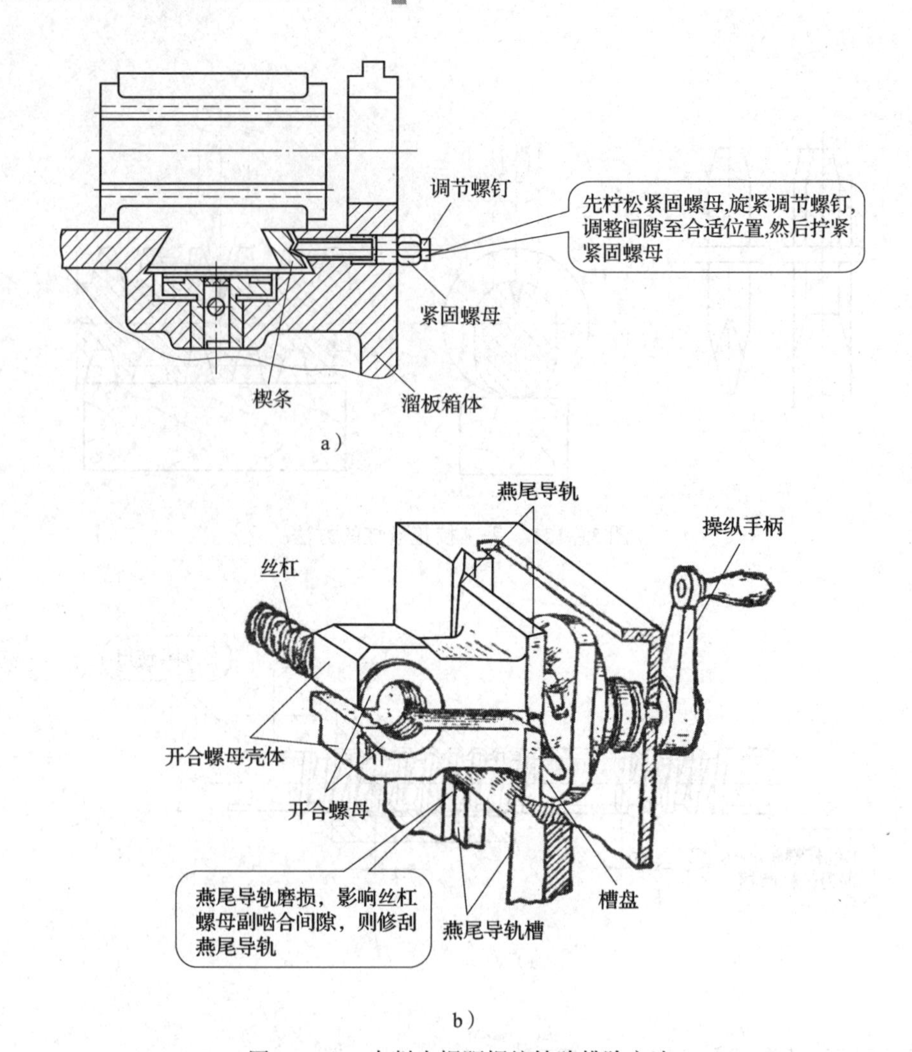

图 3—123　车削小螺距螺纹缺陷排除方法

a）开合螺母导轨间隙调整　b）开合螺母座燕尾导轨修刮

4. 修后工作

（1）使用压力机时应将丝杠放置在压力作用点正下方并在操作方向加挡块，压下时压力应由小到大逐渐加力，注意观察，防止丝杠受力不均匀而弹出伤人。

（2）校正后的丝杠需仔细检查其压痕、敲击痕，以免螺母磨损。

（3）螺旋副装配后应确保丝杠与螺母有准确的配合间隙。

（4）丝杠与螺母装配后应灵活，无阻滞现象，将进给刻度盘回转虚扣调整在 3 格刻线内。

（5）楔条在调整导轨间隙后应灵活，无阻滞现象。

（6）紧固螺栓拧紧力均匀；定位销钉应着色检查其接触精度，若有误差则应重新铰削配做销钉。

第 3 节　典型零部件维修

学习单元 1　主轴组件的维修

学习目标

1. 了解车床主轴的结构特点。
2. 了解花键的种类和特点。
3. 熟悉定向装配法。
4. 熟悉机床维修常用检具的种类及用途。
5. 掌握车床主轴组件的维修方法。

知识要求

一、车床主轴的结构特点

主轴部件是机床主轴箱最重要的部分，由主轴、主轴轴承和主轴上的传动件、密封件等组成。主轴前端安装卡盘、拨盘或其他夹具的多种结构形式，用以夹持工件，并由其带动旋转。主轴的旋转精度、刚度和抗振性等对工件的加工精度和表面粗糙度有直接影响，主轴既承受扭转力矩，又承受弯曲力矩，因此对主轴部件的要求较高。

1. 车床主轴的结构

CA6140 普通车床的主轴是一个空心阶梯轴（见图 3—124）。其内孔是用于通过棒料或卸下顶尖时所用的铁棒，也可用于通过气动、液压或电动夹紧驱动装置的传动杆。主轴前端有精密的莫氏 6 号锥孔，用来安装顶尖或心轴，利用锥面配合的摩擦力直接带动心轴和工件转动。主轴后端的锥孔是工艺孔。

CA6140 卧式车床主轴部件的前轴承为 P 级精度的双列短圆柱滚子轴承，用于承受径向力。后轴承为一个推力球轴承和一个角接触球轴承，分别用于承受轴向力和径向力。

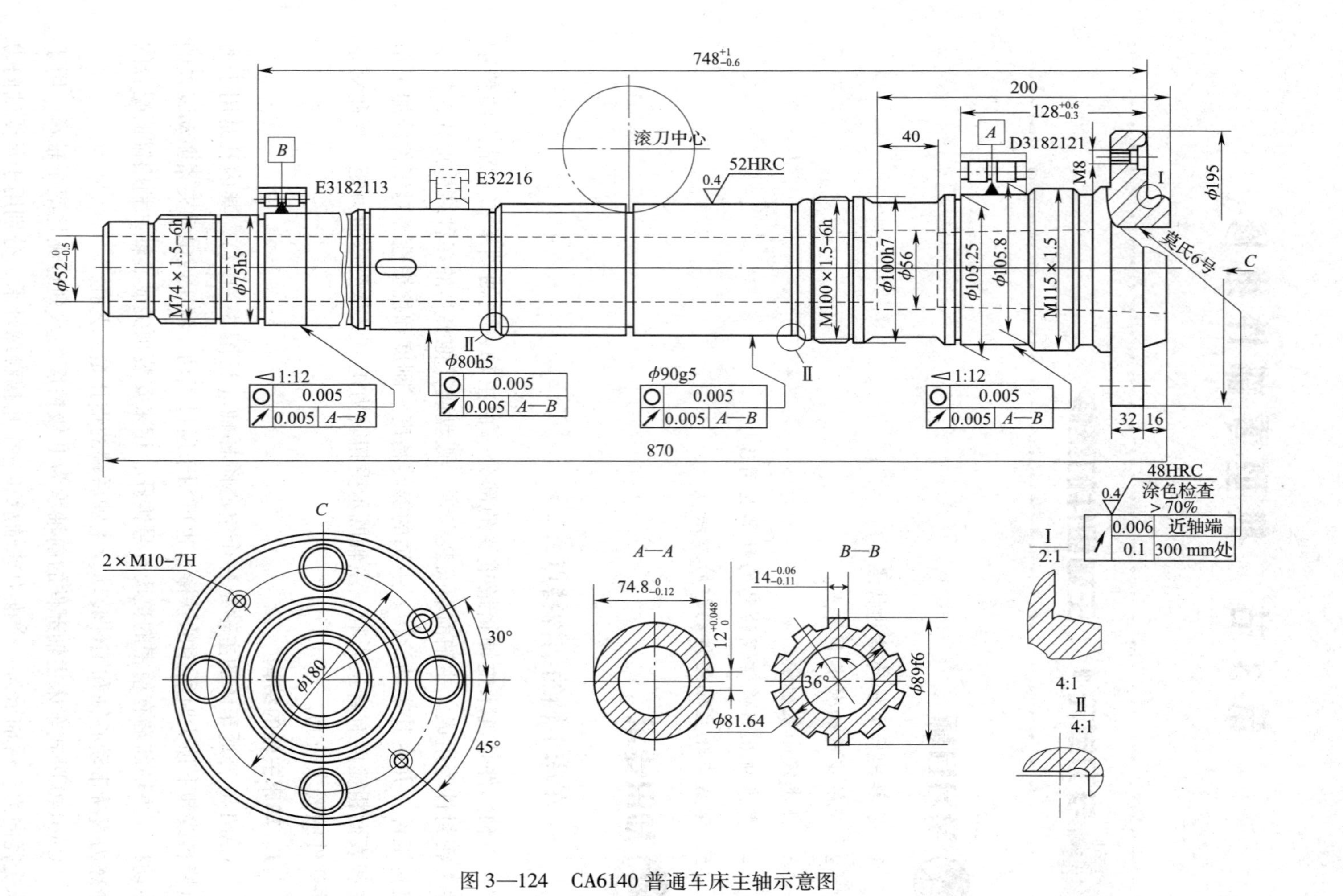

图 3—124　CA6140 普通车床主轴示意图

主轴轴承的润滑都是由润滑油泵供油，润滑油通过进油孔对轴承进行充分润滑，并带走轴承运转所产生的热量。为了避免漏油，前、后轴承均采用了油沟式密封装置。主轴旋转时，依靠离心力的作用，把经过轴承向外流出的润滑油甩到轴承端盖的接油槽里，然后经回油孔流回主轴箱。

主轴上装有三个齿轮，前端处为斜齿圆柱齿轮，可使主轴传动平稳，传动时齿轮作用在主轴上的轴向力与进给力方向相反，因此可减少主轴前支承所承受的轴向力。

2. 车床主轴的特点

（1）既是阶梯轴，又是空心轴；是长径比小于 1∶2 的刚性轴。

（2）不但传递旋转运动和扭矩，而且是工件或刀具回转精度的基础。

（3）主要加工表面有内、外圆柱面，圆锥面，螺纹，端面等。

（4）机械加工工艺主要是车削、磨削，其次是铣削和钻削。

二、花键的种类和特点

花键连接由内花键和外花键组成。内、外花键均为多齿零件，在内圆柱表面上的花键为内花键，在外圆柱表面上的花键为外花键。显然，花键连接是平键连接在数目上的发展。

花键适用于定心精度要求高、传递转矩大或经常滑移的连接。

1. 花键的分类

（1）矩形花键（见图 3—125a）

按齿高的不同，矩形花键的齿形尺寸在标准中分为两个系列，即轻系列和中系列。轻系列的承载能力较低，多用于静连接或轻载连接；中系列用于中等载荷。

矩形花键的定心方式为小径定心，即外花键和内花键的小径为配合面。其特点是定心精度高，定心的稳定性好，能用磨削的方法消除热处理引起的变形。矩形花键连接是应用最为广泛的花键连接，如航空发动机、汽车、燃气轮机、机床、工程机械、拖拉机、农业机械及一般机械传动装置等。

（2）渐开线花键（见图 3—125b）

渐开线花键的齿廓为渐开线，分度圆压力角 α 有 30°及 45°两种。齿顶高分别为 0.5 m 和 0.4 m（m 为模数）。渐开线花键可以用制造齿轮的方法来加工，工艺性较好，易获得较高的制造精度和互换性。

渐开线花键的定心方式为齿形定心。受载时齿上有径向力，能起自动定心作用，有利于各齿受力均匀，强度高，寿命长。用于载荷较大、定心精度要求较高以及尺寸较大的连接，如航空发动机、燃气轮机、汽车等。压力角为 45°的花键多用于轻载、小直径和薄型零件的连接。

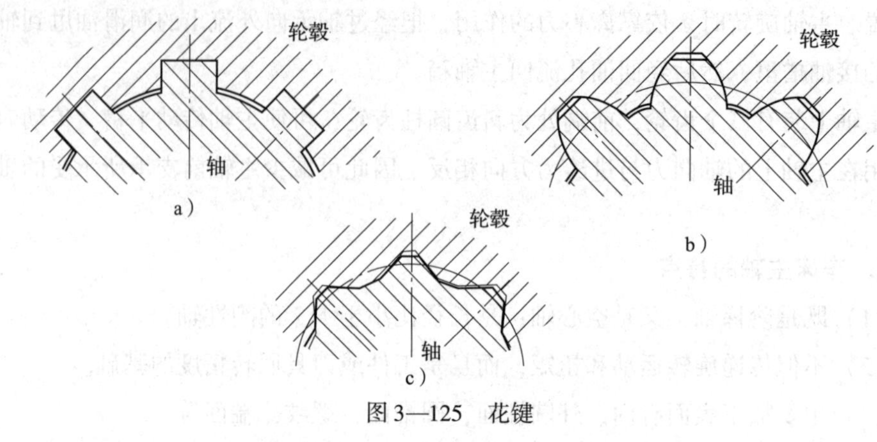

图 3—125　花键

a）矩形花键　b）渐开线花键　c）三角形花键

（3）三角形花键（见图 3—125c）

内花键齿形为三角形，外花键齿廓为压力角等于 45°的渐开线，加工方便，齿细小且较多，便于机构的调整与装配，对轴和毂的削弱最小。多用于轻载和直径小的静连接，特别适用于轴与薄壁零件的连接。

2．花键的使用特点

由于结构形式和制造工艺的不同，与平键连接相比较，花键连接在强度、工艺和使用方面有下列特点：

（1）因为在轴上与毂孔上直接而均匀地制出较多的齿与槽，故连接受力较为均匀。

（2）因槽较浅，齿根处应力集中较小，轴与毂的强度削弱较少。

（3）齿数较多，总接触面积较大，因而可承受较大的载荷。

（4）轴上零件与轴的对中性好，这对于高速及精密机器很重要。

（5）导向性好，这对于动连接很重要。

（6）可用磨削的方法提高加工精度及连接质量。

（7）制造工艺较复杂，有时需要专门设备，成本较高。

三、定向装配法

主轴的回转精度不仅与轴承内圈的径向全跳动有关，而且还与主轴颈的径向圆跳动和全跳动有关。如果能在装配中进行合理的选配并正确安装，则误差可以抵消一部分，这在装配中称为定向装配。

定向装配实际上是主轴前、后轴承的选配与安装补偿主轴回转精度的误差方法，如图 3—126 所示是单轴承选配的情况。O_1是主轴轴颈中心，O 为主轴前端定心表面中心，两者的偏心距为 Δ_1；O_2为轴承内圈滚道的中心，它与轴承内孔中心（与 O_1重合）的偏心距为Δ_2。当偏心方向相同时，误差叠加如图 3—127a 所示；偏心方向相反时，则误差抵消一部分，如图 3—127b 所示，其径向跳动的合成量为：

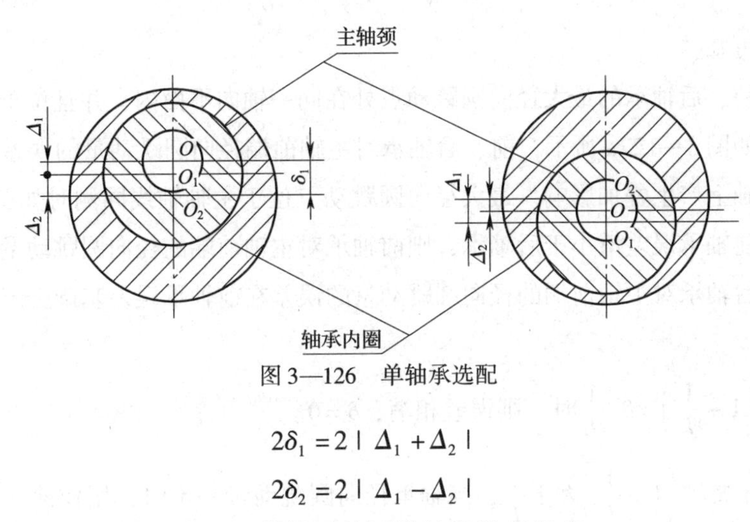

图 3—126　单轴承选配

$$2\delta_1 = 2 \mid \Delta_1 + \Delta_2 \mid$$

$$2\delta_2 = 2 \mid \Delta_1 - \Delta_2 \mid$$

当 Δ_1与 Δ_2非常接近时，可使轴承的回转精度提高很多。

双支点主轴轴承选配的情况如图 3—127 所示。δ_1、δ_2分别为前后轴承最大径向圆跳动值。

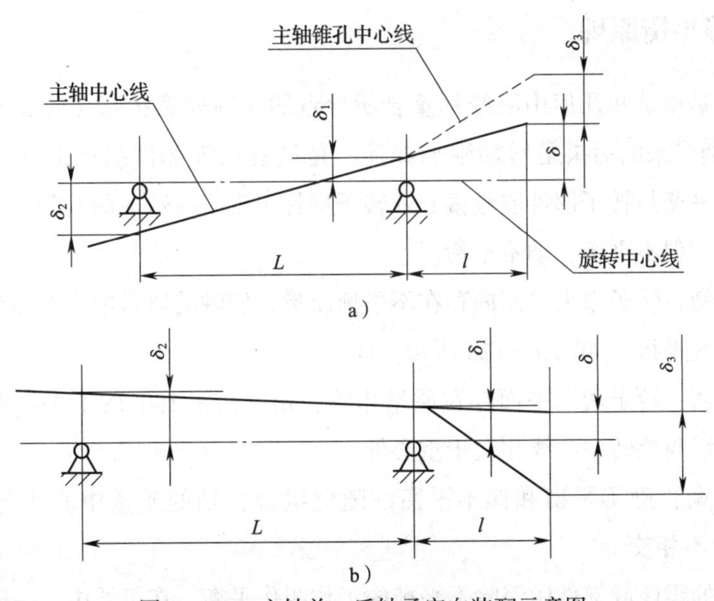

图 3—127　主轴前、后轴承定向装配示意图

a）偏心方向相同　b）偏心方向相反

δ 为主轴端部径向圆跳动值，在图 3—127a 中得：

$$\delta = \delta_1\left(1 + \frac{1}{L}\right) + \delta_2 \frac{1}{L}$$

在图 3—127b 中得：

$$\delta = \delta_1\left(1 + \frac{1}{L}\right) - \delta_2 \frac{1}{L}$$

由此可知：

①当前、后轴承的最大径向圆跳动点处在同一轴向平面内，并且位于主轴轴线两侧时，如图 3—127a 所示，前、后轴承对主轴前端径向圆跳动量的误差在前轴承误差的基础上产生叠加影响。最大径向圆跳动点位于主轴轴线同侧时如图 3—127b 所示，若前轴承误差值小于后轴承，则前轴承对主轴前端的径向圆跳动量小于后轴承，前、后轴承对主轴前端的径向圆跳动量的误差在前轴承误差基础上产生减弱影响。

当 $\delta_1\left(1 + \frac{1}{L}\right) = \delta_2 \frac{1}{L}$时，则误差相消，$\delta = 0$。

②由于常数$\left(1 + \frac{1}{L}\right)$大于$\frac{1}{L}$，当轴承径向圆跳动量一定时，用作前支承比后支承对主轴端部的径向圆跳动影响更大，因此前轴承的精度应比后轴承高，通常应高一级。

四、静平衡原理

不平衡是质量和几何中心线不重合所导致的一种故障状态（质心不在旋转轴上），不平衡带来的后果是增加附加载荷，是设备和零部件损坏最常见的故障之一。转子不平衡是转子部件质量偏心或转子部件出现缺损造成的故障。不平衡可分为静不平衡、偶不平衡、动不平衡。

静不平衡：转子中央平面内存在不平衡质量，使轴的质量中心线与旋转中心线偏离，但两线平行，如图 3—128 所示。

偶不平衡：转子两端平面存在质量相等、相位相差 180°的不平衡质量，使轴的质量中心线与旋转中心线相交于重心处。

动不平衡：静不平衡和偶不平衡的随机组合，轴的质量中心线与旋转中心线不平行也不相交。

对旋转的零件或部件做消除不平衡的工作叫作平衡。在机器中，一般对旋转精度要求较高的零件或部件（如带轮、飞轮、叶轮、曲轴、砂轮以及电机转子和主轴部件等）都要进行平衡试验。旋转零件进行平衡的目的，一是防止机器工作时出现不平衡的离心力；二是消除机件在运动中由于不平衡而产生的振动，以保证机器的精度和延长其寿命。

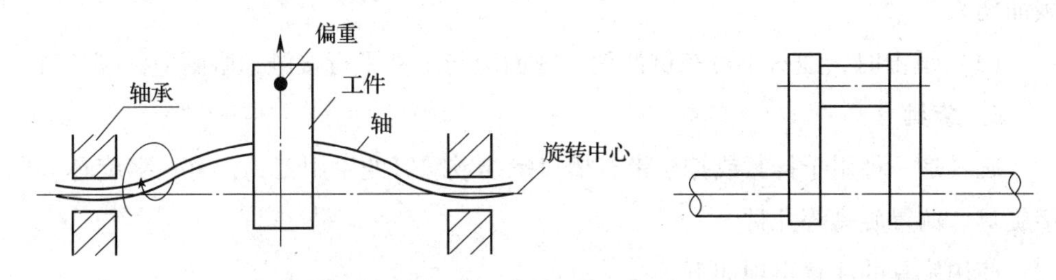

图 3—128　零件静不平衡

旋转件不平衡的原因有：

1）材料密度不均匀。铸造时，由于铁液冷却速度不同而引起分子结构质量密度不均匀。

2）本身形状对旋转中心不对称，指零件的几何形状，如曲轴。

3）加工或装配产生误差等。加工后旋转件的壁厚不均匀；装配后，组件构成的几何形状产生质量不均匀。

旋转件径向各截面上产生不平衡（通常称原始不平衡），即重心与旋转中心发生偏移。当旋转件旋转时，这个不平衡量会产生一个离心力，离心力随着旋转而不断周期性地改变方向，使旋转中心位置无法固定，于是就引起了机械振动。

旋转件不平衡对机器工作的影响是引起机械振动，使工作精度降低，噪声增大，机件寿命缩短，易发生破坏性安全事故。

五、机床维修常用检具的种类及用途

根据所修设备的实际情况以及修理工作的具体内容，准备好必需的通用工具和专用工具、量具、辅助检测量具，必要时还要自制特殊的工具和量具。

1. 锤子

锤子分为硬锤和软锤两类。

硬锤的锤头由 45 或 50 钢锻造，两端工作面热处理后硬度一般为 50 ~ 57HRC，规格以锤头质量来表示；硬锤一般用于錾切、拆装。软锤的锤头由硬铝、铜、硬橡胶、木材和尼龙制成。凡工件经不起钢锤敲击的均应选用软锤，手柄一般用坚韧的木料制成椭圆形，其柄长为 300 ~ 350 mm。

使用锤子的注意事项如下：

（1）使用前，必须检查锤头楔铁是否脱落，锤柄有无松动或破裂现象，以免工作中锤头飞出发生危险。

（2）使用时，应将手上和锤头、锤柄上的油污擦净，以防工作中滑脱或锤击溅油伤人。

（3）锤击时，锤头不可东倒西歪，锤面应与工件平行接触，眼睛应注视工件。

2. 旋具

旋具是一种用于拧紧或拧松带有槽口螺栓或螺钉的手用工具，有一字旋具、十字旋具、偏置旋具等几种。

使用旋具的注意事项如下。

（1）在使用前应先擦净旋具柄和口端的油污，以免工作时滑脱而发生意外，使用后也要擦拭干净。

（2）严禁一手握旋具，一手握拿工件，以免旋具滑脱伤手。

（3）选用的旋具口端应与螺栓或螺钉上的槽口相吻合。如果口端太薄则易折断，太厚则不能完全嵌入槽内，易使刀口或螺栓槽口损坏。

（4）使用时，不可用旋具当撬棒或凿子使用。

3. 活扳手

由扳手体、固定钳口、活动钳口及蜗杆等组成活扳手，即通用扳手。它的开口尺寸可在一定的范围内进行调节，其规格以最大开口宽度（mm）来表示。所以在开口尺寸范围内的螺钉、螺母一般都可以使用。

使用活扳手的注意事项如下。

（1）不可用大规格扳手去旋紧较小的螺钉，这样会因扭矩过大而使螺钉折断。

（2）按螺钉六方头或螺母六方的对边尺寸调整开口，间隙不要过大，否则会损坏螺钉头或螺母，并且容易滑脱，造成伤害事故。

（3）应让固定钳口受主要作用力，以免损坏活动钳口，也不可用钢管接长手柄来施加较大的力矩；活扳手更不可当作撬棒或锤子使用。

（4）扳手柄尾端的孔拴上绳套后栓套在手腕上，可预防高空作业或交叉作业时扳手坠落伤人。

4. 呆扳手

呆扳手的特点是单头的只能旋拧一种尺寸的螺钉头或螺母，双头的可旋拧两种尺寸的螺钉头或螺母；其开口的中心平面和本体中心平面成15°角，这样既能适应人手的操作方向，又可降低对操作空间的要求。

使用呆扳手的注意事项如下。

(1) 呆扳手开口有公英制规格，在拆卸进口设备时应注意螺钉的规格。

(2) 呆扳手主要用于旋动一种规格的螺钉，在扭矩较大时，可与锤子配合使用。

(3) 扳手开口变形或有裂纹时，应停止使用。

5. 梅花扳手

其两端是环状的，环的内孔由两个正六边形互相同心错转30°而成，使用时，扳动30°后，即可换位再套，因而适用于狭窄场合下的操作，与开口扳手相比，梅花扳手强度高，使用时不易滑脱，但套上、取下不方便。其规格以闭口尺寸 *S*（mm）来表示，如8～10、12～14等，通常是成套装备，用45钢或40Cr锻造，并经热处理。

使用梅花扳手的注意事项如下。

(1) 被旋拧螺母或螺钉应与梅花扳手的规格尺寸相符，不能松动、打滑，否则会将梅花棱角啃坏。

(2) 使用时不能用加力杆，不能用锤子敲打扳手柄，扳手头的梅花沟槽内不能有污垢。

(3) 梅花套环及扳手柄变形或有裂纹时，应停止使用。

6. 内六角扳手

内六角扳手是用来拆装内六角螺栓（螺塞）的，特点是只能旋拧一种尺寸的螺钉头，规格用六角形对边尺寸 *S*（mm）表示，有3 mm到27 mm十三种，有成套内六角扳手，可拆装M4～M30的内六角螺栓。

使用内六角扳手的注意事项如下。

(1) 根据需求选择合适尺寸的内六角扳手，否则容易损坏扳手或螺栓及滑脱伤手。

(2) 不可加套管使用，以免超过扭矩范围，损坏扳手或危及安全。

(3) 不可用于敲击；正确使用工具，可延长其使用寿命，也可确保安全。

7. 套筒扳手

其材料、环孔形状与梅花扳手相同，适用于拆装位置狭窄或需要一定扭矩的螺栓或螺母。套筒扳手主要由套筒头、手柄、棘轮手柄、快速摇柄、接头和接杆等组成，各种手柄适用于各种不同的场合，以操作方便或提高效率为原则，常用套筒扳手的规格是10～32 mm；在机修中还根据实际情况自制专用的套筒扳手。

使用套筒扳手的注意事项如下。

（1）使用时要注意选择合适规格、型号的套筒、接头和接杆，在使用时也需接触好后再用力，以防滑脱伤手。

（2）梅花套筒变形或有裂纹时，应停止使用。

（3）要注意随时清除套筒内的尘垢和油污。

8. 卡簧钳

卡簧钳是用于拆卸轴承卡环的工具，按用途划分，有轴用和孔用两种类型；按规格划分，有直嘴和弯嘴两种类型。卡簧钳由优质合金钢制成，表面进行防锈镀铬处理。在钳子受到任何张力前，卡簧是安全夹（胀）紧的，拆、装卡簧挡圈时，钳子的张合、特殊的同步运动及反作用力方向的运动，使卡簧可以完全打开（收紧）。因此，其广泛用于机床、汽车等设备的检修作业。

使用卡簧钳的注意事项如下。

（1）不能将卡簧钳用于其他用途。

（2）钳嘴一旦出现开裂或变形，应立即停止使用。

（3）使用时要注意卡簧钳嘴部直径的大小。

（4）不得把卡簧钳当作锤子使用，不得把它当作撬杠使用。

9. 钳子

常用于夹持小物件、切割金属丝、弯折金属材料等，维修中常用鲤鱼钳和尖嘴钳两种，按钳子的长度分为150 mm、200 mm、250 mm 等多种规格。

使用钳子的注意事项如下。

（1）使用前应先擦净钳子上的油污，以免工作时滑脱而导致事故；使用后应及时擦净并放在适当位置。

（2）钳子的规格应与工件规格相适应，以免钳子小、工件大造成钳子受力过大而损坏。

（3）严禁用钳子代替扳手使用，以免损坏螺栓、螺母等工件的棱角。

（4）使用时，不允许用钳柄代替撬棒使用，以免造成钳柄弯曲、折断或损坏，也不可以用钳子代替。

10. 钩头扳手

又称月牙形扳手，用于紧固或拆卸机床、车辆、机械设备上的圆螺母或厚度受限制的圆螺母，圆螺母卡槽分为长方形和圆形两种。钩头扳手由钩头、弓臂、手柄等组成，用优质合金钢经高温锻打而成，强度高，耐磨。

使用钩头扳手的注意事项如下。

（1）使用前应先擦净钩头上的油污，以防调整和紧固时滑脱。

（2）钩头和弓臂的规格应与圆螺母的半径 R 和方槽相适应，以免钩头、弓臂大于圆螺母的半径 R 和方槽，造成扳手打滑而引发事故。

（3）调整好滚动轴承间隙或丝杠螺母副间隙后，应用一个钩头扳手逆方向卡稳调节圆螺母，用另一个钩头扳手旋紧紧固圆螺母，以免使调整好的间隙变化。

（4）严禁用钩头扳手代替撬棍和锤子使用，以免造成手柄、弓臂弯曲、折断或损坏。

11. V 形等高块

短 V 形等高块可限制 2 个自由度，在装配或修理轴类零件时，用于测量轴类零件的同轴度、对称度和径向跳动量；V 形块一般由调质钢或工具钢制作而成，硬度为 30～40HRC。

使用 V 形等高块的注意事项如下。

（1）使用 V 形等高块前应先擦净 V 形面和底面上的油污，以免污物顶起造成测量误差；使用后应及时擦净并放在适当位置。

（2）V 形等高块的规格应与轴的直径相适应，以免 V 形口小于轴的直径，造成轴从 V 形块上滑出，损坏轴的精度。

（3）严禁用 V 形块代替垫块和铁砧使用，以免损坏 V 形块的几何精度。

技能要求

CA6140 普通车床主轴组件的检修

一、操作准备

1. 工具准备

六角扳手、梅花扳手、活扳手、一字旋具、十字旋具、卡簧钳、钩头扳手、锤子、铜棒、钳子、等高 V 形块、三爪拉马、拉拔器、250 mm 细齿三角锉刀一把、100 号砂纸两张、油石、干净棉纱若干、清洁煤油若干。

2. 量具准备

外径千分尺、游标卡尺、钢直尺、塞尺、百分表及磁性表座、检验平台等。

3. 配件准备

前轴承 3182121/P5，中间轴承 32216/P6，后轴承 3182115/P6、8120/P5，M10、M12 螺钉若干，0.2～0.5 mm 青壳纸，1～2 mm 四氟橡胶垫，丁腈橡胶圈等。

二、CA6140普通车床的故障分析与检修

1. 精车外圆时圆周表面上与主轴轴线平行或成某一角度重复出现有规律的波形

故障原因分析：

（1）主轴上的传动齿轮齿形不良或啮合不良。

（2）主轴承的间隙太大或太小。

（3）主轴箱上的带轮外径或V形槽松摆过大。

2. 精车大端面工件时出现螺旋形波纹

故障排除与检修（见图3—129）：

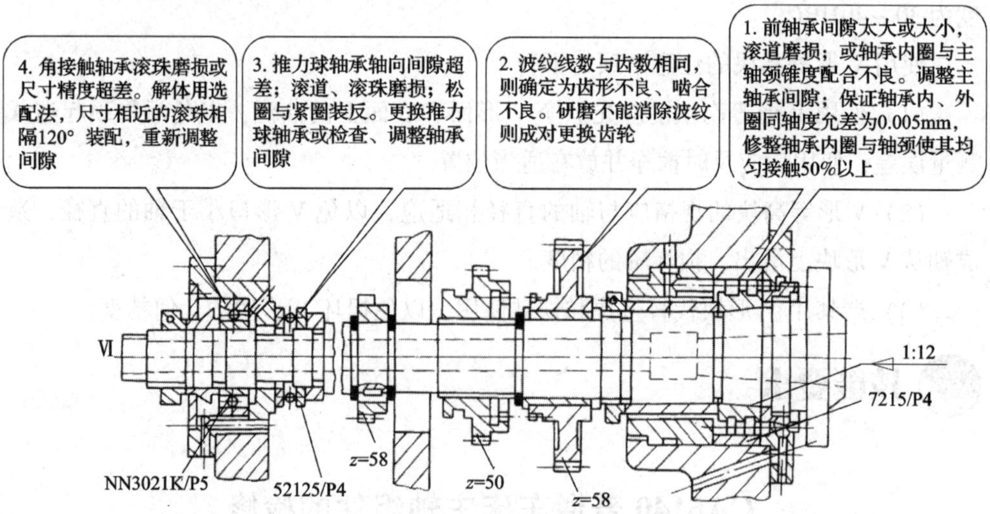

图3—129　主轴的修理和调整

（1）出现波纹的头数（或条数）与主轴上的传动齿轮齿数相同，就能确定是主轴的传动齿轮齿形不良、啮合不良。

（2）调整主轴轴承的间隙。

（3）消除带轮的偏心松摆，调整它的滚动轴承间隙。

（4）主轴后端的角接触轴承中某一粒滚珠尺寸比其他滚珠大。可更换新的角轴承；采用调整修复办法的前提是该轴承至少要有三粒绝对尺寸相近的滚珠，放在相隔120°的位置上。

3. 用切刀切槽时（或对外径重切削时）产生振动，切出的表面凹凸不平（尤其是薄工件）

（1）故障原因分析

1）主轴轴承的径向间隙过大。

2）承受主轴后轴承轴向力的端面对主轴中心线垂直度超差。

3）主轴中心线的径向松摆过大。

4）主轴的滚动轴承内环锥面与主轴锥度的配合不良。

5）切刀的强度不够，切刀的刃磨与角度选用不当。

（2）故障排除与检修（见图 3—129）

1）调整主轴轴承间隙。

2）检查并校正承受主轴后轴承轴向力的端面垂直度；止推垫圈中心线与主轴垂直度误差应小于等于 0. 005 mm，垫圈平行度误差应小于等于 0. 005 mm。

3）设法将主轴的径向松摆调整至最小值，如果滚动轴承的松摆无法调整减少，可采用角度选配法来减少主轴的松摆。

4）检修主轴精度，两级轴承外圆的圆度和同轴度的允差为 0. 005 mm，保证 1∶12锥圆与滚动轴承内环锥孔大端接触 50% 以上。

5）增加切刃强度，正确刃磨切刀并选用合适的角度。

6）采取使切削受力平稳的措施。

7）合理装夹工件和刀具，加强其刚度。

三、注意事项

1. 对机床故障应仔细分析，逐步排除引起故障的原因，是加工质量不好导致的故障或是机械系统、结构性能故障。

2. 对于加工质量不好导致的故障，要注意刀具的选择、刀具角度、切削用量的选择及工件工装夹具的刚度和合理性。

3. 用百分表检测机床时，应注意磁性百分表座要吸附牢固及辅件的稳定，避免检测误差。

4. 调整主轴轴承间隙时，应注意间隙的合理和预紧力的调整。

5. 修理、调整工作中不允许戴手套，以防污物、切屑掉落箱内引起零件磨损。

学习单元 2　车床导轨副的维修

学习目标

1. 了解导轨直线度误差的计算方法。

2. 了解机床维修常用检具的种类及用途。

知识要求

一、导轨直线度误差的计算方法

水平仪主要用来测量导轨在铅垂平面内的直线度、工作台面的平面度及零件间的垂直度和平行度。

1. 水平仪的读数原理

水平仪是一种测角量仪，它的测量结果是被测面相对于水平面的斜率。如0.02/1 000，其含义是测量面相对于水平面倾斜4″，斜率是0.02/1 000，而此时平尺两端的高度差则因测量长度不同而不同。

如图3—130所示，假定平板处于自然水平，在平板上放一根1 m长的平行平尺，平尺上水平仪的读数为零，即水平状态，如果将平尺右端垫起0.02 mm，相当于使平尺与平板平面形成4″的角度。如果此时水平仪的气泡向右移动一格，则该水平仪读数精度规定为每格0.02/1 000，读作千分之零点二，按相似三角形比例关系可得：

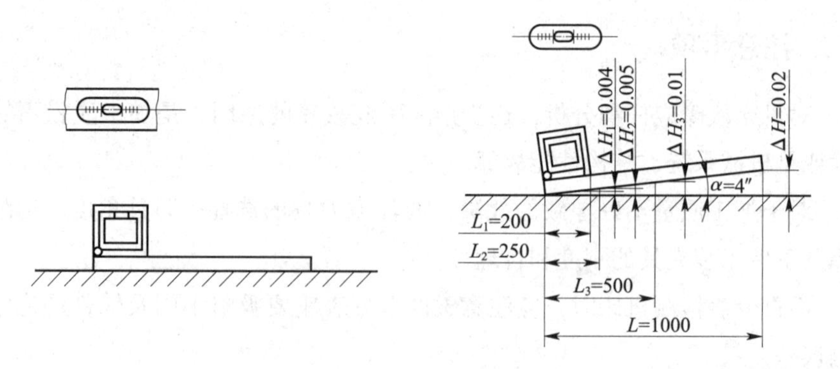

图3—130　水平仪的读数原理

在离左端200 mm处　$\Delta H_1 = 0.02 \times \dfrac{200}{1000} = 0.004$（mm）

在离左端250 mm处　$\Delta H_2 = 0.02 \times \dfrac{250}{1000} = 0.005$（mm）

在离左端500 mm处　$\Delta H_3 = 0.02 \times \dfrac{500}{1000} = 0.01$（mm）

2. 水平仪的读数方法

（1）绝对读数法

如图3—131a所示，气泡在中间位置时，读成“0”。以零线为基准，气泡向任意一端偏离零线的格数就是实际偏差的格数。偏离起端为“+”，偏向起端为“-”，一般习惯由左向右测量。如图 3—131a 所示为 +2 格。

（2）平均值读数法

以两长刻线（零线）为基准，在同一方向分别读出气泡停止的格数，再把两数相加除以 2，即为其读数值，如图 3—131b 所示，气泡偏离右端零线 3 个格，偏离左端零线 2 个格，实际读数为 +2.5 格，即右端比左端高 2.5 格。平均值读数法不受环境温度的影响，读数精度高。

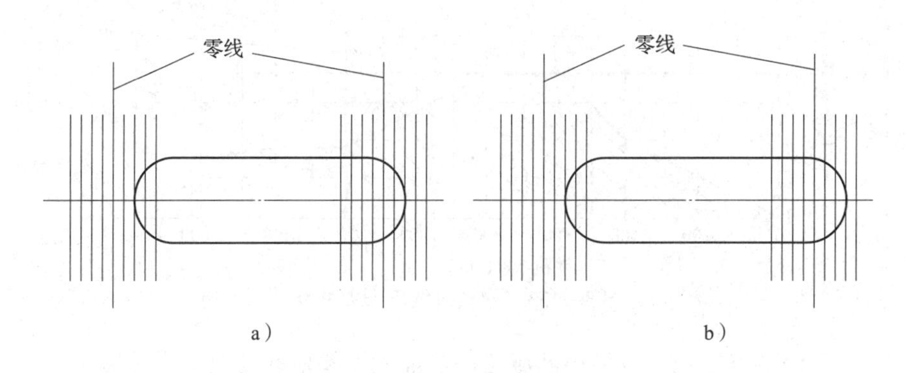

图 3—131　水平仪的读数方法

a）绝对读数法　b）平均值读数法

3. 用水平仪测量导轨铅垂平面内直线度的方法

（1）用一定长度的垫铁安放水平仪，不能直接将水平仪置于被测表面上。

（2）将水平仪置于导轨中间，调平导轨。

（3）将导轨分段，使其长度与垫铁长度相适应。依次首尾相接，逐段测量导轨，取得各段高度差读数。可根据气泡移动方向来评定导轨倾斜方向，假定气泡移动方向与水平仪移动方向一致时为“+”，反之为“-”。

（4）把各段测量读数逐点积累，画出导轨直线度曲线图。作图时，导轨的长度为横坐标，水平仪读数为纵坐标。根据水平仪读数依次画出各折线段，每一段的起点与前一段的终点重合。

例如，对于长 1 600 mm 的导轨，用精度为 0.02/1 000 的框式水平仪测量导轨在铅垂平面内的直线度误差。水平仪垫铁长度为 200 mm，分 8 段测量。用绝对读数法，每段读数依次为 +1、+1、+2、0、-1、-1、0、-0.5，如图 3—132 所示为导轨分段测量示意图。

取坐标纸，将纵、横坐标分别按一定比例画出导轨直线度误差曲线，如图 3—133 所示。

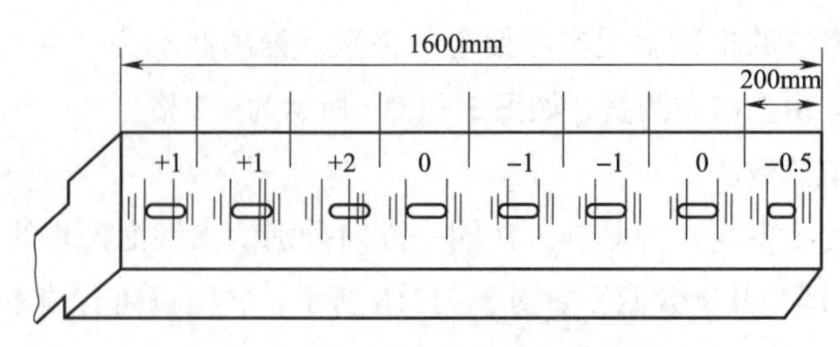

图 3—132　导轨分段测量示意图

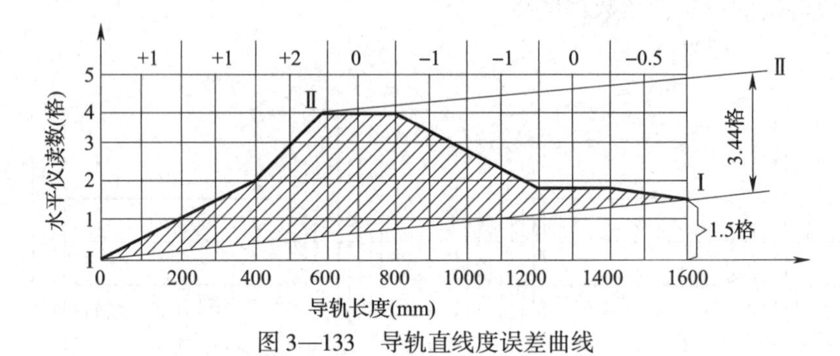

图 3—133　导轨直线度误差曲线

（5）用两端点连线法或最小区域法确定最大误差格数及误差曲线形状。

1）两端点连线法。导轨直线度误差曲线成单凸（或单凹）时，作首尾两端点连线Ⅰ－Ⅰ，并过曲线最高点（或最低点）作直线Ⅱ－Ⅱ与Ⅰ－Ⅰ线平行。两包容线间最大纵坐标值就是最大误差值。在图 3—133 中，最大误差在导轨长度为 600 mm 处。曲线右端点坐标值为 1.5 格，按相似三角形解法，导轨 600 mm 处最大误差值为 4－0.56＝3.44 格。

2）最小区域法。如图 3—134 所示为用最小区域法确定导轨曲线误差，多在直线度误差曲线有凸有凹时采用。过曲线上两个最低点（或两个最高点）作一条包容线Ⅰ－Ⅰ；过曲线上的最高点（或最低点）作平行于Ⅰ－Ⅰ线的另一条包容线Ⅱ－Ⅱ，将误差曲线全部包容在两平行线之间，两平行线之间沿纵轴方向的最大坐标值就是最大误差值。

（6）按误差格数换算导轨直线度误差

按误差格数换算导轨直线度误差时一般按下式换算：

$$\Delta = nil$$

式中　Δ——导轨直线度误差，mm；

n——曲线图中最大误差格数；

i——水平仪的读数精度；

l——每段测量长度，mm。

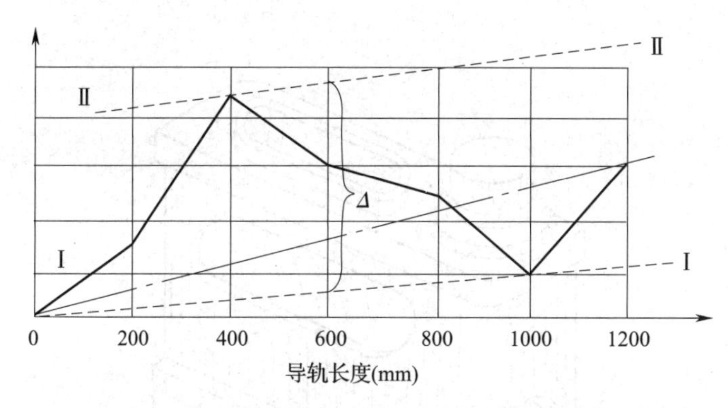

图 3—134　用最小区域法确定导轨曲线误差

在上例中：

$$\Delta = nil = 3.44 \times \frac{0.02}{1\ 000} \times 200 = 0.014\ \text{(mm)}$$

二、光学量仪的读数原理及使用方法

1. 光学合像水平仪的读数原理及使用方法

光学合像水平仪（见图 3—135）是机器安装、检测过程中相对水平位置的倾斜角、水平位置和垂直位置的主要测量仪器。

（1）工作原理

光学合像水平仪利用光学零件将气泡复合放大以及杠杆传动机构等，提高了读数灵敏度。如图 3—135 所示，光学合像水平仪主要由水准器、测微螺杆、杠杆和光学合像棱镜等组成。

水准器安装在杠杆架上，它的水平位置可用旋钮通过测微螺杆与杠杆系统进行调整。对于水准器内的气泡圆弧，分别用三个不同方向位置的棱镜反射至目镜进行放大观察（分成两半合像），当水平仪不在水平位置时，气泡不重合。

（2）读数原理

使用分度值为 0.01/1 000 的光学合像水平仪时，将水平仪放在被测表面上，眼睛看观察目镜，如图 3—136 所示，用手转动分度盘的旋钮，直到气泡重合为止，然后从毫米刻度指杆 8 上读取 mm/m 数，从旋钮刻度盘 5 上读取 0.01/1 000 数（每一格表示在 1 m 长度内的高度差为 0.01 mm）。

2. 光学平直仪的读数原理及使用方法

光学平直仪由仪器主体和反射镜两部分组成，其主体由平行光管和读数望远镜组成，反射镜安装在桥板上。如图 3—137 所示为用光学平直仪检查导轨直线度误差。

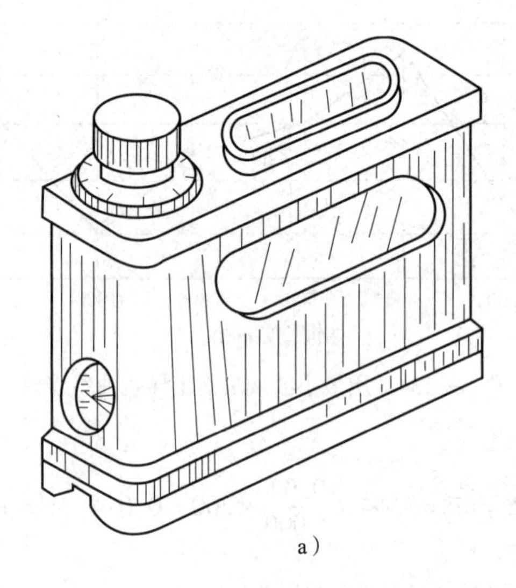

a）

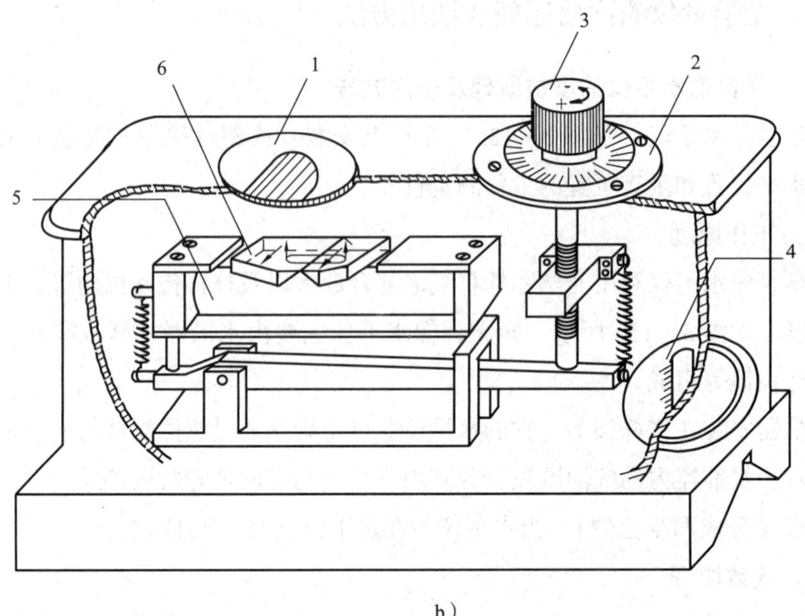

b）

图3—135　光学合像水平仪

a）光学合像水平仪外观图　b）光学合像水平仪结构图

1—目镜　2—固定指示刻线　3—微分调节系统　4—刻度尺　5—水准器壳体　6—棱镜

（1）用途

光学平直仪是根据自准直光管原理制成的。它可以精确地测量机床或仪器导轨的直线度误差，利用光学直角器和带磁反射镜等附件还可以测量垂直导轨的直线度误差，与多面体联用可测量圆的分度误差。

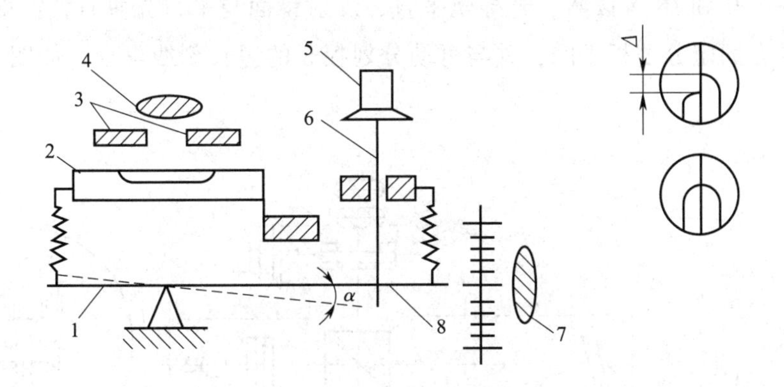

图 3—136　光学合像水平仪读数原理

1—杠杆　2—水准器　3—棱镜　4—目镜　5—旋钮

6—测微螺杆　7—放大镜　8—毫米刻度指杆

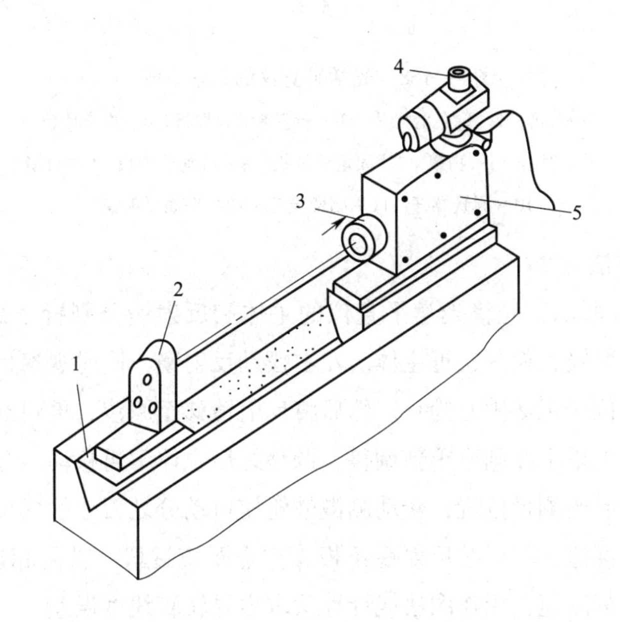

图 3—137　用光学平直仪检查导轨直线度误差

1—桥板　2—反射镜　3—望远镜　4—目镜　5—主体

（2）读数原理

如图 3—138 所示为光学平直仪的光学系统。光线由光源 1 发出，经绿色滤光片 2 照亮十字指示分划板 3 上的十字目标物像。该十字目标物像经立方棱镜 4、反射镜 5、物镜 6 后形成十字平行光射出，照射在平面反射镜 12 上，然后经平面反射镜12反射。反射回的亮十字物像再经物镜6、反射镜5、立方棱镜4原路返回，并向上聚焦于固定分划板7上成像。固定分划板7上有粗读刻度标尺，并刻有5、10和15等读数。若导轨平直，反射镜面与平行光垂直，反射回去的十字物像在固定分划板中间，并与可动分划板8的黑长刻线重合，如图3—138b所示。

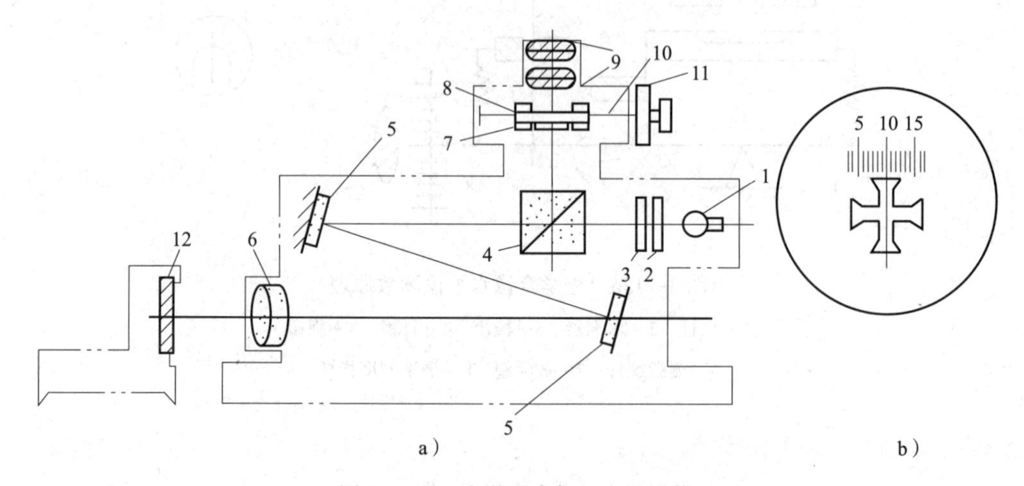

图3—138 光学平直仪的光学系统

1—光源 2—绿色滤光片 3—十字指示分划板 4—立方棱镜

5—反射镜 6—物镜 7—固定分划板 8—可动分划板 9—目镜

10—测微螺杆 11—测微鼓轮 12—平面反射镜

（3）使用方法

如图3—138所示，先将光学平直仪的主体和反射镜分别置于被测导轨两端，借助桥板移动反射镜，使其接近主体。左右摆动反射镜，同时观察目镜，直至反射回来的亮十字像位于视场中心为止。然后将反射镜移至原位，再观察亮十字像是否仍在视场中心，如果不在则应重新调整，调整好后主体不再移动。开始检查时，将反射镜桥板置于起始测量位置，转动测微鼓轮使可动分划板上的黑长刻线在亮十字像中间，记下刻度值，然后按反射镜桥板支撑点距离逐段、首尾相连地进行测量。记下每次测量的刻度值，用作图法或计算法求出导轨直线度误差。

3. 用光学合像水平仪检测直线度的计算方法

例：用精度为0.01/1 000的光学合像水平仪测量1 200 mm长的导轨直线度，测量分段为200 mm，试用图解法和计算法，计算其导轨直线度误差和形状。

测量分段 L（mm）	0～200	200～400	400～600	600～800	800～1 000	1 000～1 200
水平仪读数	+3	+6	−3	−1	−3	+4

（1）图解法（绘图法：见图 3—139）

$$\Delta = nil$$

$$n_1 = ac - bc = 9 - 2 = 7$$

$$n_2 = df - ef = 6 - 2 = 4$$

$$\Delta_1 = 7 \times 0.01/1\,000 \times 200 = 0.014(\mathrm{mm})$$

$$\Delta_2 = 4 \times 0.01/1\,000 \times 200 = 0.008(\mathrm{mm})$$

$$\Delta = \Delta_1 + \Delta_2 = 0.014 + 0.008 = 0.022(\mathrm{mm})$$

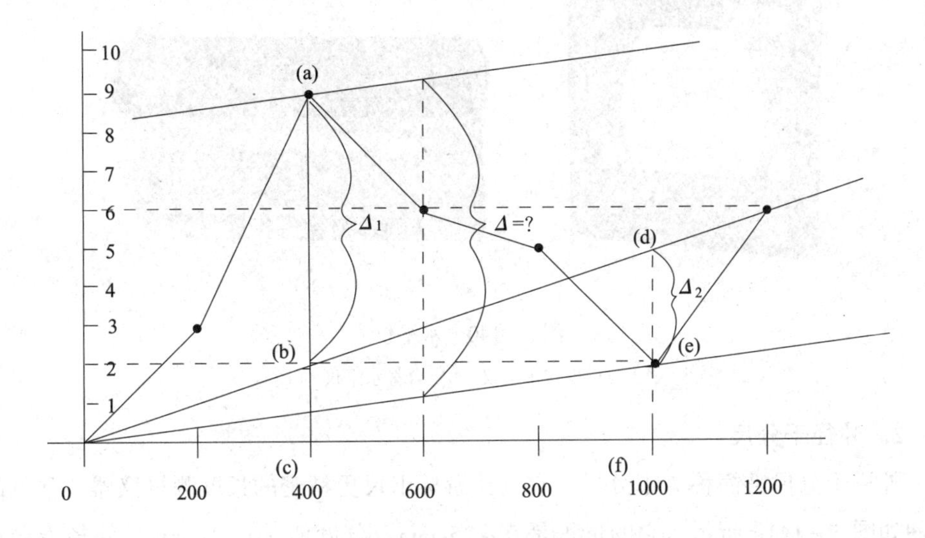

图 3—139　导轨直线度误差曲线图

（2）计算法

1）测量示值原始读数：+3、+6、−3、−1、−3、+4

2）平均值 n：　$n = \dfrac{+3+6-3-1-3+4}{6} = 1$

3）各减平均值：

$$0 \overset{+2}{\nearrow\searrow} +2 \overset{+5}{\nearrow\searrow} +7 \overset{-4}{\nearrow\searrow} +3 \overset{-2}{\nearrow\searrow} +1 \overset{-4}{\nearrow\searrow} -3 \overset{+3}{\nearrow\searrow} 0$$

4）各段端点坐标值：

5）求出导轨直线度误差：$n = 7 - (-3) = 10$（格）

$$\Delta = nil = 10 \times 0.01/1\,000 \times 200 = 0.02\ (\mathrm{mm})$$

所以其导轨直线度误差为 0.02 mm，端点连线的曲线有凸、凹曲线误差，为波浪形状。

三、机床导轨维修常用检具的种类及用途

1. 水平仪（见图3—140）

水平仪除用于测量机床或其他设备导轨的直线度和工件平面的平面度外，也常用在安装机床或其他设备时检验其水平位置和垂直位置的正确与否。水平仪主要分为水准泡式水平仪和电子水平仪两类。

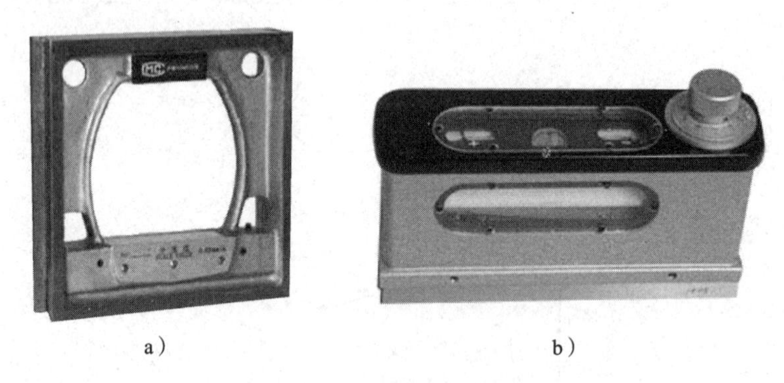

a） b）

图3—140 水平仪

a）框式水平仪 b）合像水平仪

2. 外径千分尺

外径千分尺常简称为千分尺，它是比游标卡尺更精密的长度测量仪器，常见的一种如图3—141a 所示，它的量程是0～25 mm，分度值是0.01 mm。外径千分尺由固定的尺架、测砧、测微螺杆、固定套管、微分筒、测力装置、锁紧装置等组成。固定套管上有一条水平线，这条线上、下各有一列间距为1 mm 的刻度线，上面的刻度线恰好在下面两相邻刻度线中间。微分筒上的刻度线是将圆周分为50 等份的刻线，由微分筒的旋转运动变为测微螺杆的直线移动来实现测量。

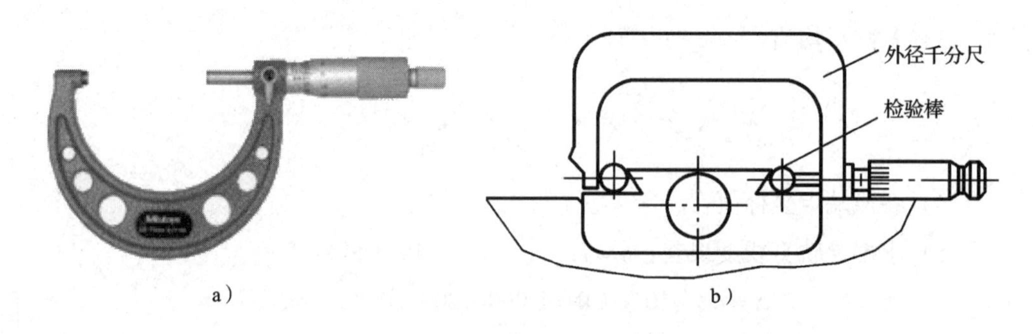

a） b）

图3—141 千分尺

a）外径千分尺 b）检测燕尾导轨平行度误差

3. 标准圆柱检验棒

标准圆柱检验棒用于在机床检验中检验两个工作面的水平度和垂直度，与量块、千分尺、水平仪等仪器配合检测不同高度两导轨的平行度（见图3—141b）和不连接导轨的水平度，并可以配合直角尺检验只用直角尺无法检验的两机件的垂直度，属于间接测量的专用量具。采用优质碳素工具钢制造，经过多次热处理加工，工作面由精密磨削而成。

4. 平尺（见图 3—142）

平尺用于机床检验中检验两个工作面的水平度和垂直度，配合量块、千分尺、水平仪等仪器检验不同高度两导轨的平行度和不连接导轨的水平度，并可以配合直角尺检验只用直角尺无法检验的两机件的垂直度，还适用于设备安装和检查。

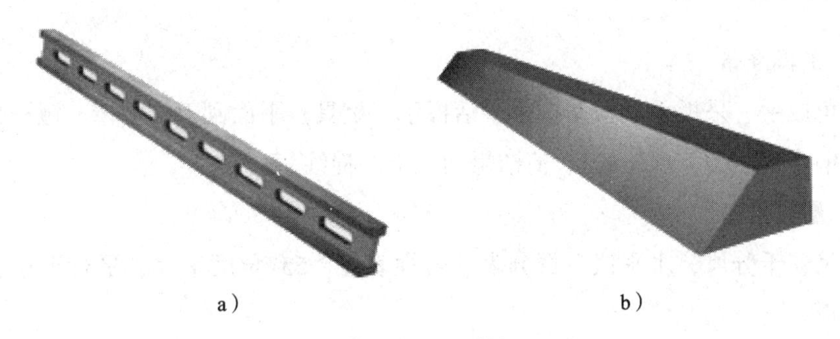

a）　　　　b）

图 3—142　平尺

a）平行平尺　b）55°角度平尺

平行平尺是按 JB/T 7977—99 标准制造的，材料为 HT250，工作面采用刮研工艺，是用来测量工件的直线度和平面度的量具。

55°角度平尺（燕尾尺）用途。用于测量工件的直线度和平面度，及机床导轨检验和修理时的测量、研磨，工作面采用刮研工艺。材料为 HT200 ~ 300，按 JB/T 7977—99 标准制造。

5. 平面刮刀（见图 3—143）

通常机床的导轨、拖板、滑动轴承的轴瓦都是用刮研的方法精加工而成的。

刮研是平面修正加工的方法之一。其目的是降低表面粗糙度值，提高接触精度和几何精度，从而提高机床的配合刚度、润滑性能、机械效益和延长使用寿命，也是仅用平面磨床和导轨磨床加工难以达到的，是高档机床设备和

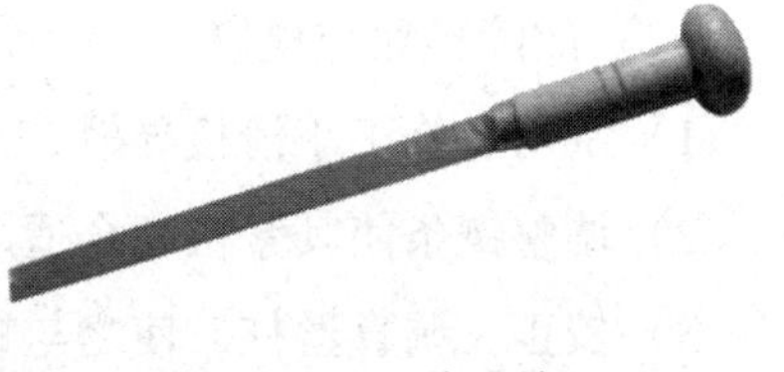

图 3—143　平面刮刀

铸铁平板所必需的加工工艺。

所谓刮研，是刮削和研磨两道工序的结合。即平面刮削→研磨显示，再平面刮削→再研磨显示，如此往复，交替循环，不断运作。使铸铁平板的表面粗糙度值和形位误差逐步降低，接触精度、几何精度在运作中逐步提高，直到达到技术规定要求为止。

CA6140 普通车床导轨副的维修

一、操作准备

1. 工具准备

六角扳手、呆扳手、梅花扳手、活扳手、旋具、平面刮刀、铜棒、锤子、细锉刀、青铜片 $\delta = 0.1 \sim 0.3$ mm、清洁煤油、干净棉纱。

2. 量具准备

塞尺、千分尺、水平仪、百分表及磁性表座、55°角度平尺、平行平尺、直角尺、平板。

二、操作步骤

1. 用小滑板移动做精车时出现工件母线直线度超差，使小滑板的轨迹与主轴中心线不平行。

（1）故障原因分析

1）小滑板导轨底面的平面度及燕尾槽的直线度超差，使小滑板移动轨迹与主轴中心线不平行。

2）小滑板导轨滑动面间隙调整不合适。

3）小滑板丝杠弯曲，与螺母不同轴。

（2）故障排除与检修

1）刮研、修正小滑板导轨。

2）调整镶条使其紧松度合适。

3）校正、调直丝杠，使之与螺母同轴。

2. 对于精车后的工件端面（工件未松夹前，在机床上用百分表测量车刀进给运动轨迹的前半径范围内)，表面直线度出现读数差值。

（1）故障原因分析

1）检测车刀运动轨迹时，工件端面的前半径内出现百分表读数差值；说明床鞍的上燕尾导轨面不直。

2）与床鞍上导轨相配合的镶条有窜动。

（2）故障排除与检修

1）检测、刮研床鞍上导轨直线度允差为 0.02/全长（见图 3—144a）；床鞍上导轨平行度允差为 0.02（见图 3—144b）。

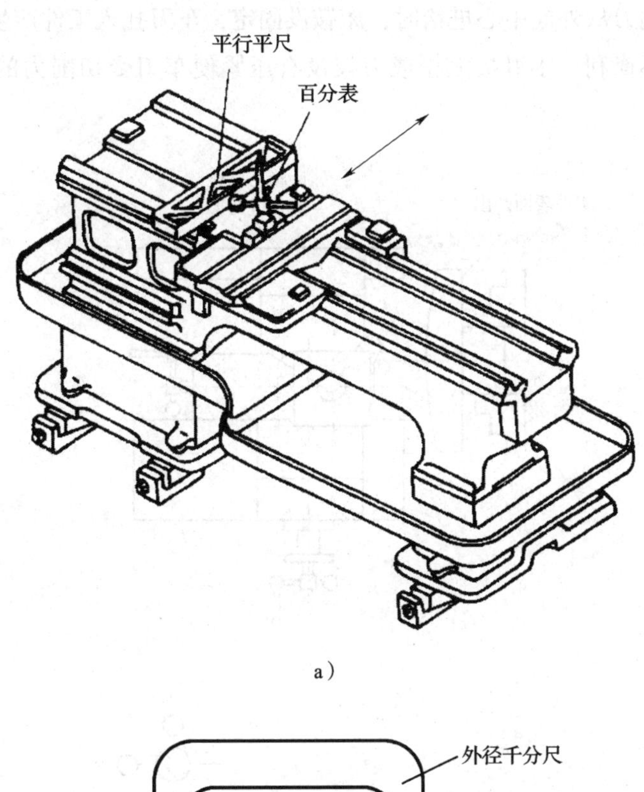

a）

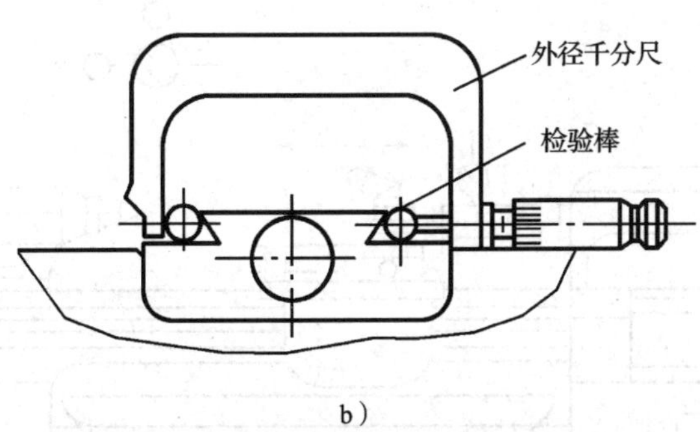

b）

图 3—144　测量床鞍上导轨直线度及平行度

a）测量床鞍上导轨直线度　b）测量床鞍上导轨平行度

2）检查调整中滑板与床鞍相配合镶条。

3．精车后的工件端面产生中凹或中凸。

（1）故障原因分析

1）中滑板横向移动方向对主轴中心线的垂直度超差（见图3—145a）。

2）床鞍移动对主轴中心线的平行度超差（见图3—145b）；技术上要求中心线向内偏。

3）床鞍上、下导轨的垂直度超差（见图3—145c）；技术上要求床鞍上导轨的外端必须靠向主轴箱。

4）用右偏刀从外向中心进给时，床鞍没固定，车刀扎入工件产生凹面。

5）车刀不锋利、小滑板太松或刀架没有压紧使车刀受切削力的作用而让刀，因而产生凸面。

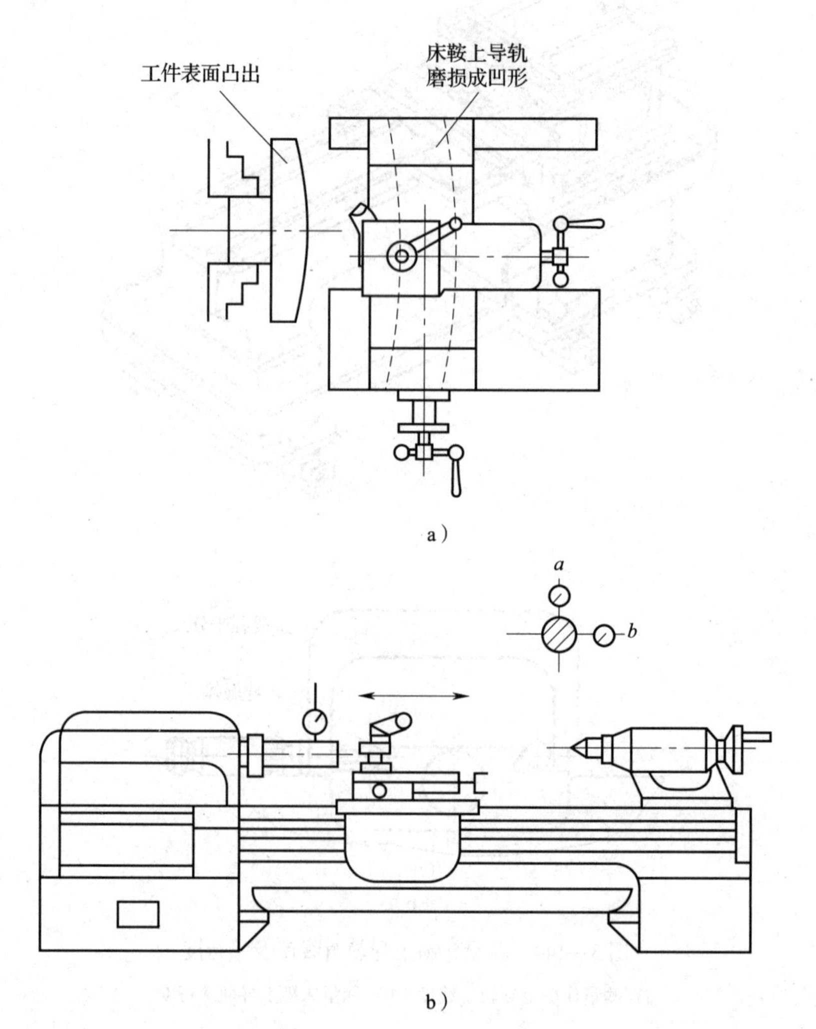

a）

b）

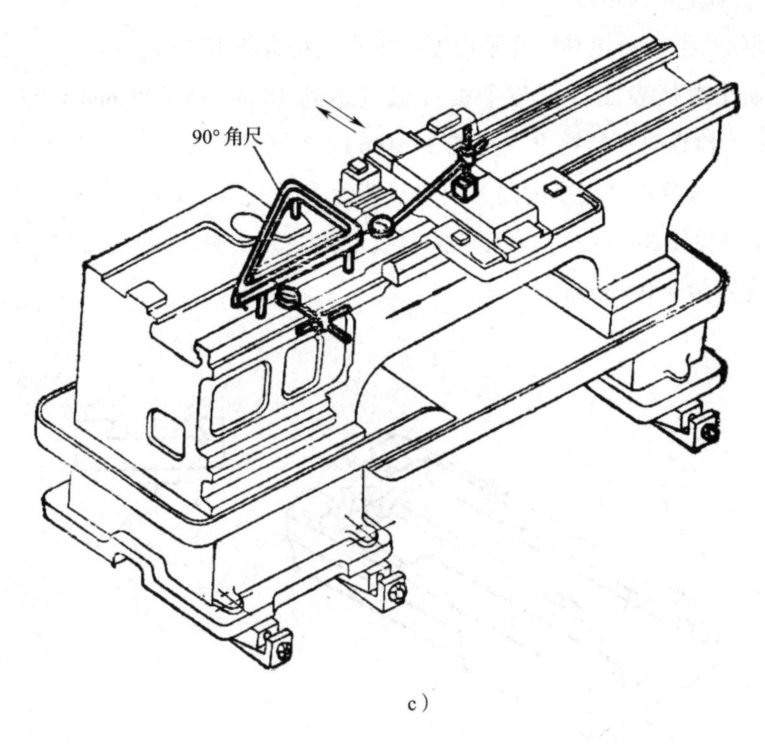

c）

图 3—145　工件端面产生中凹或中凸故障的检测量

a）中滑板移动对主轴中心线垂直度的检测　b）床鞍移动对主轴中心线平行度的检测

c）床鞍上、下导轨垂直度的检测

（2）故障排除与检修

1）先进行检查、测量，再刮研、修正床鞍上导轨，使它与主轴中心线保持垂直。

2）校正主轴中心线位置，在保证工件（靠近主轴端大、离开主轴端小）合格的前提下，要求主轴中心线向内倾。

3）若经过大修的车床出现此类误差，必须重新刮研床鞍下导轨面。

4）在车大端面时，必须把床鞍的固定螺钉锁紧。

5）保持车刀锋利，中、小滑板的镶条不应太松，装车刀的方刀架应压紧。

4. 用方刀架进刀精车锥孔时呈喇叭形（抛物线）或表面粗糙度值大。

（1）故障原因分析

1）方刀架移动对燕尾导轨的直线度超差。

2）方刀架移动对主轴中心线的平行度超差。

3）主轴径向回转精度不高。

（2）故障排除与检修

1）刮研小滑板燕尾导轨至平面度、垂直度符合技术要求。

①刮研小滑板表面2至与平板接触点达到10～20/（25 mm×25 mm），用0.03 mm塞尺检查时不能塞进（见图3—146）。

②用小滑板及角度底座配刮刀架中部转盘表面3、4、5（见图3—147）及小滑板的表面6（见图3—146）；表面4的直线度允差为0.01 mm；表面5对表面3、4的平行度允差为0.01 mm。

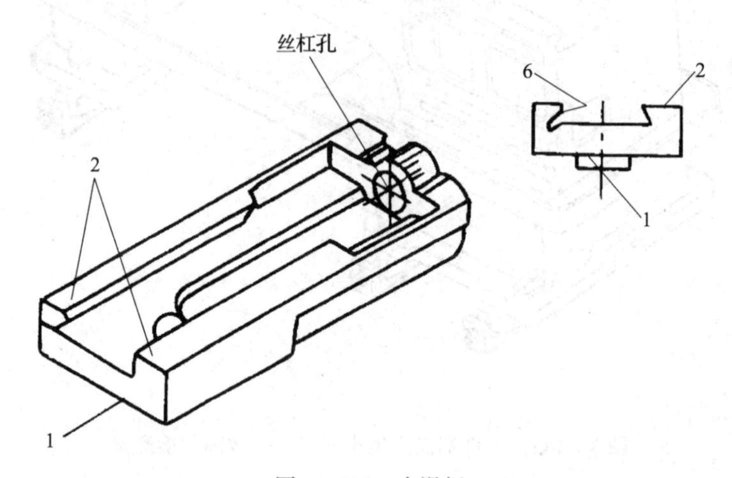

图3—146　小滑板

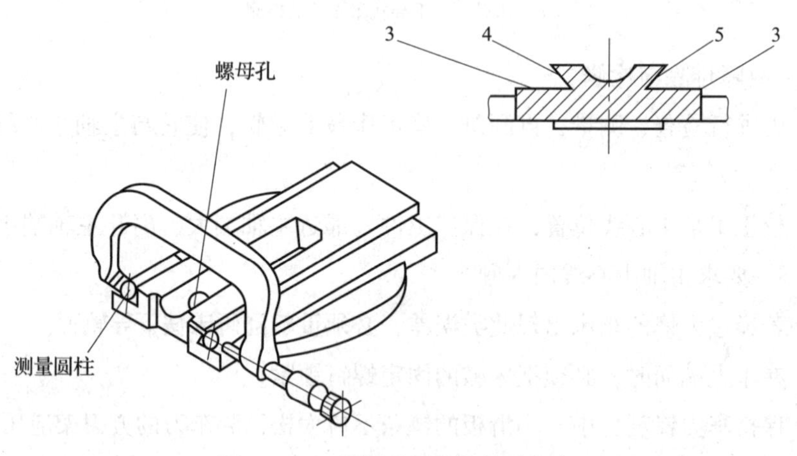

图3—147　测量燕尾导轨的平行度

2）以中滑板的表面为基准，刮研刀架中部转盘的表面7，精刮镶条（见图3—148）；刀架中部回转180°表面7对表面3的平行度允差为0.03 mm（见图3—149）。

3）调整主轴回转径向圆跳动精度。

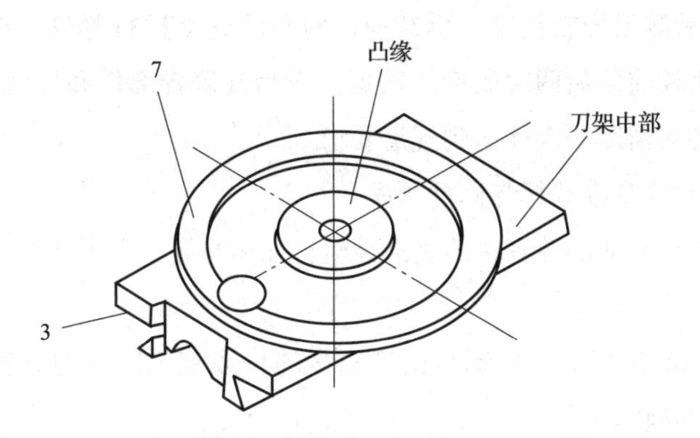

图 3—148　刀架中部转盘

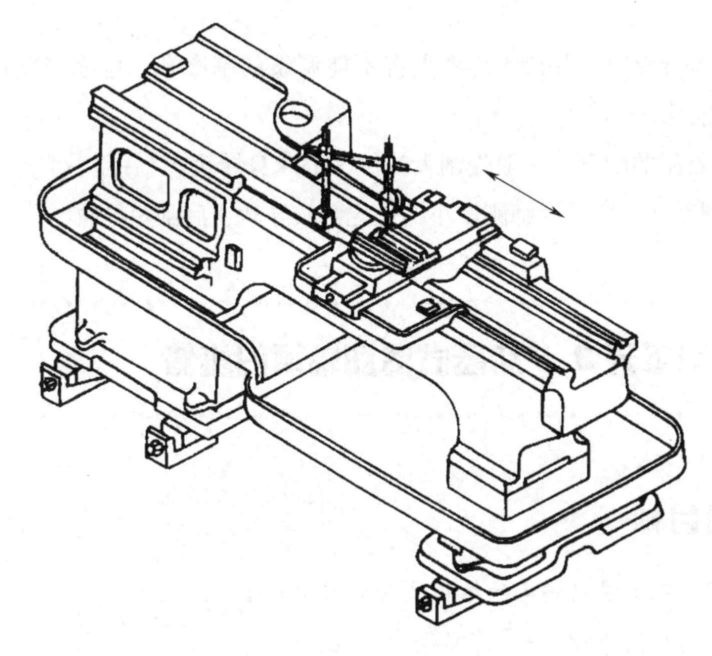

图 3—149　测量刀架导轨的平行度

三、注意事项

1. 导轨刮研要求工作场所洁净，周围没有严重振源的干扰，环境温度变化不大，避免阳光直接照射或其他热源产生局部受热。特别是对于较长的床身导轨和精密机床导轨，要严格控制环境因素，最好在恒温室内进行刮研。

2. 以床身导轨为基准件，刮研前要将床身用可调整的垫铁调平；大修时刮研床身导轨应尽可能在自由状态下保持最好的水平，以免在刮研过程中产生新的变形。

3. 刮研前后测量导轨精度。拆卸前应对导轨精度进行测量，记录数据，拆卸后再次测量，比较前、后两次测量的数据，作为刮研各部件和导轨的参考修正值，以保证总装后各项精度一次性达到规定要求。

4. 导轨的修理基准选择与修理顺序

(1) 先刮削与传动部件有关的基准导轨，如床身导轨、滑座溜板的上导轨、横梁的前导轨和立柱导轨等。

(2) 先刮削形状复杂（控制自由度较多的）或施工困难的导轨，后刮削简单的、容易施工的导轨。

(3) 对于双V形、双平面或矩形等形式的组合导轨，应先刮削磨损量较小的导轨。

(4) 修刮导轨时，如果该部件上有不能调整的基准孔，应先修整该孔来作为刮削时的基准孔。

(5) 导轨副的配刮。一般先刮大工件（如床身导轨），后刮小工件（如工作台导轨）；先刮刚度大的，后刮刚度小的；先刮长导轨，后刮短导轨。

学习单元3　动压式滑动轴承的维修

学习目标

1. 了解动压式滑动轴承的结构特点和工作原理。
2. 熟悉动平衡原理。
3. 掌握动压式滑动轴承的维修方法。

知识要求

一、动压式滑动轴承的结构特点和工作原理

轴承是用来支承轴的部件，有时也用来支承轴上的回转零件。轴被轴承支承的部分称为轴颈，与轴颈相配的零件称为轴瓦。在滑动摩擦下工作的轴承工作平稳、可靠，无噪声；在液体润滑条件下，滑动表面被润滑油分开而不发生直接接触，还可以大大减少摩擦损失和表面磨损。

1. 动压式滑动轴承的工作原理

动压式滑动轴承的油膜压力是靠轴本身旋转产生的，由供油系统在轴颈与轴承孔的楔形间隙内充盈润滑油，轴颈静止时，沉在轴承的底部（见图3—150a）。当转轴达到足够的旋转速度时，将润滑油带入轴承摩擦表面，轴颈把具有一定黏度的润滑油由间隙大处带入与轴承之间的楔形间隙中，由于缝隙逐渐变窄使油压升高，轴与轴瓦之间形成稳定的油膜。这时轴的中心相对于轴瓦的中心处于偏心位置（见图 3—150b），轴与轴瓦之间处于完全液体摩擦润滑状态。

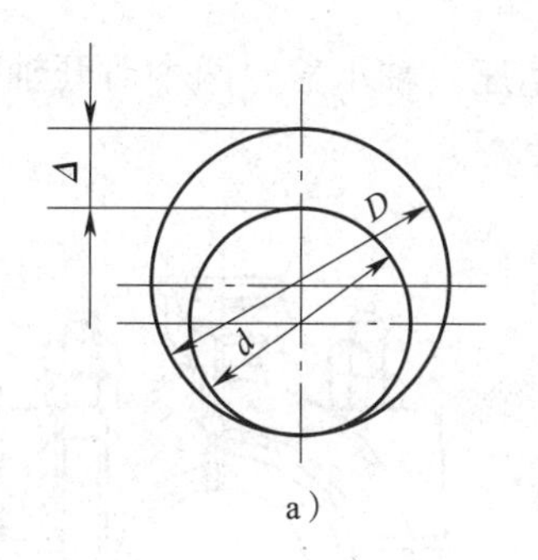

a）

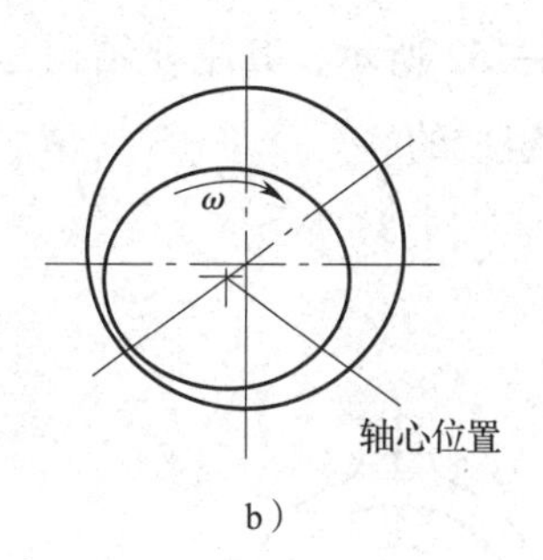

b）

图 3—150　动压轴承工作原理

a）轴颈静止位置　b）轴旋转时的偏心位置

如果带入楔形间隙内的润滑油流量是连续的，这样油液中的油压就会升高，油液在楔形间隙内升高的压力就是流体动压力，所以称这种轴承为动压式滑动轴承。根据承受载荷的方向不同，可分为承受径向力的径向轴承和承受轴向力的止推轴承两类。

2. 动压式滑动轴承的特点

动压式滑动轴承摩擦小，但启动摩擦阻力较大，一般在低速、重载的条件下应用，其主要特点如下：

（1）形式简单，接触面积大，耐磨性能好，寿命长。

（2）承载能力大，回转精度高，润滑膜具有一定的吸振能力和抗冲击作用。

由于滑动轴承具有以上特点，被广泛应用于内燃机、轧钢机、大型电机及仪表、雷达、天文望远镜等方面。因此在工程上获得广泛的应用，但它最大的缺点是无法保持足够的润滑油储备，一旦润滑油不足，它立刻产生严重磨损并导致失效。

3. 动压式滑动轴承的结构

按结构形式不同可分为整体式滑动轴承和剖分式滑动轴承。

（1）整体式径向滑动轴承的结构

如图3—151所示，其主要结构是在轴承座内压入一个青铜轴套，套内开有油槽、油孔，以便润滑轴承配合面。轴承座用铸铁或铸钢制成，与轴套用紧定螺钉固定，以防轴承因旋转错位而使轴套断油，顶部设有装油杯的螺纹孔。简单的轴承也可以没有轴套。

优点是制造工艺简单，刚度大，价格便宜。但安装不方便，磨损后无法调整，只能扩孔加轴套。用于低速轻载机器上。

（2）剖分式径向滑动轴承的结构

如图3—152所示，其主要结构是由轴承座、轴承盖、两个对开轴瓦、垫片及双头螺柱等组成的。

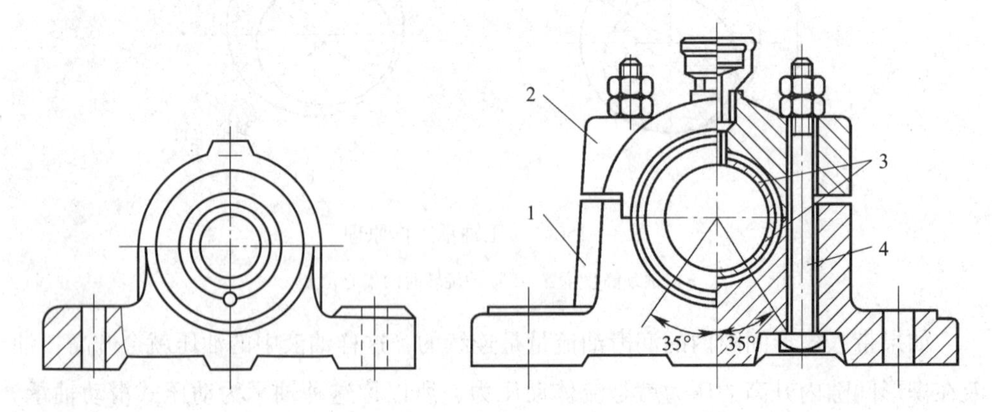

图3—151　整体式径向滑动轴承

图3—152　剖分式径向滑动轴承

1—轴承座　2—轴承盖　3—剖分轴瓦　4—螺栓

特点是磨损后可调整，安装调整方便，可承受不大的轴向力。

（3）带锥形表面轴套的轴承

又可分为内柱外锥式（轴承外圈为圆锥形，轴承孔和轴为圆柱形）和内锥外柱式（轴承孔和轴为圆锥形，轴承外圆为圆柱形）两种。由主轴承、轴套和螺母组成。主轴承上对称地开有几条狭槽，其中一条开穿，并嵌入弹性枕木，使轴承孔径磨损较多时可以调整。当放松右端螺母，再拧紧左端螺母时，主轴承就向左移动，使内孔直径收缩，主轴与轴承的配合间隙减小，反之就使间隙增大，由此可达到调整轴承间隙的目的。

特点是磨损后可调整，安装、调整方便，可承受不大的轴向力。

外表面为圆锥面（1∶30～1∶10），内表面为圆柱面，如机床主轴轴承。通过调整轴套相对于轴的位置来调整轴承间隙。

(4) 自动调位轴承

多瓦式自动调位轴承有三瓦式和五瓦式两种，而轴瓦又可分为长轴瓦和短轴瓦两种。

细长的轴或多支点轴受载后变形较大，轴颈长度较大时造成轴承偏磨，为此采用自动调位轴承。

二、动压式滑动轴承的装配和维修方法

1. 动压式滑动轴承装配要点

(1) 整体式向心滑动轴承装配要点

1）压入轴套时，根据轴套尺寸和结合时过盈量的大小，采用压入法或敲入法来装配。当尺寸和过盈量较小时，可用锤子加垫板将轴套敲入；尺寸和过盈量较大时，则应用压力机压入或用拉紧夹具把轴套压入机体中。

压入轴套时注意配合面应清洁，并涂上润滑油。为了防止轴套歪斜，压入时可用导向环或导向心轴导向。

2）轴套定位。压入轴套后，按图样要求用紧定螺钉或定位销等固定轴套位置，以防轴套随轴转动。如图 3—153 所示为几种常用的轴套固定方式。

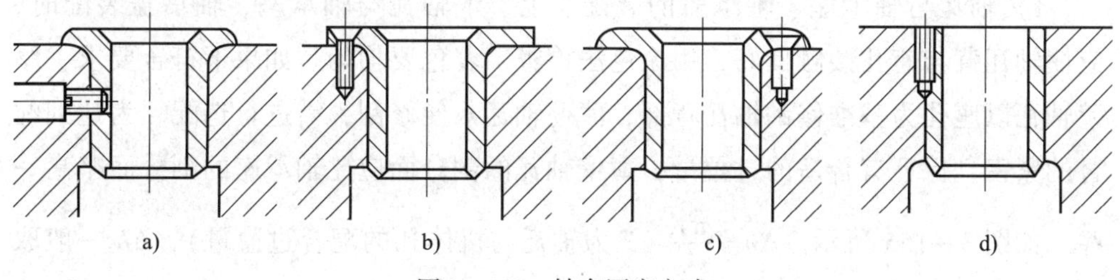

图 3—153　轴套固定方式

a）径向紧定螺钉固定　b）端面螺钉固定　c）端面沉头螺钉固定　d）骑缝螺钉固定

3）修整轴套孔。轴套由于壁薄，压入后内孔易发生变形，如内径缩小或呈椭圆形、圆锥形等。因此，压装后要用铰削、刮削或滚压等方法，对轴套孔进行修整。

4）轴套的检验。轴套修整后，沿孔长方向取两三处，做相互垂直方向上的检验，可以测定轴套的圆度误差及尺寸。测量方法是用内径百分表按如图 3—154a 所示的方法进行。

此外，还要按如图 3—154b 所示的方法检验轴套孔中心线对轴套端面的垂直度。将与轴套孔尺寸相对应的检验塞规插入轴套孔内，借助涂色法或用塞尺来检查其准确性。

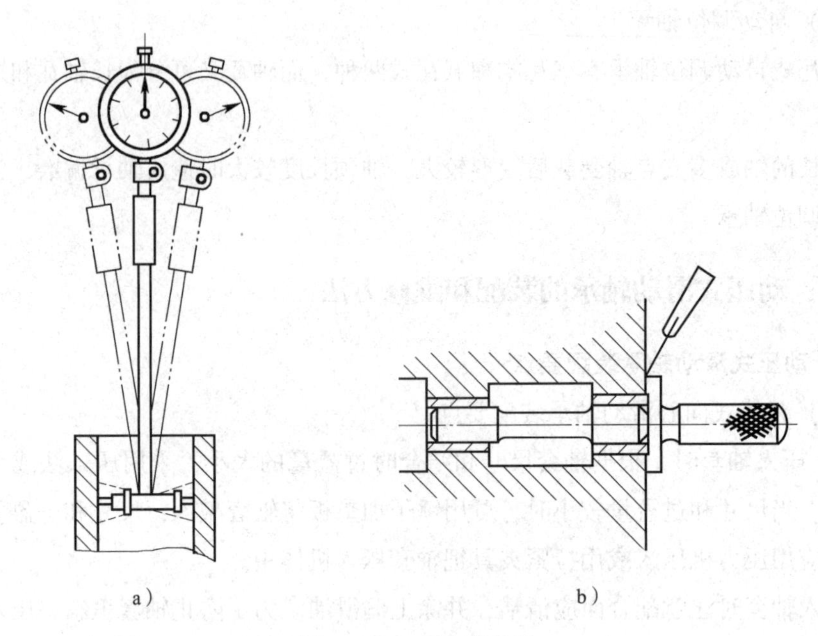

图 3—154　轴套的检验

a）用内径百分表检验轴套　b）用塞尺检验轴套装配的垂直度

（2）对开式滑动轴承装配要点

1）轴瓦与轴承座、轴承盖的装配。上、下轴瓦与轴承座、轴承盖装配时，应使轴瓦背与座孔接触良好，用涂色法检查，着色要均匀。如果不符合要求，厚壁轴瓦以座孔为基准修刮轴瓦背部，薄壁轴瓦不便修刮，需进行选配。为达到配合的紧密，保证有合适的过盈量，薄壁轴瓦的剖分面应比轴承座的剖分面略高一些，如图 3—155 所示。$\Delta h=\frac{\pi Y}{4}$（Y 为轴瓦与机体孔的配合过盈量），Δh 一般取 0. 05 ~0. 1 mm。

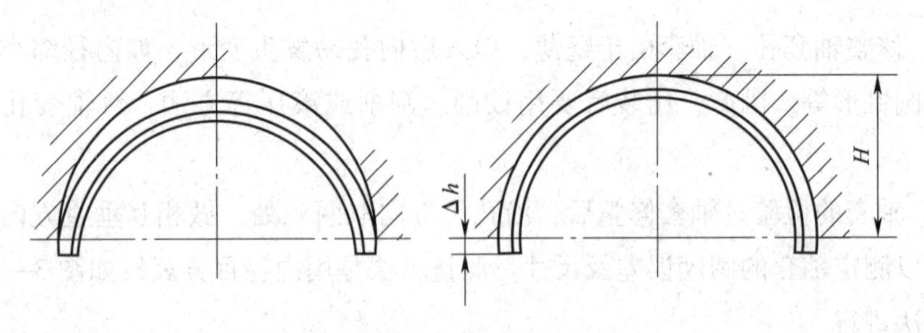

图 3—155　薄壁轴瓦的选配

同时，注意轴瓦阶台紧靠孔的两端应达到 H7/f7 配合，太紧可通过刮削修配。一般轴瓦装入时，应用木槌轻轻捶击，听声音判断，要确实贴实。

2）轴瓦孔的配刮。用与轴瓦配合的轴来显点，在上、下轴瓦内涂显示剂，然后把轴和轴承装好，双头螺柱的紧固程度以能转动轴为宜。当螺柱均匀紧固后，轴能够轻松地转动且无过大间隙，显点也达到要求，即为刮削合格。清洗轴瓦后，即可重新装入。

（3）内柱外锥式滑动轴承装配要点（见图 3—156）

1）将轴套 3 压入箱体 2 的孔中，其配合为$\frac{H7}{r6}$。

2）用专用心轴研点，修刮轴套的内锥孔至接触点为 12 ~ 16 点/25 mm × 25 mm。并保证前、后轴承孔的同轴度。

3）在轴承上钻进油孔、出油孔，注意与箱体 2、轴套 3 的油孔相对，与自身的油槽相接。

4）以轴套 3 的内孔为基准，研点配刮轴承 5 的外锥面，接触点要求同上。

5）把轴承 5 装入轴套 3 的孔内，两端分别拧入螺母 1、4，并调整轴承 5 的轴向位置。

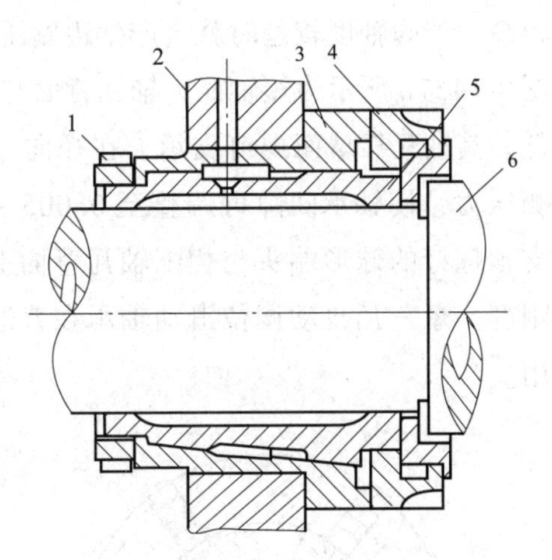

图 3—156　内柱外锥式滑动轴承

1、4—螺母　2—箱体　3—轴套
5—轴承　6—主轴

6）以主轴 6 为基准配刮轴承 5 的内孔，后轴承处以工艺套支承，以保证前、后轴承孔的同轴度。轴承 5 内孔接触点为 12 点/25 mm × 25 mm。且两端为硬点，中间为软点。油槽两边的点要软，以便形成油膜。油槽两端的点分布要均匀，以防漏油。

7）清洗轴承和轴颈，重新装入并调整间隙。一般精度的车床主轴轴承间隙为 0.015 ~ 0.03 mm。

调整间隙的方法是先将调整螺母 1、4 拧紧，使配合间隙消除，然后再拧松小端螺母 1 至一定角度 α，再拧紧大端螺母 4，使轴承 5 轴向移动，即可得到要求的间隙值。螺母拧松角 α 可按下式计算。

$$\alpha = \Delta \frac{l}{D-d} \times \frac{360°}{S_0}$$

式中　$\frac{l}{D-d}$——轴承外锥面锥度倒数；

S_0——调整螺母导程，mm；

Δ——要求的间隙值，mm。

(4) 多瓦式自动调位滑动轴承装配要点

多瓦式自动调位滑动轴承如图3—157所示。

长轴瓦、短轴瓦的自动调位滑动轴承在结构和性能方面有区别。如图3—157a所示的长轴瓦背面与箱体孔直接接触，所以对箱体孔的同轴度和表面粗糙度要求较高。若同轴度较差时就会产生边侧压力，使轴承接触变形加大，刚度降低。如图3—157b所示为短轴瓦，轴瓦背面与箱体孔不直接接触，所以对箱体孔要求较低。其轴瓦靠球面螺钉支承，在径向、轴向均可自动调整位置，因此可消除边侧压力，使轴承间隙可调整至0.005~0.01 mm，轴的回转精度高且稳定。但支承螺钉的球形端头与相配轴瓦背面上的球形凹坑需要进行研配，以提高接触刚度。短三瓦自动调位滑动轴承在普通精度磨床砂轮主轴部件上得到广泛的应用。

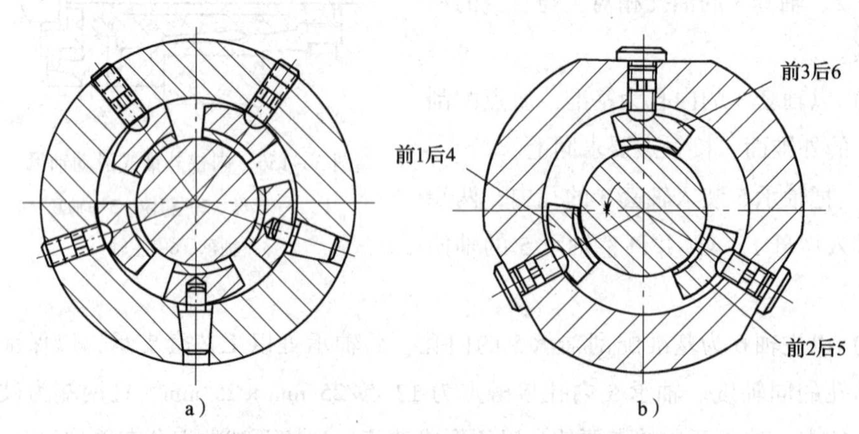

图3—157　多瓦式自动调位滑动轴承

a）五瓦式　b）三瓦式

短三瓦自动调位滑动轴承装配要点如下：

1）将前、后两轴承的六块轴瓦及其球面螺钉按研配对号装入箱体孔。注意两端油封上的回油孔要装在上部位置，这样可以使前、后轴瓦工作时完全浸在油中，否则会因油面降低而影响润滑。

2）在箱体孔两端各装一工艺套，其内径比主轴轴径大0.04 mm，外径比箱体孔小0.005 mm，其用途是使主轴轴线与箱体孔中心线重合。

3）调节前、后轴瓦的六个球面螺钉，应达到下列要求：

①用0.02 mm塞尺在前、后两工艺套的内孔中四周插入检查，要求在主轴四周塞尺都能插入，使主轴轴线与箱体孔中心线一致。

②使主轴与前、后轴瓦都保持0.005～0.01 mm间隙。间隙的测量方法是将百分表测头顶在主轴前、后端近工艺套处，用手抬动主轴前、后端，百分表的读数即为间隙值。

4）用手转动主轴时应轻快、无阻，主轴径向跳动公差在0.01 mm以下即可。

2. 动压式滑动轴承的修理

（1）整体式向心滑动轴承的修理

整体式向心滑动轴承一般用更新的方法进行修理。但对于大型或贵重金属材料制成的轴承，可采用金属喷涂的方法恢复其内径尺寸；或将轴套切一个平行于轴线的切口，然后使其合拢以缩小孔径，并在缺口处进行钎焊。轴套外径尺寸可以通过金属喷涂或镶套的方法进行修复。

（2）开式滑动轴承的修理

当轴瓦磨损较小时，可通过调整垫片、重新修刮来恢复精度。巴氏合金轴瓦磨损严重时，可重新浇注巴氏合金，经车削加工后进行修刮，以恢复其精度。修复时应注意，轴承盖与轴承座之间间隙应不小于0.75 mm，否则，将影响对轴瓦的压紧。

（3）内柱外锥式滑动轴承的修理

1）当轴承仅有轻微磨损时，可通过螺母调整间隙来恢复精度。

2）当轴承工作表面有严重的磨损、擦伤时，应拆卸主轴，对轴承进行刮研，以恢复精度。

3）当轴承经多次修刮后没有调整余量时，可采用喷涂法加大轴承外径，增加其调节余量；也可以车去轴承小端部分圆锥面，加大螺纹长度以加大调整范围。

4）当轴承磨损严重，无法调整或变形时，应更换新的轴承。

（4）多瓦式自动调位滑动轴承的修理

1）拆卸轴承。拆卸后应将每个轴瓦和与其相配的球面螺钉用铁丝扎在一起（原有编号），以免装配时出错。

2）将球面螺钉夹在车床上，研磨配对轴瓦的球面接触部分，研至接触率大于等于70%。

3）采用刮研或研磨工艺修复轴瓦。

①采用刮研工艺修复轴瓦时，可用主轴轴颈作为研具精刮轴瓦内表面，显点数不少于20点/（25 mm×25 mm），表面粗糙度 Ra 值达到0.1μm。

②采用研磨工艺修复轴瓦时，可在车床上用巴氏合金研磨棒或软钢研磨棒对轴瓦进行研磨。研磨棒尺寸应大于已修复主轴轴颈0.02～0.03 mm，用手扶轴瓦在旋转的研磨棒上做往复运动进行粗研，待六块轴瓦都研完后，检查研棒尺寸，如果小于已修复轴颈尺寸，应重做研棒进行精研。精研时应选用绿色氧化铬研剂，研至接触率大于等于80%，表面粗糙度 *Ra* 值达到0.1μm。

研磨时应注意研棒的旋转方向要与轴瓦上标注的旋向一致。

三、动平衡原理

旋转件在径向各截面上有不平衡量，且由此产生的离心力将形成不平衡力矩，这种现象称为动不平衡。简单地说，旋转件在径向位置上有偏重，而在轴向位置上有两个偏重相隔一定距离时，叫动不平衡，如图3—158所示。

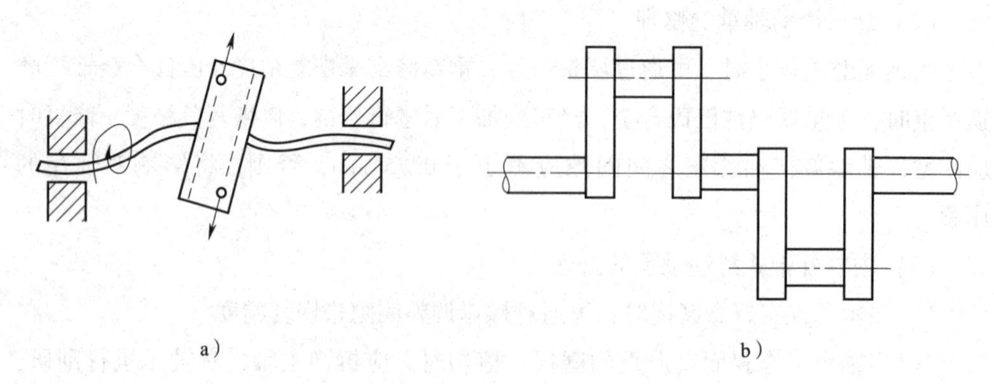

图3—158　零件的动不平衡

a）零件径向偏重位置　b）曲轴形状的不平衡

1. 动不平衡的特点

静止时，有时能在任意位置静止且难以检测不平衡量的位置与大小。旋转时，不仅产生垂直于旋转轴的振动，而且产生使旋转轴倾斜的振动。

2. 动平衡法

对于长径比较大或转速较高的旋转件，通常都要进行动平衡。动平衡不仅要平衡惯性力、离心力，而且还要平衡离心力所形成的力矩。

假设如图3—159所示转子存在两个不平衡量 T_1 和 T_2，当转子旋转时，产生惯性力，分别为 P 和 Q。P 在 B_1 平面内，Q 在 B_2 平面内，P 和 Q 的惯性力都垂直于轴线，为平衡这两个力，在转子上选择两个与轴线垂直的径向截面Ⅰ和Ⅱ作为动平衡的校正平面，利用力的平移原理，将 P 和 Q 沿 B_1 和 B_2 平面分解到Ⅰ和Ⅱ这两个校正平面上。

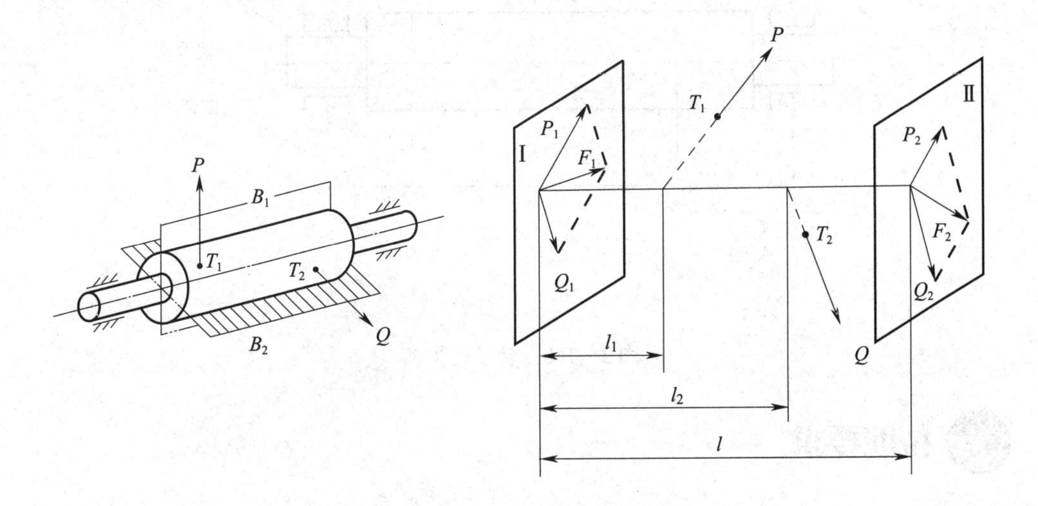

图 3—159　动不平衡原理

根据力的平移原理，它们应满足以下方程：

$$P = P_1 + P_2$$

$$P_1 l_1 = P_2 \ (l - l_1)$$

解该方程组得：$P_1 = \left(1 - \dfrac{l_1}{l}\right)P$；$P_2 = \dfrac{l_1}{l}P$

同理：$Q = Q_1 + Q_2$

$$Q_1 l_2 = Q_2 \ (l - l_2)$$

得：$Q_1 = \left(1 - \dfrac{l_2}{l}\right)Q$；$Q_2 = \dfrac{l_2}{l}Q$

在Ⅰ平面上将 P_1 和 Q_1 合成 F_1，在Ⅱ平面上将 P_2 和 Q_2 合成 F_2。显然 F_1 与 F_2 和 P 与 Q 是等效的。如果在 F_1 与 F_2 两个力的反向延长线上各加一相应的平衡重量，使它们产生的惯性力分别为 $-F_1$ 和 $-F_2$，那么，转子就被平衡了。

（1）确定两端校正平面上离心力的合力。

（2）在离心力合力的相对位置分别加上相应的平衡量。

动平衡是在动平衡机进行的（见图 3—160），把被平衡转子按其工作状态装在动平衡机上的轴承中。转子旋转时，由于不平衡量产生惯性力，造成动平衡机轴承振动，通过仪器测量轴承振动值，便可确定在校正平面上需要增减平衡量的大小和位置。经过反复的转动、测量和增减平衡重量后，转子逐步获得动平衡。

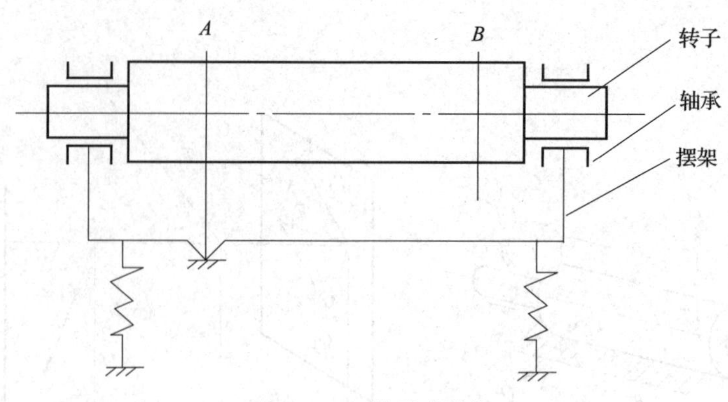

图3—160　转子动平衡

技能要求

M7130A 平面磨床磨头的检修

一、操作准备

M7130A 平面磨床修理中常用的专用工具和测量器具一般按准备工作的情况配备，见表3—42。

表3—42　　M7130A 平面磨床修理中常用的专用工具及测量器具

序号	名称	规格/mm	数量	用途
1	框式水平仪	0.02/1 000	1	测量各导轨几何精度及安装精度
2	百分表	0.01/每格	1	同上及测量磨头主轴精度等
3	等高块、量块		3	测量工作台面平面度
4	塞尺	0.02～1	1	测量配合间隙
5	测量桥板	200	1	测量床身导轨平行度
6	平尺	40×1 500	1	刮床身导轨时用
7	V形直尺	50×1 500	1	刮床身导轨时用
8	平尺	50×1 000	1	测量工作台面平面度
9	秒表		1	工作台换向时用
10	十字扳手		1	调整轴承间隙
11	专用角尺	200×300	1	测量磨头主轴对工作台面的垂直度和平行度
12	平板	400×400	1	刮床身平面时用
13	平板	400×600	1	刮立柱导轨面时用
14	定心套		2	装配主轴时用

二、操作步骤

1. 修理前准备工作

平面磨床修理前的准备工作主要包括对所修机床的精度状况、故障情况的调查和分析，编制技术准备书，制定基本修理方案，制定要更换或修复零件的明细表，力求准确、全面、可行。准备工作及其检查项目有如下几项：

（1）检查磨头进给落刀情况，以确定是否修换丝杠副。

（2）调查机床使用中有没有抱轴现象，轴承的承载能力如何，并现场观察磨头主轴、轴瓦磨损情况，以确定主轴轴瓦的修换。

（3）检查床身、立柱、滑板各处导轨的拉毛和磨损情况，确定修复方案。

（4）观察工作台速度均匀性，检查液压缸的磨损情况，确定液压缸修复方案。

（5）观察液压泵工作性能，了解操纵箱的性能；听液压泵声音，测流量及压力参数，确定液压泵的修换。

（6）检查磨头进给和爬行情况，确定磨头液压缸修复方案。

（7）对其他零部件磨损情况进行调查、了解。

完成以上工作后，即可着手编制技术准备书。

2. 故障分析

（1）磨床主轴抱轴的故障原因及排除方法

1）主轴与轴承间的间隙过小。应严格按工艺要求对轴承间隙进行调整。

2）主轴前、后轴承不同轴。装配时要借用定心套，保证前、后轴承的同轴度。

3）主轴润滑油过少。应清洁润滑油及油箱，每 6 个月更换一次，保证轴承有合适的输入油量，避免脏物嵌入轴瓦。

4）主轴装配不符合要求。应检查、重新装配并保证装配时各零件位置的正确性。

（2）磨床主轴漏油的故障原因及排除方法

1）进入主轴轴承的油液过多。应控制轴承的输入油量至适当值。

2）水银开关的浮子动作不灵活，回油受阻。应提高浮子动作的灵活性，使回油通道畅通。

3）密封圈及法兰盖与主轴间的间隙太大。应控制前、后法兰盖及密封圈与主轴之间的间隙为 0.06 ~ 0.08 mm，四周应均匀。

3. 排除故障

（1）磨床主轴与轴承间间隙过小的故障排除

M7130A 平面磨床磨头轴承间隙过小的修理顺序按磨头结构（见图 3—161）来

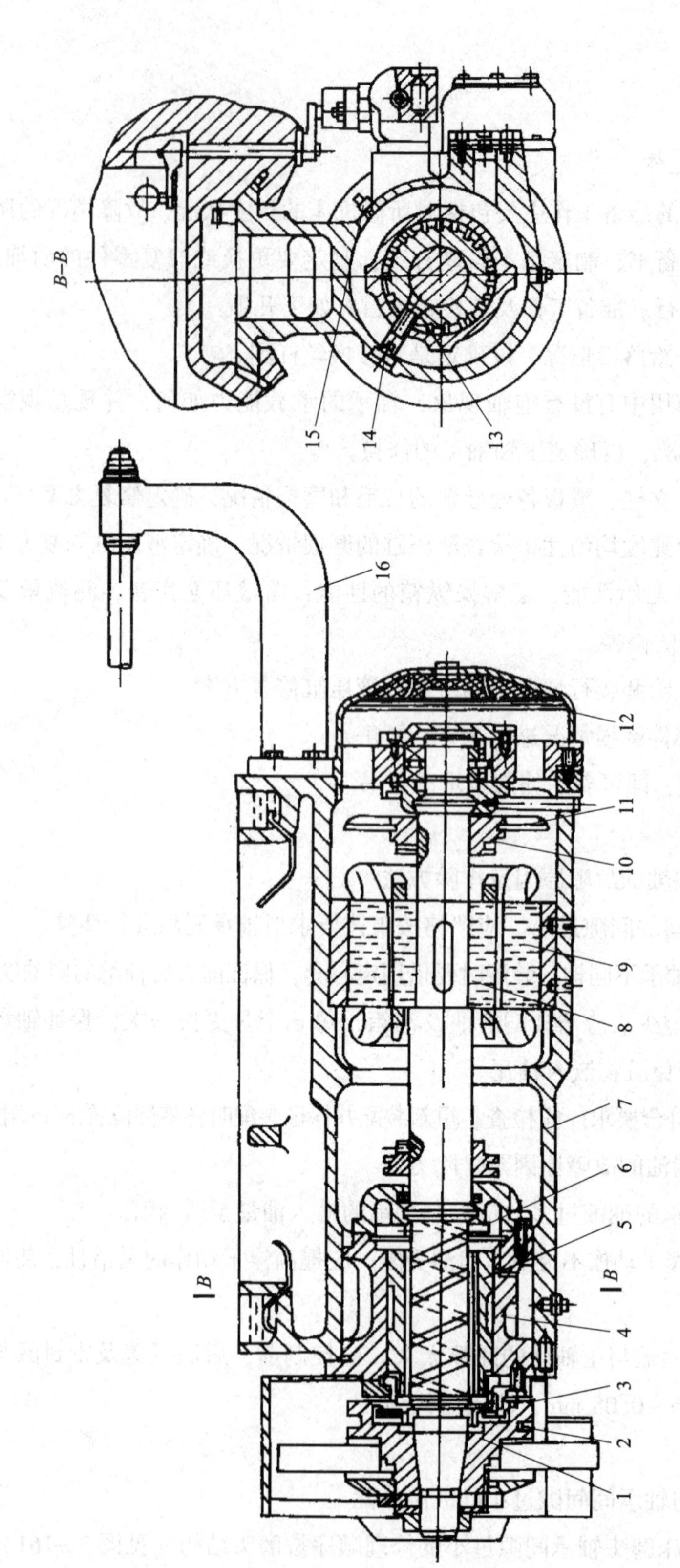

图 3—161　M7130A 平面磨床磨头结构

1—砂轮法兰　2—平衡块　3—调整螺母　4—轴承座　5—开槽轴承　6—油环

7—主轴壳体　8—转子　9—定子　10—平衡块　11—风扇叶片　12—罩壳　13—吊紧块

14—吊紧螺钉　15—油塞　16—连杆

定。主轴的前支承是一个钢套镶铜的带外锥面、内圆孔的整体轴承，外锥面与轴座孔配合，要调整轴承间隙时，需先松开吊紧螺钉 14，按逆时针方向旋转螺母 3，可收紧轴承 5，按顺时针方向旋转螺母 3，可松开轴承 5。轴承 5 外层上开有多条槽，便于散热，此外，还有一条大的燕尾，其上装有吊紧螺钉 14，轴承间隙调整好后，应将其拧紧。油环 6 将来自油杯中的润滑油带入主轴前部与轴承配合处的螺旋槽，以供前支承的润滑。

此结构优点是轴承承载力大，缺点是制造加工困难，由于轴承的润滑条件较差，故当主轴与轴承间间隙过小时，容易产生轴承热以致发生抱轴现象。主轴的后支承采用滚动轴承，用润滑脂润滑。

磨头修理拆卸可按以下顺序进行：拆卸砂轮防护罩及砂轮→拆前轴承调整螺母 3→拆去平衡块 2 的紧定螺钉→拆后盖及风叶→拉出主轴→松开轴承吊紧螺钉 14→拉出前轴承。

（2）磨床主轴、轴承的修理

M7130A 平面磨床主轴可以采用修复的方法来恢复其精度，以继续使用，只有当轴承有严重磨损、烧伤裂纹、弯曲时才予以更换。轴承内孔除发生严重磨损、咬伤、拉痕以致修复后无法补偿间隙（与主轴间隙大于 0.04 mm）的情况下需更换外，也可修复后继续使用。根据主轴、轴承的磨损情况不同，一般可采用以下三种方案：

- 旧轴、旧轴承修复后继续使用。
- 修复旧轴，配做新轴承。
- 更换新轴，利用新轴承。

M7130A 平面磨床磨头主轴、轴承修复工艺。主轴、前轴承修复的主要项目是圆度、圆柱度、同轴度等形状和位置精度的修复（见图 3—162）。

1）修研主轴两端的中心孔。

2）修磨主轴颈，修磨量要尽量小，以恢复轴颈的精度为限。

旧主轴修复时，要估计好最大的修磨量，修磨后对主轴的热处理层有严重损耗，特别是主轴采用渗氮、渗碳处理时，更应注意热处理层是否会被修磨掉（一般渗氮层厚度为 0.35 ~0.5 mm，渗碳层厚度为 1.05 ~1.5 mm）以及修后主轴的刚度是否足够。一般修磨量应小于 0.1 mm。

3）清洗并检查轴承磨损情况，确定修复方案。

4）去除轴承上的毛刺，检查吊紧螺钉是否还有调节余量，与轴承槽接触是否良好，若接触不良，调节余量过小或没有，应予以修复或新做。

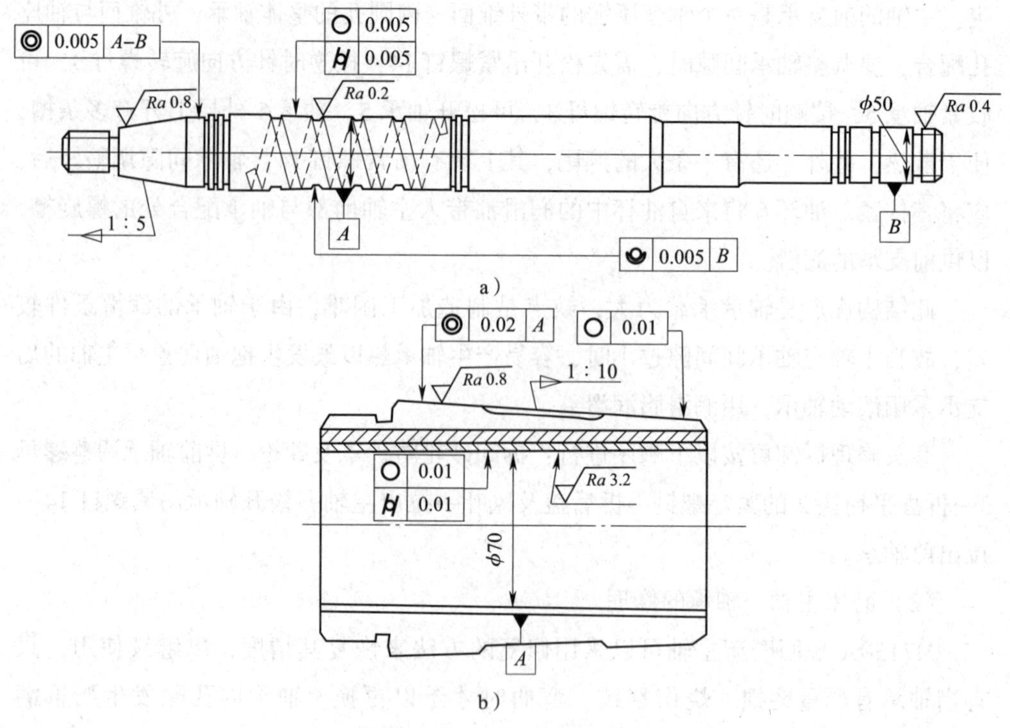

图3—162　M7130A平面磨床主轴和轴承

a）磨床磨头主轴　b）磨床磨头轴承

5）待修复前轴承按工作状态进行调节。用吊紧螺钉将轴承按工作状态紧固住，然后，用内径百分表测量，使其内径尺寸调到比修后主轴颈大0.01～0.02 mm。

6）制作研磨棒（见图3—163）。按粗研、精研、抛光的顺序修复轴承内孔，再用氧化铬跑合；装配前，还应修复轴瓦的接触面积。

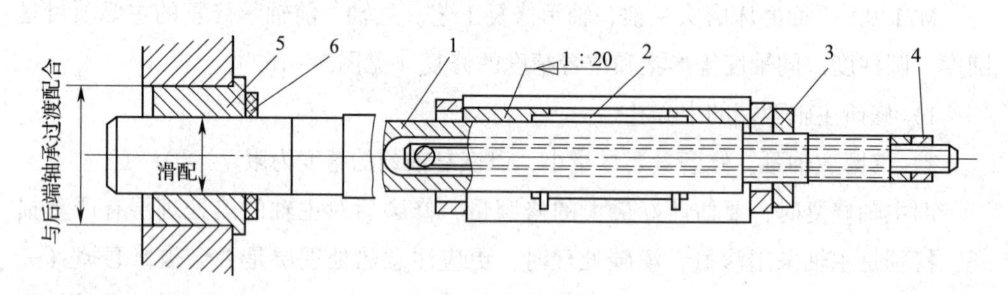

图3—163　研磨棒

1—心棒　2—研套　3、4—螺母　5—导向套　6—橡胶圈

4. 修后工作

（1）将前轴承间隙调整为0.02～0.03 mm，将轴向间隙调整至0.02 mm。

（2）检查、调整主轴与工作台导轨平行度至误差小于等于0.005 mm。

（3）检查、修理磨头冷却液泵。

（4）安装新砂轮必须做到仔细检查新砂轮，如果有裂纹、伤痕则严格禁止使用。

（5）新砂轮应经过两次认真的静平衡，即安装前一次，装上主轴用金刚石修正后再拆下平衡一次。

（6）工作前检查砂轮罩是否完好，安装正确，紧固可靠。无砂轮罩的机床不准开动。

三、注意事项

在磨头装配和试运转过程中必须注意以下几点：

1. 轴与轴瓦的接触面积需在装配前进行检查。

2. 手动主轴时，旋向要与实际旋转方向一致，不能反向旋转。否则，有可能损伤轴瓦。

3. 磨头装配好后，对主轴各工作精度、轴瓦间隙再次测量后方可试运转。

4. 磨头试运转期间人不能离开现场，尤其是试运转开始后的 20 min 内，更要密切注意磨头的动态。一旦发现有异常（如温升过快、有异常声音、漏油等）应立即停车。

5. 工作前，需先接通磁力盘开关，检查磁力盘的吸力是否符合要求，检查磁力盘与砂轮启动的互锁装置是否可靠、好用。

6. 磨头试运转后，对主轴的各项精度要重新测量。

7. 磨头装配好后，要妥善放置，避免振动、受热、受潮和灰尘进入。

第 4 节　液压、气动系统的维修

学习单元 1　气动系统中元件的检修

学习目标

1. 了解气动元件的种类与功能。

2. 懂得气动控制阀的结构原理。

3. 熟悉气动基本控制回路的工作原理。

4. 掌握更换气动系统中元件的方法。

知识要求

一、气动元件的种类与功能

气压传动是一种动力传动形式，也是一种能量转换装置，它利用气体的压力来传递能量，与机械传动相比有很多优点。

1. 气动执行元件

气动执行元件是将压缩空气的压力能转化为机械能的元件。它的驱动机构做直线往复、摆动或回转运动，其输出为力或转矩。气动执行元件可以分为气缸和气马达。气缸按压缩空气对活塞端面作用力的方向分为单作用气缸和双作用气缸。单作用气缸（见图3—164a）只有一个方向的运动是气压传动，活塞的复位靠弹簧力、自重或其他外力。双作用气缸（见图3—164b）的往返运动全靠压缩空气来完成。

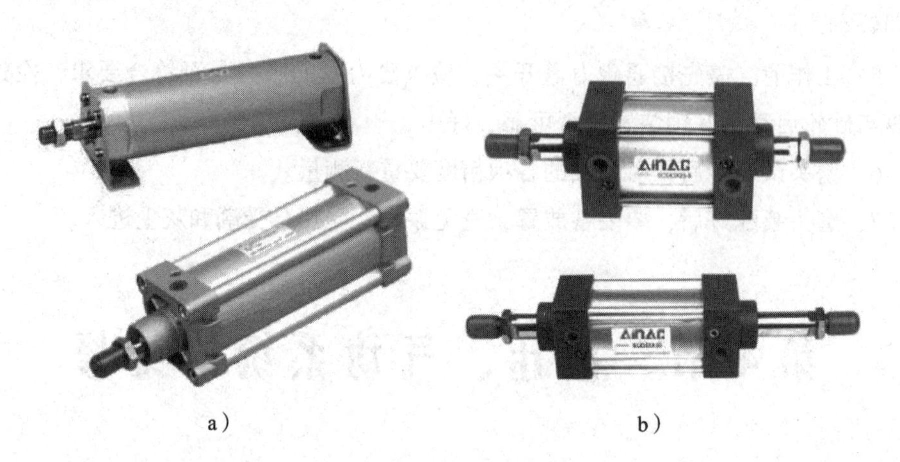

a） b）

图3—164 气动执行元件

a）单作用气缸 b）双作用气缸

2. 气动控制元件

在气压传动系统中，控制元件是控制和调节压缩空气压力、流量、流动方向和发送信号的重要元件，利用它们可以组成各种气动控制回路，使气动执行元件按设计的程序正常工作。常用的基本气动控制阀分为气动方向控制阀、气动压力控制阀和气动流量控制阀。此外，还有通过改变气流方向和通断以实现各种逻辑功能的气动逻辑元件。

(1) 气动方向控制阀（见图 3—165）

气动方向控制阀是用来控制压缩空气的流动方向和气流通断的气动元件。按阀芯结构不同可分为滑柱式（又称柱塞式、也称滑阀）、截止式（又称提动式）、平面式（又称滑块式）、旋塞式和膜片式。其中以截止式换向阀和滑柱式换向阀应用较多。

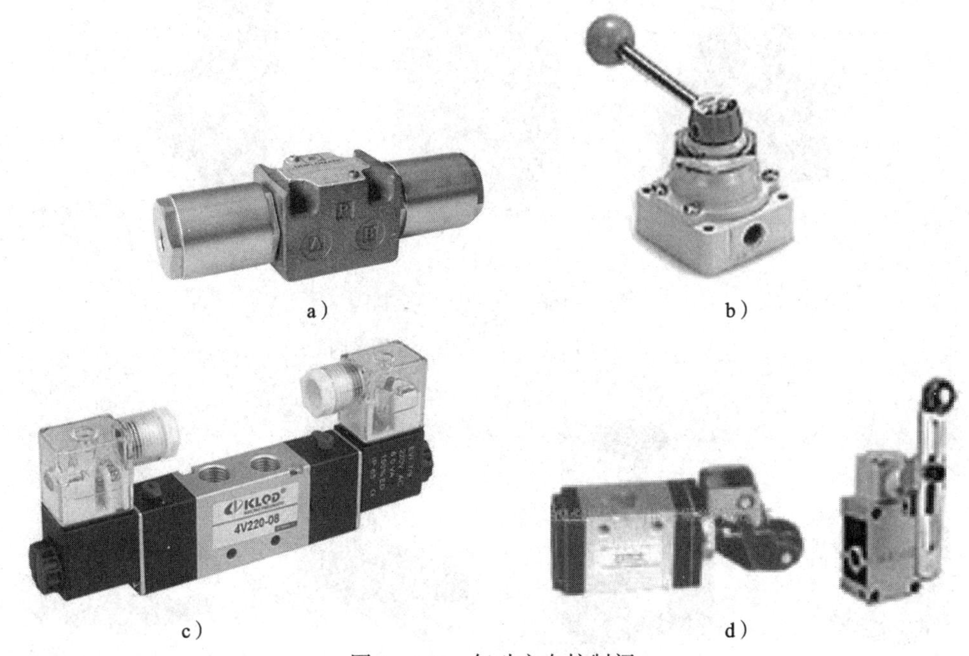

图 3—165　气动方向控制阀

a）气控四通换向阀　b）手动三通换向阀　c）电磁五通换向阀　d）机动气控三通换向阀

按其控制方式不同可以分为电磁换向阀、气动换向阀、机动换向阀和手动换向阀。

按其作用特点可以分为单向型控制阀和换向型控制阀。

(2) 气动压力控制阀（见图 3—166）

气动压力控制阀在气动系统中主要起调节、降低或稳定气源压力，控制执行元件的动作顺序，保证系统的工作安全等作用。压力控制分为三类：一类是起降压、稳压作用，如减压阀，定值器；一类是起限压安全保护作用，如安全阀等；一类是根据气路压力不同进行某种控制，如顺序阀、平衡阀等。

(3) 气动流量控制阀（见图 3—167）

气动流量控制阀是通过改变阀的流通面积来实现流量控制的元件。在气压传动系统中，经常要求控制气动执行元件的运动速度，这要靠调节压缩空气的流量来实现。凡用来控制气体流量的阀统称为气动流量控制阀。它包括节流阀、单向节流阀、排气节流阀和柔性节流阀等。其中节流阀和单向节流阀的工作原理与液压阀中同类型阀相似。

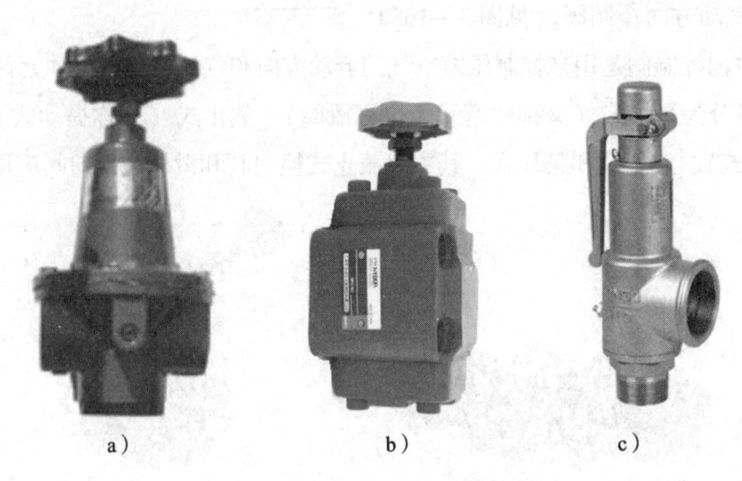

图3—166　气动压力控制阀

a）减压阀　b）顺序阀　c）安全阀

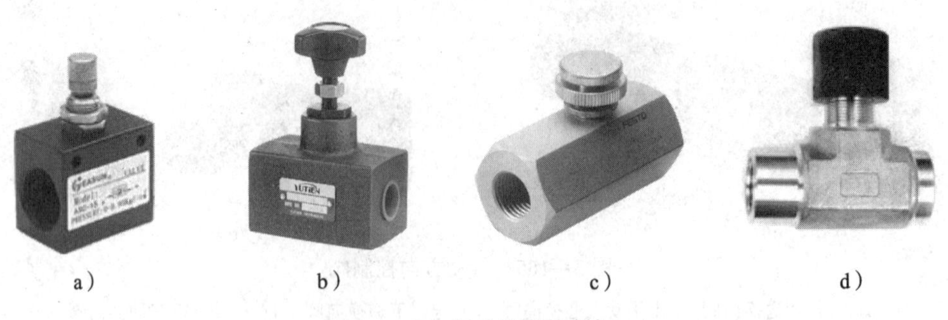

图3—167　气动流量控制阀

a）节流阀　b）单向节流阀　c）排气节流阀　d）柔性节流阀

（4）梭阀（见图3—168）

图3—168　梭阀

a）气压梭阀　b）液压梭阀

梭阀属于直行程阀门，是阀体与执行器合二为一体的阀，如图3—168a所示。其优点是体积小，安装方便。插装阀（见图3—168b）的关键零部件均采用优质合金钢并经淬火或渗碳淬火处理，该阀具有结构紧凑、安装方便、泄漏小等特点，广泛应用于各种高压、小流量、集成化程度高的系统中，在各种工程机械、工业车辆中表现出色。

二、气动控制阀的结构原理

气动控制阀是控制、调节压缩空气的流动方向、压力和流量的气动元件，利用它们可以组成各种气动回路，使气动执行元件按设计要求正常工作。

1. 气压控制换向阀

气压控制换向阀是以压缩空气为动力切换气阀，使气路换向或通断的阀类。气压控制换向阀的用途很广，多用于组成全气阀控制的气压传动系统或易燃、易爆及高净化等场合。

（1）单气控加压式换向阀

图 3—169 为单气控加压式换向阀的工作原理。图 3—169a 是无气控信号 *K* 时的状态（即常态），此时，阀芯 1 在弹簧 2 的作用下处于上端位置，使阀口 *A* 与阀口 *O* 相通，阀口 *A* 排气。图 3—169b 是有气控信号 *K* 时阀的状态（即动力阀状态）。由于气压力的作用，阀芯 1 压缩弹簧 2 下移，使阀口 *A* 与阀口 *O* 断开，阀口 *P* 与阀口 *A* 接通，阀口 *A* 有气体输出。

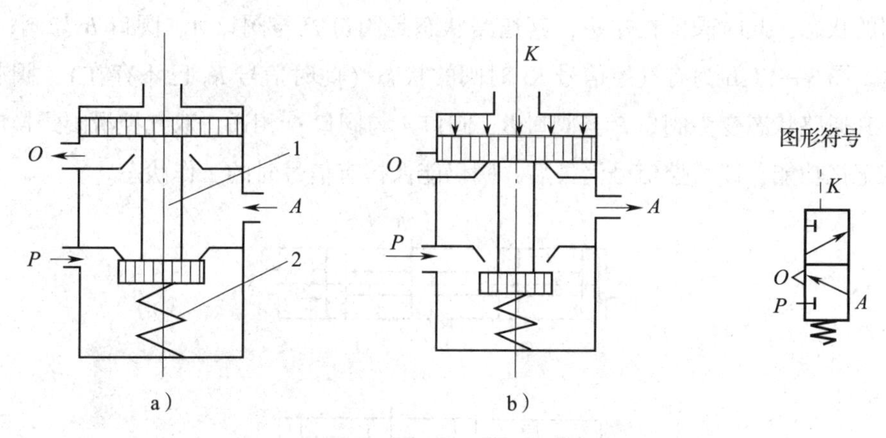

图 3—169 单气控加压式换向阀工作原理

a）无气控信号状态 b）有气控信号状态

1—阀芯 2—弹簧

图 3—170 为二位三通单气控截止式换向阀的结构图。这种结构简单、紧凑，密封可靠，换向行程短，但换向力大。若将气控接头换成电磁头（即电磁先导阀），可变气控阀为先导式电磁换向阀。

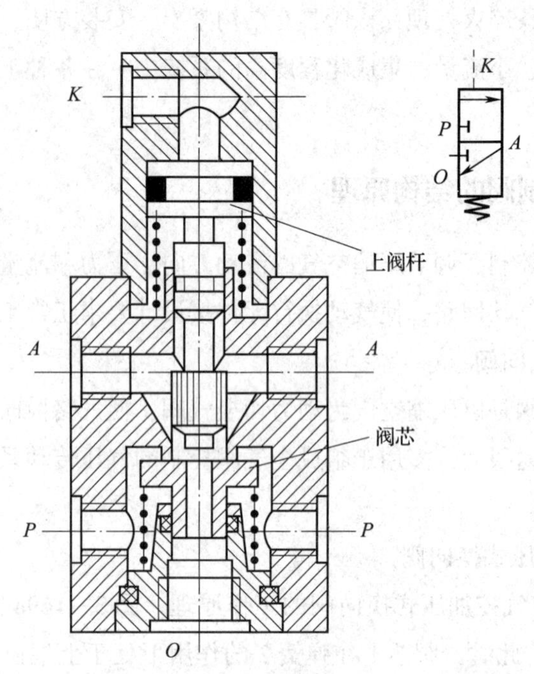

图 3—170　二位三通单气控截止式换向阀结构图

（2）双气控加压式换向阀

图 3—171 为双气控滑阀式换向阀的工作原理图。图 3—171a 为有气控信号 K_2 时阀的状态，此时阀停在左边，其通路状态是阀口 P 与阀口 A、阀口 B 与阀口 O_2 相通。图 3—171b 为有气控信号 K_1 时阀的状态（此时信号 K_2 已不存在），阀芯换位，其通路状态变为阀口 P 与阀口 B、阀口 A 与阀口 O 相通。双气控滑阀式换向阀具有记忆功能，即气控信号消失后，阀仍能保持有信号时的工作状态。

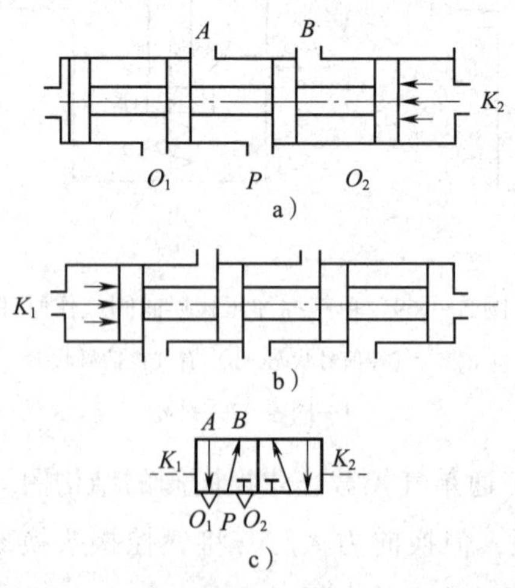

图 3—171　双气控滑阀式换向阀工作原理图

（3）差动控制换向阀（见图 3—172）

差动控制换向阀通过控制气压作用在阀芯两端不同面积上所产生的压力差来使阀换向。

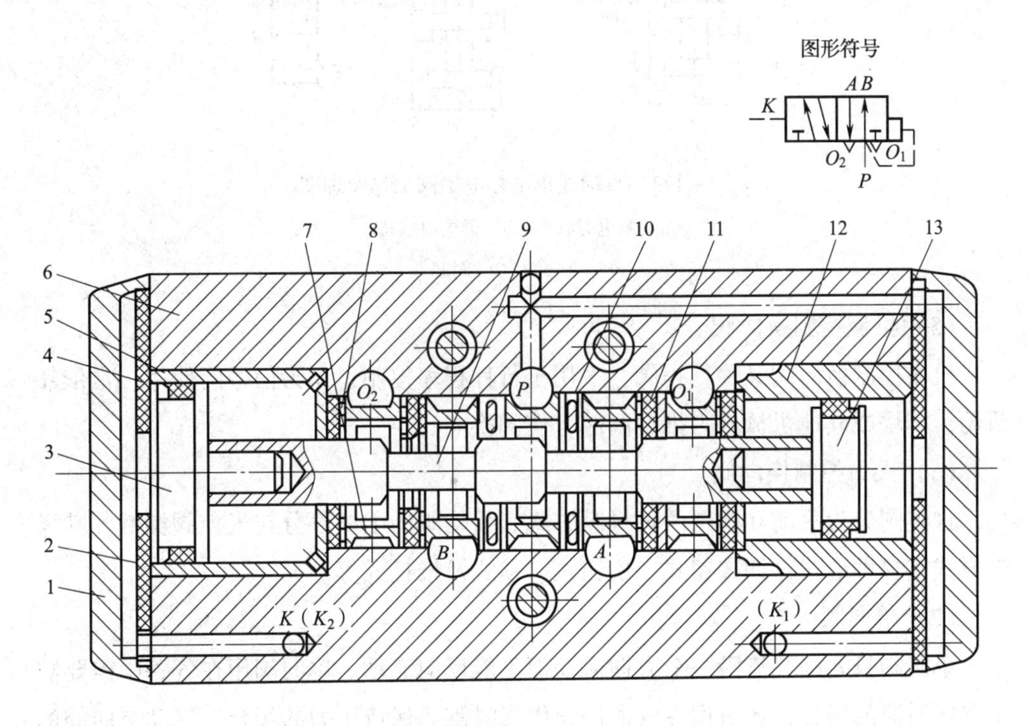

图 3—172　二位五通差动控制换向阀结构原理图

1—端盖　2—缓冲垫片　3、13—控制活塞　4、10、11—密封垫

5、12—衬套　6—阀体　7—隔套　8—挡片　9—阀芯

（4）电磁换向阀

电磁换向阀是利用电磁力的作用来实现阀的切换，以控制气流的流动方向。常用的电磁换向阀有直动式和先导式两种。

1）直动式电磁换向阀。图 3—173 为直动式单电控电磁阀的工作原理图。它只有一个电磁铁。图 3—173a 为常态情况，即激励线圈不通电，此时阀在复位弹簧的作用下处于上端位置。其通路状态为阀口 A 与阀口 T 相通，阀口 A 排气。当通电时，电磁铁 1 推动阀芯向下移动，气路换向，其通路为阀口 P 与阀口 A 相通，阀口 A 进气，如图 3—173b 所示。

2）先导式电磁换向阀。直动式电磁换向阀是由电磁铁直接推动阀芯移动的，当阀通径较大时，用直动式结构所需的电磁铁体积和电力消耗都必然加大，为克服此弱点可采用先导式结构。

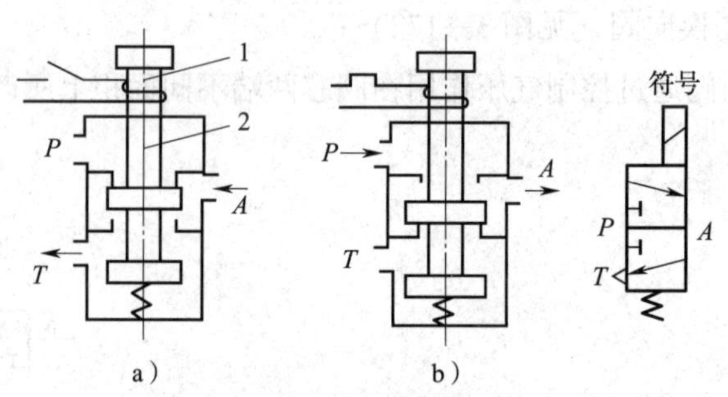

图 3—173　直动式单电控电磁阀工作原理图

a）断电时状态　b）通电时状态

1—电磁铁　2—阀芯

（5）机械控制换向阀

机械控制换向阀又称行程阀，多用于行程程序控制，作为信号阀使用。常依靠凸轮、挡块或其他机械外力推动阀芯，使阀换向。

（6）人力控制换向阀

这类阀分为手动和脚踏两种操纵方式。手动阀的主体部分与气控阀类似，其操纵方式有多种形式，如按钮式、旋钮式、锁式及推拉式等。

（7）单向阀

单向阀只允许气流沿一个方向流动而不能反向流动。单向阀用在气路中需要防止空气逆流的场合，还可用在气源停止供气时需要保持压力的场合，气动单向阀的阀芯和阀座之间是靠密封垫密封的。

（8）梭阀

梭阀相当于两个单向阀组合的阀，梭阀有两个进气口 P_1 和 P_2，一个出气口 A，其中 P_1 和 P_2 都可与 A 口相通，但 P_1 和 P_2 不相通。P_1 和 P_2 中的任意一个有信号输入时，A 口都有输出。若 P_1 和 P_2 都有信号输入，则先加入侧或信号压力高侧的气信号通过 A 口输出，另一侧则被堵死，仅当 P_1 和 P_2 都无信号输入时，A 口才无信号输出。梭阀在气动系统中应用较广，它可将控制信号有次序地输入控制执行元件，常见的手动与自动控制的并联回路中就用到了梭阀。

2．气动压力控制阀

压力控制阀主要用来控制系统中气体的压力，满足各种压力要求或用以节能。

（1）减压阀（调压阀）

如图 3—174 所示，当阀处于工作状态时，调节手柄 1，压缩弹簧 2、3 及膜片 5，通过阀杆 6 使阀芯 8 下移，进气阀口被打开，有压气流从左端输入，经阀口节流减压后从右端输出。输出气流的一部分由阻尼孔 7 进入膜片气室，在膜片 5 的下方产生一个向上的推力，这个推力总是企图把阀口开度关小，使其输出压力下降。当作用于膜片上的推力与弹簧力相平衡后，减压阀的输出压力便保持一定。

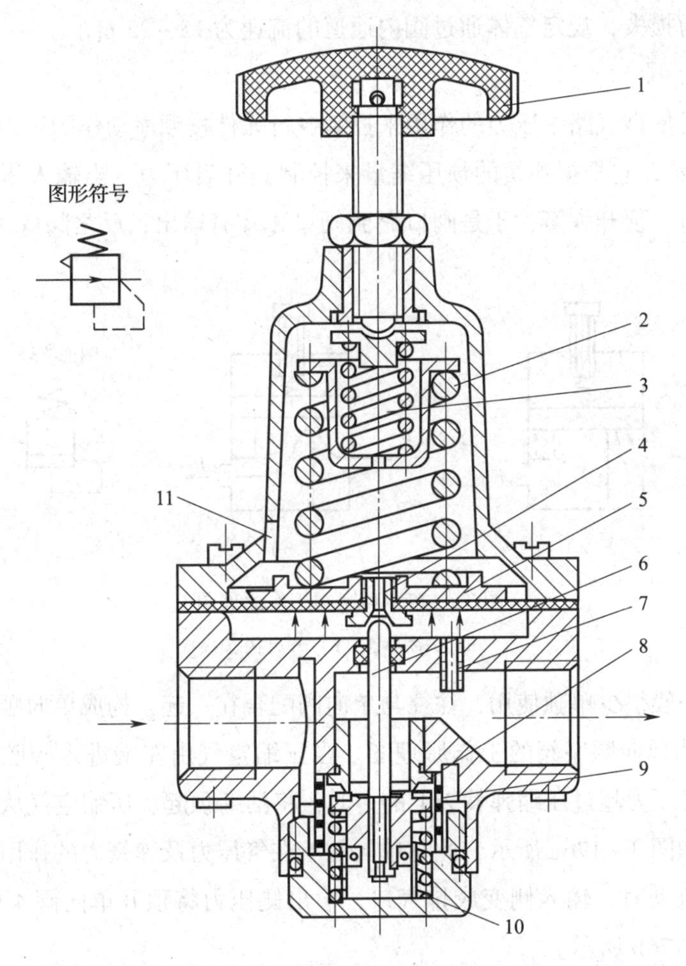

图 3—174　QTY 型减压阀结构图及职能符号

1—手柄　2、3—弹簧　4—溢流口　5—膜片　6—阀杆　7—阻尼孔

8—阀芯　9—阀座　10—复位弹簧　11—排气孔

当输入压力发生波动时，如输入压力瞬时升高，输出压力也随之升高，作用于膜片 5 上的气体推力也随之增大，破坏了原来力的平衡，使膜片 5 向上移动，有少量气体经溢流口 4、排气孔 11 排出。在膜片上移的同时，因复位弹簧 10 的作用，使输出压力下降，直到达到新的平衡为止。重新平衡后的输出压力又基本上恢复至原值。反之，输出压力瞬时下降，膜片下移，进气口开度增大，节流作用减小，输出压力又基本上回升至原值。

调节手柄 1 使弹簧 2、3 恢复自由状态，输出压力降至零，阀芯 8 在复位弹簧

10的作用下，关闭进气阀口，这样减压阀便处于截止状态，无气流输出。

QTY型直动式减压阀的调压范围为0.05～0.63 MPa。为限制气体流过减压阀所造成的压力损失，规定气体通过阀内通道的流速为15～25 m/s。

（2）顺序阀

顺序阀是依靠气路中压力的作用来控制执行元件按顺序动作的压力控制阀，如图3—175所示，它根据弹簧的预压缩量来控制其开启压力。当输入压力达到或超过开启压力时，顶开弹簧，于是阀口 *P* 到阀口 *A* 才有输出；反之阀口 *A* 无输出。

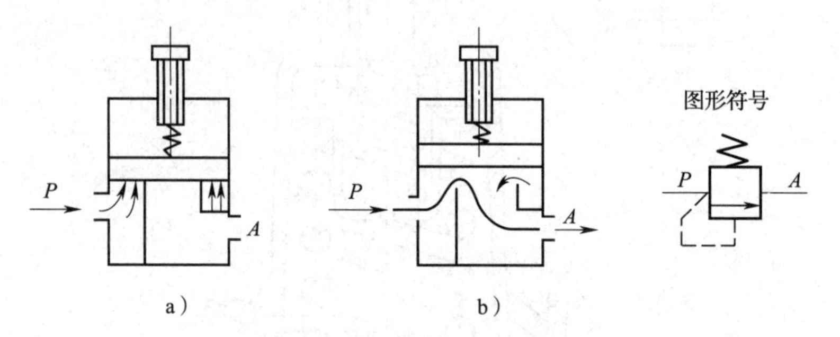

图3—175　顺序阀工作原理图

a）关闭状态　b）开启状态

顺序阀一般很少单独使用，往往与单向阀配合在一起，构成单向顺序阀。如图3—176所示为单向顺序阀的工作原理图。当压缩空气由左端进入阀腔后，作用于活塞3上的气压力超过压缩弹簧2上的力时，将活塞顶起，压缩空气从阀口 *P* 经阀口 *A* 输出，如图3—176a所示，此时单向阀4在气压力及弹簧力的作用下处于关闭状态。反向流动时，输入侧变成排气口，输出侧压力将顶开单向阀4由阀口 *O* 排气，如图3—176b所示。

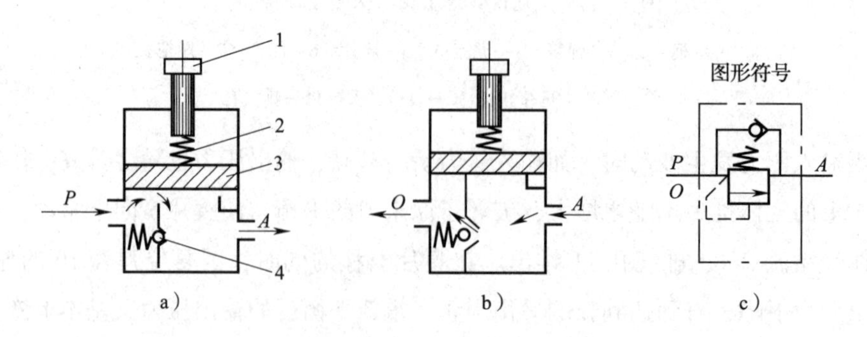

图3—176　单向顺序阀工作原理图

a）关闭状态　b）开启状态

1—调节手柄　2—弹簧　3—活塞　4—单向阀

调节旋钮就可改变单向顺序阀的开启压力，以便在不同的开启压力下，控制执行元件按顺序动作。

（3）安全阀

当贮气罐或回路中压力超过某特定值时，要用安全阀向外放气，安全阀在系统中起过载保护作用。

3. 气动流量控制阀

在气压传动系统中，有时需要控制气缸的运动速度，有时需要控制换向阀的切换时间和气动信号的传递速度，这些都需要通过调节压缩空气的流量来实现。气动流量控制阀就是通过改变阀的流通截面积来实现流量控制的元件。气动流量控制阀包括节流阀、单向节流阀、排气节流阀和快速排气阀等。

（1）节流阀

如图 3—177 所示为圆柱斜切型节流阀的结构图。压缩空气由 *P* 口进入，经过节流后，由 *A* 口流出。旋转阀芯螺杆，就可改变节流口的开度，这样就调节了压缩空气的流量。由于这种节流阀结构简单，体积小，故应用范围较广。

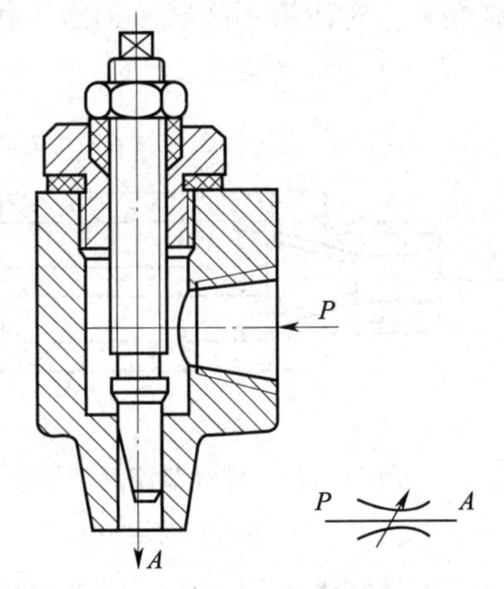

图 3—177　圆柱斜切型节流阀结构图

（2）单向节流阀

单向节流阀是由单向阀和节流阀并联而成的组合式气动流量控制阀，如图 3—178 所示。当气流沿着一个方向，如阀口 *P*→阀口 *A* 方向（见图 3—178a）流动时，经过节流阀节流；反方向（见图 3—178b）流动，如阀口 *A*→阀口 *P* 时，单向阀打开，不节流，单向节流阀常用于气缸的调速和延时回路。

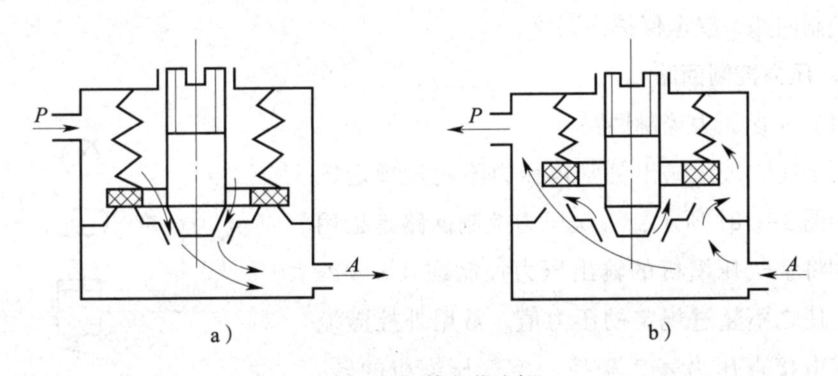

图 3—178　单向节流阀

a）*P*→*A* 状态　b）*A*→*P* 状态

(3) 排气节流阀

排气节流阀是装在执行元件的排气口处，调节进入大气中气体流量的一种控制阀。它不仅能调节执行元件的运动速度，还常带有消声器件，所以也能起降低排气噪声的作用。

图3—179所示为排气节流阀工作原理图。其工作原理和节流阀类似，靠调节节流口1处的流通面积来调节排气流量，由消声套2来降低排气噪声。

(4) 柔性节流阀

柔性节流阀是依靠阀杆夹紧柔韧的橡胶管而产生节流作用（见图3—180），也可以利用气体压力来代替阀杆压缩胶管。柔性节流阀结构简单，压力降低，动作可靠性高，对污染不敏感，通常工作压力范围为0.3～0.63 MPa。

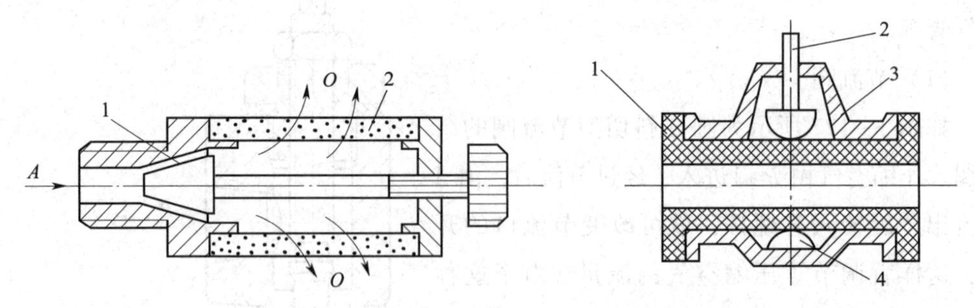

图3—179 排气节流阀工作原理图

1—节流口 2—消声套

图3—180 柔性节流阀结构图

1—橡胶管 2—上阀杆 3—阀体 4—下阀杆

三、气动基本控制回路的工作原理

气动系统一般由最简单的基本回路组成。虽然基本回路相同，但由于组合方式不同，所得到的系统性能却各有差异。基本回路是指对压缩空气的压力、流量、方向等进行控制的气动回路。基本回路按其功能分为压力控制回路、换向控制回路、速度控制回路、安全保护回路等。

1. 压力控制回路

(1) 一次压力控制回路

用于使贮气罐送出的气体压力不超过规定压力。如图3—181所示，一次压力控制回路是指用安全阀将空气压缩机的输出压力控制在0.8 MPa左右，使之不超过规定的压力值。常用外控溢流阀1或电接点压力表2来控制空气压缩机的转、停，使贮气罐内压力保持在规定范围内。采用溢

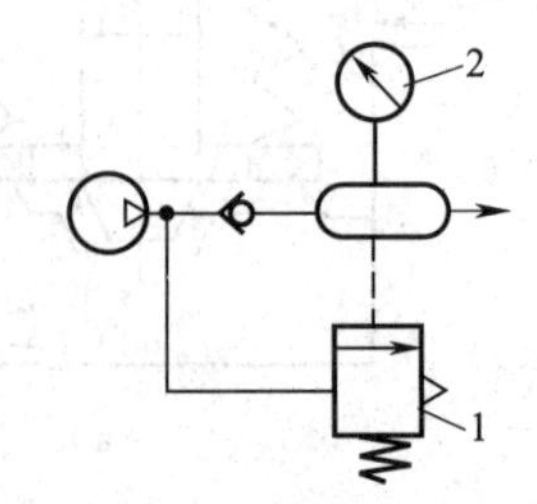

图3—181 一次压力控制回路

1—外控溢流阀 2—电接点压力表

流阀，结构简单，工作可靠，但气量浪费大；采用电接点压力表，对电动机及控制系统要求较高，常用于对小型空压机的控制。

（2）二次压力控制回路

用于气动控制系统气源压力控制，以保证系统使用的气体压力为一稳定值。如图 3—182 所示为二次压力控制回路，如图 3—182a 所示回路由空气过滤器、减压阀、油雾器三联件组成，主要由溢流减压阀来实现压力控制，逻辑单元的供气应接在油雾器之前；图 3—182b 由减压阀和换向阀组成，对同一系统可实现输出高、低压力 P_1 和 P_2 的控制，把经一次调压后的压力 P_1 再经减压阀减压、稳压后所得到的输出压力 P_2 称为二次压力，作为气动控制系统的工作气压使用；图 3—182c 是由减压阀来实现对不同系统输出不同压力 P_1 和 P_2 的控制。

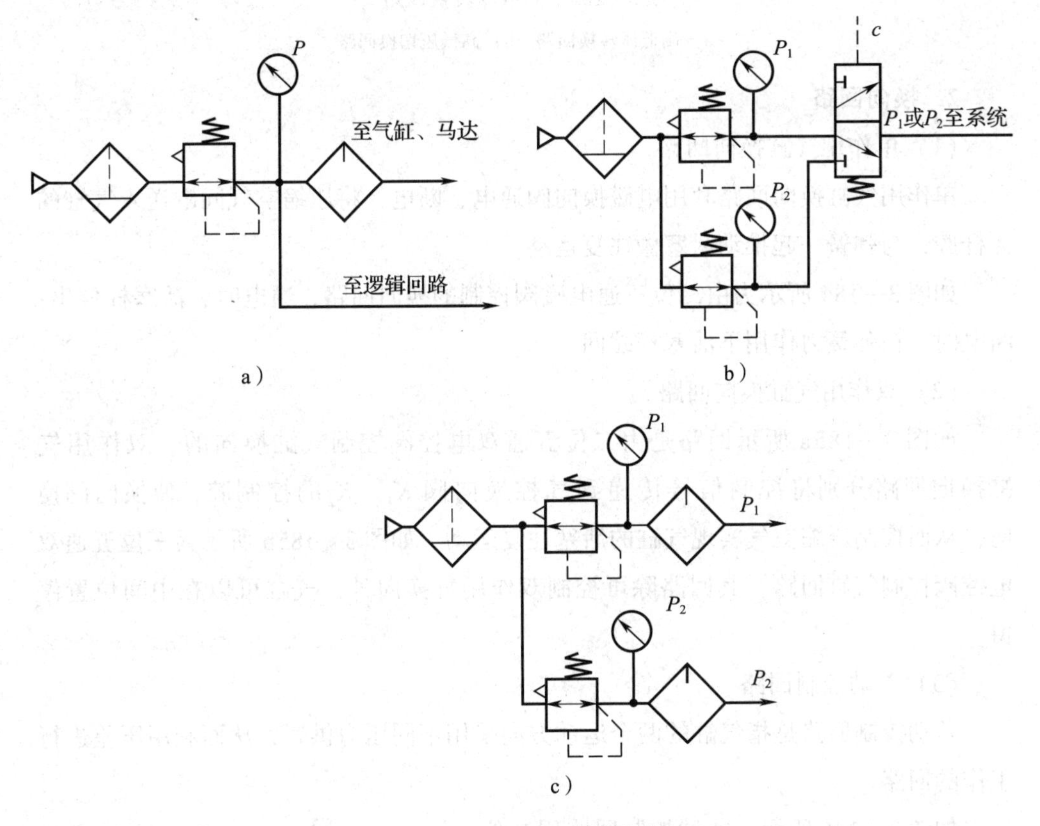

图 3—182　二次压力控制回路

a）由溢流减压阀控制压力　b）由减压阀和换向阀控制压力　c）由减压阀控制压力

（3）高低压转换回路

用于低压气源或高压气源的转换输出。如图 3—183a 所示为高低压转换回路，由多个减压阀控制，实现多个压力同时输出，用于系统同时需要高、低压力的场合。如图 3—183b 所示为高低压切换回路，利用换向阀和减压阀实现高、低压切换输出，用于系统分别需要高、低压力的场合。

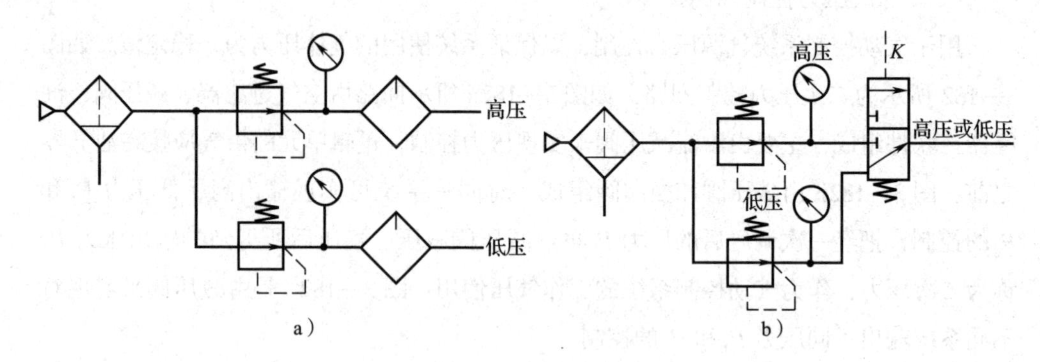

图 3—183　高低压转换回路

a）高低压转换回路　b）高低压切换回路

2. 换向回路

（1）单作用气缸换向回路

单作用气缸换向回路利用电磁换向阀通电、断电，将压缩空气间歇送入气缸的无杆腔，与弹簧一起推动活塞做往复运动。

如图 3—184 所示为由二位三通电磁阀控制的换向回路，通电时，活塞杆伸出；断电时，在弹簧力作用下活塞杆缩回。

（2）双作用气缸换向回路

如图 3—185a 所示回路是由二位五通双电控阀控制气缸换向的，双作用气缸换向回路分别将控制信号传递到气控换向阀 K_1、K_2 的控制腔，使换向阀换向，从而控制压缩空气实现气缸的活塞往复运动。如图 3—185b 所示为三位五通双电控阀控制气缸回路，其回路除可控制双作用缸换向外，气缸可以在中间位置停留。

（3）差动控制回路

差动控制回路是指气缸的两个运动方向采用不同压力供气，从而利用压差进行工作的回路。

如图 3—186 所示，差动控制回路用二位三通手拉阀控制差动连接气缸，实现气缸的差动控制。按下手拉阀控制时，油缸差动连接，可以实现快速伸出。拉出手拉阀控制时，油缸为普通连接，以普通速度伸出。

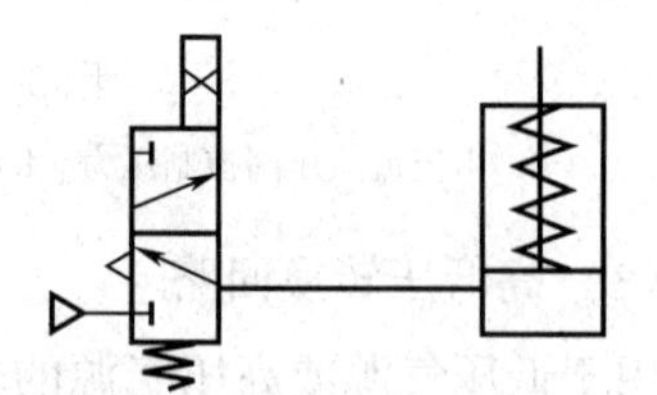

图 3—184　单作用气缸换向回路

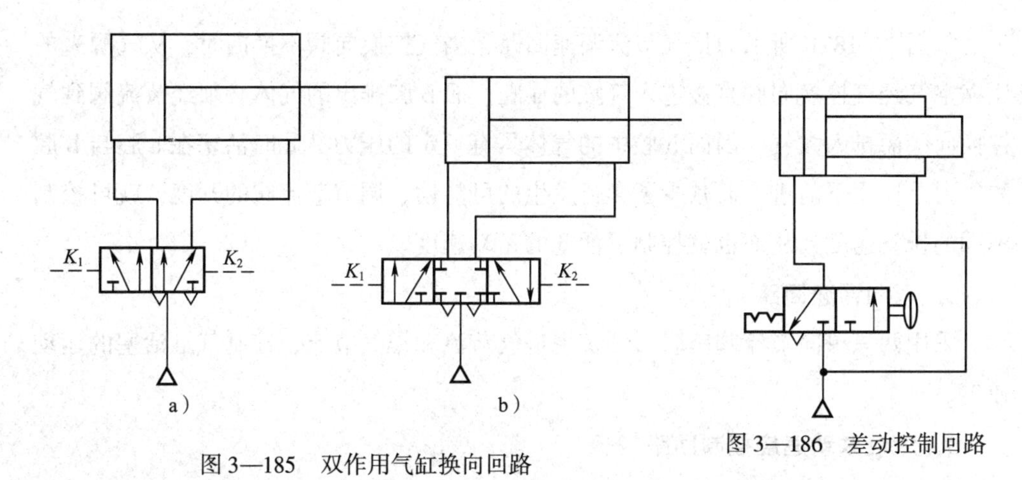

图 3—185　双作用气缸换向回路

a）由二位五通双电控阀控制　b）由三位五通双电控阀控制

图 3—186　差动控制回路

四、速度控制回路

速度控制回路就是通过调节压缩空气的流量，来控制气动执行元件的运动速度，使之保持在一定范围内的回路。

1. 单向调速回路

如图 3—187a 所示为供气节流调速回路，当气控换向阀不换向时，进入气缸 a 腔的气流流经节流阀，b 腔排出的气体直接经换向阀快排。当节流阀开度较小时，由于进入 a 腔的流量较小，压力上升缓慢。当气压达到能克服负载时，活塞前进，此时 a 腔容积增大，结果使压缩空气膨胀，压力下降，使作用在活塞上的力小于负载，因而活塞停止前进。待压力再次上升时，活塞才再次前进。这种由于负载及供气的原因使活塞忽走忽停的现象，叫气缸的爬行。

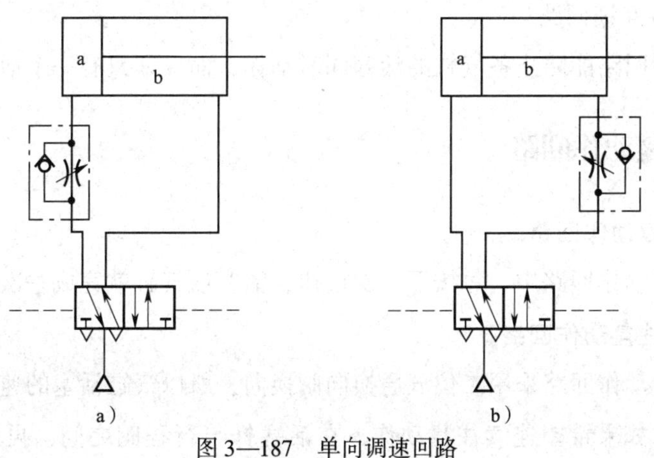

图 3—187　单向调速回路

a）供气节流调速回路　b）排气节流调速回路

如图3—187b所示为排气节流调速回路，当气控换向阀不换向时，从气源来的压缩空气经气控换向阀直接进入气缸的a腔，而b腔排出的气体必须经节流阀到气控换向阀而排入大气，因而b腔中的气体具有一定的压力。此时活塞在a腔与b腔的压力差作用下前进，而减少了爬行发生的可能性，调节节流阀的开度，就可控制不同的排气速度，从而也就控制了活塞的运动速度。

2. 双向调速回路

采用两只单向节流阀串联分别实现进气节流和排气节流，控制气缸活塞的运动速度。

3. 气液联动速度控制回路

由于气体具有可压缩性，运动速度不稳定，定位精度不高。在气动调速、定位不能满足要求的场合，可采用气液联动。常用两种方式，即气液阻尼缸的回路和用气液转换器的回路。

气动执行元件的过载、气压的突然降低以及气动执行机构的快速动作等都可能危及操作人员或设备的安全。因此，在气动回路中，常常要加入安全回路。

（1）过载保护回路

当活塞杆在伸出途中遇到故障或其他原因使气缸过载时，活塞能自动返回的回路，称为过载保护回路。

（2）双手同时操作回路

使用两个启动用的手动阀，只有同时按动两个阀才动作的回路。

（3）单缸互锁回路

使用两个常闭二位二通电磁阀，只有两个电磁阀同时启动活塞才动作的回路。

（4）多缸互锁回路

多缸互锁回路能防止各气缸的活塞同时动作，而保证只有一个活塞动作。

五、往复动作回路

1. 单往复动作回路

在单往复动作回路中，每按下一次按钮，活塞或气缸就完成一次往复动作。

2. 连续往复动作回路

连续往复动作回路采用二位五通换向阀换向，所以气缸活塞的速度只有在伸出时受到控制。如果希望连续往复动作，在活塞杆与行程阀之间，再串联一个行程阀，构成出口气流返回，使活塞杆实现连续往复动作。

技能要求

气动系统元件的更换训练

数控机床气动系统故障的诊断、修理主要以故障的检测、故障的性质、故障的部位确定为重点。故障检测的方法要求简便、有效，诊断仪器少而实用，使诊断所需的时间尽可能短。

一、操作准备

1. 工具准备

梅花扳手、呆扳手、六角扳手、200 mm 活扳手、卡簧钳、一字旋具、十字旋具、锤子、錾子、划规、$\delta = 1.5$ mm 纯铜板、O 形丁腈橡胶密封圈、V 形丁腈橡胶密封圈、骨架丁腈橡胶密封圈等。

2. 量具准备

250 mm 游标卡尺、150 mm 钢直尺、清洁擦布等。

二、操作步骤

机床的气压装置故障属于硬件失效故障，除非出现影响设备或人身安全的紧急情况，不要立即切断机床的电源，应保持故障现场。

1. 现场观察

步骤 1　问。问机床加工的故障现象和状况。

步骤 2　看。看主轴、刀库有无阻滞，压缩空气调理装置的冷凝水和空气压缩机的工作状况。

步骤 3　听。听气压控制阀、气缸和空气压缩机的异常声响（铁芯、欠压、振动等）。

步骤 4　闻。闻气压控制阀的电气元件和空气压缩机的焦煳味及其他异味。

步骤 5　摸。摸变速手柄有无阻滞，管道、气压控制阀和空气压缩机的发热、振动、漏气等。

2. 检查压缩空气

检查压缩空气中是否含有水分、油分和粉尘等杂质。水分使管道、阀和气缸腐蚀；油会使橡胶、塑料和密封材料变质；粉尘造成阀体动作失灵。

3. 检查压缩空气调理装置

步骤1 清除压缩空气中的杂质，使用过滤器时应及时排除积存的液体，否则当积存液体接近挡水板时，气流仍可将积存物卷起。

步骤2 保证空气中含有适量的润滑油；气动执行元件和控制元件都要求有适度的润滑。

4. 油雾器喷雾润滑调整

油雾器一般安装在过滤器和减压阀之后，油雾器的供油量一般不宜过多。通常每10 m^3的自由空气供1 mL的油量（即40～50滴油）。检查润滑是否良好的一个方法是找一张清洁的白纸放在换向阀的排气口附近，如果阀在工作三至四个循环后，白纸上只有很轻的斑点，则表明润滑是良好的。

5. 保持气动系统的密封性

步骤1 漏气引起的响声容易被发现；轻微的漏气则利用仪表或涂抹肥皂水的办法进行检查。

步骤2 检查、修理或更换锁紧螺母或密封垫圈。

步骤3 保证气动元件中运动零件的灵敏性。

步骤4 保证气动装置有合适的工作压力和运动速度。

步骤5 调节工作压力时，压力表应当工作可靠，读数准确。减压阀与节流阀调节好后，必须紧固调压阀盖或锁紧螺母，防止松动。

6. 气动元件的点检

气动元件点检的主要内容是彻底处理系统的漏气现象，见表3—43。如更换密封元件，处理管接头或连接螺钉松动等，定期检验测量仪表、安全阀和压力继电器等。

表3—43　　气动元件的点检内容

元件名称	点检内容
气缸	1．活塞杆与端面之间是否漏气 2．活塞杆是否划伤、变形 3．管接头、配管是否划伤、损坏 4．气缸动作时有无异常声音 5．缓冲效果是否符合要求
电磁阀	1．电磁阀外壳温度是否过高 2．电磁阀动作时，工作是否正常 3．气缸运动到行程末端时，通过检查阀的排气口是否漏气来确诊电磁阀是否漏气 4．紧固螺栓及管接头是否松动

续表

元件名称	点检内容
电磁阀	5．电压是否正常，电线有无损伤 6．通过检查排气口是否被油润湿或排气是否会在白纸上留下油雾斑点，来判断润滑是否正常
油雾器	1．油杯内油量是否足够，润滑油是否变色、混浊，油杯底部是否沉积有灰尘和水 2．滴油量是否合适
调压阀	1．压力表读数是否在规定范围内 2．调压阀盖或锁紧螺母是否锁紧 3．有无漏气
过滤器	1．贮水杯中是否积存冷凝水 2．滤芯是否应该清洗或更换 3．冷凝水排放阀动作是否可靠
安全阀及压力继电器	1．在调定压力下动作是否可靠 2．校验合格后，是否有铅封或锁紧 3．电线是否损伤，绝缘是否可靠

三、注意事项

数控机床气动管路系统点检的主要内容是对冷凝水和润滑油的管理。

1．冷凝水的排放一般应当在气压传动装置运行之前进行。

2．当夜间温度低于 0℃ 时，为防止冷凝水冻结，气压传动装置运行结束后，就应开启放水阀门，将冷凝水排出。

3．补充润滑油时，要检查油雾器中油的质量和滴油量是否符合要求。

4．点检还应包括检查供气压力是否正常，有无漏气现象等。

学习单元 2　液压系统中的管件配接

学习目标

1．了解油管的分类与型号。

2．掌握液压系统中的管件配接方法。

一、油管的分类与型号

液压元件组合成的液压传动系统是通过传输油压的管道实现的。

管件包括管道、管接头、法兰和衬垫等。

1. 管道选择

（1）油管类型的选择

液压系统中使用的油管分为硬管和软管，选择的油管应有足够的流通截面和承压能力，同时，应尽量缩短管路，避免急转弯和截面突变。

1）钢管。中高压系统选用无缝钢管，低压系统选用焊接钢管，钢管价格低，性能好，使用广泛。

2）铜管。纯铜管工作压力在 10 MPa 以下，易弯曲，便于装配；黄铜管承受压力较高，可达 25 MPa，不如纯铜管易弯曲。铜管价格高，抗振能力弱，易使油液氧化，应尽量少用，只用于液压装置配接不方便的部位。

3）软管。用于两个相对运动部件之间的连接。高压橡胶软管中夹有钢丝编织物；低压橡胶软管中夹有棉线或麻线编织物；尼龙管是乳白色半透明管，承压能力为 2.5 ~ 8 MPa，多用于低压管道。因软管弹性变形大，容易引起运动部件爬行，所以软管不宜装在液压缸和调速阀之间。

（2）油管的型号

1）钢管。钢管的种类有石油、化工、冶金、矿山、工程机械、啤酒设备、交通运输、造船、纺织等各行业专用无缝管。液压油管采用优质碳钢精轧，经无氧化光亮热处理（NBK 状态）、无损检测而成，钢管内壁用专用设备刷洗并经过高压冲洗，钢管上防锈油作防锈处理，两端封盖作防尘处理。

钢管特点：钢管内、外壁精度高，表面粗糙度值低，热处理后钢管无氧化层，内壁清洁度高，钢管能承受高压，冷弯不变形，扩口、压扁无裂缝，能做各种复杂变形及机械加工处理。钢管颜色为白中带亮，具有金属光泽。

无缝管的断面形状为圆形；材质为 45 钢；尺寸规格为内径（mm）×壁厚（mm）×长度（m）。

2）铜管。铜以良好的耐腐蚀性、抗氧化性、优质的加工性能、美丽的色泽而被广泛应用于制冷、水暖、汽管、油管、机械、通信、电力、化工、轻工、家电等国民经济各个行业。

连接方法及强度：毛细焊接、压接、插接，极限承压 100 MPa。

①按材质划分

黄铜管：H62、H65、H68、HP659－1、HSn70－1、H90、H96。

纯铜管：T1、T2、T3、T4、T9、TP2、TU1、TY2。

白铜管：B19、B25、B30。

②按管形规格划分

圆铜管：直径 0.5～100 mm。

异形管：精细管、方管、D 形管、各类异形管。

③按管尺寸规格划分

盘形管：内径（mm）×壁厚（mm）×长度（m）。

直条管：内径（mm）×壁厚（mm）×长度（m）。

3）高压钢丝增强液压胶管。高压钢丝增强液压胶管主要用于矿井液压支架、油田开采，适用于工程建筑、起重运输、冶金锻压、矿山设备、船舶、注塑机械、农业机械、各种机床及机械化、自动化液压系统中输送具有较高压力和温度的介质和液体传动，最高耐工作压力可达 70～100 MPa。胶管结构由内胶层、钢丝缠绕层和外胶层组成，适用于－40～120℃的工作环境。

高压钢丝增强液压胶管尺寸规格按内径（mm）、钢丝层直径（mm）、外径（mm）、工作压力（MPa）、爆破压力（MPa）、最小弯曲半径（mm）、重量(kg/m)规定。

2. 液压系统中的管件配接

（1）管道连接的技术要求

1）油管必须根据压力和使用场所进行选择。应有足够的强度，内壁光滑、清洁，无砂眼、锈蚀、氧化皮等缺陷。

2）配管作业时，对有腐蚀的管子应进行酸洗、中和、清洗、干燥、涂油、试压等处理。

3）切断管子时，切面应与轴线垂直，弯曲管子时不能把管子弯扁。

4）较长的管道各段应有支承，管道用管码夹牢，以免振动。

5）安装管道时，应使压力损失最小。整个管道应尽量短，转弯次数少，为避免管道皱折，减少压力损失，管道装配的弯曲半径要足够大，管道悬伸较长时要适当设置管夹。

6）系统中任何一段管道或元件应能单独拆装而不影响其他元件，以便于修理。

7）在管路的最高部分应装设排气装置。

8）管道最好横平竖直，并使管道受温度影响时有伸缩变形的余地。

9）管道尽量避免交叉，平行管距要大于100 mm，以防接触振动并便于安装管接头。

10）全部管道都进行二次安装。安装好后，再拆下管道，经过汽油清洗（或进行酸洗，用10%的苏打水中和，再用温水清洗）、干燥、涂油及试压，再进行安装。这样可防止污物进入管道。

（2）管接头装配要求

1）扩口薄管接头装配（见图3—188、图3—189）。

2）有色金属管、薄钢管或尼龙管采用扩口薄管接头连接的装配技术。

①将扩口管子的端部套入扩口模，在台虎钳上夹紧。

②再把小棒伸进管内，端头要紧贴扩口模壁（若超出扩口模壁，一方面会压突管子；另一方面扩口模不能退出，管螺母不能进入），小棒绕扩口模斜口逐渐压下，使管壁紧贴斜口。

③然后换上管螺母，旋入管接头。旋进接头时，螺纹表面应涂抹虫漆胶或将四氟密封胶带包在螺纹外，旋进接头并拧紧，以防泄漏。

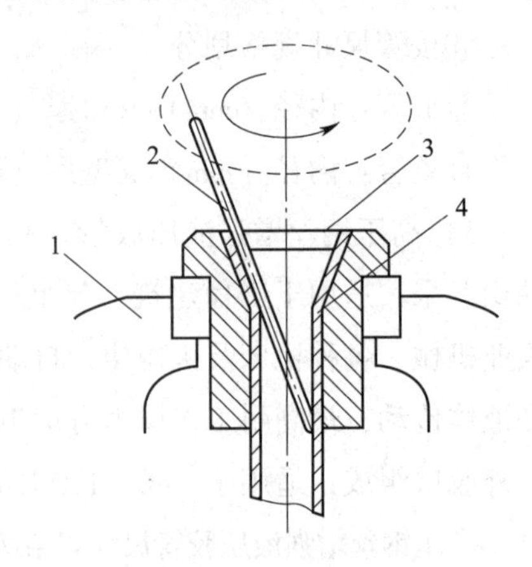

图3—188　手动滚压扩口

1—台虎钳　2—小棒　3—扩口模　4—油管

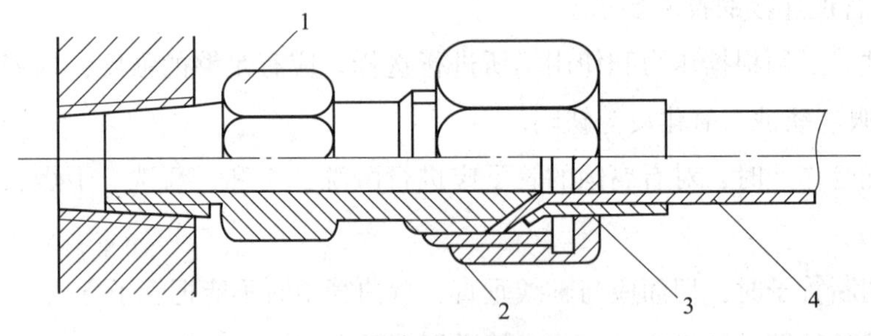

图3—189　扩口薄管接头

1—管接头体　2—管螺母　3—管套　4—管子

3）钢管连接装配（见图3—190）。

①钢管与法兰焊接时，钢管中心线与法兰端面垂直；焊口应平滑、焊透，焊口不允许有气孔、夹渣。

②管道法兰连接时，两法兰端面口要保持平行，法兰端面口不允许泄漏，法兰端面用防油胶或四氟橡胶垫密封。

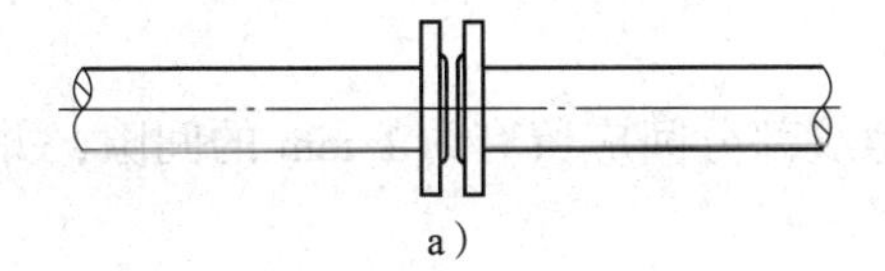

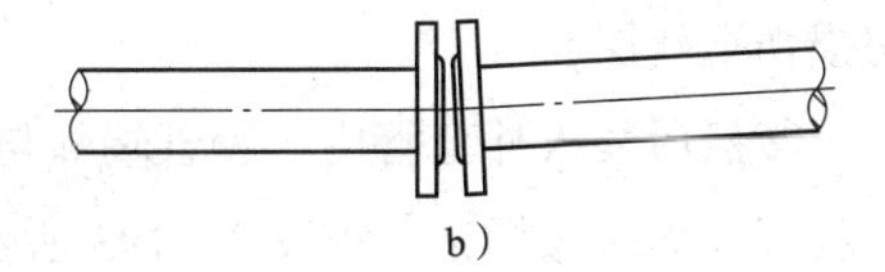

图 3—190　钢管连接装配

a）正确　b）错误

③管道连接后，应进行压力试验，试验压力应为工作压力的 1.5 倍；当达到试验压力时，应检查接口和焊口；焊口泄漏时，应卸压进行补焊。

④管道使用前，应进行清洗、干燥、涂油（管道内壁一般不涂油漆，油漆脱落时，会造成过滤网堵塞、油路堵塞、阀门堵塞）等处理。

4）球形管接头装配（见图 3—191）。

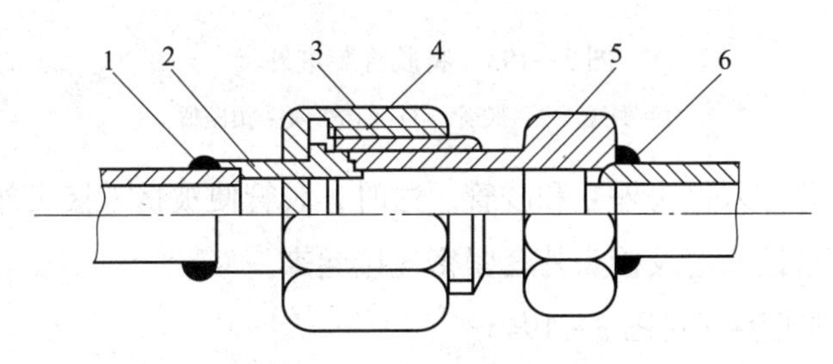

图 3—191　球面管接头装配

1、6—焊缝　2—凸形球面接头　3—螺母　4—球形密封面　5—凹形球面接头

①装配前，分别把凸形球面接头和凹形球面接头与管子焊接。

②再把连接螺母套在凸形球面接头上，然后，拧紧连接螺母，其松紧程度要适当，以不泄漏为宜。

③压力较高时，结合球面应研配。用红丹粉涂色检查，接触面宽度应不小于 1 mm。

5）高压胶管接头装配（见图 3—192）。

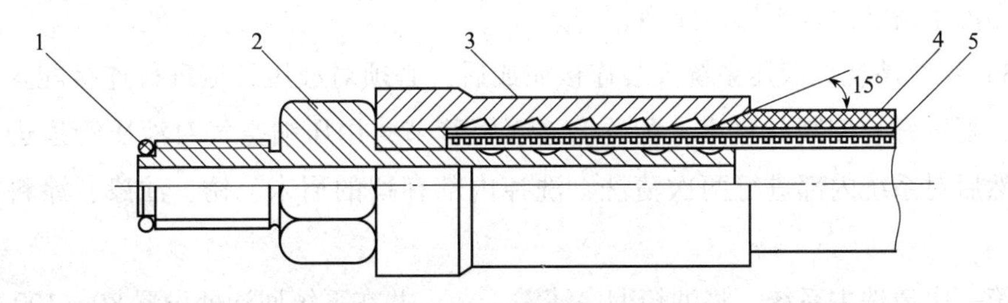

图 3—192　高压胶管接头装配

1—O 形密封圈　2—接头　3—外套　4—胶管　5—钢丝层

①装配时，将胶管剥去一定长度的外胶层，剥离处倒角为15°（剥外胶层时切勿损伤钢丝层）。

②然后装入外套管内，胶管端部与外套螺纹部分间应留有约1 mm的间隙，并在胶管外露端做标记，如图3—193所示。

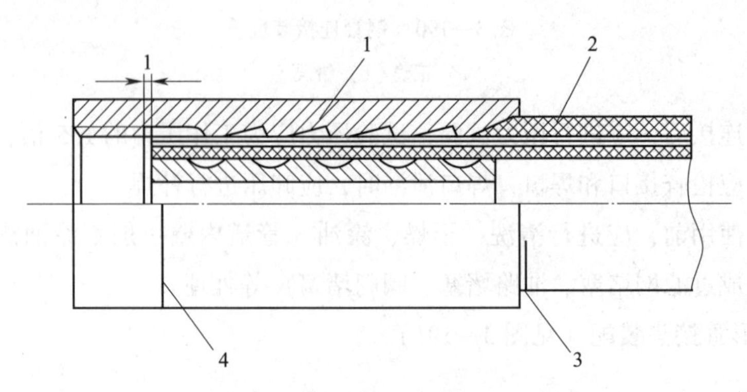

图3—193　将胶管装进外套

1—外套　2—胶管　3—标记　4—扣压线

③再把接头芯拧入接头外套和胶管。这时，胶管便被挤入接头外套和接头芯的螺纹中，使胶管与接头芯及接头外套紧密连接起来。

6）管接头的类型（见图3—194）。

（3）液压元件的清洗知识

1）系统安装。接管时，各种控制阀的连接阀口不能接错；安装吸油管时，油管不得漏气，以免吸入空气；安装回油管时，应伸到油箱油面以下，以防飞溅，引起气泡。溢流阀的回油管要远离泵的吸油口，以保证油能通过油箱充分冷却。

2）全部油管应分两次安装。第一次为配管安装，所有与控制元件、执行元件的连接口均应上盲板配管；第二次为清洗安装，需拆下来进行清洗，再安装。清洗方法为在40～60℃的10%～20%稀硫酸或稀盐酸溶液中浸渍30～40 min；取出后放入10%的苛性钠（苏打）溶液中进行中和，溶液温度为30～40℃，浸渍15 min。最后用温水清洗，并干燥、涂油。

3）系统清洗。液压系统安装连接完成后，必须对液压管道进行连接配置，将连接、配置好的控制阀移出，配置、连接短管节，用压缩空气对液压管道进行吹除；然后对系统内部进行两次清洗，洗掉内部存留的屑末、锈、油漆、涂料等杂质。

第一次清洗主系统。将油箱彻底清洗干净，并在系统回油处设置80～100个滤油网；在油箱中注入清洗油，油量为箱体容量的60%～70%；油泵做间歇运动，清

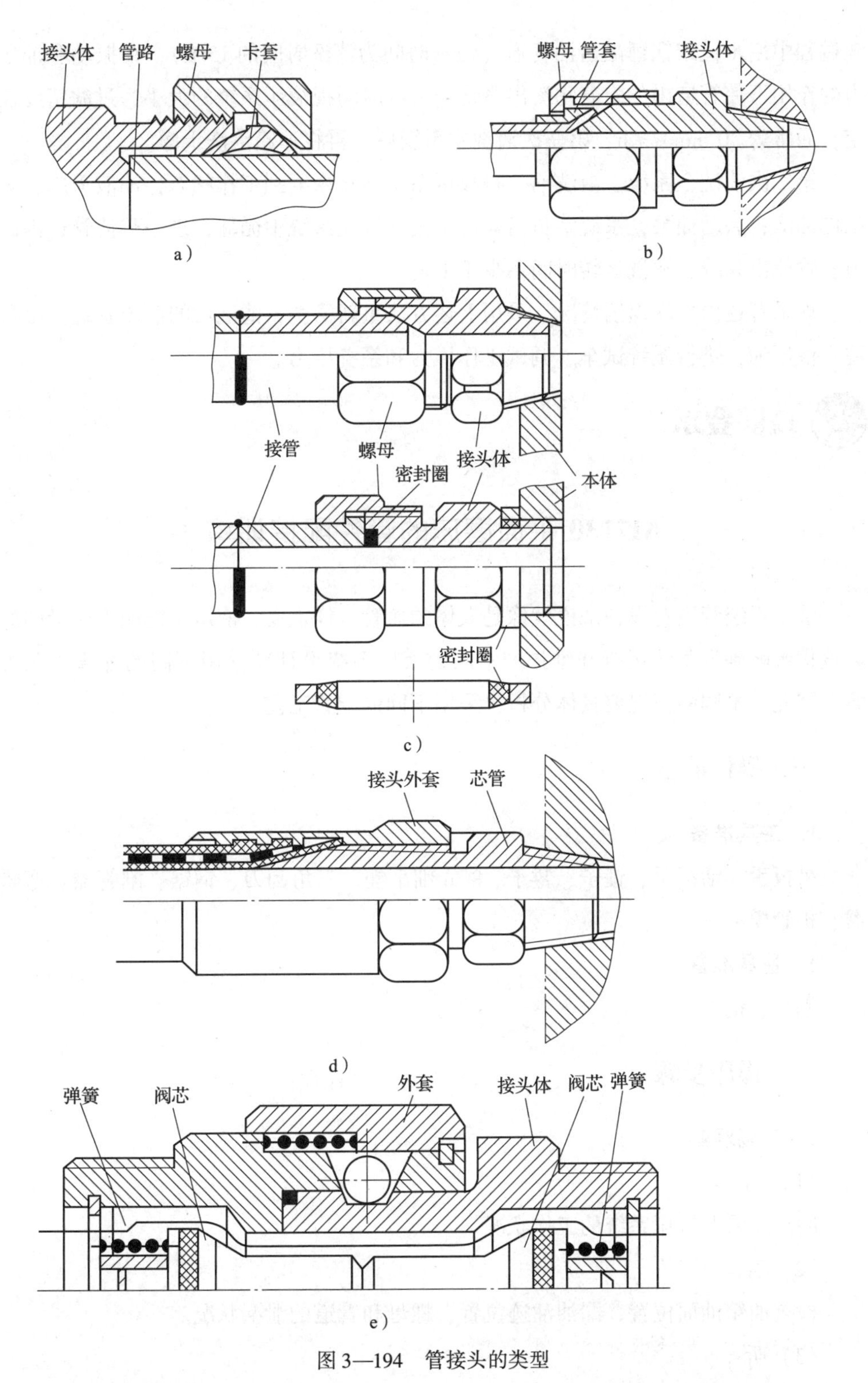

图 3—194　管接头的类型

a）卡套管接头　b）扩口管接头　c）焊接管接头　d）扣压式胶管接头　e）快速接头

洗过程中用木锤或铜锤敲击油管道（锤击时间为清洗时间的 15%），在振动和油压力的作用下使管道内的附着物流出系统；清洗时间视液压系统的大小、过滤精度而定，通常为 30 min～3 h；第一次清洗主系统后，再将油箱清洗干净。

第二次清洗全系统。清洗前，将液压系统油路恢复到工作状态，油液采用实际工作油液；启动油泵，系统空负荷运行，使油液在系统中循环，进一步使管道内的附着物流出系统，清洗运转时间不少于 1 h。

如果管道内出现返锈情况，采用上述方法重新清洗，清洗后的液压系统应尽早注入液压油，进行系统试车、调试工作压力和系统压力。

M7130 平面磨床的管件配接训练

液压系统管道对设备来说就像是人体的血管一样重要，液压系统配管质量的好坏直接影响到设备的运行和维护。不同的液压系统设计就采用不同的配管工艺方案，因此，不同的情况要具体分析，采用不同的配管工艺。

一、操作准备

1. 工具准备

呆扳手、活扳手、锤子、錾子、8 in 细平锉、三角刮刀、钢锯、割管器、弯管器、扩管模。

2. 量具准备

钢尺、钢卷尺。

二、操作步骤

1. 现场观察

（1）问

问液压泵及液压系统的工作状况。

（2）看

检查油箱油面位置、漏油油迹位置、螺母和管道的泄漏状况。

（3）听

听控制阀和液压泵的异常声响。

（4）闻

闻控制阀电气元件的焦煳味及其他异味。

（5）摸

检查油迹泄漏位置、螺母和管道的振动和漏油状况等。

2. 管件配接步骤（以扩口管接头为例）

步骤1　从分配器出来到供油点进油口的那段给油管承受压力相对较高。通常采用拉制纯铜管，走向弯曲时便于配管。

步骤2　现场测定管子的直径、压力等级和长度，要注意弯管半径大小的影响。

步骤3　管子长度应逐段确定、弯曲、预装，以方便现场根据实际情况调整，如果一下子切断，出现误差时，配管就困难了；两端接头处应预留长一些，约为20 mm。

步骤4　若弯曲处管端有接头，管端应有一段直管与接头相连，以避免影响安装。

步骤5　弯曲处的椭圆度（长短径变化）小于管径的10%，且不能出现褶皱。

步骤6　采用切管机等机具切断管子，不允许熔断（如火焰切割）或砂轮切割。

步骤7　切口要平整，断面平面度不大于1 mm，与管子轴线垂直度不大于1°。

步骤8　管子切断后，用锉刀、刮刀等除去切屑和毛刺，清洗并用高压空气吹净。

步骤9　套上螺母，利用扩管模扩口；扩口锥面表面粗糙度要达到*Ra*0.8 μm。

步骤10　预装时，应尽量保持管子与接头体的同轴度，若管子偏斜过大也会造成密封失效。

步骤11　清洗；安装前要经过脱脂、酸洗、水洗、中和、干燥处理，且检查内壁无氧化物。

步骤12　连接管路时，应使管子有足够的变形余量，避免使管子受到拉伸力。

步骤13　连接管路时，应一次性连接好，避免多次拆卸，否则也会使密封性能变差。

步骤14　慢慢拧紧螺母，同时转动管子直至不动时，再拧紧螺母2/3～4/3圈即可。

3. 修后工作

（1）清洗油箱、滤油器，加注清洁、新鲜液压油。

（2）检查各控制阀的位置是否无误，启动液压泵检查电动机转向是否正确。

（3）排净液压系统空气，检查各个接头是否有泄漏。

（4）清理现场脏物并擦拭清洁设备。

（5）联系操作者试车验收。

三、注意事项

1．管路应在自由状态下逐段弯曲敷设，配置管路时不得施加过大的径向力，强行固定和连接。

2．配管作业中要保持液压泵、分配器等设备的油口、管接头、管端等开口处清洁，不能让水、灰尘等异物进入。

3．禁止在扩口锥面涂密封胶。若为了取得更好的密封效果，在锥面上涂上密封胶，会造成密封胶被冲入液压系统中，使液压元件阻尼孔堵塞等故障。

4．对扩口管接头扩口过度或质量不符合要求而多次拆卸，会导致扩口变形或裂纹等现象而造成泄漏。

5．所有管接头应先用煤油清洗干净待装，接头的O形密封圈应暂时取出保管，待正式安装时再放上。

6．组装时，要先检查连接口、内部油路是否畅通，螺母螺纹是否有磨损、滑扣现象。

学习单元3　液压系统中的压力调整

学习目标

1．了解液压基本控制回路的工作原理。

2．掌握液压系统中的压力调整方法。

知识要求

一、液压基本控制回路的工作原理

所谓基本控制回路，就是指能够完成某种特定控制功能的液压元件和管道的组合。如用来调节液压泵供油压力的调压回路、改变液压执行元件工作速度的调速回路等都是常见的液压基本控制回路，所谓全局为局部之总和，因而熟悉和掌握液压基本控制回路的功能，有助于更好地分析、使用和设计各种液压传动系统。

1. 压力控制回路

压力控制回路是利用压力控制阀来控制系统整体或某一部分的压力，以满足液压执行元件对力或转矩要求的回路，这类回路包括调压、减压、增压、卸荷和平衡等多种回路。

2. 速度控制回路

包括调节液压执行元件速度的调速回路、使之获得快速运动的快速回路、快速运动和工作进给速度之间的速度换接回路。

3. 顺序动作回路

功用是使多缸液压系统中的各个液压缸严格地按规定的顺序动作。按控制方式不同，可分为行程控制的顺序动作回路和压力控制的顺序动作回路。

二、压力控制阀的结构分析

在液压传动系统中，控制油液压力高低的液压阀称之为压力控制阀，简称压力阀。这类阀的共同点是利用作用在阀芯上的液压力和弹簧力相平衡的原理工作；可通过控制液压系统中油液的压力（溢流阀、减压阀）或压力信号实现系统的控制(顺序阀、压力继电器)。

1. 溢流阀

溢流阀能控制液压系统在达到调定压力时保持恒定状态，用于过载保护的溢流阀又称为安全阀。当系统发生故障，压力升高到可能造成破坏的限定值时，阀口会打开而溢流，以保证系统的安全。常用的溢流阀按其结构形式和基本动作方式可分为直动式和先导式两种（见图 3—195）。

（1）直动式溢流阀

直动式溢流阀是依靠系统中的压力油直接作用在阀芯上，与弹簧力等相平衡，以控制阀芯的启闭动作，如图 3—196 所示是直动式溢流阀，P 口是进油口，T 口是回油口，进口压力油经阀芯 3 中间的阻尼孔 a 作用在阀芯的底部端面上，当进油压力较小时，阀芯在弹簧 2 的作用下处于下端位置，将 P 口和 T 口两油口隔开。当油压力升高时，在阀芯下端所产生的作用力超过弹簧 2 的压紧力。此时，阀芯上升，阀口被打开，将多余的油液排回油箱，阀芯上的阻尼孔 a 用来对阀芯的动作产生阻尼，以提高阀的工作平衡性。

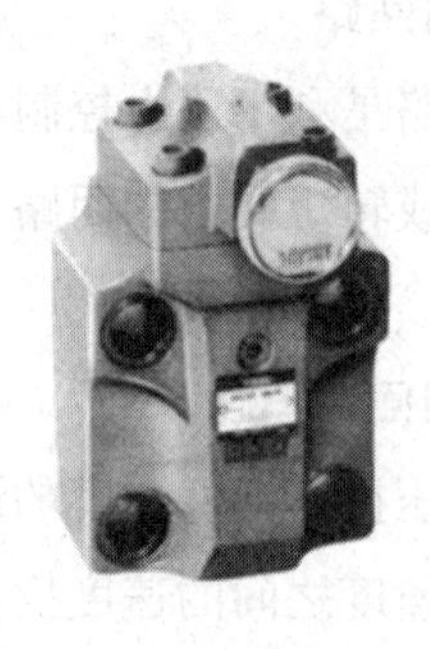

a）　　　　b）

图3—195　溢流阀

a）直动式溢流阀　b）先导式溢流阀

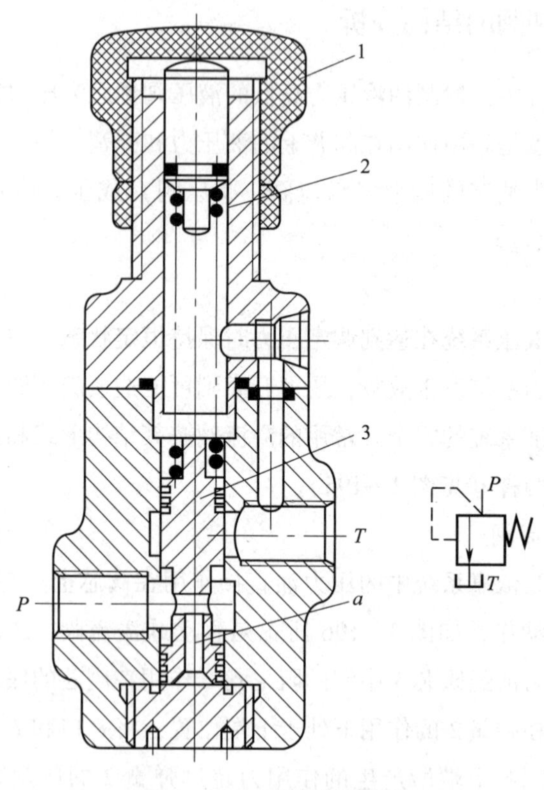

图3—196　直动式溢流阀

1—螺母　2—弹簧　3—阀芯　a—阻尼孔

(2) 先导式溢流阀

如图 3—197 所示为先导式溢流阀，在图中压力油从 *P* 口进入，通过阻尼孔后作用在导阀座 4 上，当进油口压力较低，导阀上的液压作用力不足以克服导阀左边弹簧 6 的作用力时，先导阀阀芯 5 关闭，没有油液流过阻尼孔，所以主阀芯 2 两端压力相等，在较软的主阀弹簧 3 作用下，主阀芯 2 处于最下端位置，溢流阀阀口 *P* 和 *T* 隔断，没有溢流。当进油口压力升高到作用在先导阀阀芯 5 上的液压力大于先导阀弹簧 6 作用力时，先导阀阀芯 5 开启，压力油就可通过阻尼孔 *c*，经 *P* 口流入，经主阀阀口由 *T* 流回油箱，实现溢流。

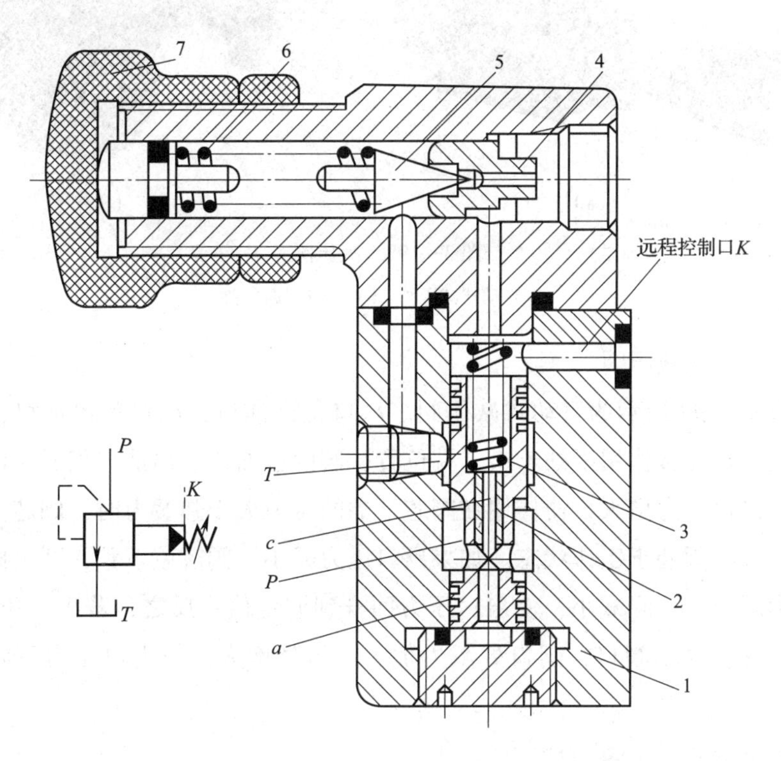

图 3—197　先导式溢流阀

1—阀体　2—主阀芯　3—主阀弹簧　4—导阀座

5—先导阀阀芯　6—先导阀弹簧　7—调节螺母

P—进油口　*T*—溢流口　*a*—阻尼孔　*c*—阻尼小孔

先导式溢流阀有一个远程控制口 *K*，如果将 *K* 口用油管接到另一个远程调压阀（远程调压阀的结构和溢流阀的先导控制部分一样）上，调节远程调压阀的弹簧力，即可调节溢流阀主阀芯上端的液压力，从而对溢流阀的溢流压力实现远程调节，实现卸荷。

2. 减压阀

减压阀是使出口压力（二次压力）低于进口压力（一次压力）的一种压力控制阀，使用一个油源能同时提供两个或几个不同压力的输出。减压阀在各种液压设备的夹紧系统、润滑系统和控制系统中应用较多。

按照结构不同，减压阀也分为直动式和先导式两种（见图3—198），分别用于不同场合。

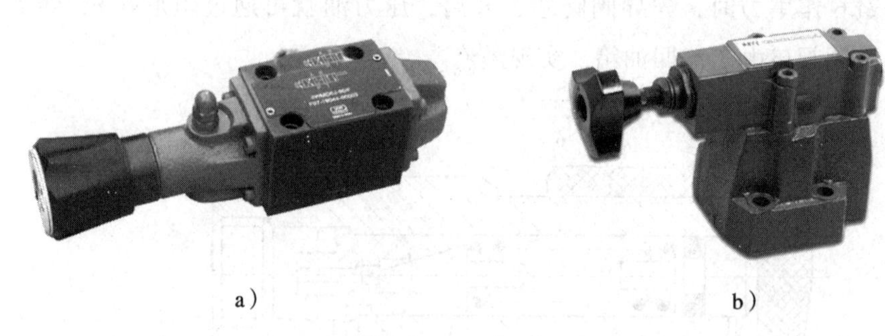

a）　　b）

图3—198　减压阀

a）直动式减压阀　b）先导式减压阀

（1）直动式减压阀

如图3—199所示为直动式减压阀。P_1口是进油口，P_2口是出油口，阀不工作时，阀芯在弹簧作用下处于最下端位置，阀的进油口、出油口相通，即阀是常开的。当出口压力增大，使作用在阀芯下端的压力大于弹簧力时，阀芯上移，关小阀口，这时阀处于工作状态。如果出口压力减小，阀芯就下移，开大阀口，阀口处阻力减小，压降减小，使出口压力回升到调定值；反之，若出口压力增大，则阀芯上移，关小阀口，阀口处阻力加大，压降增大，使出口压力下降到调定值。

（2）先导式减压阀

如图3—200所示为先导式减压阀，高压油入口P_1经节流口减压后以低压出口P_2流出，同时，低压油经阀芯中心孔将压力传至阀芯上腔，这时进、出口油液在阀芯处的压力差与弹簧力相平衡。只要尽量减小弹簧的预紧量和阀口开度，就可使压力差保持为设定值。

（3）先导式减压阀和先导式溢流阀的差异

1）减压阀保持出口压力基本不变，而溢流阀保持进口压力基本不变。

2）在不工作时，减压阀进油口、出油口互通，而溢流阀进油口、出油口不通。

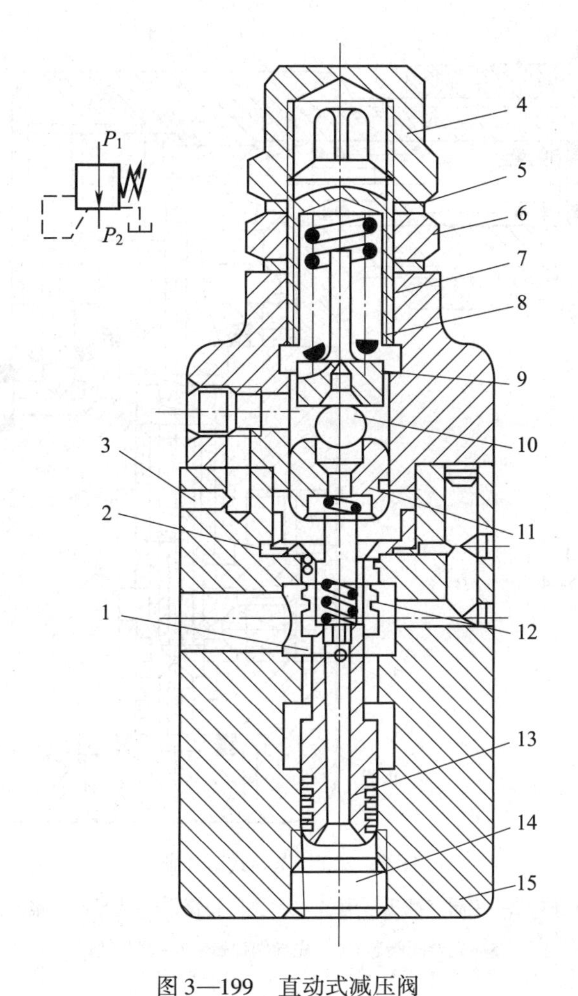

图 3—199 直动式减压阀

1—阻尼孔 2—油腔 3—回油孔 4—螺母盖 5—铜垫 6—螺母
7—调压弹簧 8、12—弹簧 9—阀套 10—钢球
11—阀座 13—滑阀 14—螺塞 15—阀体

3）为保证减压阀出油口压力调定值恒定，它的导阀弹簧腔需通过泄油口单独外接油箱；而溢流阀的出油口是通油箱的，所以它的导阀弹簧腔和泄油口可通过阀体上的通道和出油口相通，不必单独外接油箱。

3. 顺序阀

顺序阀（见图 3—201）是用来控制液压系统中各执行元件动作先后顺序的。阀的出口一般接负载（串联），调压弹簧腔有外接泄油口，采用进口测压，不工作时阀口常开；由于顺序阀的进油口、出油口均为压力油，所以它的泄油口必须单独外接油箱。

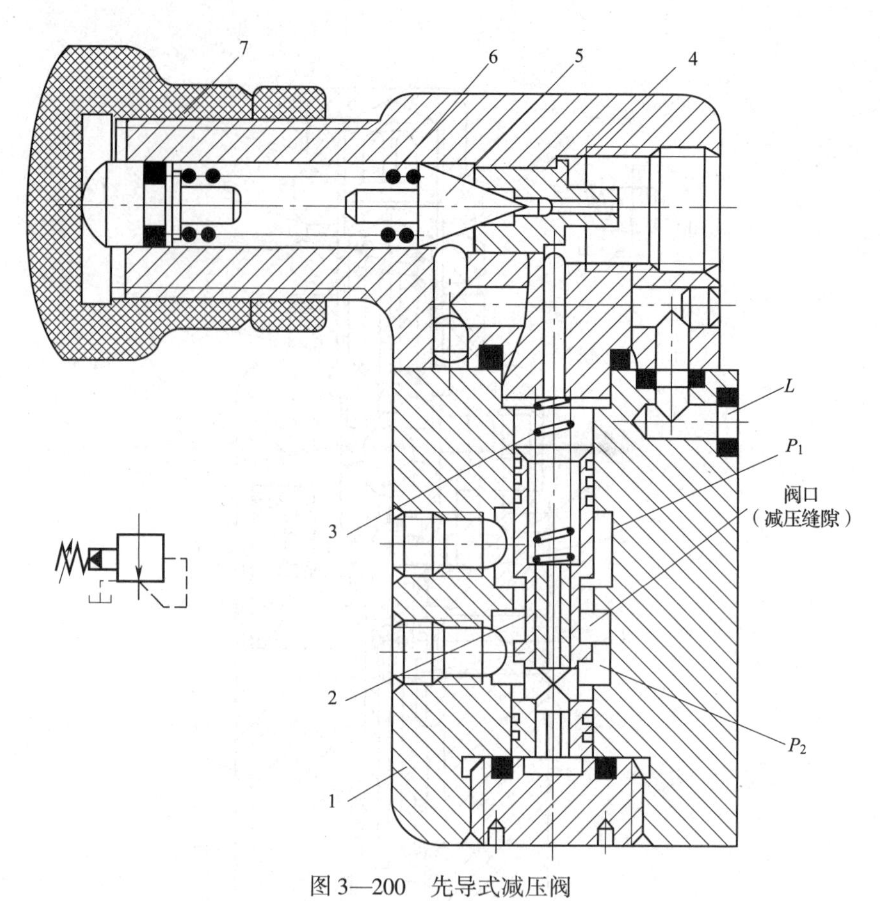

图3—200　先导式减压阀

1—阀体　2—主阀（减压）阀芯　3—主阀弹簧　4—先导阀（锥）阀座
5—先导阀阀芯　6—先导阀弹簧　7—调节螺母

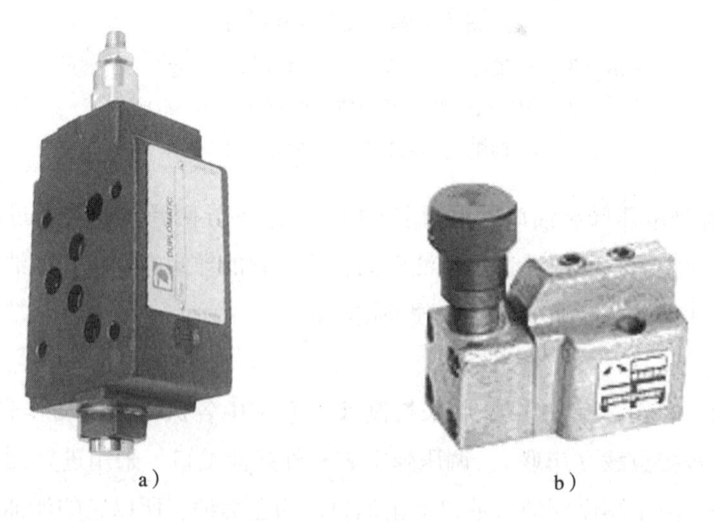

a）　b）

图3—201　顺序阀

a）直动式顺序阀　b）先导式顺序阀

按控制压力的不同，顺序阀又可分为内控式和外控式两种。前者用阀的进口压力控制阀芯的启闭，后者用外来的控制压力油控制阀芯的启闭（即液控顺序阀）。顺序阀也分为直动式和先导式两种，前者一般用于低压系统，后者一般用于中高压系统。

（1）直动式顺序阀

直动式顺序阀通常为滑阀结构（见图 3—202），其工作原理与直动式溢流阀相似，均为进油口测压，但顺序阀为减小调压弹簧刚度，还设置了截面积比阀芯小的控制活塞 6。顺序阀与溢流阀的区别还有：其一，出油口不是溢流口，因此出油口 P_2 不接回油箱，而是与某一执行元件相连，弹簧腔泄油口 L 必须单独接回油箱；其二，顺序阀不是稳压阀，而是开关阀，它是一种利用压力的高低来控制油路通断的压控开关，严格地说，顺序阀是一个二位二通液动换向阀。

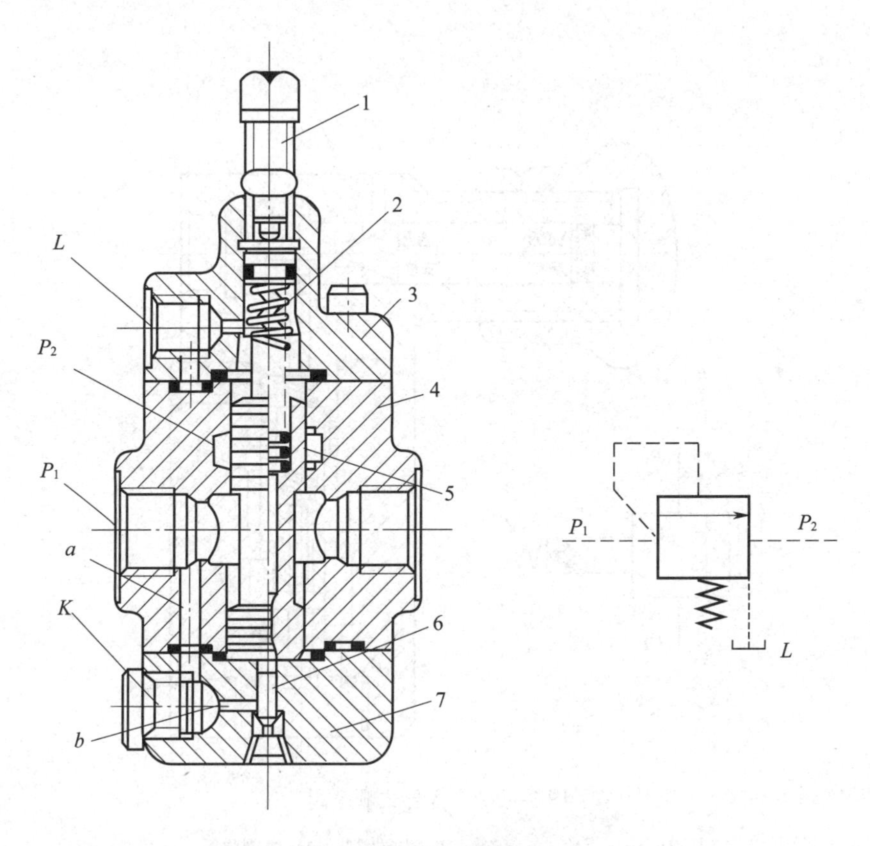

图 3—202　直动式顺序阀

1—调节螺钉　2—弹簧　3—阀盖　4—阀体　5—阀芯

6—控制活塞　7—端盖　L—弹簧腔泄油口

P_1—进油口　P_2—出油口　K—外控口

工作时，压力油从进油口 P_1（两个）进入，经阀体上的孔道 a 和端盖上的阻尼孔 b 流到控制活塞的底部，当作用在控制活塞上的液压力能克服阀芯上的弹簧力时，阀芯上移，油液便从 P_2 口流出。

（2）先导式顺序阀

如果在直动式顺序阀的基础上，将主阀芯上腔的调压弹簧用半桥式先导调压回路代替，且将先导阀调压弹簧腔引至泄油口 L，就可以构成如图 3—203 所示的先导式顺序阀。这种先导式顺序阀的原理与先导式溢流阀相似，所不同的是二次油路（即出口）不接回油箱，泄油口 L 必须单独接回油箱。这种顺序阀的缺点是外泄油量过大。因先导阀是按顺序压力调整的，当执行元件达到顺序动作后，压力可能继续升高，使先导阀口开得很大，导致大量油从导阀处外泄。所以，在小流量液压系统中不宜采用这种结构。为减少导阀处的外泄量，可将导阀设计成滑阀式。

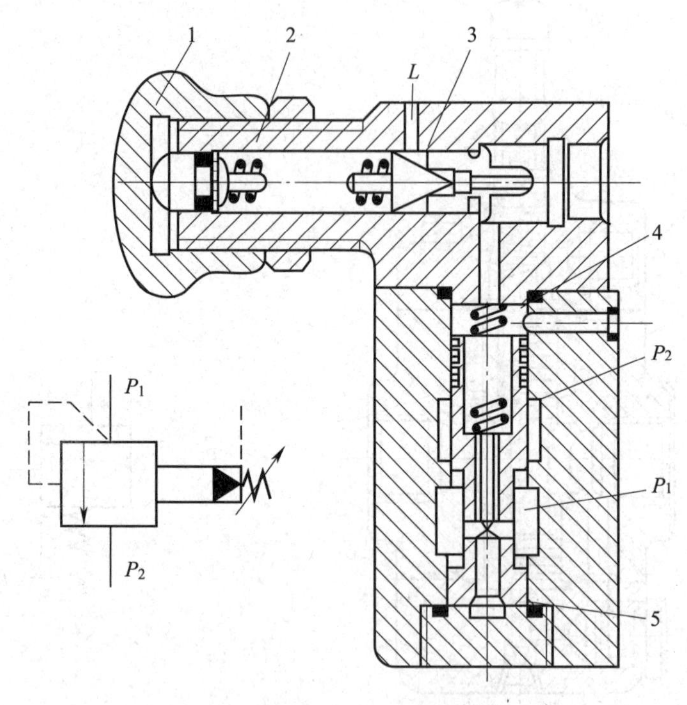

图 3—203　先导式顺序阀

1—调压手轮　2—弹簧　3—先导阀芯　4—主阀弹簧

5—主阀芯　P_1—进油口　P_2—出油口

（3）先导式顺序阀和先导式溢流阀的差异

1）溢流阀的进油口压力在通流状态下基本不变。而顺序阀在通流状态下其进油口压力由出油口压力而定。出油口 P_2 压力比进油口 P_1 压力小时，进油口 P_1 压力基本不变，而当出油口 P_2 压力增大到一定程度时，进油口 P_1 压力也随之增加，则 $P_1 = P_2 + \Delta P$，ΔP 为顺序阀上的损失压力。

2）溢流阀为内泄漏，而顺序阀需单独引出泄漏通道，为外泄漏。

3）溢流阀的出口必须接回油箱，顺序阀出口可接负载。

三、压力控制阀装配、性能调试及使用

液压系统压力控制阀的正确安装和安装质量关系到控制系统的操作性能、控制品质、安全性和成本等，因此应得到重视。除此之外，还应坚持“安全第一、预防为主”的方针，做到文明施工和安全管理。

1. 压力控制阀装配

（1）压力控制阀安装应按照设计图样和设计文件的规定，不得擅自采用替代产品安装。

（2）压力控制阀安装位置应具有足够的操作空间，用于安装、操作和维护。

（3）压力控制阀的连接有螺纹连接、法兰连接和焊接等，紧固螺栓要均匀拧紧，使元件与安装平面均匀接触。

（4）压力控制阀安装前的检验内容。

1）进行压力控制阀工作压力试验和反馈压力试验。

2）进行泄漏量测试和空载全行程时间测试。

3）检查手轮机构能否正确转动和动作，限位和锁定装置是否好用。

（5）板式阀件安装前，检查进、出口处的密封圈是否符合要求。

（6）O 形密封圈应高于安装平面，保证安装后有一定的压缩量，以防泄漏。

（7）阀芯与安装位置必须保持轴线垂直。

（8）弹簧力平衡方向与阀芯安装位置必须保持轴线垂直（水平）。

2. 压力控制阀性能调试

液压控制系统要求其液压执行机构的运动能够高精度地跟踪随机控制信号；基本要求是系统稳定、响应和执行精度的技术要求。

（1）压力控制阀应满足反馈要求

因此，设置好控制器正、反作用方式后，在控制器测量端模拟输入信号，观察控制器输出变化是否符合作用方式的要求，并检查压力控制阀的动作方向是否正确，是否能够使被控变量向减小（增大）的方向变化。

（2）压力控制阀降压（增压）检查

压力控制阀降压（增压）检查在模拟调试时进行。在压力控制阀全行程运行过程中，检查压力控制阀两端压降变化，是否有冲击、爬行、内泄或噪声发生，流量变化是否符合所设定值等。

（3）响应时间检查

顺序控制系统对压力控制阀的响应时间有要求时，应检查压力控制阀的响应时间。在控制器输出信号改变时开始计时，到压力控制阀阀位（工步）到达最终稳态位置所需的时间即为响应时间，其时间应满足工艺生产过程的操作要求。

（4）压力控制阀开启压力值准确

1）调整时的介质条件应尽可能接近实际运行条件。

2）开启压力常有变化。工作温度升高时，开启压力一般有所降低。故在常温下调整，与阀门结构和材质有关系，应以制造厂的说明书为依据。

（5）卸荷压力和阀芯回座压力的调整

1）进行阀芯全开启高度的动作试验，在试验台上进行或者将压力控制阀安装到系统上后才进行。其调整方法依阀门结构不同而不同。

2）有的先导式阀座是利用阀座调节圈来进行调节的。拧下调节圈固定螺钉，从露出的内六角螺钉上伸入六角扳手，即可旋动调节圈上的阀座和阀芯回座，使其回座位置达到压力设定值。

（6）压力控制阀调整完毕，应加以铅封，以防随便改变已调整好的状况。

3．压力控制阀的使用

（1）压力控制阀的正确选型关系到控制系统的控制性能、控制响应、系统安全性。

（2）压力控制阀的使用应避免有振动、潮湿、易受机械损伤、有强电磁干扰、高温、温度变化剧烈和有腐蚀性气体的场所。

（3）液压油使用应符合系统设计规定，避免压差、油温和黏度等因素不变的情况下，当阻尼孔直径很小时流量会出现不稳定，即时大时小，甚至断流的阻塞现象。

（4）定期清洗油冷却器，避免油温升高导致压力控制阀的频繁启闭。

（5）定期清洗油过滤器，避免液压泵吸油阻力增大，引起噪声和油液的杂物进入压力控制阀的阻尼孔。

（6）压力控制阀要消除“跑、冒、滴、漏”，避免因泄漏造成背压，影响压力控制阀的控制性能和造成环境污染；还应避免液体的浸泡和腐蚀或有害气体的侵蚀。

（7）保持液压油清洁，防止油液混入杂质和污物，保持油位高度，定期换油以防油液变质；控制系统温升，防止油温过高使系统的泄漏增加，保持系统密封，防止空气侵入等。

四、液压系统中的压力调整方法

不管是新制造的液压设备还是经大修后的液压设备，都要对液压系统进行各项技术指标和工作性能的调试，或按设计和使用的各项技术参数进行调试。

液压系统的调试主要有以下几方面内容。

第一，液压系统各个动作参数（如力、速度、行程的始点与终点、各动作的时间和整个工作循环的总时间等）均应调整到原设计所要求的技术指标。

第二，调整全线或整个液压系统，使其工作性能达到稳定、可靠。

第三，在调试过程中要判别整个液压系统的功率损失和工作油液温升状况。

第四，检查各个压力控制元件的可靠程度。

第五，检查各操作机构的灵敏性和可靠性。

第六，凡是不符合设计要求和有缺陷的元件，都要进行修复或更换。

液压系统的调试一般应按泵站调试、系统调试顺序进行。各个项目，均由部分到系统整体逐项进行，即部件，单机、区域联动、机组联动等。

1. 泵站调试

（1）空载运转 10 ~ 20 min，启动液压泵时将溢流阀旋松或使其处在卸荷位置，使系统在无压状态下做空运转。观察卸荷压力的大小、运转是否正常，有无刺耳的噪声，油箱液面是否有过多的泡沫，油面高度是否在规定范围内等。

（2）调节溢流阀。逐渐分挡升压，每挡 3 ~ 5 MPa，每挡运转 10 min；直至调整到溢流阀的调定压力值。

（3）密切监测滤油器前、后的压差变化，若压差增大则应随时更换或冲洗滤芯。

（4）连续运转 2 ~ 3 h，油液的温升应在设计允许范围内（一般工作温度为 35 ~ 60℃）。

2. 系统压力调试

系统的压力调试应从压力调定值最高的主溢流阀开始，逐次调整每个分支回路的压力阀。压力调定后，需将调整螺杆锁紧。

（1）溢流阀的压力调整。一般比最大负载时的工作压力大 10% ~ 20%。

（2）双联泵的卸荷调节。使其比快速行程所需的实际压力大 15% ~ 20%。

（3）调整每个支路上的减压阀，使减压阀的出油口压力达到设定值，并观察压力是否平稳。

（4）调整压力继电器的发信压力和返回区间值，使发信值比所控制的执行机构工作压力高0.3～0.5 MPa；返回区间值一般为0.35～0.8 MPa。

（5）调整顺序阀，使顺序阀的调定压力比先动作的执行机构工作压力大0.5～0.8 MPa。

（6）对于装有蓄能器的液压系统，蓄能器工作压力调定值应同它所控制的执行机构工作压力值一致。当蓄能器安置在液压泵站上时，其调定压力应比溢流阀调定压力值低0.4～0.7 MPa。

（7）液压泵的卸压力一般控制在0.3 MPa以内，为了使运动平稳增设背压阀时，背压一般在0.3～0.5 MPa范围内，回油管道背压一般在0.2～0.3 MPa范围内。

压力控制阀的修理

一、操作准备

1．工具准备

铜棒，尖嘴钳，内、外弹性卡钳，长腿镊子，六角扳手，塞尺，小油石条，细齿锉刀，O形耐油密封圈，$\delta=1.5$ mm纯铜片等。

2．量具准备

LERO数字式液压测试仪，可在一个测点同时测定流量、压力、温度、功率及容积效率，一个开关可控制电源的通断和流量与温度的显示转换。负荷阀（加载阀）可用指尖调节压力，压力的调节变换迅速、准确，因此试验过程很短，使油液温度变化在±3℃以内，能确保测试精度。对不同的管路接头，可进行*t*测试、在线测试及旁通测试，适用于各种移动式或固定式液压系统元件的快速故障诊断。

二、压力控制阀的故障分析和修理

压力控制阀的故障生成具有交错与重叠性的特点，为了节省排除故障的时间，减少装拆过程的工作量，避免装拆带来的不利影响，分析故障应遵循以下原则。

原则1　应有选择、有侧重、有次序地检查液压装置的内部状况。

原则 2　在对液压故障进行表面观测的基础上，根据系统结构和元件结构，推断故障成因可能性的大小，然后再根据现场的具体情况，对液压装置做更细致的分析与修理。

原则 3　故障诊断工作往往是在条件很不具备、情形十分紧迫的状态下进行的，判断故障点时采用排他法分析，严密地分析故障，避免各种混乱与失误，运用排他法实现快速、准确地找出故障所在，从而采取适当的修理方法。

1. 压力控制阀的常见故障分析及修理方法（见表 3—44）

表 3—44　　压力控制阀的常见故障分析及修理方法

故障现象	原因分析		修理方法
调不了压力	1. 主阀故障	1. 主阀芯阻尼孔堵塞（装配时主阀芯未清洗干净，油液过脏） 2. 主阀芯在开启位置卡死（如零件精度低，装配质量差，油液过脏） 3. 主阀芯复位弹簧折断或弯曲，使主阀芯不能复位	1. 清洗阻尼孔使之畅通；过滤或更换油液 2. 拆开检修，重新装配；阀盖紧固螺钉拧紧力要均匀；过滤或更换油液 3. 更换弹簧
	2. 先导阀故障	1. 调压弹簧折断 2. 调压弹簧未装 3. 锥阀或钢球未装 4. 锥阀损坏	1. 更换弹簧 2. 补装 3. 补装 4. 更换
	3. 远控口电磁阀故障或远控口未加丝堵而直通油箱	1. 电磁阀未通电（常开） 2. 滑阀卡死 3. 电磁铁线圈烧毁或铁芯卡死 4. 电气线路故障	1. 检查电气线路，接通电源 2. 检修、更换 3. 更换 4. 检修
	4. 装错	进油口、出油口安装错误	纠正
	5. 液压泵故障	1. 滑动副之间间隙过大（如齿轮泵、柱塞泵） 2. 叶片泵的多数叶片在转子槽内卡死 3. 叶片和转子方向装反	1. 修配间隙到适宜值 2. 清洗，修配间隙到适宜值 3. 纠正方向

续表

故障现象	原因分析		修理方法
压力调不高	1. 主阀故障（若主阀为锥阀）	1. 主阀芯锥面封闭性差 （1）主阀芯锥面磨损或不圆 （2）阀座锥面磨损或不圆 （3）锥面处有脏物粘住 （4）主阀芯锥面与阀座锥面不同心 （5）主阀芯工作有卡滞现象，阀芯不能与阀座严密结合 2. 主阀压盖处有泄漏（如密封垫损坏、装配不良、压盖螺钉有松动等）	1. 更换并配研 2. 更换并配研 3. 清洗并配研 4. 修配使之结合良好 5. 修配使之结合良好 6. 拆开检修，更换密封垫，重新装配，并确保螺钉拧紧力均匀
	2. 先导阀故障	1. 调压弹簧弯曲、太弱或长度过短 2. 锥阀与阀座结合处封闭性差（如锥阀与阀座磨损、锥阀接触面不圆、接触面太宽、进入脏物或被胶质粘住）	1. 更换弹簧 2. 检修、更换、清洗，使之达到要求
压力突然升高	1. 主阀故障	主阀芯工作不灵敏，在关闭状态突然卡死（如零件加工精度低、装配质量差、油液过脏等）	检修，更换零件，过滤或更换油液
	2. 先导阀故障	1. 先导阀阀芯与阀座结合面突然粘住，脱不开 2. 调压弹簧弯曲造成卡滞	1. 清洗过滤或更换油液 2. 更换弹簧
压力突然下降	1. 主阀故障	1. 主阀芯阻尼孔突然被堵死 2. 主阀芯工作不灵敏，在关闭状态突然卡死（如零件加工精度低、装配质量差、油液过脏等） 3. 主阀盖处密封垫突然破损	1. 清洗、过滤或更换油液 2. 检修、更换零件，过滤或更换油液 3. 更换密封件
	2. 先导阀故障	1. 先导阀阀芯突然破裂 2. 调压弹簧突然折断	1. 更换阀芯 2. 更换弹簧
	3. 远控口电磁阀故障	电磁铁突然断电，使溢流阀卸荷	检查电气故障并消除

续表

故障现象		原因分析	修理方法
压力波动（不稳定）	1. 主阀故障	1. 主阀芯动作不灵活，有时有卡住现象 2. 主阀芯阻尼孔有时堵，有时通 3. 主阀芯锥面与阀座锥面接触不良，磨损不均匀 4. 阻尼孔径太大，造成阻尼作用差	1. 检修、更换零件，压盖螺钉拧紧力应均匀 2. 拆开清洗，检查油质，更换油液 3. 修配或更换零件 4. 适当缩小阻尼孔径
	2. 先导阀故障	1. 调压弹簧弯曲 2. 锥阀与锥阀座接触不良，磨损不均匀 3. 调节压力的螺钉由于锁紧螺母松动而使压力变化	1. 更换弹簧 2. 修配或更换零件 3. 调压后应把锁紧螺母锁紧
振动与噪声	1. 主阀故障	主阀芯在工作时径向力不平衡，导致性能不稳定 1. 阀体与主阀芯几何精度差，棱边有毛刺 2. 阀体内黏附有污物，使配合间隙增大或不均匀	1. 检查零件精度，应更换不符合要求的零件，并把棱边毛刺去掉 2. 检修、更换零件
	2. 先导阀故障	1. 锥阀与阀座接触不良，圆周面的圆度不好，粗糙度值大，造成调压弹簧受力不平衡，使锥阀振荡加剧，产生尖叫声 2. 调压弹簧中心线与端面不够垂直，这样针阀会倾斜，造成接触不均匀 3. 调压弹簧在定位杆上偏向一侧 4. 装配时阀座装偏 5. 调压弹簧侧向弯曲	1. 把封油面圆度误差控制在0.005~0.01 mm 2. 提高锥阀精度，粗糙度值应达 $Ra0.4$ μm 3. 更换弹簧 4. 提高装配质量 5. 更换弹簧
	3. 系统存在空气	泵吸入空气或系统存在空气	排除空气
	4. 阀使用不当	通过流量超过允许值	在额定流量范围内使用
	5. 回油不畅	回油管路阻力过高、回油过滤器堵塞或回油管贴近油箱底面	适当增大管径，减少弯头，回油管口应离油箱底面二倍管径以上，更换滤芯
	6. 远控口管径选择不当	溢流阀远控口与电磁阀之间的管子通径不宜过大，过大会引起振动	一般管径取 $\phi6$ mm 较为适宜

2. 减压阀的常见故障分析及修理方法（见表3—45）

表3—45　　　　减压阀的常见故障分析及修理方法

故障现象	原因分析		修理方法
无二次压力	1. 主阀故障	1. 主阀芯在全闭位置卡死（如零件精度低） 2. 主阀弹簧折断，弯曲变形 3. 阻尼孔堵塞	修理、更换零件和弹簧，过滤或更换油液
	2. 无油源	未向减压阀供油	检查油路消除故障
不起减压作用	1. 使用错误	泄油口不通 1. 螺塞未拧开 2. 泄油管细长，弯头多，阻力大 3. 泄油管与主回油管道相连，回油背压太大 4. 泄油通道堵塞、不通	1. 将螺塞拧开 2. 更换符合要求的管子 3. 泄油管必须与回油管道分开，使油单独流回油箱 4. 清洗泄油通道
	2. 主阀故障	主阀芯在全开位置时卡死（如零件精度低、油液过脏等）	修理、更换零件，检查油质，更换油液
	3. 锥阀故障	调压弹簧太硬，弯曲并卡住不动	更换弹簧
二次压力不稳定	1. 主阀故障	1. 主阀芯与阀体几何精度差，工作时不灵敏 2. 主阀弹簧太弱，变形或将主阀芯卡住，使阀芯移动困难 3. 阻尼小孔时堵时通	1. 检修，使其动作灵活 2. 更换弹簧 3. 清洗阻尼小孔
	2. 外泄漏	1. 顶盖结合面漏油，其原因有密封件老化失效、螺钉松动或拧紧力矩不均等 2. 各丝堵处有漏油	1. 更换密封件，紧固螺钉，并保证力矩均匀 2. 紧固并消除外漏
	3. 锥阀故障	1. 锥阀与阀座接触不良 2. 调压弹簧太弱	1. 修理或更换 2. 更换

3. 顺序阀的常见故障分析及修理方法（见表 3—46）

表 3—46　　顺序阀的常见故障分析及修理方法

故障现象	原因分析	修理方法
始终出油，不起顺序阀作用	1. 阀芯在打开位置上卡死（如几何精度差、间隙太小，弹簧弯曲、断裂，油液太脏） 2. 单向阀在打开位置上卡死（如几何精度差、间隙太小，弹簧弯曲、断裂，油液太脏） 3. 单向阀密封不良（如几何精度差） 4. 调压弹簧断裂 5. 调压弹簧漏装 6. 未装锥阀或钢球	1. 修理，使配合间隙达到要求，并使阀芯移动灵活；检查油质，若不符合要求应过滤或更换；更换弹簧 2. 修理，使配合间隙达到要求，并使单向阀芯移动灵活；检查油质，若不符合要求应过滤或更换；更换弹簧 3. 修理，使单向阀密封良好 4. 更换弹簧 5. 补装弹簧 6. 补装
始终不出油，不起顺序阀作用	1. 阀芯在关闭位置上卡死（如几何精度差、弹簧弯曲、油液太脏） 2. 控制油液流动不畅通（如阻尼小孔堵死或远控管道被压扁堵死） 3. 远控压力不足，或下端盖结合处漏油严重 4. 通向调压阀油路上的阻尼孔被堵死 5. 泄油管道中背压太高，使滑阀不能移动 6. 调节弹簧太硬，或压力调得太高	1. 修理，使滑阀移动灵活，更换弹簧；过滤或更换油液 2. 清洗或更换管道，过滤或更换油液 3. 提高控制压力，拧紧端盖螺钉并使之受力均匀 4. 清洗 5. 泄油管道不能接在回油管道上，应单独接回油箱 6. 更换弹簧，适当调整压力
调定压力值不符合要求	1. 调压弹簧调整不当 2. 调压弹簧侧向变形，最高压力调不上去 3. 滑阀卡死，移动困难	1. 重新调整所需要的压力 2. 更换弹簧 3. 检查滑阀的配合间隙，修配，使滑阀移动灵活；过滤或更换油液
振动与噪声	1. 回油阻力（背压）太高 2. 油温过高	1. 降低回油阻力 2. 将油温控制在规定范围内
单向顺序阀反向不能回油	单向阀卡死，打不开	检修单向阀

三、修后工作

1. 看

观察液压系统工作的实际状况，如系统压力、速度、油液、泄漏、振动等是否正常。

2. 听

听液压系统的声音，如冲击声、泵的噪声及异常声；判断液压系统工作是否正常。

3. 摸

根据温升、振动、爬行及连接处的松紧程度判定运动部件工作状态是否正常。

4. 清理

清理现场脏物和擦拭、清洁设备，文明修理。

5. 联系

联系操作者试车验收。

四、注意事项

1. 当发现第一怀疑点并不是真正的故障点时，再检查可能性相对较大的故障怀疑点。

2. 和与故障原因相关的初始原因相比较，如元件使用时间长是元件损坏的原因，而元件损坏又是症状的原因，显示元件使用时间也是判断它是否损坏的依据。

3. 根据引起故障的初始原因排定检测次序，先检查使用时间长的元件，负载率高的元件，被证明是质量差、易出故障的元件，对液压油污染敏感的元件。

4. 修理不熟悉的液压设备时，应按照拆卸分解及观测液压元件的难易程度设定检测次序。

（1）先检查较容易观察、测试或易于拆卸的元件与环境因素（如油、电控、冷却水等）。

（2）再检查较难拆卸的元件，特别是体积大、质量重的元件；先检查外部因素，再检查元件内部；先检查较简单的元件，再检查结构功能较复杂、其状况不甚明了的元件。就各元件而言，应先检查阀，再检查泵，最后检查液压缸与液压马达。

（3）液位检查。从低端到高端有油温油位计、液位发讯器、液位传感器等。

（4）压力检查。从低端到高端有压力表、压力继电器、压力传感器等。

（5）温度测量。从低端到高端有油温油位计、热感继电器、温度传感器等。

学习单元 4　液压系统中的流量调整

学习目标

1. 了解液压基本控制回路的工作原理。
2. 掌握液压系统中的流量调整方法。

知识要求

一、液压基本控制回路的工作原理

所谓基本控制回路，就是指能够完成某种特定控制功能的液压元件和管道的组合。如用来调节液压泵供油压力的调压回路、改变液压执行元件工作速度的调速回路。

1. 速度控制回路

常用的速度控制回路有调速回路、快速回路、速度换接回路等。

（1）调速回路

调速回路的基本原理。从液压马达的工作原理可知，液压马达的转速由输入流量和液压马达的排量决定，即液压缸的运动速度 v 由输入流量和液压缸的有效作用面积 A 决定。

通过上面的关系可以知道，要想调节液压马达的转速 n_m 或液压缸的运动速度 v，可通过改变输入流量 q、液压马达的排量 V_m 和缸的有效作用面积 A 等方法来实现。由于液压缸的有效面积 A 是定值，只有通过改变流量 q 的大小来调速，而改变输入流量 q 可以通过采用流量阀或变量泵来实现，改变液压马达的排量 V_m 可通过采用变量液压马达来实现，因此，调速回路主要有以下三种方式。

1）节流调速回路。采用定量泵供油，通过用流量阀调节进入或流出执行机构的流量来实现调速。

2）容积调速回路。通过调节变量泵或变量马达的排量来调速。

3）容积节流调速回路。采用限压变量泵供油，由流量阀调节进入执行机构的流量，并使变量泵的流量与调节阀的调节流量相适应来实现调速。此外还可采用几个定量泵并联，按不同速度需要，启动一个泵或几个泵供油，实现分级调速。

（2）节流调速回路

节流调速回路是通过调节流量阀的流通面积大小来改变进入执行机构的流量，从而实现运动速度的调节。如图 3—204 所示，如果调节回路里只有节流阀，则液压泵输出的油液全部经节流阀流进液压缸。改变节流阀节流口的大小，只能改变油液流经节流阀速度的大小，而总的流量不会改变，在这种情况下节流阀不能起调节流量的作用，液压缸的速度不会改变。

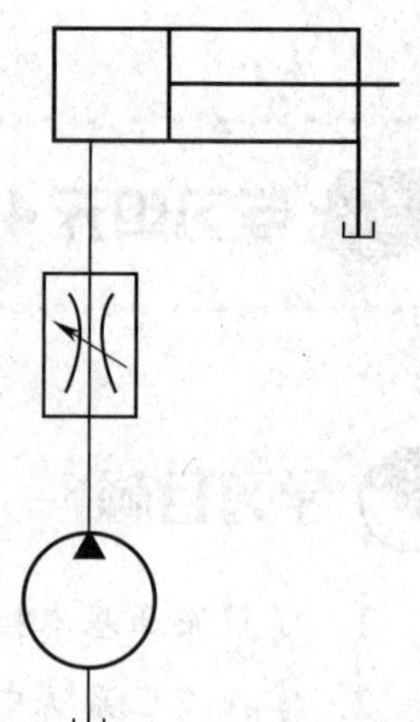
图 3—204 节流调速回路

1）进油节流调速回路。进油节流调速回路是将节流阀装在执行机构的进油路上，其调速原理如图 3—205 所示。

进油节流调速回路的优点是液压缸回油腔和回油管中压力较低，当采用单活塞杆液压缸时，使油液进入无杆腔中，其有效工作面积较大，可以得到较大的推力和较低的运动速度，这种回路多用于要求冲击小、负载变动小的液压系统中。

2）回油节流调速回路。回油节流调速回路是将节流阀安装在液压缸的回油路上，其调速原理如图 3—206 所示。回油节流调速回路的节流阀在回油路上可以产生背压，相对进油节流调速回路而言，运动较平稳，常用于负载变化较大、要求运动平稳的液压系统中。

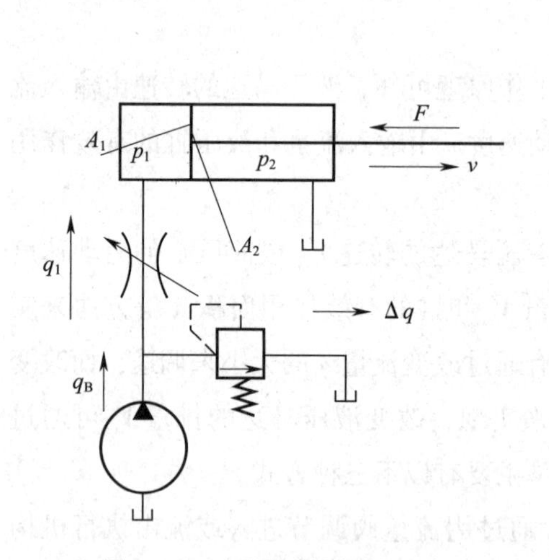

图 3—205 进油节流调速回路

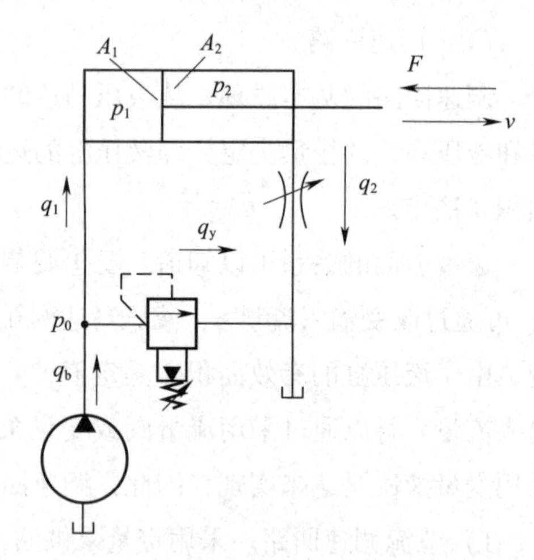

图 3—206 回油节流调速回路

3）旁路节流调速回路。这种回路由定量泵、安全阀、液压缸和节流阀组成，节流阀安装在与液压缸并联的旁油路上，其调速原理如图 3—207 所示。

回路正常工作时，溢流阀不打开，当供油压力超过正常工作压力时，溢流阀才打开，以防过载。溢流阀的调定压力应大于回路正常工作压力，回路中，液压缸的

进油压力 p_1 等于泵的供油压力 p_B，溢流阀的调定压力一般为液压缸克服最大负载所需工作压力的 1.1 ~1.3 倍。

4）采用调速阀的节流调速回路。前面介绍的三种基本回路，其速度的稳定性均随负载的变化而变化，对于一些负载变化较大、对速度稳定性要求较高的液压系统，可采用调速阀来改善其速度—负载特性，如图 3—208 所示。

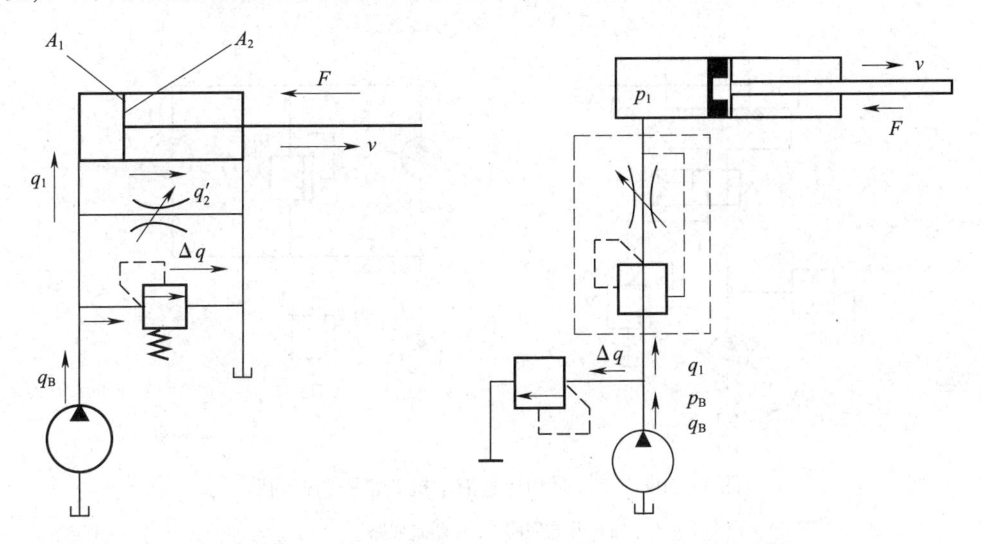

图 3—207　旁路节流调速回路　　图 3—208　采用调速阀的节流调速回路

采用调速阀的节流调速回路也可按其安装位置不同，分为进油节流、回油节流、旁路节流三种基本调速回路。

综上所述，采用调速阀的节流调速回路的低速稳定性、回路刚度、调速范围等要比采用节流阀的节流调速回路都好，所以它在机床液压系统中获得了广泛的应用。

2. 容积调速回路

容积调速回路是通过改变回路中液压泵或液压马达的排量来实现调速的。其主要优点是功率损失小（没有溢流损失和节流损失）且其工作压力随负载变化，所以效率高，油温低，适用于高速、大功率系统。

按油路循环方式不同，容积调速回路分为开式回路和闭式回路两种。开式回路中泵从油箱吸油，执行机构的回油直接回到油箱，油箱容积大，油液能得到充分冷却，但空气和脏物易进入回路。闭式回路中，液压泵将油输出，进入执行机构的进油腔，又从执行机构的回油腔吸油。闭式回路结构紧凑，只需很小的补油箱，但冷却条件差。为了补偿工作中油液的泄漏，一般设补油泵，补油泵的流量为主泵流量的 10% ~15%。压力调节为 $3\times10^5 \sim 1\times10^6$ Pa。容积调速回路通常有三种基本形式，即变量泵和定量液动机的容积调速回路、定量泵和变量马达的容积调速回路、变量泵和变量马达的容积调速回路。

（1）变量泵和定量液动机的容积调速回路

这种调速回路可由变量泵与液压缸或变量泵与定量液压马达组成。其回路原理图如图3—209所示，图3—209a为变量泵与液压缸所组成的开式容积调速回路；图3—209b为变量泵与定量液压马达组成的闭式容积调速回路。

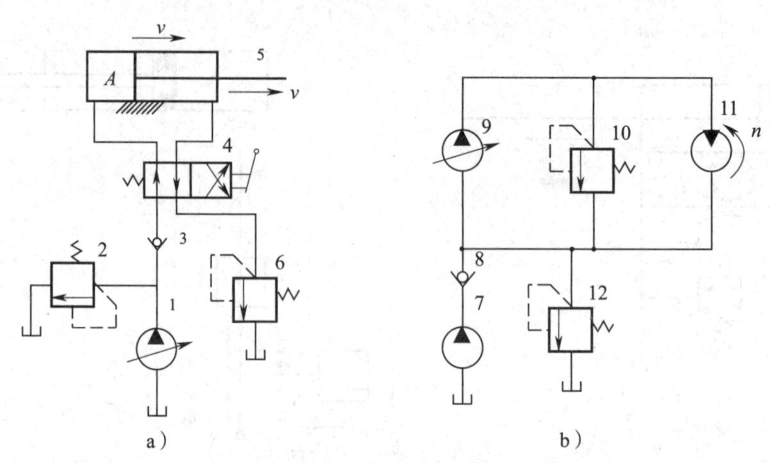

图3—209　变量泵和定量液动机的容积调速回路

a）开式回路　b）闭式回路

1、9—变量泵　2、10—安全阀　3、8—单向阀　4—换向阀　5—活塞

6—背压阀　7—低压辅助泵　11—液压马达　12—低压溢流阀

其工作原理：图3—209a中活塞5的运动速度v由变量泵1调节，2为安全阀，4为换向阀，6为背压阀。图3—209b为采用变量泵9来调节液压马达11的转速，安全阀10用以防止过载，低压辅助泵7用以补油，其补油压力由低压溢流阀12来调节。

（2）定量泵和变量马达的容积调速回路

定量泵和变量马达容积调速回路如图3—210所示。图3—210a为开式回路，由定量泵1、变量马达2、安全阀3、换向阀4组成；图3—210b为闭式回路，5、6为定量泵和变量马达，7为安全阀，8为低压溢流阀，9为补油泵。回路是通过调节变量马达的排量V_m来实现调速的。

工作特点是通过调节变量马达的排量来实现调速，如果用变量马达来换向，在换向的瞬间要经过“高转速—零转速—反向高转速”的突变过程，所以，不宜用变量马达来实现平稳换向。即定量泵和变量马达容积调速回路由于不能通过改变马达的排量来实现平稳换向，调速范围较小，因而较少单独应用。

（3）变量泵和变量马达的容积调速回路

该调速回路是上述两种调速回路的组合，其调速特性也具有两者的特点，如图

3—211 所示。在图示位置，液压缸 4 的活塞快速向右运动，泵 1 按快速运动要求调节其输出流量，同时调节限压式变量泵的压力调节螺钉，使泵的限定压力大于快速运动所需压力。当换向阀 3 通电，泵输出的压力油经调速阀 2 进入液压缸 4，其回油经溢流阀 5 回油箱。调节调速阀 2 的流量 q_1 就可调节活塞的运动速度，由于 $q_1 < q_B$，压力油迫使泵的出口与调速阀进口之间的油压憋高，即泵的供油压力升高，泵的流量便自动减小到 $q_B \approx q_1$ 为止。

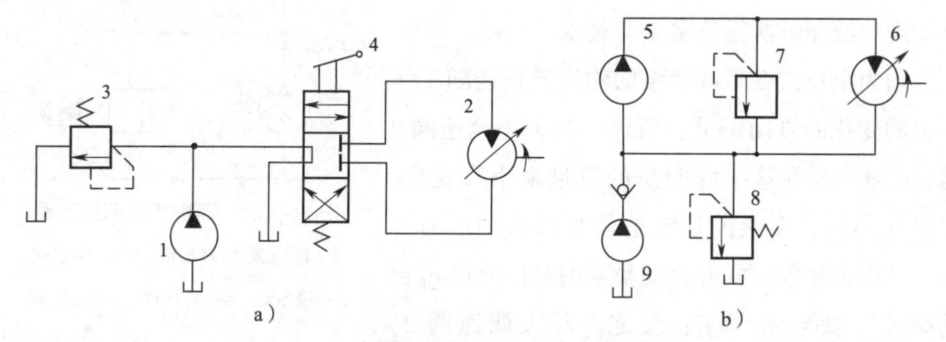

图 3—210　定量泵和变量马达的容积调速回路

a）开式回路　b）闭式回路

1、5—定量泵　2、6—变量马达　3、7—安全阀　4—换向阀　8—低压溢流阀　9—补油泵

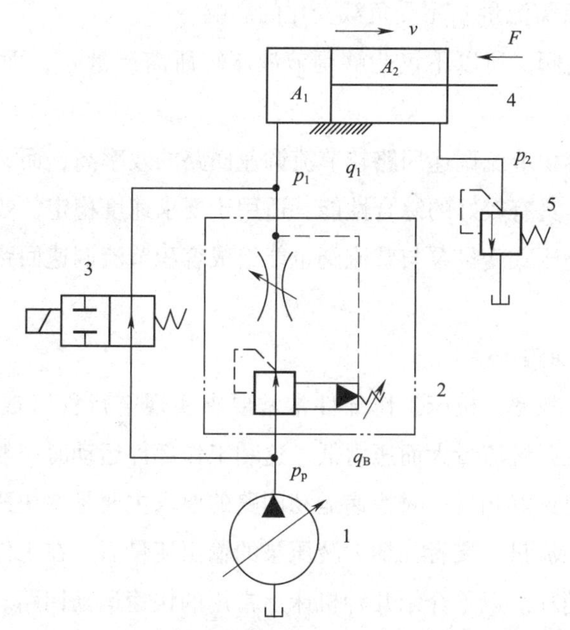

图 3—211　变量泵和变量马达的容积调速回路

1—单向变量泵　2—调速阀　3—换向阀　4—液压缸　5—溢流阀

这种调速回路的运动稳定性、速度负载特性、承载能力和调速范围均与采用调速阀的节流调速回路相同。由图 3—211 可知，此回路只有节流损失而无溢流损失。

3. 容积节流调速回路

如图3—212所示，调速阀2装在进油路上（也可装在回油路上），通过调节它可以调节进入液压缸3的油液流量，溢流阀5作安全阀。该回路有两个主要特点。

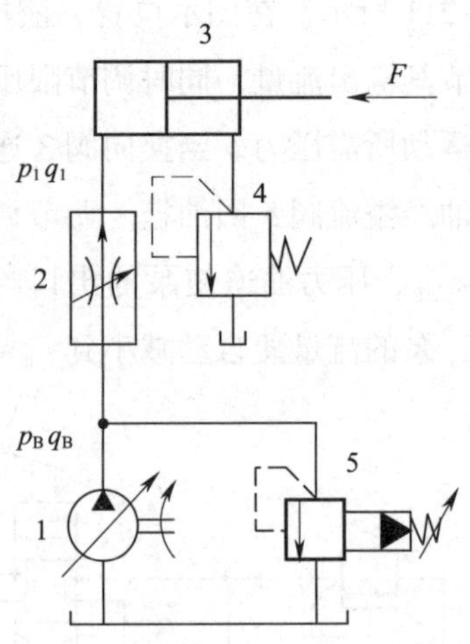

图3—212　容积节流调速回路

1—限压式变量叶片泵　2—调速阀　3—液压缸　4—背压阀　5—溢流阀

（1）限压式变量叶片泵1的输出流量q_B能自动地与液压缸所需流量q_1相适应

因为限压式变量叶片泵的输出流量能随工作压力的变化而自动调节，所以，当关小调速阀2时，q_1减小，在这一瞬间泵的流量来不及变化，于是$q_B > q_1$，多余的油液迫使泵的供油压力升高，从而迫使限压式叶片变量泵的输出流量q_B自动减小，直至$q_B = q_1$；反之，开大调速阀2，$q_B < q_1$，使泵的供油压力降低，输出流量q_B自动增加，直至$q_B = q_1$。可见，这种回路只有节流功率损失，没有溢流功率损失。

（2）液压缸所需流量q_1不受负载变化的影响

由于采用调速阀，所以不仅能够调节液压缸所需流量q_1，而且该流量不会受负载变化的影响。

综上所述，容积节流调速回路较节流调速回路的效率高，而又比容积调速回路的速度稳定性好，具有较好的综合性能，适用于要求速度稳定、效率较高的液压系统。此外，利用差压式变量泵与节流阀也能组成容积节流调速回路，取得同样的效果。

4. 快速运动回路

为了提高生产效率，机床工作部件常常要求实现空行程（或空载）的快速运动。这时要求液压系统流量大而压力低，这和工作部件运动时一般需要的流量较小和压力较高的情况正好相反。对快速运动回路的要求主要是在快速运动时尽量减小需要液压泵输出的流量，或者在加大液压泵的输出流量后，在工作运动时又不至于引起过多的能量消耗。以下介绍几种机床上常用的快速运动回路。

（1）差动连接回路

这是在不增加液压泵输出流量的情况下，来提高工作部件运动速度的一种快速回路，其实质是改变了液压缸的有效作用面积。

图3—213是用于快慢速转换的，其中快速运动采用差动连接回路。当换向阀3

左端的电磁铁通电时，阀 3 左位进入系统，液压泵 1 输出的压力油与缸右腔的油经 3 左位、5 下位（此时外控顺序阀 7 关闭）进入液压缸 4 的左腔，实现了差动连接，使活塞快速向右运动。当快速运动结束，工作部件上的挡铁压下机动换向阀 5 时，泵的压力升高，阀 7 打开，液压缸 4 右腔的回油只能经调速阀 6 流回油箱，这时是工作进给。当换向阀 3 右端的电磁铁通电时，活塞向左快速退回（非差动连接）。采用差动连接的快速运动回路方法简单，较经济，但快、慢速度的换接不够平稳。必须注意，差动油路的换向阀和油管通道应按差动时的流量选择，不然流动液阻过大，会使液压泵的部分油从溢流阀流回油箱，速度减慢，甚至不起差动作用。

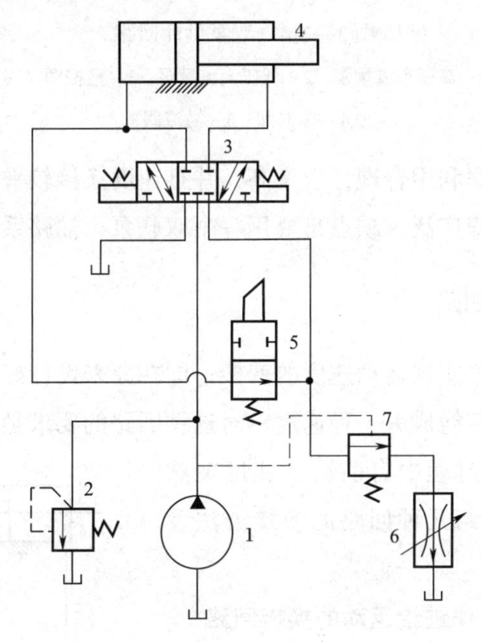

图 3—213　差动连接回路

1—液压泵　2、7—溢流阀　3—换向阀　4—液压缸　5—机动换向阀　6—调速阀

（2）双泵供油的快速运动回路

这种回路是利用低压大流量泵和高压小流量泵并联为系统供油的，如图 3—214 所示。图中 1 为高压小流量泵，用以实现工作进给运动；2 为低压大流量泵，用以实现快速运动。在快速运动时，液压泵 2 输出的油与单向阀 4 和液压泵 1 输出的油共同向系统供油。在工作进给时，系统压力升高，打开液控顺序阀（卸荷阀）3，使液压泵 2 卸荷，此时单向阀 4 关闭，由液压泵 1 单独向系统供油。溢流阀 5 控制液压泵 1 的供油压力是根据系统所需最大工作压力来调节的，而卸荷阀 3 使液压泵 2 在快速运动时供油，在工作进给时则卸荷，因此它的调定压力应比快速运动时系统所需的压力高，但比溢流阀 5 的调定压力低。

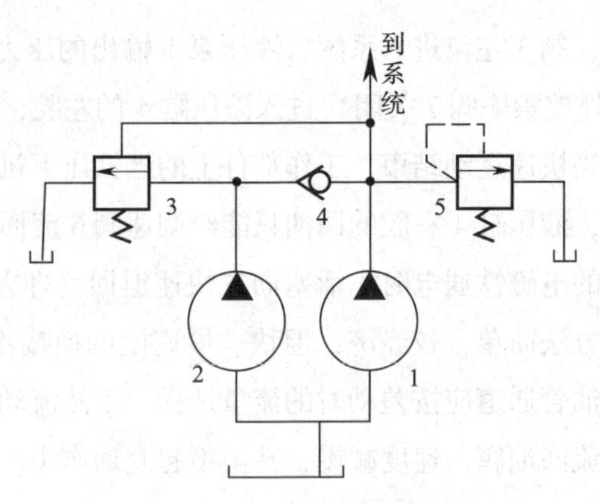

图3—214　双泵供油回路

1—高压小流量泵　2—低压大流量泵　3—液控顺序阀

4—单向阀　5—溢流阀

双泵供油回路功率利用合理，效率高，并且速度换接较平稳，在快、慢速度相差较大的机床中应用很广泛，缺点是要用一个双联泵，油路系统也稍复杂。

二、速度换接回路

速度换接回路用来实现运动速度的变换，即在原来设计好或调节好的几种运动速度中，从一种速度转换成另一种速度。对这种回路的要求是速度换接要平稳，即不允许在速度变换的过程中有前冲（速度突然增加）现象。下面介绍几种回路的换接方法及特点。

1．快速运动和工作进给运动的换接回路

如图3—215所示是用单向行程节流阀换接快速运动（简称快进）和工作进给运动（简称工进）的速度换接回路。在图示位置液压缸3右腔的回油可经行程阀4和换向阀2流回油箱，使活塞快速向右运动。当快速运动到达所需位置时，活塞上挡块压下行程阀4，将其通路关闭，这时液压缸3右腔的回油就必须经过节流阀6流回油箱，活塞的运动转换为工作进给运动（简称工进）。当操纵换向阀2使活塞换向后，压力油可经换向阀2和单向阀5进入液压缸3右腔，使活塞快速向左退回。

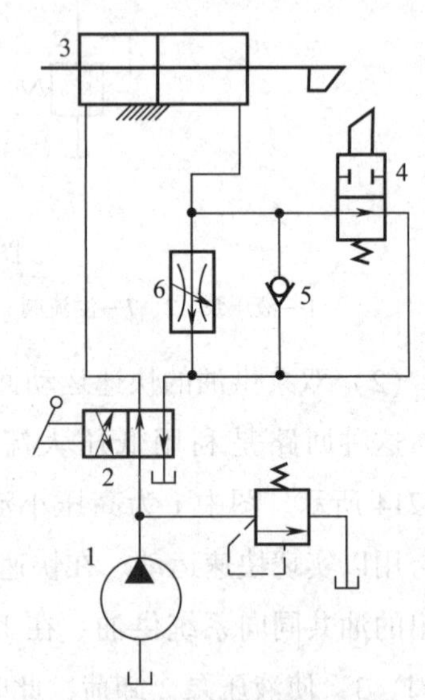

图3—215　用行程节流阀的速度换接回路

1—液压泵　2—换向阀　3—液压缸

4—行程阀　5—单向阀　6—节流阀

在这种速度换接回路中，因为行程阀的通油路是由液压缸活塞的行程控制阀芯移动而逐渐关闭的，所以换接时的位置精度高，冲出量小，运动速度的变换也较平稳。这种回路在机床液压系统中应用较多，它的缺点是行程阀的安装位置受一定限制（要由挡铁压下），所以有时管路连接稍复杂。行程阀也可以用电磁换向阀来代替，这时电磁阀的安装位置不受限制（只需要压下行程开关），但其换接精度及速度变换的平稳性较差。

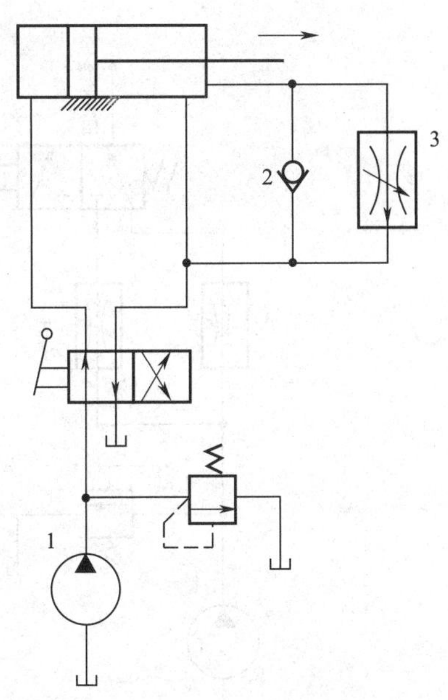

图 3—216　利用液压缸自身结构的速度换接回路

1—油路　2—单向阀　3—节流阀

如图 3—216 所示是利用液压缸自身结构的速度换接回路。在图示位置时，活塞快速向右移动，液压缸右腔的回油经油路 1 和换向阀流回油箱。当活塞运动到将油路 1 封闭后，液压缸右腔的回油需经节流阀 3 流回油箱，活塞则由快速运动变换为工作进给运动。

这种速度换接回路方法简单，换接较可靠，但速度换接的位置不能调整，工作行程也不能过长，以免活塞过宽，所以仅适用于工作情况固定的场合。这种回路也常用作活塞运动到达端部时的缓冲制动回路。

2. 两种工作进给速度的换接回路

对于某些自动机床、注塑机等，需要在自动工作循环中变换两种以上的工作进给速度，这时需要采用两种（或多种）工作进给速度的换接回路。

图 3—217 是两个调速阀并联以实现两种工作进给速度换接的回路。在图 3—217a 中，液压泵输出的压力油经调速阀 3 和电磁阀 5 进入液压缸。当需要第二种工作进给速度时，电磁阀 5 通电，其右位接入回路，液压泵输出的压力油经调速阀 4 和电磁阀 5 进入液压缸。这种回路中两个调速阀的节流口可以单独调节，互不影响，即第一种工作进给速度和第二种工作进给速度之间没有什么限制。但一个调速阀工作时，另一个调速阀中没有油液通过，它的减压阀则处于完全打开的位置，在速度换接开始的瞬间不能起减压作用，容易出现部件突然前冲的现象。

图 3—217b 为另一种调速阀并联的速度换接回路。在这个回路中，两个调速阀始终处于工作状态，在由一种工作进给速度转换为另一种工作进给速度时，不会出现工作部件突然前冲的现象，因而工作可靠。但是，液压系统在工作中总有一定量的油液通过不起调速作用的那个调速阀流回油箱，造成能量损失，使系统发热。

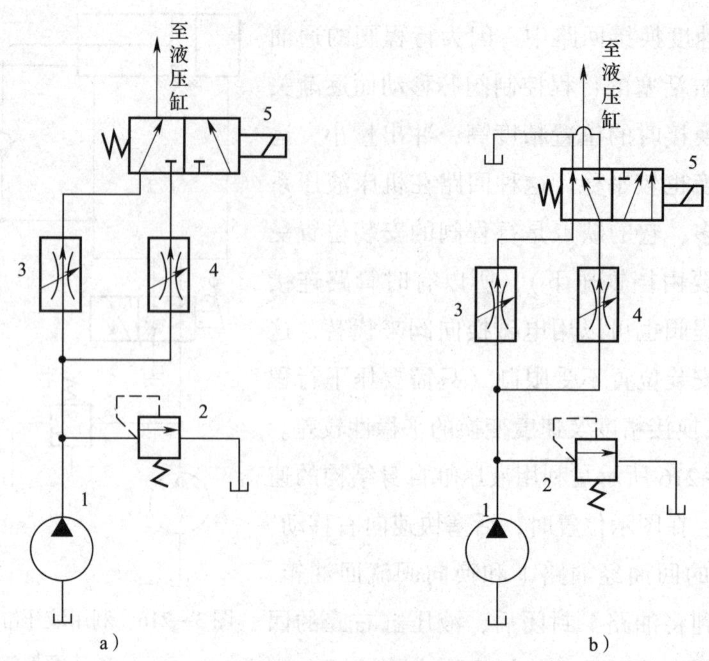

图3—217　两个调速阀并联式速度换接回路

1—液压泵　2—溢流阀　3、4—调速阀　5—电磁阀

如图3—218所示是两个调速阀串联的速度换接回路。图中液压泵输出的压力油经调速阀3和电磁阀5进入液压缸，这时的流量由调速阀3控制。当需要第二种工作进给速度时，阀5通电，其右位接入回路，则液压泵输出的压力油先经调速阀3，再经调速阀4进入液压缸，这时的流量应由调速阀4控制，所以这种如图3—218所示的两个调速阀串联式回路中调速阀4的节流口应调得比调速阀3小，否则速度换接回路将不起作用。这种回路在工作时调速阀3一直工作，它限制着进入液压缸或调速阀4的流量，因此在速度换接时不会使液压缸产生前冲的现象，换接平稳性较好。在调速阀4工作时，油液需经两个调速阀，故能量损失较大。

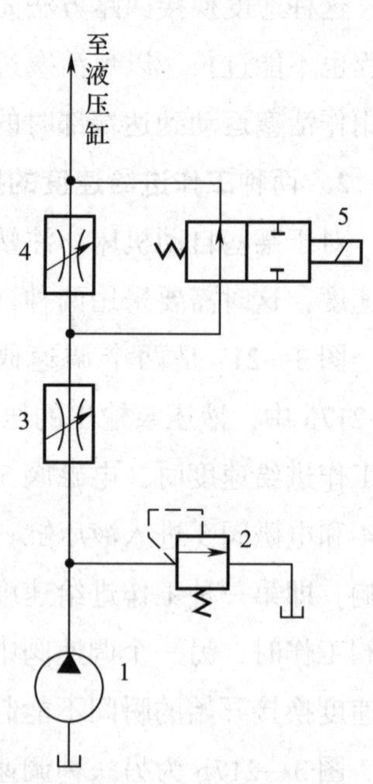

图3—218　两个调速阀串联的速度换接回路

1—液压泵　2—溢流阀　3、4—调速阀　5—电磁阀

3. 压力控制回路

压力控制回路是用压力阀来控制和调节液压系统主油路或某一支路的压力，以满足执行元件速度换接回路所需力或力矩的要求。利用压力控制回路

可实现对系统进行调压（稳压）、减压、增压、卸荷、保压与平衡等各种控制。

（1）调压及限压回路

当液压系统工作时，液压泵应向系统提供所需压力的液压油，同时，又能节省能源，减少油液发热，提高执行元件运动的平稳性。所以，应设置调压回路或限压回路。当液压泵一直工作在系统的调定压力时，就要通过溢流阀调节并稳定液压泵的工作压力。在变量泵系统或旁路节流调速系统中用溢流阀（当安全阀用）限制系统的最高安全压力。当系统在不同的工作时间内需要有不同的工作压力时，可采用二级或多级调压回路。

1）单级调压回路。如图 3—219a 所示，通过液压泵 1 和溢流阀 2 的并联，即可组成单级调压回路。通过调节溢流阀的压力，可以改变泵的输出压力。当溢流阀的调定压力确定后，液压泵就在溢流阀的调定压力下工作，从而实现了对液压系统进行调压和稳压控制。如果将液压泵 1 换为变量泵，这时溢流阀将作为安全阀来使用，液压泵的工作压力低于溢流阀的调定压力，这时溢流阀不工作，当系统出现故障，液压泵的工作压力上升时，一旦压力达到溢流阀的调定压力，溢流阀将开启，并将液压泵的工作压力限制在溢流阀的调定压力之下，使液压系统不至于因压力过载而受到破坏，从而保护了液压系统。

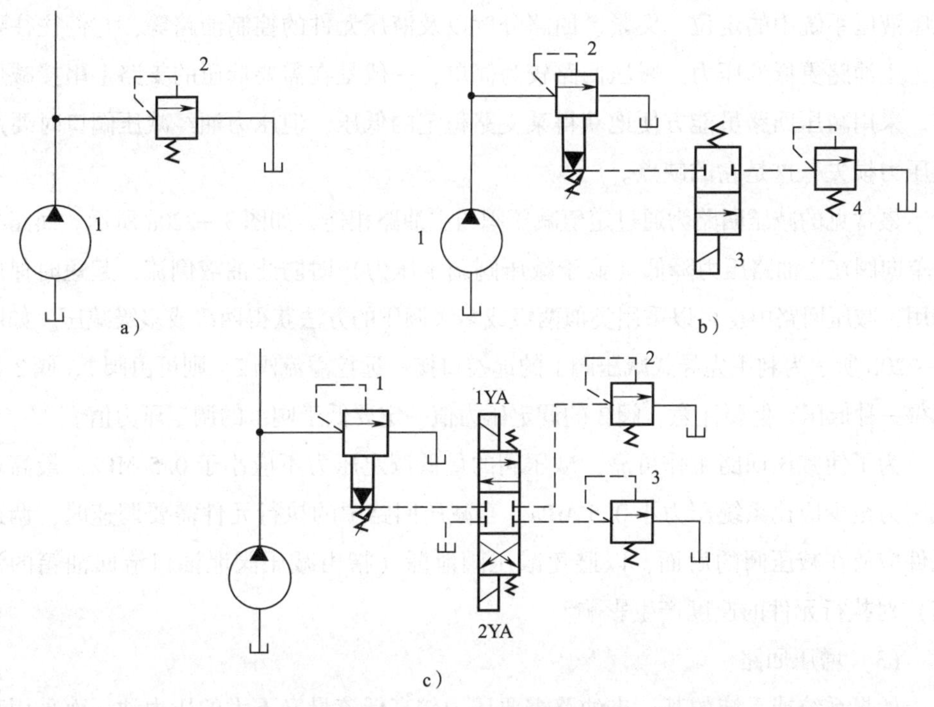

图 3—219　调压及限压回路

a）单级调压回路　b）二级调压回路　c）三级调压回路

2）二级调压回路。如图3—219b所示为二级调压回路，该回路可实现两种不同的系统压力控制。由先导式溢流阀2和直动式溢流阀4各调一级，当二位二通电磁阀3处于图示位置时，系统压力由阀2调定，当阀3得电后处于下位时，系统压力由阀4调定，但要注意，阀4的调定压力一定要小于阀2的调定压力，否则不能实现；当系统压力由阀4调定时，先导式溢流阀2的先导阀口关闭，但主阀开启，液压泵的溢流量经主阀回油箱，这时阀4也处于工作状态，并有油液通过。应当指出，若将阀3与阀4对换位置，则仍可进行二级调压，并且能在二级压力转换点上获得比如图3—219b所示回路更为稳定的压力转换。

3）多级调压回路。如图3—219c所示为三级调压回路，三级压力分别由溢流阀1、2、3调定，当电磁铁1YA、2YA失电时，系统压力由主溢流阀调定。当1YA得电时，系统压力由阀2调定。当2YA得电时，系统压力由阀3调定。在这种调压回路中，阀2和阀3的调定压力要低于主溢流阀的调定压力，而阀2和阀3的调定压力之间没有一定的关系。当阀2或阀3工作时，阀2或阀3相当于阀1上的另一个先导阀。

（2）减压回路

当泵的输出压力是高压而局部回路或支路要求低压时，可以采用减压回路，如机床液压系统中的定位、夹紧、回路分度以及液压元件的控制油路等，它们往往要求比主油路更低的压力。减压回路较为简单，一般是在需要低压的支路上串接减压阀。采用减压回路虽能方便地获得某支路稳定的低压，但压力油经减压阀口时要产生压力损失，这是它的缺点。

最常见的减压回路为通过定值减压阀与主油路相连，如图3—220a所示。回路中的单向阀在主油路压力降低（低于减压阀调定压力）时防止油液倒流，起短时保压作用，减压回路中也可以采用类似两级或多级调压的方法获得两级或多级减压。如图3—220b所示为利用先导式减压阀1的远控口接一远控溢流阀2，则可由阀1、阀2各调得一种低压。但要注意，阀2的调定压力值一定要低于阀1的调定压力值。

为了使减压回路工作可靠，减压阀的最低调定压力不应小于0.5 MPa，最高调定压力至少应比系统压力小0.5 MPa。当减压回路中的执行元件需要调速时，调速元件应放在减压阀的后面，以避免减压阀泄漏（指由减压阀泄油口流回油箱的油液）对执行元件的速度产生影响。

（3）增压回路

如果系统或系统的某一支油路需要压力较高但流量又不大的压力油，而采用高压泵又不经济，或者根本就没有必要增设高压力的液压泵，就常采用增压回路，这

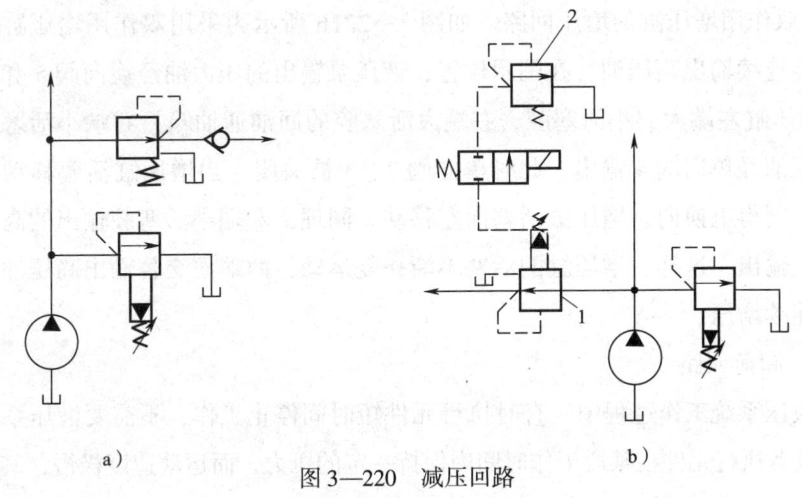

图 3—220　减压回路

a）单向阀式减压回路　b）先导阀式减压回路

1—先导式减压阀　2—远控溢流阀

样不仅易于选择液压泵，而且系统工作较可靠，噪声小。增压回路中提高压力的主要元件是增压缸或增压器。

1）单作用增压缸的增压回路。如图 3—221a 所示为利用单作用增压缸的增压回路，当系统在图示位置工作时，系统的供油压力 p_1 进入增压缸的大活塞腔，此时在小活塞腔即可得到所需的较高压力 p_2；当二位四通电磁换向阀右位接入系统时，增压缸返回，辅助油箱中的油液经单向阀补入小活塞。因而该回路只能间歇增压，所以称为单作用增压回路。

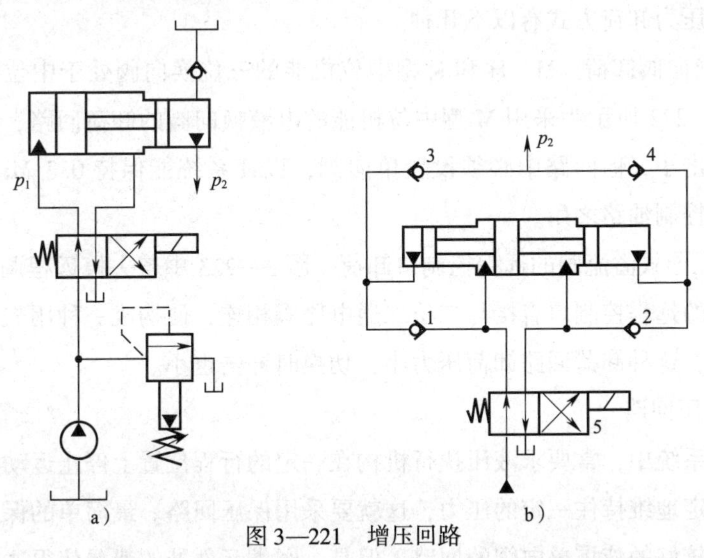

图 3—221　增压回路

a）单作用增压缸的增压回路　b）双作用增压缸的增压回路

1、2、3、4—单向阀　5—换向阀

2）双作用增压缸的增压回路。如图 3—221b 所示为采用双作用增压缸的增压回路，能连续输出高压油，在图示位置，液压泵输出的压力油经换向阀 5 和单向阀 1 进入增压缸左端大、小活塞腔，右端大活塞腔的回油通油箱，右端小活塞腔增压后的高压油经单向阀 4 输出，此时单向阀 2、3 被关闭。当增压缸活塞移动到右端时，换向阀得电换向，增压缸活塞向左移动。同理，左端小活塞腔输出的高压油经单向阀 3 输出，这样，增压缸的活塞不断往复运动，两端便交替输出高压油，从而实现了连续增压。

（4）卸荷回路

在液压系统工作过程中，有时执行元件短时间停止工作，不需要液压系统传递能量，或者执行元件在某段工作时间内保持一定的压力，而运动速度极慢，甚至停止运动，在这种情况下，不需要液压泵输出油液，或只需要很小流量的液压油，于是液压泵输出的压力油全部或绝大部分从溢流阀流回油箱，造成能量的无谓消耗，引起油液发热，使油液加快变质，而且还影响液压系统的性能及泵的寿命。为此，需要采用卸荷回路，即卸荷回路的功用是指在液压泵驱动电动机不频繁启闭的情况下，使液压泵在功率输出接近于零的情况下运转，以减少功率损耗，降低系统发热，延长泵和电动机的寿命。因为液压泵的输出功率为其流量和压力的乘积，因而，两者任一近似为零，功率损耗即近似为零。因此，液压泵的卸荷有流量卸荷和压力卸荷两种，前者主要是使用变量泵，使变量泵仅为补偿泄漏而以最小流量运转，此方法较简单，但泵仍处在高压状态下运行，磨损较严重；压力卸荷的方法是使泵在接近零压下运转。

常见的压力卸荷方式有以下几种。

1）用换向阀卸荷。M、H 和 K 型中位机能的三位换向阀处于中位时，泵即卸荷。如图 3—222 所示为采用 M 型中位机能的电液换向阀的卸荷回路，这种回路切换时压力冲击小，但回路中必须设置单向阀，以使系统能保持 0.3 MPa 左右的压力，供操纵控制油路之用。

2）用先导式溢流阀的远程控制口卸荷。图 3—223 中若去掉远程调压阀，使先导式溢流阀的远程控制口直接与二位二通电磁阀相连，便构成一种用先导式溢流阀的卸荷回路，这种卸荷回路卸荷压力小，切换时冲击也小。

（5）保压回路

在液压系统中，常要求液压执行机构在一定的行程位置上停止运动或在有微小的位移时稳定地维持住一定的压力，这就要采用保压回路。最简单的保压回路是利用密封性能较好的液控单向阀的回路，但是，阀类元件处的泄漏使得这种回路的保压时间不能维持太久。常用的保压回路有以下几种。

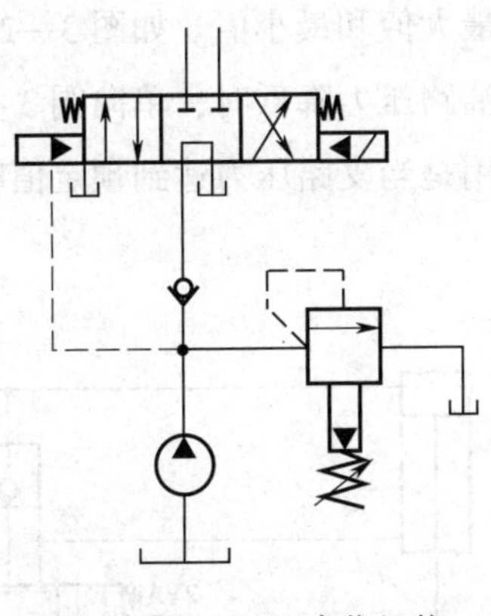

图 3—222　M 型中位机能卸荷回路

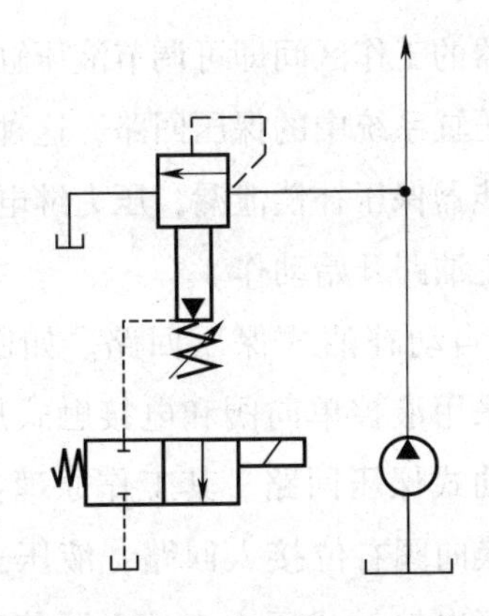

图 3—223　用先导式溢流阀的远程控制口卸荷

1）利用液压泵的保压回路。利用液压泵的保压回路也就是在保压过程中，液压泵仍以较高的压力（保压所需压力）工作，此时，若采用定量泵，则压力油几乎全经溢流阀流回油箱，系统功率损失大，易发热，故只在小功率的系统且保压时间较短的场合下才使用；若采用变量泵，在保压时泵的压力较高，但输出流量几乎等于零，因而，液压系统的功率损失小，这种保压方法能随泄漏量的变化而自动调整输出流量，因而其效率也较高。

2）利用蓄能器的保压回路。如图 3—224a 所示，当主换向阀在左位工作时，液压缸向前运动且压紧工件，进油路压力升高至调定值，压力继电器动作，使二通阀通电，泵即卸荷，单向阀自动关闭，液压缸则由蓄能器保压。液压缸压力不足时，压力继电器复位，使泵重新工作。保压时间的长短取决于蓄能器容量，调节压

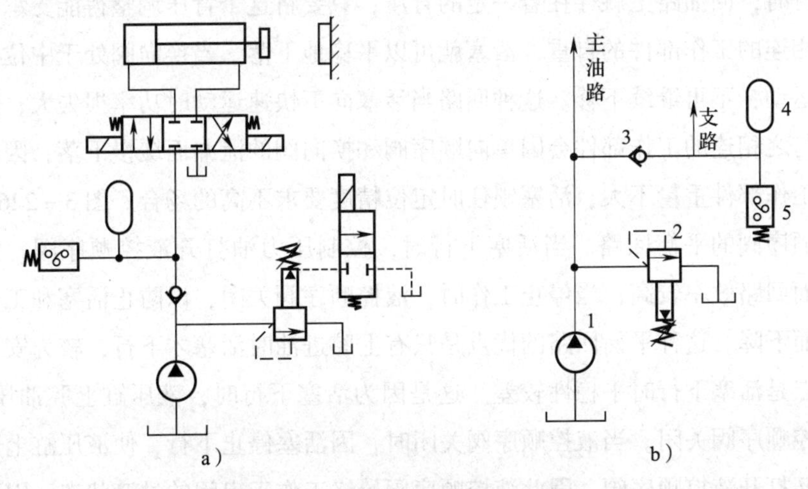

图 3—224　利用蓄能器的保压回路

a）利用蓄能器的保压回路　b）多缸系统中的保压回路

力继电器的工作区间即可调节液压缸中压力的最大值和最小值。如图3—224b所示为多液压缸系统中的保压回路，这种回路当主油路压力降低时，单向阀3关闭，支路由蓄能器保压补偿泄漏，压力继电器5的作用是当支路压力达到预定值时发出信号，使主油路开始动作。

3）自动补油式保压回路。如图3—225所示为采用液控单向阀和电接触式压力表的自动补油式保压回路。其工作原理：当1YA得电，换向阀右位接入回路，液压缸上腔压力上升至电接触式压力表的上限值时，上触点接电，使电磁铁1YA失电，换向阀处于中位，液压泵卸荷，液压缸由液控单向阀保压。当液压缸上腔压力下降到预定下限值时，电接触式压力表又发出信号，使1YA得电，液压泵再次向系统供油，使压力上升。当压力达到上限值时，上触点又发出信号，使1YA失电。因此，这一回路能自动地使液压缸补充压力油，使其压力能长期保持在一定范围内。

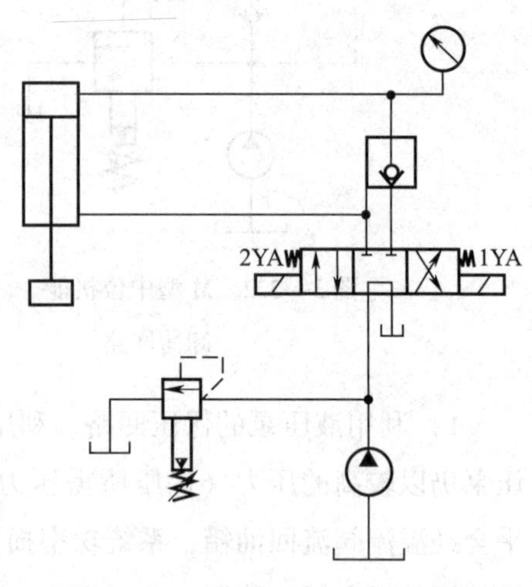

图3—225　自动补油式保压回路

（6）平衡回路

平衡回路的功用在于防止垂直或倾斜放置的液压缸和与之相连的工作部件因自重而自行下落。如图3—226a所示为采用单向顺序阀的平衡回路，当1YA得电后活塞下行时，回油路上就存在着一定的背压；只要将这个背压调整得能支承住活塞和与之相连的工作部件的自重，活塞就可以平稳地下落。当换向阀处于中位时，活塞停止运动，不再继续下移。这种回路当活塞向下快速运动时功率损失大，锁住时活塞和与之相连的工作部件会因单向顺序阀和换向阀的泄漏而缓慢下落，因此它只适用于工作部件重量不大、活塞锁住时定位精度要求不高的场合。图3—226b为采用液控顺序阀的平衡回路。当活塞下行时，控制压力油打开液控顺序阀，背压消失，因而回路效率较高；当停止工作时，液控顺序阀关闭，以防止活塞和工作部件因自重而下降。这种平衡回路的优点是只有上腔进油时活塞才下行，较为安全、可靠；缺点是活塞下行时平稳性较差。这是因为活塞下行时，液压缸上腔油压降低，将使液控顺序阀关闭。当液控顺序阀关闭时，因活塞停止下行，使液压缸上腔油压升高，又打开液控顺序阀。因此液控顺序阀始终工作于启闭的过渡状态，因而影响工作的平稳性。这种回路适用于运动部件重量不大、停留时间较短的液压系统中。

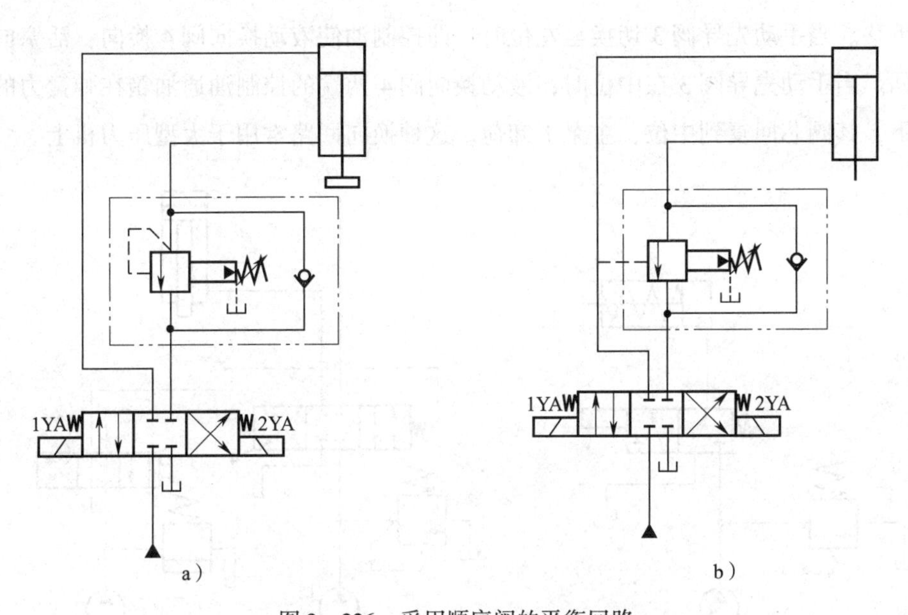

图 3—226　采用顺序阀的平衡回路

a）采用单向顺序阀的平衡回路　b）采用液控顺序阀的平衡回路

4. 方向控制回路

在液压系统中，起控制执行元件的启动、停止及换向作用的回路，称为方向控制回路。方向控制回路分为换向回路和锁紧回路。

(1) 换向回路

运动部件的换向一般可采用各种换向阀来实现。在容积调速的闭式回路中，也可以利用双向变量泵控制油流的方向来实现液压缸（或液压马达）的换向。

对于依靠重力或弹簧返回的单作用液压缸，可以采用二位三通换向阀进行换向，如图 3—227 所示。对于双作用液压缸，一般都可采用二位四通（或五通）及三位四通（或五通）换向阀来进行换向，按不同用途还可选用各种不同控制方式的换向回路。

采用电磁换向阀的换向回路应用最为广泛，尤其在自动化程度要求较高的组合机床液压系统中被普遍采用。对于流量较大和换向平稳性要求较高的场合，电磁换向阀的换向回路已不能适应上述要求，往往采用手动换向阀或机动换向阀作先导阀而以液动换向阀为主阀的换向回路，或者采用电液动换向阀的换向回路。

如图 3—228 所示为手动转阀（先导阀）控制液动换向阀的换向回路。回路中用辅助泵 2 提供低压控制油，通过手动先导阀 3（三位四通转阀）来控制液动换向阀 4 阀芯的移动，实现主油路的换向，当手动先导阀 3 在右位时，控制油进入液动换向阀 4 的左端，右端的油液经手动先导阀回油箱，使液动换向阀 4 左位接入，活塞下移。当手动先导阀3切换至左位时，即控制油使液动换向阀4换向，活塞向上退回。当手动先导阀3在中位时，液动换向阀4两端的控制油通油箱在弹簧力的作用下，其阀芯回复到中位，主泵1卸荷。这种换向回路常用于大型压力机上。

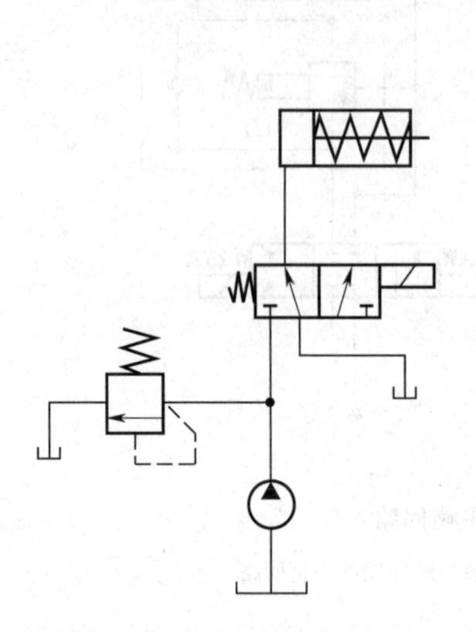

图3—227 采用二位三通换向阀使单作用液压缸换向

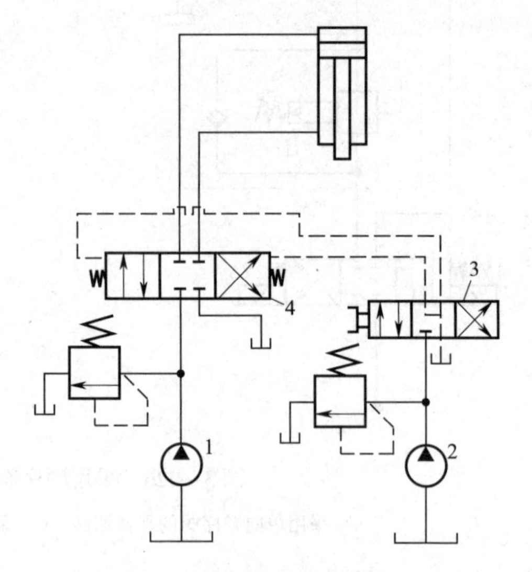

图3—228 先导阀控制液动换向阀的换向回路

1—液压泵 2—辅助泵 3—先导阀 4—液动换向阀

在采用液动换向阀或电液动换向阀的换向回路中，控制油液除了用辅助泵供给外，在一般的系统中也可以把控制油路直接接入主油路。但是，当主阀采用M型或H型中位机能时，必须在回路中设置背压阀，保证控制油液有一定的压力，以控制换向阀阀芯的移动。

在机床夹具、油压机和起重机等不需要自动换向的场合，常采用手动换向阀来进行换向。

（2）锁紧回路

为了使工作部件能在任意位置上停留，以及在停止工作时，防止在受力的情况下发生移动，可以采用锁紧回路。

采用O型或M型机能的三位换向阀，当阀芯处于中位时，液压缸的进、出口都被封闭，可以将活塞锁紧，这种锁紧回路由于受到滑阀泄漏的影响，锁紧效果较差。

如图3—229所示是采用液控单向阀的锁紧回路。在液压缸的进油路、回油路中都串接有液控单向阀（又称液压锁），活塞可以在行程的任何位置锁紧。其锁紧精度只受液压缸内少量的内泄漏影响，因此，锁紧精度较高。采用液控单向阀的锁紧回路中，换向阀的中位机能应使液控单向阀的控制油液卸压（换向阀采用H型或 Y 型），此时，液控单向阀便立即关闭，活塞停止运动。假如采用 O 型机能，换向阀在中位时，由于液控单向阀控制腔的压力油被闭死而不能使其立即关闭，直至换向阀的内泄漏使控制腔泄压后，液控单向阀才能关闭，影响其锁紧精度。

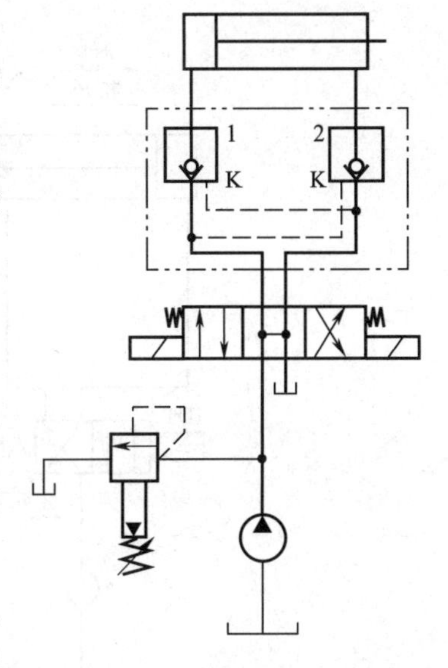

图 3—229　采用液控单向阀的锁紧回路

5. 多缸动作回路

（1）顺序动作回路

在多缸液压系统中，往往需要按照一定的要求顺序动作，如自动车床中刀架的纵、横向运动，夹紧机构的定位和夹紧等。

顺序动作回路按其控制方式不同，分为压力控制、行程控制和时间控制三类，其中前两类用得较多。

1）压力控制的顺序动作回路。压力控制就是利用油路本身的压力变化来控制液压缸的先后动作顺序，它主要利用压力继电器和顺序阀来控制动作顺序。

①压力继电器控制的顺序动作回路。图 3—230 是机床的夹紧、进给系统，要求的动作顺序是先将工件夹紧，然后动力滑台进行切削加工，动作循环开始时，二位四通电磁阀处于图示位置，液压泵输出的压力油进入夹紧缸的右腔，左腔回油，活塞向左移动，将工件夹紧。夹紧后，液压缸右腔的压力升高，当油压超过压力继电器的调定值时，压力继电器发出信号，指令电磁阀的电磁铁 2DT、4DT 通电动力滑动，进给液压缸动作（其动作原理详见速度换接回路）。油路中要求先夹紧后进给，工件没有夹紧则不能进给，这一严格的顺序是由压力继电器保证的。压力继电器的调定压力应比减压阀的调定压力低 $3\times10^5\sim5\times10^5$ Pa。

②顺序阀控制的顺序动作回路。图 3—231 是采用两个单向顺序阀控制的顺序动作回路。其中单向顺序阀 4 控制两液压缸前进的先后顺序，单向顺序阀 3 控制两液压缸后退的先后顺序。当电磁换向阀通电时，压力油进入液压缸 1 的左腔，右腔经单向顺序阀 3 回油，此时由于压力较低，单向顺序阀 4 关闭，液压缸 1 的活塞先动。当液压缸 1 的活塞运动至终点时，油压升高，达到单向顺序阀 4 的调定压力时，顺序阀开启，压力油进入液压缸 2 的左腔，右腔直接回油，液压缸 2 的活塞向右移动。当液压缸 2 的活塞右移到达终点后，电磁换向阀断电复位，此时压力油进入液压缸 2 的右腔，左腔经单向顺序阀 4 回油，使液压缸 2 的活塞向左返回，到达终点时，油压升高，打开顺序阀 3，再使液压缸 1 的活塞返回。

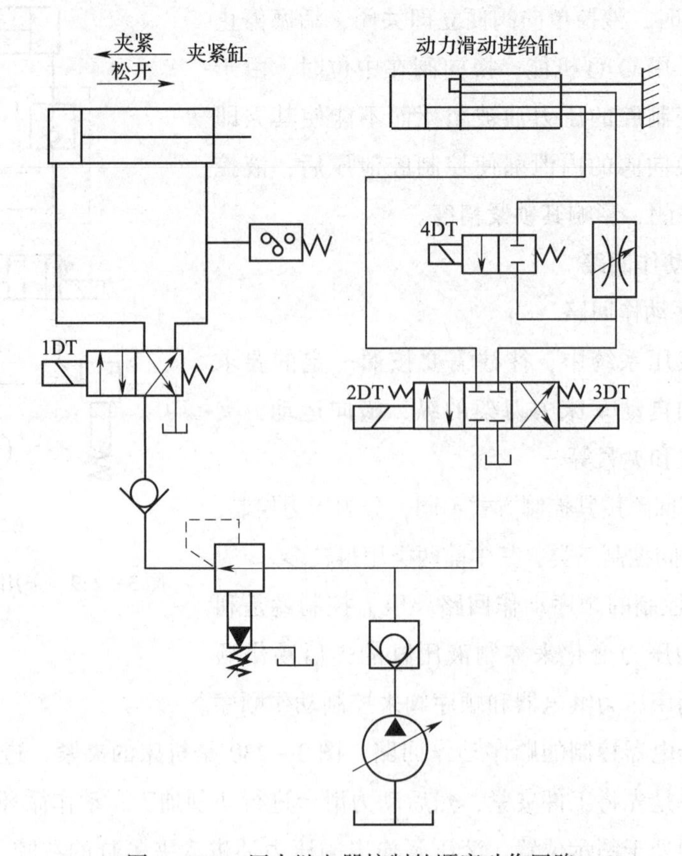

图3—230 压力继电器控制的顺序动作回路

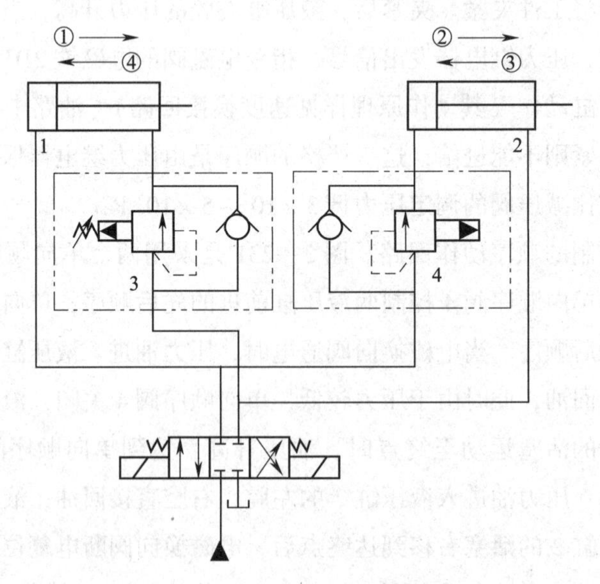

图3—231 顺序阀控制的顺序动作回路

1、2—液压缸 3、4—顺序阀

这种顺序动作回路的可靠性在很大程度上取决于顺序阀的性能及其压力调定值。顺序阀的调定压力应比先动作的液压缸的工作压力高 $8\times10^5\sim10\times10^5$ Pa，以免在系统压力波动时，发生误动作。

2）行程控制的顺序动作回路。行程控制的顺序动作回路是利用工作部件到达一定位置时，发出信号来控制液压缸的先后动作顺序，它可以利用行程开关、行程阀或顺序缸来实现。

图 3—232 是利用电气行程开关发信号来控制电磁阀先后换向的顺序动作回路。其动作顺序是按启动按钮，电磁铁 1DT 通电，液压缸 1 活塞右行；当挡铁触动行程开关 2XK 时，2DT 通电，液压缸 2 活塞右行；液压缸 2 活塞右行至行程终点时，触动 3XK，使 1DT 断电，液压缸 1 活塞左行；而后触动 1XK，使 2DT 断电，液压缸 2 活塞左行。至此完成了液压缸 1、2 全部顺序动作的自动循环。采用电气行程开关控制的顺序回路，调整行程大小和改变动作顺序均特别方便，且可利用电气互锁使动作顺序可靠。

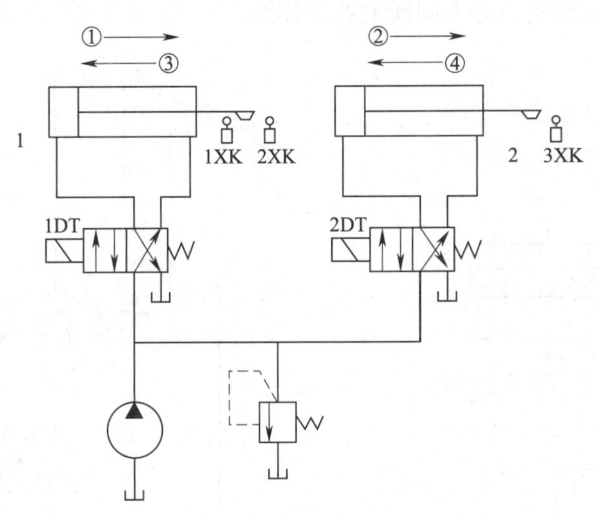

图 3—232　电气行程开关控制的顺序动作回路

1、2—液压缸

（2）同步回路

使两个或两个以上的液压缸在运动中保持相同位移或相同速度的回路称为同步回路。在一泵多缸的系统中，尽管液压缸的有效工作面积相等，但是由于运动中所受负载不均衡，摩擦阻力也不相等，泄漏量不同以及制造上有误差等，不能使液压缸同步动作。同步回路的作用就是为了克服这些影响，补偿它们在流量上所造成的变化。

1）串联液压缸的同步回路。图 3—233 是串联液压缸的同步回路。图中第一个液压缸回油腔排出的油液被送入第二个液压缸的进油腔。如果串联油腔活塞的有效面积相等，便可实现同步运动。这种回路中两缸能承受不同的负载，但泵的供油压力要大于两缸工作压力之和。

由于泄漏和制造误差，影响了串联液压缸的同步精度，当活塞往复多次后，会产生严重的失调现象，为此要采取补偿措施。图 3—234 是两个单作用缸串联并带有补偿装置的同步回路。为了达到同步运动，液压缸 1 有杆腔 A 的有效面积应与液压缸 2 无杆腔 B 的有效面积相等。在活塞下行的过程中，如果液压缸 1 的活塞先运动到底，触动行程开关 1XK 发出信号，使电磁铁 1DT 通电，此时压力油便经过二位三通电磁阀 3、液控单向阀 5 向液压缸 2 的 B 腔补油，使液压缸 2 的活塞继续运动到底。如果液压缸 2 的活塞先运动到底，触动行程开关 2XK，使电磁铁 2DT 通电，此时压力油便经二位三通电磁阀 4 进入液控单向阀的控制油口，液控单向阀 5 反向导通，使液压缸 1 能通过液控单向阀 5 和二位三通电磁阀 3 回油，使液压缸 1 的活塞继续运动到底，对失调现象进行补偿。

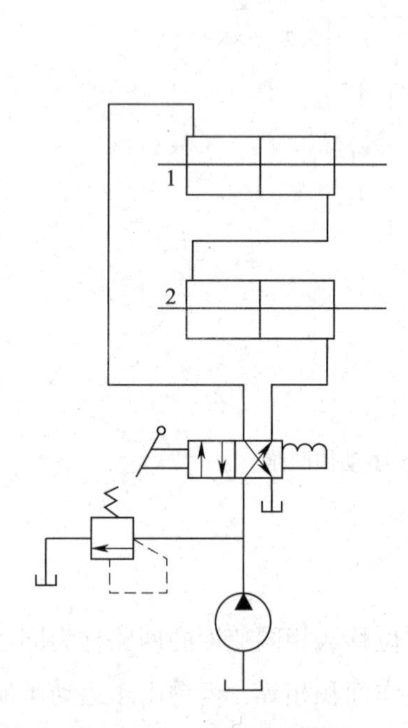

图 3—233　串联液压缸的同步回路

1、2—液压缸

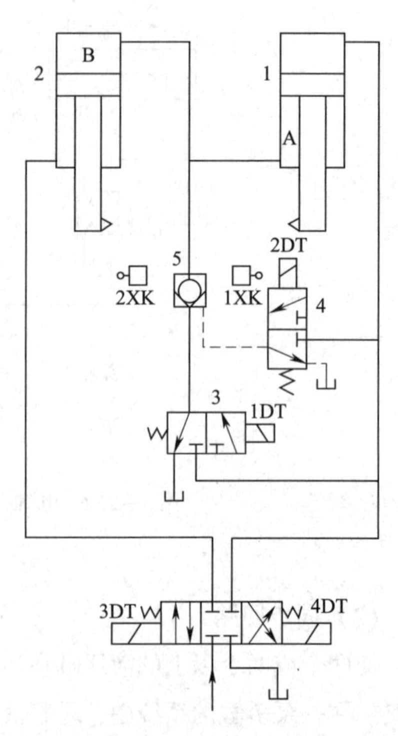

图 3—234　补偿的串联液压缸同步回路

1、2—液压缸　3、4—二位三通电磁阀　5—液控单向阀

2）流量控制的同步回路

①调速阀控制的同步回路。如图 3—235 所示是两个并联的液压缸分别用调速阀控制的同步回路。两个调速阀分别调节两液压缸活塞的运动速度，当两液压缸有效面积相等时，则流量也调整得相同；当两液压缸面积不相等时，则改变调速阀的流量也能达到同步运动。

调速阀控制的同步回路结构简单，并且可以调速，但是由于受到油温变化以及调速阀性能差异等影响，同步精度较低，一般为5% ~7%。

②电液比例调速阀控制的同步回路。如图 3—236 所示为用电液比例调速阀实现同步运动的回路。回路中使用了一个普通调速阀 1 和一个比例调速阀 2，它们装在由多个单向阀组成的桥式回路中，并分别控制着液压缸 3 和液压缸 4 的运动。当两个活塞出现位置误差时，检测装置就会发出信号，调节比例调速阀 2 的开度，使液压缸 4 的活塞跟上液压缸 3 活塞的运动而实现同步。

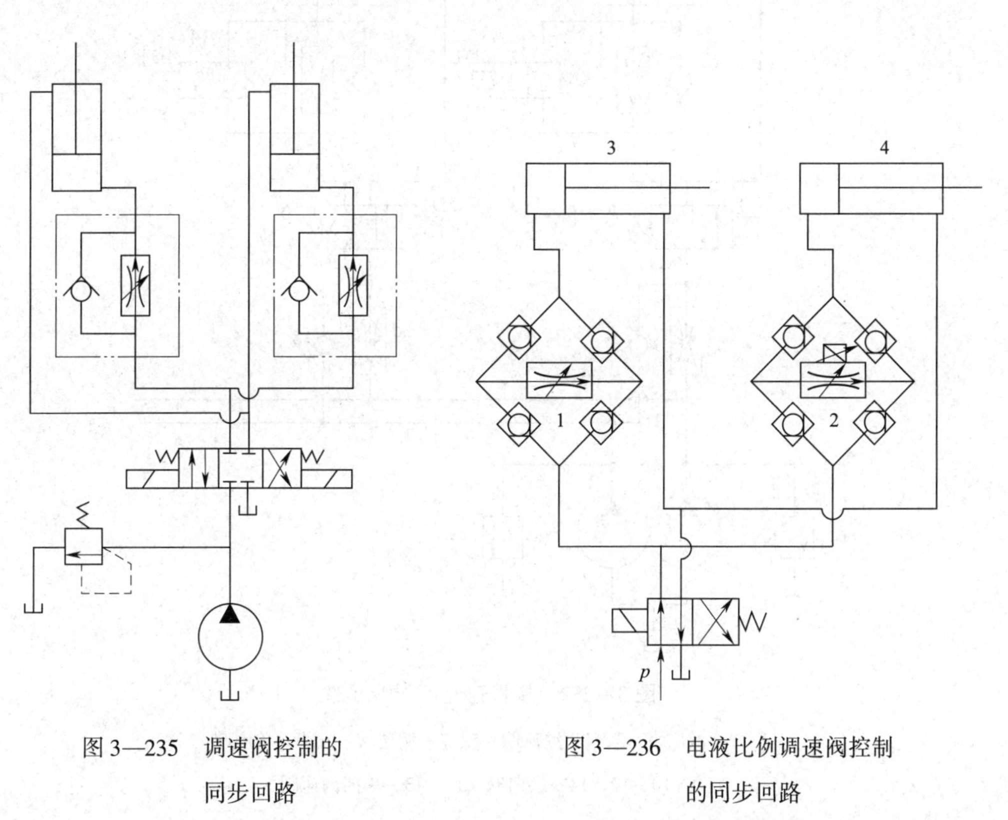

图 3—235　调速阀控制的同步回路

图 3—236　电液比例调速阀控制的同步回路

1—普通调速阀　2—比例调速阀　3、4—液压缸

这种回路的同步精度较高，位置精度可达 0.5 mm，已能满足大多数工作部件所要求的同步精度。比例阀性能虽然比不上伺服阀，但费用低，系统对环境的适应

性强，因此，用它来实现同步控制被认为是一个新的发展方向。

（3）快慢速互不干涉回路

在一泵多缸的液压系统中，往往由于其中一个液压缸快速运动时会造成系统压力的下降，影响其他液压缸工作进给的稳定性。因此，在工作进给要求较稳定的多缸液压系统中，必须采用快慢速互不干涉回路。

在如图3—237所示的回路中，各液压缸分别要完成快速前进、工作进给和快速退回的自动循环。回路采用双泵的供油系统，液压泵1为高压小流量泵，供给各液压缸工作进给所需的压力油；液压泵2为低压大流量泵，为各液压缸快进或快退时输送低压油，它们的压力分别由溢流阀3和4调定。

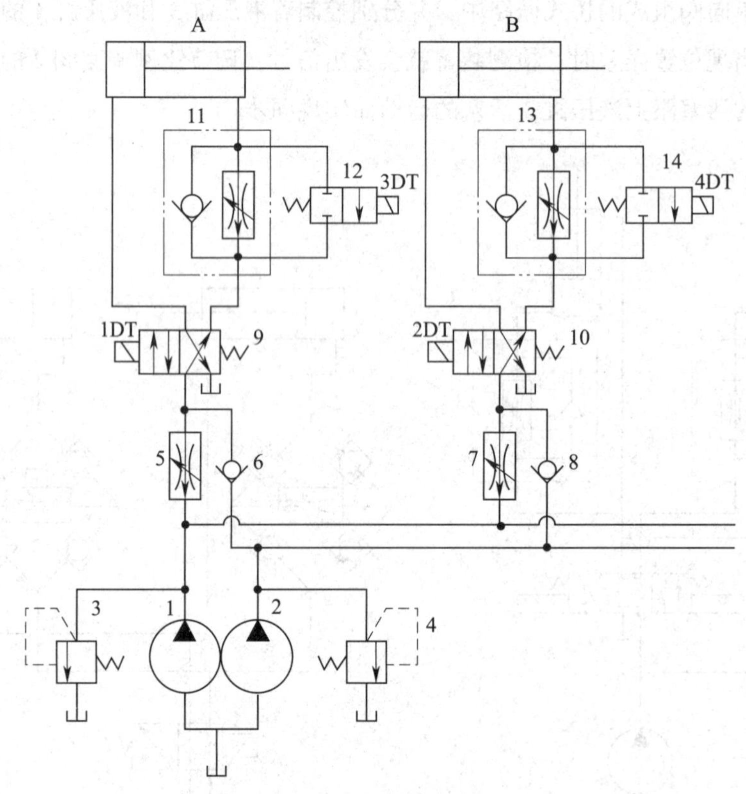

图3—237　快慢速互不干涉回路

1、2—液压泵　3、4—溢流阀　5、7—调速阀　6、8—单向阀

9、10、12、14—换向阀　11、13—单向调速阀

当开始工作时，电磁阀1DT、2DT和3DT、4DT同时通电，液压泵2输出的压力油经单向阀6和8进入液压缸的左腔，此时两液压泵供油使各活塞快速前进。当电磁铁3DT、4DT断电后，由快进转换成工作进给，单向阀6和8关闭，

工作进给所需压力油由液压泵 1 供给。如果其中某一液压缸（如液压缸 A）先转换成快速退回，即换向阀 9 失电换向，液压泵 2 输出的油液经单向阀 6、换向阀 9 和单向调速阀 11 的单向元件进入液压缸 *A* 的右腔，左腔经换向阀回油，使活塞快速退回。

而其他液压缸仍由液压泵 1 供油，继续进行工作进给。这时，调速阀 5（或 7）使液压泵 1 仍然保持溢流阀 3 的调定压力，不受快退的影响，防止了相互干扰。在回路中调速阀 5 和 7 的调定流量应适当大于单向调速阀 11 和 13 的调定流量，这样，工作进给的速度由阀 11 和 13 来决定，这种回路可以用在多个工作部件各自分别运动的机床液压系统中。换向阀 10 用来控制液压缸 *B* 换向，换向阀 12、14 分别控制液压缸 A、B 快速进给。

三、液压系统中的流量调整方法

液压系统流量控制的目的是控制执行元件的运动速度。因此液压系统流量控制回路又常称为速度控制回路或调速回路。其基本调速原理为控制输入或排出执行元件的流量 q，达到调速目的。

对于直线运动的液压缸，采用流量控制阀或变量液压泵都可以改变输入或输出液压缸的流量而实现调速。对于液压马达，改变输入流量 q 或液压马达排量 V_m 均能实现调速。

1. 流量阀的结构分析

液压系统中的控制元件通过控制、调节液压系统中的流向、压力和流量，使执行元件获得所需的运动方向、推力和速度等，以满足不同的动作要求。流量控制阀主要有节流阀和调速阀两大类。

(1) 节流阀

流量控制阀是通过改变节流口面积的大小，从而改变通过阀的流量。在液压系统中，流量阀的作用是对执行元件的运动速度进行控制。

如图 3—238b 所示为一种普通节流阀的结构。这种节流阀的节流通道呈轴向三角槽式。油液从进油口 P_1 流入，经孔道 a 和阀芯 1 左端的三角槽进入孔道 b，再从出油口 P_2 流出。调节手柄 3 就能通过推杆 2 使阀芯 1 做轴向移动，改变节流口的流通面积来调节流量。阀芯 1 在弹簧 4 的作用下始终贴紧在推杆 2 上。

普通节流阀的流量仅靠一个节流口调节，其流量的稳定性受压力和温度影响较大。

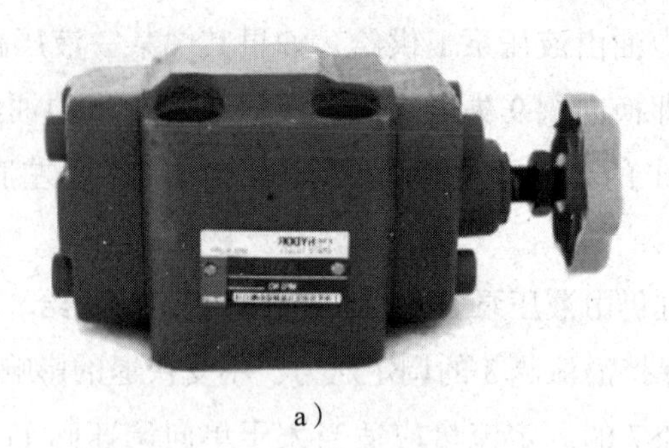

a）

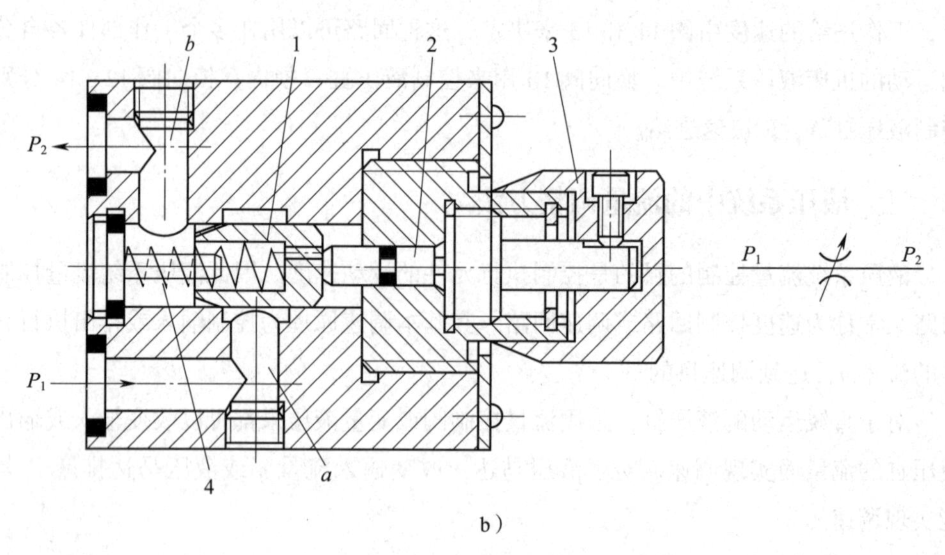

b）

图3—238 L形节流阀

a）L形节流阀 b）L形节流阀结构图

1—阀芯 2—推杆 3—手柄 4—弹簧

1）针阀式节流口（见图3—239a）。其节流口的截面形式为环形缝隙。当改变阀芯轴向位置时，流通面积发生改变。此节流口的特点是结构简单，易于制造，但水力半径小，流量稳定性差，适用于对节流性能要求不高的系统。

2）偏心式节流口（见图3—239b）。它是在阀芯圆周上铣出一条三角形截面（或矩形截面）的偏心槽，利用阀芯的转动来调节通流面积的大小。这种节流口水力半径较针阀式节流口大，流量稳定性较好，但在阀芯上有径向不平衡力，使阀芯转动费力，一般用于低压系统。

3）轴向三角槽式节流口（见图3—239c）。在阀芯断面上开有两个轴向三角槽，当轴向移动阀芯时，三角槽与阀体间形成的节流口面积发生变化。这种节流口工艺性好，径向力平衡，水力半径较大，调节方便，广泛应用于各种流量控制阀中。

4）周向缝隙式节流口（见图 3—239d）。为得到薄壁孔的效果，在阀芯内孔局部铣出一薄壁区域，然后在薄壁区开出一周向缝隙。此节流口形状近似矩形，通流性能较好，由于接近于薄壁孔，其流量稳定性也较好。

5）轴向缝隙式节流口（见图 3—239e）。此节流口的形式为在阀套外壁铣削出一薄壁区域，然后在其中间开一个近似梯形的窗口（见图 3—239e）。由于更接近于薄壁孔，通流性能较好，这种节流口为目前最好的节流口之一，用于要求较高的节流阀上。

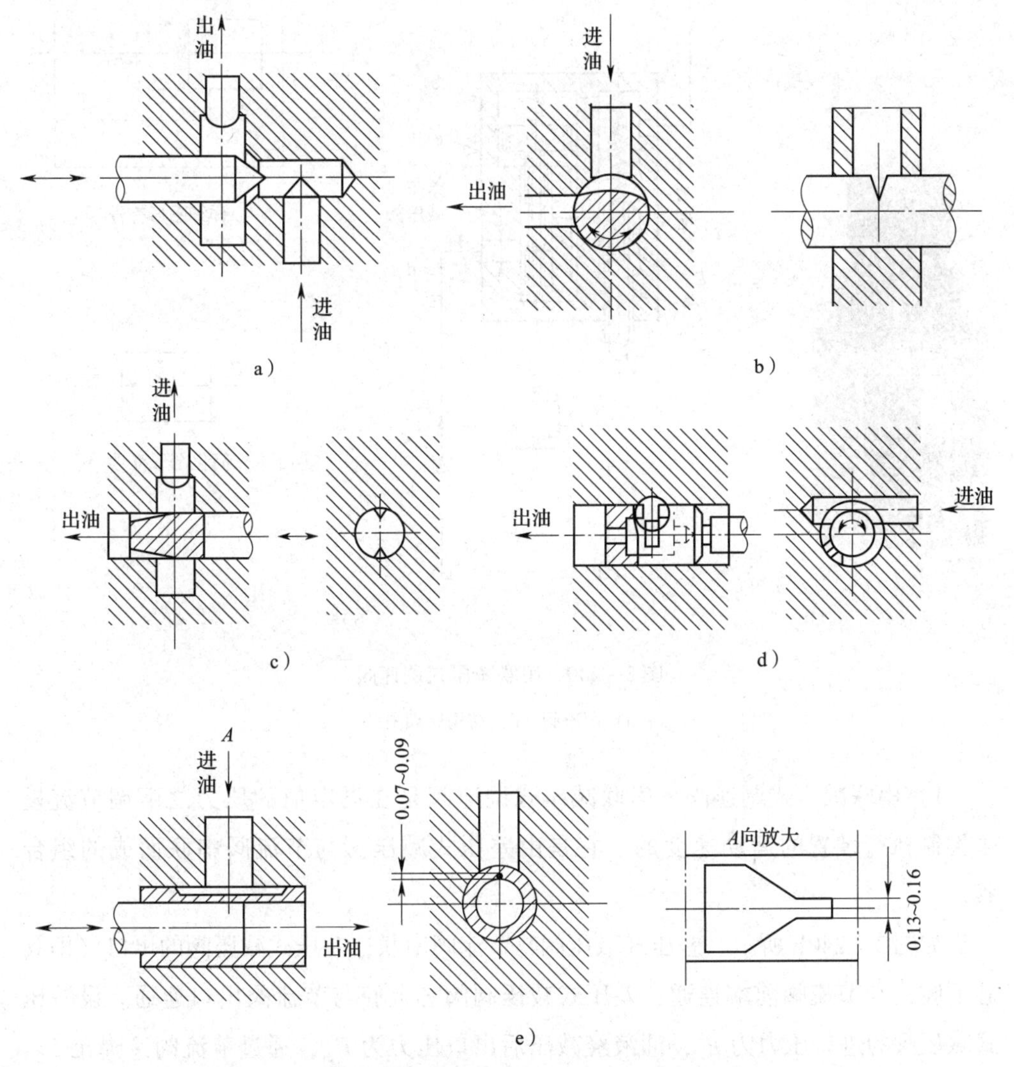

图 3—239 节流阀的形式

a）针阀式节流口 b）偏心式节流口 c）轴向三角槽式节流口

d）周向缝隙式节流口 e）轴向缝隙式节流口

（2）调速阀

调速阀（见图 3—240a）在载荷压力变化时能保持节流阀的进出口压差为定值。这样，在节流口面积调定以后，不论载荷压力如何变化，调速阀都能保持通过节流阀的流量不变，从而使执行元件的运动速度稳定。

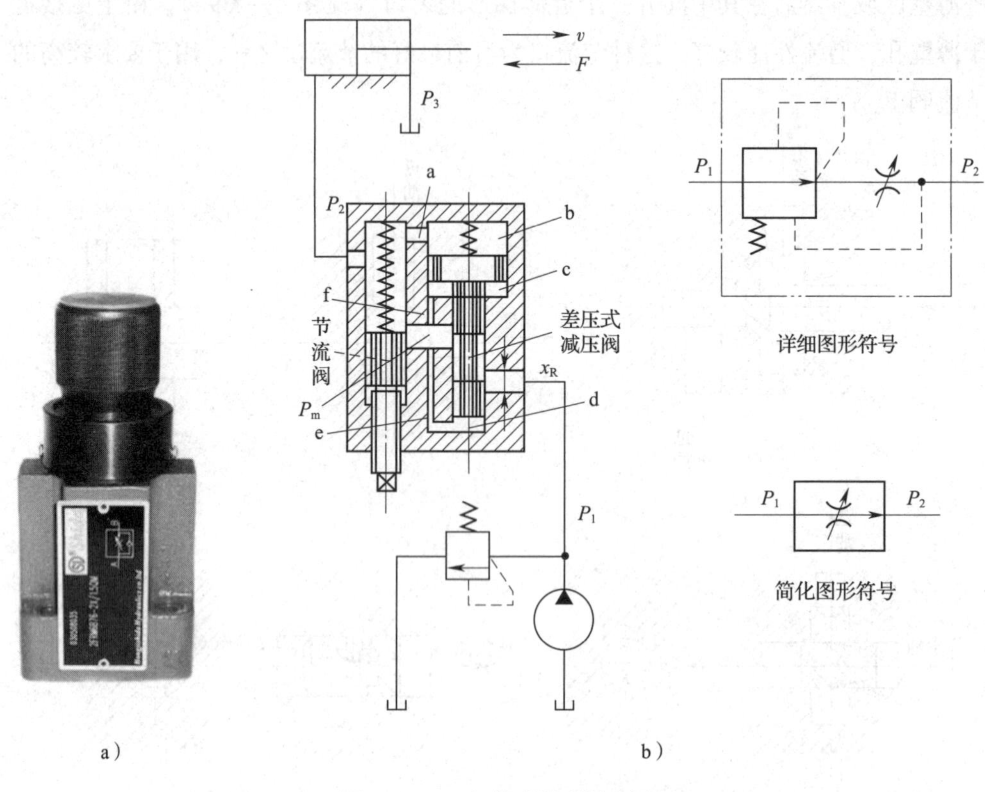

图 3—240　串联减压式调速阀

a）调速阀　b）结构原理图

1）串联减压式调速阀。串联减压式调速阀是在设定值的压力之下调节流量来控制执行装置的运动速度的。它是由差压式减压阀与节流阀串联而成的组合阀。

如图 3—240b 所示，差压式减压阀与节流阀串联，差压式减压阀的出口（即阀芯下腔）与节流阀前端连通，差压式减压阀阀芯上腔与节流阀出口连通。设差压式减压阀的进口压力为 P_1，油液经减压后出口压力为 P_m，通过节流阀又降至 P_2，进入液压缸。P_2 的大小由液压缸负载 F 决定。负载 F 变化，则 P_2 和调速阀两端压差（P_1-P_2）随之变化，但节流阀两端压差（P_m-P_2）却不变。

2）温度补偿调速阀。普通调速阀的流量虽然已能基本上不受外部载荷变化的影响，但是当流量较小时，节流口的通流面积较小，这时节流孔的长度与通流断面水力半径的比值相应地增大，因而油的黏度变化对流量变化的影响也增大，所以当油温升高后油的黏度变小时，流量仍会增大。

为了减小温度对流量的影响，常采用带温度补偿的调速阀。温度补偿调速阀也是由减压阀和节流阀两部分组成的。减压阀部分的原理和普通调速阀相同。节流阀部分在结构上采取了温度补偿措施，如图 3—241 所示，其特点是节流阀的芯杆（即温度补偿杆）2 由热膨胀系数较大的材料（如聚氯乙烯塑料）制成，当油温升高时，芯杆热膨胀，使节流阀口关小，正好能抵消由于黏性降低使流量增加的影响。

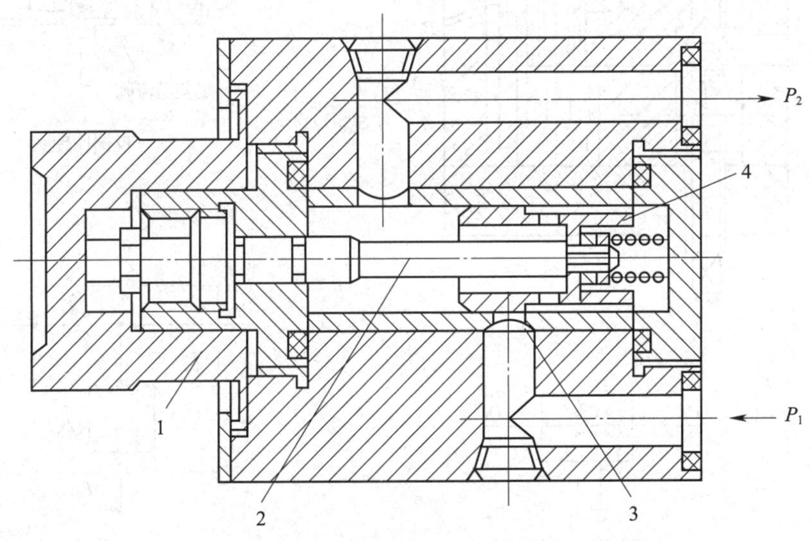

图 3—241　温度补偿调速阀结构图

1—手柄　2—温度补偿杆　3—节流口　4—节流阀芯

3）溢流节流阀。溢流节流阀与负载相并联，采用并联溢流式流量负反馈，是由定差溢流阀和节流阀并联组成的组合阀。节流阀充当流量传感器，节流阀口不变时，通过自动调节起定差作用的溢流口的溢流量来实现流量负反馈，从而稳定节流阀前、后的压差，保持其流量不变。与调速阀一样，节流阀（传感器）前、后压差基本不变；调节节流阀口时，可以改变流量的大小。溢流节流阀能使系统压力随负载变化，没有调速阀中减压阀口的压差损失，功率损失小，是一种较好的节能元件，但流量稳定性略差一些，尤其在小流量工况下更为明显。因此溢流节流阀一般用于对速度稳定性要求相对较高而且功率较大的进油路节流调速系统。

如图3—242所示为溢流节流阀的结构图和图形符号。溢流节流阀有一个进油口P_1、一个出油口P_2和一个溢流口T，因而有时也称为三通流量控制阀。来自液压泵的压力油，一部分经节流阀进入执行元件，另一部分则经溢流阀流回油箱。节流阀的入口压力为P_1，出口压力为P_2，P_1和P_2分别作用于溢流阀阀芯的两端，与上端的弹簧力相平衡。

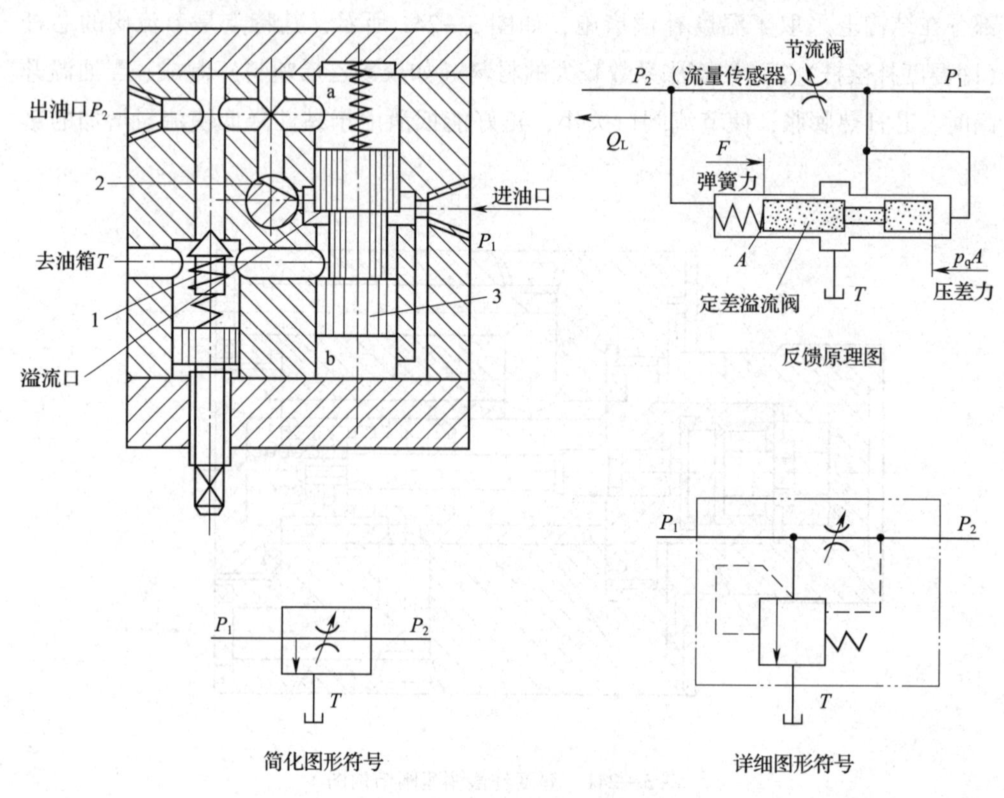

图3—242　溢流节流阀结构图

1—安全阀　2—节流阀　3—溢流阀

节流阀口前、后压差即为溢流阀阀芯两端的压差，溢流阀阀芯在液压作用力和弹簧力的作用下处于某一平衡位置。当执行元件负载增大时，溢流节流阀的出口压力P_2增大，于是作用在溢流阀阀芯上端的油压力也增大，使阀芯下移，溢流口减小，溢流阻力增大，导致液压泵出口压力P_1增大，作用于溢流阀阀芯下端的油压力也随之增大，从而使溢流阀阀芯两端受力恢复平衡，节流阀口前、后压差（P_1-P_2）基本保持不变，通过节流阀进入执行元件的流量可保持稳定，而不受负载变化的影响。这种溢流节流阀上还附有安全阀，以免系统过载。

2. 流量阀的调整

液压系统中，流量控制是通过流量控制阀改变节流口面积的大小，对执行元件的运动速度进行控制，使执行元件获得所需的运动方向、推力和速度等。所以控制元件的调整对液压系统工作回路保持稳定有影响。

系统流量调试（执行机构调速）。

（1）液压马达的转速调试

液压马达在投入运转前，应和工作机构脱开。在空载状态下先点动，再从低速到高速逐步调试，并注意空载排气，然后反向运转。同时应检查壳体温升和噪声是否正常。待空载运转正常后再停机，将马达与工作机构连接；再次启动液压马达，并从低速至高速进行负载运转。如果出现低速爬行现象，可检查工作机构的润滑是否充分，系统排气是否彻底或有无其他机械干扰。

（2）液压缸的速度调试

速度调试应逐个回路（是指带动和控制一个机械机构的液压系统）进行，在调试一个回路时，其余回路应处于关闭（不通油）状态。调节速度时必须同时调整好导轨的间隙和液压缸与运动部件的位置精度，不致使传动部件发生过紧和卡住现象。如果液压缸内混有空气，速度就不稳定，在调试过程中打开液压缸的排气阀，排除滞留在液压缸内的空气，对于不设排气阀的液压缸，必须使液压缸来回运动数次，同时在运动时适当旋松回油腔的管头，见到油液从螺纹连接处溢出后再旋紧管接头。

（3）在调速过程中应同时调整缓冲装置，直至满足该液压缸所带机构的平稳性要求。如果液压系统的缓冲装置为不可调型，则需将该缓冲装置拆下，在试验台上调试处理合格后再装机调试。

（4）双液压缸同步回路在调速时，应先将两液压缸调整到相同起步位置，再进行速度调试。

（5）速度调试应在正常油压与正常油温下进行。对速度平稳性要求高的液压系统，应在受载状态下，观察其速度变化情况。速度调试完毕后，调节各液压缸的行程位置、程序动作和安全联锁装置。各项指标均达到设计要求后，方能进行试运转。

四、液压油的选用知识

液压油用于液压传动系统中作中间介质，起传递和转换能量的作用，同时还起着液压系统内各部件间的润滑、防腐蚀、冷却、冲洗等作用。

1．选择液压油的原则

（1）液压元件

液压元件对所用液压油都有一个最低的配置要求，因此选择液压油时，应注意液压元件种类及其使用的材质、密封件、涂料或油漆等与液压油的相容性，保证各运动副润滑良好，使元件达到设计寿命，满足使用性能的要求。

液压泵是对液压油的黏度和黏温性能最敏感的元件之一，因此，常将系统中液压泵对液压油的要求作为选择液压油的重要依据（有伺服阀的系统除外）。

（2）系统工况

如果对执行机构速度、系统压力和机构动作精确度的要求越高，则对液压油的耐磨性和承载能力等的要求也越高。

根据系统可能的工作温度、连续运转时间和工作环境的卫生情况等，选油时需注意油的黏度、高温性能和热稳定性，以减少油泥等的形成和沉积。

（3）油箱大小

油箱越小，对油的抗氧化安定性、极压抗磨性、空气释放性和过滤性等要求就越高。

（4）环境温度

针对在地下、水上、室内、室外、寒区或是处于温度变化的严寒区，以及附近有无高温热源或明火等环境温度特点，合理选用液压油。若附近无明火，工作温度在60℃以下，承载较轻，可选用普通液压油，如果设备需在很低的温度下启动，则需选用低凝液压油。

（5）液压油的最后确定

液压油初步选定后，还需注意核查其货源、黏度、质量、使用特点、适用范围，以及与系统和元件材料的相容性，看各项指标是否能完全满足使用要求。

（6）经济性

要综合考虑液压油的价格、使用寿命、液压系统的维护、安全运行周期等情况，着眼于经济效益好的品牌。

2．油液的检查与保养

（1）油液的检查

1）含水量检查。将2～3 mL油倒入一支试管中，静置几分钟，使气泡消失，然后对油加热（如用酒精灯），同时在试管口顶端注意倾听是否有水蒸气轻微的“嘭嘭”声，如果有，则说明油中含有水。

一般没有条件进行系统油液含水量的检查时，最简单的检查办法是等整机静置一夜后，将油箱底部放油螺塞打开，放出少许油液到一个容器里，现场观察油液中是否含有水分。

2）气味和外观检查。将未用过的油和用过的油各一份在相同的温度和玻璃皿中进行比较，如果油的颜色差别很大或有特殊的气味，说明用过的油已变质，需更换。如果两种油样的颜色和气味无明显差别，此时可将两种油样同时放置一个晚上，若装有已用过油的容器底部出现沉淀，则系统中的油液就必须经过细滤油器过滤，并清洗油箱。

（2）油液的保养

1）开机前检查油位，检查各油路是否处于正确的待机状态。

2）机器空载运转 5 min 左右，检查液压油中是否有气泡存在，空载时出现气泡属正常，等气泡消失后才能允许机器作业。

（3）密切注意油的温度

当机器工作一段时间后，如果油温偏高，最好能停机检查，待油温正常后再重新工作，以延长系统与油的使用寿命。

（4）注意液压系统的各种参数数值是否正常

还需注意系统外部特征——声响。若系统中进气、有水或油路不畅等，都会发出异响。同时仪表的读数波动显示很不正常，此时应及时停机、排查。

（5）定期清洗滤油器

将油中杂质颗粒过滤，将其控制在规定的范围内。

（6）定期更换液压油

按照机器说明书的要求定期更换液压油，同时更换滤油器，有条件检测的，应根据其结果判定是否换油；还可以根据机器使用场地和系统要求来制定换油周期，并将换油周期纳入设备技术档案。

换油时的注意事项如下。

1）新油与旧油应为同一牌号、同一规格。

2）换油前，应将旧油全部放完并冲洗干净，对于阀体、液压缸等处放不出又冲洗不到的地方，可将回油管路拆开后放入清洗油桶，等加入新油后，采用在最低点排油的方式，使新油将旧油置换出来，原则是注入的新油要经不低于系统过滤精度的滤油器过滤。

3）若确实无条件，应在加入新油运行 1 h 左右后，清洗系统中的滤油器；机器经换新油空载运转后，应再次检查油位，必要时添加新油。

4）换油时，检查排放的液压油是否有金属屑，这有助于故障的及早发现；认真清洗油箱和油路；换油时应清洗、更换液压油回油滤芯。

5）加油时避免混进灰尘或水，必须使用金属滤网。

6）由于润滑油性质和液压油不一样，切忌用机油替代液压油。

3. 液压油牌号的选择

在已选定液压油品种的情况下，进一步选择液压油的牌号，最先考虑的应是液压油的黏度。如果黏度太低，会使泄漏增加，从而降低效率，降低润滑性，增加磨损；如果液压油的黏度太高，液体流动的阻力就会增加，磨损增大，液压泵的吸油阻力增大，易产生吸空现象（也称空穴现象，即油液中产生气泡的现象）和噪声。因此，合理选择液压油的黏度时要注意以下几点。

（1）工作压力

液压系统工作压力较高时，应采用较高黏度的液压油；反之，则采用较低黏度的液压油。

（2）运动速度

液压系统工作部件运动速度较高时，为了减少功率损失，应采用黏度较低的液压油；反之，采用较高黏度的液压油。

（3）液压泵的类型

在液压系统中，不同的液压泵对润滑的要求不同，选择液压油时应考虑液压泵的类型及其工作环境，见表 3—47。

表 3—47　　不同液压系统类型对应可用的液压油类型

液压设备、液压系统	液压油要求	可选择的液压油类型
低压或简单机具的液压系统	抗氧化安定性和抗泡沫性一般，无抗燃要求	HH，无本产品时可选用 HL
中、低压精密机械等液压系统	要求有较好的抗氧化性，无抗燃要求	HL，无本产品时可选用 HM
中、低压和高压液压系统	要求抗氧化性、抗泡沫性、防腐蚀性、抗磨性好	HM，无本产品时可选用 HV、HS
环境温度变化较大和工作条件恶劣的（指野外工程和远洋船舶等）中、高压系统	除上述要求外，要求凝点低、黏度指数高、黏温性好	HV、HS

续表

液压设备、液压系统	液压油要求	可选择的液压油类型
环境温度变化较大和工作条件恶劣的（指野外工程和远洋船舶等）低压系统	要求凝点低、黏度指数高	北方选用 L－HR 油，南方用 HM 油或 HL 油
液压和导轮滑合用的系统	在 HM 油基础上改善润滑性（防爬行性好）	HG
煤矿液压支架、静压系统和其他不要求回收废液和不要求有良好润滑的情况，但要求有良好的难燃性，使用温度为 5～50℃	要求抗燃性好，并有一定的防锈性、润滑性和良好冷却性，价格便宜	L－HFAE
冶金、煤矿等行业的中压、高压、高温和易燃的液压系统，使用温度为 5～50℃	要求可燃性、润滑性和防锈性好	L－HFB
需要难燃的低压液压系统和金属加工等机械，使用温度为 5～50℃	不要求低温性、黏温性和润滑性好，但抗燃性要好，价格便宜	L－HFAS
冶金、煤矿等行业的低、中压液压系统，使用温度为 20～50℃	要求低温性、黏温性和对橡胶的适用性好，抗燃性好	HFC
冶金、火力发电、燃气轮机等高温、高压下操作的液压系统。使用温度为 －20～100℃	要求抗燃性、抗氧化安定性和润滑性好	HFR

技能要求

流量控制阀的修理

一、操作准备

按照液压控制元件的型号，检测、试验已磨损和有明显缺陷的液压控制元件。并要准备好阀的配件及修配材料，严禁用替代材料加工阀的配件。被加工元件的技术性能要符合要求，这将关系到液压系统的工作可靠性和运行的稳定性。要使修好的液压控制元件少出故障，不漏油，修理人员一定要把好质量关。

1. 工具准备

准备好适用的通用工具和专用工具，严禁诸如用旋具代替扳手、任意敲打等不符合操作规程的装配现象。

2. 量具准备

LERO数字式液压测试仪、千分尺、游标卡尺、红丹粉。

二、操作步骤

了解液压控制阀的用途、技术性能、结构、检验标准、使用要求、安全技术要求、操作使用方法和试车注意事项等。

1. 流量控制阀的故障分析及修理方法（见表3—48）

表3—48　　流量控制阀的故障分析及修理方法

故障现象	原因分析		修理方法
调整节流阀手柄无流量变化	1. 压力补偿阀不动作	压力补偿阀阀芯在关闭位置上卡死 1. 阀芯与阀套几何精度差，间隙太小 2. 弹簧侧向弯曲、变形而使阀芯卡住 3. 弹簧太弱	1. 检查精度，修配间隙至达到要求，移动灵活 2. 更换弹簧 3. 更换弹簧
	2. 节流阀故障	1. 油液过脏，使节流口堵死 2. 手柄与节流阀阀芯装配位置不合适 3. 节流阀阀芯上连接失落或未装键 4. 节流阀阀芯因配合间隙过小或变形而卡死 5. 调节杆螺纹被脏物堵住，造成调节不良	1. 检查油质，过滤油液 2. 检查原因，重新装配 3. 更换键或补装键 4. 清洗，修配间隙或更换零件 5. 拆开清洗
	3. 系统未供油	换向阀阀芯未换向	检查原因并消除

续表

故障现象		原因分析	修理方法
执行元件运动速度不稳定（流量不稳定）	1. 压力补偿阀故障	1. 压力补偿阀阀芯工作不灵敏 （1）阀芯有卡死现象 （2）补偿阀的阻尼小孔时堵时通 （3）弹簧侧向弯曲、变形，或弹簧端面与弹簧轴线不垂直 2. 压力补偿阀阀芯在全开位置上卡死 （1）补偿阀阻尼小孔堵死 （2）阀芯与阀套几何精度差，配合间隙过小 （3）弹簧侧向弯曲、变形而使阀芯卡住	1. 修配，达到移动灵活 2. 清洗阻尼孔，若油液过脏，应更换 3. 更换弹簧 1. 清洗阻尼孔，若油液过脏，应更换 2. 修理，达到移动灵活 3. 更换弹簧
	2. 节流阀故障	1. 节流口处积有污物，造成时堵时通 2. 筒式节流阀外载荷变化，引起流量变化	1. 拆开清洗，检查油质，若油质不合格，应更换 2. 对外载荷变化大或要求执行元件运动速度非常平稳的系统，应改用调速阀
	3. 油液品质劣化	1. 油温过高，造成通过节流口流量变化 2. 带有温度补偿的流量控制阀的补偿杆敏感性差，已损坏 3. 油液过脏，堵死节流口或阻尼孔	1. 检查温升原因，降低油温，并控制在要求范围内 2. 选用对温度敏感性强的材料做补偿杆，坏的应更换 3. 清洗，检查油质，不合格的应更换
	4. 单向阀故障	在带单向阀的流量控制阀中，单向阀的密封性不好	研磨单向阀，提高密封性
	5. 管路振动	1. 系统中有空气 2. 由于管路振动，使调定的位置发生变化	1. 应将空气排净 2. 调整后用锁紧装置锁住
	6. 泄漏	内泄和外泄使流量不稳定，造成执行元件工作速度不均匀	消除泄漏，或更换元件

2. 修后工作

(1) 试机前对裸露在外表的液压元件及管路等再进行一次擦洗，擦洗时用海绵，禁用棉纱。

(2) 导轨、各加油口及其他滑动副按要求加足润滑油。

(3) 检查油泵旋向、油缸、油马达及油泵的进、出油管是否接错。

(4) 检查各液压控制元件、管路等连接是否正确、可靠，安装错了的予以更正。

(5) 检查各控制手柄位置，确认停止、后退及卸荷等位置，各行程挡块应紧固在合适位置。

(6) 旋松溢流阀手柄，适当拧紧安全阀手柄，使溢流阀调至最低工作压力。将流量阀调至最小。

(7) 检查执行元件完成动作时是否符合推力、速度的要求。液压系统不允许有漏油。

三、注意事项

1. 液压系统调试及维修组件拆卸时，零件应放在干净的地方。各个有密封的表面不能有划伤现象。

2. 在保证系统正常工作的条件下，液压泵的压力应尽量调得低些，背压阀的压力也尽可能调得低些，以减少能量损耗，减少发热。

3. 为了防止灰尘和水等落入油液，油箱应加盖密封，在油箱上面必须设置空气过滤器，保持油箱内与大气相通。

4. 正确选择系统中所用油液的黏度，油液要定期检查，变质的油应更换。

5. 油箱的液面要保持足够的高度，使系统中的油液有足够的循环冷却条件。

6. 防止系统密封装置失效，密封失效时应及时更换，管接头及各接合面处的螺钉都应拧紧，防止空气进入液压系统。

7. 对于带水冷却器的系统，应保持冷却水量充足，管路畅通，防止油温过高。

8. 定期清理油过滤器滤芯，防止回油堵塞。

9. 一般情况下，系统调定压力不能超过其原来设计的额定压力，否则有可能造成液压泵损坏、液压阀卡死或电动机烧坏等现象。

第 5 节　机械设备的保养

学习单元　中型设备的保养

学习目标

1. 了解机械设备的保养知识。
2. 熟悉车床、铣床、刨床等中型简单设备的操控装置。
3. 掌握安全防护装置、润滑系统、冷却系统及温度、仪表装置的维护保养。

知识要求

三级保养制内容包括设备的日常保养、一级保养和二级保养。三级保养制是以操作者为主对设备进行以保为主保修的强制性维修制度。

一、车床的保养项目及要求

1. 车床日常保养的内容和要求

日常保养重点是对设备进行清洗、润滑、紧固和检查状况，由操作人员进行。具体要求见表 3—49。

表 3—49　　车床日常保养的内容和要求

序号	日常时间	内容和要求
1	班前	1. 擦净机床外露导轨面及滑动面上的尘土 2. 按规定润滑各部位 3. 检查各手柄位置 4. 空车试运转
2	班后	1. 停机后应做好加油、清洁、调整、紧固、防腐等日常维护工作 2. 将铁屑全部清扫干净 3. 擦净机床各部位 4. 部件归位

2. 车床一级保养的内容和要求

一级保养是普遍地进行清洗、润滑、紧固、检查、局部调整。操作人员在专业维修人员的指导下进行。其工作内容见表3—50。

表3—50　　车床一级保养的内容和要求

序号	项目	一级保养内容和要求
1	床头箱	1. 拆洗滤油器 2. 检查主轴定位螺丝，并将其调整适当 3. 调整摩擦片间隙和刹车带 4. 检查油质是否良好
2	刀架及拖板	1. 拆洗刀架、小拖板、中溜板 2. 安装时调整好中溜板、小拖板的丝杠间隙和塞铁间隙
3	挂轮箱	1. 拆洗挂轮及挂轮架，并检查轴套有无晃动现象 2. 安装时，调整好齿轮间隙并注入新油脂
4	尾座	1. 拆洗尾座各部位 2. 清除研伤毛刺，检查丝扣、丝母间隙 3. 安装时要求达到灵活、可靠
5	走刀箱、溜板箱	清洗油线，注入新油
6	外表	1. 清洗机床外表及死角，拆洗各罩盖，要求内外清洁、无锈蚀、无黄袍，漆见本色，铁见光 2. 清洗三杠及齿条，要求无油污 3. 检查并补齐螺钉、手球、手板
7	润滑系统、冷却系统	1. 清洗冷却泵、冷却槽 2. 检查油质是否良好，油杯是否齐全，油窗是否明亮 3. 清洗油线、油毡，注入新油，要求油路畅通
8	电气系统	清扫电机及电气箱内、外尘土

3. 车床二级保养的内容和要求

二级保养主要是对设备局部解体和检查，进行内部清洗、润滑、恢复和更换易损件，由专业维修人员在专业技术人员的指导下进行。其工作内容见表3—51。

表 3—51　　车床二级保养的内容和要求

序号	部位	二级保养内容	二级保养规定要求
1	主轴变速箱	检查、调整离合器及刹车带	松紧合适
2	挂轮机构	1. 分解挂轮，清洗齿轮、轴、轴套 2. 调整丝杠、丝母及楔铁间隙	清洁，无毛刺
3	中拖板及小刀架	1. 分解、清洗中拖板及小刀架 2. 操纵手柄放在空位，各移动部件放置在合理位置 3. 切断电源	清洁
4	尾座	分解、清洗套筒、丝杠及丝母	清洁，无毛刺
5	润滑与冷却装置	1. 检查、清洗滤油器、分油器及加油点 2. 检查油量 3. 按润滑图表规定加注润滑油 4. 检查、调整油压 5. 清洗冷却系统、冷却箱，必要时更换冷却液	清洁无污，油路畅通，无泄漏，不缺油，润滑良好，符合要求，清洁，无泄漏
6	整机及外观	1. 清洗防尘毛毡，清除导轨毛刺 2. 清理机床周围环境，全面擦洗机床表面及死角	清洁，表面光滑，漆见本色，铁见光

4. 车床三级保养的内容和要求

三级保养主要是对设备主体进行彻底的检查和调整，对主要零部件的磨损进行检查、鉴定，由专业维修人员在专业技术人员指导下进行。其工作内容见表 3—52。

表 3—52　　车床三级保养的内容和要求

序号	部位	三级保养内容	三级保养规定要求
1	主轴变速箱	1. 清洗主轴变速箱 2. 分解离合器，修换摩擦片，组装，调整 3. 检修传动系统，调整齿轮啮合位置 4. 调整主轴及其他传动轴的轴承间隙，清除主轴的推孔及定位面毛刺 5. 调整传动皮带，检修刹车装置	1. 清洁无污 2. 正、反转动无迟缓现象，运转 30 分钟温度不超过 60℃ 3. 变速齐全，齿宽小于 30 mm，允许错位 2 ~ 3 mm；齿宽大于 30 mm，允许错位 3 ~ 5 mm 4. 用手转动主轴无明显松紧现象，锥孔表面光滑 5. 可靠，适宜

续表

序号	部位	三级保养内容	三级保养规定要求
2	走刀箱及挂轮机构	1. 拆卸、清洗走刀箱及挂轮，更换磨损件 2. 检查、调整传动件配合间隙	1. 清洁无污 2. 可调齿轮的啮合间隙为0.1～0.2 mm。变速可靠，手柄无明显跳动
3	溜板箱、拖板及刀架	1. 卸下溜板箱及拖板，分解、清洗中拖板及小刀架 2. 调整丝杠、丝母、开合螺母的配合间隙 3. 修刮滑动面，调整压板、楔铁的配合间隙	1. 清洁无污 2. 丝杠反向间隙符合完好标准要求，丝杠的窜动不大于0.02 mm 3. 配合间隙不大于0.04 mm
4	床身导轨及尾座	检修滑动面的拉伤、研伤、碰伤部位	无毛刺，采取了防止损伤扩大的措施
5	润滑装置与冷却装置	1. 检修滤油器、油池、油标、油杯、油泵、分油器、油路等 2. 检修冷却泵及阀门 3. 校验压力表 4. 检查油质	1. 完好，无泄漏 2. 合格并有校验标记 3. 不变质
6	整机及外观	1. 清理机床周围环境，附件、零件摆放整齐 2. 检查各类标牌 3. 试车。从低速到高速运转，主轴高速运转不少于30 min	1. 符合定置要求 2. 齐全、清晰 3. 变速齐全、灵活，运转正常。温度、噪声符合标准要求
7	精度	主要几何精度	符合标准要求

二、铣床的保养项目及要求

1. 铣床日常保养的内容和要求（见表3—53）

表3—53　　铣床日常保养的内容和要求

序号	日常时间	内容和要求
1	班前	1. 对重要部位进行检查 2. 擦净外露导轨面并按规定润滑各部位 3. 空运转并查看润滑系统是否正常
2	班后	1. 打扫铁屑 2. 擦拭机床 3. 各部归位

2. 铣床一级保养的内容和要求（见表 3—54）

表 3—54　　铣床一级保养的内容和要求

序号	内容和要求	
	保养部位	保养内容和要求
1	外观保养	1. 清洗机床外表、工作台面及各罩盖，保持内、外清洁，无锈蚀，无黄袍 2. 外露精密表面修光毛刺，清洁，无锈蚀 3. 检查并补齐外部缺件
2	传动件	1. 检查、清洗传动件 2. 调整丝杠、丝母、摩擦离合器及楔铁 3. 检查传动带，必要时调整松紧
3	润滑系统	1. 油质、油量符合要求，油路畅通，油窗醒目 2. 润滑装置齐全、清洁、好用 3. 手压（拉）油泵内、外清洁
4	冷却系统	1. 清洗过滤网 2. 冷却液池无沉淀，无杂物 3. 管道畅通、整齐、固定、牢靠
5	附件系统	清洁、整齐、防锈
6	电气系统	1. 清扫、检查 2. 各螺丝紧固，触点良好 3. 限位装置安全、可靠

3. 铣床二级保养的内容和要求（见表 3—55）

表 3—55　　铣床二级保养的内容和要求

序号	内容和要求	
	保养部位	保养内容和要求
1	传动件（进给箱、主轴箱、工作台）	1. 检查、修光导轨面和工作台滑动面 2. 检查进给箱、主轴箱内齿轮、轴、轴承磨损情况 3. 检查丝杆、离合器、摩擦片磨损情况 4. 根据磨损情况，进行修复或更换
2	冷却系统	检查冷却泵、管接头、阀，要求畅通、不泄漏
3	电气系统	1. 检查电气箱，修复线路 2. 清洗电动机 3. 根据情况修复或更新零件
4	精度	1. 校正机床水平 2. 检查、调整、修复机床精度

4. 铣床三级保养的内容和要求（见表3—56）

表3—56　铣床三级保养的内容和要求

序号	内容和要求	
	保养部位	保养内容和要求
1	床身及外表	1. 清洁，无油污 2. 导轨面去毛刺
2	主轴箱	1. 传动轴无轴向窜动 2. 清洗或更换润滑油 3. 更换磨损件
3	工作台及升降台	1. 调整夹条间隙 2. 调整螺母间隙 3. 清洗手压油泵 4. 更换磨损件 5. 清洗或更换润滑油
4	工作台变速箱	1. 清洁，润滑良好 2. 清洗或更换润滑油 3. 更换磨损件
5	刀杆轴及刀架	1. 调整导轨楔头 2. 检查刀杆是否弯曲，如果弯曲严重应调整 3. 更换磨损件
6	润滑系统	1. 油清洁，油路畅通，油毡有效，油标醒目 2. 清洗油泵，更换润滑油
7	冷却系统	1. 各部位清洁，管路畅通 2. 冷却槽内无沉淀物、铁屑 3. 更换磨损件
8	电气系统	1. 电动机闸刀表面无尘土 2. 各触点接触良好，不漏电 3. 更换损坏件
9	精度	恢复出厂标准或满足生产工艺要求

三、刨床的保养项目及要求

1. 刨床日常保养的内容和要求（见表 3—57）

表 3—57　　刨床日常保养的内容和要求

序号	日常时间	内容和要求
1	班前	1. 检查进给棘轮罩是否安装正确、紧固、牢靠，严防进给时松动 2. 空运转试车前，应先用手盘车使滑枕来回运动，确认情况良好后，再机动运转
2	班中	1. 横梁升降时需先松开锁紧螺钉，工作时应将螺钉拧紧 2. 不准在机床运转中调整滑枕行程。调整滑枕行程时，不准用敲打方法来松开或压紧调整手把 3. 滑枕行程不得超过规定范围。使用较长行程时不准开高速 4. 工作台机动进给或用手摇动时，应注意丝杠行程的限度，防止丝杠、螺母脱开或撞击损坏机床 5. 装卸虎钳时应轻放轻拿，以免碰伤工作台
3	班后	1. 打扫铁屑 2. 擦拭机床 3. 把工作台停在横梁的中间位置上

2. 刨床一级保养的内容和要求（见表 3—58）

表 3—58　　刨床一级保养的内容和要求

序号	保养部位	保养的主要内容和要求
1	外保养	1. 清洗机床外表，要求无锈蚀，无黄色污垢 2. 清洗长丝杠、光杠、操纵杠 3. 检查、补齐手球、手柄、螺钉和螺母
2	传动件	1. 拆卸牛头滑枕，清洗丝杠、锥齿轮 2. 检查齿轮和拨叉支头螺钉是否松动，并紧固 3. 检查、清洗各变速齿轮 4. 调整皮带张紧力
3	刀架、工作台	1. 拆洗刀架丝杠、螺母，调整镶条间隙 2. 清洗工作台丝杠，检查紧固螺钉是否松动，并紧固

续表

序号	保养部位	保养的主要内容和要求
4	电气系统	1. 检查电气箱，修整线路 2. 清洗电动机 3. 根据情况修复或更新零件
5	润滑系统	1. 检查油质，要求保持良好 2. 清洗油孔、油毡、油线、油杯等，保证齐全、油路畅通

3. 刨床二级保养的内容和要求（见表3—59）

表3—59　　**刨床二级保养的内容和要求**

序号	保养部位	保养的主要内容和要求
1	传动件	1. 拆下牛头滑枕压板，吊下滑枕，检查导轨有无伤痕，修光毛刺 2. 检查丝杠及各齿轮、轴、轴承、床身内部大齿轮，调节摇杆、滑块间隙，根据磨损情况更新或修复
2	工作台	检查工作台，调整丝杠、螺母、锥齿轮，根据磨损情况更新或修复
3	电气系统	1. 检查电气箱，修整线路 2. 清洗电动机 3. 根据情况修复或更新零件
4	精度	1. 校正机床水平 2. 检查、调整、修复机床精度

车床的维保作业

一、操作准备

1. 工具准备

车床修理常用工具、油石、百分表、水平仪、检测桥板等。

2. 物资准备

常用螺钉、垫圈、易损件备件、清洁煤油、干净棉纱等。

二、维保步骤

1. 清洗、找正、固定

普通车床的二级保养一般要对机床的基准件、床身进行检测和调平工作。其具体内容如下。

步骤 1　床脚油渍用木屑清洁干净。

步骤 2　凿去腐蚀疏松层至坚硬、无油质的水泥层，特别是要将楔形调整垫铁处的锈渍清除干净。

步骤 3　用热碱水刷洗油渍，再用清水冲刷干净。

步骤 4　重新二次灌浆。

2. 调整

步骤 1　将溜板置于导轨行程中间位置。

步骤 2　在机床导轨两端（通过专用检具，见图 3—243）放置水平仪，用床身下垫铁调整，使水平仪在纵向和横向的读数均不超过 0. 04 mm。

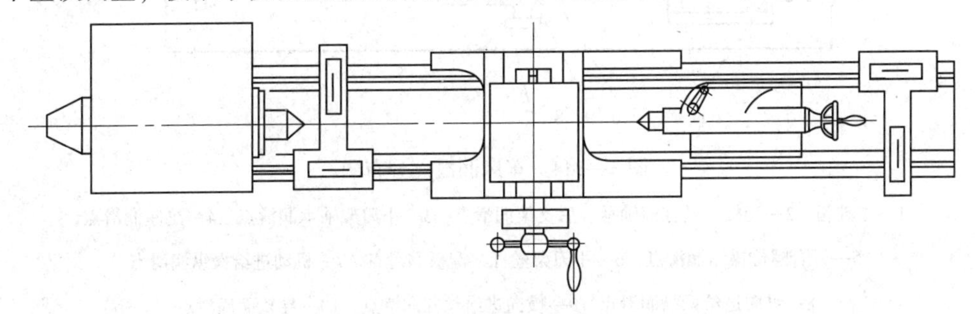

图 3—243　检验桥板在床身上测量导轨水平位置

步骤 3　调平是为了得到机床的静态稳定性，以利于基本的三项检测，特别是床身有轻微凹形磨损时，通过调平得到校正，以减少修理工作量。

步骤 4　床身调平、检验后进行二次灌浆。

3. 按润滑部位加注润滑油（见图 3—244）

检查油窗中的液位指示高度是否合适，并按规定油位加足润滑油。

步骤 1　主轴箱中主轴后轴承以油绳润滑；主轴箱内用齿轮溅油法润滑。

步骤 2　对于进给箱内的轴承和齿轮，主要采用齿轮溅油法进行润滑；对于走刀路上部的储油槽，可通过油绳进行润滑。

步骤 3　挂轮箱机构主要是用油壶浇油进行润滑。

步骤 4　拖板箱内脱落蜗杆机构是用箱内的油来注油润滑。对于拖板箱内的其他机构，用它上部储油箱里的油绳进行润滑。

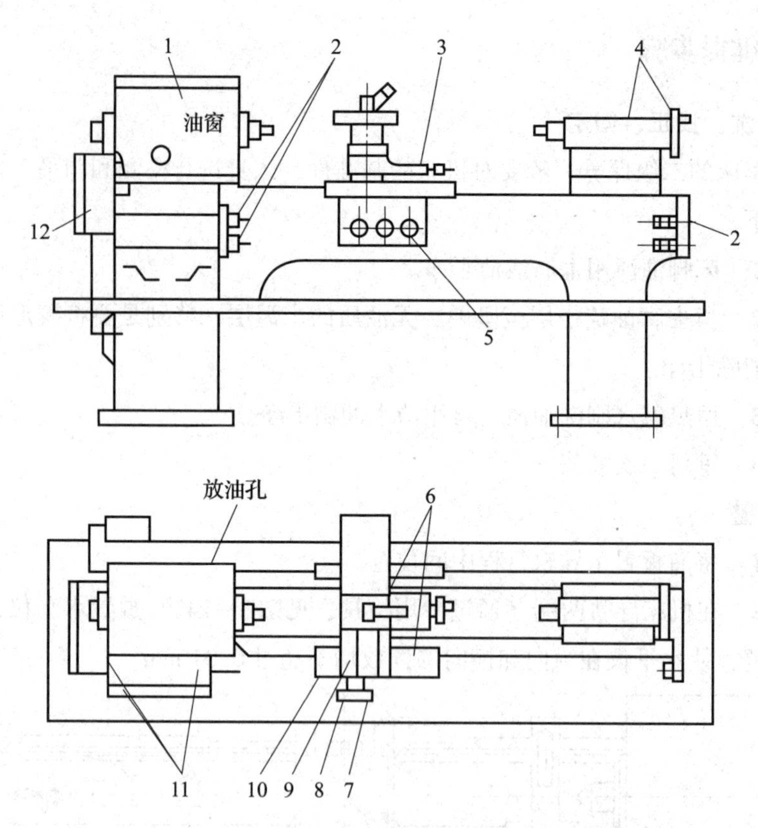

图3—244 车床润滑点分布图

1—主轴箱 2—光杠、丝杠前轴承、后支架润滑点 3—小刀架轴承润滑点 4—尾座润滑点 5—开合螺母操纵润滑点 6—小刀架丝杠、溜板润滑点 7—机动进给操纵润滑点 8—纵向进给操纵润滑点 9—横向进给丝杠润滑点 10—导轨面润滑点 11—进给箱轴承润滑点 12—挂轮箱润滑点

步骤5 对于纵向、横向进给丝杠，床身导轨面，大、中、小滑板导轨面，用油壶浇油进行润滑。

三、注意事项

1. 严禁佩戴手套进行修理工作。

2. 禁止在机床的导轨表面放置工具、量具等物品。

3. 调整时，操纵反车时应先停车，后反向。

4. 如果机床试运行的调整中出现异常现象，应立即停机，查明原因，及时处理。

5. 调整符合要求后，必须将各操纵手柄置于停机位置，将尾座、溜板箱移至床身右端。

铣床的维保作业

一、操作准备

1. 工具准备

铣床修理常用工具、油石、百分表、水平仪、检测桥板等。

2. 物资准备

常用螺钉、垫圈、易损件备件、清洁煤油、干净棉纱等。

二、维保步骤

1. 清洗、找正、固定

2. 各操纵装置、控制装置的维护

步骤 1　调整纵向、横向、机身楔条间隙。

步骤 2　调整纵向、横向进给丝杠间隙。

步骤 3　调整悬臂楔条间隙。

步骤 4　检查手压油泵泵油状况。

步骤 5　检查皮带，必要时调整松紧。

步骤 6　检查、补齐操纵手柄缺陷。

3. 加注润滑油及检查油箱油位（见图 3—245）

X63W 卧式万能升降台铣床的主轴变速箱采用自动润滑，机床启动后可通过油镜观察润滑情况。

步骤 1　工作台纵向丝杠螺母副、导轨面、横向溜板导轨等采用手拉泵注油润滑。

步骤 2　工作台纵向丝杠两端轴承 5、垂向导轨 3、悬臂刀架轴承 6 采用油枪每班注油一次。

步骤 3　横向丝杠螺母副 12 采用油枪每班注油一次。

步骤 4　主轴变速箱 2 六个月换油一次。

步骤 5　进给变速箱 10 三个月换油一次。

4. 修后工作

VI 轴是铣削进给的关键，调整好后应注意如下内容。

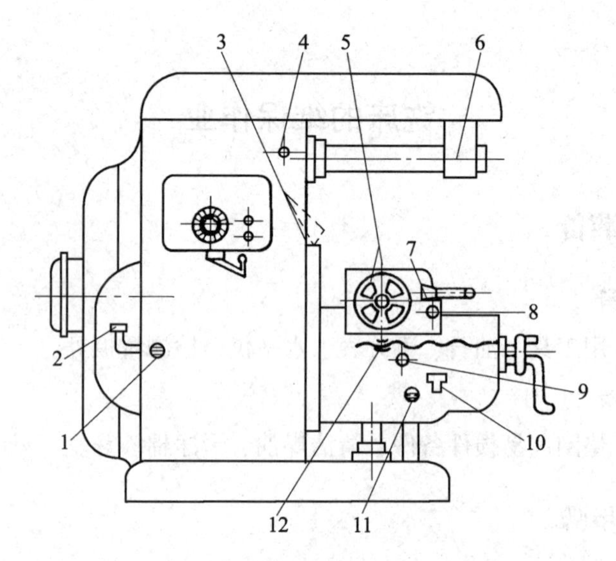

图3—245 铣床润滑点分布图

1—机身油箱油镜 2—主轴变速箱 3—垂向导轨 4—主轴润滑油镜
5—工作台纵向丝杠两端轴承 6—悬臂刀架轴承 7—工作台手拉泵
8—工作台油镜 9—VI轴润滑油镜 10—进给变速箱
11—进给箱变速箱油镜 12—横向丝杠螺母副

（1）M_2离合器是通过钢球保险离合器实现过载保护的，要注意上紧左侧的防松圆螺母。

（2）M_3离合器是通过电磁离合器直接传动实现快进的；要注意摩擦片压盘安装无阻滞，否则会使衔铁磁动离合时失效而造成返修。

（3）检查II轴上的油泵能否正常运转。

三、注意事项

1. 修前要检查铣床加工尺寸精度、刻度盘的空转和丝杠副的间隙，发现故障后及时修理。

2. 检查主传动变速机构和进给变速机构的操纵机构是否无阻滞且顺利，发现故障后及时修理。

3. 检查主传动系统是否存在沉重的声音，发现问题后及时修理、排除。

4. 检查主轴温度和润滑，排除润滑不良的隐患。

5. 检查工作台或升降台的进给运动，出现明显的间歇停顿现象时，及时修理、排除。

刨床的维保作业

一、操作准备

1. 工具准备

刨床修理常用工具、油石、百分表、水平仪、检测桥板等。

2. 物资准备

常用螺钉、垫圈、易损件备件、清洁煤油、干净棉纱等。

二、操作步骤

1. 清洗、找正、固定。
2. 各操纵装置、控制装置的维护。
3. 加注润滑油及检查油箱油位（见图 3—246）。

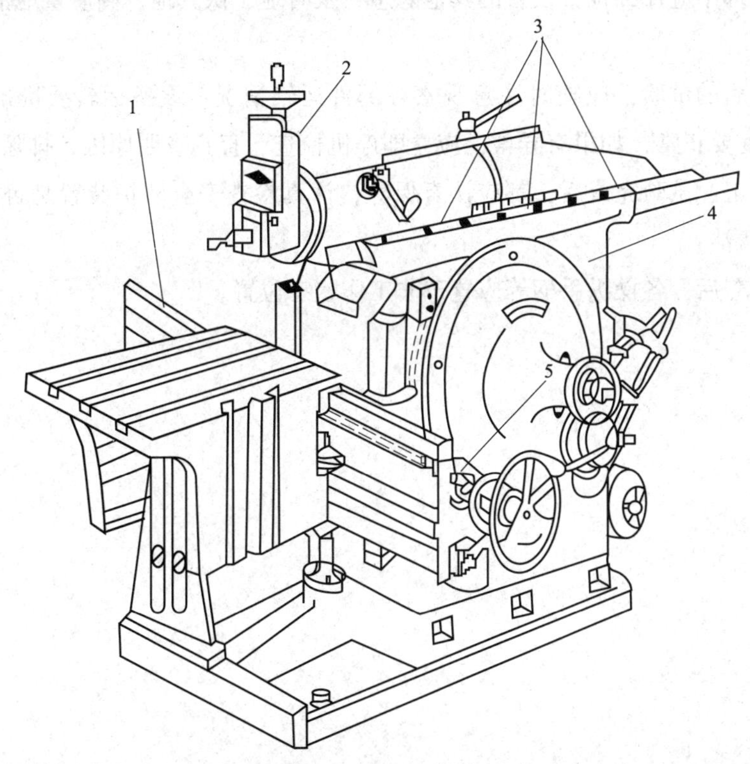

图 3—246　刨床润滑点分布图

1—横梁注油口　2—刀架注油口　3—滑枕注油口左右两侧共 6 点

4—摆杆机构注油口　5—进给机构油杯

4. 修后工作

步骤1 刨削试验时，为了加工方便往往将刀箱、刀架扳转一定角度，否则切削力会使活折支架、活折板、刀夹转动而扎刀。

步骤2 刨刀不要伸得太长，以免刨削时产生振动和折断刨刀，直头刨刀伸出长度一般约为刀杆厚度的1.5倍，弯头刨刀允许伸出稍长些。

步骤3 调整行程长度，使其大于加工面长度，并且后端空行程距离应大于前端空行程距离，刨刀在前段的空行程不致崩刃或刀头碰落。

步骤4 按切削原理选择切削用量的次序，一般首先确定最大的切削深度 a_p，然后选最大走刀量 f 和切削速度 v。

三、注意事项

1. 修理工作时，将工具、工件、附件放置整齐、合理、安全。

2. 修理过程，严字当头，严格执行技术规程，正确、合理使用工具、量具。

3. 修理中应仔细检查设备的其他隐患，及时地、认真地、高质量地消除隐患，排除故障。

4. 修后的试验，应随时注意观察各部件运转情况；设备运转要准确、灵敏，声响、温度要正常，如果有异常，应立即停机检查，直到查明原因、排除为止。

5. 加工、试验完成后，都应认真保养，认真检查安全防护装置是否完整、可靠、内外清洁。

6. 保养后，各操纵手柄等应置于非工作状态位置。